普通高等院校电工类“十二五”规划教材

电工电子技术基础

主　编　赵秀华　孙　辉

副主编　邱月友　吴剑威　吴　慧

编　委　杨保华　吴　慧　吴剑威　孙　辉

　　　　高文根　诸志龙　邱月友　赵秀华

国防工业出版社

·北京·

内 容 简 介

全书内容由电工技术基础、模拟电子技术基础和数字电子技术基础等三部分组成。电工技术基础主要内容有直流电路、电路的暂态分析、正弦交流电路、三相交流电路、变压器、电动机、电气自动控制等；模拟电子技术基础主要内容有半导体器件、基本放大电路、集成运算放大器、直流稳压电源等；数字电子技术基础主要内容有门电路和组合逻辑电路、触发器和时序逻辑电路等。为了便于学生自学，书后附录提供了常用电阻器、电容器的标称系列值，国产半导体器件型号命名方法，国标半导体集成电路型号命名方法以及部分习题参考答案。

本书可作为开设“电工电子技术”或“电工技术”和“电子技术”课程的授课教材。

本书的读者对象主要是普通高等工科院校非电类专业本科生，也可作为大专学生、工程技术人员系统学习电工电子技术的参考用书。

图书在版编目(CIP)数据

电工电子技术基础／赵秀华，孙辉主编. —北京：国防工业出版社，2015.1 重印
普通高等院校电工类“十二五”规划教材
ISBN 978-7-118-07740-7

Ⅰ.①电… Ⅱ.①赵… ②孙… Ⅲ.①电工技术－高等学校－教材②电子技术－高等学校－教材 Ⅳ.①TM ②TN

中国版本图书馆 CIP 数据核字(2011)第 244021 号

※

国防工業出版社出版发行
(北京市海淀区紫竹院南路 23 号　邮政编码 100048)
北京奥鑫印刷厂印刷
新华书店经售

*

开本 787×1092　1/16　**印张** 20½　**字数** 508 千字
2015 年 1 月第 1 版第 4 次印刷　**印数** 10001—12000 册　**定价** 38.00 元

国防书店：(010)88540777　　发行邮购：(010)88540776
发行传真：(010)88540755　　发行业务：(010)88540717

前　言

本书是国防工业出版社普通高等院校电工类“十二五”规划教材，是根据普通高等院校非电类专业电工电子技术教学的实际情况和课程改革的需要，并参照电工电子技术课程教学基本要求——“基础理论教学要以应用为目的，以必需、够用为度”的要求编写的。

教材编写过程中，我们力求适用、通俗易懂，重点介绍电工电子技术的基本概念、基本理论、基本分析方法。本教材有如下特点：

1. 在阐明物理概念和基本原理的前提下，采用工程近似方法进行计算，略去了一些复杂的数学推导。

2. 基尔霍夫定律不单独设一节，放在“支路电流法”一节中推出。

3. 在“动态电路的暂态分析”一章中，改变了以往根据电路的激励，列写和求解微分方程、得出电路响应的一贯套路，直接用三要素法分析所有问题，使繁杂的解题方法变得十分简单。

4. 删去了一些因学时有限而不可能选上的内容。近些年，为了适应市场需求，各高校都实行宽口径教育，开设的课程有所增多，使“电工电子技术”的授课学时有所减少，根据这一实际情况，我们删去了因学时有限而不可能选上的内容，如二阶电路的暂态分析、非正弦周期电路的计算、磁路及其分析方法、IC 器件内部结构的分析等内容，这样，大大压缩了教材的篇幅。

5. 由于非电类专业甚多，对电工电子技术的要求不一，学时也不尽相同，为了使教材具有灵活性，我们将全书内容分为共同性内容和非共同性内容两类，对共同性内容不作标记，对非共同性内容以“*”标记。标*的内容可作为学时较多、对电工电子技术要求较高的专业选讲内容。

6. 为了便于读者自学，书后附录提供了常用电阻器、电容器的标称系列值，国产半导体器件型号命名方法，国标半导体集成电路型号命名方法和常用半导体分立器件的参数，还提供了部分习题参考答案。

本教材由赵秀华和孙辉主编，统审工作由赵秀华独立完成。在本书编写过程中，得到了安徽工程大学、淮北师范大学、合肥师范学院、合肥学院、铜陵学院等多所院校的大力支持和帮助，在此，对相关院校表示衷心感谢。

尽管为了本书的编写，我们投入了大量的时间和精力，但书中错误和不妥之处仍然难免，殷切期望使用本书的读者提出批评意见和建议，以便今后修订提高。

编　者

2013 年 5 月

目　录

第 1 章　直 流 电 路

1.1　电路的基本知识

1.1.1　电路的基本组成及作用

电路是电工电子技术的基本组成单位，复杂的电路呈网状，又称网络。电路和网络这两个术语是通用的。

电路的组成形式多种多样，简单地说，电路由电源、负载、控制装置及导线等构成。电路所能完成的任务也是多种多样的，图 1.1.1(a)所示为一强电电路的典型电路——电力传输系统，它的作用是能量的传输和转换。其中，发电机是电源，是产生电能的设备；电动机、电炉等是负载，是取用电能的设备，它们分别把电能转换为机械能、热能等；变压器和输电线路是中间环节，是连接电源和负载的部分，它们起传输和分配电能的作用。

图 1.1.1(b)所示为一弱电电路的典型电路——扩音系统，它的作用是信号的传递和处理。其中，话筒是产生电信号的装置，它把声音(即信息)转换为相应的电压和电流(即电信号)；由于话筒输出的电信号比较微弱，不足以推动扬声器发声，因此中间环节用放大器将微弱信号放大；扬声器是负载，把电信号还原为声音。

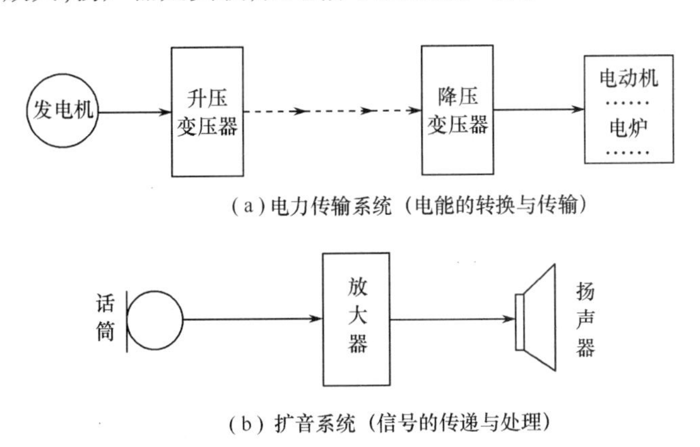

(a) 电力传输系统（电能的转换与传输）

(b) 扩音系统（信号的传递与处理）

图 1.1.1　电路示意图

实际电路是由一些按需要起不同作用的实际电路元器件组成的，如发电机、变压器、电动机、电池、晶体管、电感线圈、电容器等，它们都是物理实体。这些物理实体的电磁性质很复杂，尤其在高频情况下，但在低频范围分析电路时，可将实际电路元器件理想化，即突出其主要的电磁性质，忽略次要因素。例如，一盏白炽灯，当通有电流时，它除具有消耗电能的性质(电阻性)以外，还会产生磁场，具有电感性，但电感量微小，可忽略不计，于是可认为白炽灯是一电阻元件。再如一个电容器，在储存电场能的同时，又由于绝缘介质有一定的漏电而消耗电能表现为一定的电阻性,但由于消耗的电能很小可以忽略不计,故认为电容器为一理想电容。而通常所说的电源则可抽象成具有恒定电压的电压源或具有恒定电流的电流源。

由一些理想电路元器件所组成的电路,就是实际电路的电路模型,它是对实际电路电磁性质的抽象和概括。例如,手电筒的实际电路元器件有干电池、灯泡、开关和筒体,就可用如图 1.1.2 所示的电路模型来描述。干电池是电源,E 表示电源电压,R_S是电源内阻;灯泡 R 是电阻元件;开关 S、筒体(导线)是连接干电池和灯泡的中间环节。

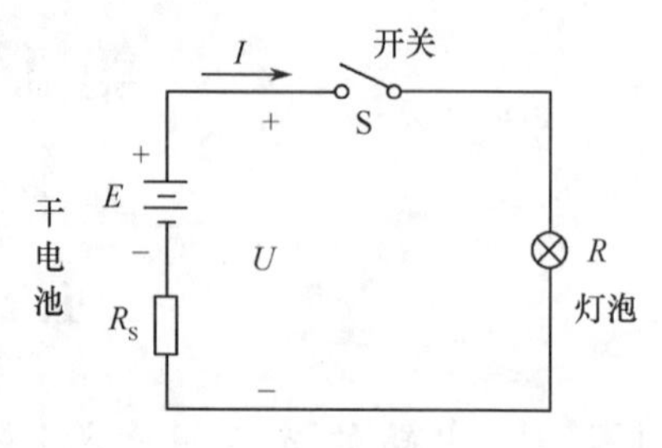

图 1.1.2 手电筒电路模型

1.1.2 电路的基本物理量

在学习电路之前,必须掌握电路中一些基本物理量的定义。在下面的介绍中,按国家规定的标准,不随时间变化的物理量用大写字母表示,如电荷用 Q、电流用 I、电压用 U;随时间变化的物理量用小写字母表示,如电荷用 q、电流用 i、电压用 u。

1. 电流

电荷的定向运动形成电流。习惯上将正电荷运动的方向定义为电流的方向。在电场力的作用下,电流从高电位流向低电位。电流的强弱用电流强度来衡量,电流强度简称为电流。电流强度为单位时间内通过导线横截面的电量,即

$$i = \frac{\mathrm{d}q}{\mathrm{d}t} \tag{1.1.1}$$

2. 电位

电路中某点的电位为将单位正电荷 q 从该点移到零参考点时电场力所做的功(或所消耗的电能)。例如,a 点的电位为

$$v_{\mathrm{a}} = \frac{\mathrm{d}w_{\mathrm{a}}}{\mathrm{d}q} \tag{1.1.2}$$

只有在选定参考点以后,某点的电位才有确定值。参考点将在 1.3 节中介绍。

3. 电压

电路中某两点(如 a、b 两点)间的电压为将单位正电荷从 a 点移到 b 点时电场力所做的功(或所消耗的电能),即

$$u_{\mathrm{ab}} = \frac{\mathrm{d}w_{\mathrm{ab}}}{\mathrm{d}q} \tag{1.1.3}$$

电压的另一种定义是,电路中某两点(如 a、b 两点)间的电压为 a、b 两点的电位之差,即

$$u_{\mathrm{ab}} = v_{\mathrm{a}} - v_{\mathrm{b}} \tag{1.1.4}$$

4. 电动势

电源电动势为非静电力将单位正电荷从电源负极移到正极所做的功,即

$$e = \frac{\mathrm{d}w}{\mathrm{d}q} \tag{1.1.5}$$

5. 电功率

电功率为单位时间内电场力所做的功。电功率表示了电路中单位时间内电能转换的速度,即

$$p = \frac{\mathrm{d}w}{\mathrm{d}t} = ui \quad 或 \quad P = \frac{W}{t} = UI \tag{1.1.6}$$

6. 电能

电能是电荷运动所做的功。将电荷 q 在时间 t 范围内,从 a 点移到 b 点所做的功为

$$W = \int_0^t u_{ab} i\mathrm{d}t = \int_0^t u_{ab}\mathrm{d}q \quad 或 \quad W = U_{ab}It = U_{ab}q \tag{1.1.7}$$

1.1.3 电路基本元器件的模型

为便于对实际电路进行数学描述和计算,通常将电路元器件的实体用它的模型来代替,元器件的模型只表征元器件理想化的单一物理性质。理想电路元器件模型有图 1.1.3 所示的 5 种,这 5 种理想电路元器件又可分为无源元器件和有源元器件两大类。无源元器件有电阻元件、电感元件和电容元件,它们分别反映电路将电能转换成其他形式能量(如热能、磁场能、电场能)的性能;有源元器件有恒压源和恒流源,它们反映电路的能源形式和对电路的作用。

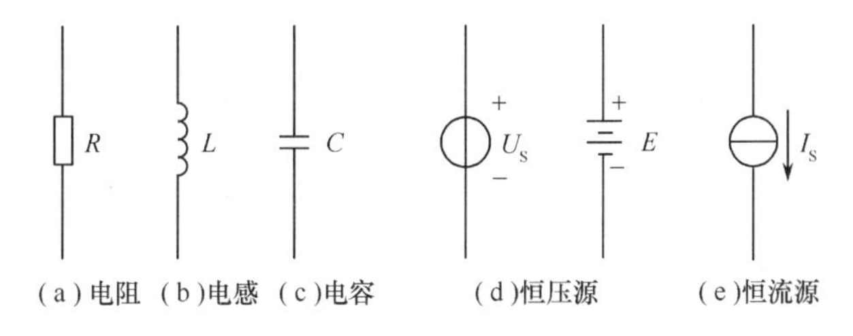

图 1.1.3 理想电路元件

本书分析的电路都是理想电路元器件构成的电路,连接元器件的导线认为是电阻为零的导体。下面对各理想电路元器件(简称电路元器件)的物理性质作进一步介绍。

1. 电路基本元器件模型及伏安特性

1) 电阻元件 R

理想电阻元件 R 的模型(也称电路符号)与伏安特性如图 1.1.4 所示。电阻两端的电压为 u,流过电阻的电流为 i,其伏安特性曲线为通过坐标原点的一条直线。

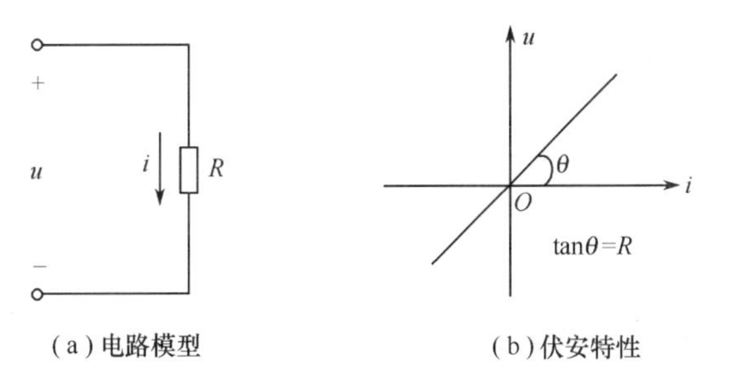

图 1.1.4 电阻元件

理想电阻也称为线性电阻,线性电阻的伏安特性用欧姆定律表示,即

$$R = \frac{u}{i} \quad 或 \quad R = \frac{U}{I} \tag{1.1.8}$$

国际单位制中,电阻的单位为欧姆,简称欧(Ω)。计算中还常用千欧(kΩ)、兆欧(MΩ)等。$1k\Omega = 1000\Omega = 10^3\Omega$;$1M\Omega = 10^6\Omega$。

电阻的倒数

$$G = \frac{1}{R} \tag{1.1.9}$$

称为电导,单位为西门子,简称西(S)。

电阻元件将电能转换成热能,其消耗的电能(电功率)为

$$P = UI = I^2R = \frac{U^2}{R} \tag{1.1.10}$$

式中,电压的单位为伏特,简称伏(V),电流的单位为安培,简称安(A),电阻的单位为欧姆,简称欧(Ω),功率的单位为瓦特,简称瓦(W)。

电阻元件的物理性质可归纳为以下两点:

(1) 电阻电压正比于电阻电流。

(2) 电阻是耗能元件,它消耗电能转变为热能,其过程不可逆。

2) 电感元件 L

磁场伴随着电流而存在,电流的周围会产生磁通,磁通是描述磁场的一个物理量。电流 I 的方向与其产生的磁通 ϕ 的方向遵从右手螺旋定则,如图 1.1.5 所示。

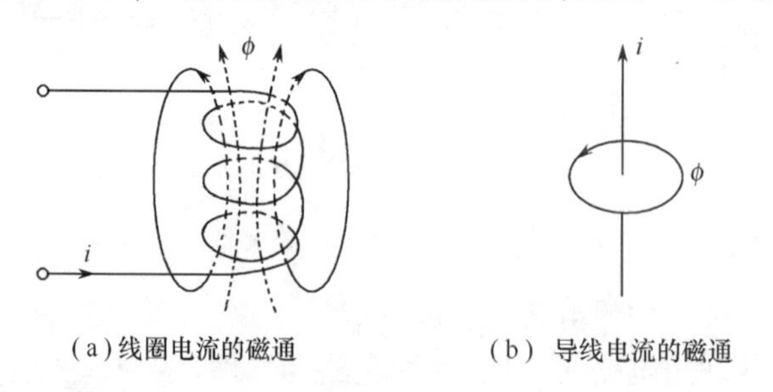

(a) 线圈电流的磁通　　(b) 导线电流的磁通

图 1.1.5　电流与磁通的关系

设线圈有 N 匝,全部被所产生的磁通 ϕ 链绕,则线圈的磁链 ψ 为

$$\psi = N\phi \tag{1.1.11}$$

磁链 ψ 与电流 i 的比值称为线圈的电感 L,即

$$L = \frac{\psi}{i} \tag{1.1.12}$$

国际单位制中,电感的单位为亨利,简称亨(H)。计算中还常用毫亨(mH),$1mH = 10^{-3}H$。

若线圈中的介质为真空和空气等非磁性物质,则 L 是常数,即为线性线圈;带有铁磁材料的线圈是非线性线圈。理想线性线圈(线圈电阻可忽略)的模型与其韦安特性如图 1.1.6 所示,韦安特性曲线在 $i-\psi$ 平面上为通过原点的直线。

当通过电感线圈的电流 i 发生变化时,线圈中的磁通 ϕ 也随之变化,线圈内将产生自

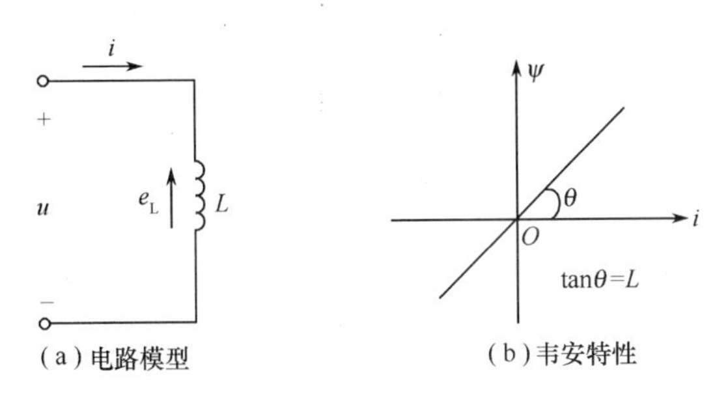

图 1.1.6　电感元件

感电动势 e_L。通常规定,e_L的参考方向和磁通 ϕ 的参考方向符合右手螺旋关系,即 e_L和 i 的参考方向相同,于是

$$e_L = -N\frac{\mathrm{d}\phi}{\mathrm{d}t} = -\frac{\mathrm{d}(N\phi)}{\mathrm{d}t} = -L\frac{\mathrm{d}i}{\mathrm{d}t} \tag{1.1.13}$$

对于线圈电阻可以忽略的纯电感电路,如图 1.1.6(a)所示,根据基尔霍夫电压定律,可得电感端电压为

$$u = -e_L = L\frac{\mathrm{d}i}{\mathrm{d}t} \tag{1.1.14}$$

电感吸收的功率为

$$p = ui = Li\frac{\mathrm{d}i}{\mathrm{d}t} \tag{1.1.15}$$

当 i 的绝对值增大时,$i\frac{\mathrm{d}i}{\mathrm{d}t}>0$,$p>0$,说明此时磁通增长,电感的磁场增强,电感从电源吸取电能,转换为磁场能;反之,当 i 的绝对值减小时,$i\frac{\mathrm{d}i}{\mathrm{d}t}<0$,$p<0$,说明此时磁通减少,电感将磁场能转换为电能送回电源。

如果在 $0 \sim t_1$时间内,电流从 0 增长到 I_1,则电感将电能转换的磁场能为

$$W_1 = \int_0^{t_1} p\mathrm{d}t = \int_0^{t_1}\left(Li\frac{\mathrm{d}i}{\mathrm{d}t}\right)\mathrm{d}t = \int_0^{I_1} Li\mathrm{d}i = \frac{1}{2}LI_1^2 \tag{1.1.16}$$

所以一般地,当电感电流为 I 时,电感储存的磁场能即为

$$W = \frac{1}{2}LI^2 \tag{1.1.17}$$

式中,电感的单位为亨(H),电流的单位为安(A),磁场能的单位为焦耳,简称焦(J)。

电感元件的物理性质可归纳为以下两点:

(1) 电感电压正比于电感电流的变化率。

(2) 电感是储能元件,它将电能与磁场能相互转换,其过程可逆。

3) 电容元件 C

一般地,电容器都由间隔着绝缘介质的两组金属板或箔片做成,当极板间加电压时,极板上将充有电荷,介质内就出现电场,储存电场能量。

绝大多数电容器都是线性的,线性电容的模型与其库伏特性如图 1.1.7 所示。库伏特性曲线在 $u-q$ 平面上为通过原点的直线。

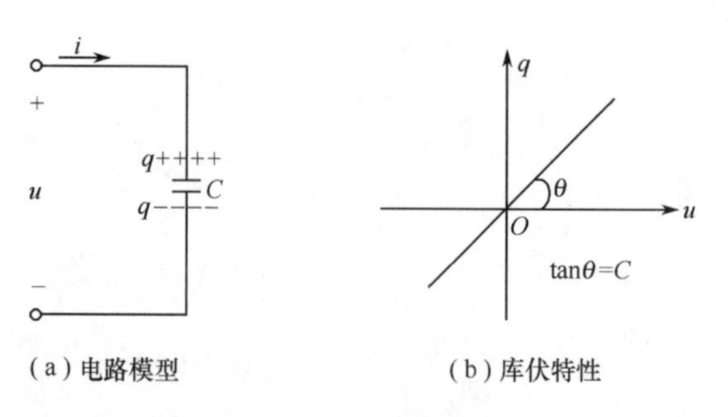

图 1.1.7　电容元件

电容器存储的电荷 q 与两极板间电压 u 的比值称为电容 C,即

$$C = \frac{q}{u} \tag{1.1.18}$$

电容 C 即电容器的电容量,它代表一个电容器存储电荷的能力。国际单位制中,电容的单位为法拉,简称法(F)。计算中还常用毫法(mF)、微法(μF)等。$1\text{mF}=10^{-3}\text{F}$,$1\mu\text{F}=10^{-6}\text{F}$。当电容器两端的电压不断发生变化时,电容支路中将不断流过充电或放电电流。由于导线电流 i 取决于单位时间内通过导线的电荷量,所以,电容电流为

$$i = \frac{\mathrm{d}q}{\mathrm{d}t} = C\frac{\mathrm{d}u}{\mathrm{d}t} \tag{1.1.19}$$

电容吸收的功率为

$$p = ui = uC\frac{\mathrm{d}u}{\mathrm{d}t} \tag{1.1.20}$$

当 u 的绝对值增大时,$u\frac{\mathrm{d}u}{\mathrm{d}t}>0$,$p>0$,说明此时电荷增加,电容两极板间的电场增强,电容从电源吸取电能,转换为电场能;反之,当 u 的绝对值减小时,$u\frac{\mathrm{d}u}{\mathrm{d}t}<0$,$p<0$,说明此时电荷减少,电容将电场能转换为电能送回电源。

如果在 $0\sim t_1$ 时间内,电压从 0 增长到 U_1,则电容将电能转换的电场能为

$$W_1 = \int_0^{t_1} p\mathrm{d}t = \int_0^{t_1}\left(Cu\frac{\mathrm{d}u}{\mathrm{d}t}\right)\mathrm{d}t = \int_0^{U_1} Cu\mathrm{d}u = \frac{1}{2}CU_1^2 \tag{1.1.21}$$

所以一般地,当电容电压为 U 时,电容储存的电场能即为

$$W = \frac{1}{2}CU^2 \tag{1.1.22}$$

式中,电容的单位为法(F),电压的单位为伏(V),电场能的单位为焦(J)。

电容元件的物理性质可归纳为以下两点:

(1) 电容电流正比于与电容电压的变化率。

(2) 电容是储能元件,它将电能与电场能相互转换,其过程可逆。

4) 恒压源

恒压源也被称为理想电压源,其电路模型如图 1.1.8(a)所示。恒压源输出端的电压 U 是恒定不变的,即 $U\equiv U_{\mathrm{S}}$,伏安特性如图 1.1.8(b)所示。恒压源输出端的电流 I 由外电路(即负载 R_{L})来决定,由图 1.1.8(c)可知,$I=\frac{U_{\mathrm{S}}}{R_{\mathrm{L}}}$。

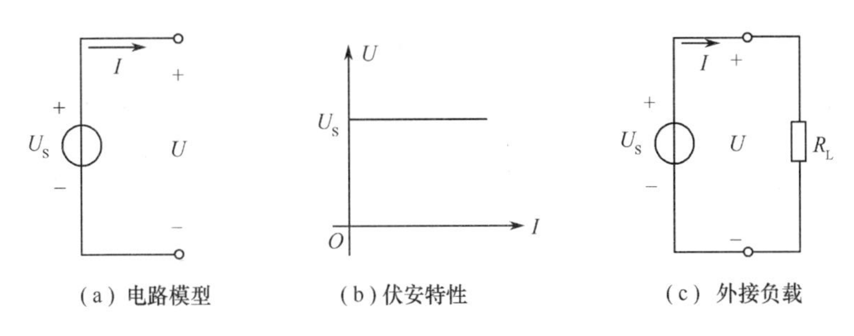

(a) 电路模型　　(b) 伏安特性　　(c) 外接负载

图 1.1.8　恒压源

恒压源的特点可归纳为以下两点：

(1) 恒压源的端电压与流过电源的电流无关。

(2) 恒压源输出电流的大小由所连接的外电路决定。

5) 恒流源

恒流源也被称为理想电流源，其电路模型如图 1.1.9(a) 所示。恒流源输出端的电流 I 是恒定不变的，即 $I \equiv I_S$，伏安特性如图 1.1.9(b) 所示。恒流源输出端的电压 U 由外电路（即负载 R_L）来决定，由图 1.1.9(c) 可知，$U = I_S R_L$。

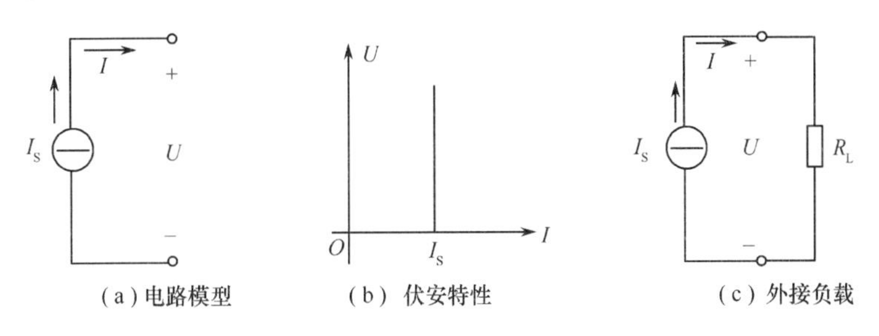

(a) 电路模型　　(b) 伏安特性　　(c) 外接负载

图 1.1.9　恒流源

恒流源的特点可归纳为以下两点：

(1) 恒流源的端电流与其端电压无关。

(2) 恒流源端电压的大小由所连接的外电路决定。

2. 电路元器件的串联与并联

1) 电阻的串联与并联

两个电阻 R_1、R_2 串联的直流电路如图 1.1.10 所示。电阻串联时，流过每个电阻的电流相等，均为总电流 I。

此时，电路的总电阻 R、总电压 U、总电流 I 分别为

$$R = R_1 + R_2 \tag{1.1.23}$$

$$U = U_1 + U_2 \tag{1.1.24}$$

$$I = \frac{U}{R} = \frac{U}{R_1 + R_2} \tag{1.1.25}$$

两个电阻上的电压分别为

$$U_1 = IR_1 = \frac{R_1}{R_1 + R_2}U \tag{1.1.26}$$

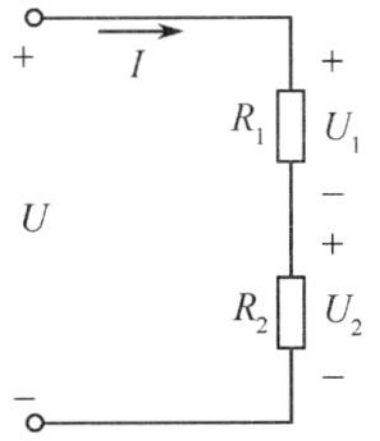

图 1.1.10　电阻串联电路

$$U_2 = IR_2 = \frac{R_2}{R_1 + R_2}U \tag{1.1.27}$$

式(1.1.26)和式(1.1.27)是分压公式,它们表征 R_1、R_2 串联后分总电压 U 的情况。

两个电阻 R_1、R_2 并联的电路如图 1.1.11 所示。电阻并联时,每个电阻的端电压相等,均为总电压 U。

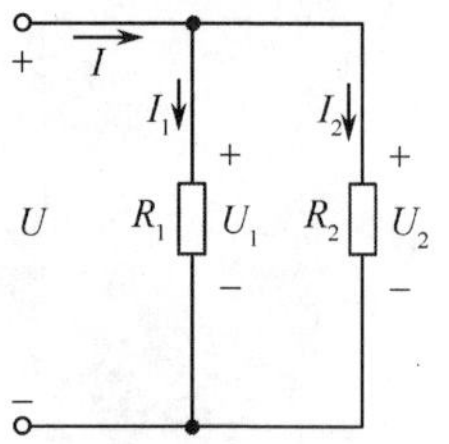

此时,电路的总电流 I 为

$$I = \frac{U}{R} = I_1 + I_2 = \frac{U}{R_1} + \frac{U}{R_2} \tag{1.1.28}$$

从而得

$$\frac{1}{R} = \frac{1}{R_1} + \frac{1}{R_2} \quad 或 \quad R = R_1 /\!/ R_2 = \frac{R_1 \cdot R_2}{R_1 + R_2} \tag{1.1.29}$$

图 1.1.11　电阻并联电路

由式(1.1.28)和式(1.1.29)可推出两个电阻 R_1、R_2 并联后的分流公式为

$$I_1 = \frac{U}{R_1} = \frac{R_2}{R_1 + R_2}I \tag{1.1.30}$$

$$I_2 = \frac{U}{R_2} = \frac{R_1}{R_1 + R_2}I \tag{1.1.31}$$

2) 电感的串联与并联

两个电感 L_1、L_2 串联和并联的交流电路分别如图 1.1.12 和图 1.1.13 所示。

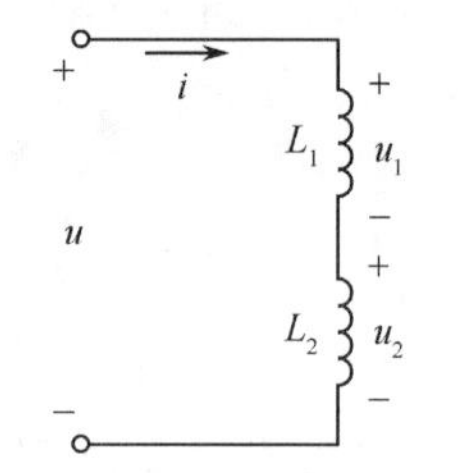

图 1.1.12　电感串联电路

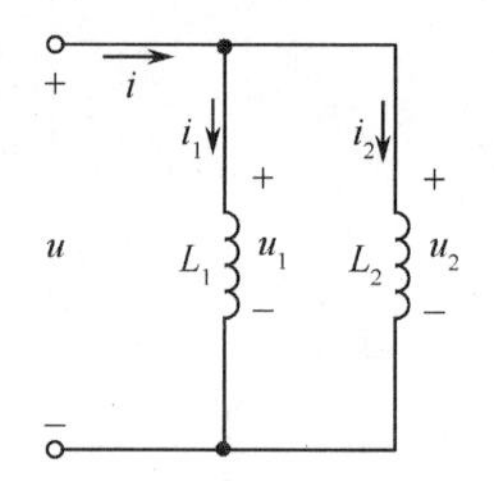

图 1.1.13　电感并联电路

两个电感串联时,总电感 L 为

$$L = L_1 + L_2 \tag{1.1.32}$$

两个电感并联时,总电感 L 为

$$\frac{1}{L} = \frac{1}{L_1} + \frac{1}{L_2} \quad 或 \quad L = \frac{L_1 \cdot L_2}{L_1 + L_2} \tag{1.1.33}$$

3) 电容的串联与并联

两个电容 C_1、C_2 串联和并联的交流电路分别如图 1.1.14 和图 1.1.15 所示。

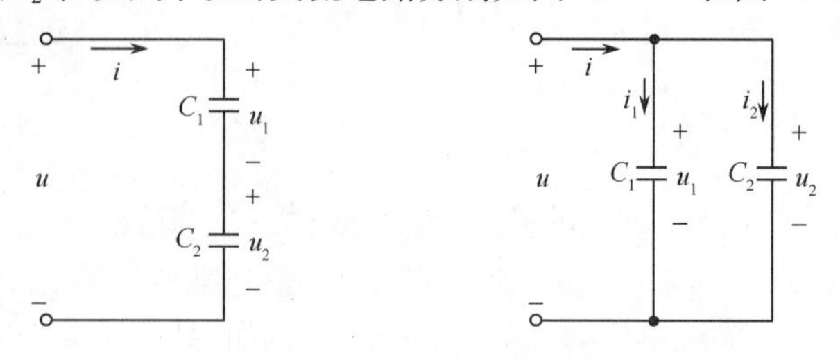

图 1.1.14　电容串联电路　　图 1.1.15　电容并联电路

两个电容串联时，总电容 C 为

$$\frac{1}{C}=\frac{1}{C_1}+\frac{1}{C_2} \quad \text{或} \quad C=\frac{C_1 \cdot C_2}{C_1+C_2} \tag{1.1.34}$$

两个电容并联时，总电容 C 为

$$C=C_1+C_2 \tag{1.1.35}$$

4）电压源串联

若两个电压源 U_{S1}、U_{S2}串联，当电压极性相同时，总电压 $U=U_{S1}+U_{S2}$；当电压极性相反时，总电压 $U=|U_{S1}-U_{S2}|$，U 的极性与 U_{S1}、U_{S2}中数值较大的相同。

5）电流源并联

若两电流源 I_{S1}、I_{S2}并联，当电流方向相同时，总电流 $I=I_{S1}+I_{S2}$；当电流极性相反时，总电流 $I=|I_{S1}-I_{S2}|$，I 的方向与 I_{S1}、I_{S2}中数值较大的相同。

【例 1.1.1】 有一只最大量程为 100mA 的表头，内阻 $R_S=1\text{k}\Omega$，如果要将其最大量程改装为 10mA，问分流电阻为多少？

【解】 已知 $I_S=100\text{mA}$，$R_S=1\text{k}\Omega$，设分流电阻为 R，与表头并联，依题意 R 支路的分流电流应为 $I_R=90\text{mA}$，根据分流公式，可得

$$I_R=\frac{R_S}{R+R_S}I_S=\frac{1000}{R+1000}100\times10^{-3}\text{A}=90\times10^{-3}\text{A}$$

求得，分流电阻 $R\approx111\Omega$。

【例 1.1.2】 在图 1.1.16 所示的电路中，$I_1=3\text{mA}$，求电源电压 U_S和它提供的功率。

【解】 将电路右边的 3 只电阻用电阻的串、并联方法合并后，为一只(10/3) kΩ 的电阻，并设各支路电流如图 1.1.17 所示，则可得

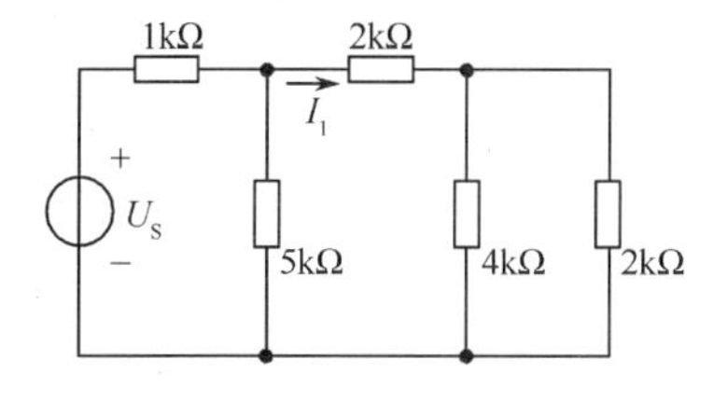

图 1.1.16 例 1.1.2 题图

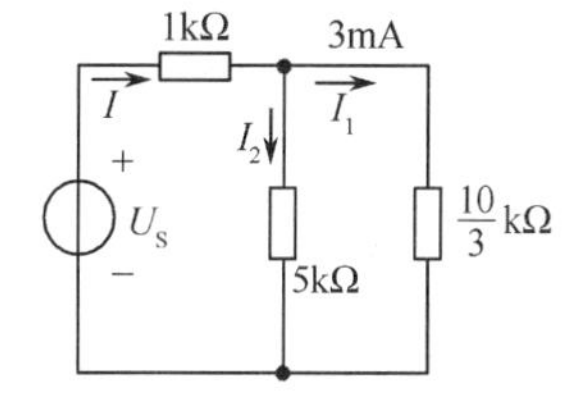

图 1.1.17 例 1.1.2 解图

$\frac{10}{3}\text{k}\Omega$ 上的电压为 10V；5kΩ 上的电压也为 10V；

$I_2=\frac{10}{5000}=2\text{mA}$；

$U_S=1\times5+5\times2=15\text{V}$；

$P_S=U_S\times I=75\text{mW}$。

3. 受控电源

以上讨论的电压源和电流源都是独立电源。所谓独立电源，就是电压源的电压或电流源的电流不受外电路电压或电流的控制，是独立存在的。除此之外，电路中还有另一种类型的电源——受控电源。受控电源(简称受控源)是把某些电路元器件抽象表示的一种电路模型，用以说明这类元器件内部的物理作用。例如，晶体三极管就可以用受控源作模型(在后续基本放大电路一章中介绍)，再用电路分析的方法分析它在电路中的作用。

和独立电源不同,受控源的电压或电流受外电路中某一支路的电压或电流的控制,并为该支路电压或电流的函数,这个支路称为受控源的控制支路,其电流或电压称为控制量。所以受控源是非独立电源。当控制量消失或等于零时,受控源的电压或电流也为零。

根据受控源是电压源还是电流源及控制量是电压还是电流,可将受控源分为 4 种,分别是电压控制电压源(VCVS)、电压控制电流源(VCCS)、电流控制电压源(CCVS)和电流控制电流源(CCCS)。4 种理想受控源的模型如图 1.1.18 所示。

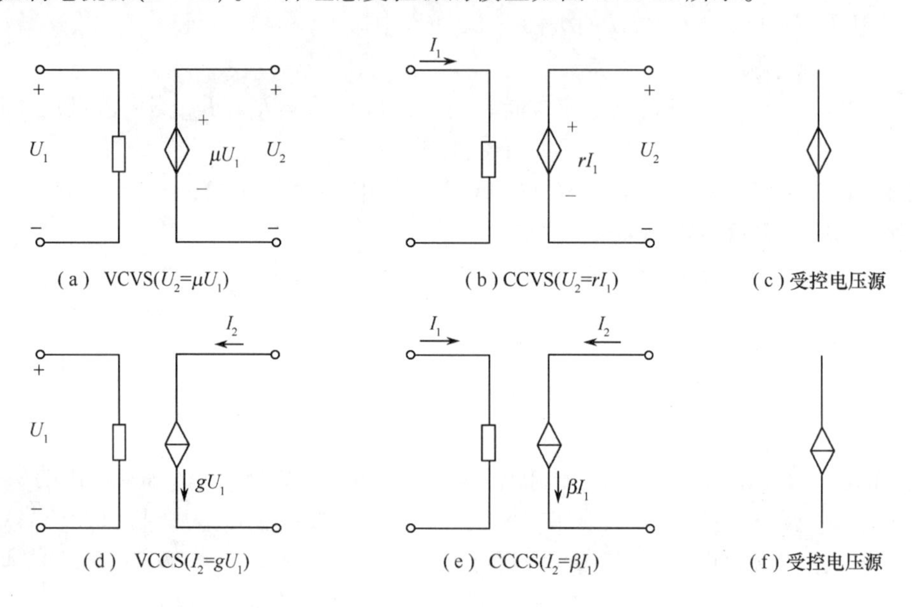

图 1.1.18 理想受控电源模型

所谓理想受控源,从控制端(输入端)来说,对电压控制的受控源,其输入电阻为无穷大;对电流控制的受控源,其输入电阻为零。这样,控制端消耗的功率为零。从受控端(输出端)来说,和理想独立电源相同,对受控电压源,其输出电阻为零,输出恒定电压;对受控电流源,其输出电阻为无穷大,输出恒定电流。

受控源电压、电流的参考方向与独立源的相同,这里不再复述。受控源的控制量与被控量之间的关系用比例常数表示。

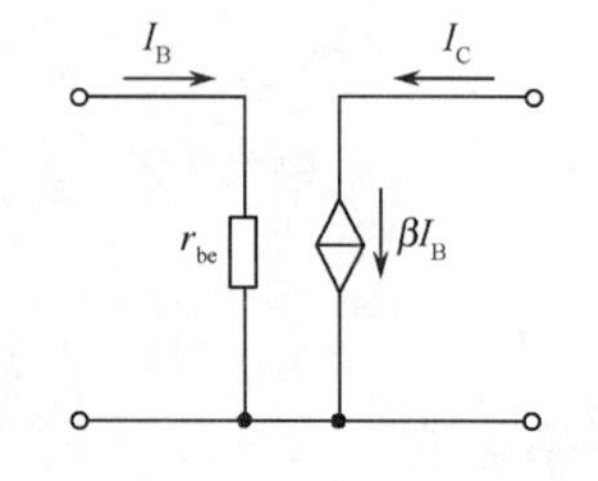

图 1.1.19 例 1.1.3 题图

对于电压控制电压源,$\mu = U_2/U_1$,μ 称为电压比例系数或电压放大倍数,无量纲;对于电流控制电压源,$r = U_2/I_1$,r 称为转移电阻,具有电阻的量纲;对于电压控制电流源,$g = I_2/U_1$,g 称为转移电导,具有电导的量纲;对于电流控制电流源,$\beta = I_2/I_1$,β 称为电流比例系数或电流放大倍数,无量纲。

【**例 1.1.3**】在图 1.1.19 所示的电路中,$I_B = 40\mu A$,$\beta = 50$,求 I_C。

【**解**】$I_C = \beta I_B = 50 \times 40 = 2mA$

1.2 电源的工作状态

1.2.1 电源的有载状态

电源的有载状态，即电源与负载之间的开关闭合状态，如图 1.2.1 所示。此时，$I_L = I, U_L = U$。电源端电压 U 与电流 I 的关系为

$$U = U_S - IR_S \quad 或 \quad U = IR_L \tag{1.2.1}$$

$$I = \frac{U_S}{R_S + R_L} \tag{1.2.2}$$

式(1.2.2)为全电路欧姆定律。

在电源电压 U_S 一定、内阻 $R_S \neq 0$ 时，电路有以下特点：

(1) 电流 $I\uparrow \rightarrow$ 端电压 $U\downarrow$。

(2) 电流 I 的大小由负载 R_L 决定。

(3) 电源输出的功率由负载决定，即

$$P = P_E - \Delta P = IU_S - I^2R_S \quad 或 \quad P = I^2R_L \tag{1.2.3}$$

式中，P 为电源输出的功率，即负载消耗的功率；P_E 为电源产生的功率；ΔP 为电源自身消耗的功率。通常所说的负载增加，是当电源电压一定时，负载取用的电流和功率增加，负载的大小有欠载、满载和过载几种可能。

1.2.2 电源的开路状态

电源的开路状态是电源处于没有接负载的空载工作状态，即电源与负载之间的开关断开的状态，如图 1.2.2 所示。此时，电路中的电流为零，电源端电压称为开路电压，记为 U_{OC}。$I=0$ 时，$U = U_{OC}$。

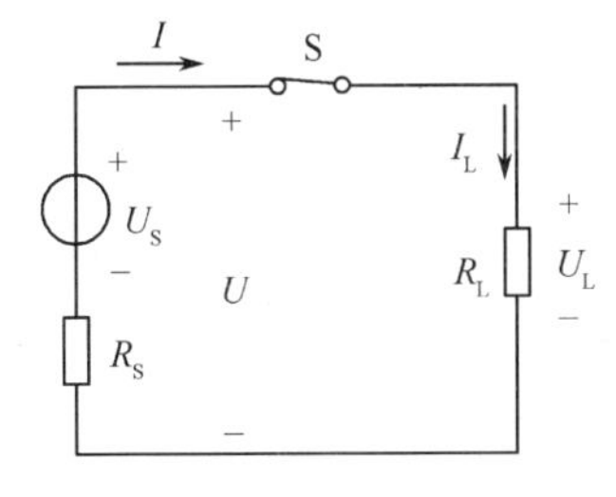

图 1.2.1 电源的有载状态

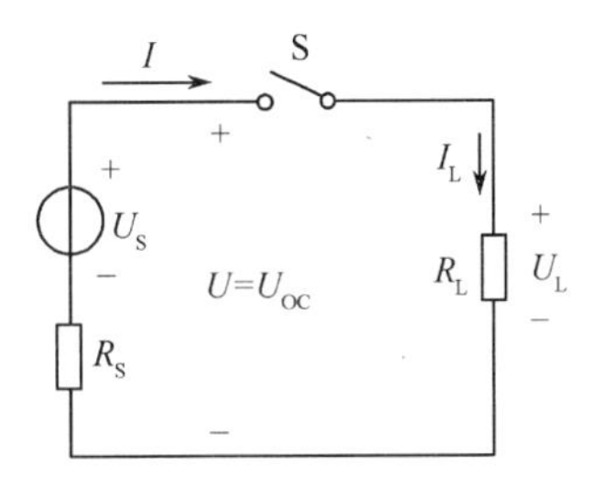

图 1.2.2 电源的开路状态

1.2.3 电源的短路状态

工作在正常状态的电路，当电源两端被错误操作或负载绝缘损坏时，在电源端或负载端造成两根电源线直接碰触或搭接的现象，为电路的短路状态，如图 1.2.3 所示。

短路时，电源端电压 $U=0$，电路中的电流为短路电流，记为 I_{SC}。

当 $U=0$ 时，$I=I_{SC}=\frac{U_S}{R_S}$。

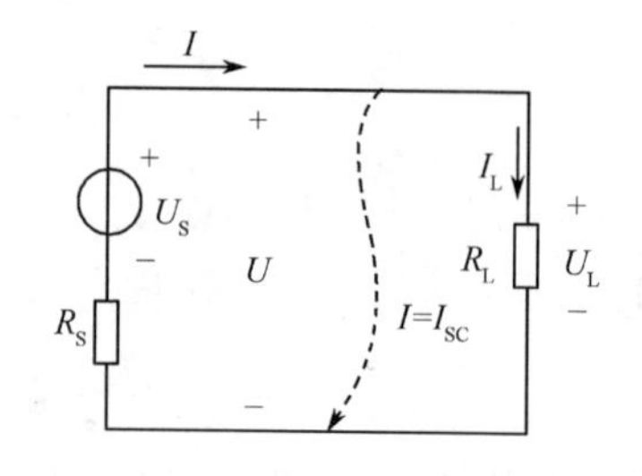

图 1.2.3　电源的短路状态

由图 1.2.3 可知，短路时电源两端外电路的电阻为零，电源自成回路，因电源内阻 R_S 很小，所以 I_{SC} 很大，在电源内部产生的功率损耗 $I_{SC}^2R_S$ 很大，使电源迅速发热，如不立即排除短路故障，电源将被烧坏。被短路后的负载，其电压 U_L、电流 I_L、功率 P 都为零。

短路不一定都是事故，有时为了某种需要（如调节电路中电压或电流），也可以将电路中某段电路短路，此时的短路称为短接。

综上所述，在电路的 3 种工作状态中，有载是电路的基本工作状态，开路和短路是电路的两种特殊状态。从电源看，开路相当于外电阻为无穷大的状态，短路相当于外电阻为零的状态，正常情况下，$0<R_L<\infty$。

【**例 1.2.1**】在图 1.2.4 所示的电路中，已知，$U_S=24\text{V}$，$R_1=20\Omega$，$R_2=30\Omega$，$R_3=15\Omega$，$R_4=100\Omega$，$R_5=25\Omega$，$R_6=8\ \Omega$。求 U_S 的输出功率 P。

【**解**】设 R_5 两端的电阻为 R_{AB}，则

$$R_{AB}=[(R_2/\!/R_3)+R_1]/\!/(R_4/\!/R_5)=12\Omega$$

$$P=\frac{U_S^2}{R_{AB}+R_6}=28.8\text{W}$$

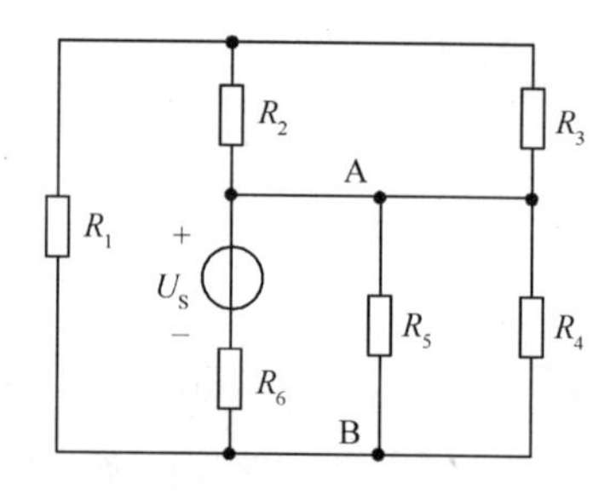

图 1.2.4　例 1.2.1 题图

1.2.4　电气设备的额定值

电气设备（包括负载、绝缘导线等）的导电部分都有一定的电阻，电流流过时，将吸收电能转换为热能，使电气设备的温度升高。电流越大，发热量就越大，如果电气设备的温度超过某一允许值，电气设备的绝缘层会变脆，绝缘寿命缩短，甚至烧毁。为了保证电气设备的使用寿命和安全，生产厂家通过测试，给电气设备规定了一个在长期连续运行的情况下允许通过的电流值，称为额定电流，用 I_N 表示。另外，还根据所用绝缘材料的耐压（电压过高，绝缘层会被击穿）情况，规定了电气设备正常工作时允许施加的电压值，称为额定电压，用 U_N 表示。

额定电流 I_N、额定电压 U_N 和额定功率 P_N 反映了电气设备使用的安全性，同时也表明了电气设备的使用能力。额定值通常标在电气设备的铭牌上或写在说明书中，它是指导用户正确使用电气设备的技术数据。例如，一只灯泡，其上数据为 220V/45W，这 220V 就是它的额定电压值，使用时就不能接在 380V 的电源上。

实际使用中，电气设备的电压、电流和功率不一定就等于额定值。通常，电气设备（包括负载）有欠载、满载和过载 3 种工作状态。欠载时，$I<I_N$，$P<P_N$，电气设备没达到正常合理的运行状态，也没有充分利用设备的能力，这种工作状态不经济；满载（即额定）时，$I=I_N$，$P=P_N$，这种工作状态经济合理且安全可靠；过载（即超载）时，$I>I_N$，$P>P_N$，设备易损坏。

1.3 电流和电压的方向

电工技术中,对电流 I、电压 U 及电源电动势 E 的实际方向有统一的规定,现列于表 1.3.1 中。

表 1.3.1 电流、电压及电动势的实际方向

物理量	实际方向	单位
电流 I	正电荷移动的方向	安培(A;mA;μA)
电压 U	高电位指向低电位 (电位降低的方向)	伏特(kV;V;mV)
电动势 E	电源的低电位指向高电位 (电位升高的方向)	伏特(kV;V;mV)

1.3.1 电流和电压的参考方向

1. 电流的参考方向

由表 1.3.1 可知,电流的实际方向为正电荷运动的方向。但是在分析计算电路时,有时事先不能判断各支路中电流的实际方向,为此,可假定电流为某一方向,这个假定的电流方向被称为电流的参考方向,按参考方向列出代数方程,若计算结果电流为正值,则说明该电流的实际方向和参考方向相同;若计算结果电流为负值,则说明该电流的实际方向和参考方向相反。由此可知,分析计算电路时,电流的正、负是相对参考方向而言的。

电流的方向用箭头表示,如图 1.3.1 所示。

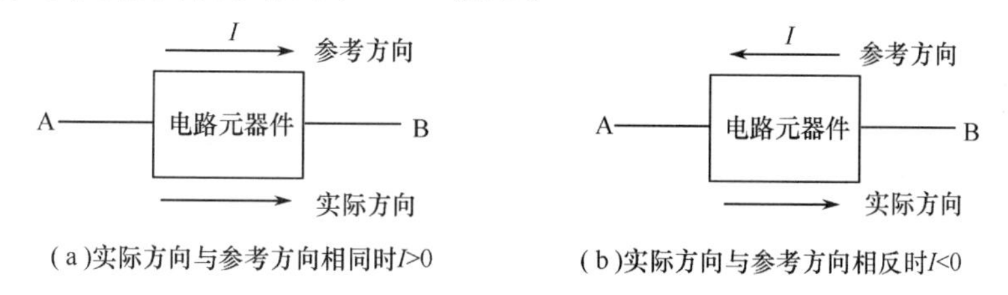

(a)实际方向与参考方向相同时$I>0$　　(b)实际方向与参考方向相反时$I<0$

图 1.3.1 电流的参考方向

2. 电压的参考方向

由表 1.3.1 可知,电压的实际方向(或极性)从高电位端指向低电位端,即电位降低的方向。在事先不能判断电路元器件的电压极性时,可任意假定一个参考极性列代数方程,若计算结果电压为正值,则说明该电压的实际极性和参考极性相同;若计算结果电压为负值,则说明该电压的实际极性和参考极性相反。由此可知,分析计算电路时,电压的正、负也是相对参考方向而言的。

电压 U 的方向常用正、负极表示,也可用箭头表示,如图 1.3.2 所示。电压方向还可用代表起点、终点的双下标表示,如 U_{ab} 表示参考方向从 a 点指向 b 点的电压,且 $U_{ab}=-U_{ba}$。

为避免在解题中出现混乱,通常规定假设的电压参考方向与电流参考方向必须一致,即电流参考方向从电压参考方向的高电位(“+”极)指向低电位(“-”极),这样的参考

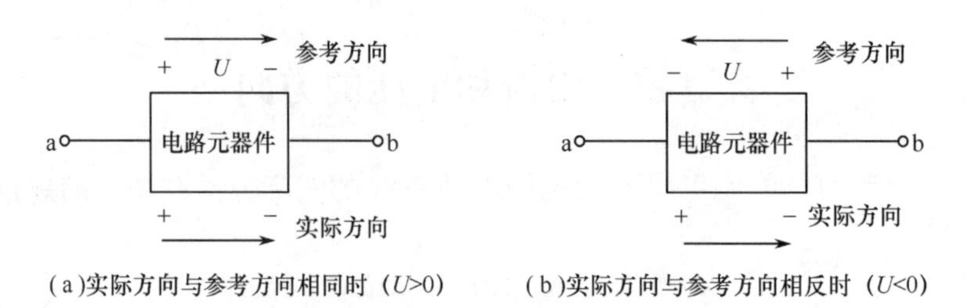

图 1.3.2　电压的参考方向

方向称为关联参考方向,反之,则称为非关联参考方向。

在电压、电流为不同的参考方向下,欧姆定律的表达式如图 1.3.3 所示。由图可知,关联参考方向时,如图 1.3.3(a)、(d)所示,$U=IR$;非关联参考方向时,如图 1.3.3(b)、(c)所示,$U=-IR$。

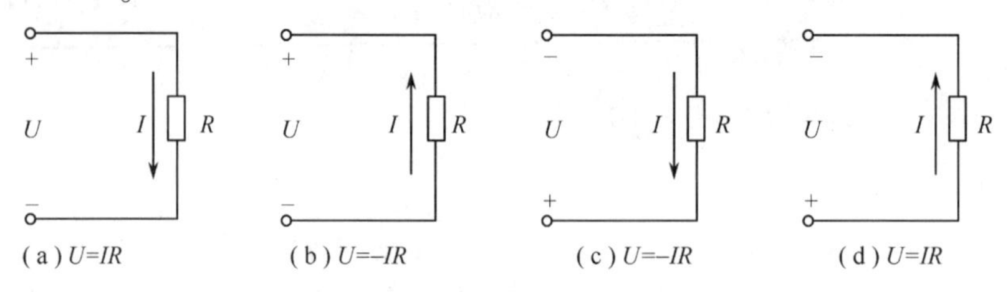

图 1.3.3　欧姆定律

1.3.2　电路中电源与负载的判断

电路分析中,经常要判断电路中的元器件是起电源作用还是起负载作用,可以采用以下两种方法中的任意一种加以判断。

1. 根据电流和电压的实际方向判断

这种判断方法是先根据电流、电压的参考方向及其代数量的正、负,求出实际方向再进行判断。如果元器件的实际电流从实际电压的正极流出,则该元器件是电源,产生功率;反之,如果元器件的实际电流从实际电压的正极流入,则该元器件是负载,吸收功率。

2. 根据电流和电压的参考方向判断

将电流和电压代数量的正、负代入功率的计算公式进行计算,根据计算结果进行判断:

参考方向关联且 $P>0$ 时,元器件为负载;参考方向关联且 $P<0$ 时,元器件为电源。

参考方向非关联且 $P>0$ 时,元器件为电源;参考方向非关联且 $P<0$ 时,元器件为负载。

【例 1.3.1】 如图 1.3.4(a)所示电路元器件,吸收功率 $P=-20\text{W}$,电压 $U=5\text{V}$,求电流 I。

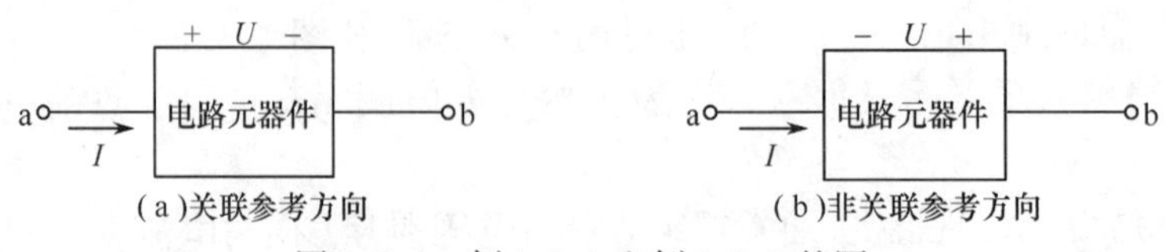

图 1.3.4　例 1.3.1 和例 1.3.2 的图

【解】图 1.3.4(a)中元器件的电压、电流为关联参考方向,关联参考方向下,有

$$I=\frac{P}{U}=\frac{-20}{5}=-4\text{A}$$

$I<0$,说明电流的实际方向与参考方向相反,是从电压的正极流出,因此该元器件是电源。

【例 1.3.2】 如图 1.3.4(b)所示电路元器件,已知电流 $I=-100\text{A}$,电压 $U=10\text{V}$,求电功率 P,并说明该元器件是吸收功率还是发出功率。

【解】图 1.3.4(b)中元器件的电压、电流的参考方向为非关联,此时

$$P=UI=10\times(-100)=-1000\text{W}$$

参考方向非关联且 $P<0$,该元器件是一个负载。

【例 1.3.3】 电路如图 1.3.5 所示,已知 $I_{S1}=3A$,$I_{S2}=2\text{A}$,$U_S=30\text{V}$,试求各电源的功率,并说明哪个是电源?哪个是负载?

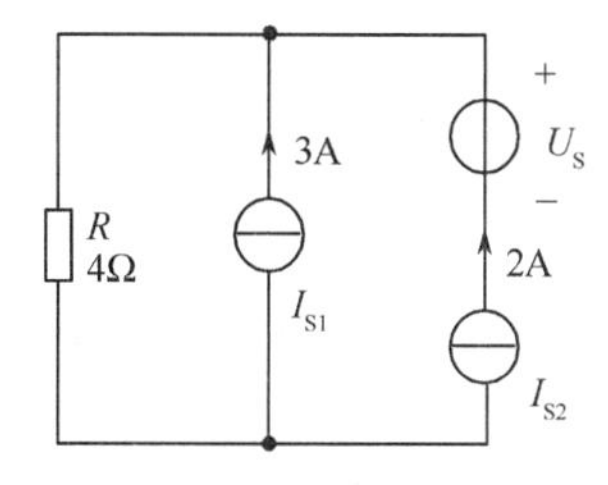

图 1.3.5　例 1.3.3 的图

【解】方法一

(1) 先求电阻 R 上的电压 U_R

$U_R=(I_{S1}+I_{S2})R=(3+2)\times4=20\text{V}$(上正下负)

(2)求 I_{S1} 的功率 P_{S1}

$$P_{S1}=U_{S1}I_{S1}=U_RI_{S1}=20\times3=60\text{W}$$

I_{S1} 的参考方向非关联且 $P>0$,I_{S1} 是一个电源。

(3) 求 I_{S2} 的功率 P_{S2}

$$P_{S2}=U_{S2}I_{S2}=(U_R-U_S)I_{S2}=(20-30)\times2=-20\text{W}$$

I_{S2} 的参考方向非关联且 $P<0$,I_{S2} 是一个负载。

(4) 求 U_S 的功率 P_S

$$P_S=U_SI_{S2}=30\times2=60\text{W}$$

U_S 的参考方向非关联且 $P>0$,U_S 是一个电源。

【解】方法二

将求出的实际电压标在图中,如图 1.3.6 所示,有以下判断:

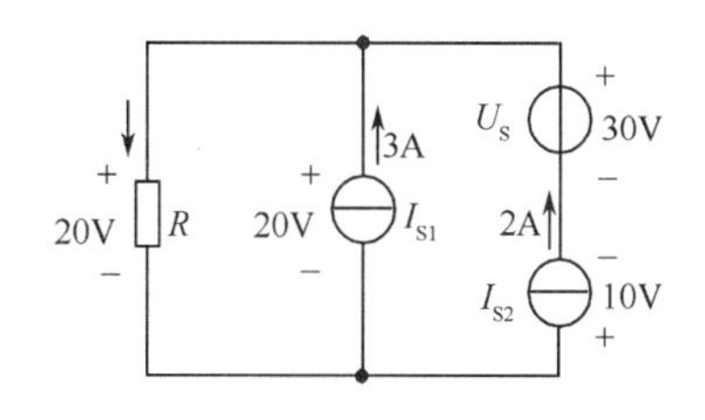

图 1.3.6　例 1.3.4 解图

电流 I_{S1} 从其两端电压(20V)的正极流出,所以 I_{S1} 是输出功率,I_{S1} 为电源。

电流 I_{S2} 从其两端电压(10V)的正极流入,所以 I_{S2} 是吸收功率,I_{S2} 为负载。

电流 I_{S2} 从 30V 电压源 U_S 的正极流出,所以 U_S 是输出功率,U_S 为电源。

1.4　电位的概念及计算

电工技术中,以大地为零电位体,为了安全,电路是应该接零电位体即接地的,这样,电路的接地点就是“零电位点”,是确定电路中其他各点电位的参考点。由于电位差等于

电压，因此，电路中任一点的电位就等于该点到零参考点之间的电压。

如果电路不接地，又需要分析电路中一些点的电位，可在电路中任选一点作为参考点，用“⊥”表示，令其单位为零，电路中其他点的电位都同它比较，高出它的为正，高出数值越大其电位越高；低于它的为负，低于它的数值越大其电位越低。

电位的本质是电场力将单位正电荷从电路某一点移至零参考点消耗的电能。电路中某点的电位就用注有该点字母的 V 的单下标表示，如 a 点的电位为 V_a。电位的单位为 V。

在绘制电路图时，为了使电路图（尤其是复杂的电路图）看上去清晰明了，往往会将电源的接线省略，这样画出的电路称为“开口型电路”。将一个“闭口型电路”画成开口型电路的方法可参见图 1.4.1。第一步，在不改变电路各元器件的电流、电压的前提下，将电源电压 U_S 移至参考点，如图 1.4.1(b) 所示；第二步，去掉 U_S 符号，其值以电位的形式在 U_S 不接参考点的那个接线端标出，如图 1.4.1(c) 所示。在对开口型电路分析计算时，有时应将其还原。

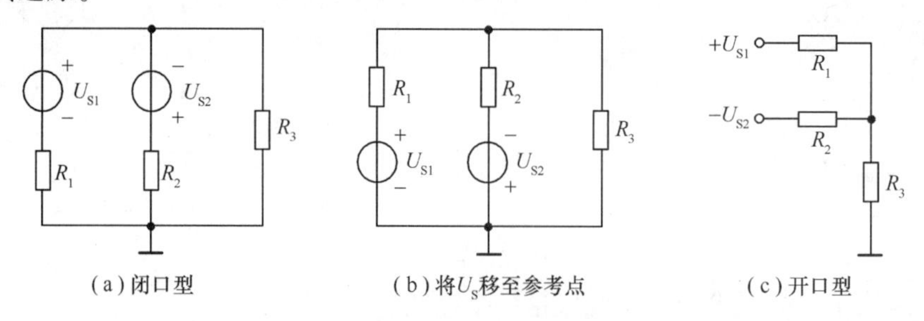

图 1.4.1　画开口型电路举例

【**例 1.4.1**】试求图 1.4.2(a) 所示电路中，开关 S 断开或闭合时的电流和 A 点的电位。

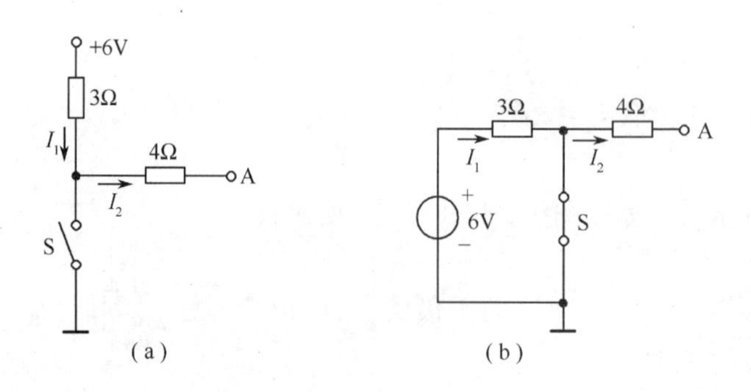

图 1.4.2　例 1.4.1 题图

【**解**】S 断开时见图 1.4.2(a)，电路中的电流为零，电阻上没有电压降，A 点电位 $V_A = 6V$；

S 闭合时见图 1.4.2(b)，$I_1 = 2A$，$I_2 = 0$，A 点电位 $V_A = 0V$。

【**例 1.4.2**】将图 1.4.3 所示的开口型电路还原。

【**解**】将 140V 电压源的正极保留在 A 点，其负极接参考点；将 90V 电压源的负极保留在 C 点，其正极接参考点，就可将图 1.4.3 所示的开口型电路还原成为闭口型电路，如图 1.4.4 所示。

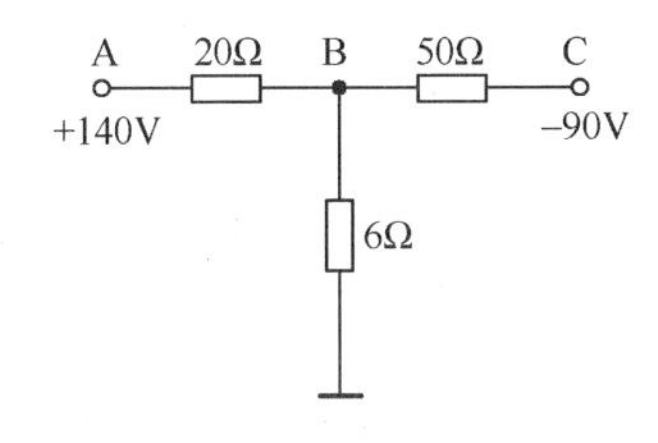

图 1.4.3　例 1.4.2 题图

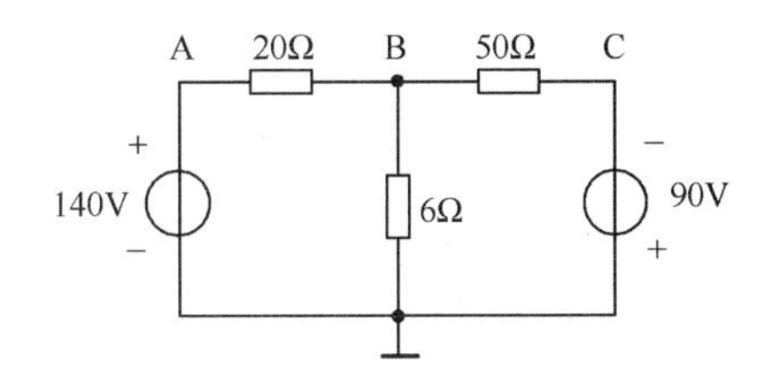

图 1.4.4　例 1.4.2 的闭口型电路

1.5　电源等效变换法

电源等效变换法是一种利用电压源与电流源的相互等效，分析计算电路中某支路电流或电压的方法。在讲述电源等效变换法之前，先介绍电压源、电流源及其相互等效。

1.5.1　电压源

实际的电压源，电源内部总会有一些损耗，使端电压 U 小于电源电压 U_S，为了描述这种情况，实际电压源（简称电压源）的模型，用理想电压源 U_S 与模拟电源内部损耗的电阻 R_S 串联组成，如图 1.5.1（a）所示。由图 1.5.1（a）知，电压源端口的伏安关系为 $U = U_S - IR_S$。

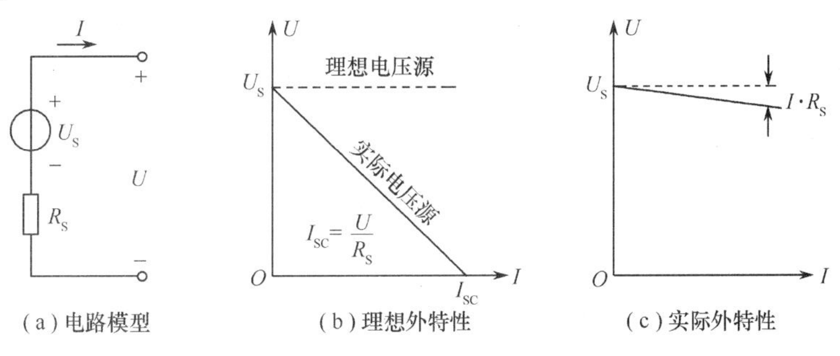

（a）电路模型　（b）理想外特性　（c）实际外特性

图 1.5.1　电压源

电压源完整的外特性如图 1.5.1(b)所示，它描述的是电压源外特性的全貌，具体为：若内阻 $R_S = 0$，电压源即理想电压源，其外特性为 $U = U_S$ 的一条直线；若允许负载短路，使输出电流 I 等于短路电流 I_{SC}，使端电压 $U = 0$，则电压源的外特性为过 I_{SC} 点的一条斜线。实际工作中，电压源内阻 R_S 一般比较小，负载也是不允许短路的，因此，输出电流 I 能被限制在额定电流 I_N 以内，端电压 U 比 U_S 稍有降低，可认为 U 基本恒定，所以电压源正常工作时的外特性如图 1.5.1(c)所示。

1.5.2　电流源

实际的电流源，电源内部总会有一些损耗，使输出电流 I 小于电源电流 I_S，为了描述这种情况，实际电流源（简称电流源）的模型，用理想电流源 I_S 与模拟电源内部损耗的电阻 R_S 并联组成，如图 1.5.2(a)所示。由图 1.5.2(a)知，电流源输出端的伏安关系为 $I = I_S - \frac{U}{R_S}$。

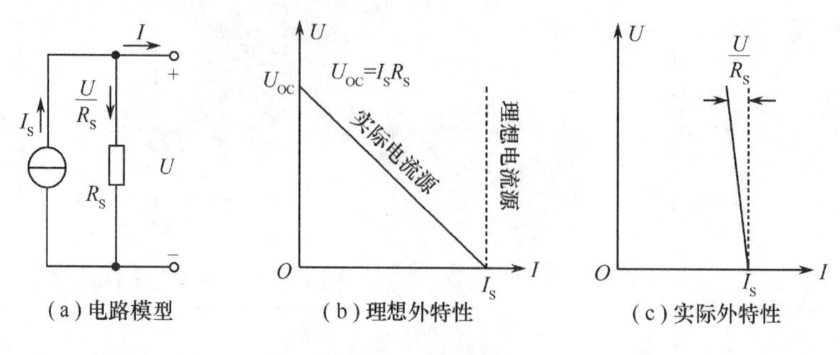

(a) 电路模型　　(b) 理想外特性　　(c) 实际外特性

图 1.5.2　电流源

电流源完整的外特性如图 1.5.2(b)所示,它描述的是电流源外特性的全貌,具体为:若内阻 $R_S=\infty$,电流源即理想电流源,其外特性为 $I=I_S$的一条直线;若允许负载开路,使端电压 U 等于开路电压 U_{OC},使输出电流 $I=0$,则电流源的外特性为过 U_{OC}点的一条斜线。实际工作中,电流源内阻 R_S一般比较大,负载也是不允许开路的,因此,端电压 U 能被限制在额定电压 U_N以内,输出电流 I 比 I_S稍有降低,可认为 I 基本恒定,所以电流源正常工作时的外特性如图 1.5.2(c)所示。

1.5.3　电压源与电流源的等效变换

电路分析中,电压源可以用等效的电流源代替;反之,电流源也可以用等效的电压源代替。电压源与电流源相互等效的条件,是两个电源的外特性完全相同,也就是它们对相同的负载 R_L,必须产生相同的电压 U_L和相同的电流 I_L。等效是对外电路(即负载)而言的,电源内部无法相互等效。

1. 电压源变换成等效的电流源

要将一个已知的电压源变换成等效的电流源,如图 1.5.3 所示,由图 1.5.1(a)、(b)和图 1.5.2(a)、(b)可知,只要令两电源的内阻相等,并令电流源的电流 I_S等于电压源的短路电流 I_{SC}即可,也就是在图 1.5.3 中,使所求电流源的内阻 $R_S'=R_S$且 $I_S=U_S/R_S$即可。

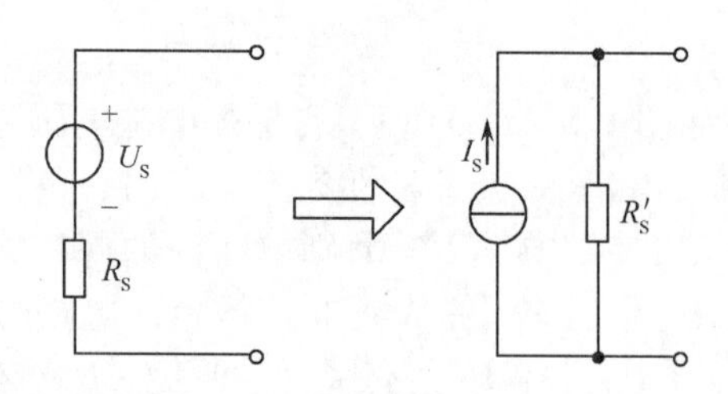

图 1.5.3　电压源等效成电流源

注意,等效变换后,电流源 I_S的方向应和电压源 U_S内部电流流向相同,如图 1.5.3 所示。

2. 电流源变换成等效的电压源

要将一个已知的电流源变换成等效的电压源,如图 1.5.4 所示,由图 1.5.1(a)、(b)和图 1.5.2(a)、(b)可知,只要令两电源的内阻相等,并令电压源的电压 U_S等于电流源的开路电压U_{OC}即可,也就是在图 1.5.4 中,使所求电压源的内阻 $R_S'=R_S$且 $U_S=I_SR_S$即可。

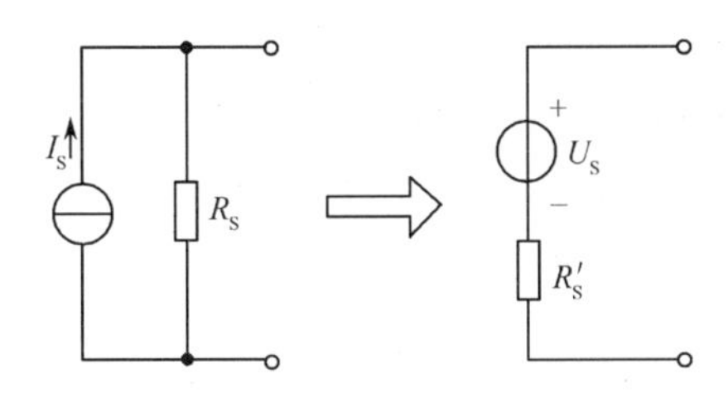

图 1.5.4　电流源等效成电压源

注意，等效变换后，电压源 U_S极性的确定，必须使其内部电流方向和电流源 I_S的方向相同，如图 1.5.4 所示。

【**例 1.5.1**】已知一电压源，$U_S = 10V$，$R_S = 1\Omega$，试将其变换成一等效的电流源，并分别求出两电源在 $R_L = 9\Omega$ 负载上产生的电流和电压。

【**解**】按上述等效变换方法可得，等效电流源的 $R_S = 1\Omega$，$I_S = \dfrac{10V}{1\Omega} = 10A$。

两个电源分别接 $R_L = 9\Omega$ 负载的电路如图 1.5.5 所示。

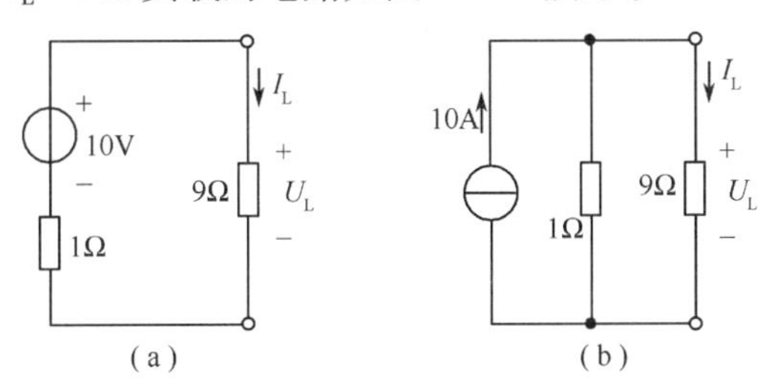

图 1.5.5　例 1.5.1 解图

在图 1.5.5(a)中，可求出 $U_L = 9V$，$I_L = 1A$；

在图 1.5.5(b)中，可求出 $I_L = 1A$，$U_L = 9V$。

由此例可知，将电压源按等效的方法变换成电流源后，它们在相同的负载上，产生相同的电压 U_L和相同的电流 I_L，即它们对外电路等效。

理想电压源和理想电流源之间没有等效的关系。因为对理想电压源，其短路电流为无穷大，对理想电流源，其开路电压为无穷大，都不能得到有限的数值，故两者之间不存在等效变换的条件。

1.5.4　电源等效变换法

利用电压源与电流源的相互等效，求解复杂电路中某支路电流或电压的方法称为电源等效变换法。

电源等效变换法的实质，是将复杂电路化简，最后在简单电路中解决问题。

所谓简单电路，一般指只含一个独立电源、用分压公式或分流公式就可以求解的电路。

电源等效变换法的解题步骤如下：

(1) 整理电路，将所求支路(简称负载)画到一边，通常画到右边。

(2) 将负载以外的部分，用电压源与电流源相互等效的方法进行化简。

(3) 在简单电路中,求解未知电流或电压。

补充:化简的目标是包含所求支路(负载)在内为一简单电路。也就是说,在化简过程中,负载必须保留。

【例 1.5.2】 电路如图 1.5.6 所示,试用电源等效变换法求 R_2 支路的电流 I_2。

【解】 解题过程如图 1.5.7 所示。

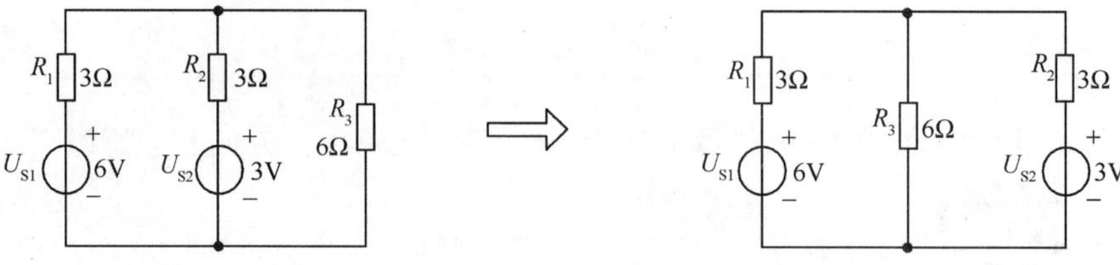

图1.5.6 例1.5.2题的图

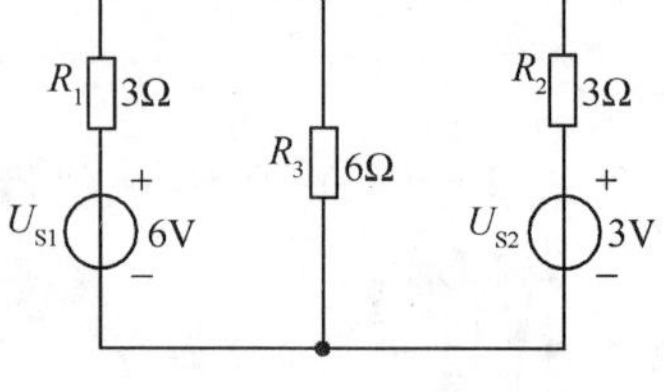

图1.5.7(a) 将负载画到右边

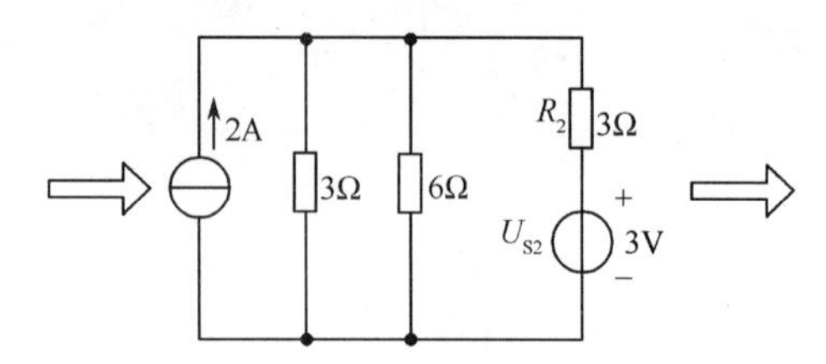

图1.5.7(b) 将6V、3Ω电压源等效为电流源

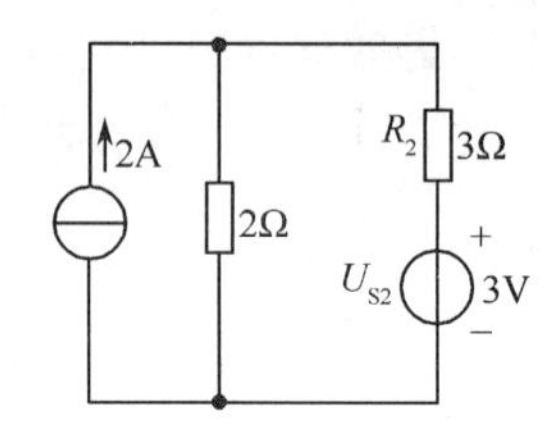

图1.5.7(c) 将3Ω、6Ω电阻合并

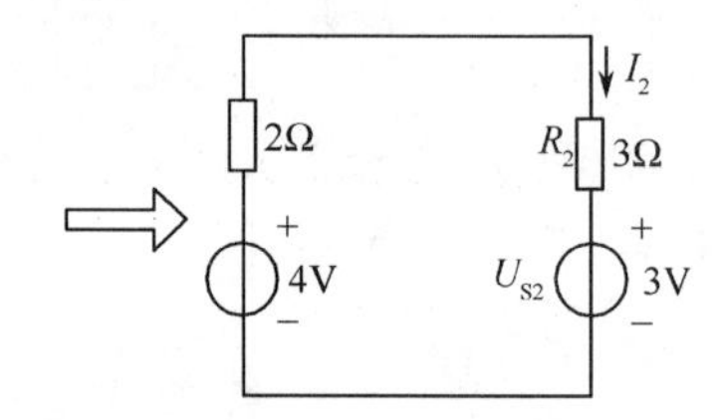

图1.5.7(d) 将2A、2Ω电流源等效成电压源

最后,在简单电路,即图 1.5.7(d)中求出

$$I_2=\frac{4-3}{2+3}=0.2\text{A}(\text{方向向下})$$

【例 1.5.3】 电路如图 1.5.6 所示,试求:

(1) 将电路对 R_3 等效成一个电流源,并求其中理想电流源发出的功率和 R_3 吸收的功率。

(2) 将电路对 R_3 等效成一个电压源,并求其中理想电压源发出的功率和 R_3 吸收的功率。

(3) 根据计算结果,你能得出什么样的结论?

【解】 (1) 将电路对 R_3 等效成一个电流源,等效过程见图 1.5.8(b)、(c)。在图 1.5.8(c)中可求:

$$I_3=\frac{1.5}{1.5+6}\times 3=0.6\text{A},\quad U_3=0.6\times 6=3.6\text{V},\quad P_3=2.16\text{W}。$$

而 3A 理想电流源发出的功率为 $P_{3A}=3\times 3.6=10.8\text{W}$。

(2) 将电路对 R_3 等效成一个电流源,等效过程见图 1.5.8(b)、(c)、(d)。

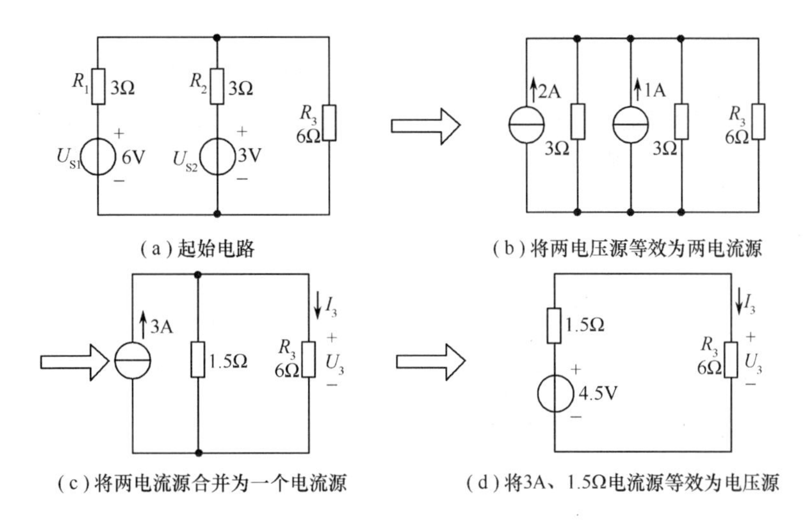

图 1.5.8　例 1.5.3 解图

在图 1.5.8(d)中可求：

$$I_3=\frac{4.5}{1.5+6}=0.6\text{A},\quad U_3=0.6\times6=3.6\text{V},\quad P_3=2.16\text{W}$$

而 4.5V 理想电压源发出的功率为 $P_{4.5\text{V}}=0.6\times4.5=2.7\text{W}$。

(3) 根据计算结果,得出的结论有两点。第一点,电压源与电流源等效变换前后,两种理想电源发出的功率不同,分别为 10.8W 和 2.7W,这是因为理想电压源和理想电流源都属于无穷大功率源,它们二者之间是没有等效而言的;第二点,电压源与电流源等效变换前后,负载电阻(此例为 R_3)上消耗的功率相同,均为 2.16W,这进一步说明等效变换前后,两种实际电源对负载的作用相同。

1.6　支路电流法

支路电流法是以支路电流为未知量,求解复杂电路的一种方法,它也是基尔霍夫定律的典型应用。本节首先解释几个名词术语,再介绍基尔霍夫定律,最后叙述支路电流法。

1.6.1　电路分析中几个常用的名词术语

1. 支路

单个或若干个元器件串联成的分支称为支路。例如,图 1.6.1 所示电路中,R_1 和电压源 U_{S1} 串联成一条支路;R_3 和电压源 U_{S3} 串联成一条支路;R_2 和电压源 U_{S2} 串联成一条支路; R_4、R_5 和 R_6 分别单独各为一条支路,共有 6 条支路。

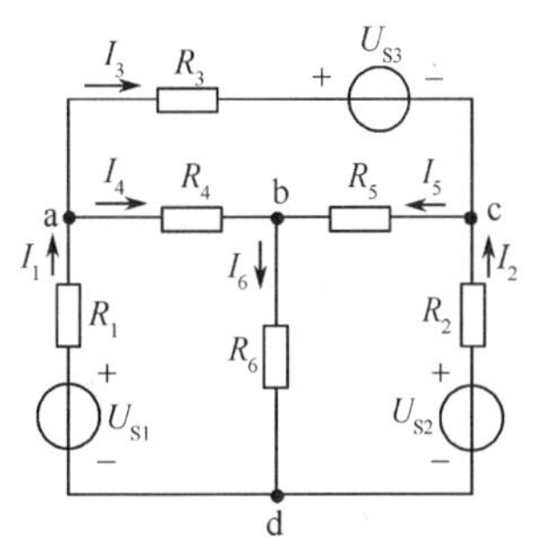

图 1.6.1　支路举例

2. 节点

3 条或 3 条以上的支路的连接点称为节点。图 1.6.1 中有 a、b、c、d 4 个节点。

3. 回路

电路中的任一闭合路径称为回路。在图 1.6.1 所示电路中，U_{S1}、R_1、R_4、R_6组成一个回路；U_{S2}、R_2、R_5、R_6组成一个回路；U_{S3}、R_3、R_4、R_5组成一个回路；U_{S1}、R_1、R_3、U_{S3}、R_2、U_{S2}组成一个回路；U_{S1}、R_1、R_4、R_5、R_2、U_{S2}组成一个回路；U_{S1}、R_1、R_3、U_{S3}、R_5、R_6组成一个回路；U_{S2}、R_2、U_{S3}、R_3、R_4、R_6组成一个回路，共 7 个回路。

4. 网孔

除组成回路本身的支路外，不另含有分支的回路称为网孔。在图 1.6.1 所示的电路中，U_{S1}、R_1、R_4、R_6回路是一个网孔；U_{S2}、R_2、R_5、R_6回路是一个网孔；U_{S3}、R_3、R_4、R_5回路是一个网孔，共有 3 个网孔。很显然，网孔是回路，回路不一定是网孔。

1.6.2 基尔霍夫电流定律(KCL)

基尔霍夫定律包括电流定律和电压定律。

基尔霍夫电流定律的缩写为 KCL，其内容为：

对于电路中任一节点，在任一瞬间，流入该节点的电流总和一定等于流出这个节点的电流总和，即

$$\Sigma I_{入} = \Sigma I_{出} \tag{1.6.1}$$

就参考方向而言，如果将流入节点的电流取正号，流出节点的电流取负号，那么，基尔霍夫电流定律的另一种陈述为：在电路的节点处，电流的代数和等于零，即

$$\Sigma I = 0 \tag{1.6.2}$$

基尔霍夫电流定律是电荷守恒定律在电路中的体现。

分析计算电路时，可利用基尔霍夫电流定律列节点电流方程，即 KCL 方程。例如，在图 1.6.1 所示的电路中的 a 节点，列出的 KCL 方程为

$$I_1 = I_3 + I_4 \quad 或 \quad I_1 - I_3 - I_4 = 0$$

基尔霍夫电流定律不仅适用于直流电路，也适用于交流电路；不仅适用于电路中的任一节点，也可推广到包围部分电路的任一假想的闭合面，因为可将任一闭合面缩为一个节点，也就是可把一个闭合面当作广义节点来处理。

例如，在图 1.6.2 中，若将虚线包围的部分看作是一个节点，则有 KCL 方程，即

$$I_A + I_B + I_C = 0$$

如果把 A、B、C 三个节点的电流方程分别列出再相加，可证明上式成立。由此可见，在任一瞬间，通过任一闭合面的电流的代数和也恒等于 0。

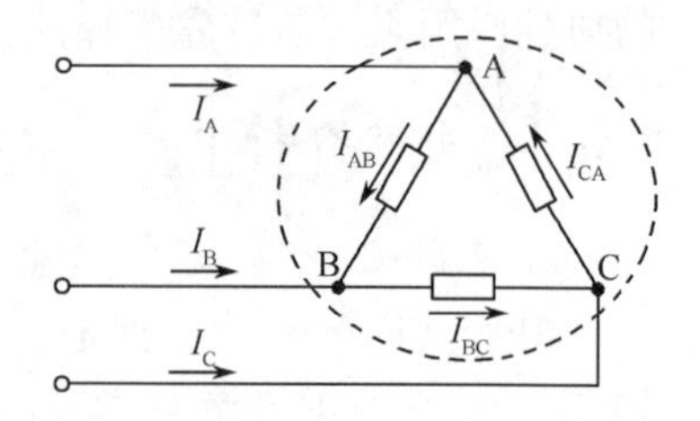

图 1.6.2　KCL 的推广

1.6.3 基尔霍夫电压定律(KVL)

基尔霍夫电压定律的缩写为 KVL，其内容为：

对于电路中的任一回路，从任何一点起，沿回路环绕一周，所遇电压升的总和一定等于电压降的总和，即

$$\Sigma U_{升} = \Sigma U_{降} \tag{1.6.3}$$

上述“电压升”与“电压降”，是根据环绕方向来确定的，顺着环绕方向，看某元器件两端的电压极性，从 + → - 的为电压降，从 - → + 的为电压升。

就参考方向而言，如果将电压降取正号，电压升取负号，那么，基尔霍夫电压定律的另一种陈述为：在电路的回路中，电压的代数和等于零，即

$$\Sigma U = 0 \tag{1.6.4}$$

基尔霍夫电压定律是能量守恒定律在电路中的体现。

分析计算电路时，可利用基尔霍夫电压定律，列回路电压方程，即 KVL 方程。例如，在图 1.6.1 所示电路的 dabd 回路中，若从 d 点开始，顺时针沿回路环绕一周，列出的 KVL 方程为

$$U_{S1} = I_4R_4 + I_6R_6 + I_1R_1 \quad 或 \quad U_{S1} - I_4R_4 - I_6R_6 - I_1R_1 = 0$$

1.6.4 支路电流法

利用基尔霍夫定律，以支路电流为求解对象，分析计算复杂电路的方法称为支路电流法。

支路电流法的解题步骤如下：

(1) 假设各支路电流的参考方向并标出，列 KCL 方程(即节点电流方程)。

(2) 标出各元器件上的电压极性，列 KVL 方程(即回路电压方程)。

(3) 联立方程，求出未知电流。

补充：

① 若电路有 n 个节点，则可列出 $n-1$ 个独立的 KCL 方程。

② 若电路有 m 个网孔，则可列出 m 个独立的 KVL 方程。

③ 列 KVL 方程时，电源电压极性保留，其他元器件的电压极性按假设的电流方向确定。

【例 1.6.1】 电路如图 1.6.3 所示，试用支路电流法求各支路电流。

【解】 (1)列 KCL 方程。假设各支路电流分别为 I_1、I_2、I_3，方向如图 1.6.4(a)所示。电路有两个节点，则可列一个独立的 KCL 方程，现选择 a 节点，列写的 KCL 方程为

$$I_1 + I_2 = I_3 \tag{1.6.5}$$

(2) 列 KVL 方程。根据假设的电流方向标出各元器件上的电压极性，如图 1.6.4(b)所示。电路有两个网孔 Ⅰ、Ⅱ，则可列两个独立的 KVL 方程。环绕方向为顺时针，列写的 KVL 方程为

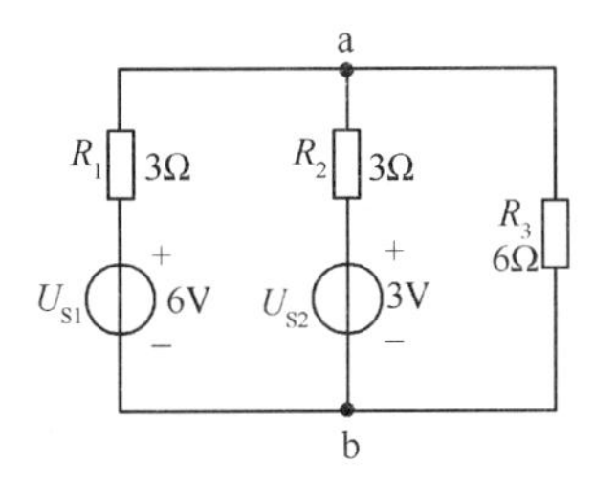

图 1.6.3　例 1.6.1 题图

$$I_1R_1 - I_2R_2 + U_{S2} - U_{S1} = 0 \tag{1.6.6}$$

$$I_2R_2 + I_3R_3 - U_{S2} = 0 \tag{1.6.7}$$

(3) 联立方程，求出未知电流。联立式(1.6.5)、式(1.6.6)和式(1.6.7)，求得

$$I_1 = 0.8\text{A}, \quad I_2 = -0.2\text{A}, \quad I_3 = 0.6\text{A}$$

由结果可知，第一条支路的电流 $I_1 = 0.8\text{A}$，说明实际方向和参考方向相同，电流 I_1 从

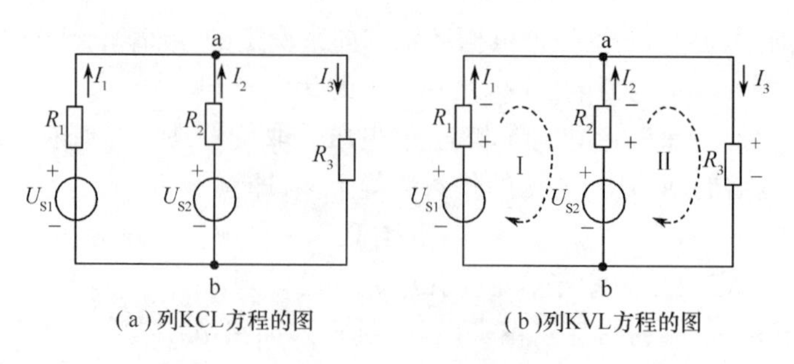

(a)列KCL方程的图　　(b)列KVL方程的图

图1.6.4　例1.6.1解图

U_{S1}正极流出，所以U_{S1}是电源，输出功率；第二条支路的电流$I_2=-0.2A$，说明实际方向和参考方向相反，电流I_2实际从U_{S2}正极流入，所以U_{S2}是负载，吸收功率；$I_3=0.6A$，方向和参考方向相同，不管I_3方向如何，R_3都是负载。

1.7 叠加定理

1.7.1 系统与线性的概念

叠加定理适用于线性系统，是解决许多工程问题的基础。在讲述应用叠加定理分析、计算线性电路的方法之前，需要先粗略地介绍“系统”和“线性”的概念。

简单地说，系统（这里特指电系统）是由一些元器件按一定的规则连接的、能实现一定功能的整体。电路与系统是同义词，一个电路就是一个系统，但习惯上往往将简单的电路称为电路，将几个简单电路互相连接成的复杂电路称为系统。另外，电路与网络也是同义词，习惯上还常将复杂的电路称为网络，网络元器件都是无源的称为无源网络，含有独立电源的网络称为有源（含源）网络。

线性性质有“齐次性”和“可加性”两层含义。

齐次性：设线性系统的输入为x，输出为y，且$y=f(x)$，相应于x，输出y是唯一的；当输入为Kx（K为常数），则输出为$f(Kx)=Kf(x)=Ky$。

可加性：系统单独输入x_1时输出为y_1；单独输入x_2时输出为y_2。若输入为x_1+x_2，相应的输出为$y=f(x_1+x_2)=f(x_1)+f(x_2)=y_1+y_2$。

将齐次性和可加性结合起来即为线性性质，可表示为

$$y=f(K_1x_1+K_2x_2)=K_1f(x_1)+K_2f(x_2)=K_1y_1+K_2y_2$$

1.7.2 叠加定理

叠加定理的内容为：在多个电源共同作用的线性电路中，各支路电流（或电压）等于每个电源分别单独作用时，在该支路产生的电流（或电压）的代数和（叠加）。

叠加定理可用来求多个未知量或某个未知量。利用叠加定理分析计算电路的步骤如下。

（1）画每个电源单独作用时的电路分图。

（2）标出各分图中各支路实际电流方向或各元器件上的实际电压极性。

(3) 求各分图中的各支路电流或电压。

(4) 将各分图中对应各支路的电流或电压叠加。

补充:

① 当确定某个电源单独作用时,其他不作用的电源应置零(即令 U_S短路、I_S开路)。

② 电路中所有线性元件的位置都不予变动,受控源则保留在各分图中。

③ 若原电路中电压和电流的参考方向已假定,则各分图中的电流方向、电压极性可按原电路中的参考方向标注,叠加时应将求出的各分量前的“+”、“-”号代入。

【例 1.7.1】 试用叠加定理求图 1.7.1 所示电路中各支路的电流。

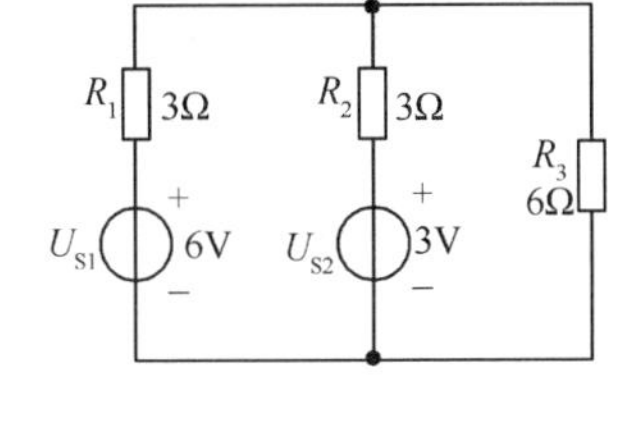

图 1.7.1 例 1.7.1 题图

【解】

(1) 每个电源单独作用时的电路分图如图 1.7.2 所示。

(2) 由于图 1.7.1 中没有设定电流的参考方向,所以在图 1.7.2 中,标出的是各支路电流的实际方向。

(3) 求各分图中的各支路电流。

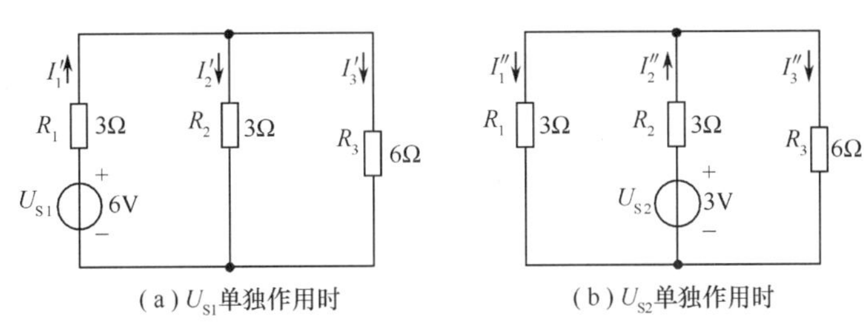

(a) U_{S1}单独作用时

(b) U_{S2}单独作用时

图 1.7.2 例 1.7.1 解图

U_{S1}单独作用时,各支路电流如图 1.7.2(a)所示,先求 I_1'。

$$I_1' = \frac{U_{S1}}{R_1 + R_2 /\!/ R_3} = \frac{6}{3 + 3 /\!/ 6} = 1.2\text{A} \uparrow$$

$$I_2' = \frac{R_3}{R_2 + R_3} I_1' = \frac{6}{3 + 6} \times 1.2 = 0.8\text{A} \downarrow$$

$$I_3' = I_1' - I_2' = 1.2 - 0.8 = 0.4\text{A} \downarrow$$

U_{S2}单独作用时,各支路电流如图 1.7.2(b)所示,先求 I_2''。

$$I_2'' = \frac{U_{S2}}{R_2 + R_1 /\!/ R_3} = \frac{3}{3 + 3 /\!/ 6} = 0.6\text{A} \uparrow$$

$$I_1'' = \frac{R_3}{R_1 + R_3} I_2'' = \frac{6}{3 + 6} \times 0.6 = 0.4\text{A} \downarrow$$

$$I_3'' = I_2'' - I_1'' = 0.6 - 0.4 = 0.2\text{A} \downarrow$$

(4) 将各分图中对应各支路的电流叠加。

叠加时注意各电流方向,方向相同的相加,方向相反的相减,相减时用数值大的减去数值小的,最后的方向和数值大的相同。

$$I_1 = I_1' - I_1'' = 1.2 - 0.4 = 0.8\text{A}\uparrow$$
$$I_2 = I_2' - I_2'' = 0.8 - 0.6 = 0.2\text{A}\downarrow$$
$$I_3 = I_3' + I_3'' = 0.4 + 0.2 = 0.6\text{A}\downarrow$$

【例 1.7.2】试用叠加定理，求图 1.7.3 中电流源两端的电压 U。

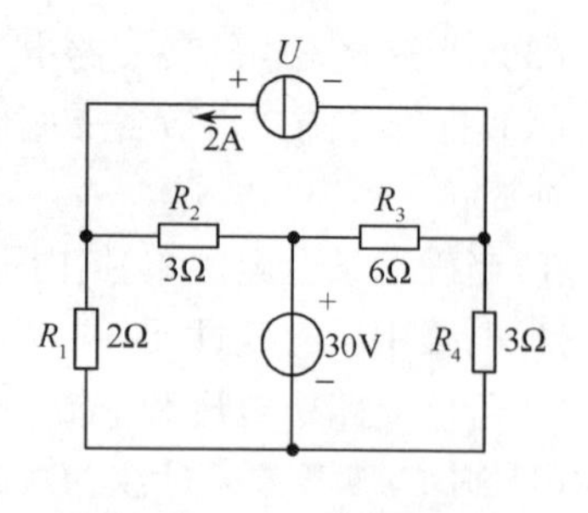

图 1.7.3　例 1.7.2 题图

【解】每个电源单独作用时的电路分图如图 1.7.4 所示。

2A 电流源单独作用时，电路如图 1.7.4(a)所示，电流源两端电压 U'的极性由外电路决定，标在图 1.7.4(a)中，可求得

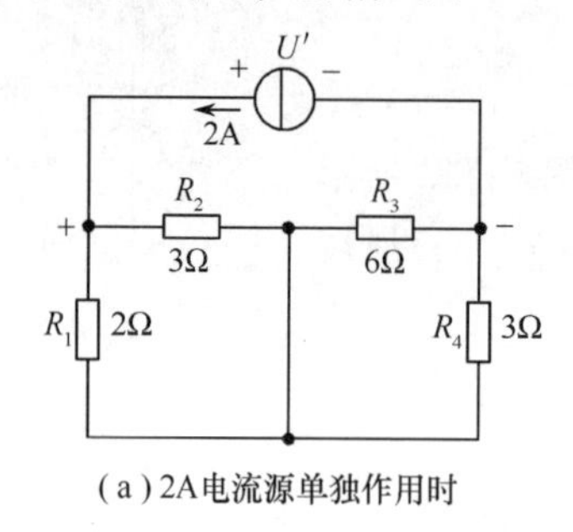

(a) 2A电流源单独作用时

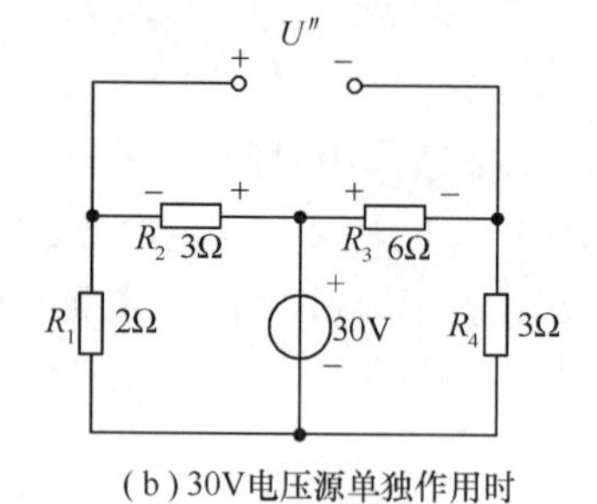

(b) 30V电压源单独作用时

图 1.7.4　例 1.7.2 解图

$$U' = 2 \times (2 /\!/ 3 + 6 /\!/ 3) = 6.4\text{V}$$

30V 电压源单独作用时，电路如图 1.7.4(b)所示。电阻R_1、R_2分 30V 电压，R_2上的实际电压极性如图 1.7.4 所示；电阻 R_3、R_4分 30V，R_3上的实际电压极性如图 1.7.4 所示；电流源两端电压 U''的极性是参考极性。可以求得

$$U'' = -\frac{3}{2+3} \times 30 + \frac{6}{6+3} \times 30 = -18 + 20 = 2\text{V}$$

最后得电流源两端电压

$$U = U' + U'' = 6.4 + 2 = 8.4\text{V}$$

需特别强调的是：

(1) 叠加定理只适用于线性电路，不适用于非线性电路。

(2) 可用叠加定理计算电路中的电流或电压，不可计算功率，功率不符合叠加定理。

功率不符合叠加定理可以这样来解释：设电阻 R 上流过的电流为 I_1时，功率 $P_1 = I_1^2 R$；流过的电流为 I_2时，功率 $P_2 = I_2^2 R$；而当流过的电流为 $I_1 + I_2$时，则功率为

$$P = (I_1 + I_2)^2 R = I_1^2 R + 2I_1 I_2 R + I_2^2 R = P_1 + 2I_1 I_2 R + P_2$$
$$P \neq P_1 + P_2$$

1.8　戴维宁定理与诺顿定理

1.8.1　戴维宁定理

戴维宁定理的内容：任一有源二端线性网络，就其对负载的作用来说，可以等效成一

个实际电压源(U_S和R_S的串联模型)。这个等效电源的电压U_S就是二端网络的开路电压U_{OC};等效电源的内阻R_S就是负载开路、网络除源时的等效电阻R_{eq}。

对戴维宁定理的解释如图1.8.1所示。

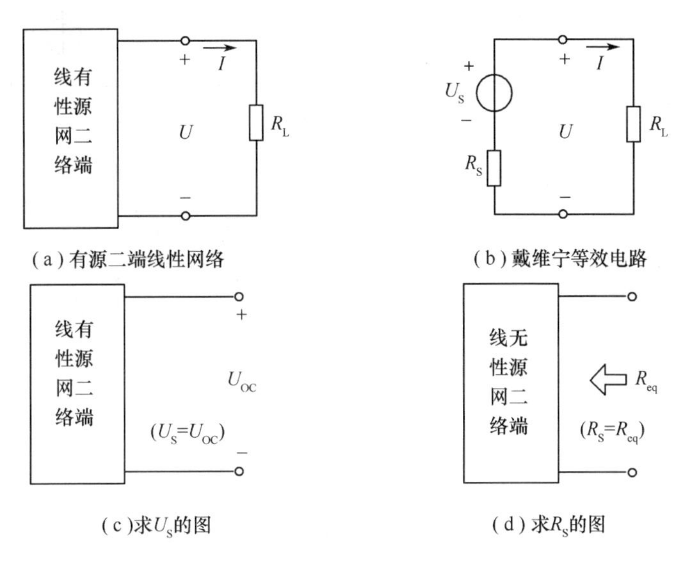

图1.8.1 戴维宁定理图解

利用戴维宁定理可以分析计算复杂电路中某支路的电流或电压。

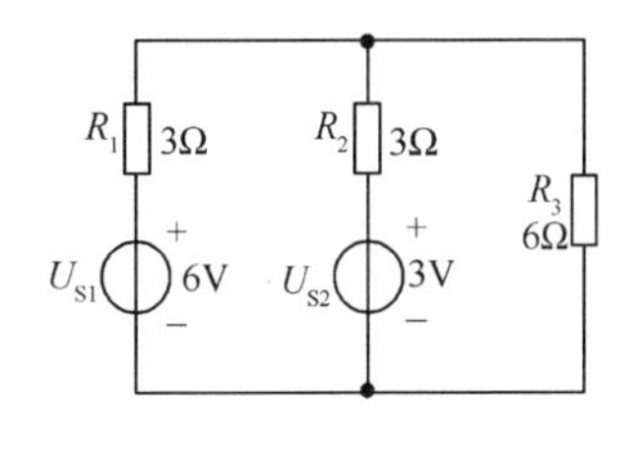

图1.8.2 例1.8.1题图

【例1.8.1】 试用戴维宁定理,求图1.8.2所示电路中流过电阻R_2的电流I_2。

【解】 解题步骤一般可分两步:第一步是画图;第二步是计算。

(1) 画图。将解题过程中所需要的各种图全部画出,如图1.8.3所示,具体如下。

画图1.8.3(a)所示电路:整理电路,将所求支路(简称负载)画到右边。

画图1.8.3(b)所示电路:将负载以外的有源二端网络用一个实际电压源(U_S和R_S串联)代替。

画图1.8.3(c)所示电路:将负载开路。

画图1.8.3(d)所示电路:将负载开路、网络除源(令电压源的电压U_{S1}、U_{S2}短路)。

(2) 计算。

① 在图1.8.3(c)中求U_S:

$$U_S = U_{OC} = \frac{6}{3+6} \times 6\text{V} = 4\text{V}$$

② 在图1.8.3(d)中求R_S:

$$R_S = R_{eq} = 3 /\!/ 6 = 2\Omega$$

③ 回到图1.8.3(b)中求I_2。

设I_2的参考方向如图1.8.3(b)所示,则$I_2 = \dfrac{U_S - 3}{R_S + 3}$,将$U_S = 4\text{V}$,$R_S = 2\Omega$代入,得

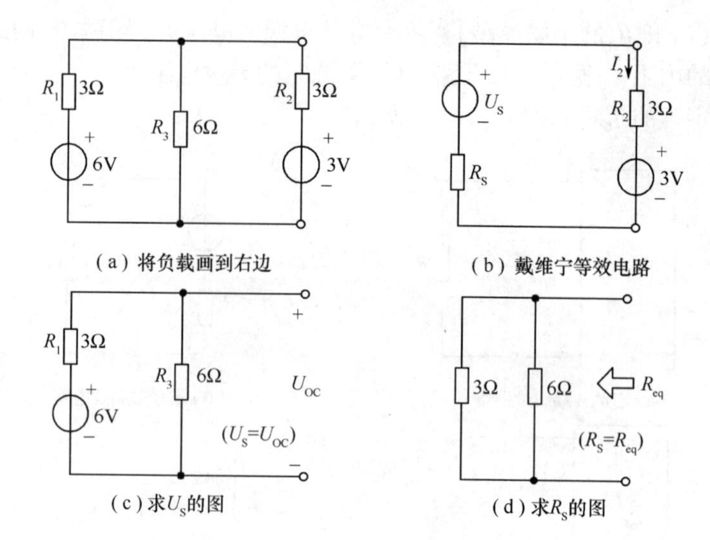

图 1.8.3 例 1.8.1 解图

$$I_2=\frac{4-3}{2+3}=0.2\text{A}$$

【例 1.8.2】试用戴维宁定理求图 1.8.4 所示电路中流过电阻 R_A的电流 I_A。

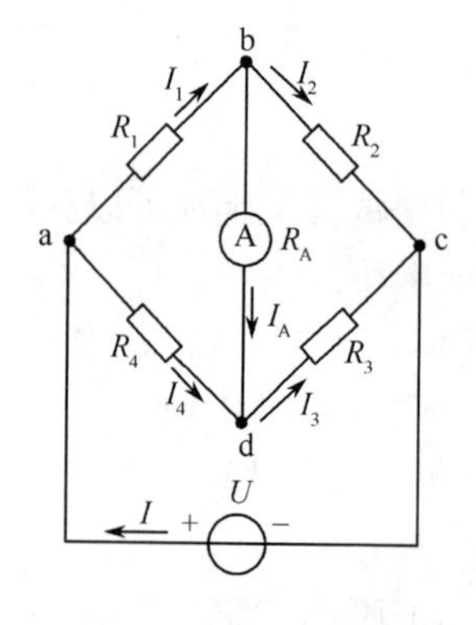

图 1.8.4 例 1.8.2 题图

【解】(1) 画图。将解题过程中所需要的各种图全部画出,如图 1.8.5 所示,具体如下。

画图 1.8.5(a)所示电路:将负载以外有源二端网络用一个实际电压源(U_S和 R_S串联)代替。

画图 1.8.5(b)所示电路:将负载开路。

画图 1.8.5(c)所示电路:将负载开路、网络除源(令电压源 U 短路)。

(2) 计算。

① 在图 1.8.5 (b)中求 U_S:

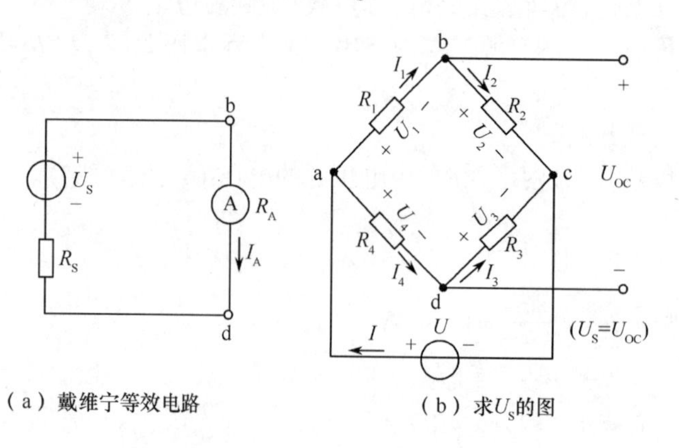

图 1.8.5 例 1.8.2 解图

当各支路电流已知时,$U_S=U_{OC}=I_2R_2-I_3R_3$ 或 $U_S=U_{OC}=I_4R_4-I_1R_1$。

当 U 已知时，$U_S = U_{OC} = U_2 - U_3$ 或 $U_S = U_{OC} = U_4 - U_1$。

例如，用 $U_S = U_2 - U_3$，求得：

$$U_S = U_{OC} = \frac{R_2}{R_1 + R_2}U - \frac{R_3}{R_4 + R_3}U$$

② 在图 1.8.5（c）中求 R_S： $R_S = R_{eq} = R_1 /\!/ R_2 + R_4 /\!/ R_3$

③ 回到图 1.8.5（a）中求 I_A： $I_A = \frac{U_S}{R_S + R_A} = \frac{U_{OC}}{R_{eq} + R_A}$

1.8.2 诺顿定理

诺顿定理的内容：任一有源二端线性网络，就其对负载的作用来说，可以等效成一个实际电流源（I_S和 R_S的并联模型）。这个等效电源的电流 I_S就是二端网络的短路电流 I_{SC}；等效电源的内阻 R_S就是负载开路、网络除源时的等效电阻，记为 R_{eq}。

对诺顿定理的解释如图 1.8.6 所示。

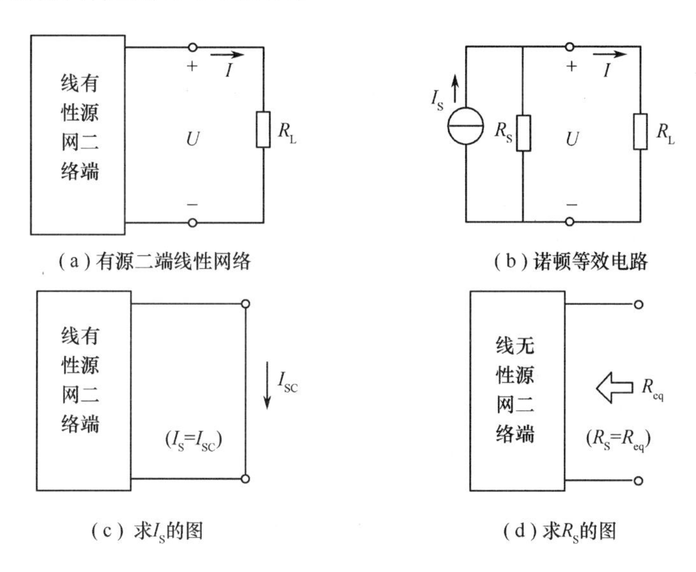

图 1.8.6 诺顿定理图解

利用诺顿定理可以分析计算复杂电路中某支路的电流或电压。

【例 1.8.3】试用诺顿定理，求图 1.8.7 所示电路中流过电阻 R_2的电流 I_2。

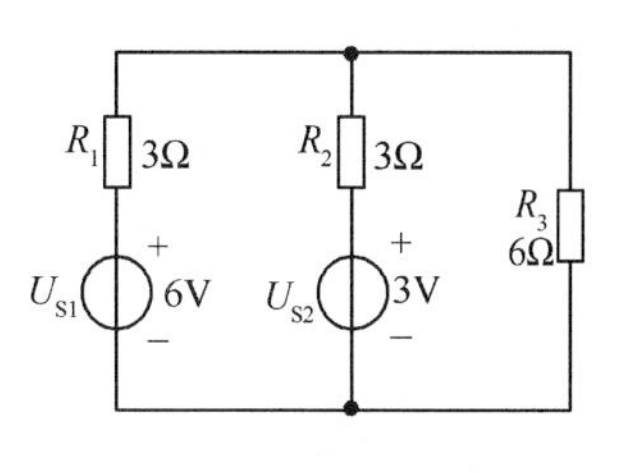

图 1.8.7 例 1.8.3 题图

【解】利用诺顿定理解题的步骤和用戴维宁定理解题的步骤类似，解题过程所需的电路如图 1.8.8 所示。

在图 1.8.8(c)中求短路电流 I_S，即

$$I_S = I_{SC} = \frac{6}{3} = 2\text{A}$$

在图 1.8.8(d)中求无源网络的等效电阻 R_S，即

$$R_S = R_{eq} = 3 /\!/ 6 = 2\Omega$$

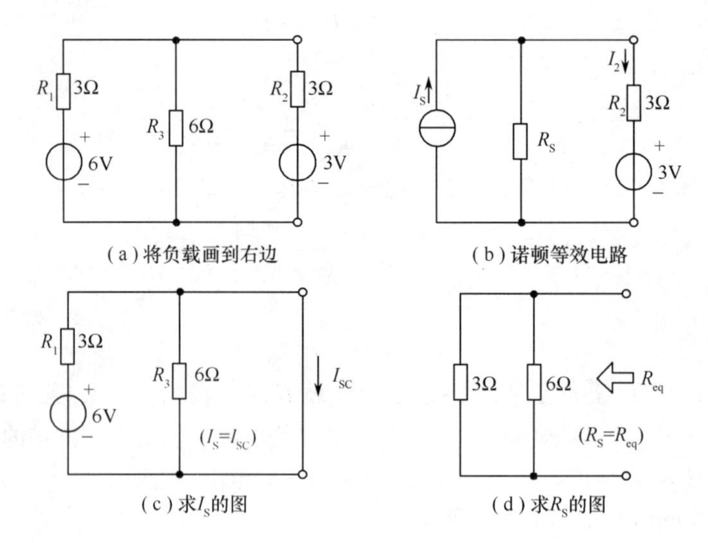

图 1.8.8　例 1.8.3 解图

将 $I_S = 2A$，$R_S = 2\Omega$ 代入图 1.8.8(b) 中，再将 2A、2Ω 电流源等效变换为一个 4V、2Ω 的电压源，最后得

$$I_2 = \frac{4-3}{2+3} = 0.2A$$

由例 1.8.1 和例 1.8.3 可知，在用戴维宁定理和诺顿定理对同一电路进行分析计算时，有

$$U_{OC} = R_S I_{SC} \tag{1.8.1}$$

成立。式中，U_{OC}是所求支路的开路电压，I_{SC}是所求支路的短路电流，R_S是所求支路开路网络除源时的等效电阻。

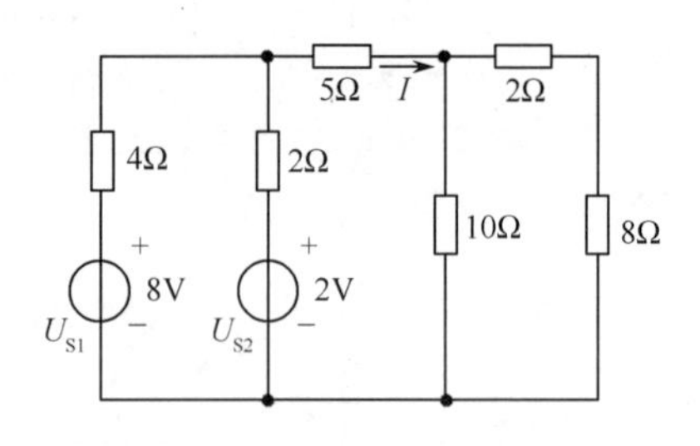

图 1.8.9　例 1.8.4 题图

【例 1.8.4】 用戴维宁定理求解图 1.8.9 所示电路中的电流 I。再用叠加定理进行校验。

【解】(1) 用戴维宁定理求解。断开所求 5Ω 电阻支路，求出等效电压源 U_S和 R_S，如图 1.8.10 所示。

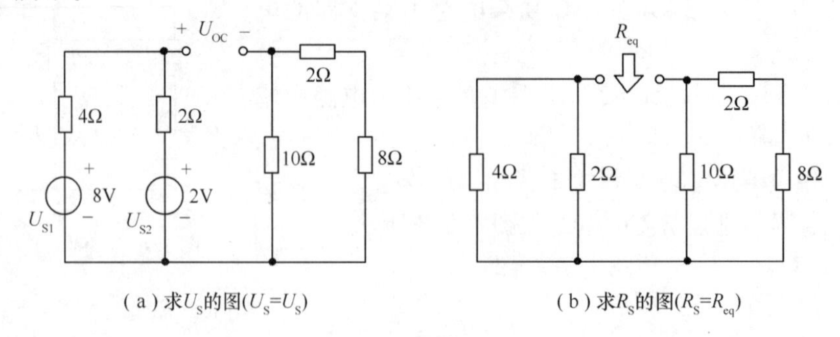

图 1.8.10　用戴维宁定理求解例 1.8.4 题的图

$$U_S = U_{OC} = 4V;$$
$$R_S = R_{eq} = 4 /\!/ 2 + (2+8) /\!/ 10 \approx 6.33\Omega$$

将求得的 U_S、R_S接上 5Ω 负载之后，可求出

$$I=\frac{4}{6.33+5}\approx 0.353\text{A}$$

（2）用叠加定理校验。

当 U_{S1}单独作用时，如图 1.8.11(a)所示，即有

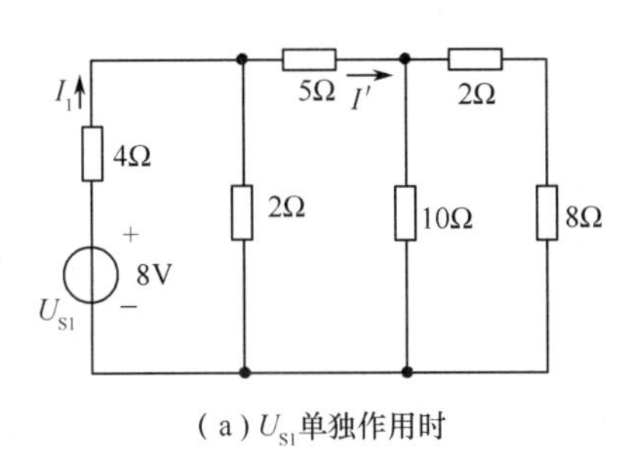

(a) U_{S1}单独作用时

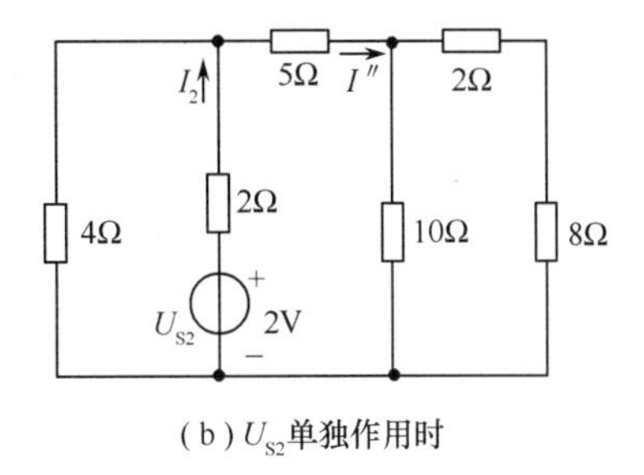

(b) U_{S2}单独作用时

图 1.8.11　用叠加定理求解例 1.8.4 题的图

$$I_1=\frac{8}{4+2/\!/[5+10/\!/(2+8)]}\approx 1.4118\text{A}$$

$$I'=\frac{2}{2+10}I_1\approx 0.2353\text{A}$$

当 U_{S2}单独作用时，如图 1.8.11(b)所示，有

$$I_2=\frac{2}{2+4/\!/[5+10/\!/(2+8)]}\approx 0.4118\text{A}$$

$$I''=\frac{4}{4+10}I_2\approx 0.1176\text{A}$$

因此电流 I 为

$$I=I'+I''=0.2353+0.1176\approx 0.353\text{A}$$

可见，两种方法求解的结果完全相同。

【例 1.8.5】 求图 1.8.12 所示电路中流过 4Ω 电阻的电流 I，并求有源二端网络的戴维宁等效电压源。

【解】

（1）先求电流 I。

由图 1.8.12 可得，$I=\frac{9}{5+4}=1\text{A}$，

（2）求电路的戴维宁等效电压源 U_S和 R_S。

等效电压源的电压 $U_S=U_{OC}=U_{ab}$

$$U_S=U_{ab}=6+4I=10\text{V}$$

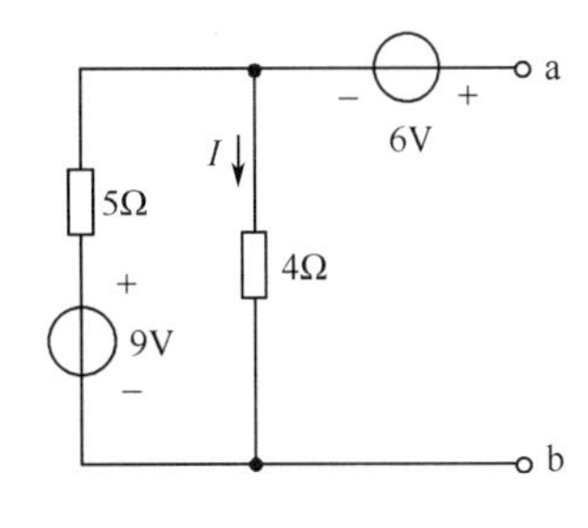

图 1.8.12　例 1.8.5 题图

或

$$U_S=6-5I+9=10\text{V}$$

等效电压源的内阻 $R_S=R_{eq}$，　$R_{eq}=5/\!/4=\frac{20}{9}\Omega$

习　题

1.1　指出图 T1.1 所示电路各有几个节点？几条支路？几个回路？几个网孔？

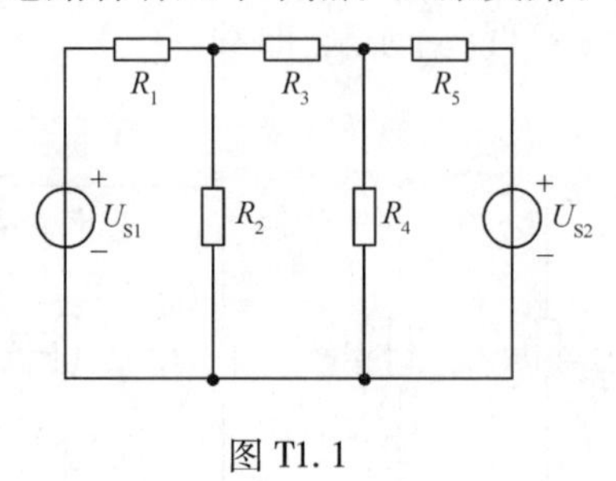

图 T1.1

1.2　有人说，“电路中，没有电压的地方就没有电流，没有电流的地方也就没有电压”。这句话对吗？为什么？

1.3　标出图 T1.3 所示电路中，各元件上电流和电压的实际方向，并判断 A、B、C 3 点电位的高低。

1.4　求图 T1.4 所示电路中 A 点的电位。

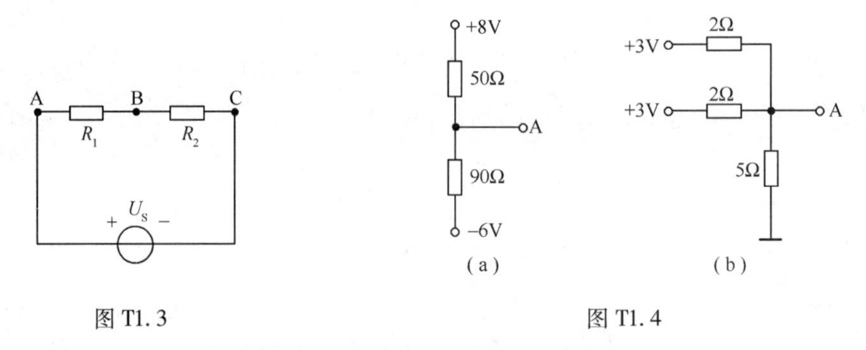

图 T1.3　　图 T1.4

1.5　如图 T1.5 所示电路，求开关闭合前后的 U_{AB} 和 U_{CD}。

1.6　求图 T1.6 所示电路中，开关闭合前后 A 点的电位。

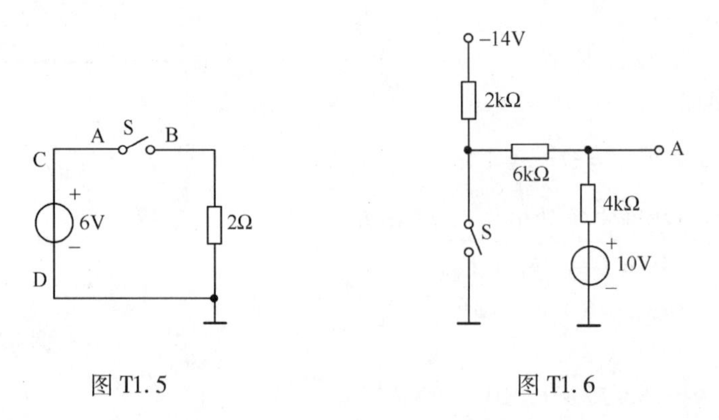

图 T1.5　　图 T1.6

1.7　一盏 220V/40W 的日光灯，每天点亮 5 小时，问每月（按 30 天计算）消耗多少度电？若每度电费为 0.45 元，问每月需付电费多少元？

1.8 求如图 T1.8 所示电路中 A、B、C、D 元件的功率。问哪个元件为电源？哪个元件为负载？哪个元件在吸收功率？哪个元件在产生功率？电路是否满足功率平衡条件？（已知 $U_A=30V$，$U_B=-10V$，$U_C=U_D=40V$，$I_1=5A$，$I_2=3A$，$I_3=-2A$。）

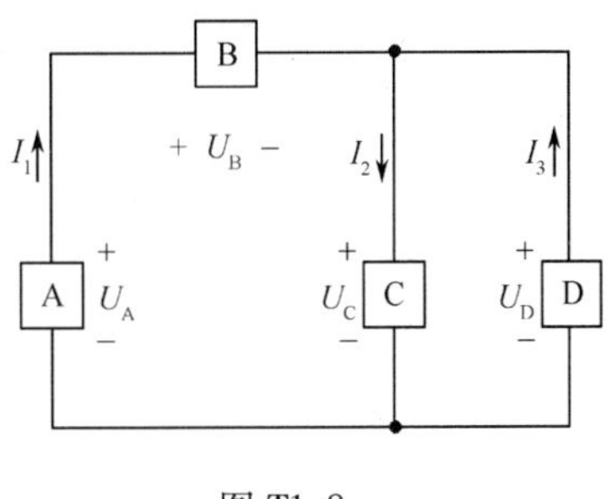

图 T1.8

1.9 已知一电烙铁铭牌上标出“25W、220V”。问电烙铁的额定工作电流为多少？其电阻为多少？

1.10 把一个 36V、15W 的灯泡接到 220V 的线路上工作行吗？把 220V、25W 的灯泡接到 110V 的线路上工作行吗？为什么？

1.11 如图 T1.11 所示电路，已知 $U_S=80V$，$R_1=4k\Omega$，$R_2=6k\Omega$，试求：

（1）S 断开时，电路参数 I_1、I_2 和 U_2；（2）S 闭合且 $R_3=0$ 时，电路参数 I_1、I_2和 U_2。

1.12 求图 T1.12 所示电路中的电压 U。

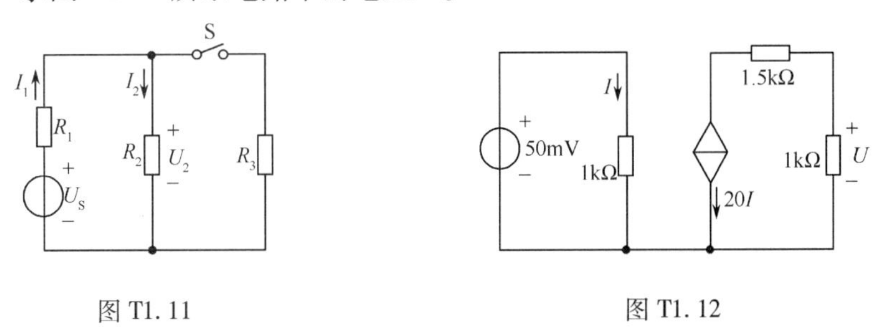

图 T1.11　　　　图 T1.12

1.13 求图 T1.13 所示电路中的 I 和 U。

1.14 计算图 T1.14 中电流 I 和电压源产生的功率。

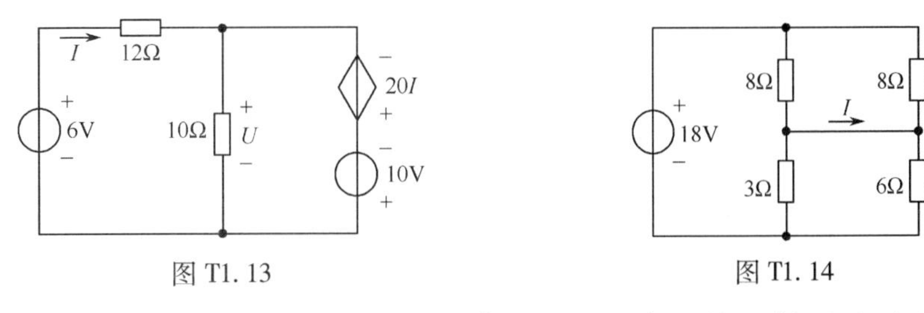

图 T1.13　　　　图 T1.14

1.15 在图 T1.15 所示电路中，N 为一直流电源。当开关 S 断开时，电压表读数为 10V；当开关 S 闭合时，电流表读数为 1A。试求该直流电源 N 的电压源模型与电流源模型。

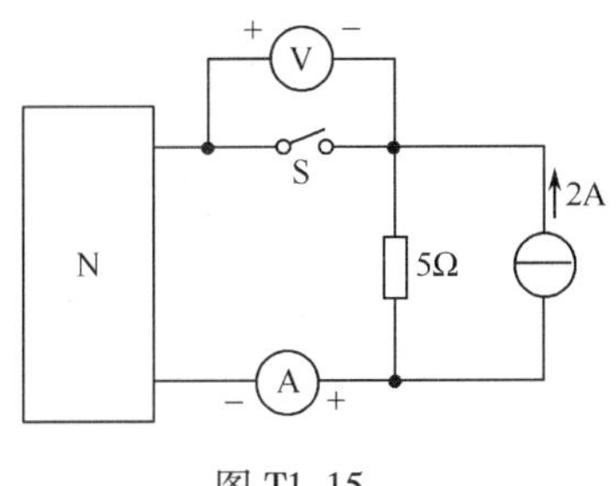

图 T1.15

1.16　电路如图 T1.16 所示，试用电源等效变换方法求图 T1.16(a)中的电压 U 及图 T1.16(b)中的电流 I。

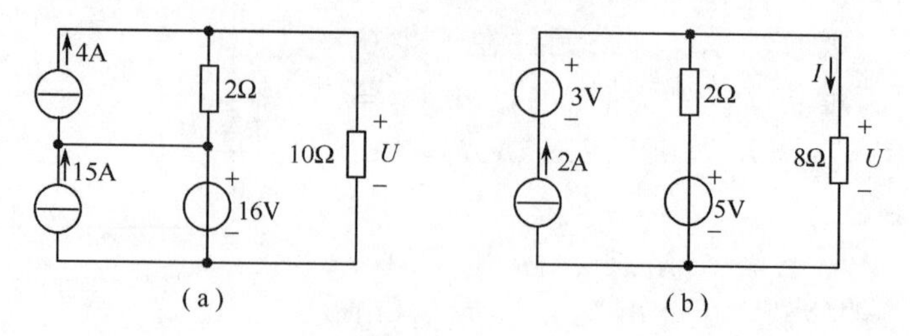

图 T1.16

1.17　图 T1.17 所示电路中，$U_{S1}=20V$，$U_{S2}=30V$，$I_S=8A$，$R_1=5\Omega$，$R_2=10\Omega$，$R_3=10\Omega$。试利用电源等效变换法求电压 U_{ab}。

1.18　试证明：在图 T1.18 所示一段电路中 $I_A+I_B+I_C=0$。

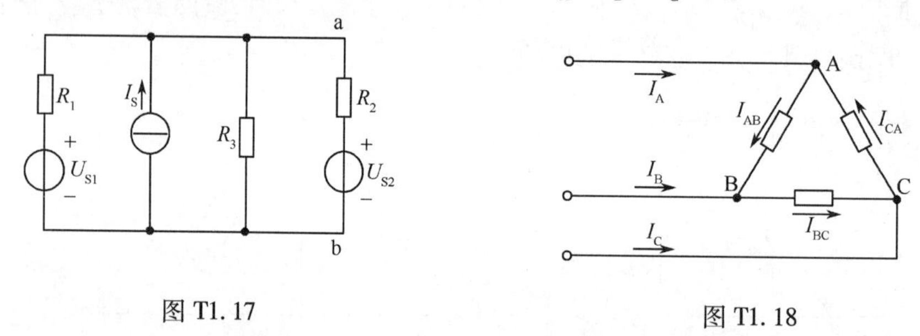

图 T1.17　　　　图 T1.18

1.19　在图 T1.19 所示电路中，已知 $I_B=40\mu A$，$I_C=1mA$，求 I_E。

1.20　电路如图 T1.20 所示。(1)说明电路的独立节点数和独立回路数；(2)列出 $\Sigma I=0$ 和 $\Sigma U=0$ 的独立方程。

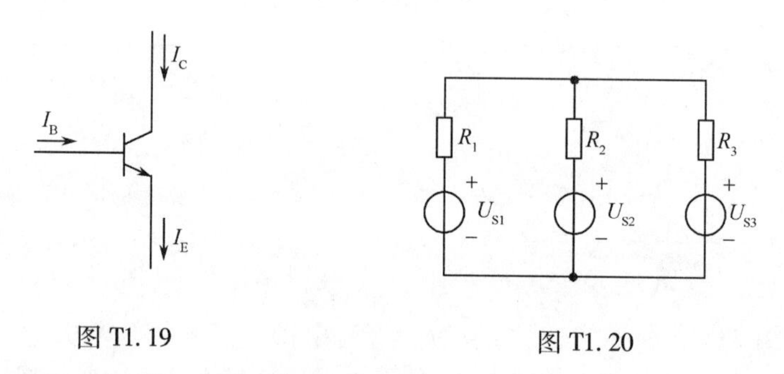

图 T1.19　　　　图 T1.20

1.21　如图 T1.21 所示电路，试用支路电流法求电流 I_1 和 I。

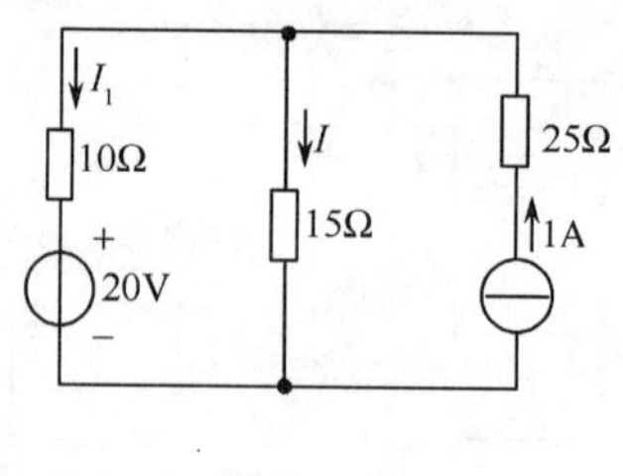

图 T1.21

1.22　试用叠加定理求图 T1.22 所示电路中流过 30V 电压源的电流 I。

1.23　试用叠加定理求图 T1.23 所示电路中电压 U 和电流 I。

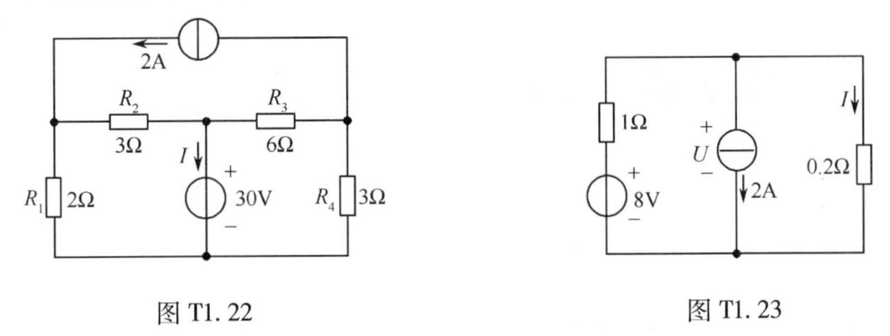

图 T1.22　　　　图 T1.23

1.24　试求图 T1.24 所示电路的戴维宁等效电压源。

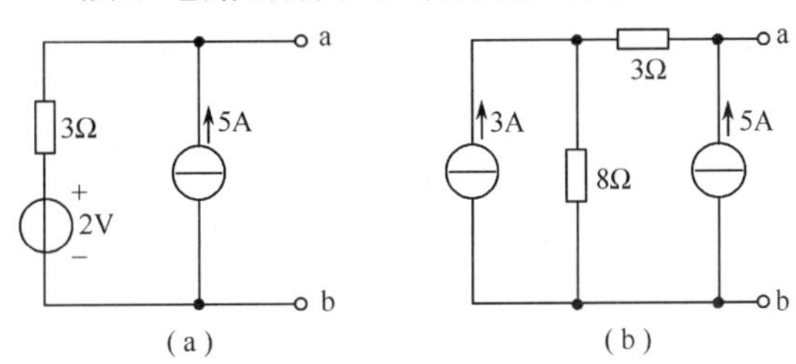

图 T1.24

1.25　试求图 T1.25 所示电路的诺顿等效电流源。

1.26　在图 T1.26 所示电路中，已知 $U=5\text{V}$，试求电阻 R。

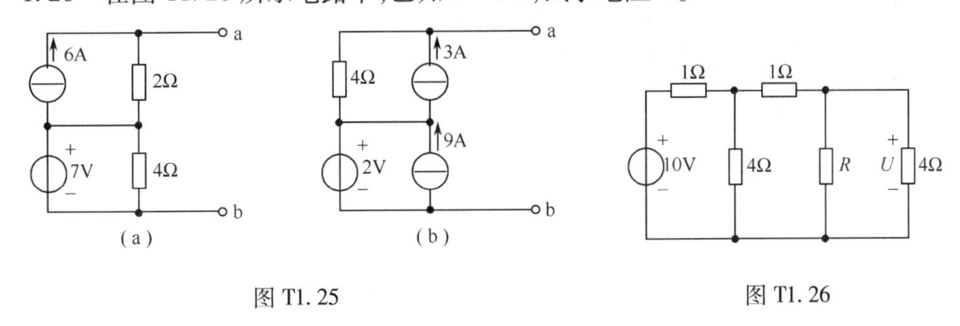

图 T1.25　　　　图 T1.26

1.27　测得一个有源二端网络的开路电压为 10V、短路电流为 0.5A。现将 $R=30\Omega$ 的电阻接到该网络上，试求 R 上的电压、电流。

1.28　用戴维宁定理求图 T1.28 所示电路中的电流 I。

1.29　用戴维宁定理求图 T1.29 所示电路中的电压 U。

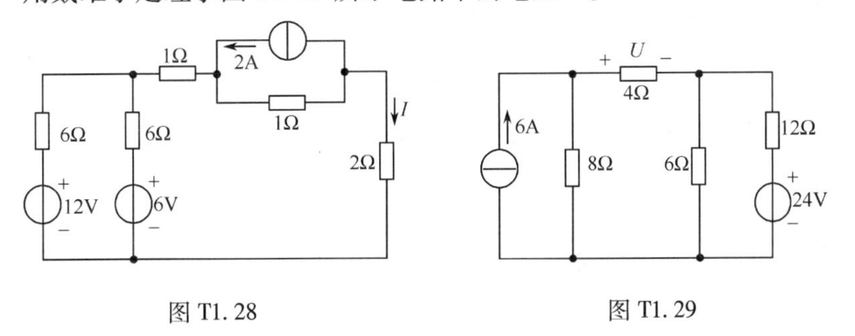

图 T1.28　　　　图 T1.29

第2章　动态电路的暂态分析

2.1　动态电路的暂态过程

在实际电路中，许多电路的模型除了包含电阻元件和电源元件，还含有电容元件和电感元件。电容元件和电感元件的电压和电流的约束关系都是微分或积分关系，属于动态相关，这两种元件都称为动态元件。只含电阻和电源的电路称为电阻电路，含有动态元件的电路则称为动态电路。

在前一章所介绍的直流电路和后一章将要介绍的正弦交流电路中，电压和电流是常量或周期量，这种电路的工作状态为稳定状态，简称稳态。实际电路工作中一般都会发生变动，如开关通断、电源量值突变、元件参数变化、遭遇事故或干扰等，将电路工作中发生的这些变动统称为换路，并认为换路是在 $t=0$ 时刻进行的。当电路发生换路时，将会引起电路中电压和电流的变化，工作状态将从换路前的稳态（旧稳态）变化到换路后的稳态（新稳态）。

电路中若没有电容或电感储能元件，换路后电路从旧稳态变化到新稳态不需要过渡时间。以图2.1.1(a)中的电阻电路为例，$t=0$ 时开关闭合，换路后电流 i 立即从旧稳态1A跳变到新稳态2A，过渡时间为0，如图2.1.1(b)所示。

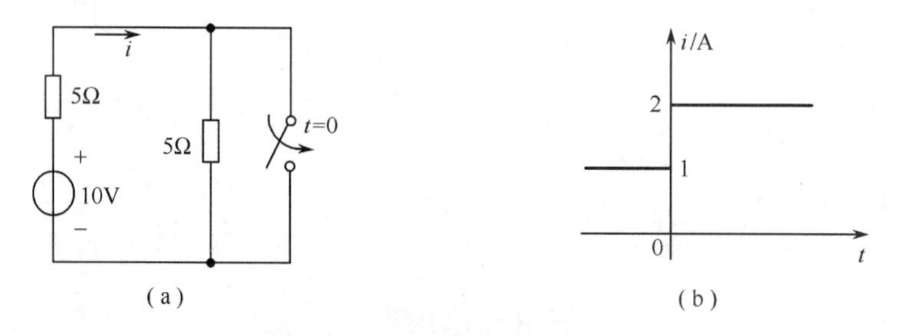

图2.1.1　电阻电路换路示例

动态电路中含有电容或电感储能元件，换路可能使储能元件的储能发生变化，实际中能量的变化不可能在瞬间完成，需要一定的过渡时间（即过渡过程），过渡过程中电路的工作状态称为暂态。以图2.1.2(a)中的动态电路为例，假设换路前电容电压 $u_C=0V$，$t=0$ 时开关闭合，直流电源经过电阻 R 对电容 C 充电，由于电容储能不能突变，换路后电容电压 u_C 从旧稳态0V逐渐变化到新稳态10V，需要经过一个过渡过程，如图2.1.2(b)所示。

在电子技术中，常利用电路的暂态过程来改善波形及产生特定的波形。例如，利用电容充、放电时的暂态过程来构成脉冲电路或延时电路，以取得各种脉冲波、锯齿波等；动态过程也有不利的一面，在某些动态电路的接通或断开瞬间，会产生过高的电压或过大的电

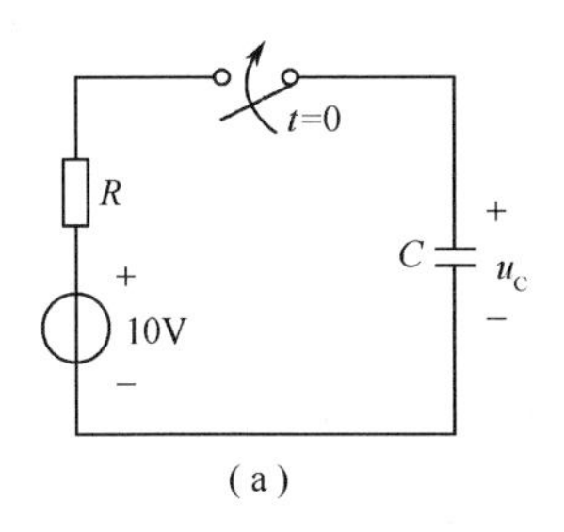

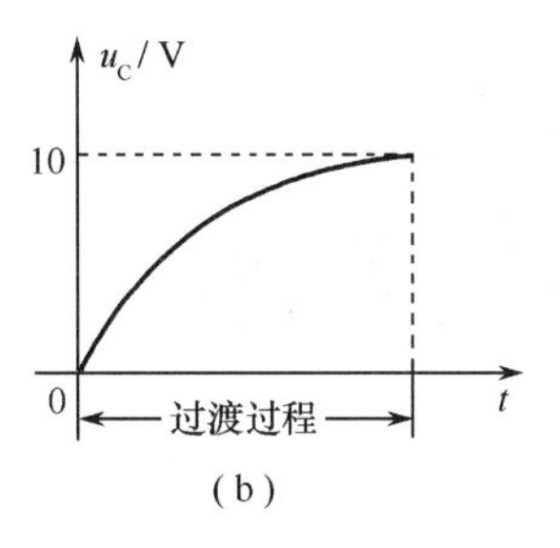

图 2.1.2　动态电路换路示例

流,可能导致电气设备或器件损坏。因此,动态电路的暂态分析具有非常重要的意义。

2.2　线性一阶电路的方程及其解

动态电路中的电容元件和电感元件的伏安关系都是以微分形式或积分形式来表示的,因此描述电路特性的方程将是以电压或电流为变量的微分方程。一般来说,若电路中含有 n 个独立的动态元件,则该电路的求解方程便为 n 阶微分方程,所以,称含有 n 个独立动态元件的电路为 n 阶电路。本书只讨论直流电源作用的线性一阶电路(简称一阶电路),这类电路通常只含一个动态元件,电路方程是线性一阶常微分方程。

一阶电路可分为 *RC* 电路和 *RL* 电路。*RC* 电路由电源、电阻和电容构成,*RL* 电路则由电源、电阻和电感构成。根据戴维宁定理,可将 *RC* 电路中动态元件以外的电路等效变换为电压源和电阻串联组合,从而任一 *RC* 电路都可等效为如图 2.2.1(a)所示电路。根据诺顿定理,可将 *RL* 电路动态元件以外的电路等效变换为电流源和电阻并联组合,从而任一 *RL* 电路都可等效为如图 2.2.1(b)所示电路。因此,图 2.2.1 中的 *RC* 和 *RL* 典型电路的基本规律与分析方法对一阶电路具有普遍意义。

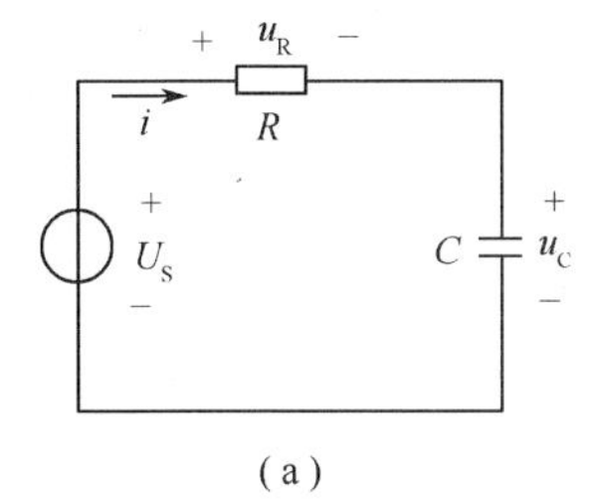

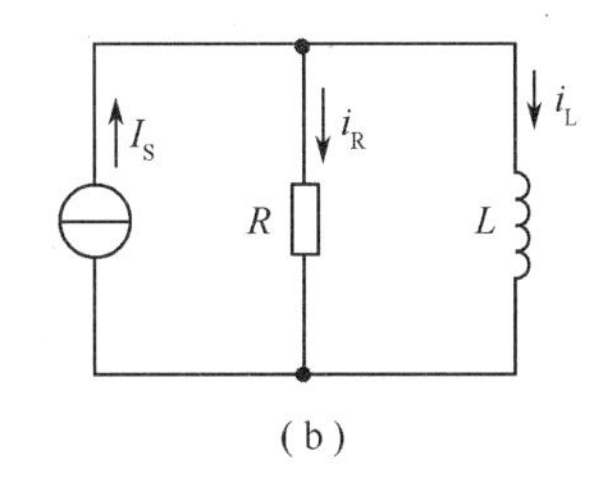

图 2.2.1　*RC* 和 *RL* 典型电路

对图 2.2.1(a)所示的 *RC* 电路,由 KVL 有

$$u_R + u_C = U_S$$

由 $i = i_C = C\dfrac{du_C}{dt}$,则 $u_R = iR = RC\dfrac{du_C}{dt}$,代入上式得电路方程为

$$RC\frac{du_C}{dt} + u_C = U_S$$

令 $\tau = RC$,它是一个常数,有

$$\tau\frac{\mathrm{d}u_C}{\mathrm{d}t}+u_C=U_S \tag{2.2.1}$$

对图 2.2.1(b)所示的 RL 电路，由 KCL 有 $i_R+i_L=I_S$，

由 $u_R=u_L=L\frac{\mathrm{d}i_L}{\mathrm{d}t}$，则 $i_R=\frac{u_R}{R}=\frac{L}{R}\frac{\mathrm{d}i_L}{\mathrm{d}t}$，代入上式得

$$\frac{L}{R}\frac{\mathrm{d}i_L}{\mathrm{d}t}+i_L=I_S$$

令 $\tau=\frac{L}{R}$，它是一个常数，有

$$\tau\frac{\mathrm{d}i_L}{\mathrm{d}t}+i_L=I_S \tag{2.2.2}$$

当图 2.2.1 所示的电路中电压源和电流源是直流电源时，U_S 和 I_S 都是常数，用 A 表示，电路响应 u_C 和 i_L 是变量，用 $f(t)$ 表示。于是，根据式(2.2.1)和式(2.2.2)，RC 和 RL 典型电路方程的一般形式可写为

$$\tau\frac{\mathrm{d}f(t)}{\mathrm{d}t}+f(t)=A$$

或写为

$$\frac{\mathrm{d}f(t)}{\mathrm{d}t}+\frac{1}{\tau}f(t)=\frac{A}{\tau} \tag{2.2.3}$$

由高等数学知识可知，式(2.2.3)是一阶线性常微分方程，它的解由其相应的齐次方程的通解(或齐次解)和非齐次方程的特解组成。若通解用 $f_h(t)$ 表示，特解用 $f_p(t)$ 表示，则方程的全解可写为

$$f(t)=f_h(t)+f_p(t)$$

式(2.2.3)微分方程的特征方程为 $s+\frac{1}{\tau}=0$，特征根 $s=-\frac{1}{\tau}$，故通解为

$$f_h(t)=K\mathrm{e}^{st}=K\mathrm{e}^{-\frac{t}{\tau}}$$

式(2.2.3)微分方程的特解为常数，记为 $f_p(t)=B$，则全解为

$$f(t)=K\mathrm{e}^{-\frac{t}{\tau}}+B \tag{2.2.4}$$

式中，K 和 B 均为待定常数。

特解 $f_p(t)=B$ 应满足式(2.2.3)的微分方程，代入可得

$$f_p(t)=B=A$$

常数 K 须根据初始条件 $f(0)$ 来确定。为了便于叙述，一般认为，动态电路的换路是在 $t=0$ 时刻进行的，并将换路前的最终时刻记为 $t=0_-$，将换路后的最初时刻记为 $t=0_+$。暂态过程指动态电路换路后从 $t=0_+$ 到 $t=\infty$ 的响应过程，显然，该过程的初始条件 $f(0)$ 应该是换路后最初时刻的值，记为 $f(0_+)$。

将 $t=0_+$、$f(t)=f(0_+)$ 代入式(2.2.4)，得常数 K

$$K=f(0_+)-B=f(0_+)-A \tag{2.2.5}$$

2.3 一阶电路暂态分析的三要素法

2.3.1 一阶电路响应的三要素公式

通过前面内容可知,不论线性一阶电路的结构与参数如何,电路任一响应与激励之间的关系都可用一个线性一阶常微分方程来描述,其方程的一般形式如式(2.2.3)所示。方程的解由通解和特解两部分构成,如式(2.2.4)所示。

将 $t=\infty$ 代入式(2.2.4),有

$$f(\infty) = K\mathrm{e}^{-\frac{\infty}{\tau}} + B = B \tag{2.3.1}$$

将式(2.3.1)代入式(2.2.5),有

$$K = f(0_+) - f(\infty) \tag{2.3.2}$$

将式(2.3.1)和式(2.3.2)代入式(2.2.4),可得一阶电路响应解的形式为

$$f(t) = f(\infty) + [f(0_+) - f(\infty)]\mathrm{e}^{-\frac{t}{\tau}} \tag{2.3.3}$$

式中,$f(\infty)$为响应$f(t)$的稳态值;$f(0_+)$为响应$f(t)$的初始值;τ为一阶电路的时间常数。$f(\infty)$、$f(0_+)$和τ称为一阶电路响应的三要素,由此,式(2.3.3)即为线性一阶电路响应的三要素公式,用三要素公式求解一阶电路的方法即为一阶电路暂态分析的三要素法。

用三要素法求解一阶电路,不需要列写和求解微分方程,简单适用,它是一种分析一阶电路的重要方法。

2.3.2 三要素的求解方法

1. 初始值$f(0_+)$

由于功率 $P=\mathrm{d}W/\mathrm{d}t$,储能的跃变意味着瞬时功率达到无穷大,这在实际电路中通常是不可能的。因此,换路使电路中的储能发生变化时,储能的变化需要一定过渡时间,也就是说,储能变化不能跃变,它具有连续的性质。电容储能与其电压平方成正比,电感储能与其电流平方成正比,电容电压和电感电流反映了电路储能的状况。由此,在换路前后电容电压和电感电流具有连续的性质,不发生跃变,即

$$\begin{cases} u_C(0_+) = u_C(0_-) \\ i_L(0_+) = i_L(0_-) \end{cases} \tag{2.3.4}$$

式(2.3.4)称为换路定律,它仅在换路瞬间对电容电压u_C和电感电流i_L适用。利用换路定律可以求解动态电路暂态过程的初始值,求解具体步骤如下:

(1) 画 $t=0_-$时的等效电路,求 $u_C(0_-)$和 $i_L(0_-)$。

$t=0_-$时,即换路前电路稳定时。此时,电容等效为开路,电感等效为短路。

(2) 由换路定律得 $u_C(0_+)$和 $i_L(0_+)$。

(3) 画 $t=0_+$时的等效电路,求电路中其他元件的电流、电压的初始值

$t=0_+$时,即换路后的起始时。此时,电容可用大小为 $u_C(0_+)$的电压源替代;电感可用大小为 $i_L(0_+)$的电流源替代。

【**例 2.3.1**】图 2.3.1(a)所示电路,换路前电路处于稳态,$t=0$ 时开关 S 打开。求初

始值 $u_C(0_+)$、$i_L(0_+)$、$u_L(0_+)$、$i_1(0_+)$、$i_2(0_+)$、$i_3(0_+)$。

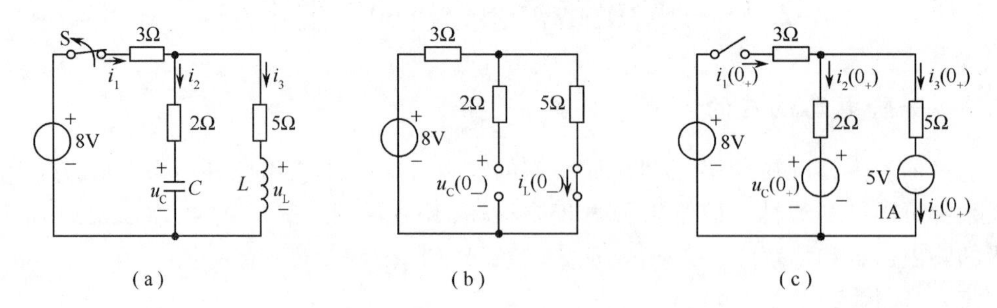

图 2.3.1　例 2.3.1 电路

【**解**】作 $t=0_-$ 等效电路如图 2.3.1(b)所示,根据该电路求得

$$u_C(0_-)=\frac{5}{5+3}\times 8=5\text{V}$$

$$i_L(0_-)=\frac{8}{5+3}=1\text{A}$$

由换路定律,有

$$u_C(0_+)=u_C(0_-)=5\text{V}$$

$$i_L(0_+)=i_L(0_-)=1\text{A}$$

用大小为 $u_C(0_+)=5\text{V}$ 的电压源替代电容,用大小为 $i_L(0_+)=1\text{A}$ 的电流源替代电感,作 $t=0_+$ 等效电路,如图 2.3.1(c)所示,根据该电路求得

$$i_1(0_+)=0$$

$$i_2(0_+)=-1\text{A}$$

$$i_3(0_+)=1\text{A}$$

$$u_L(0_+)=5+i_2(0_+)\times 2-i_3(0_+)\times 5=-2\text{V}$$

2. 稳态值 $f(\infty)$

换路将会引起电路中的储能发生变化,工作状态从换路前的旧稳态过渡到换路后的新稳态,三要素中的稳态值 $f(\infty)$ 指电路达到新稳态时变量的值。稳态值可由新稳态等效电路求得。新稳态时,$t=\infty$,换路已完成,电容等效为开路,电感等效为短路。

【**例 2.3.2**】图 2.3.2(a)所示电路,$t=0$ 时开关 S 闭合。求稳态值 $u_C(\infty)$、$u_L(\infty)$、$i_1(\infty)$、$i_2(\infty)$、$i_L(\infty)$、$i_C(\infty)$。

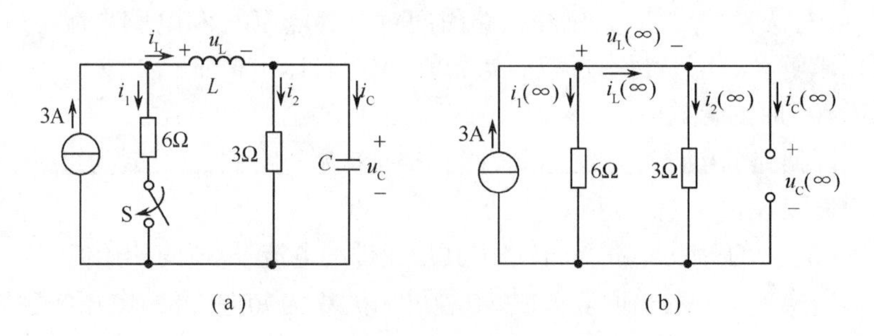

图 2.3.2　例 2.3.2 电路

【解】$t=\infty$ 时的等效电路如图 2.3.2(b)所示，根据该电路求得

$$i_C(\infty)=0$$

$$i_L(\infty)=i_2(\infty)=\frac{6}{6+3}\times3=2\text{A}$$

$$i_1(\infty)=3-2=1\text{A}$$

$$u_C(\infty)=i_2(\infty)\times3=2\times3=6\text{V}$$

$$u_L(\infty)=0$$

3. 时间常数 τ

前面已经指出，对于 RC 电路，时间常数 $\tau=RC$。其中 R 是由动态元件看进去的戴维宁等效电阻。τ 的单位为

$$[\tau]=\left[\frac{\text{V}}{\text{A}}\cdot\frac{\text{C}}{\text{V}}\right]=\left[\frac{\text{A}\cdot\text{s}}{\text{A}}\right]=[\text{s}]$$

可见，时间常数的单位为时间单位(s、ms、μs)，它取决于电路的结构和元器件的参数。τ 的大小反映一阶电路过渡过程的快慢，它是反映过渡过程特性的一个重要物理量。结合式(2.3.3)和表 2.3.1 可见，电路换路后响应 $f(t)$ 从起始值 $f(0_+)$ 过渡到稳态值 $f(\infty)$，理论上要经过无限长的时间，但工程上一般认为换路后经过 $3\tau\sim5\tau$ 时间，过渡过程即告结束，其理论依据可见表 2.3.1。显然，时间常数 τ 越大，过渡过程经过的时间就越长；反之则越短。

表 2.3.1　指数函数 $e^{-\frac{t}{\tau}}$ 与 t 的数值关系

t	0	τ	2τ	3τ	4τ	5τ	…	∞
$e^{-\frac{t}{\tau}}$	1	0.368	0.135	0.05	0.018	0.0067	…	0

由式(2.2.1)可得一阶 RC 电路的时间常数

$$\tau=RC \tag{2.3.5}$$

由式(2.2.2)可得一阶 RL 电路的时间常数

$$\tau=\frac{L}{R} \tag{2.3.6}$$

式中，电阻 R 是除去动态元件后，电路的戴维宁等效电阻。

【例 2.3.3】试分别求图 2.3.3 和图 2.3.4 所示电路的时间常数 τ。

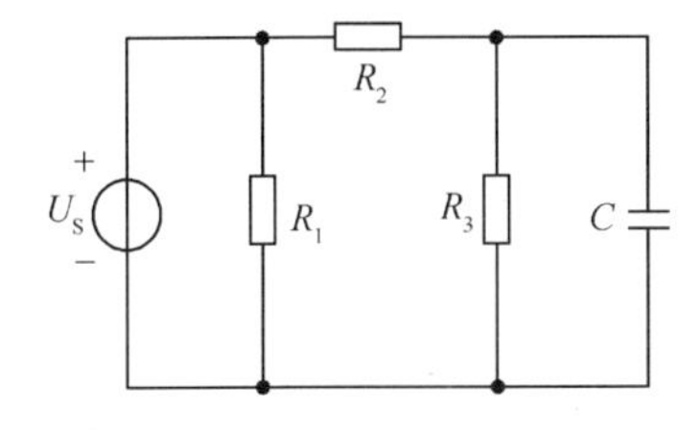

图 2.3.3　例 2.3.3 的电路(一)

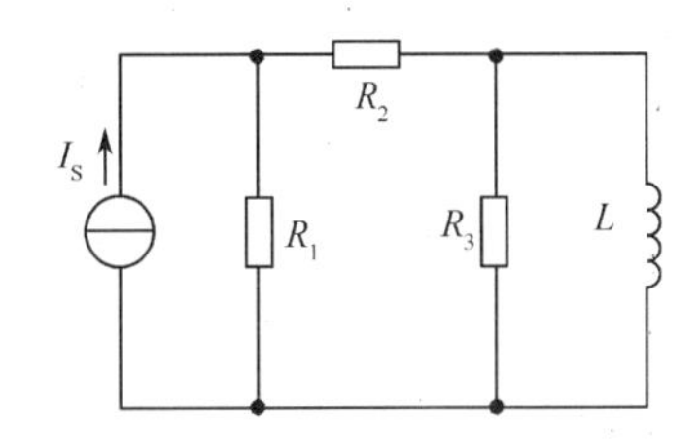

图 2.3.4　例 2.3.3 的电路(二)

【解】为求图 2.3.3 所示的戴维宁等效电阻，应将 U_S 短路，再从电容 C 两端求电阻 R，即

$$R=R_2\,/\!/\,R_3$$

所以得

$$\tau = (R_2 /\!/ R_3)C$$

为求图 2.3.4 所示的戴维宁等效电阻,应将 I_S 开路,再从电感 L 两端求电阻 R,即

$$R = (R_1 + R_2) /\!/ R_3$$

所以得

$$\tau = \frac{L}{(R_1 + R_2) /\!/ R_3}$$

2.3.3 一阶线性电路的三要素求解法

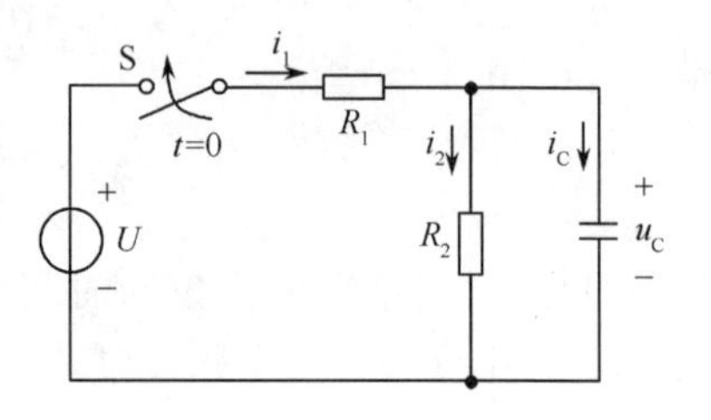

图 2.3.5 例 2.3.4 的电路

【例 2.3.4】 图 2.3.5 所示电路中,$U = 9\text{V}$,$R_1 = 6\text{k}\Omega$,$R_2 = 3\text{k}\Omega$,$C = 1000\text{pF}$,$u_C(0) = 0$。试用三要素法求 $t \geqslant 0$ 时的电压 $u_C(t)$。

【解】 $u_C(0_+) = 0$,$u_C(\infty) = \dfrac{R_2}{R_1 + R_2}U = 3(\text{V})$,

$$\tau = \frac{R_1R_2}{R_1 + R_2}C = 2 \times 10^{-6}\text{s}$$

所以,有

$$u_C(t) = u_C(\infty) + [u_C(0_+) - u_C(\infty)]\text{e}^{-\frac{t}{\tau}} = 3 + [0 - 3]\text{e}^{-\frac{t}{2\times10^{-6}}} = 3(1 - \text{e}^{-5\times10^5 t})\text{V}$$

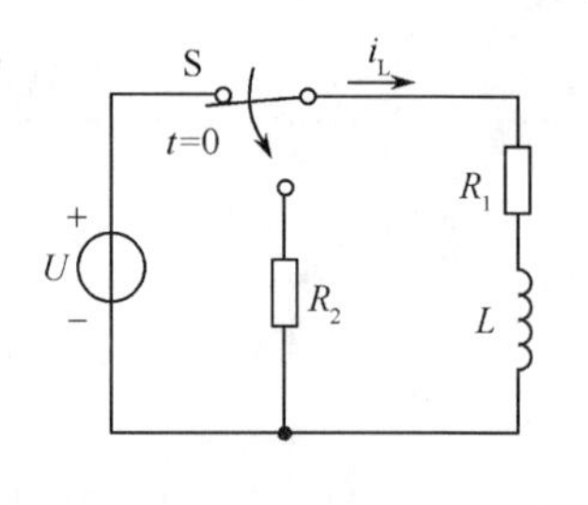

图 2.3.6 例 2.3.5 的电路

【例 2.3.5】 如图 2.3.6 所示电路,已知:$U = 220\text{V}$,$R_1 = 110\Omega$、$R_2 = 1\text{k}\Omega$、$L = 10\text{H}$、$t = 0$ 时开关 S 打向 R_2,试用三要素法求 $t \geqslant 0$ 时的电流 $i_L(t)$。

【解】 $i_L(0_+) = i_L(0_-) = \dfrac{U}{R_1} = 2\text{A}$,$i_L(\infty) = 0$,

$$\tau = \frac{L}{R} = \frac{L}{R_1 + R_2} = \frac{1}{111}\text{s}$$

所以,有

$$i_L(t) = 0 + [2 - 0]\text{e}^{-111t} = 2\text{e}^{-111t}\text{A}$$

【例 2.3.6】 如图 2.3.7 所示电路中,$U_S = 10\text{V}$,$I_S = 2\text{A}$,$R = 2\Omega$,$L = 4\text{H}$,试求 S 闭合后电路中的电流 $i_L(t)$。

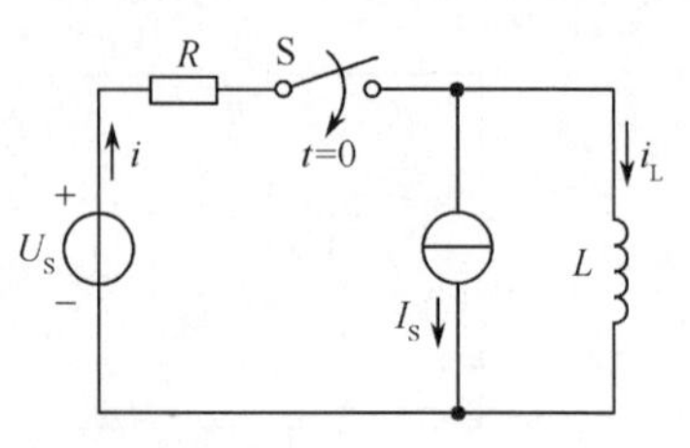

图 2.3.7 例 2.3.6 的电路

【解】 $i_L(0_+) = i_L(0_-) = -2\text{A}$,

$$i_L(\infty) = \frac{U_S}{R} + (-I_S) = \frac{10}{2} - 2 = 3\text{A}$$

为求图 2.3.7 所示的戴维宁等效电阻,将 I_S 开路、U_S 短路,从电感 L 两端求得的电阻为 $R = 2\Omega$,所以,电路的时间常数 $\tau = \dfrac{L}{R} = \dfrac{4}{2} = 2\text{s}$,故有

$$\begin{aligned} i_L(t) &= i(\infty) + [i_L(0_+) - i(\infty)]\text{e}^{-\frac{t}{\tau}} \\ &= 3 + [-2 - 3]\text{e}^{-0.5t} = (3 - 5\text{e}^{-0.5t})\text{A} \end{aligned}$$

2.4 一阶电路响应的分解形式

动态电路的响应可以理解为由外部激励和内部激励共同作用所引起的，外部激励指电路外接的电压源或电流源；内部激励则是电路中电容或电感元件的初始储能。动态电路受外部激励与内部激励作用的情况不同，其响应可分为零输入响应、零状态响应和全响应。

2.4.1 一阶电路的零输入响应

动态电路没有外部激励，即外部激励等于零，仅由电路中电容或电感元件的初始储能引起的响应，称之为零输入响应。

图2.4.1(a)、(b)所示为 RC 电路与 RL 电路，换路前电路处于稳态，受电源 U_S 的作用，电容或电感都有储能。$t=0$ 时开关S由a合向b，将电源从电路中切除，使电路为零输入，如图2.4.1(c)、(d)所示，此时电容和电感的储能将经过电阻 R 放电，从而在电路中产生零输入响应。由此可见，零输入响应的物理意义是动态元件储能的放电过程，且得不到外部激励的能量补充，最终储能被全部耗尽，故电路响应的稳态值为零，即 $f(\infty)=0$。

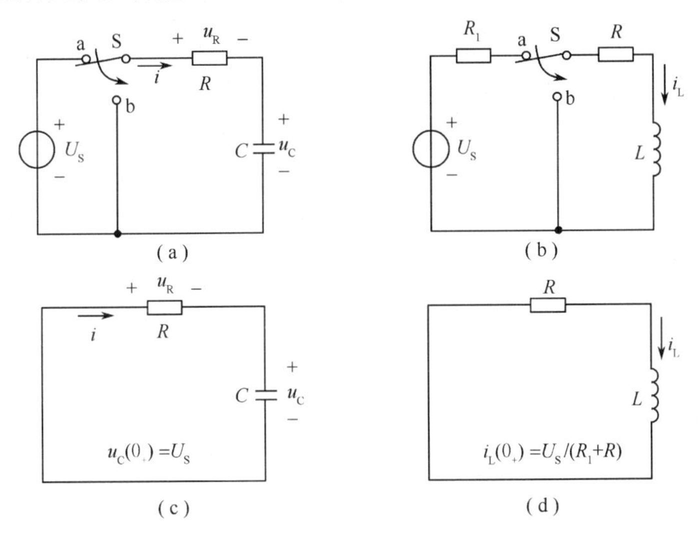

图2.4.1 RC 与 RL 电路的零输入响应举例

零输入响应是动态电路响应的形式之一，必然也满足三要素公式，将 $f(\infty)=0$ 代入三要素公式(2.3.3)中，可得零输入响应的表达式为

$$f(t)=f(0_+)\mathrm{e}^{-\frac{t}{\tau}} \tag{2.4.1}$$

2.4.2 一阶电路的零状态响应

动态电路中电容或电感元件的初始储能为零，仅由电路的外部激励引起的响应，称之为零状态响应。

图2.4.2(a)、(b)所示为 RC 电路与 RL 电路，换路前电路中没有电源，电容或电感储

能均为零,电路处于零状态,即$f(0_+)=0$。$t=0$时开关S由a合向b,将电源接入电路,如图2.4.2(c)、(d)所示,此时电源将经过电阻对电容或电感充电,从而在电路中产生零状态响应。由此可见,零状态响应的物理意义是动态元件的充电过程。

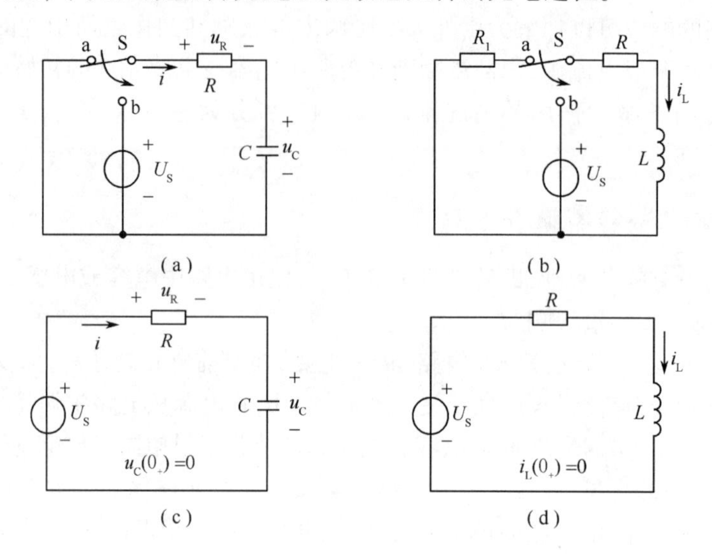

图2.4.2　RC与RL电路的零状态响应举例

零状态响应是动态电路响应的形式之一,必然也满足三要素公式,将$f(0_+)=0$代入三要素公式(2.3.3)中,可得零状态响应的表达式为

$$f(t)=f(\infty)(1-e^{-\frac{t}{\tau}}) \tag{2.4.2}$$

特别要说明的是,式(2.4.2)成立的条件是$f(0_+)=0$。零状态指电容或电感的初始储能为零,即$u_C(0_+)=0$或$i_L(0_+)=0$,但其他变量的初始值不一定等于零,初始值不为零的变量不能用式(2.4.2)求解。

【例2.4.1】图2.4.3(a)所示电路,$U_S=6V$,$R_1=R_2=R_3=4\Omega$,$C=0.5F$,换路前电路处于稳态,$t=0$时开关S闭合。求$u_C(t)$、$u_R(t)$、$i(t)$。

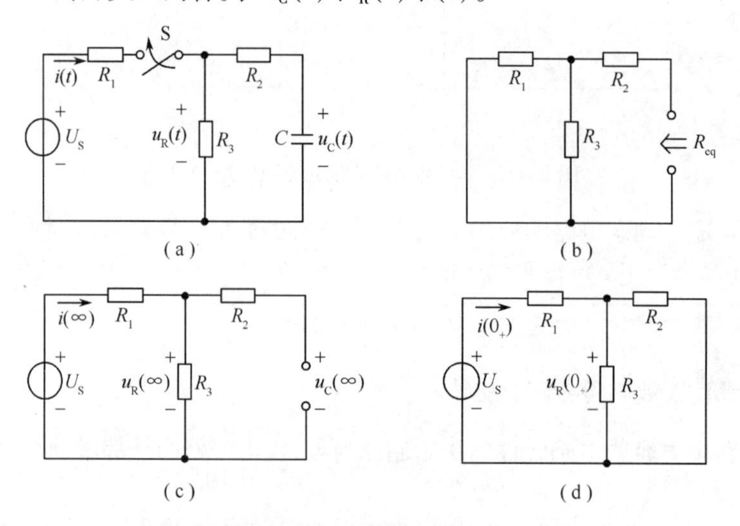

图2.4.3　例2.4.1的电路

【解】换路前电路处于稳态，电容 C 通过电阻 R_1 和 R_2 放电将储能耗尽，即 $u_C(0_-)=0$，由换路定律有 $u_C(0_+)=u_C(0_-)=0$。$t=0$ 时开关 S 闭合，电源 U_S 被接入电路，引起零状态响应。

由图 2.4.3(b)，求得

$$R_{eq}=R_2+R_1 /\!/ R_3=6\Omega$$

则

$$\tau=R_{eq}C=3\text{s}$$

由图 2.4.3(c)，求得

$$u_C(\infty)=u_R(\infty)=\frac{R_3}{R_1+R_3}\times U_S=3\text{V}$$

$$i(\infty)=\frac{U_S}{R_1+R_3}=\frac{3}{4}\text{A}$$

由于 $u_C(0_+)=0$，电容电压 $u_C(t)$ 满足式(2.4.2)，有

$$u_C(t)=u_C(\infty)(1-e^{-\frac{t}{\tau}})=3(1-e^{-\frac{t}{3}})\text{V}$$

由图 2.4.3(d)，求得

$$u_R(0_+)=\frac{R_2 /\!/ R_3}{R_1+R_2 /\!/ R_3}\times U_S=2\text{V}$$

$$i(0_+)=\frac{U_S}{R_1+R_2 /\!/ R_3}=1\text{A}$$

可见，$u_R(0_+)\neq 0$、$i(0_+)\neq 0$，因此 $u_R(t)$ 和 $i(t)$ 不适合式(2.4.2)，应该根据三要素公式求解，有

$$u_R(t)=u_R(\infty)+[u_R(0_+)-u_R(\infty)]e^{-\frac{t}{\tau}}=3-e^{-\frac{t}{3}}\text{V}$$

$$i(t)=i(\infty)+[i(0_+)-i(\infty)]e^{-\frac{t}{\tau}}=\frac{3}{4}+\frac{1}{4}e^{-\frac{t}{3}}\text{A}$$

2.4.3 一阶电路的全响应

在动态电路中，在电容或电感元件的初始储能不为零的情况下，又受到外部激励作用所引起的响应，称为全响应。

如图 2.4.4(a)、(b) 所示的 RC 电路与 RL 电路，换路前电路处于稳态，受电源 U_{S1} 的作用，电容或电感都有储能。$t=0$ 时开关 S 由 a 合向 b，将电源 U_{S2} 接入电路，如图 2.4.4(c)、(d) 所示，此时电源 U_{S2} 作用于非零初始状态的电路，从而在电路中产生全响应。

由上述分析可见，全响应的表达式就是三要素公式(2.3.3)，重新写在下面为

$$f(t)=f(\infty)+[f(0_+)-f(\infty)]e^{-\frac{t}{\tau}} \tag{2.4.3}$$

2.4.4 一阶电路全响应的分解

如上所述，动态电路既有外部激励，又有内部激励的响应为全响应。根据叠加定理，动态电路的全响应可看成外部激励和内部激励各自单独作用所引起的响应的叠加。当外部激励置零，由内部激励单独作用所引起的响应就是零输入响应；而当内部激励置零，由外部激励单独作用所引起的响应就是零状态响应。由此可知，全响应可看作是零输入响应和

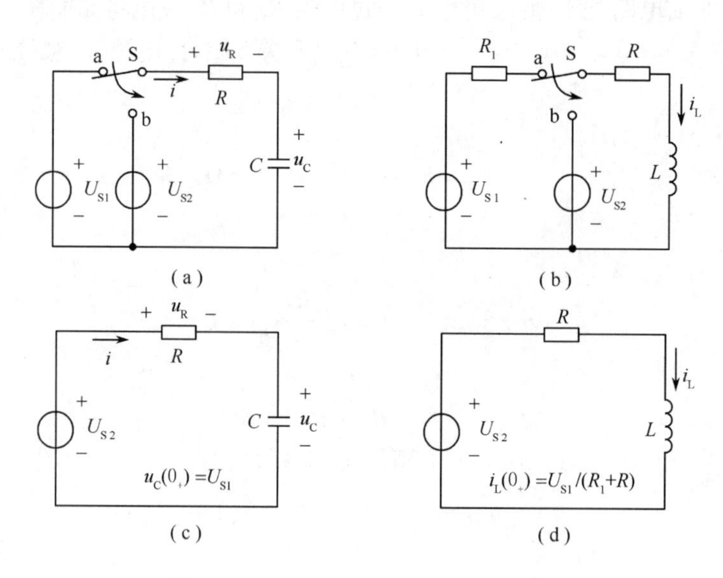

图 2.4.4 *RC* 与 *RL* 电路的全响应举例

零状态响应的叠加,即全响应可分解为

$$全响应 = 零输入响应 + 零状态响应 \tag{2.4.4}$$

实际上,将式(2.4.3)整理可得式(2.4.4),即

$$\begin{aligned} f(t) &= f(\infty) + [f(0_+) - f(\infty)]e^{-\frac{t}{\tau}} \\ &= f(0_+)e^{-\frac{t}{\tau}} + f(\infty)(1 - e^{-\frac{t}{\tau}}) \\ &= 零输入响应 + 零状态响应 \end{aligned}$$

一阶电路的全响应还可以从另一个角度来分解:

从式(2.4.3)可以看到,等号右边第一项为$f(\infty)$,这一分量不随时间变化,由外加激励决定,当$t\to\infty$电路达稳态时响应$f(t)=f(\infty)$,故,$f(\infty)$称为强制分量或稳态分量;等号右边第二项为$[f(0_+)-f(\infty)]e^{-\frac{t}{\tau}}$,该分量随时间按指数规律衰减,由电路自身特性决定,当$t\to\infty$时该分量衰减为零,故$[f(0_+)-f(\infty)]e^{-\frac{t}{\tau}}$称为自由分量或暂态分量。即全响应可分解为

$$\begin{aligned} f(t) &= f(\infty) + [f(0_+) - f(\infty)]e^{-\frac{t}{\tau}} \\ &= 强制分量 + 自由分量(按响应形式分) \\ &= 稳态分量 + 暂态分量(按响应特性分) \end{aligned}$$

需要强调的是,无论是将全响应分解为零输入响应和零状态响应,还是分解为强制分量(稳态分量)和自由分量(暂态分量),仅仅是分解形式不同而已,响应的实质都是一样的。在电路分析中,具体怎么分解需根据分析要求而定。将全响应分解为零输入响应和零状态响应的叠加,主要是考虑引起响应的不同原因;将全响应分解为强制分量(稳态分量)和自由分量(暂态分量)的叠加,主要是考虑响应中不同分量的形式与特性。

2.5 微分电路与积分电路

输出电压正比于输入电压的微分或积分的电路被称为微分电路或积分电路。利用 RC 或 RL 串联的一阶电路,适当选择电路的输入端和输出端,适当选择元件参数,可以构成微分电路或积分电路。

微分电路或积分电路,在电子技术中有着十分重要的地位,特别是 RC 微分电路和积分电路,在脉冲数字电路和自动控制技术中,得到了广泛的应用。

本节将以 RC 一阶电路为例,介绍微分电路与积分电路。为了便于突出 RC 微分电路与积分电路的工作特点,在分析其工作波形时,将以矩形脉冲信号作为电路的激励。

2.5.1 微分电路

RC 串联电路如图 2.5.1(a) 所示,设电路处于零状态,输出电压 $u_o = u_R$。设 u_i 为单个矩形脉冲电压,如图 2.5.1(b) 所示,其脉冲幅值为 U,脉冲宽度为 T_P。首先,可对电路在矩形脉冲激励下的响应作如下粗略分析。

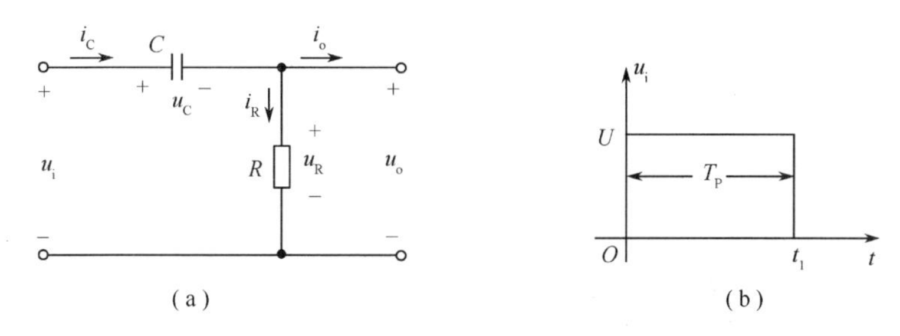

图 2.5.1 RC 微分电路

1. $0 < t < t_1$,电容器充电

在 $0< t <t_1$ 期间,$u_i = U$ 相当于电压源,电路为零状态响应,电容充电,所以电容电压以 U 为稳态值呈指数规律上升,u_C 表达式为

$$u_C = U(1 - e^{-\frac{t}{\tau}})$$

而在 $t=0$、u_i 从零突跳到 U 的瞬间,电容电压 u_C 不能突变,保持 $u_C = 0$ 相当于短路,使得 $u_i = U$ 全部加在电阻上,所以,在 u_C 以 U 为稳态值呈指数规律上升的同时,u_R 以 U 为起始值呈指数规律下降,u_R 表达式为

$$u_R = Ue^{-\frac{t}{\tau}}$$

2. $t_1 < t < \infty$,电容器放电

在 $t_1< t < \infty$ 期间,$u_i = 0V$,电路输入端相当于短路,电路为零输入响应,电容放电,所以,电容电压以 U 为起始值呈指数规律下降,u_C 表达式为

$$u_C = Ue^{-\frac{t}{\tau}}$$

而在 $t= t_1$、u_i 从 U 突跳到零的瞬间,电容电压 u_C 不能跃变,保持 $u_C = U$ 相当于电压源,$u_i = U$ 反向加在电阻上,所以,在 u_C 以 U 为起始值呈指数规律下降到零的同时,u_R 以 $-U$ 为起始值呈指数规律变化到零,u_R 表达式为

$$u_R = -Ue^{-\frac{t}{\tau}}$$

以上讨论了 RC 电路在矩形脉冲作用下，电容电压 u_C 和电阻电压 u_R 的变化规律，而具体的，u_C、u_R 的波形还与时间常数 τ 及输入脉冲宽度 T_P 有关，当 T_P 一定时，改变 τ 的大小，电容充、放电的快慢不同，u_C、u_R 的波形也就不同。

以电容充、放电的稳定时间为 $t = 3\tau$ 为例，图 2.5.2 示出了 $\tau=10T_P$、$\tau=T_P$、$\tau=0.1T_P$、$\tau=0.01T_P$ 等几种情况下，电压 u_C、u_R 的波形，下面分别解释。

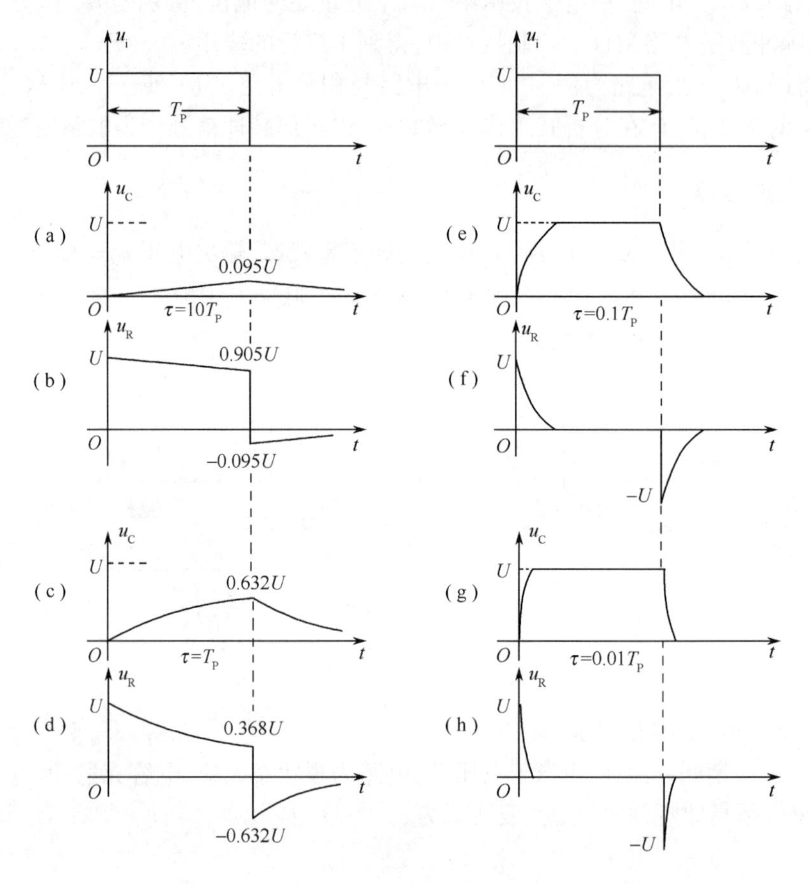

图 2.5.2　不同时间常数 τ 时 u_C 和 u_R 波形举例

（1）当 $\tau=10T_P$ 时，电容充、放电的稳定时间 $t = 30T_P$，充、放电很慢。例如，在 $t=T_P$ 时，

$u_C = U(1 - e^{-\frac{t}{\tau}}) = U(1 - e^{-0.1}) = U(1 - 0.905) = 0.095U$，

$u_R = Ue^{-\frac{t}{\tau}} = Ue^{-0.1} = 0.095U$。

$\tau = 10T_P$ 时的 u_C、u_R 波形分别如图 2.5.2(a)、(b) 所示。由图可知，u_C 很小，$u_R \approx U$，此时的电路为一般的阻容耦合电路而非微分电路。

（2）当 $\tau = T_P$ 时，电容充、放电的稳定时间 $t=3T_P$，u_C、u_R 波形分别如图 2.5.2(c)、(d) 所示。

（3）当 $\tau=0.1T_P$ 时，电容充、放电的稳定时间 $t=0.3T_P$，u_C、u_R 波形如图 2.5.2(e)、(f) 所示，此时，电容的充、放电很快，电阻电压 u_R 的衰减也很快，使得电容充电时电阻上形成一个正的尖脉冲；电容放电时电阻上形成一个负的尖脉冲。

(4) 当 $\tau=0.01T_P$ 时，电容充、放电的稳定时间 $t=0.03T_P$，u_C、u_R 波形如图 2.5.2(g)、(h) 所示。此时，电容的充、放电时间极短，电阻电压 u_R 的正、负尖波更加尖锐，两个电压 u_C、u_R 波形的面积 $u_R \ll u_C$，即 $u_R \approx 0$，$u_C \approx u_i$，于是有

$$i_R = i_C = C\frac{du_C}{dt} \approx C\frac{du_i}{dt}$$

$$u_o = u_R = i_R R \approx RC\frac{du_i}{dt} \tag{2.5.1}$$

由式(2.5.1) 可知，当 $\tau \ll T_P$ 时，输出电压 u_o 与输入电压 u_i 的微分成正比，把这种电路称为微分电路。

由此，RC 串联电路成为微分电路的条件是 $\tau \ll T_P$，且输出电压取自电阻两端。

值得注意的是，以上讨论微分电路时，假设电路的输出端空载，即 $i_o=0$，$i_R=i_C$，这与实际情况是很接近的。因为微分电路的输出信号很小，需经多级放大电路才能驱动执行元件。而一般放大电路的输入阻抗很高，从微分电路输出端取用的电流很小，所以可近似认为微分电路的 $i_o=0$。

【例 2.5.1】 电路如图 2.5.1 所示，已知 $R=10\text{k}\Omega$，$C=100\text{pF}$，输入信号电压 u_i 是单个矩形脉冲，其 $U=10\text{V}$，脉冲宽度 $T_P=20\mu\text{s}$。试求电压 u_C、u_R 表达式并画波形。设电容元件原先未储能。

【解】 $\tau=RC=10\times10^3\times100\times10^{-12}=1\mu\text{s}$。

在 $0<t<t_1$ 期间，电容器充电时

$$u_C=U(1-e^{-\frac{t}{\tau}})=10(1-e^{-\frac{t}{10^{-6}}})=10(1-e^{-10^5 t}),$$

$$u_R=Ue^{-\frac{t}{\tau}}=10e^{-\frac{t}{10^{-6}}}=10e^{-10^5 t}$$

在 $t_1<t<\infty$ 期间，电容器放电时

$$u_C=Ue^{-\frac{t}{\tau}}=10e^{-\frac{t}{10^{-6}}}=10e^{-10^5 t},$$

$$u_R=-Ue^{-\frac{t}{\tau}}=-10e^{-\frac{t}{10^{-6}}}=-10e^{-10^5 t}$$

本例 $\tau \ll T_P$ 是微分电路，其电压 u_C、u_R 的波形和图 2.5.2(g)、(h) 类似，这里不再作出。

2.5.2 积分电路

同样是 RC 串联电路，但是以电容上电压作为输出电压，如图 2.5.3 所示，适当选择电路的参数，使时间常数 $\tau \gg T_P$，即 $u_C \ll u_R$，就得到 RC 积分电路。

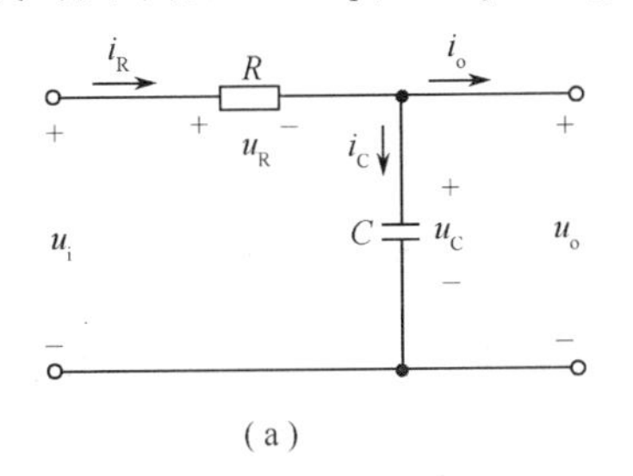

(a)

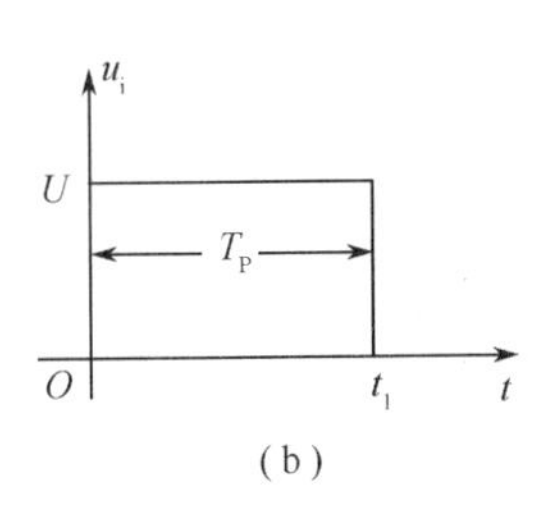

(b)

图 2.5.3　RC 积分电路

由于$\tau \gg T_P$，在脉冲持续时间内，电容缓慢充电，u_C缓慢增长，u_C还未达到稳态值时，脉冲已经结束，使电容器经电阻R缓慢放电，u_C缓慢衰减，还未衰减为零值时，脉冲间歇时间已经结束，下一个脉冲到来电容器又缓慢充电。如此反复，电压u_C是一个锯齿波，如图2.5.4所示，时间常数τ越大，充、放电越慢，输出锯齿波的线性越好，近似三角波，如图2.5.4所示。

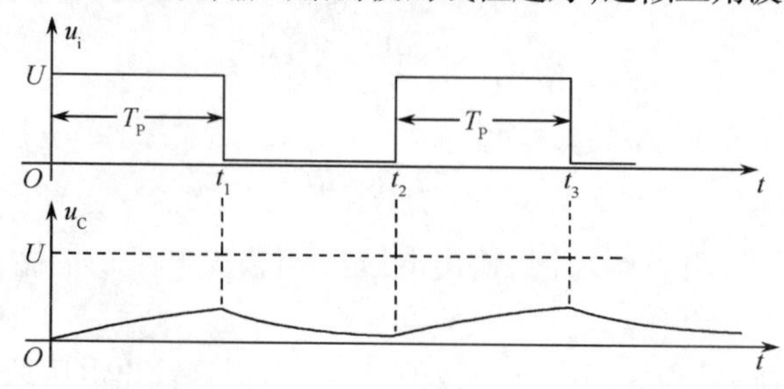

图2.5.4　*RC*积分电路输出电压波形

在$0< t < t_1$内，电容充电，$u_o = u_C \ll u_R$。

由KVL得

$$u_i = u_R + u_o \approx u_R = i_R R$$

而

$$u_o = u_C = \frac{1}{C}\int i_C \mathrm{d}t = \frac{1}{C}\int i_R \mathrm{d}t = \frac{1}{RC}\int u_i \mathrm{d}t$$

所以

$$u_o = \frac{1}{RC}\int u_i \mathrm{d}t \tag{2.5.2}$$

由式(2.5.2)可知，当$\tau \gg T_P$时，输出电压u_o与输入电压u_i的积分成正比，所以把这种电路称为积分电路。

由此，*RC*串联电路成为积分电路的条件是$\tau \gg T_P$，且输出电压取自电容两端。在脉冲数字电路中，常用积分电路把矩形脉冲转换为锯齿波电压信号做扫描信号用。

上述分析仍然假设电路的输出端空载，即$i_o = 0$，$i_C = i_R$，这与实际情况是很接近的，理由同前，不再赘述。

习　题

2.1　电路如图T2.1所示，$t<0$时，原电路已稳定，$t=0$时，开关S打开。求$t=0_+$时$u_C(t)$、$i_L(t)$的初始值。

2.2　电路如图T2.2所示，开关S动作前电路已达稳态，$t=0$时开关S闭合，试用三要素法求$t \geq 0$时的u_o和u_C。设$u_C(0_-)=0$。

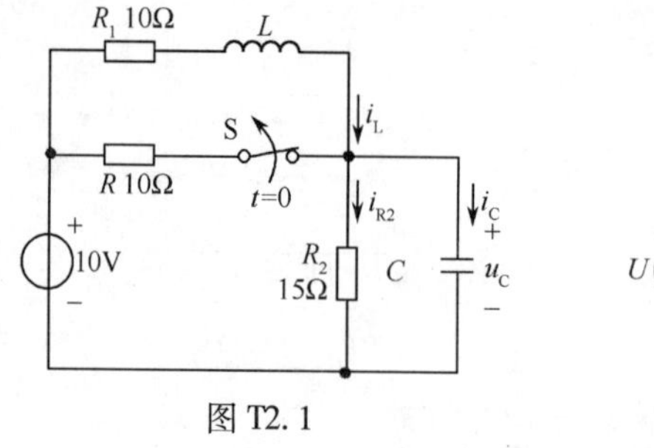

图T2.1

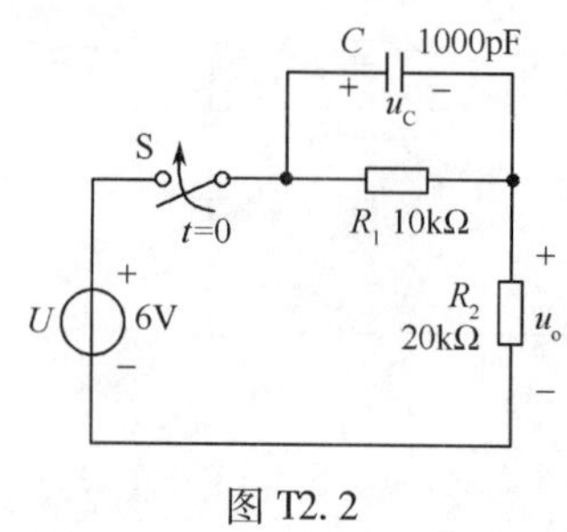

图T2.2

2.3 如图 T2.3 所示电路中,开关 S 原来在 1 位置,而且电路已达稳定。$t=0$ 时开关由 1 端合向 2 端,试求 $t \geqslant 0$ 时电容上的电压 $u_C(t)$。

2.4 如图 T2.4 所示电路中,$R_1=2\text{k}\Omega$,$R_2=1\text{k}\Omega$,$C=3\mu\text{F}$,$I=1\text{mA}$。开关 S 长时间闭合。试求 $t \geqslant 0$ 时开关 S 断开后的电流源两端的电压 u。

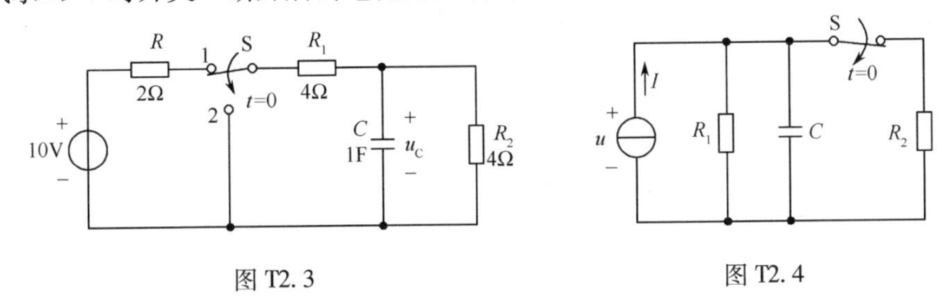

图 T2.3　　　　图 T2.4

2.5 如图 T2.5 所示电路已处于稳态,在 $t=0$ 时,将开关 S 断开,试用三要素法求 S 断开后的 u_C 和 i_C。

2.6 如图 T2.6 所示,开关 S 合在 1 端时,电路已稳定。已知:$R_1=1\text{k}\Omega$,$R_2=2\text{k}\Omega$,$C=3\mu\text{F}$,$U_1=3\text{V}$,$U_2=5\text{V}$。开关 S 在 $t=0$ 时刻,由 1 端合到 2 端,试用三要素法求 $t \geqslant 0$ 时电容电压 u_C。

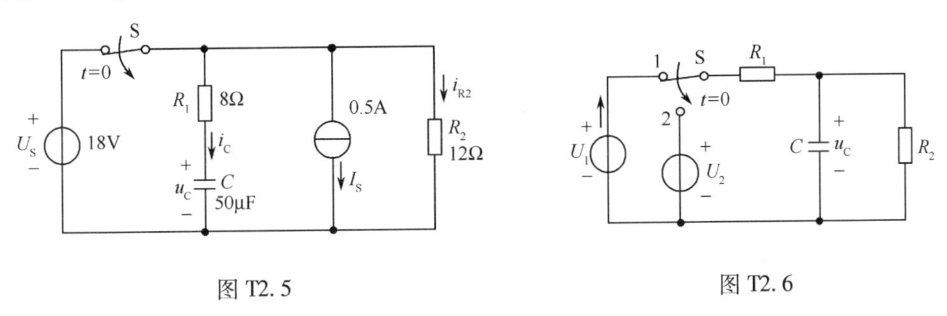

图 T2.5　　　　图 T2.6

2.7 如图 T2.7 所示,电路在开关动作前已达稳态,$t=0$ 时开关 S_1 打开、开关 S_2 闭合,试用三要素法求 $t \geqslant 0$ 时的电压 $u_C(t)$。

2.8 如图 T2.8 所示,开关合在 1 端并处于稳态,$t=0$ 时开关由 1 端合向 2 端,试用三要素法求 $t \geqslant 0$ 时的 $u_C(t)$ 和 $i_C(t)$。

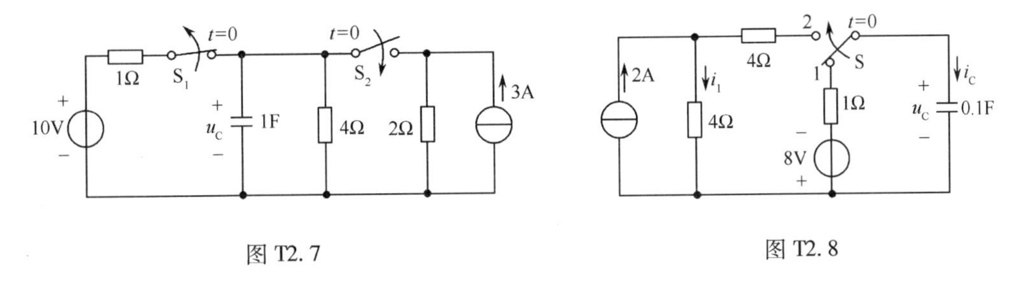

图 T2.7　　　　图 T2.8

2.9 如图 T2.9 所示,$t<0$ 时电路已稳定,$t=0$ 时合上开关 S。求 $t \geqslant 0$ 时的 $u_C(t)$、$i(t)$。

2.10 如图 T2.10 所示,电路在开关 S 动作前已达稳态,$t=0$ 时开关 S 打开,用三要素法求 $t \geqslant 0$ 时电感 L 的电流 $i(t)$ 和电阻 R_2 的电压 $u(t)$。

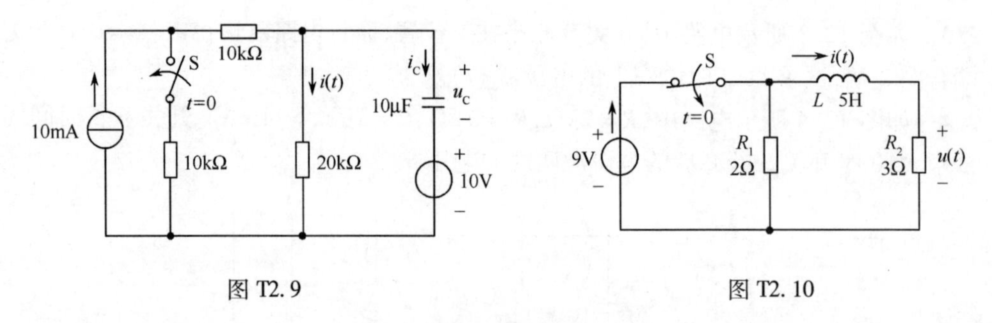

图 T2.9　　　　图 T2.10

2.11　如图 T2.11 所示电路已处于稳态，在 $t=0$ 时，将开关 S 断开，试用三要素法求 S 断开后的 i_L。

2.12　如图 T2.12 所示，电路在开关 S 动作前已达稳态，$t=0$ 时开关 S 由 a 合向 b，试用三要素法求 $t \geqslant 0$ 时的电压 u。

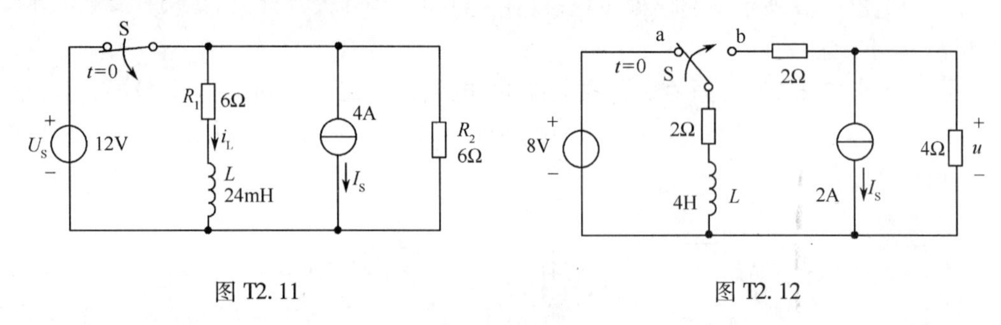

图 T2.11　　　　图 T2.12

第3章　正弦交流电路

在日常生活和工业实践中普遍应用正弦交流电，即使是某些采用直流电源工作的电器，也是将正弦交流电转变为直流电后使用。正弦交流电是电工技术的重要内容之一，是学习电机、电器和电子技术的理论基础。交流电路具有用直流电路的概念无法理解和无法分析的物理现象。因此，在学习时必须建立交流的概念。

本章主要讨论交流电路的一些基本概念、基本理论和基本分析方法，分三大部分进行，首先介绍交流电的3个特征量，其次介绍交流电的相量表示方法，最后介绍正弦交流电路的分析与计算。

3.1　正弦交流电路及其基本物理量

前两章中分析的是直流电路，其电压、电流的大小和方向是不随时间发生变化的，如图3.1.1所示。

正弦交流电压和电流的大小和方向，是随时间按正弦规律周期性变化的，波形如图3.1.2所示。实线箭头代表电流的参考方向，虚线箭头代表电流的实际方向；"+"、"-"代表电压的参考极性，"⊕"、"⊖"代表电压的实际极性。在正半周时，由于实际方向与所标的参考方向相同，所以其值为正；在负半周时，由于实际方向与所标的参考方向相反，所以其值为负。

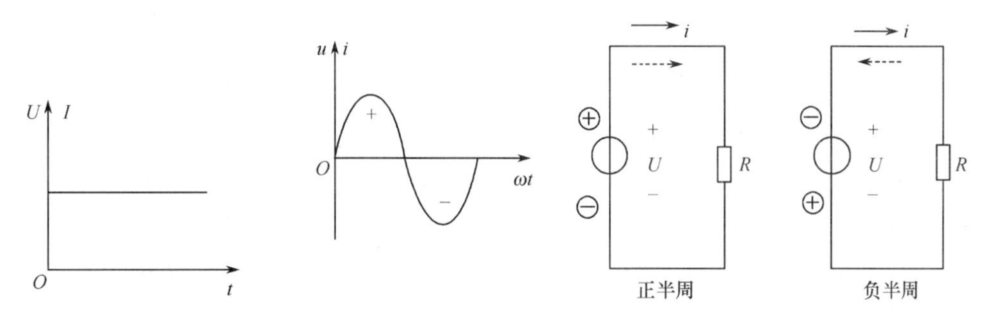

图3.1.1　直流电压和电流　　　　图3.1.2　正弦电压和电流

正弦电压和电流等物理量，统称为正弦量。以电流为例，其数学表达式为

$$i = I_m \sin(\omega t + \psi) \tag{3.1.1}$$

式(3.1.1)中3个常数I_m、ω、ψ分别表示正弦量的大小、变化快慢和初相位，称为正弦量的三要素。当三要素已知时，该正弦量就被唯一确定，下面分别介绍这3个量。

3.1.1　幅值和有效值

以图3.1.3所示的正弦电流为例，正弦量在任一瞬间的值称为瞬时值，用小写字母表示，电流的瞬时值用 i 表示。瞬时值中的最大值称为最大值或幅值，用带下标 m 的大写字母来表示，I_m 表示电流的最大值或幅值。当时间连续变化时，正弦电流的瞬时值 i 将在 $I_m \sim -I_m$ 之间变化，$2I_m$ 称为正弦电流的峰—峰值。

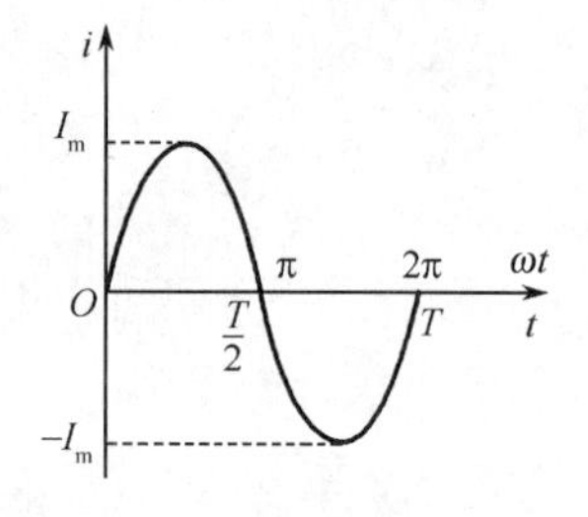

图 3.1.3　正弦电流波形

除用瞬时值和幅值来描述正弦量的大小外，在工程中常用有效值来表示正弦量的大小，用大写字母表示，I 表示电流的有效值。在电工技术中，由于电流主要表现其热效应，因此有效值的确定是根据交流电流和直流电流热效应相等的原则来规定的。即设交流电流 i 和直流电流 I 分别通过阻值相同的电阻 R，若在相同的时间 T 内产生的热量相等，则这个电流 i 的有效值在数值上就等于这个直流电流 I。

由焦耳定理可得

$$\int_0^T Ri^2 \mathrm{d}t = RI^2 T \tag{3.1.2}$$

式(3.1.2)只适用于周期性变化的量，不能用于非周期量。

当电流为 $i = I_m \sin\omega t$ 时，可以推出 $I = \sqrt{\frac{1}{T}\int_0^T I_m^2 \sin^2\omega t \mathrm{d}t}$

由于 $\int_0^T \sin^2\omega t \mathrm{d}t = \int_0^T \frac{1 - \cos 2\omega t}{2}\mathrm{d}t = \frac{1}{2}\int_0^T \mathrm{d}t - \frac{1}{2}\int_0^T \cos 2\omega t \mathrm{d}t = \frac{T}{2}$

代入上式得正弦电流有效值为

$$I = \frac{I_m}{\sqrt{2}} = 0.707 I_m \tag{3.1.3}$$

同理，正弦电压的有效值为

$$U = \frac{U_m}{\sqrt{2}} \tag{3.1.4}$$

一般所讲的正弦电压或电流的大小，如交流电压 380V 或 220V，都是指它的有效值。交流电气设备铭牌上标注的额定电压、额定电流均指有效值，一般交流电压表、电流表表面上标出的数字也是其有效值。

【例 3.1.1】 已知某交流电压为 220V，这个交流电压的最大值为多少？

【解】 $U_m = \sqrt{2}U = 220\sqrt{2} = 311\text{V}$

【例 3.1.2】 已知某人购得一台耐压为 300V 的电器，是否可用于 220V 的线路上？

【解】 因为 220V 交流电的最大值 $U_m = \sqrt{2} \times 220 = 311\text{V} > 300\text{V}$，所以耐压为 300V 的电器不能用于 220V 的交流线路上。

3.1.2　频率和周期

正弦量变化一次所需的时间称为周期，用 T 表示，单位为秒(s)。每秒内变化的次数称为频率 f，单位为赫兹(Hz)，简称赫。频率是周期的倒数，即

$$f = \frac{1}{T} \tag{3.1.5}$$

我国和世界上大多数国家都采用 50Hz 作为电力标准频率，但美、日等国采用的标准

为 60Hz，这种频率在工业上广泛应用，也称工频。不同的技术领域还使用各种不用的频率。例如，中频炉的频率为 500Hz ~ 8000Hz，高频加热设备的频率为 200kHz ~ 300kHz，有线通信的频率为 300Hz ~ 5000Hz，无线电通信的频率为 30kHz ~ 30GHz。

频率是一种不可再生的资源，随着科学技术的发展，人们正在开发和利用更高频段的资源。

正弦量的变化快慢除用频率和周期表示外，还常用角频率 ω 来表示，单位为弧度每秒（rad/s），它与频率和周期的关系为

$$\omega = \frac{2\pi}{T} = 2\pi f \tag{3.1.6}$$

从式(3.1.5)和式(3.1.6)可知，f、T、ω 三者知其一，则其余可解。

【例 3.1.3】 已知 $f = 50\text{Hz}$，试求 T 和 ω。

【解】 $T = \frac{1}{f} = \frac{1}{50} = 0.02\text{s}$

$\omega = 2\pi f = 2 \times 3.14 \times 50 = 314\ \text{rad/s}$

3.1.3 相位和初相位

正弦量的瞬时值是随时间变化的，选取不同的计时起点，正弦量的初始值就不同。为加以区分，引入相位和相位差。例如，两个同频率正弦电压和电流分别为

$$\begin{cases} u = U_{\text{m}}\sin(\omega t + \psi_u) \\ i = I_{\text{m}}\sin(\omega t + \psi_i) \end{cases} \tag{3.1.7}$$

式(3.1.7)中的 $(\omega t + \psi_u)$ 和 $(\omega t + \psi_i)$ 称为正弦电压和正弦电流的相位，它反映了正弦量变化的进程。$t = 0$ 时刻的相位，称为正弦量的初相位，或称初相角，式中的 ψ_u 和 ψ_i 分别为电压和电流的初相位，如图 3.1.4 所示。初相位与计时零点的确定有关，对任一正弦量，初相位是允许任意确定的，但对同一个电路中相关的正弦量，则只能对应于同一个计时零点。

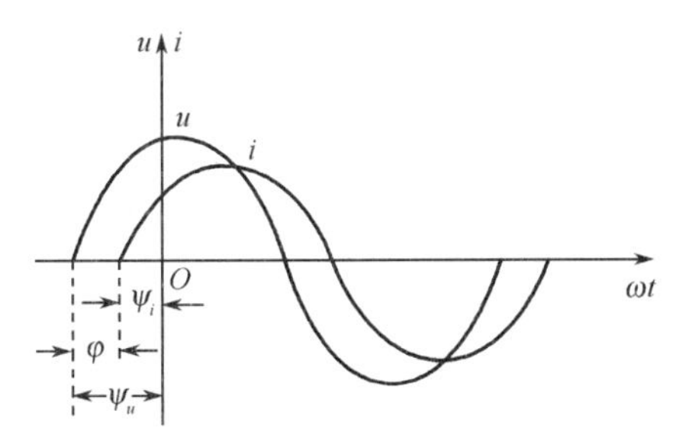

图 3.1.4 两正弦量的相位差

电路中常引用“相位差”的概念描述两个同频正弦量的相位关系。式(3.1.7)中 u 和 i 的相位差为

$$\varphi = (\omega t + \psi_u) - (\omega t + \psi_i) = \psi_u - \psi_i \tag{3.1.8}$$

式(3.1.8)表明同频正弦量的相位差等于初相位之差，是一个与时间无关的常数。

当 $\psi_u > \psi_i$ 时，称为 u 超前于 i；当 $\psi_u < \psi_i$ 时，称为 u 滞后于 i；当 $\psi_u = \psi_i$ 时，称为 u 和 i 同相；当 $|\psi_u - \psi_i| = \pi$ 时，称 u 和 i 反相。

相位差还可通过观察波形得到，如图 3.1.4 所示，在同一个周期内两个波形的极大(小)值或某一特定值之间的角度差值，即为两者的相位差，先达到极值或某一特定值的为超前波，图 3.1.4 中 u 超前于 i。

【例 3.1.4】 已知，$u=15\sin(314t+45°)$ V，$i=10\sin(314t-30°)$ A，求：

(1) u 和 i 的相位差是多少？

(2) 在相位上，u 和 i 谁超前，谁滞后？

【解】 (1) $\varphi=\psi_u-\psi_i=45°-(-30°)=75°$。

(2) 因为 $\psi_u=45°$，$\psi_i=-30°$，所以 $\psi_u>\psi_i$，即在相位上，u 超前，i 滞后。

3.2 正弦量的相量表示法

前面介绍了正弦量的两种基本表示方法——正弦三角函数表示法和波形图表示法。三角函数法包含了正弦量的三要素：频率、幅值和初相位；波形图法直观、形象地描述各正弦量变化规律。这两种方法不便于运算，下面介绍正弦量的第三种表示方法——相量表示法，就是用复数来表示正弦量，把对正弦量的各种运算转化为复数的代数运算，可大大简化正弦交流电路的分析计算过程。

相量法是分析求解同频正弦量的一种非常有效的工具。相量法的基础是复数，其实质就是用复数来表示正弦量。

3.2.1 复数

1. 复数的表示形式

(1) 复数的代数形式。设复数 A，其代数形式为

$$A=a+\mathrm{j}b \tag{3.2.1}$$

式中，a 为复数 A 的实部；b 为复数 A 的虚部。

(2) 复数的三角函数形式。一个复数 A 在复平面上可用一条有向线段来表示，如图 3.2.1 所示，用 $\overrightarrow{OA}$ 表示复数 A，于是可得复数 A 的三角函数形式为

$$A=a+\mathrm{j}b=r\cos\psi+\mathrm{j}r\sin\psi=r(\cos\psi+\mathrm{j}\sin\psi) \tag{3.2.2}$$

式中，$r=\sqrt{a^2+b^2}$ 为复数的模；$\psi=\arctan\dfrac{b}{a}$ 为复数的辐角。r 和 ψ 与 a 和 b 之间的关系为

$$a=r\cos\psi,\quad b=r\sin\psi \tag{3.2.3}$$

$$r=\sqrt{a^2+b^2},\quad \psi=\arctan\frac{b}{a} \tag{3.2.4}$$

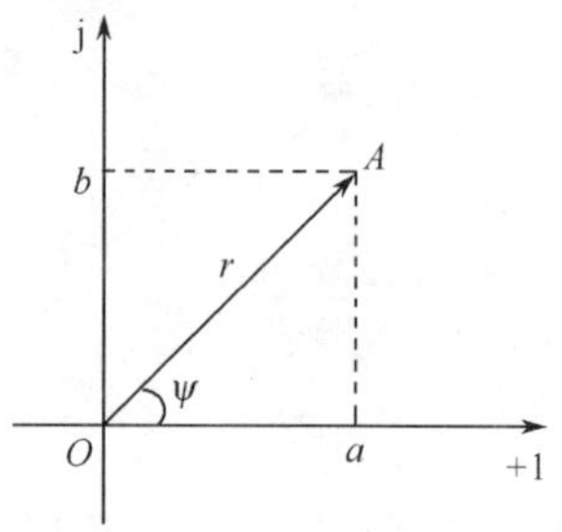

图 3.2.1 复数

(3) 复数的指数形式(或极坐标形式)

根据欧拉公式可得复数 A 的指数形式为

$$A=r(\cos\psi+\mathrm{j}\sin\psi)=r\mathrm{e}^{\mathrm{j}\psi} \tag{3.2.5}$$

式(3.2.5)可简写为极坐标形式，即

$$A=r\angle\psi \tag{3.2.6}$$

式(3.2.1)、式(3.2.2)、式(3.2.5)和式(3.2.6)为复数的4种表示形式，是相量表示法的基础。

2. 复数的运算

(1) 复数的加减运算。用代数式表示复数，便于进行加减运算。复数相加减等于其实部与实部、虚部与虚部分别相加减。

(2) 复数的乘除运算。用指数式或极坐标式表示复数，便于进行乘除运算。复数相乘除，等于其模相乘除，而辐角相加减。

利用式(3.2.3)和式(3.2.4)可在复数的代数形式和指数形式之间进行转换。

3.2.2 正弦量的相量表示法

在线性电路中，如果激励是正弦量，则电路中各支路的电压和电流的响应将是同频的正弦量，所以在分析正弦交流电路时可以不考虑频率，仅用有效值(或幅值)和初相位两个量来表示正弦量。

比照复数和正弦量，可用复数来表示正弦量，称为正弦量的相量表示法。复数的模为正弦量的有效值(或幅值)，复数的辐角为正弦量的初相位。

通常用大写字符上加"·"来表示相量，则正弦电压 $u = U_m\sin(\omega t + \psi)$ 的相量式为

$$\dot{U}_m = U_m(\cos\psi + j\sin\psi) = U_m e^{j\psi} = U_m \angle \psi$$

$$\dot{U} = U(\cos\psi + j\sin\psi) = U e^{j\psi} = U \angle \psi \tag{3.2.7}$$

式中，$\dot{U}_m$是最大值相量式；$\dot{U}$是有效值相量式。实际的应用中，不必经过上述变换，可直接根据正弦量写出与之对应的相量；反之，由相量直接写出对应的正弦量时，必须给出正弦量的角频率 ω，因为相量没有反映正弦量的频率。

例如，正弦电压为 $u = 220\sqrt{2}\sin(\omega t - 35°)$ V，其有效值相量式为 $\dot{U} = 220 \angle -35°$ V；反之，如果已知角频率为 100rad/s 的正弦电压，它的有效值相量为 $\dot{U} = 220 \angle -50°$ V，则此正弦量为 $u = 220\sqrt{2}\sin(100t - 50°)$ V。

注意，相量只表示正弦量，而不等于正弦量。

除了相量式，还可以用相量图来表示正弦量。按照各个正弦量的大小和相位关系画出的若干个相量的图形，称为相量图。用有向线段的长度表示正弦量的有效值，有向线段与实轴的夹角表示初相位。在相量图上能形象地看出各个正弦量的大小和相互间的相位关系。如式(3.1.7)用三角函数式表示的电压 u 和电流 i 两个正弦量，在图3.1.4中是用正弦波形表示的，如用相量图表示则如图3.2.2所示。由图3.2.2可知，电压相量 $\dot{U}$ 比电流相量 $\dot{I}$ 超前 φ 角，也就是正弦电压 u 比正弦电流 i 超前 φ 角。

注意，只有正弦周期量才能用相量表示，只有同频率的正弦量才能画在同一相量图上，不同频率的正弦量不能画在同一个相量图上，否则就无法比较和计算。

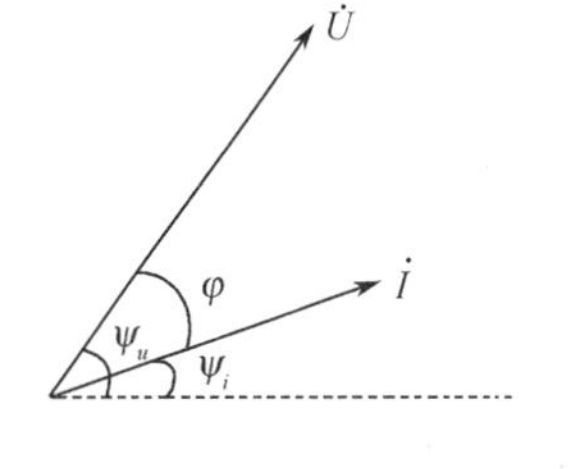

图3.2.2 相量图

当 $\psi = \pm 90°$，则

$$e^{\pm j90°} = \cos 90° \pm j\sin 90° = \pm j \tag{3.2.8}$$

因此任意一个相量乘上 +j 后,即逆时针(向前)旋转了 90°;乘上 -j 后,即顺时针(向后)旋转了 90°。

【例 3.2.1】已知 $u_1 = 8\sqrt{2}\sin(\omega t + 60°)$ V,$u_2 = 6\sqrt{2}\sin(\omega t - 30°)$ V,求 $u = u_1 + u_2$。

【解】(1)用相量式求。由已知条件可得出 u_1 和 u_2 的有效值相量,并转化为代数形式为

$$\dot{U}_1 = 8\angle 60° = (4 + j6.9)\text{V}$$

$$\dot{U}_2 = 6\angle -30° = (5.2 - j3)\text{V}$$

$$\dot{U} = \dot{U}_1 + \dot{U}_2 = 4 + j6.9 + 5.2 - j3$$
$$= 9.2 + j3.9 = 10\angle 23°\ (\text{V})$$

所以,$u = 10\sqrt{2}\sin(\omega t + 23°)$ V。

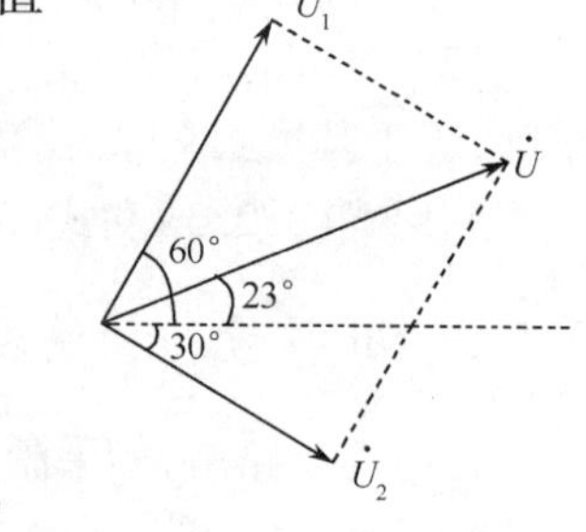

图 3.2.3　相量图

(2) 用相量图求。将相量 $\dot{U}_1$ 和 $\dot{U}_2$ 分别画在复平面上,然后用平行四边形法则,求出 $\dot{U} = \dot{U}_1 + \dot{U}_2 = 10\angle 23°$ V,如图 3.2.3所示。根据总电压 $\dot{U}$ 的长度 U 和它与正实轴的夹角 φ,可写出 u 的瞬时值表达式为

$$u = \sqrt{2}U\sin(\omega t + \psi) = 10\sqrt{2}\sin(\omega t + 23°)\text{ V}$$

3.3　单一参数的正弦交流电路

分析与计算交流电路与直流电路一样,主要是确定电路中电压和电流的大小及相位关系,并分析电路中能量的转换和功率关系。

在分析各种正弦交流电路时,必须首先掌握单一参数(纯电阻、纯电感、纯电容)元件电路中电压与电流之间的关系,然后把其他电路作为单一参数元件电路的组合来分析。

3.3.1　电阻元件的交流电路

1. 电阻元件的电压和电流的关系

纯电阻电路是最简单的交流电路,如图 3.3.1(a)所示。在日常生活中接触到的白炽灯、电炉、电烙铁与交流电源组成的就是纯电阻交流电路。

当 u 和 i 取关联参考方向时,由欧姆定律可得,$u = Ri$。

以 i 为参考正弦量,设流过电阻的电流为 $i = I_m\sin\omega t$,则

$$u = Ri = RI_m\sin\omega t = U_m\sin\omega t \tag{3.3.1}$$

u 也是一个同频的正弦量。电压和电流的波形如图 3.3.1(b)所示。

比较 u 和 i 的关系式可知,在电阻元件的交流电路中:u 和 i 的频率相同、相位相同(相位差 $\varphi = 0$)、幅值(或有效值)的关系满足欧姆定理,即

$$U_m = RI_m \quad 或 \quad \frac{U_m}{I_m} = \frac{U}{I} = R \tag{3.3.2}$$

用相量表示电压和电流的关系为

$$\frac{\dot{U}}{\dot{I}} = R \tag{3.3.3}$$

式(3.3.3)为欧姆定律的相量形式。电压和电流的相量图如图3.3.1(c)所示。

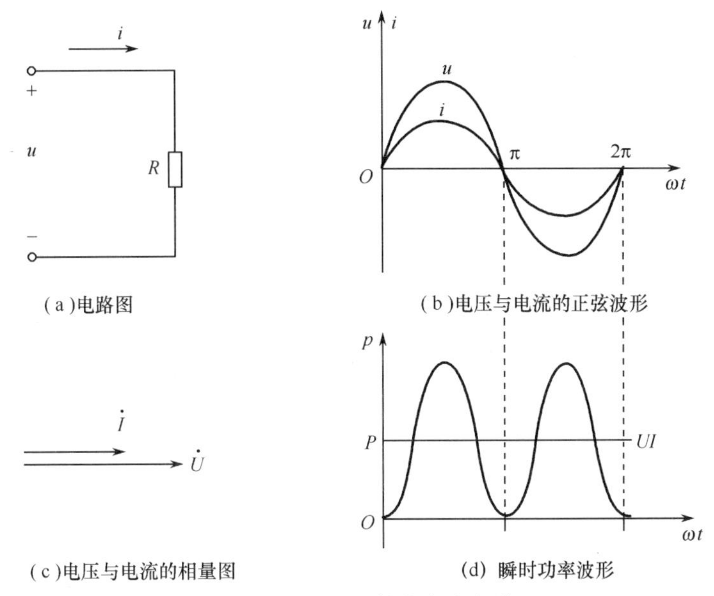

图3.3.1 电阻元件的交流电路

2. 电阻元件的功率

在任意瞬间,电压瞬时值 u 和电流瞬时值 i 的乘积,称为瞬时功率,用小写字母 p 表示,即

$$p = ui = U_{\mathrm{m}} I_{\mathrm{m}} \sin^2 \omega t = \frac{U_{\mathrm{m}} I_{\mathrm{m}}}{2}(1 - \cos 2\omega t) = UI(1 - \cos 2\omega t) \tag{3.3.4}$$

由式(3.3.4)可知,p 是由两部分组成的,第一部分是常数 UI,第二部分是幅值为 UI、并以 2ω 的角频率随时间变化的交变量 $UI\cos 2\omega t$。p 随时间变化的波形如图3.3.1(d)所示。

由于 u、i 同相,它们同时为正,同时为负,所以恒有 $p \geqslant 0$。这表明电阻从电源取用能量,将电能转化为热能,电阻 R 是一种耗能元件。

瞬时功率一般实用意义不大,通常所说的交流电的功率指瞬时功率在一个周期内的平均值,即平均功率。用大写字母 P 表示,单位为 W。

$$\begin{aligned} P = P_{\mathrm{R}} &= \frac{1}{T}\int_0^T p \mathrm{d}t = \frac{1}{T}\int_0^T ui \mathrm{d}t \\ &= \frac{1}{T}\int_0^T UI(1 - \cos 2\omega t)\mathrm{d}t = UI = I^2 R = \frac{U^2}{R} \end{aligned} \tag{3.3.5}$$

电阻电路的平均功率表达式与直流电路中电阻功率的形式相同,但式中的 U、I 不是直流电压 U、直流电流 I,而是正弦交流电的有效值。平时所说的某灯泡的功率为100W,指的就是平均功率。

【例3.3.1】 把一个100Ω的电阻元件接到频率为50Hz、电压有效值为220V的正弦电源上,求电流是多少?如保持电压值不变,而电源频率改为5000Hz,电流又为多少?

【**解**】因为电阻值与频率无关,所以电压有效值不变时,电流有效值也不变,即

$$I=\frac{U}{R}=\frac{220}{100}=2.2\text{A}$$

3.3.2 电感元件的交流电路

1. 电感元件的电压和电流的关系

纯电感元件电路如图 3.3.2(a)所示。

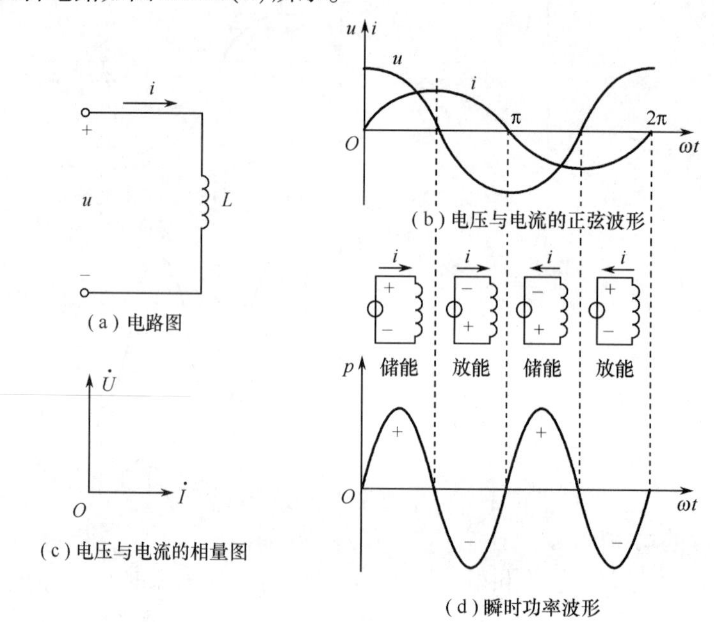

图 3.3.2 电感元件的交流电路

设电路电流为 $i=I_{\text{m}}\sin\omega t$

当 u 和 i 取关联参考方向时,电感元件两端的电压为

$$u=L\frac{\text{d}i}{\text{d}t}=\omega LI_{\text{m}}\cos\omega t=\omega LI_{\text{m}}\sin(\omega t+90°)=U_{\text{m}}\sin(\omega t+90°) \tag{3.3.6}$$

电压也是一个同频正弦量。电压和电流的波形如图 3.3.2(b)所示。

比较 u、i 的关系式可知,在纯电感元件的交流电路中:u 和 i 的频率相同、相位差 $\varphi=90°$(电压 u 比电流 i 超前 90°)、幅值(或有效值)的关系为

$$U_{\text{m}}=\omega LI_{\text{m}} \text{ 或 } \frac{U_{\text{m}}}{I_{\text{m}}}=\frac{U}{I}=\omega L \tag{3.3.7}$$

电压与电流的幅值(或有效值)之比为 ωL。当电压 U 一定时,ωL 越大,电流 I 就越小,可见 ωL 具有对交流电流起阻碍作用的物理性质,称为感抗。感抗用 X_{L} 表示,单位为 Ω。

$$X_{\text{L}}=\omega L=2\pi fL \tag{3.3.8}$$

感抗表示电感阻止交流电流通过的能力大小,与电感 L、频率 f 成正比。

当 $f=0$ 时,$X_{\text{L}}=0$;当 f↑时,X_{L}↑,这表明电感线圈对直流电流相当于短路,对高频电流的阻碍作用很大。

应当注意，感抗只是电压与电流的幅值或有效值之比，而不是它们的瞬时值之比，$\frac{u}{i}\neq X_L$，这与前面介绍的电阻电路不同。

用相量表示电感元件电压与电流的关系为

$$\frac{\dot{U}}{\dot{I}}=jX_L$$

或

$$\dot{U}=jX_L\dot{I}=j\omega L\dot{I} \tag{3.3.9}$$

式(3.3.9)表明，在纯电感电路中，电压有效值等于电流有效值与感抗的乘积；因电流相量 $\dot{I}$ 乘上 j 后，即向前(逆时针)旋转 90°，所以，在相位上电压比电流超前 90°。电压和电流的相量图如图 3.3.2(c)所示。

一般规定：当电压比电流的相位超前时，其相位差 φ 为正；当电压比电流的相位滞后时，其相位差 φ 为负。这样规定可以说明电路是电感性的还是电容性的。

2. 电感元件的功率

电感元件交流电路的瞬时功率为

$$p=ui=U_mI_m\sin\omega t\sin(\omega t+90°)=\frac{U_mI_m}{2}\sin2\omega t=UI\sin2\omega t \tag{3.3.10}$$

由式(3.3.10)可知，p 是一个幅值为 UI、以 2ω 的角频率随时间变化的交变量 $UI\sin2\omega t$。p 随时间变化的波形如图 3.3.2(d)所示。

在电流的第一个和第三个 1/4 周期内，p 是正的；在第二个和第四个 1/4 周期内，p 是负的。p 的正负可以这样理解：当 p 为正值时，电感元件处于储能状态，将电能转化为磁场能；当 p 为负值时，电感元件处于放能状态，将磁场能转化为电能。

在电感元件交流电路中，平均功率为

$$P=P_L=\frac{1}{T}\int_0^T p\mathrm{d}t=\frac{1}{T}\int_0^T ui\mathrm{d}t\ \frac{1}{T}\int_0^T UI\sin2\omega t\mathrm{d}t=0$$

由上式可知，纯电感交流电路中，没有能量消耗，只有电源和电感元件间的能量互换。为了衡量这种能量互换的规模，引入无功功率，用大写字母 Q 表示，单位为乏(var)或千乏(kvar)，规定无功功率为瞬时功率 p 的幅值，即

$$Q=UI=X_LI^2 \tag{3.3.11}$$

无功功率不能理解为无用功率，它是衡量储能元件和电源之间交换能量的能力。相对于无功功率，也称平均功率为有功功率。

【例 3.3.2】 把一个 0.1H 的电感元件接到频率为 50Hz、电压有效值为 220V 的正弦电源上，求电流是多少？如保持电压值不变，而电源频率改为 5000 Hz，，电流又为多少？

【解】 当 $f=50\text{Hz}$ 时，$X_L=2\pi fL=2\times3.14\times50\times0.1=31.4\Omega$

$$I=\frac{U}{X_L}=\frac{220}{31.4}=7.0\text{A}$$

当 $f=5000\text{Hz}$ 时，$X_L=2\pi fL=2\times3.14\times5000\times0.1=3140\Omega$

$$I=\frac{U}{X_L}=\frac{220}{3140}=0.07\text{A}=70\text{mA}$$

可见,电压有效值一定时,频率越高,通过电感元件的电流有效值就越小。利用这个特性,工程上可将电感线圈用作高频扼流圈,以阻止高频信号通过。

3.3.3 电容元件的交流电路

1. 电容元件的电压和电流的关系

纯电容电路如图3.3.3(a)所示。

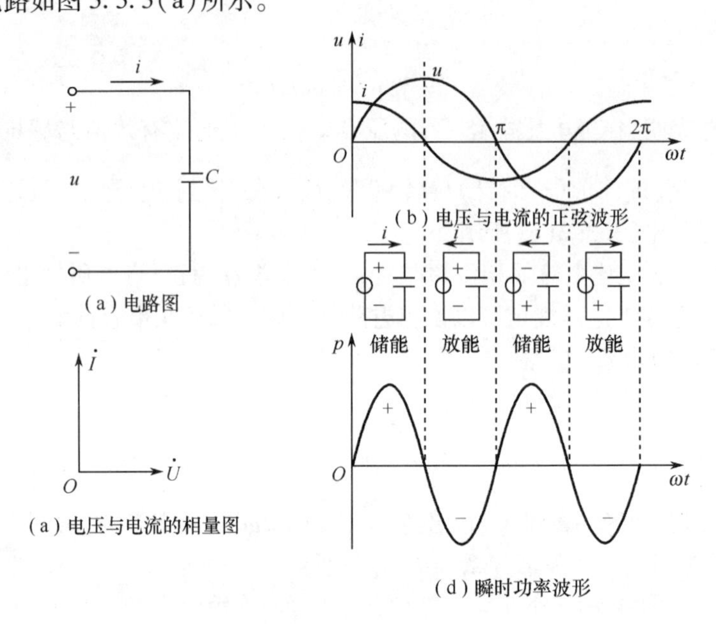

图3.3.3 电容元件的交流电路

设电路中的电压为

$$u = U_{\mathrm{m}}\sin\omega t$$

当 u 和 i 取关联参考方向时,流过电容元件的电流为

$$i = C\frac{\mathrm{d}u}{\mathrm{d}t} = \omega CU_{\mathrm{m}}\cos\omega t = \omega CU_{\mathrm{m}}\sin(\omega t + 90^\circ) = I_{\mathrm{m}}\sin(\omega t + 90^\circ) \tag{3.3.12}$$

电流 i 也是一个同频正弦量。电压和电流的波形如图3.3.3(b)所示。

比较 u、i 的关系式可知,在电容元件的交流电路中:u 和 i 的频率相同、相位差 $\varphi = -90^\circ$(电压 u 比电流 i 滞后90°)、纯电容元件电路的幅值(或有效值)关系为

$$I_{\mathrm{m}} = \omega CU_{\mathrm{m}} \quad 或 \quad \frac{U_{\mathrm{m}}}{I_{\mathrm{m}}} = \frac{U}{I} = \frac{1}{\omega C} \tag{3.3.13}$$

电压与电流的幅值(或有效值)之比为$\frac{1}{\omega C}$。当电压 U 一定时,$\frac{1}{\omega C}$越大,电流 I 就越小,可见$\frac{1}{\omega C}$具有对交流电流起阻碍作用的物理性质,故称为容抗。容抗用 X_{C} 表示,单位为Ω,即

$$X_{\mathrm{C}} = \frac{1}{\omega C} = \frac{1}{2\pi fC} \tag{3.3.14}$$

容抗表示电容阻止交流电流通过的能力大小,与电感 C、频率 f 成反比。

当 $f=0$ 时,$X_{\mathrm{C}}\to\infty$;当 $f\uparrow$ 时,$X_{\mathrm{C}}\downarrow$,这表明电容元件对直流电流相当于开路,对高频

电流的阻碍作用很小。

用相量表示电容元件电压与电流的关系为

$$\frac{\dot{U}}{\dot{I}} = -\mathrm{j}X_{\mathrm{C}}$$

或

$$\dot{U} = -\mathrm{j}X_{\mathrm{C}}\dot{I} = -\mathrm{j}\frac{1}{\omega C}\dot{I} \tag{3.3.15}$$

式(3.3.15)表明,在纯电容电路中,电压有效值等于电流有效值与容抗的乘积;因电流相量 $\dot{I}$ 乘上($-\mathrm{j}$)后,即顺时针(向后)旋转 90°,所以在相位上电压比电流滞后 90°。电压和电流的相量图如图 3.3.3(c)所示。

2. 电容元件的功率

电容元件交流电路的瞬时功率为

$$p = ui = U_{\mathrm{m}}I_{\mathrm{m}}\sin\omega t\sin(\omega t + 90°) = \frac{U_{\mathrm{m}}I_{\mathrm{m}}}{2}\sin 2\omega t = UI\sin 2\omega t \tag{3.3.16}$$

由式(3.3.16)可知,p 是一个幅值为 UI、以 2ω 的角频率随时间变化的交变量 $UI\sin 2\omega t$。p 随时间变化的波形如图 3.3.3(d)所示。

在电压的第一个和第三个 1/4 周期内,p 是正的;在第二个和第四个 1/4 周期内,p 是负的。p 的正负可以这样理解:当 p 为正值时,电容元件处于充电状态,将电能转化为电场能;当 p 为负值时,电容元件处于放电状态,将电场能转化为电能。

在电容元件交流电路中,平均功率为

$$P = \frac{1}{T}\int_0^T p\mathrm{d}t = \frac{1}{T}\int_0^T ui\mathrm{d}t\ \frac{1}{T}\int_0^T UI\sin 2\omega t\mathrm{d}t = 0$$

由上式可知,纯电容交流电路中,没有能量消耗,只有电源和电容元件间的能量互换。为了表示能量交换规模的大小,用无功功率来衡量。

为了与电感元件的无功功率相比较,也以电流为参考量,设 $i = I_{\mathrm{m}}\sin\omega t$,则电容元件的电压为

$$u = U_{\mathrm{m}}\sin(\omega t - 90°)$$

于是得瞬时功率

$$p = p_{\mathrm{C}} = ui = -UI\sin 2\omega t$$

由此可得,电容元件的无功功率为

$$Q = -UI = -X_{\mathrm{C}}I^2 \tag{3.3.17}$$

即电容性无功功率取负值,而电感性无功功率取正值,以示区别。

【例 3.3.3】 把一个 25μF 的电容元件接到频率为 50Hz,电压有效值为 220V 的正弦电源上,求电流是多少? 如保持电压值不变,而电源频率改变为 5000Hz,这时电流将为多少?

【解】

当 $f = 50\mathrm{Hz}$ 时,$X_{\mathrm{C}} = \frac{1}{2\pi fC} = \frac{1}{2\times 3.14\times 50\times 25\times 10^{-6}} = 127.4\Omega$

$$I = \frac{U}{X_{\mathrm{C}}} = \frac{220}{127.4} = 1.73\mathrm{A}$$

当$f=5000\text{Hz}$时，$X_{\text{C}}=\dfrac{1}{2\times 3.14\times 5000\times 25\times 10^{-6}}=1.274\Omega$

$$I=\frac{U}{X_{\text{C}}}=\frac{220}{1.274}=173\text{A}$$

可见，电压有效值一定时，频率越高，通过电容元件的电流有效值就越大，说明电容对高频电流的阻力很小，容易使电流高频分量通过，利用这一特性可实现滤波功能。

3.3.4 交流电路的阻抗

1. 交流电路欧姆定律的相量形式

对于任意元件的交流电路，如图3.3.4所示，设外加电压为$u=U_{\text{m}}\sin(\omega t+\psi_u)$，流过的电流为$i=I_{\text{m}}\sin(\omega t+\psi_i)$，为了表示电压和电流的相量关系，引入阻抗，用大写字母Z表示，单位为Ω，也具有对电流起阻碍作用的性质，则有

$$\dot{U}=\dot{I}Z \tag{3.3.18}$$

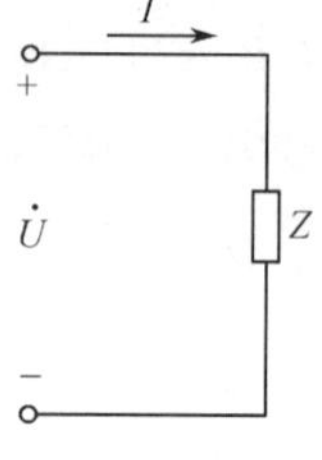

图3.3.4 任意元件的交流电路

式(3.3.18)为相量形式的欧姆定律。

由$\dot{U}=U\text{e}^{\text{j}\psi_u}$和$\dot{I}=I\text{e}^{\text{j}\psi_u}$得

$$Z=\frac{\dot{U}}{\dot{I}}=\frac{U}{I}\text{e}^{\text{j}(\psi_u-\psi_i)}=|Z|\text{e}^{\text{j}\varphi}$$

将阻抗Z用极坐标形式可以表示为

$$Z=|Z|\angle\varphi \tag{3.3.19}$$

式中，$|Z|=\dfrac{U}{I}$为阻抗的模；φ为阻抗的辐角，是电压和电流的相位差，$\varphi=\psi_u-\psi_i$。

阻抗Z是复数，其代数形式可以表示为

$$Z=R+\text{j}X \tag{3.3.20}$$

由式(3.3.19)和式(3.3.20)可见，阻抗的实部为"阻"，虚部为"抗"，它表示了电路中电压与电流之间的关系，既表示了大小关系(反映在阻抗模$|Z|$上)，又表示了相位关系(反映在辐角φ上)。

阻抗Z还可用图3.3.5所示，于是有

$$R=|Z|\cos\varphi;\quad X=|Z|\sin\varphi。$$

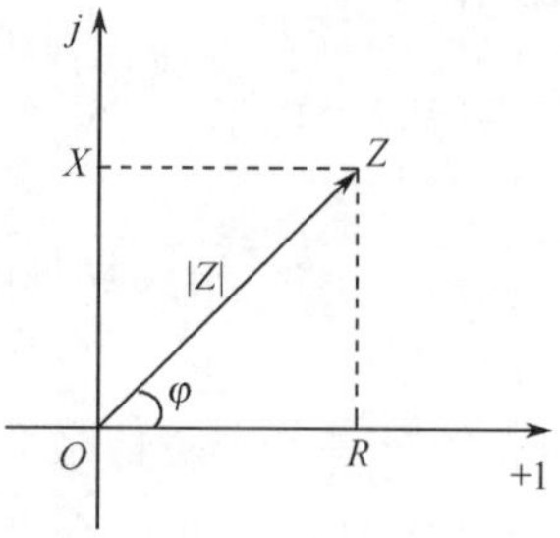

对于纯电阻电路，$Z=R$，$|Z|=R$，$\varphi=0$。

对于纯电感电路，$Z=\text{j}X_{\text{L}}$，$|Z|=X_{\text{L}}$，$\varphi=90°$。

对于纯电容电路，$Z=-\text{j}X_{\text{C}}$，$|Z|=X_{\text{C}}$，$\varphi=-90°$。

图3.3.5 阻抗

$\varphi=0$，表示电压与电流同相，称为电阻性电路；$\varphi>0$，表示电压超前电流，称为电感性电路；$\varphi<0$，表示电压滞后电流，称为电容性电路。

2. 阻抗的串联

阻抗的串联与电阻的串联计算是相似的，即等效阻抗等于各串联阻抗之和。不同之处仅在于阻抗是复数，所以等效阻抗是复数相加，将各个串联阻抗的实部与实部相加，虚部与虚部相加。

图3.3.6(a)是两个阻抗串联的电路。根据基尔霍夫电压定律可写出它的相量表达式为

$$\dot{U}=\dot{U}_1+\dot{U}_2=Z_1\dot{I}+Z_2\dot{I}=(Z_1+Z_2)\dot{I} \tag{3.3.21}$$

两个串联的阻抗可用一个等效阻抗 Z 来代替,在同样的电压下,电路中电流的有效值和相位保持不变。根据图3.3.6(b)所示的等效电路可写出

$$\dot{U}=Z\dot{I} \tag{3.3.22}$$

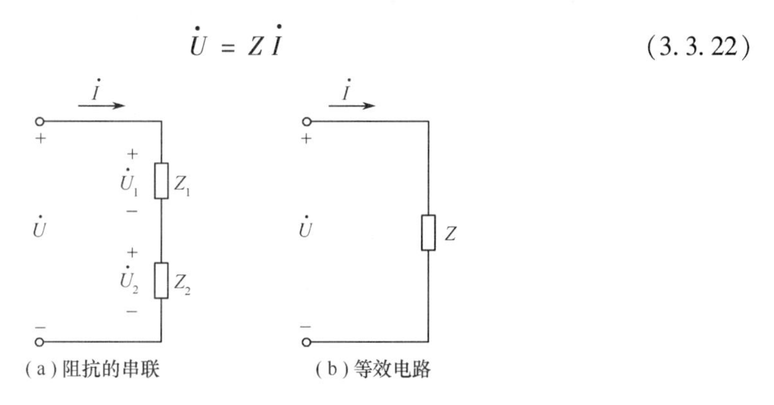

图3.3.6　阻抗的串联及等效电路

比较式(3.3.20)和式(3.3.21),可得

$$\begin{aligned}Z&=Z_1+Z_2=(R_1+jX_1)+(R_2+jX_2)=(R_1+R_2)+j(X_1+X_2)\\&=R+jX=\sqrt{R^2+X^2}\angle\arctan\left(\frac{X}{R}\right)=|Z|\angle\varphi\end{aligned} \tag{3.3.23}$$

式中,$R=|Z|\cos\varphi$,称为电阻;$X=|Z|\sin\varphi$,称为电抗。

因为一般 $U\neq U_1+U_2$,即 $|Z|I\neq|Z_1|I+|Z_2|I$,所以 $|Z|\neq|Z_1|+|Z_2|$,由此可见,只有等效阻抗才等于各个串联阻抗之和。

【**例3.3.4**】电路如图3.3.6所示,有两个阻抗 $Z_1=(6.16+j9)\Omega$ 和 $Z_2=(2.5-j4)\Omega$,它们串联在 $\dot{U}=220\angle30°$ V的电源上。求电路中的电流 $\dot{I}$ 和各个阻抗上的电压 $\dot{U}_1$ 和 $\dot{U}_2$,并作相量图。

【**解**】

$$\begin{aligned}Z&=Z_1+Z_2=(R_1+R_2)+j(X_1+X_2)\\&=(6.16+2.5)+j(9-4)\\&=(8.66+j5)=10\angle30°\ \Omega\end{aligned}$$

$$\dot{I}=\frac{\dot{U}}{Z}=22\angle0°\ \text{A}$$

$$\begin{aligned}\dot{U}_1=Z\dot{I}_1&=(6.16+j9)22=10.9\angle55.6°\times22\\&=239.8\angle55.6°\ \text{V}\end{aligned}$$

$$\begin{aligned}\dot{U}_2=Z\dot{I}_2&=(2.5-j4)22=4.71\angle-58°\times22\\&=103.6\angle-58°\ \text{V}\end{aligned}$$

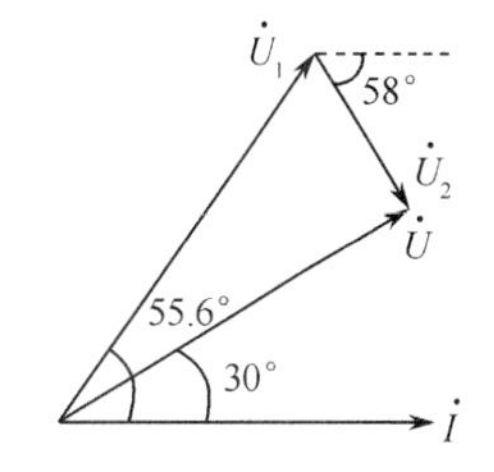

图3.3.7　例3.3.4的相量图

可用 $\dot{U}=\dot{U}_1+\dot{U}_2$ 验算。电流和电压的相量图如图3.3.7所示。

3.4 *RLC* 串联交流电路

3.4.1 *RLC* 串联交流电路中电流和电压的关系

电阻 R、电感 L 和电容 C 串联交流电路如图 3.4.1 所示。当电路两端加上正弦交流电压 u 时，电路中各个元件流过相同的电流 i。设电流在各个元件上产生的压降分别为 u_R、u_L 和 u_C，电流和各电压的参考方向如图 3.4.1(a)所示，则根据 KVL 定理可列出

$$u = u_R + u_L + u_C$$

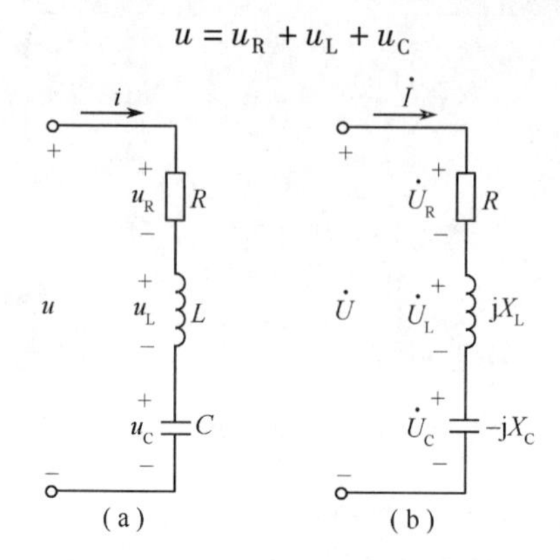

图 3.4.1 *RLC* 串联交流电路

如用相量形式表示，其电路如图 3.4.1(b)所示。电压和电流的相量表示式为

$$\dot{U} = \dot{U}_R + \dot{U}_L + \dot{U}_C = R\dot{I} + jX_L\dot{I} - jX_C\dot{I} = [R + j(X_L - X_C)]\dot{I} \tag{3.4.1}$$

设电流为参考正弦量，则可画出电流和各个电压的相量图，如图 3.4.2 所示。可得出：电阻元件上的电压和电流同相，电感元件上的电压比电流超前 90°，电容元件上的电压比电流滞后 90°。

由图 3.4.2 可以看出，其中 $\dot{U}$、$\dot{U}_R$ 和 $\dot{U}_L + \dot{U}_C$ 组成了一个直角三角形，称为电压三角形，重新画于图 3.4.3 中。

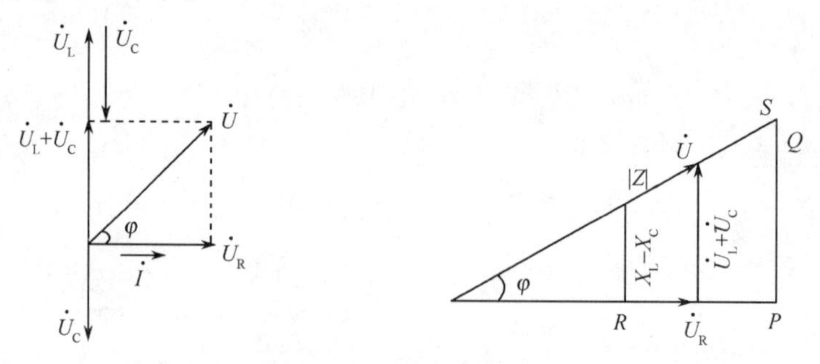

图 3.4.2 *RLC* 串联电路相量图　　　　图 3.4.3 电压、阻抗和功率三角形

由式(3.4.1)可得，*RLC* 串联交流电路的阻抗为

$$Z = \frac{\dot{U}}{\dot{I}} = R + j(X_L - X_C) = |Z|\angle\varphi \tag{3.4.2}$$

其中，

$$|Z| = \sqrt{R^2 + (X_L - X_C)^2} \tag{3.4.3}$$

$$\varphi = \arctan\frac{X_L - X_C}{R} \tag{3.4.4}$$

由式(3.4.2)可知，RLC 串联交流电路中，阻抗模表示了大小关系，辐角表示了相位关系。如图 3.4.3 所示，$|Z|$、R 和 $X_L - X_C$三者的关系也构成了一个直角三角形，为阻抗三角形。

注意：分析和计算正弦交流电路时，必须注意相位关系。正弦量计算可以用瞬时值相加，也可以用相量相加，但不能用有效值代数相加。

交流电路中电压和电流的大小和相位关系有一定的规律性，将常用的正弦交流电路中电压和电流的关系列入表 3.4.1 中，以帮助大家总结和记忆。

表 3.4.1　正弦交流电路中电压与电流的关系

电路	一般关系式	有效值	相量式	相位关系
R	$u = Ri$	$I = \frac{U}{R}$	$\dot{I} = \frac{\dot{U}}{R}$	电压与电流同相 ($\varphi = 0$)
L	$u = L\frac{\mathrm{d}i}{\mathrm{d}t}$	$I = \frac{U}{X_L}$	$\dot{I} = \frac{\dot{U}}{\mathrm{j}X_L}$	电压比电流超前 90° ($\varphi = 90°$)
C	$u = \frac{1}{C}\int i\,\mathrm{d}t$	$I = \frac{U}{X_C}$	$\dot{I} = \frac{\dot{U}}{-\mathrm{j}X_C}$	电压比电流滞后 90° ($\varphi = -90°$)
RL 串联	$u = Ri + L\frac{\mathrm{d}i}{\mathrm{d}t}$	$I = \frac{U}{\sqrt{R^2 + X_L^2}}$	$\dot{I} = \frac{\dot{U}}{R + \mathrm{j}X_L}$	电压超前于电流 ($\varphi > 0$)
RC 串联	$u = Ri + \frac{1}{C}\int i\,\mathrm{d}t$	$I = \frac{U}{\sqrt{R^2 + X_C^2}}$	$\dot{I} = \frac{\dot{U}}{R - \mathrm{j}X_C}$	电压滞后于电流 ($\varphi < 0$)
RLC 串联	$u = Ri + L\frac{\mathrm{d}i}{\mathrm{d}t} + \frac{1}{C}\int i\,\mathrm{d}t$	$I = \frac{U}{\sqrt{R^2 + (X_L - X_C)^2}}$	$\dot{I} = \frac{\dot{U}}{R + \mathrm{j}(X_L - X_C)}$	分 $\varphi = 0$、$\varphi > 0$ 和 $\varphi < 0$ 3 种情况讨论

3.4.2　RLC 串联交流电路中的功率

1. 瞬时功率

设电流 $i = I_m\sin\omega t$ 为参考正弦量，且 u 与 i 的相位差为 φ，则电压 $u = U_m\sin(\omega t + \varphi)$，此时 RLC 串联交流电路中的瞬时功率为

$$\begin{aligned} p &= ui = U_m I_m\sin(\omega t + \varphi)\sin\omega t = 2UI\sin(\omega t + \varphi)\sin\omega t \\ &= UI\cos\varphi - UI\cos(2\omega t + \varphi) \end{aligned} \tag{3.4.5}$$

由式(3.4.5)可知，p 是一个常量与一个正弦量的叠加。

2. 有功功率

$$P = \frac{1}{T}\int_0^T p\mathrm{d}t = \frac{1}{T}\int_0^T UI\cos\varphi - UI\cos(2\omega t + \varphi)\mathrm{d}t = UI\cos\varphi \tag{3.4.6}$$

由式(3.4.6)可知，有功功率实际上就是电阻元件实际消耗的功率。因此，有功功率

还可以表示为

$$P = UI\cos\varphi = U_R I = RI^2 = \frac{U_R^2}{R} \tag{3.4.7}$$

由式(3.4.7)可知,有功功率即平均功率,不仅与 U、I 有关,还与 $\cos\varphi$ 有关,其中 $\cos\varphi$ 称为电路的功率因数。

3. 无功功率

电感和电容元件要储放能量,它们与电源之间要进行能量互换,相应的无功功率为

$$Q = U_L I - U_C I = (U_L - U_C)I = (X_L - X_C)I^2 = UI\sin\varphi \tag{3.4.8}$$

由式(3.4.7)和式(3.4.8)可知,一个交流电源输出的功率不仅与电源的端电压及其输出电流的有效值的乘积有关,而且还与电路(负载)的参数有关。在同样的电压 U 和电流 I 的作用下,电路所具有的参数不同,电压与电流间的相位差 φ 就不同,电路的有功功率和无功功率也不同。

4. 视在功率

在正弦交流电路中,电压有效值与电流有效值的乘积,称为视在功率,用 S 表示,单位为伏安(V·A)或千伏安(kV·A)。

$$S = UI = |Z|I^2 \tag{3.4.9}$$

视在功率常用来表示交流电气设备的容量。而交流电气设备的额定容量则为额定电压和额定电流的乘积,即

$$S_N = U_N I_N \tag{3.4.10}$$

它仅表示可能取用的有功功率的最大值,而实际取用功率的多少则与电路参数有关。

根据式(3.4.7)、式(3.4.8)和式(3.4.9)可知,交流电路中的视在功率与有功功率和无功功率的关系为

$$\begin{cases} S = UI = \sqrt{P^2 + Q^2} \\ P = S\cos\varphi \\ Q = S\sin\varphi \end{cases} \tag{3.4.11}$$

式(3.4.11)中,P、Q 和 S 三者的关系构成了一个直角三角形,称为功率三角形,如图3.4.3所示。由于平均功率 P、无功功率 Q 和视在功率 S 三者所表示的意义不同,为了区别起见,各采用不同的单位。

【例3.4.1】 在 RLC 串联交流电路中,已知 $R = 30\Omega$,$L = 127\text{mH}$,$C = 40\mu\text{F}$,电源电压 $u = 220\sqrt{2}\sin(314t + 20°)\text{V}$。求:

(1)电流 i 及各部分电压 u_R、u_L、u_C;(2)相量图;(3)功率 P 和 Q。

【解】(1) $X_L = \omega L = 314 \times 127 \times 10^{-3} = 40\Omega$

$$X_C = \frac{1}{\omega C} = \frac{1}{314 \times 40 \times 10^{-6}} = 80\Omega$$

$$Z = R + j(X_L - X_C) = [30 + j(40 - 80)] = (30 - j40) = 50\angle -53°\ \Omega$$

已知 $\dot{U} = 220\angle 20°\ \text{V}$,于是得

$\dot{I} = \dfrac{\dot{U}}{Z} = 4.4\angle 73°\ \text{A}$, 即,$i = 4.4\sqrt{2}\sin(314t + 73°)\text{A}$

$\dot{U}_R = R\dot{I} = 30 \times 4.4 \angle 73^\circ$

$= 132 \angle 73^\circ$ V

$u_R = 132\sqrt{2}\sin(314t + 73^\circ)$ V

$\dot{U}_L = jX_L\dot{I} = j40 \times 4.4 \angle 73^\circ$

$= 176 \angle 163^\circ$ V

$u_L = 176\sqrt{2}\sin(314t + 163^\circ)$ V

$\dot{U}_C = -jX_C\dot{I} = -j80 \times 4.4 \angle 73^\circ$

$= 352 \angle -17^\circ$ V

$u_C = 352\sqrt{2}\sin(314t - 17^\circ)$ V

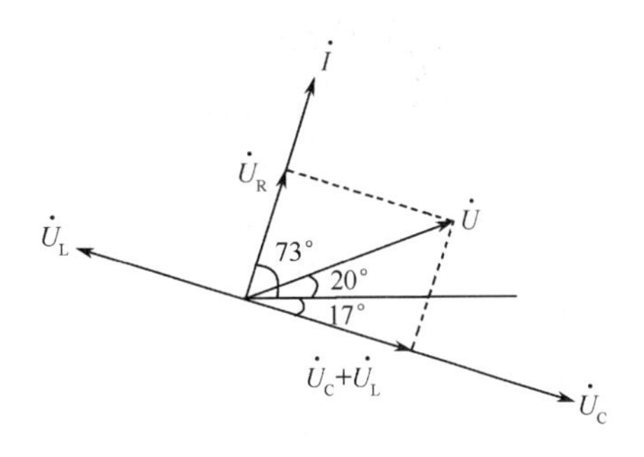

图 3.4.4　例 3.4.1 的相量图

注意：$\dot{U} = \dot{U}_R + \dot{U}_L + \dot{U}_C$；　$U \neq U_R + U_L + U_C$。

(2) 电流和各个电压的相量图如图 3.4.4 所示。

(3) $P = UI\cos\varphi = 220 \times 4.4\cos(-53^\circ)$ W

$= 220 \times 4.4 \times 0.6 = 580.8$W

$Q = UI\sin\varphi = 220 \times 4.4 \times \sin(-53^\circ)$

$= 220 \times 4.4 \times (-0.8) = -774.4$var(电容性)

3.5　功率因数的提高

由式(3.4.11)可知，在正弦交流电路中，电压和电流之间有相位差，因此有功功率 P 不等于电压有效值和电流有效值的乘积，而是 $P = UI\cos\varphi = S\cos\varphi$。式中的 $\cos\varphi$ 是电路的功率因数。$\cos\varphi$ 的大小由电路的参数决定，对纯电阻负载电路，电压和电流同相位，$\varphi = 0$，$\cos\varphi = 1$。对电感性或电容性负载电路，电压和电流不同相，$\cos\varphi$ 介于 0 ~1 之间。

在交流电路中，当功率因数不等于 1 时，电路中将发生能量互换，即出现无功功率 Q。在生产实际和日常生活中所接触的电气设备，如电动机、照明用的日光灯等，它们都属于感性负载，一般功率因数都较低。如果 $\cos\varphi$ 过低，将会引起以下两个方面的不良后果。

1. 电源的容量不能充分利用

通过上面的分析可知，交流电路中，负载能取用的有功功率为 $P = S\cos\varphi$，负载与电源能量互换的无功功率为 $Q = S\sin\varphi$，由式可见，负载能取用的有功功率就越小，相应的无功功率就越大(即负载与电源的能量互换规模就越大)，因此 $\cos\varphi$ 低，电源输出的能量就不能充分利用，电源带负载的能力就低。

例如，一台视在功率 $S = 1000$kV·A 的发电机，若电路的 $\cos\varphi = 1$，则发电机能带动有功功率为 $P = 1000$kW 的负载；若 $\cos\varphi$ 降至 0.7 时，最多只能带输出 700kW 的负载。

在工业生产中，用电设备多为电感性负载，其功率因数较低。如生产中最常见的异步电动机，在额定负载时，$\cos\varphi \approx 0.7 \sim 0.9$，而在轻载时，$\cos\varphi$ 降至 $0.2 \sim 0.3$。对于 $\cos\varphi = 0.2$ 的交流电路，为了接 $P = 200$W 的负载，电源必须提供 1000V·A 的视在功率。因此 $\cos\varphi$ 低，将造成大量的能源浪费。

2. 增加线路损耗

当负载的有功功率 P 和电源电压 U 一定时,线路中的电流与功率因数成反比,即

$$I=\frac{P}{U\cos\varphi} \tag{3.5.1}$$

$\cos\varphi$ 越低,线路中的电流 I 越大。而 I 越大,线路有功功率损耗 ΔP 就越大,有

$$\Delta P=rI^2=r\left(\frac{P}{U}\right)^2\frac{1}{\cos^2\varphi} \tag{3.5.2}$$

式中,r 是线路的等效电阻。

由式可知,线路功率损耗 ΔP 与 $\cos\varphi$ 的平方成反比,即 $\cos\varphi$ 越小,功率损耗就越大;反之,若提高功率因数,则可大大降低功率损耗。

由上述可知,提高电网的功率因数有很大的经济意义。功率因数的提高,能使发电设备的容量得到充分利用,可减少线路功率损耗,即可节约电能。因此,国家供电规则中要求:高压供电企业的功率因数不得低于 0.95,其他用电单位不得低于 0.9。国家物价局也颁发了"功率因数调整电费办法"的文件:凡功率因数低于规定值的企业,要加收电费;功率因数超过规定值的企业,减收电费。

电路的功率因数 $\cos\varphi$ 应设法提高,但为了保证原负载正常工作,加至原负载上的电压、电流必须保持不变。实际上,由式(3.5.1)和式(3.5.2)可知,要提高电路的功率因数,只要降低电路的总电流即可。常用的方法是与电感性负载并联电容进行补偿,使功率因数达到规定的要求,其电路图和相量图如图 3.5.1 所示。

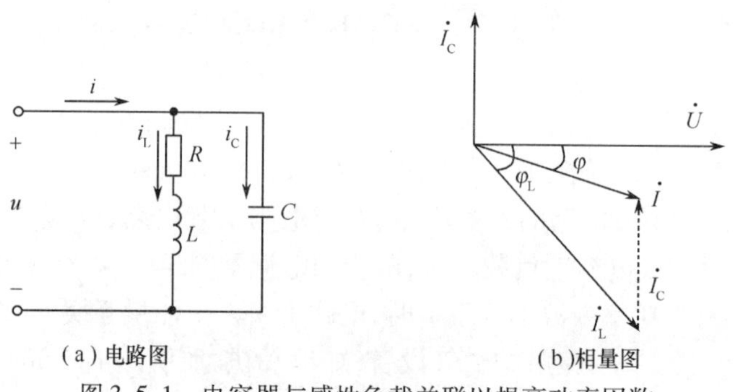

(a) 电路图　　(b) 相量图

图 3.5.1　电容器与感性负载并联以提高功率因数

并联电容 C 以后,原电感性负载的电流 $I_L=\dfrac{U}{\sqrt{R^2+X_L^2}}$和功率因数 $\cos\varphi_L=\dfrac{R}{\sqrt{R^2+X_L^2}}$ 均未变化,但电路的总电流发生了变化,由图 3.5.1 可以看出,总电流由原来的 $\dot{I}_L$减小为 $\dot{I}$,致使总电压 $\dot{U}$ 和总电流 $\dot{I}$ 之间的相位差变小。由于 $\varphi<\varphi_L$,所以 $\cos\varphi>\cos\varphi_L$,电路的功率因数 $\cos\varphi$ 增大。这里所讲的提高功率因数,是指提高电源或电网的功率因数,而不是提高某个感性负载的功率因数。

在电感性负载上并联电容 C 以后,减少了电源与负载之间的能量互换。这时电感性负载所需的无功功率,大部分或全部都由电容器供给,能量的互换现在主要或完全发生在电感性负载与电容器之间,因而使发电机容量得到充分利用。

应该注意,并联电容以后,电路的有功功率并未改变,因为电容器是不消耗能量的。

【例3.5.1】有一电感性负载，其功率 $P=22\text{kW}$，功率因数 $\cos\varphi_L=0.6$，接在电压 $U=220\text{V}$ 的电源上，电源频率 $f=50\text{Hz}$。(1)如果将功率因数提高到 $\cos\varphi_L=0.95$，试求与负载并联的电容 C 的电容值和电容并联前后的线路电流；(2)如果将功率因数从0.95再提高到1，试问并联电容的电容值还需增加多少？

【解】计算并联电容 C 的电容值，可从图3.5.1(b)所示的相量图导出一个公式。由图可得

$$I_C=I_L\sin\varphi_L-I\sin\varphi=\left(\frac{P}{U\cos\varphi_L}\right)\sin\varphi_L-\left(\frac{P}{U\cos\varphi}\right)\sin\varphi=\frac{P}{U}(\tan\varphi_L-\tan\varphi)$$

又 $I_C=\frac{U}{X_C}=U\omega C$，所以，$U\omega C=\frac{P}{U}(\tan\varphi_L-\tan\varphi)$，可得

$$C=\frac{P}{\omega U^2}(\tan\varphi_L-\tan\varphi) \tag{3.5.3}$$

(1) $\cos\varphi_L=0.6$，即 $\varphi_L=53°$

可得所需电容 C 为 $C=\frac{22\times10^3}{2\pi\times50\times220^2}(\tan53°-\tan18°)=1443.2\mu\text{F}$

电容 C 并联前的线路电流为 $I_L=\frac{P}{U\cos\varphi_L}=\frac{22\times10^3}{220\times0.6}=166.7\text{A}$

电容 C 并联后的线路电流为 $I=\frac{P}{U\cos\varphi}=\frac{22\times10^3}{220\times0.95}=105.3\text{A}$

(2) 如果将功率因数由0.95再提高到1，则需要增加的电容值为

$$C=\frac{22\times10^3}{2\pi\times50\times220^2}(\tan18°-\tan0°)=469.9\mu\text{F}$$

可见在功率因数已经接近于1时再继续提高，则所需的电容值是很大的，因此，一般不必提高到1。

习 题

3.1 如果两个同频率的正弦电流在某一瞬时都是5A，两者是否一定同相？其幅值是否也一定相等？

3.2 已知两正弦电流 $i_1=50\sqrt{2}\sin\left(314t+\frac{\pi}{6}\right)\text{A}$，$i_2=25\sqrt{2}\sin\left(314t-\frac{\pi}{3}\right)\text{A}$。

(1) 试求各电流的频率、最大值、有效值和初相位。(2) 画出两电流的波形图，并比较它们相位超前和滞后的关系。

3.3 设 $i=100\sin\left(\omega t-\frac{\pi}{4}\right)\text{mA}$，试求在下列情况下电流的瞬时值。

(1) $f=1000\text{Hz}$，$t=0.375\text{ms}$； (2) $\omega t=1.25\pi\text{rad}$；

(3) $\omega t=90°$； (4) $t=\frac{7}{8}T$。

3.4 已知某正弦交流电压在 $t=0$ 时为220V，其初相位为 $\frac{\pi}{4}$，试求它的有效值。

3.5 试计算下列各正弦量间的相位差。

(1) $i_1 = 5\sin(\omega t + 30°)\text{A}$；　　$i_2 = 4\sin(\omega t - 30°)\text{A}$。

(2) $u_1 = 5\cos(20t + 15°)\text{V}$；　　$u_2 = 8\sin(10t - 30°)\text{V}$。

(3) $u = 30\sin(\omega t + 45°)\text{V}$；　　$i = 40\cos(\omega t - 30°)\text{A}$。

3.6　已知复数 $A = -8 + \text{i}6$ 和 $B = 3 + \text{i}4$。试求：

(1) $A + B$；　(2) $A - B$；　(3) $A \times B$；　(4) A/B。

3.7　已知正弦量 $\dot{U} = 220\text{e}^{\text{j}30°}$ V 和 $\dot{I} = (2\sqrt{3} - \text{j}2)$ A，试分别用瞬时值表达式和相量图表示它们。

3.8　写出下列正弦电压的有效值相量式。

(1) $u = 10\sqrt{2}\sin\omega t\text{V}$；　　(2) $u = 10\sqrt{2}\sin\left(\omega t + \dfrac{\pi}{2}\right)\text{V}$；

(3) $u = 10\sqrt{2}\sin\left(\omega t - \dfrac{\pi}{2}\right)\text{V}$；　　(4) $u = 10\sqrt{2}\sin\left(\omega t - \dfrac{3}{4}\pi\right)\text{V}$。

3.9　指出下列各式哪些是对的，哪些是错的。

(1) $\dfrac{u}{i} = X_{\text{L}}$，　(2) $\dfrac{U}{I} = \text{j}\omega L$，　(3) $\dfrac{\dot{U}}{\dot{I}} = X_{\text{L}}$，　(4) $\dot{I} = -\text{j}\dfrac{\dot{U}}{\omega L}$，

(5) $u = L\dfrac{\text{d}i}{\text{d}t}$，　(6) $\dfrac{U}{I} = X_{\text{C}}$，　(7) $\dfrac{U}{I} = \omega C$，　(8) $\dot{U} = -\dfrac{\dot{I}}{\text{j}\omega C}$。

3.10　计算下列各题，并说明电路的性质。

(1) $\dot{U} = 10\angle 30°$ V，$Z = 5 + \text{j}5\Omega$，求 $\dot{I}$ 和 P。

(2) $\dot{U} = 30\angle 15°$ V，$\dot{I} = -3\angle -165°$ A，求 R、X 和 P。

(3) $\dot{U} = -100\angle 30°$ V，$\dot{I} = 5\text{e}^{-\text{j}60°}$ V，求 R、X 和 P。

3.11　如图 T3.11 所示电感元件的正弦交流电路中，$L = 0.1$，$f = 50\text{Hz}$。

(1) 已知 $i = 7\sqrt{2}\sin\omega t\text{A}$，求 u。　　(2) 设 $\dot{U} = 127\angle -30°$ V，求 i。

3.12　如图 T3.12 所示电容元件的正弦交流电路中，$C = 4\mu\text{F}$，$f = 50\text{Hz}$。

(1) 已知 $u = 220\sqrt{2}\sin\omega t$ V，求电流 i。

(2) 已知 $\dot{I} = 0.1\angle -60°$ A，求 $\dot{U}$。

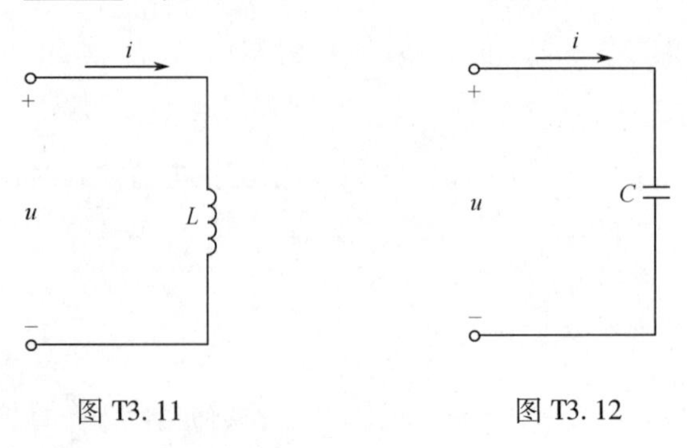

图 T3.11　　　　图 T3.12

3.13　在图 T3.13 所示的电路中，已知 $R = 10\Omega$，$U_1 = U_2$，　$I_1 = I_2$，　$Z_1 = (5 - \text{j}5)\Omega$，

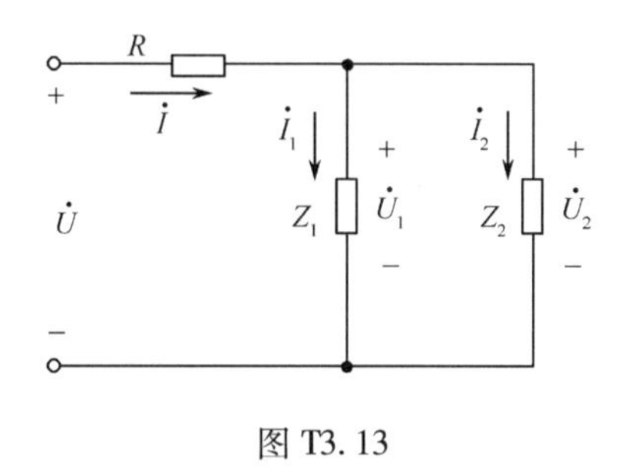

图 T3.13

$Z_2 = R + jX_L$。试求 $\dot{U}$ 和 $\dot{I}$ 同相时 Z_2 等于多少。

3.14　有一 RLC 串联的交流电路，已知 $R = X_L = X_C = 100\Omega$，$I = 1A$，试求这一段串联电路两端的电压 U。

3.15　有一 JZ7 型中间继电器，其线圈数据为 380V、50Hz，线圈电路 $R = 2k\Omega$，线圈电感 $L = 43.3H$，试求线圈电流及功率因素。

3.16　电路如图 T3.16 所示，已知 $U = 220V$，$R_1 = 10\Omega$，$X_L = 10\sqrt{3}\Omega$，$R_2 = 20\Omega$，求各支路的电流有效值和平均功率。

3.17　电路如图 T3.17 所示，已知 $u = 220\sqrt{2}\sin 314t V$，　$i_1 = 22\sin(314t - 45°) A$，$i_2 = 11\sqrt{2}\sin(314t + 90°) A$，，求各仪表读数及电路参数 R、L、C。

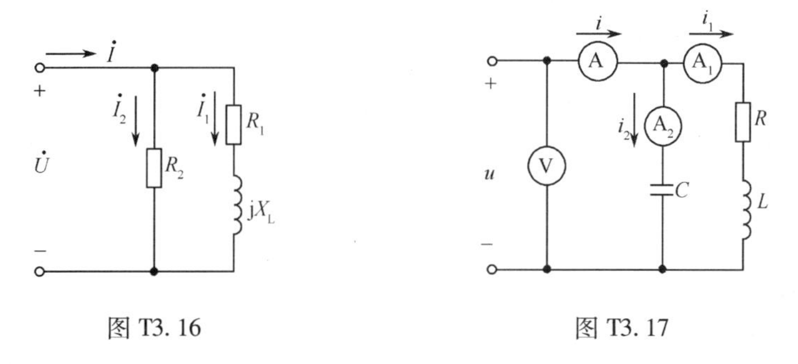

图 T3.16　　　　图 T3.17

3.18　功率因数提高后，线路电流减小了，电表会走得慢些(省电)吗？

3.19　今有 40W 的日光灯一个，使用时灯管与镇流器(可近似地把整流器看作纯电感)串联在电压为 220V，频率为 50Hz 的电源上。已知灯管工作时属于纯电阻负载，灯管两端的电压等于 110V。

(1) 试求镇流器的感抗与电感及电路的功率因数。

(2) 若将功率因数提高到 0.8，问应并联多大电容？

3.20　有一 RLC 串联电路，它在电源频率为 500Hz 时发生谐振，谐振时电流为 0.2A，容抗 X_C 为 314Ω，并测得电容电压 U_C 为电源电压 U 的 20 倍，求该电路的电阻 R 和电感 L。

3.21　有一 RLC 串联电路，接于频率可调的电源上，电源电压保持在 10V，当电源频率从 500Hz 增加到 1000Hz 电路谐振时，电流从 10mA 增加到 60mA。试求：

(1) 电阻 R、电感 L 和电容 C 的值。

(2) 电路谐振时电容器两端的电压 U_C。

(3) 谐振时磁场中和电场中所储的最大能量。

第4章　三相交流电路

当今世界上绝大多数国家的电力系统都采用三相制,这是因为三相制系统在发电、输电和供电方面都具有明显的优势。相同尺寸的三相交流发电机的额定容量比单相交流发电机的额定容量大;三相输电比单相输电经济;生产上常用的三相异步电动机结构简单、价格便宜且性能优良。三相制即采用3个频率相同而相位不同的电源向用电设备供电。由三相交流电源和三相负载连接而成的电路为三相交流电路。上一章介绍的单相交流电路,就是三相电源中的一相电源通过一根相线和一根中性线与负载组成的电路。

本章首先介绍三相交流电源和三相负载及其连接方式,其次介绍三相电路的功率,最后介绍有关供配电和安全用电方面的知识。

4.1　三相电源

4.1.1　三相电源的基本概念

三相电源一般是由3个同频率、同振幅、相位两两相差120°的正弦电压按一定方式连接而成的电源。三相电源是由三相交流发电机产生的。图4.1.1是三相交流发电机的原理图,它的组成部分是电枢和磁极。

电枢是固定不动的,俗称定子,由定子铁芯和定子绕组构成。定子铁芯的内表面冲有槽,用来安放三相定子绕组。每相绕组匝数、形状都相同,每个绕组的两端放置在相应的定子铁芯的槽内,三相绕组的首端彼此间隔120°,分别标以A、B、C,末端标以X、Y、Z。

磁极是转动的,俗称转子,由转子铁芯和转子励磁绕组构成。

定子和转子间有一定的间隙,选择合适的磁极极面的形状和励磁绕组布置情况,可使空气隙中磁感应强度按正弦规律分布。

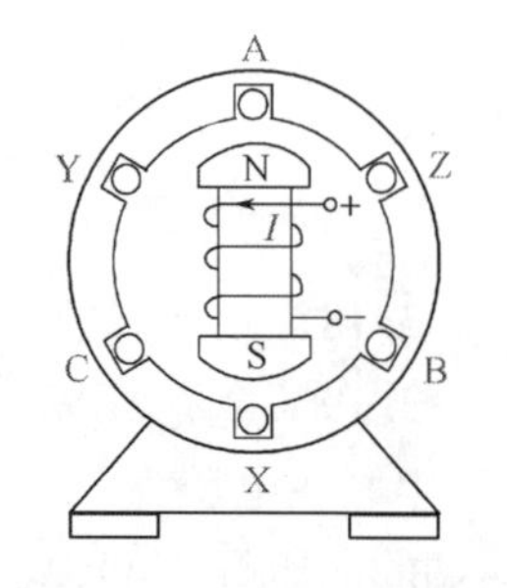

图4.1.1　三相交流发电机原理图

当转子由原动机带动,以角速度 ω 按顺时针方向匀速转动时,每相定子绕组依次切割磁力线,产生正弦电动势,因此在3个绕组AX、BY、CZ中产生频率相同、振幅相同、相位彼此相差120°的3个正弦电压,这样的3个电压称为三相对称正弦电压。每个绕组为一相,简称为A相、B相和C相,简写为 u_A、u_B 和 u_C。若以 u_A 为参考正弦量,则

$$\begin{cases} u_A = U_m \sin\omega t \\ u_B = U_m \sin(\omega t - 120°) \\ u_C = U_m \sin(\omega t + 120°) \end{cases} \tag{4.1.1}$$

其对应的相量形式为

$$\begin{cases}\dot{U}_A = U\angle 0^\circ \\ \dot{U}_B = U\angle -120^\circ \\ \dot{U}_C = U\angle +120^\circ\end{cases} \tag{4.1.2}$$

用波形图和相量图表示，则如图 4.1.2 所示。

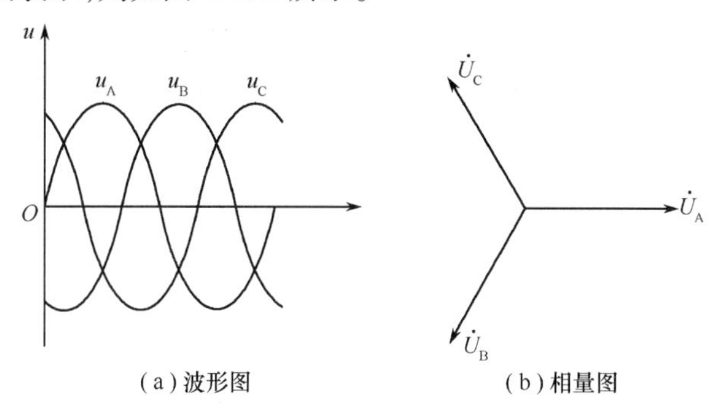

图 4.1.2　对称三相电源电压

由图 4.1.2 可知，任意瞬间对称三相电压的瞬时值或相量之和恒为零，即

$$\begin{cases}u_A + u_B + u_C = 0 \\ \dot{U}_A + \dot{U}_B + \dot{U}_C = 0\end{cases} \tag{4.1.3}$$

三相电源中各相电源达到正幅值的顺序称为相序。由图 4.1.2(a)可知，u_A 比 u_B 超前 120°，u_B 比 u_C 超前 120°，因此相序为 A→B→C，称为正相序；反之，如果相序为 C→B→A，称为反相序。对于三相电动机，如果相序反了，则电机反转。通常，如果不加以说明，都认为是正相序。

将三相定子绕组按一定的方式连接，即可向负载供电。三相电源常有两种连接方式：星形(Y 形)连接方式和三角形(△形)连接方式。

4.1.2　三相电源的星形连接

三相电源的星形连接方式，如图 4.1.3 所示，即将三相绕组的末端 X、Y、Z 连接成一点，这一连接点称为中性点或零点。从中性点引出的导线，称为中性线或零线，用 N 表示。从三相绕组的 3 个首端 A、B、C 分别引出的 3 根导线，称为相线或端线，俗称火线，用 A、B、C 表示，电力母线的颜色通常为 A 相黄色、B 相绿色、C 相红色，中性线则用黑色。

低压配电系统中，采用了 3 根相线和 1 根中性线，称为三相四线制；高压输电工程中，仅采用 3 根火线进行输电，称为三相三线制。火线与中性线之间的电压，称为相电压，其瞬时值用 u_A、u_B、u_C表示，有效值用 U_A、U_B、U_C表示，也统一用 U_P 表示。任意两根火线之间的电压，称为线电压，其瞬时值用 u_{AB}、u_{BC}、u_{CA}表示，有效值用 U_{AB}、U_{BC}、U_{CA}表示，也统一用 U_L表示。各相电压的方向为各个相线指向中性线。而线电压的方向，以 u_{AB}为例，由 A 线指向 B 线。星形连接时各相电压和线电压的方向如图 4.1.3 中所示。

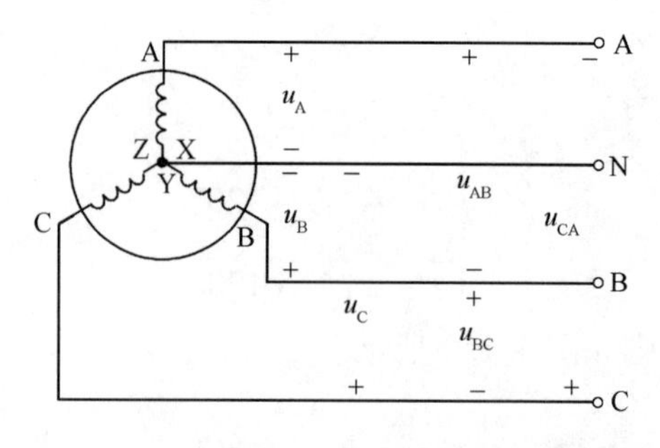

图 4.1.3 三相电源的星形连接

由图 4.1.3 可知，三相电源星形连接时，线电压与相电压的关系为

$$\begin{cases} u_{AB} = u_A - u_B \\ u_{BC} = u_B - u_C \\ u_{CA} = u_C - u_A \end{cases} \tag{4.1.4}$$

用相量式表示为

$$\begin{cases} \dot{U}_{AB} = \dot{U}_A - \dot{U}_B \\ \dot{U}_{BC} = \dot{U}_B - \dot{U}_C \\ \dot{U}_{CA} = \dot{U}_C - \dot{U}_A \end{cases} \tag{4.1.5}$$

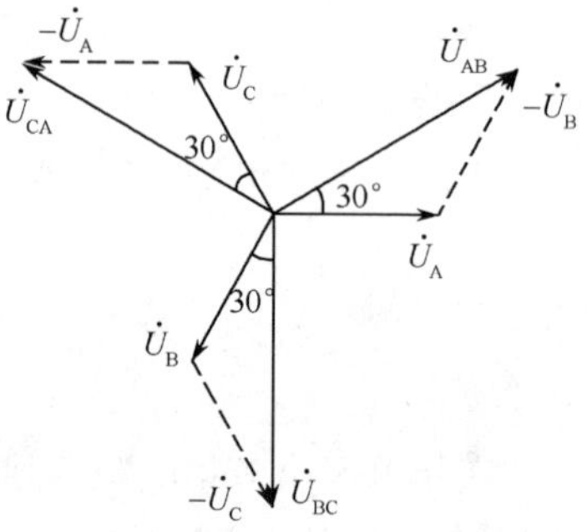

根据式(4.1.2)和式(4.1.5)，可以作出线电压和相电压的相量图，如图 4.1.4 所示，由图可知，三相电源星形连接时，3 个相电压和 3 个线电压均为三相对称电压，各线电压的有效值为相电压有效值的$\sqrt{3}$倍，即

$$U_L = \sqrt{3} U_P \tag{4.1.6}$$

图 4.1.4 电源星形连接时，相电压和线电压的相量图

线电压在相位上比与其对应的相电压超前 30°，因此，线电压和相电压的相量关系为

$$\begin{cases} \dot{U}_{AB} = \sqrt{3}\,\dot{U}_A \angle 30^\circ \\ \dot{U}_{BC} = \sqrt{3}\,\dot{U}_B \angle 30^\circ \\ \dot{U}_{CA} = \sqrt{3}\,\dot{U}_C \angle 30^\circ \end{cases} \tag{4.1.7}$$

三相电源（即三相交流发电机或三相电力变压器）的三相绕组连接成星形时，可以提供两种不同的供配电电压，即线电压和相电压。在我国低压配电系统中，线电压大多为 380V，供给三相异步电动机等额定电压为 380V 的负载使用，相电压大多为 220V，供给额定电压为 220V 的负载使用。

4.1.3 三相电源的三角形连接

三相电源的三角形连接如图 4.1.5 所示。将电源的三相绕组首端与末端依次相接，构成一个闭合回路，然后从 3 个连接点引出 3 根相线，分别用 A、B、C 表示。由图可知，

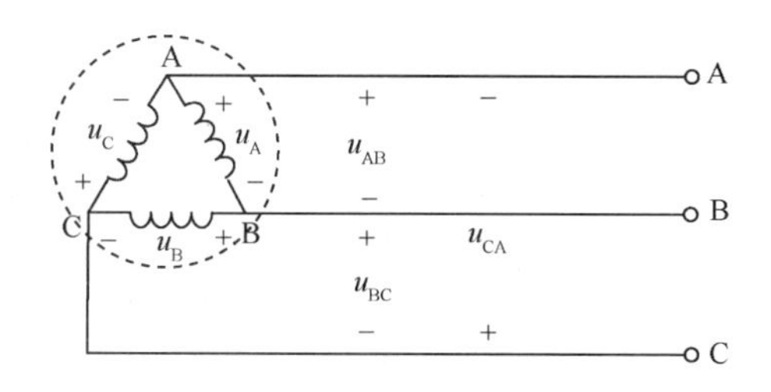

图 4.1.5　电源的三角形连接

三角形连接中线电压就是相电压，即 $U_L = U_P$，用相量式表示为

$$\begin{cases} \dot{U}_{AB} = \dot{U}_A = \dot{U}\angle 0^\circ \\ \dot{U}_{BC} = \dot{U}_B = \dot{U}\angle -120^\circ \\ \dot{U}_{CA} = \dot{U}_C = \dot{U}\angle +120^\circ \end{cases} \tag{4.1.8}$$

需要注意的是，三角形连接中，3 个单相电源构成一个闭合回路，回路的总电压为零，即

$$\dot{U}_A + \dot{U}_B + \dot{U}_C = 0 \tag{4.1.9}$$

这样，回路电流也为零。如果有一相接反，回路电压便不为零。我们知道，每一个绕组就是一个单相电源，而绕组的电阻非常小，如果回路的电压不为零，则回路电流便很大，容易造成设备的损坏，因此要特别注意。

4.2　三 相 负 载

由三相电源供电的负载称为三相负载。3 个单相负载也可组成一个三相负载。单相负载接入电路时，根据额定电压的大小可以选择接在火线与中性线之间，或者接在火线与火线之间。三相负载的电压称为负载相电压，用 $\dot{U}_Z$ 表示；三相负载的电流称为负载相电流，用 $\dot{I}_Z$ 表示。三相负载的连接方式有星形（Y 形）和三角形（△形）两种。

4.2.1　三相负载的星形连接

三相负载的星形连接如图 4.2.1 所示，这是三相四线制电路。设电源线电压为 380V，电灯负载（220V，单相负载）比较均匀地分配在火线与中性线之间，三相电动机接在三根火线上。负载星形连接的三相四线制电路一般也用图 4.2.2 所示的电路来表示，将三相负载的一端连接成公共端，用 N′表示，与电源中性线相连，3 个负载的另一端接到电源的 3 根火线上。电压和电流的参考方向已在图中标出。

三相电路中的电流有相电流和线电流之分。通过火线的电流称为线电流，用 $\dot{I}_A$、$\dot{I}_B$、$\dot{I}_C$ 表示，笼统地用 $\dot{I}_L$ 表示；通过负载的电流称为相电流，用 $\dot{I}_a$、$\dot{I}_b$、$\dot{I}_c$ 表示，笼统地用 $\dot{I}_Z$ 表示；通过中性线的电流称为中线电流，用 $\dot{I}_N$ 表示。

由图 4.2.2 可知，负载星形连接时，负载的相电流等于各自对应的线电流，即

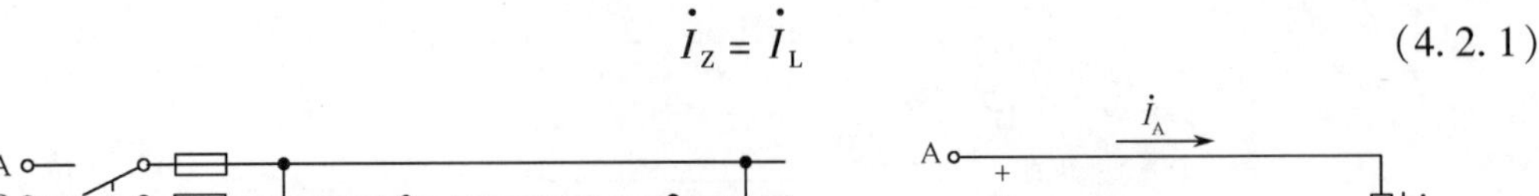

$$\dot{I}_Z = \dot{I}_L \tag{4.2.1}$$

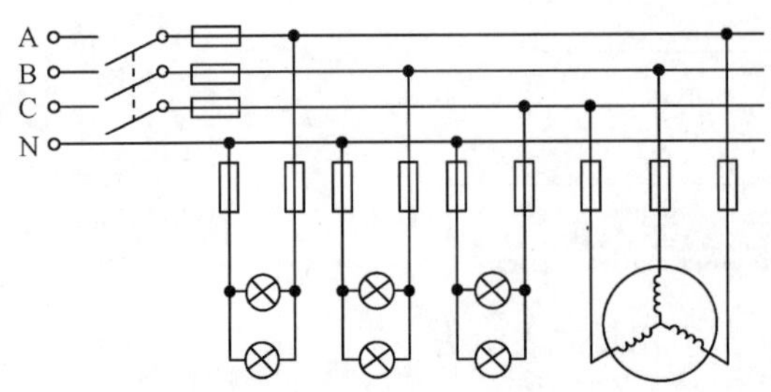

图 4.2.1　电灯与电动机的星形连接

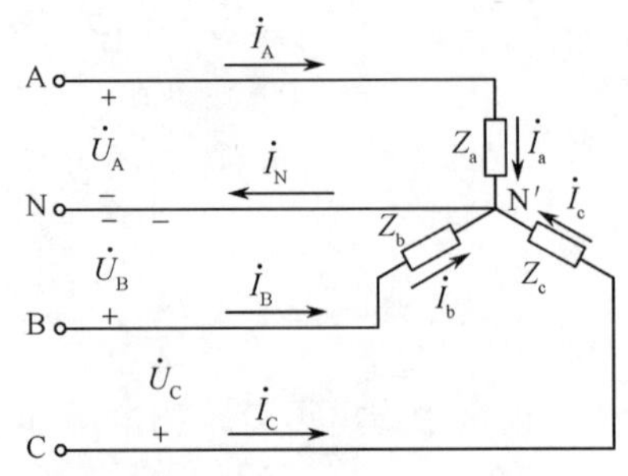

图 4.2.2　负载的星形连接

若忽略导线上的压降，则各相负载的相电压就等于对应的电源相电压，即

$$\dot{U}_Z = \dot{U}_P \tag{4.2.2}$$

设电源相电压$\dot{U}_A$为参考正弦量，则图 4.2.2 中各相负载的相电压为

$$\begin{cases} \dot{U}_a = \dot{U}_A = U_P \angle 0^\circ \\ \dot{U}_b = \dot{U}_B = U_P \angle -120^\circ \\ \dot{U}_c = \dot{U}_C = U_P \angle +120^\circ \end{cases} \tag{4.2.3}$$

各相负载的相电流为

$$\begin{cases} \dot{I}_a = \dfrac{\dot{U}_a}{Z_a} = \dfrac{U_P \angle 0^\circ}{|Z_a| \angle \varphi_a} = I_a \angle -\varphi_a \\ \dot{I}_b = \dfrac{\dot{U}_b}{Z_b} = \dfrac{U_P \angle -120^\circ}{|Z_b| \angle \varphi_b} = I_b \angle -120^\circ - \varphi_b \\ \dot{I}_c = \dfrac{\dot{U}_c}{Z_c} = \dfrac{U_P \angle +120^\circ}{|Z_c| \angle \varphi_c} = I_c \angle +120^\circ - \varphi_c \end{cases} \tag{4.2.4}$$

式(4.2.4)中，各相电流的有效值为

$$I_a = \frac{U_P}{|Z_a|}, \quad I_b = \frac{U_P}{|Z_b|}, \quad I_c = \frac{U_P}{|Z_c|} \tag{4.2.5}$$

各相电压与相电流之间的相位差为

$$\varphi_a = \arctan\frac{X_a}{R_a}, \quad \varphi_b = \arctan\frac{X_b}{R_b}, \quad \varphi_c = \arctan\frac{X_c}{R_c} \tag{4.2.6}$$

由基尔霍夫电流定律可求得中性线上的电流为

$$\dot{I}_N = \dot{I}_a + \dot{I}_b + \dot{I}_c \tag{4.2.7}$$

不对称三相负载星形连接时，负载相电压和相电流的相量图可用图 4.2.3 示意。

若 $Z_a = Z_b = Z_c = Z = R + jX$，则为对称三相负载，其

$|Z_a| = |Z_b| = |Z_c| = |Z|$，$\varphi_a = \varphi_b = \varphi_c = \varphi$ 且

$$\varphi_a = \varphi_b = \varphi_c = \varphi = \arctan \frac{X}{R} \qquad (4.2.8)$$

当电源电压对称,即负载电压对称时,由式(4.2.4)可知,负载相电流也对称,即

$$\dot{I}_a = I_a\angle 0°, \quad \dot{I}_b = \dot{I}_b\angle -120°, \ \dot{I}_c = \dot{I}_c\angle +120° \text{且}$$

$$I_a = I_b = I_c = I_Z = \frac{U_Z}{|Z|} = \frac{U_P}{|Z|} \qquad (4.2.9)$$

这时,中性线电流等于零,即

$$\dot{I}_N = \dot{I}_a + \dot{I}_b + \dot{I}_c = 0 \qquad (4.2.10)$$

对称三相负载星形连接时,负载相电压和相电流的相量图如图 4.2.4 所示。

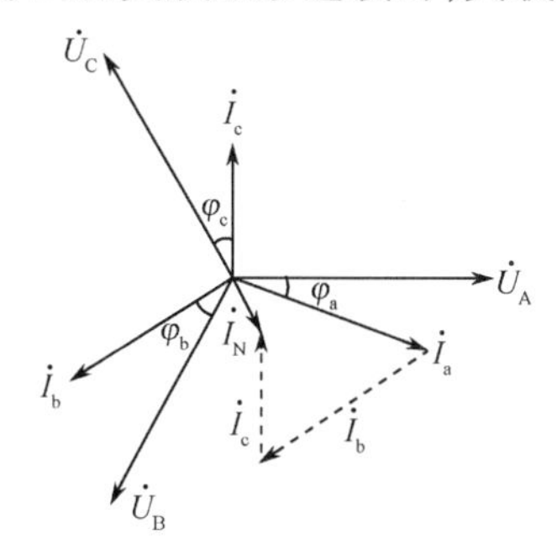

图 4.2.3　负载星形连接时电压和电流的相量图

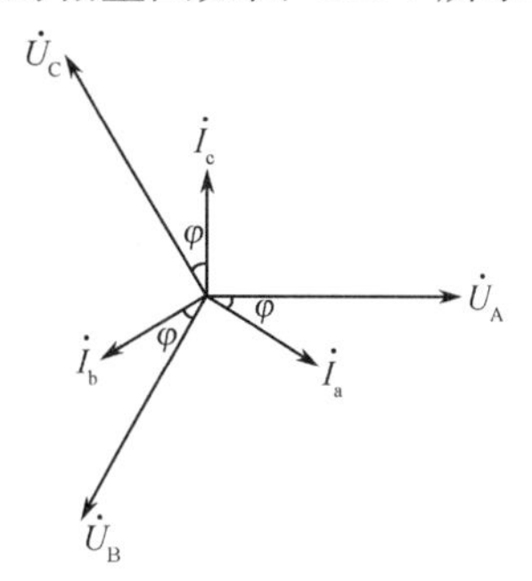

图 4.2.4　对称负载星形连接时电压和电流的相量图

三相对称负载接于三相对称电源,既然中性线电流为零,中性线就不需要了。因此,图 4.2.2 所示的电路变成图 4.2.5 所示电路,这是三相三线制电路。三相三线制在工农业生产上的应用极为广泛,因为生产上常见的三相电动机的三相负载都是对称的。

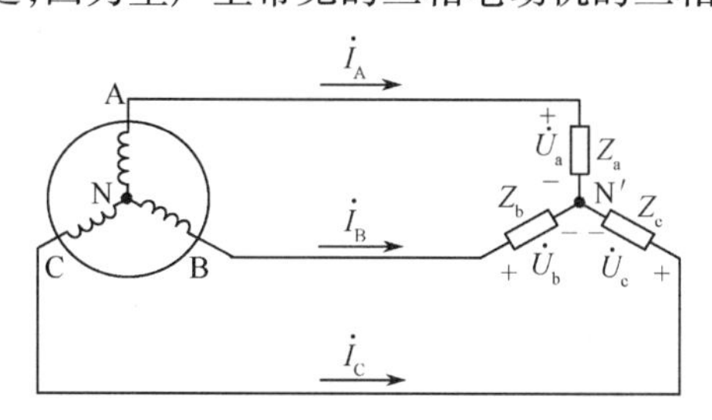

图 4.2.5　对称负载星形连接的三相三线制电路

【例 4.2.1】三相对称负载作星形连接,如图 4.2.2 所示。已知电源电压对称且 $\dot{U}_a = 220\angle 0°$,每相负载阻抗为 $Z = (6 + j8)\Omega$,试求各相负载的相电流和线电流。

【解】因为对称负载作星形连接,所以,各相负载的相电压等于各自对应的电源相电压,即 $\dot{U}_a = \dot{U}_A = 220\angle 0°$ 。余类推,而各相电流则等于各自对应的线电流,所以有

$$\dot{I}_A = \dot{I}_a = \frac{\dot{U}_a}{Z_a} = \frac{\dot{U}_A}{Z_a} = \frac{220\angle 0°}{6 + j8} = 22\angle -53° \text{A}$$

$$\dot{I}_B = \dot{I}_b = \dot{I}_a\angle -120° = 22\angle -173° \text{A}$$

$$\dot{I}_C = \dot{I}_c = \dot{I}_a \angle +120° = 22 \angle +67° \text{A}$$

【例 4.2.2】 电路如图 4.2.6 所示，电源电压对称，A 相电压为 $\dot{U}_A = 220\angle 0°$。负载是额定电压为 220V 的电灯组，其电阻分别为 $R_a = 5\Omega, R_b = 10\Omega, R_c = 20\Omega$。试求：

(1) 各相负载相电压、相电流和中性线电流；

(2) A 相短路而中性线未断开时，各相负载的相电压和相电流；

(3) A 相短路而中性线又断开时，各相负载的相电压和相电流；

(4) A 相断路而中性线未断开时，各相负载的相电压和相电流；

(5) A 相断路而中性线又断开时，各相负载的相电压和相电流。

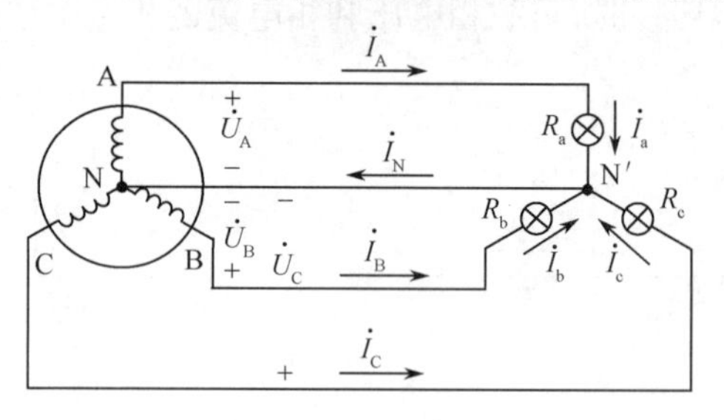

图 4.2.6 例 4.2.2 的图

【解】 (1) 负载不对称而有中性线时，负载相电压和电源相电压相等，也是对称的，得 $U_Z = U_P = 220\text{V}$，则各相负载的相电流分别为

$$\dot{I}_a = \frac{\dot{U}_a}{R_a} = \frac{\dot{U}_A}{R_a} = \frac{220\angle 0°}{5} = 44\angle 0° \text{A}$$

$$\dot{I}_b = \frac{\dot{U}_b}{R_b} = \frac{\dot{U}_B}{R_b} = \frac{220\angle -120°}{10} = 22\angle -120° \text{A}$$

$$\dot{I}_c = \frac{\dot{U}_c}{R_c} = \frac{\dot{U}_C}{R_c} = \frac{220\angle 120°}{20} = 11\angle 120° \text{A}$$

中性线电流为

$$\dot{I}_N = \dot{I}_a + \dot{I}_b + \dot{I}_c = 44\angle 0° + 22\angle -120° + 11\angle 120°$$
$$= 44 + (-11 - \text{j}18.9) + (-5.5 + \text{j}9.45) = 27.5 - \text{j}9.45 = 29.1\angle 19° \text{A}$$

(2) A 相短路，中性线未断开时，由于短路电流极大，将 A 相中的熔断器熔断，A 相中无电流流过，B 相和 C 相不受影响，即

$$\dot{U}_b = 220\angle -120° \text{V}, \quad \dot{I}_b = 22\angle -120° \text{A}$$

$$\dot{U}_c = 220\angle +120° \text{V} \quad \dot{I}_c = 11\angle +120° \text{A}$$

(3) A 相短路，中性线又断开时，电路如图 4.2.7 所示。此时负载中性点即为 A 点，因此，负载相电压和相电流分别为

$$\dot{U}_a = 0, \quad \dot{I}_a = 0$$

$$\dot{U}_b = \dot{U}_{BA} = 380\angle -150° \text{V}, \quad \dot{I}_b = 38\angle -150° \text{A}$$

$$\dot{U}_c = \dot{U}_{CA} = 380\angle 150^\circ \text{V}, \quad \dot{I}_c = 19\angle 150^\circ \text{A}$$

在这种情况下，B 相和 C 相的电灯组上所加的电压为线电压 380V，都超过电灯的额定电压 220V，这是不容许的。

（4）A 相断路，中性线未断开时，B、C 相不受影响，负载相电压和相电流分别为

$$\dot{U}_b = 220\angle -120^\circ \text{V}, \quad \dot{I}_b = 22\angle -120^\circ \text{A}$$

$$\dot{U}_c = 220\angle 120^\circ \text{V}, \quad \dot{I}_c = 11\angle 120^\circ \text{A}$$

（5）A 相断路，中性线又断开时，电路如图 4.2.8 所示。此时该电路已成单相电路，B 相和 C 相的电灯组串联，接在线电压 $U_{BC} = 380\text{V}$ 的电源上，两相负载电流相同，两相负载电压的有效值分别为

$$U_b = \frac{U_{BC}}{R_b + R_c} R_b = 127\text{V}, \quad U_c = \frac{U_{BC}}{R_b + R_c} R_c = 254\text{V}$$

则 B 相电压低于电灯的额定电压，电灯将不能正常点亮；C 相电压高于电灯的额定电压，电灯可能会被烧坏。

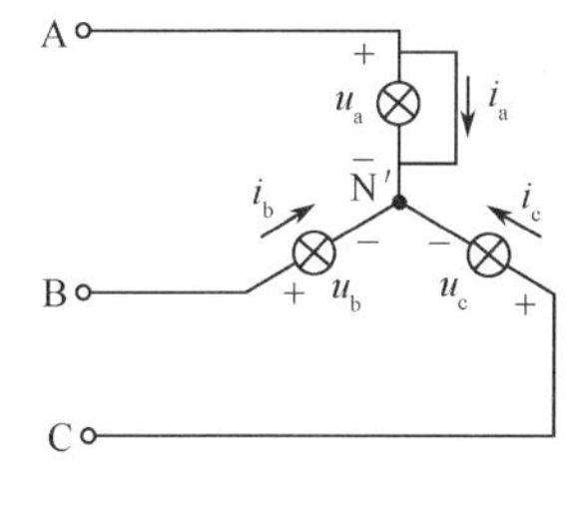

图 4.2.7　例 4.2.2(3)的图

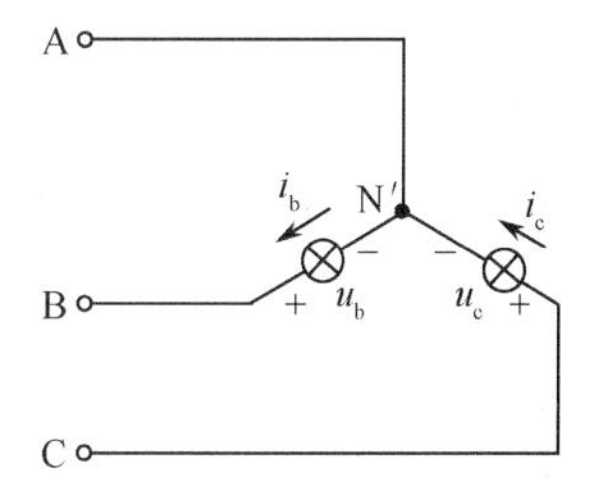

图 4.2.8　例 4.2.2(5)的图

从例 4.2.2 可以看出：

（1）三相星形负载不对称且无中性线时，负载相电压就不对称，使得负载相电压有的高于、有的低于额定电压，这是不容许的。三相星形负载上的电压必须对称。

（2）中性线的作用，就是使星形连接的不对称负载的负载电压对称。为了保证负载电压的对称，中性线不能断开。因此，中性线（指干线）上不能安装熔断器或开关。

4.2.2　三相负载的三角形连接

三相负载三角形连接时的电路如图 4.2.9 所示。三相负载 Z_a、Z_b、Z_c 首尾相连接，每相负载分别接在电源的两根火线之间，每相负载的相电压等于对应的电源线电压。由于三相电源线电压总是对称的，因此，不论三相负载对称与否，其负载电压总是对称的，即

$$\dot{U}_Z = \dot{U}_L \tag{4.2.11}$$

所以，当三相负载的额定电压等于三相电源线电压时，该负载应当采用三角形连接。

三相负载作三角形连接时，各相负载的相电流不等于线电流，分别为

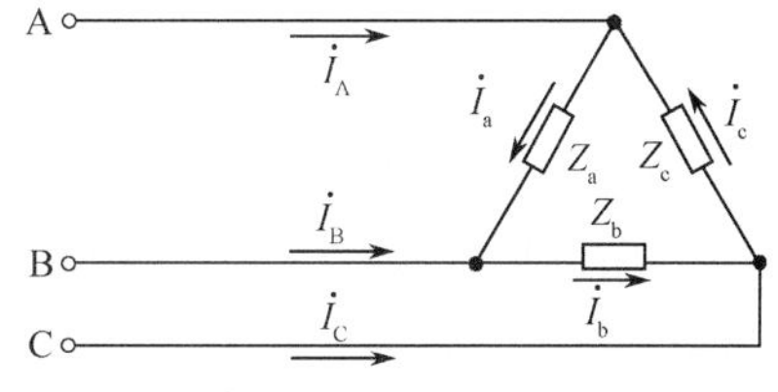

图 4.2.9　负载三角形连接的三相电路

$$\dot{I}_{\mathrm{a}}=\frac{\dot{U}_{\mathrm{a}}}{Z_{\mathrm{a}}}=\frac{\dot{U}_{\mathrm{AB}}}{Z_{\mathrm{a}}};\ \dot{I}_{\mathrm{b}}=\frac{\dot{U}_{\mathrm{b}}}{Z_{\mathrm{b}}}=\frac{\dot{U}_{\mathrm{BC}}}{Z_{\mathrm{b}}};\ \dot{I}_{\mathrm{c}}=\frac{\dot{U}_{\mathrm{c}}}{Z_{\mathrm{c}}}=\frac{\dot{U}_{\mathrm{CA}}}{Z_{\mathrm{c}}} \tag{4.2.12}$$

各相负载的相电压与相电流的相位差为

$$\varphi_{\mathrm{a}}=\arctan\frac{X_{\mathrm{a}}}{R_{\mathrm{a}}};\quad \varphi_{\mathrm{b}}=\arctan\frac{X_{\mathrm{b}}}{R_{\mathrm{b}}};\varphi_{\mathrm{c}}=\arctan\frac{X_{\mathrm{c}}}{R_{\mathrm{c}}} \tag{4.2.13}$$

式(4.2.13)中,R_{a}、R_{b}、R_{c} 及 X_{a}、X_{b}、X_{c} 分别为各相负载的电阻及电抗,则各相负载相电流的有效值分别为

$$I_{\mathrm{a}}=\frac{U_{\mathrm{a}}}{|Z_{\mathrm{a}}|}=\frac{U_{\mathrm{AB}}}{|Z_{\mathrm{a}}|};\quad I_{\mathrm{b}}=\frac{U_{\mathrm{b}}}{|Z_{\mathrm{b}}|}=\frac{U_{\mathrm{BC}}}{|Z_{\mathrm{b}}|};\quad I_{\mathrm{c}}=\frac{U_{\mathrm{c}}}{|Z_{\mathrm{c}}|}=\frac{U_{\mathrm{CA}}}{|Z_{\mathrm{c}}|} \tag{4.2.14}$$

负载的线电流可应用基尔霍夫电流定律列出,即

$$\dot{I}_{\mathrm{A}}=\dot{I}_{\mathrm{a}}-\dot{I}_{\mathrm{c}};\quad \dot{I}_{\mathrm{B}}=\dot{I}_{\mathrm{b}}-\dot{I}_{\mathrm{a}};\quad \dot{I}_{\mathrm{C}}=\dot{I}_{\mathrm{c}}-\dot{I}_{\mathrm{b}} \tag{4.2.15}$$

如果负载对称,则负载相电流也是对称的,即

$$I_{\mathrm{a}}=I_{\mathrm{b}}=I_{\mathrm{c}}=I_{\mathrm{Z}}=\frac{U_{\mathrm{Z}}}{|Z|}=\frac{U_{\mathrm{L}}}{|Z|} \tag{4.2.16}$$

$$\varphi_{\mathrm{a}}=\varphi_{\mathrm{b}}=\varphi_{\mathrm{c}}=\varphi=\arctan\frac{X}{R} \tag{4.2.17}$$

三相对称负载三角形连接时,负载电压和电流的相量图如图4.2.10所示。因负载相电压等于电源线电压是对称的,所以负载相电流是对称的,见图4.2.10。再根据式(4.2.15)作出线电流的相量图,显然线电流也是对称的。由图可知:在数值上,线电流是对应的相电流的$\sqrt{3}$倍,即 $I_{\mathrm{L}}=\sqrt{3}I_{\mathrm{P}}$;在相位上,线电流比对应的相电流滞后30°,即

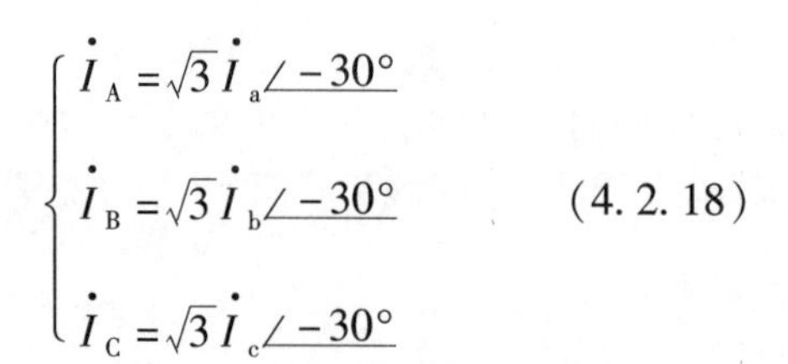

$$\begin{cases}\dot{I}_{\mathrm{A}}=\sqrt{3}\,\dot{I}_{\mathrm{a}}\angle-30^\circ\\ \dot{I}_{\mathrm{B}}=\sqrt{3}\,\dot{I}_{\mathrm{b}}\angle-30^\circ\\ \dot{I}_{\mathrm{C}}=\sqrt{3}\,\dot{I}_{\mathrm{c}}\angle-30^\circ\end{cases} \tag{4.2.18}$$

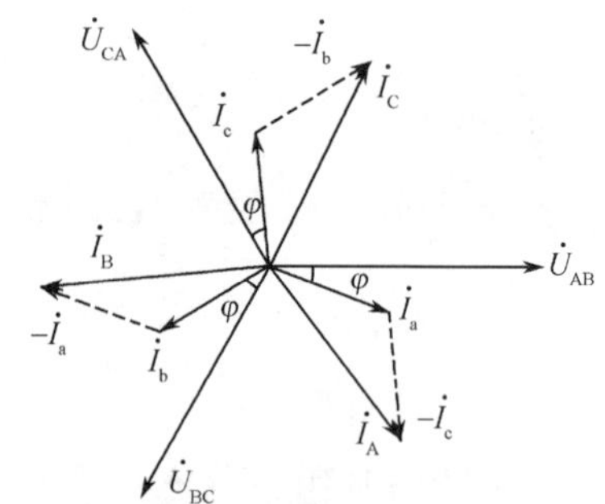

图4.2.10 对称负载三角形连接时电压和电流的相量图

4.3 三相电路的功率

不论负载是星形连接还是三角形连接,三相电源发出的总功率为电源各相发出的功率之和,三相负载消耗的总功率为各相负载消耗的总功率之和,即

$$P=P_{\mathrm{a}}+P_{\mathrm{b}}+P_{\mathrm{c}}=U_{\mathrm{a}}I_{\mathrm{a}}\cos\varphi_{\mathrm{a}}+U_{\mathrm{b}}I_{\mathrm{b}}\cos\varphi_{\mathrm{b}}+U_{\mathrm{c}}I_{\mathrm{c}}\cos\varphi_{\mathrm{c}} \tag{4.3.1}$$

当三相负载对称时,每相的有功功率相等,三相总的有功功率为

$$P=3U_{\mathrm{Z}}I_{\mathrm{Z}}\cos\varphi \tag{4.3.2}$$

式中,φ 角是负载相电压 u_{Z} 和相电流 i_{Z} 之间的相位差,即负载的阻抗角。

通常,负载相电压和相电流不易测量,所以计算三相电路的功率时,都通过线电压和线电流来计算。

当对称负载作星形连接时,$U_Z=\frac{U_L}{\sqrt{3}}$,$I_Z=I_L$,代入式(4.3.2),可得三相负载总的有功功率$P=3\frac{U_L}{\sqrt{3}}I_L\cos\varphi=\sqrt{3}U_LI_L\cos\varphi$。

当对称负载作三角形连接时,$U_Z=U_L$,$I_Z=\frac{I_L}{\sqrt{3}}$,代入式(4.3.2),可得三相负载总的有功功率 $P=3U_L\frac{I_L}{\sqrt{3}}\cos\varphi=\sqrt{3}U_LI_L\cos\varphi$。

由此可知,不论是星形连接还是三角形连接,三相有功功率用线电压和线电流表示的表达式是一样的,即

$$P=\sqrt{3}U_LI_L\cos\varphi \tag{4.3.3}$$

三相负载铭牌上标注的额定电压和额定电流一般均为线电压和线电流的有效值。

与有功功率的研究方法类似,三相负载对称时,总的无功功率和视在功率分别为

$$Q=3U_ZI_Z\sin\varphi=\sqrt{3}U_LI_L\sin\varphi \tag{4.3.4}$$

$$S=\sqrt{P^2+Q^2}=\sqrt{3}U_LI_L \tag{4.3.5}$$

【例4.3.1】有一对称三相负载 $Z=(6+j8)\Omega$,三相电源线电压为380V。求负载阻抗连接成星形和三角形两种情况下的有功功率、无功功率和视在功率。

【解】(1)负载星形连接时,负载相电压 $U_Z=\frac{U_L}{\sqrt{3}}$。

线电流等于相应的相电流 $I_L=I_Z=\frac{U_Z}{|Z|}=\frac{U_L}{\sqrt{3}|Z|}=\frac{380}{\sqrt{3}|6+j8|}=22A$。

由 $Z=(6+j8)\Omega$,得出阻抗角 $\varphi=\arctan\frac{8}{6}=53°$,则有

$$P=\sqrt{3}U_LI_L\cos\varphi=\sqrt{3}\times380\times22\times\cos53°\approx8.69\text{kW}$$

$$Q=\sqrt{3}U_LI_L\sin\varphi=\sqrt{3}\times380\times22\times\sin53°\approx11.58\text{kVar}$$

$$S=\sqrt{P^2+Q^2}=14.48\text{kV}\cdot\text{A}$$

(2)负载三角形连接时,负载电压为 $U_Z=U_L$,则

$$I_Z=\frac{U_Z}{|Z|}=\frac{U_L}{|Z|}=\frac{380}{|6+j8|}=38A,\quad I_L=\sqrt{3}I_Z=\sqrt{3}\times38=66A$$

$$P=\sqrt{3}U_LI_L\cos\varphi=\sqrt{3}\times380\times66\times\cos53°=26.06\text{kW}$$

$$Q=\sqrt{3}U_LI_L\sin\varphi=\sqrt{3}\times380\times66\times\sin53°\approx34.75\text{kVar}$$

$$S=\sqrt{P^2+Q^2}=43.44\text{kV}\cdot\text{A}$$

由此例分析可知,在相同的电源电压作用下,同一负载的功率,连接成三角形是连接成星形时的3倍。因此,三角形连接消耗的有功功率是星形连接的3倍,无功功率和视在功率也有相同的结论。这表明,负载的功率与其连接方式有关。

4.4 供配电及安全用电

电能是现代工业生产的主要能源和动力,已广泛应用于工业、农业、商业和社会生活的各个领域。本节主要介绍电力系统的相关知识和安全用电。与其他形式的能量相比,电能具有易于产生、传输、分配、控制和测量等优点。

4.4.1 电力系统概述

电力系统是由发电、输电和配电三大系统组成的。发电系统发出的电能经由输电系统的输送,最后由配电系统分配给各个用户。

1. 发电系统

发电厂是生产电能的工厂,把非电形式的能量转换成电能,它是电力系统的核心。发电厂按照所利用能源的种类可分为水力、火力、风力、核能、太阳能等发电厂。现在各国建造最多的主要是水力发电厂和火力发电厂,核电站也发展很快。为了保护环境,太阳能发电目前成为人们研究的一个热点。为了充分合理地利用自然资源,降低发电成本,火力发电厂一般建造在燃料产地或交通运输方便的地方,而水力发电站通常建造在江河、峡谷等水力资源丰富的地方,如三峡水电站。

2. 输电系统

发电厂生产的电能经过输电系统输送给电力用户。由上段分析可知,发电厂一般建在自然资源比较丰富的区域,所以和电力用户一般相距比较远,而输送电能时,电流会在导线中产生压降和功率损耗。为了提高输电效率和减少输电线路上的损失,通常采用高压输电,即采用升压变压器将电压升高后再进行远距离输电。我国国家标准中规定的输电线的额定电压为35kV、110kV、220kV、330kV、500kV等。

除交流输电外,还有直流输电。随着电力电子技术的发展,超高压远距离已开始采用直流输电方式,其能耗小,无线电干扰较小,输电线路造价也比较低,具有更高的输电质量和效率。其方法是将三相交流电整流为直流电后,远距离输送至终端,再转变为三相交流电,供用户使用。

3. 配电系统

配电系统将输电线末端的电能合理地分配给各个工业企业和城市。其主要作用是变换电压和直接向终端用户分配电能。工业企业内部供电系统由高压和低压配电线路、变电所和用电设备组成。高压配电线路的额定电压有3kV、6kV、10kV等;低压配电线路的额定电压是380V和220 V。用电设备的额定电压一般为220V和380V,大功率电动机的电压为3000V和6000V,机床局部照明的电压为36V。

4.4.2 安全用电

电能为人类的发展做出了巨大的贡献,但是,如果使用不当也会造成巨大的设备损失和严重的人身伤害。因此,安全用电是劳动保护教育和安全生产中的主要组成部分之一。学习和工作中除了掌握电的客观规律外,还应掌握安全用电常识,遵守有关的安全规定,避免发生设备损坏和触电伤亡事故。

1. 电流对人体的伤害

人体不慎触及带电体时会发生触电事故,使人体受到各种不同的伤害。电流对人体的危害分为电击和电伤两种。

电击指电流通过人体,使内部器官组织受到损伤。它是最危险的触电事故。当电流通过人体时,轻者肌肉痉挛、产生麻电感觉,重者呼吸困难、心脏麻痹,如果不能迅速摆脱带电体就会导致死亡。电击多发生在易触及的220V低压线路或带电设备上。

电伤是由于电流的热效应、化学效应或机械效应对人体外部造成的局部伤害,如电弧烧伤、烫伤。电击多发生在1000V及以上的高压带电体上。

根据大量触电事故资料的分析和研究可知,电击的伤害程度与下列各种因素有关:

(1) 人体电阻。人体的电阻越大,通入的电流越小,伤害程度就越轻。当人体的皮肤处于干燥、清洁和无损的情况下,人体电阻为4kΩ~10kΩ,当处于潮湿环境或受到损伤的情况下,则降为800Ω~1000Ω。

(2) 电流强度。引起人感觉的最小电流称为感知电流,约为1mA;10mA为摆脱电流;30mA为致命电流,故把36V的电压作为安全电压。如果在潮湿的场所,安全电压还要低些,通常为24V和12V。

(3) 通电时间。通电时间越长,伤害越严重。

此外,电击的伤害程度还与电流通过人体的路径和带电体接触的面积和压力有关。

2. 触电方式

按照人体触及带电体的方式和电流通过人体的路径,常见的触电方式可分为以下3类。

(1) 单相触电。人体触及漏电的电气设备或线路的一相而发生的触电现象,称为单相触电,如图4.4.1(a)所示,电流通过人体流入大地造成触电现象,这时人体处于相电压之下,比较危险。单相触电大多是由于电气设备损坏或绝缘不良,使带电部分裸露而引起的。

(2) 两相触电。人体同时触及两根相线的触电现象,称为双相触电,如图4.4.1(b)所示。此时人体承受线电压,这种危害最严重。

(3) 跨步电压触电。当高压电线断裂落地时,在周围就形成了一个由中心向外逐渐减弱的强电场。当人或动物进入断线点附近时,两脚因站在不同的电位上而承受跨步电压,即两脚之间的电位差。

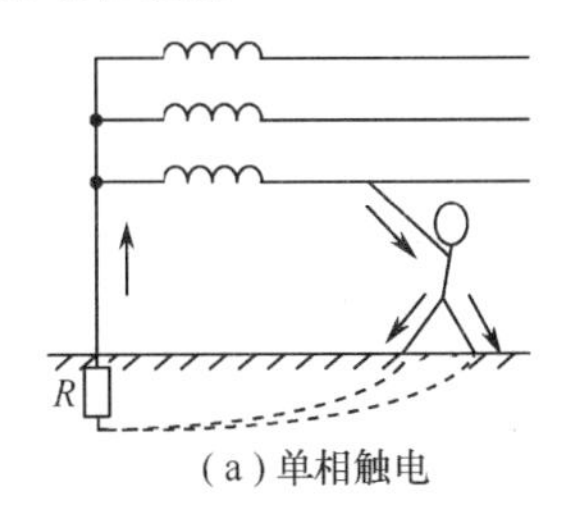

(a)单相触电

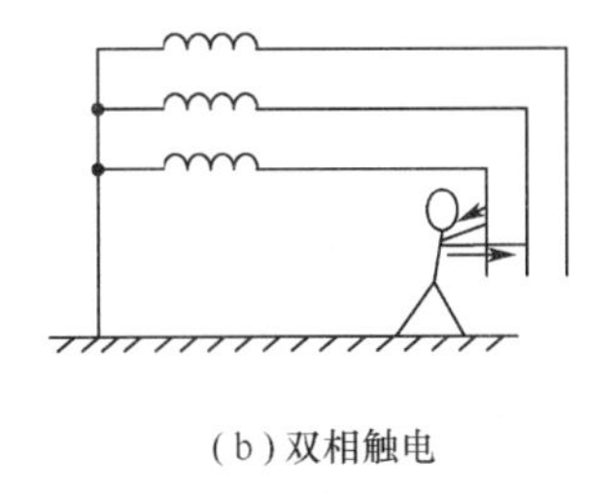
(b)双相触电

图4.4.1 触电方式

因此，当高压通电导线断落在地面时，应立即将故障点隔离，不能随便触及，也不能在故障点附近走动。如果已经受到跨步电压的威胁，应采取单脚站立或双脚并拢的方式迅速跳出危险区域。

3. 触电急救

人体触电事故发生后，若采取正确的救护措施，可大大降低死亡率。一般有以下两个步骤。

（1）迅速脱离电源。一旦发生触电事故时，切不可惊慌失措。首先要设法使触电者脱离电源。可采用下列一些办法：切断电源；用绝缘物将带电导线挑离触电者身体；用绝缘工具切断带电导线，断开电源。

（2）现场急救。解脱电源后，要对触电者进行及时的现场急救。分下列几种情况：病人神志清楚，但感觉难受，应让伤者就地平卧，情况严重时，小心送往医院；病人呼吸、心跳尚存，但神志不清，应使其仰卧，保持空气流通，并立即通知或送往医院；如果病人已经处于休克状态，要对伤者进行人工呼吸和体外心脏挤压，并及时通知医疗部门。

4. 电气设备的接地和接零保护

接地和接零是为了防止电气设备意外带电，造成触电事故和保证电气设备正常运行而采取的技术措施。在低压配电系统电源中性点不接地的情况下，采用接地保护；在中性点接地的情况下，采用接零保护。

（1）保护接地。保护接地即将电气设备的金属外壳（正常情况下不带电）与大地作良好的电气接触。宜用于中性点不接地的低压系统中。图4.4.2(a)所示的是电动机的保护接地，可分两种情况来讨论。

① 电动机未装有保护接地时，当电动机某一绕组的绝缘损坏时，人体触及外壳，相当于单相触电。这时接地电流 I 由故障点经人体流入地中。当系统的绝缘性能下降时，就有触电的危险。

② 机壳装有保护接地后，当电动机某一绕组的绝缘损坏时，人体触及外壳，由于人体电阻 R_b 与接地电阻 R_o 并联，而通常 $R_b \gg R_o$，所以通过人体的电流很小，不会有危险。这就是保护接地保证人身安全的作用。

（2）保护接零。接零就是将电气设备的金属外壳接到零线（中性线）上，宜用于中性点接地的低压系统中。

图4.4.2(b)所示的就是电动机的保护接零。当电动机某一绕组的绝缘损坏而与外壳相接时，就形成单相短路，迅速将这一相的熔丝熔断，因而外壳便不再带电。即使在熔丝熔断前人体触及外壳，由于人体电阻远大于线路电阻，通过人体的电流也是非常微小的，对人体是安全的。这种保护接零方式称为TN－C系统。

（3）三相五线制供电系统。在三相四线制系统中，由于负载往往不对称，零线中有电流，因而零线对地电压不为零，距离电源越远，电压越高，但一般都在安全值以下，没有危险性。为了确保设备外壳对地电压为零，增加保护零线PE，这就形成了三相五线制。保护零线是专门以防止触电为目的，用来与系统中各设备或线路的金属外壳等电气设备连接的导线，它能够避免负载不平衡电流流过工作零线时产生的不平衡电压影响。正常工作时，工作零线中有电流，而保护零线中不应有电流。

对于民用设施和办公场所的照明支线，通常都必须配置保护零线。洗衣机、电冰箱和

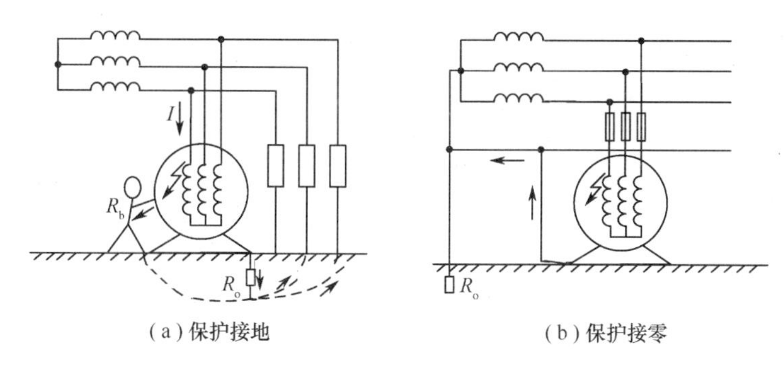

图4.4.2　电动机的接地与接零

金属灯具等电器的金属外壳，都要通过三眼插座接到保护零线上。

必须指出，同一电气系统中的设备，不能有的接零，有的不接零，更不能有的接零，有的接地，应当使用同一种安全措施；否则，反而更容易引起触电事故。

习　题

4.1　当发电机的三相绕组连成星形时，设线电压 $u_{AB}=380\sqrt{2}\sin(\omega t-30°)$ V，试写出相电压 u_A 的三角函数式。

4.2　欲将发电机的三相绕组连成星形，如果误将 X、Y、C 连成一点（中性点），是否也可以产生对称三相电压？

4.3　有一台三相发电机，其绕组连成星形，每相额定电压为220V。在一次试验时，用电压表量得相电压 $U_A=U_B=U_C$，而线电压则为 $U_{AB}=U_{CA}=220$V，$U_{BC}=380$V，试问这种现象是如何造成的？

4.4　什么是三相负载、单相负载和单相负载的三相连接？三相交流电动机有3根电源线接到电源的A、B、C 3端，称为三相负载。电灯有两根电源线，为什么不称为两相负载，而称单相负载？

4.5　为什么电灯开关一定要接相线（火线）上？

4.6　有一次某楼电灯发生故障，第二层和第三层的所有电灯突然都暗淡下来，而第一层楼的电灯亮度未变，试问这是什么原因？这楼的电灯是如何连接的？同时又发现第三层的电灯比第二层的还要暗些，这又是什么原因？画出电路图。

4.7　如图T4.7所示的是三相四线制电路，电源线电压 $U_L=380$V。3个电阻性负载连成星形，其电阻为 $R_a=11\Omega$，$R_b=R_c=22\Omega$。

（1）试求负载电压、相电流及中性线电流，并作出它们的相量图。

（2）如无中性线，求负载电压及中性点线电压。

（3）如无中性线，当A相短路时求各相电压和电流。

（4）如无中性线，当C相断路时求另外两相的电压和电流。

（5）在（3）、（4）中如有中性线，则又如何？

4.8　有一电源和负载都是星形连接的对称三相电路，已知电源相电压为220V。每相负载阻抗模 $|Z|=10\Omega$，试求负载的相电流和线电流。

4.9　有一电源为三角形连接，而负载为星形连接的对称三相电路，已知电源相电压

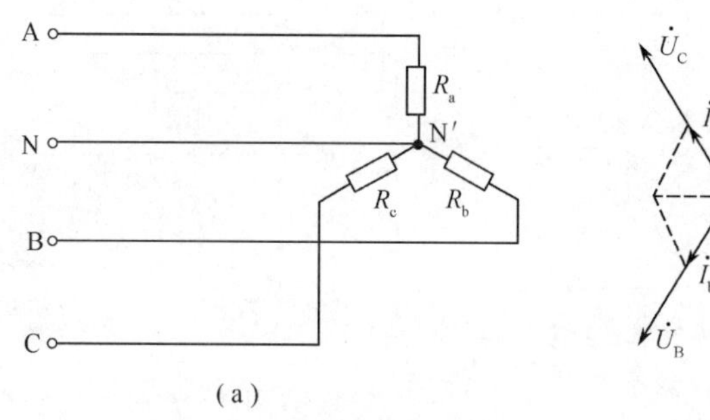

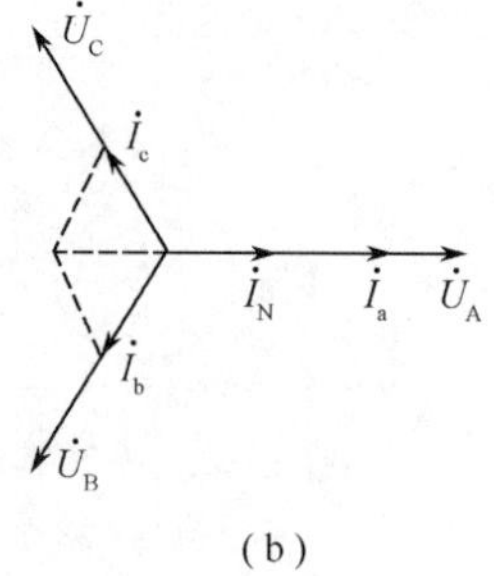

图 T4.7

为 220V，每相负载的阻抗模 $|Z| = 10\Omega$，试求负载的相电流和线电流。

4.10　在线电压为 380V 的三相电源上，接两组电阻性对称负载，第一组每相负载电阻为 10Ω，第二组每相负载电阻为 38Ω，如图 T4.10 所示，求线路电流 I。

4.11　有一三相异步电动机，其绕组接成三角形，接在线电压为 380V 的电源上，从电源所取用的功率 $P = 11.43\text{kW}$，功率因数 $\cos\varphi = 0.87$，求电动机的相电流和线电流。

4.12　如图 T4.12 所示的电路中，三相四线制电源电压为 380/220V，接有三相对称星形连接的白炽灯负载，总功率为 180W。此外，在 C 相上接有额定电压 220V、功率 40W、功率因数 $\cos\varphi = 0.5$ 的日光灯一只。求线电流 $\dot{I}_A$、$\dot{I}_B$、$\dot{I}_C$ 及中性线电流。设 $\dot{U}_A = 220\angle 0°\text{V}$。

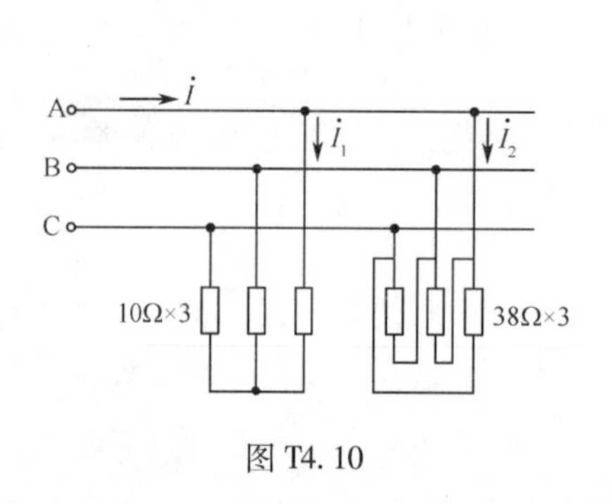

图 T4.10

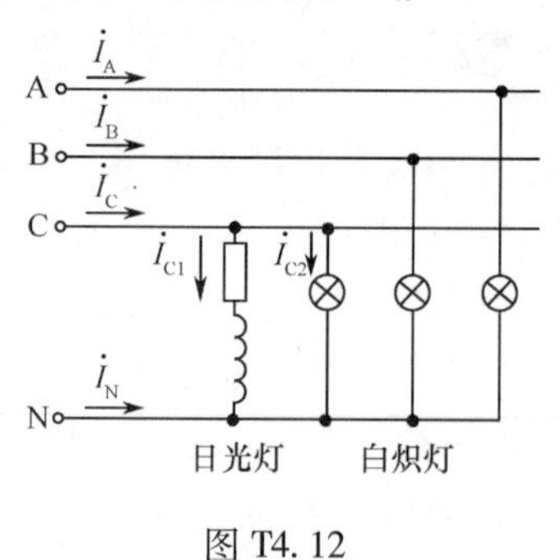

图 T4.12

4.13　有一台三相电动机的绕组星形连接，每相的等效阻抗 $Z = (30 + \text{j}20)\Omega$，已知电源的线电压为 380V。求

(1) 电动机的相电流 I_P、线电流 I_L。

(2) 电路的功率因数 $\cos\varphi$。

(3) 电动机的有功功率 P。

4.14　为什么远距离输电要采用高电压？

4.15　什么是工作接地、保护接地和保护接零？

4.16　在同一供电系统中为什么不能同时采用保护接地和保护接零？

第5章 变 压 器

变压器是一种根据电磁感应原理工作的电气设备。变压器可以用来进行电压、电流和阻抗的变换，所以在电力系统和电子线路中被广泛应用。本章主要介绍变压器的结构、工作原理和几种特殊变压器及其应用。

5.1 变压器

本节主要介绍一般变压器的基本结构和工作原理。

5.1.1 变压器的结构

变压器的种类很多，按用途分有电力变压器、整流变压器、专用变压器和特殊变压器等；按相数分有单相变压器、三相变压器和多相变压器等；按冷却方式分有干式变压器、油浸变压器（油浸自冷、油浸风冷、油浸水冷）等。不论哪种变压器，它的基本结构主要是由闭合铁芯和绕组组成。图5.1.1所示的是单相变压器的结构示意图。

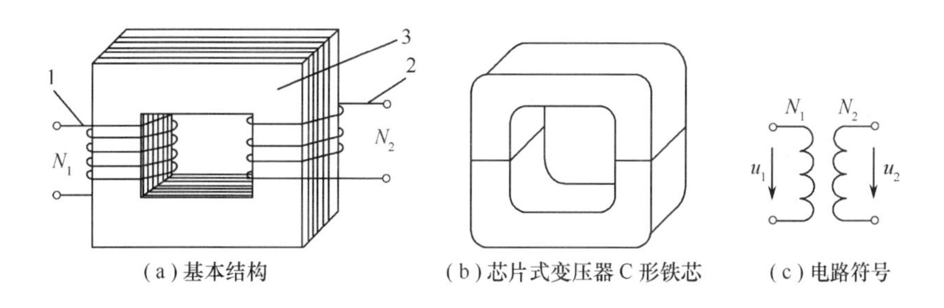

图5.1.1 单相变压器

1—原边绕组；2—副边绕组；3—铁芯。

1. 铁芯

变压器的铁芯大多是采用磁导率较高、磁滞损耗和涡流损耗较小的硅钢片叠制而成，或是由高磁导率、低损耗的冷轧硅钢片叠制而成，而硅钢片彼此之间是绝缘的。铁芯既是变压器的磁路部分，又作为变压器的机械骨架。

铁芯的基本形式有芯式和壳式两种，如图5.1.2所示。芯式结构的绕组绕在铁芯两边，包围铁芯，形成变压器的原边、副边。因为这种结构简单、装配容易，所以我国国产的电力变压器大多采用这种铁芯形式。壳式铁芯包围绕组，绕组嵌在铁芯里。这种结构的优点是机械强度较好、容易散热，但外层绕组用铜量较大，制造工艺较复杂，所以实际中很少采用这种结构的铁芯。

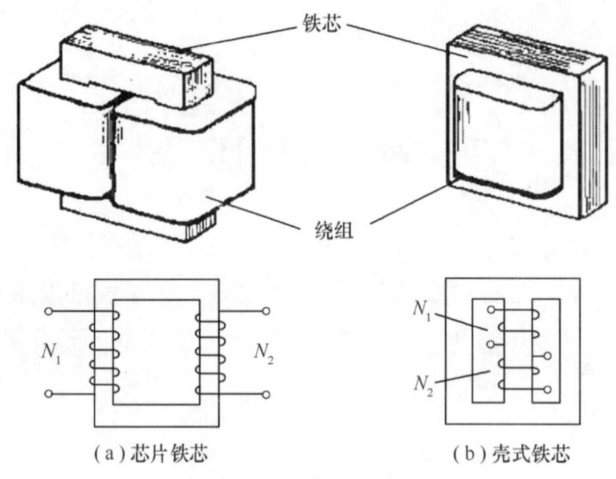

(a)芯片铁芯　　(b)壳式铁芯

图5.1.2　两种铁芯形式

2. 绕组

绕在铁芯上的线圈称为绕组,一般是用纱包或漆包铜钱绕制,近来也有用铝箔绕制的,其截面有圆形或长方形等。绕组是变压器的电路部分,通常将接电源端的绕组称为初级绕组(或初级线圈,或原线圈,或一次绕组),接负载端的绕组称为次级绕组(或次级线圈,或副线圈,或二次绕组)。为了增加原、副绕组之间的磁耦合,通常原、副绕组都绕在同一铁芯柱上,如图5.1.2所示。原、副绕组由多匝导线绕制,匝数分别用 N_1 和 N_2 表示(一次绕组和二次绕组的参数一般都加下标1和2)。

5.1.2　变压器的工作原理

变压器是根据电磁感应原理工作的,如图5.1.3所示,在一次绕组加上交流电压 u_1 时,一次绕组中便有电流 i_1,磁通势 N_1i_1 产生的磁通通过闭合铁芯在一次、二次绕组中感应出感应电动势 e_1、e_2。如果二次绕组是开路的,则通过铁芯的磁通 Φ(又称为主磁通)是由一次绕组磁通势 N_1i_1 产生的;如果二次绕组带有负载,则二次绕组中就有电流 i_2,同样二次绕组的磁通势 N_2i_2 也将在闭合铁芯中产生磁通,所以,此时磁通 Φ 是由一次绕组磁通势 N_1i_1 和二次绕组磁通势 N_2i_2 共同产生的。上述过程可用图5.1.4所示的电磁关系链表示。

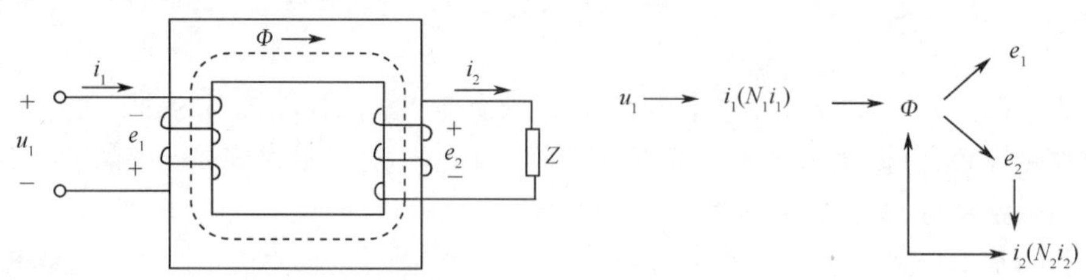

图5.1.3　变压器工作原理　　图5.1.4　变压器电磁关系

根据电磁关系有

$$e_1 = -N_1 \frac{\Delta\Phi}{\Delta t} \tag{5.1.1}$$

如果在一次绕组上加上正弦电压，则在忽略一次绕组内阻和漏磁通的情况下，主磁通电动势 $\dot{E}_1$ 与电压 $\dot{U}_1$ 之间存在以下关系，即

$$\dot{U}_1 \approx -\dot{E}_1 \tag{5.1.2}$$

因为 $\dot{U}_1$ 为正弦量，即 $u_1 = \sqrt{2}U_1\sin\omega t$，则 $\Phi = \Phi_m\sin\omega t$。根据式(5.1.1)和式(5.1.2)可知，感应电动势 e_1 的有效值为

$$E_1 = 4.44fN_1\Phi_m \approx U_1 \tag{5.1.3}$$

同理，对于二次绕组的感应电动势 e_2 的有效值也有

$$E_2 = 4.44fN_2\Phi_m \tag{5.1.4}$$

在空载的情况下，忽略二次绕组内阻及漏磁通时

$$I_2 = 0, \quad \dot{E}_2 \approx \dot{U}_2 \tag{5.1.5}$$

则

$$E_2 = 4.44fN_2\Phi_m \approx U_2 \tag{5.1.6}$$

式中，U_2 为二次侧绕组端电压的有效值。

若一次、二次绕组线圈的匝数 N_1 和 N_2 不相等，则感应电动势 E_1、E_2 的大小及 U_1、U_2 的大小也是不相等的，并且

$$\frac{\dot{U}_1}{\dot{U}_2} \approx \frac{-\dot{E}_1}{\dot{E}_2} = \frac{-4.44fN_1\Phi_m}{4.44fN_2\Phi_m} = -\frac{N_1}{N_2} \tag{5.1.7}$$

$$\frac{U_1}{U_2} \approx \frac{E_1}{E_2} = \frac{N_1}{N_2} = K \tag{5.1.8}$$

式(5.1.7)中的负号表示初、次级电压的相位相反，式(5.1.8)中 K 称为变压器的变比或变压系数。

上述分析说明，若一次、二次绕组线圈的匝数 N_1 和 N_2 不相等时，则变压器可将某一频率的交流电压转换成同一频率的另一交流电压。若 $K>1$，则初级电压高于次级电压，这种变压器叫做降压变压器；若 $K<1$，则初级电压低于次级电压，这种变压器叫做升压变压器。

变压器除了具有电压变换作用以外，还能进行电流变换和阻抗变换。

由前述已知，当变压器的二次侧接有负载时，主磁通 Φ 是由一次绕组磁通势 N_1i_1 和二次绕组磁通势 N_2i_2 共同产生的，如图5.1.4所示。有载时的主磁通应该近似等于空载时的主磁通，故

$$N_1i_1 + N_2i_2 \approx N_1i_0 \quad \text{或} \quad N_1\dot{I}_1 + N_2\dot{I}_2 \approx N_1\dot{I}_0 \tag{5.1.9}$$

式中，i_0 是空载时的励磁电流，主要作用是产生空载时的主磁通。

由于铁芯的磁导率较高，所以空载励磁电流 i_0 较小，与 i_1 相比可以忽略。故式(5.1.9)中的相量式可以写成

$$N_1\dot{I}_1 \approx -N_2\dot{I}_2 \tag{5.1.10}$$

式中，负号表示初级电流与次级电流的相位相反。由式(5.1.10)可知，一次、二次绕

组电流的有效值具有以下关系，即

$$\frac{I_1}{I_2} \approx \frac{N_2}{N_1} = \frac{1}{K} \tag{5.1.11}$$

从式(5.1.11)可见，变压器一次、二次绕组的电流之比近似为它们的匝数比的倒数。当匝数 N_1 和 N_2 确定时，I_1/I_2 就不变，如果二次绕组的电流会随负载变化而变化，那么一次绕组的电流也会相应发生变化，以抵消二次绕组的电流和磁通势对主磁通的影响，从而 I_1/I_2 保持不变。

根据式(5.1.8)和式(5.1.11)可知，如果忽略变压器的损耗，则有 $U_1 I_1 \approx U_2 I_2$，即

$$P_1 \approx P_2 \tag{5.1.12}$$

式(5.1.12)表明，在忽略变压器损耗的情况下，初级的能量全部送给了次级，根据变压器的这一特点，变压器可以用于交流电的能量传输。

变压器除了具有对电压和电流的变换作用外，还可以进行阻抗变换，以实现负载对电源的“匹配”，满足电源的最大功率输出。

设变压器初级绕组输入阻抗为 Z_1，次级负载阻抗为 Z_2，则

$$Z_1 = \frac{\dot{U}_1}{\dot{I}_1} = \frac{-\frac{N_1}{N_2}\dot{U}_2}{-\frac{N_2}{N_1}\dot{I}_2} = \left(\frac{N_1}{N_2}\right)^2 \frac{\dot{U}_2}{\dot{I}_2} = K^2 Z_2 \tag{5.1.13}$$

式(5.1.13)表明，当一次、二次绕组的匝数不相等时，在次级绕组接阻抗为 Z_2 的负载，就相当于在电源侧直接接了阻抗为 $K^2 Z_2$ 的负载，这种等效关系可以用图5.1.5表示，这就是通常所说的变压器的阻抗变换作用。实用中，常常利用变压器的阻抗变换作用，使变压器的输入阻抗等于电源内阻抗（称为匹抗），以便在负载上获得最大功率。

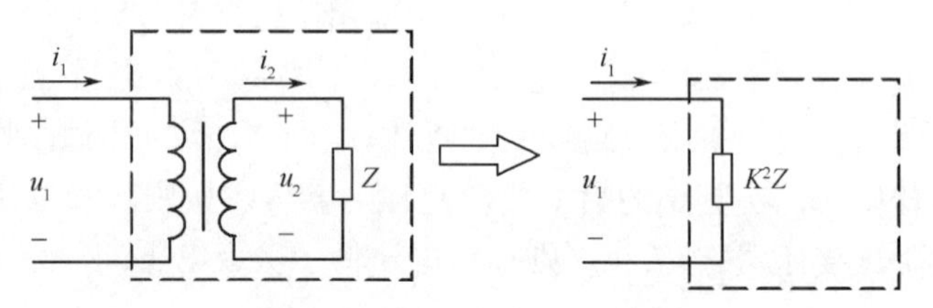

图5.1.5 负载阻抗的等效变换

【例5.1.1】 如图5.1.5所示，变压器一次侧所加电源的电压为220V，内阻为50Ω，该变压器的容量为1100V·A，已知变压器匝数 N_1 和 N_2 分别是200和100，试求：(1)二次侧的电压和电流；(2)如果电源能输出最大功率，则可接多大负载的阻抗？

【解】 (1) 变压器的容量等于变压器电压和电流有效值之积，变压器的额定容量等于额定电压和额定电流有效值之积，即 $S_N = U_{2N} I_{2N} \approx U_{1N} I_{1N}$，其中 S_N 为额定容量，是变压器的视在功率，不是输出功率；U_{1N}、I_{1N} 和 U_{2N}、I_{2N} 分别为一次、二次绕组的额定电压和额定电流。因为

$$\frac{U_1}{U_2} = \frac{N_1}{N_2} = K = 2$$

所以

$$U_2 = \frac{U_1}{K} = 110\text{V}$$

$$I_2 = \frac{S}{U_2} = \frac{1100}{110} = 10\text{A}$$

(2) 如果电源能够输出最大功率,则阻抗一定匹配,即负载等于电源内阻 50Ω。

5.1.3 变压器的特性和额定值

变压器的特性主要体现在两个方面——外特性和效率。

1. 变压器的外特性

在电源电压 U_1 不变的情况下,变压器二次侧电压随负载的变化情况,可用变压器的外特性曲线来描述。所谓外特性曲线,是指当一次侧电压为额定值,负载功率因数 $\cos\varphi_2$ 一定时,二次侧电压 U_2 和电流 I_2 的变化关系曲线,即 $U_2 = f(I_2)$,如图 5.1.6 所示,图中的 U_{20}是变压器二次侧空载时的端电压。

从图 5.1.6 可见,对电阻性负载和感性负载,二次侧的电压 U_2 随电流 I_2 的增加而降低。这是由于原、副绕组的电阻压降和漏磁压降所造成的。

从空载到额定负载,二次绕组电压随负载变化的程度通常用电压变化率 ΔU 表示。在一次绕组加额定电压,负载功率因数 $\cos\varphi_2$ 一定时,ΔU 定义为

$$\Delta U = \frac{U_{20} - U_2}{U_{20}} \times 100\% \qquad (5.1.14)$$

式中,U_2 为二次侧满载电压;U_{20}为二次侧空载电压。

工作中,二次侧电压 U_2 的变化越小越好,即 ΔU 越小越好。一般,变压器的 $\Delta U \approx 5\%$ 。例如,电力变压器的 $\Delta U \approx 2\% \sim 3\%$,小型电源变压器的 $\Delta U \approx 3\% \sim 5\%$ 。

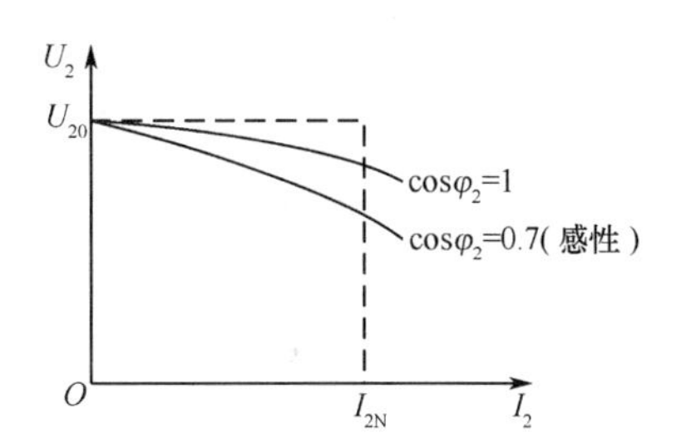

图 5.1.6 变压器的外特性曲线

2. 变压器的效率

变压器的效率 η 指变压器的输出功率 P_2 与输入功率 P_1 之比,通常也用百分数表示,即

$$\eta = \frac{P_2}{P_1} \times 100\% \qquad (5.1.15)$$

式(5.1.5)中输入功率 P_1 除了提供输出功率 P_2 外,还包括变压器的损耗。和交流铁芯线圈一样,变压器的功率损耗包括原、副绕电阻上的铜损耗 ΔP_{Cu}和铁芯中的铁损耗 ΔP_{Fe}。其中铜损耗与负载电流的平方成正比,即

$$\Delta P_{\text{Cu}} = I_1^2 R_1 + I_2^2 R_2 = (R_1/k^2 + R_2) I_2^2 \qquad (5.1.16)$$

可见,ΔP_{Cu}是可变损耗,而铁损耗 ΔP_{Fe}仅与原边的电压平方成正比,与二次侧的电流 I_2 无关。

根据能量守恒定律,有 $P_1 = P_2 + \Delta P_{\text{Cu}} + \Delta P_{\text{Fe}}$,所以变压器的效率又可写成

$$\eta = \frac{P_2}{P_1} \times 100\% = \frac{P_2}{P_2 + \Delta P_{Cu} + \Delta P_{Fe}} \times 100\% \tag{5.1.17}$$

效率 η 与负载电流 I_2、$\cos\varphi_2$ 有关。在感性负载下，η 与 I_2 的典型关系可用如图 5.1.7 所示的曲线表示。空载时，$I_2 = 0$，$P_2 = 0$，$\eta = 0$；轻载时，I_2 较小，η 较低。从曲线上可以看出，当 $I_2 = (0.6 \sim 0.75) I_{2N}$ 时，η 最高。

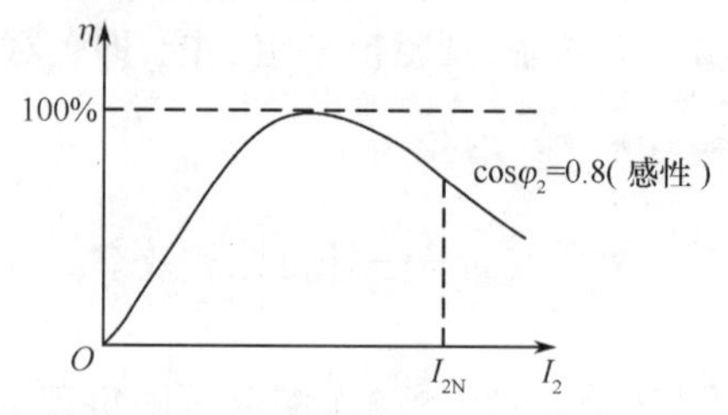

图 5.1.7 变压器的效率曲线

【例 5.1.2】一单相变压器，额定数据为 $U_{1N} = 6000\text{V}$，$U_{2N} = U_{20} = 250\text{V}$，$S_N = 10\text{kV}\cdot\text{A}$，满载时铜损耗 $\Delta P_{Cu} = 750\text{W}$，铁损耗 $\Delta P_{Fe} = 400\text{W}$。负载为日光灯，每只额定值为 220V、50W，$\cos\varphi_2 = 0.5$，满载时 $U_2 = 200\text{V}$。试求：满载时日光灯的数目；变压器的效率；一次、二次侧电流和功率；一次侧的 $\cos\varphi_1$；变压器的电压变化率。

【解】为计算日光灯的数目，需先求出每只灯的额定电流。每只灯的额定电流为

$$I_{LN} = \frac{P_N}{U_N \cos\varphi_2} = \frac{50}{220 \times 0.5} \approx 0.455\text{A}$$

但每只灯的实际电流应为

$$I_L = \frac{U_2}{U_N} I_{LN} = \frac{200 \times 0.455}{220} \approx 0.413\text{A}$$

满载时变压器二次侧电流就是额定电流，即

$$I_2 = I_{2N} = \frac{S_N}{U_{2N}} = \frac{10000}{250} = 40\text{A}$$

设满载时灯的数目为 N，则应有 $I_2 = NI_L$，所以

$$N = \frac{I_{2N}}{I_L} = \frac{40}{0.413} \approx 96.85\text{，可取 96 只}$$

满载时变压器的输出功率，即二次侧的功率 P_2 为

$$P_2 = NU_2 I_L \cos\varphi_2 = 96 \times 200 \times 0.413 \times 0.5 = 3964.8\text{W}$$

变压器输入功率，即一次侧的功率 P_1 为

$$P_1 = P_2 + \Delta P_{Cu} + \Delta P_{Fe} = 3964.8 + 750 + 400 = 5114.8\text{W}$$

故变压器的效率为

$$\eta = \frac{P_2}{P_1} \times 100\% = \frac{3964.8}{5114.8} \times 100\% \approx 77.5\%$$

变压器的变比 $K = \frac{U_{1N}}{U_{2N}} = \frac{6000}{250} = 24$，所以一次侧电流 I_1 为

$$I_1 = \frac{I_2}{K} = \frac{40}{24} \approx 1.67\text{A}$$

一次侧的功率因数 $\cos\varphi_1$ 为

$$\cos\varphi_1 = \frac{P_1}{U_1 I_1} = \frac{5114.8}{6000 \times 1.67} \approx 0.511$$

该变压器的电压变化率为

$$\Delta U = \frac{U_{20} - U_2}{U_{20}} \times 100\% = \frac{250 - 200}{250} \times 100\% = 20\%$$

从上述分析可见，由于该变压器的损耗（铜损耗、铁损耗）较大，所以变压器的效率较低，电压变化率较大，这与理想变压器差别较大。

3. 变压器的额定值

变压器的额定值在前述内容中已涉及一些，现归纳如下：

(1) 一次绕组额定电压 U_{1N}——允许加于一次绕组的最高电压。U_{1N}是根据变压器绝缘强度和允许温升而规定的。若施加电压过高，则绝缘材料寿命缩短甚至损坏；过低则不经济，未充分发挥其效益。

(2) 二次绕组额定电压 U_{2N}——当一次绕组电压为额定电压 U_{1N}时二次绕组的空载电压。对于电子仪器的小型电源变压器，也指满载时二次绕组电压。

(3) 一次、二次绕组额定电流 I_{1N}、I_{2N}——一次绕组电压为额定电压 U_{1N}时，一次、二次绕组允许长期通过的最大电流。若电流过大，则温度过高，会使绝缘层受损。

(4) 额定容量 S_N——又称视在功率，用来衡量变压器输出功率的能力。对于单相变压器，有

$$S_N = U_{2N} I_{2N} \approx U_{1N} I_{1N}$$

视在功率的单位为 V·A 或 kV·A，不同于输出功率的单位是 W。

(5) 额定频率 f——电源频率，即变压器的设计频率。我国电力变压器的额定频率是 50Hz。

(6) 额定温升——变压器在额定运行状态下，内部温度允许高出规定的环境温度（通常为 40℃）。所谓额定运行状态（或满载），是指变压器原边电压与副边电流为额定值。

5.1.4 三相变压器

三相变压器和前面讨论的单相双绕组变压器相比，其基本原理相同，只是特点和用途不同。所以，本节只对三相变压器作简要阐述。

三相变压器主要用于变换三相电压，常用于输电、配电和整流电路中，它在结构上具有 3 个铁芯柱，每个铁芯柱上绕有属于同一相的高压绕组和低压绕组，如图 5.1.8 所示。图中，各相高压绕组的始端和末端分别用 A、B、C（或 U_1、V_1、W_1）和 X、Y、Z（或 U_2、V_2、W_2）表示，低压绕组则用 a、b、c（或 u_1、v_1、w_1）和 x、y、z（或 u_2、v_2、w_2）表示。

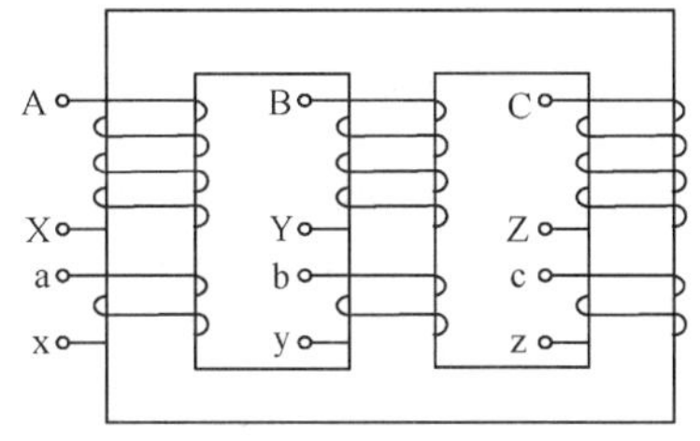

图 5.1.8 三相变压器

高压侧三相绕组一般接成星形(Y)形式,低压侧三相绕组可接成星形(Y)或三角形(△)形式。根据我国国家标准的规定,高压侧和低压侧绕组共有5种连接方式,即Y/Y_0、Y/Y、Y_0/Y、Y/△、Y_0/△。Y_0表示有中线的星形接法,即三相四线制。图5.1.9给出了两种连接方式。

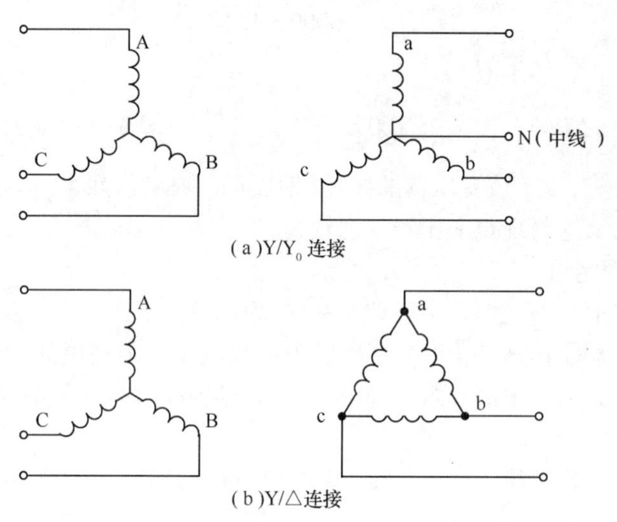

图5.1.9　三相变压器的两种连接方式

在Y连接方式中,相电压U_P是线电压U_L的$1/\sqrt{3}$,相电流I_P等于线电流I_L;在△连接方式中,相电压等于线电压,相电流是线电流的$1/\sqrt{3}$。

三相变压器铭牌上标的额定电压、额定电流均指线电压、线电流。

三相变压器的额定容量与额定电压、额定电流的关系为

$$S_N = \sqrt{3} U_L I_L = 3 U_P I_P \tag{5.1.18}$$

三相变压器的变比为高压侧(设为一次侧)与低压侧(设为二次侧)的线电压之比,即

$$K = \frac{U_{1L}}{U_{2L}} \tag{5.1.19}$$

5.2　特殊变压器

工程中,特殊变压器种类繁多,本节介绍几种常用的特殊变压器。

5.2.1　自耦变压器

图5.2.1所示的是一种自耦变压器。自耦变压器与普通变压器的区别是原、副边共用一个绕组,低压绕组N_2是高压绕组N_1的一部分,因此,一次、二次绕组既有磁的联系又有电的联系。

从图5.2.1可见,自耦变压器的工作原理与普通的单相双绕组变压器相同,所以,前面介绍的有关变压器的电压、电流、阻抗的变换关系都适用于自耦变压器,即

$$\frac{U_1}{U_2}=\frac{N_1}{N_2}=K; \quad \frac{I_1}{I_2}=\frac{N_2}{N_1}=\frac{1}{K}; \quad \frac{Z_1}{Z_2}=\left(\frac{N_1}{N_2}\right)^2=K^2$$

与同容量的单相双绕组变压器相比较,由于自耦变压器省去了独立的二次绕组,所以用料省、体积小、成本低,这是它的优点。

常见的低压自耦变压器有调压器,它是一种输出电压可以调节的变压器。调压器的二次绕组的抽头是能沿线圈自由滑动的触头,通过改变触头位置可以达到平滑均匀地调节输出电压的目的,其外形和电路如图 5.2.2 所示。在使用调压器时,原边、副边不能接错,若错接调压器则可能烧坏。

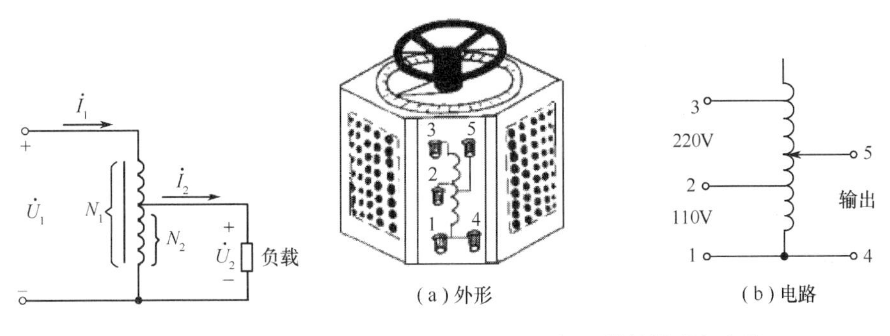

图 5.2.1　自耦变压器

图 5.2.2　调压器的外形和电路

5.2.2　仪用互感变压器

仪用互感变压器(简称仪用互感器)一般是在电力系统中测量高电压、大电流时使用的一种变压器。用仪用互感器测量高电压、大电流,可将高电压、大电流与仪表隔开,以保证操作人员及设备的安全。

仪用互感器通常有两种,用来测量高电压的电压互感器和用来测量大电流的电流互感器。下面简单介绍这两种仪用互感器。

1. 电压互感器

电压互感器是根据变压器的原理制成的,主要是用来测量交流大电压。普通的电压表量程有限,无法测量大电压。

电压互感器是一种降压变压器,其原理如图 5.2.3 所示。电压互感器原边 AX 绕组的匝数 N_1 远远大于副边 ax 绕组的匝数 N_2,测量高压时,将 AX 端接被测电压 U_1,将 ax 端接电压表。因为电压表的阻抗很高,所以电压互感器接近空载工作状态有

$$\frac{U_1}{U_2}=\frac{N_1}{N_2}=K_U \qquad (5.2.1)$$

或

$$U_1=\frac{N_1}{N_2}U_2=K_U U_2 \qquad (5.2.2)$$

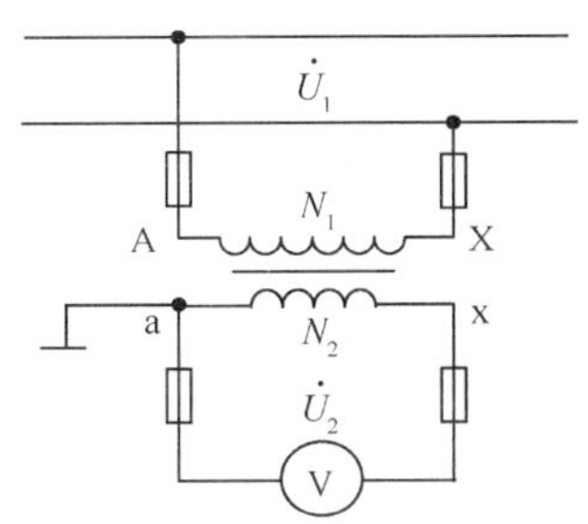

图 5.2.3　电压互感器原理

由于 $N_1 \gg N_2$,$K_U \gg 1$,这就使小量程的电压表

测量高电压成为了可能。例如,$K_U = 100$ 的电压互感器,当表头量程为 10V 时,最高可测 1000V 的电压;当表头量程为 100V 时,最高可测 10000V 的电压。

使用电压互感器时应注意以下几点。

(1) 电压互感器所接的负载功率不要超过其额定容量,应留有一定的余量,以免造成变比及输出电压的相位误差过大。

(2) 电压互感器的铁芯、二次侧绕组及外壳都要接地。这样,万一绝缘损坏,可保证人身安全。

(3) 电压互感器的副边不允许短路以防铜损过大、线圈过热。

(4) 电压互感器的一次、二次侧都要接熔断器,以便当电路被短路时起保护作用,使互感器免遭损坏。

2. 电流互感器

电流互感器也是根据变压器的原理制成的,它主要用来扩大交流电流表的量程,普通电流表的量程无法用来测量大电流。

电流互感器的电路和符号如图 5.2.4 所示。由图可知,电流互感器一次绕组的匝数 N_1 很少,一般只有几匝,串联在被测电路中;二次绕组的匝数 N_2 较多,它与电流表的表头并联。由于电流表的表头阻抗很小,可以认为电流互感器工作于理想变压器状态,所以有

$$\frac{I_1}{I_2} = \frac{N_2}{N_1} = K_I \tag{5.2.3}$$

或

$$I_1 = \frac{N_2}{N_1} I_2 = K_I I_2 \tag{5.2.4}$$

由于 $N_1 \ll N_2$,$K_I \gg 1$,这就使小量程的电流表测量大电流成为了可能。通常电流互感器二次绕组额定电流规定为 5A 或 1A,那么,哪怕只用 $K_I = 10$ 倍的电流互感器,则当表头量程为 1A 时,就能测 10A 的电流;当表头量程为 5A 时,便可测 50A 的大电流。

测流钳是实际中常用的一种电流互感器,其原理如图 5.2.5 所示,它是电流互感器的一个特例,一次绕组只有 1 匝。它的铁芯如同一把钳子,用弹簧压紧。测量时将钳子压开引入被测导线,压入的导线就是一次绕组,而二次绕组绕在铁芯上并与电流表相连。利用

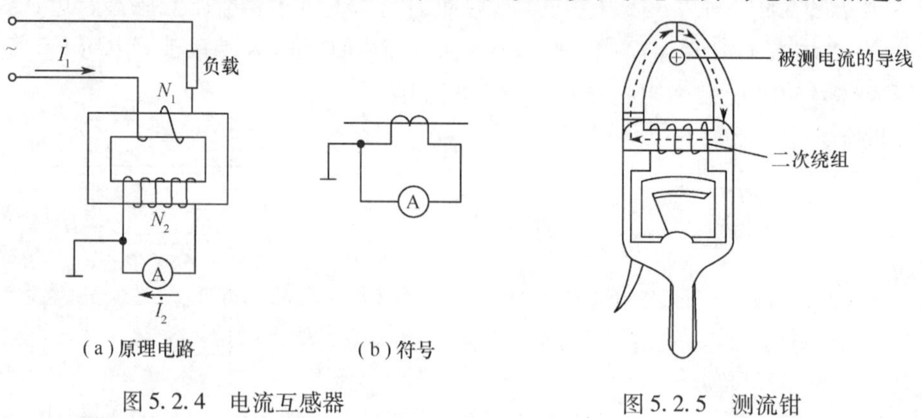

(a)原理电路　(b)符号

图 5.2.4　电流互感器　　图 5.2.5　测流钳

测流钳可以随时方便地测量线路中的电流,而不必将电流互感器固定在一处或者需要断开被测电路将一次绕组串进去。

在使用电流互感器时,应注意以下几点。

(1) 电流互感器的一次绕组的额定电流应大于被测电路的电流,额定电压与被测电路的电压相匹配。

(2) 电流互感器所接负载的功率应小于其额定功率。

(3) 在使用电流互感器时,二次侧不允许开路,以免磁通剧增产生高压,危及人身安全和损坏电流互感器。

(4) 电流互感器二次绕组的一端、铁芯及外壳均应接地,以确保仪器和人身安全。

5.2.3 变压器绕组极性的判断

变压器绕组的极性,是指一次绕组和二次绕组的相对极性。当一个绕组的某一端瞬时电位为正时,另一绕组必然也有一个瞬时电位为正的对应端,这两个对应端叫做同极性端或同名端。通常将同名端标以相同的"·"或"*"等符号。

利用同名端可以将变压器的绕组合理地串联或并联。例如,有一变压器有两个额定电压均为110V的一次绕组1—2和3—4(已知1、3端为同名端),现在如果接到220V的电源上,两个绕组如何连接?因为1和3端为同名端,所以应将2和3端连在一起形成串联,如图5.2.6所示,这样,电流从1和3端流入或流出时,产生的磁通方向相同,两绕组中的感应电动势的极性也相同。如果连接错误,如2和4端接在一起,1、3端接电源,则铁芯中两个磁通就相互抵消,感应电动势等于0,接通电源后绕组中会有很大的电流,会烧坏变压器。

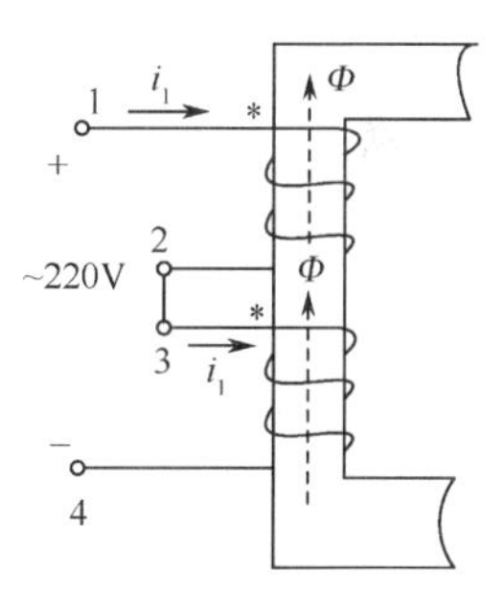

图5.2.6 同名端的连接

为了正确连接两个绕组,必须事先判明两个绕组的同名端。判断绕组的同名端时,可能会有以下两种情况。

1. 已知绕组的绕向

如果已知两个绕组的绕向,则判断同名端的方法比较简单。先假设通过铁芯的磁通Φ的参考方向,再根据右手螺旋定则判断出两个绕组的感应电动势的参考方向,便可确定同名端。

2. 未知绕组的绕向

如果绕组的绕向不明,而从外观上又无法辨明绕组的绕向,这时就需要采用实验的方法确定绕组的极性。这里介绍以下两种方法。

(1) 交流法。采用交流法时,先找出同一绕组,再判断同名端。在变压器引出端中找出同一绕组,可利用万用表的电阻挡,读者可自行分析。在确定了两个绕组各自的引出端以后,令其为1—2、3—4,再将两绕组串联在一起,如图5.2.7所示,在其中一个绕组的两端(如1、2端)加上一个较低的交流电压,再用交流电压表分别测量两个绕组的端电压U_1、U_2及串联后的总电压U,如果$U=U_1+U_2$,则两个绕组的1和3端为同名端;如果总电压$U=U_1-U_2$(或$U=U_2-U_1$),则1和4端为同名端。

(2) 直流法。直流法也是先找出同一绕组,再判断同名端。在区分出两个绕组以后,将一绕组的两端接一直流电源,而另一绕组的两端接一电流表,如图 5.2.8 所示,若开关 S 闭合瞬间电流表指针正向偏转,则 1 和 3 为同名端;如果电流表指针反向偏转,则 1 和 4 为同名端。

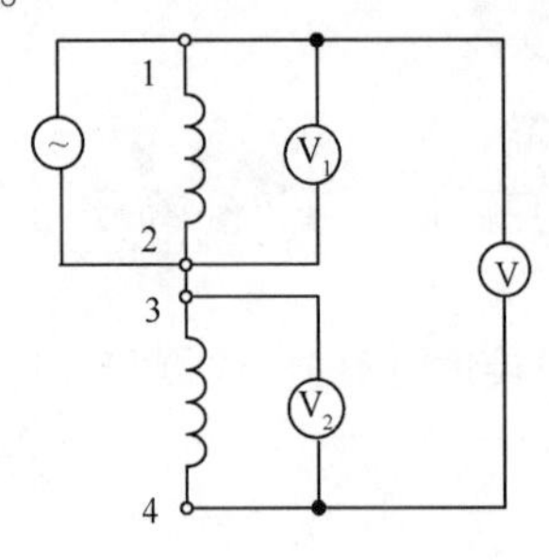

图 5.2.7　交流法测同名端

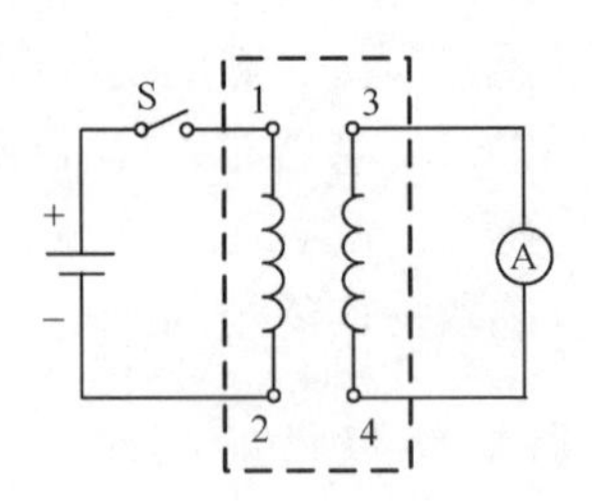

图 5.2.8　直流法测同名端

习　题

5.1　有一单相变压器,额定电压为 6000V/200V,如果变压器处于额定运行情况,试确定该变压器的变比。

5.2　一变压器的初级电压 $U_1 = 3000$V,变压比 $K = 15$,求次级电压 U_2。当次级电流为 30A 时,初级电流 I_1 为多少?

5.3　一变压器铭牌上标明额定容量为 10kV · A,电压为 3300V/220V。问:在保证变压器额定状态运行的情况下,二次侧可接多少盏 220V、40W 的白炽灯泡?

5.4　如图 T5.4 所示,某变压器有两个额定电压各为 110V 的相同一次绕组,两绕组的匝数各为 $N_1 = 800$,变压器的二次绕组 $N_2 = 400$,试问:

(1) 若将 2、3 端相连,1、4 端接电源,则一次、二次侧额定电压是多少?

(2) 若将 1、3 端相连,2、4 端相连,且 1、2 端接电压,则一次、二次侧额定电压是多少?

(3) 若将 2、4 端相连,1、3 端接 110V 电源,可能会出现什么情况?

5.5　如图 T5.5 所示是一电源变压器,一次绕组 $N_1 = 600$ 匝,接 220V 电压。二次侧有两个带纯电阻负载的绕组:一个电压 22V,负载 22W;另一个电压 11V,负载 22W。试求两个二次绕组的匝数 N_2、N_3 和一次侧电流 I_1。

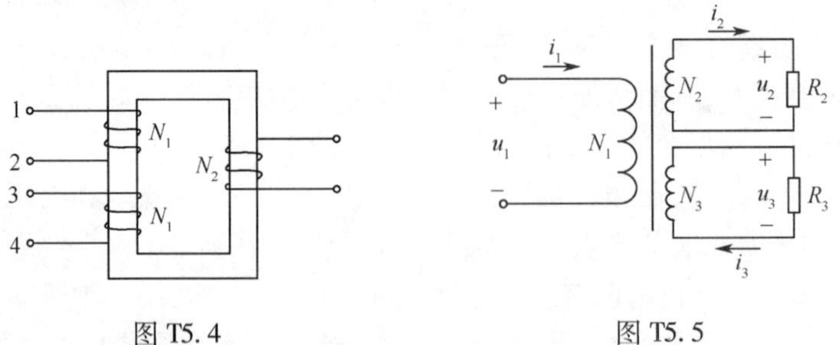

图 T5.4　　图 T5.5

5.6　一单相变压器,额定容量为 2kV·A,电压 220/36V,铁损耗为 60W,负载 $\cos\varphi_2 = 0.7$,满载时二次侧电压为 34V,铜损耗为 120W。试求:

(1)变压器的效率;(2)电压变化率。

5.7　如图T5.7所示的单相变压器,有一个一次绕组$U_{1N}=220V$,两个二次绕组$U_{2N}=110V$,$U_{3N}=44V$,试问:

(1) 若一次侧绕组匝数$N_1=100$匝,则二次侧N_2、N_3各为多少?

(2) 若在110V二次绕组上接额定电压为110V、功率为100W的白炽灯11盏,求一次侧电流。

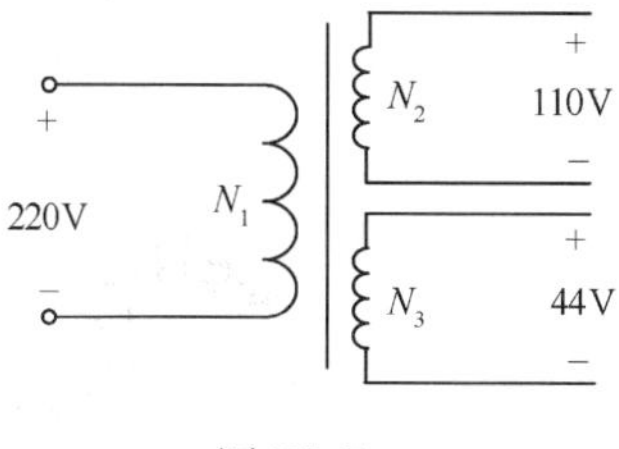

图T5.7

5.8　一台单相变压器额定容量为1000V·A,额定电压为200/100V。

(1) 如果二次侧接入电阻$R=100\Omega$时,一次、二次电流各是多少?

(2) 变压器带额定负载时,负载电阻应为多大?

5.9　如图T5.9所示为一交流电源,其电动势$E=8V$,内阻$r=36\Omega$。现有一阻值为$R=4\Omega$的扬声器。

(1) 如果将扬声器直接接在电源上[如图T5.9(a)],求扬声器获得的功率;

(2) 如果扬声器经变压器接在电源上[如图T5.9(b)],欲使输出功率最大,求变压器的电压比和扬声器获得的功率。

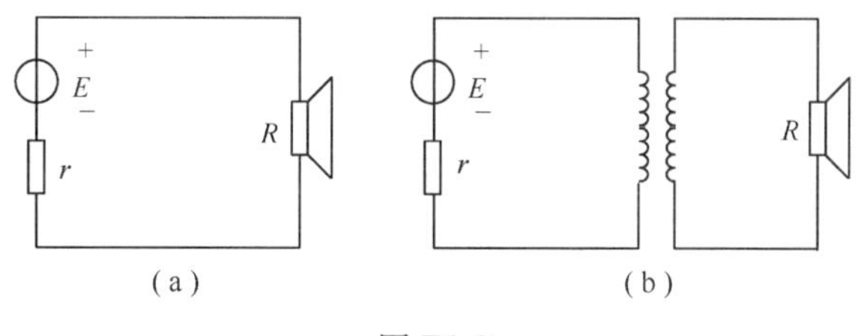

图T5.9

5.10　一三相变压器,铭牌数据为1000kV·A,6/3.15kV,Y/△接法。试求:

(1)变压器的变比;(2)高压侧和低压侧相电压、相电流的额定值。

5.11　如图T5.11所示,变压器的1—2绕组接在5V直流电源上,3—4绕组接一电流表,当开关闭合瞬间,试问:

(1) 如果电流表的指针顺时针偏转,则1、3端是同名端还是异名端?

(2) 如果电流表的指针逆时针偏转,则1、3端是同名端还是异名端?

5.12　如图T5.12所示,1—2绕组接交流电源,电压表V_1和V_2的读数分别为24V和12V,问:

(1) 如果电压表V的读数为36V,1、3端是否为同名端?

(2) 如果电压表V的读数为12V,1、3端是否为同名端?

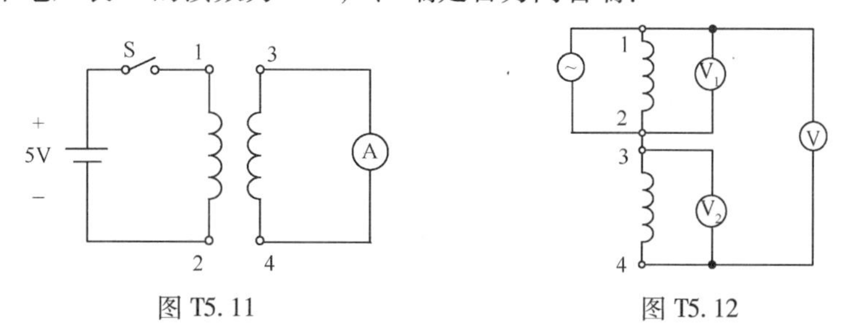

第6章 异步交流电动机

把机械能转化为电能的装置为发电机，把电能转化为机械能的装置为电动机。电动机按所需电源的种类可分为交流电动机和直流电动机；交流电动机又可分为异步电动机和同步电动机；异步电动机又分为三相电动机和单相电动机。

异步电动机是利用电磁现象进行能量传递和转换的一种电气设备，利用它能减轻繁重的体力劳动、提高生产效率，可实现自动控制和远距离操纵。三相异步电动机具有结构简单、坚固耐用、维护方便、工作可靠、价格便宜等优点，被广泛应用于现代工、农业生产的各种机械设备中，如各种类型的机床、起重机、轧钢机、搅拌机、皮带运输机等都是用异步电动机来驱动的。单相异步电动机的容量较小，大多用在实验室和家用电器中。

本章主要讨论三相异步电动机的基本结构、工作原理、电路分析、转矩与机械特性、使用方法及单相异步电动机的工作原理。

6.1 三相异步电动机的结构

三相异步电动机主要由固定不动的定子和旋转的转子两个基本部分组成，封闭式三相笼型异步电动机的结构如图6.1.1所示。

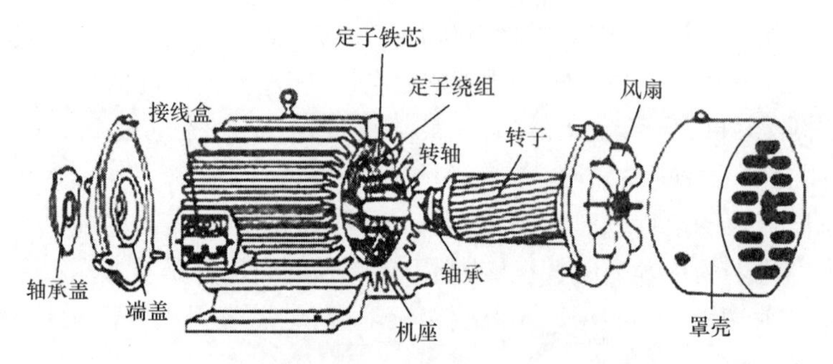

图6.1.1 封闭式三相笼型异步电动机结构

6.1.1 定子

定子是电动机不转动的部分，三相异步电动机的定子由外壳、定子铁芯、定子绕组等三部分组成。

1. 外壳

三相异步电动机的外壳包括机座、端盖、轴承盖、接线盒及吊环等部件，一般用铸铁或铸钢制成。机座用来保护和固定三相电动机的定子绕组，是三相电动机机械结构的重要组成部分。通常，要求外壳的散热性能好，所以外壳都铸成容易散热的齿状。

2. 定子铁芯

定子铁芯是电动机磁路的一部分，由 0.35mm ~ 0.5mm 厚表面涂有绝缘漆的薄硅钢片叠压制成，这与变压器的铁芯一样，可以减少由于交变磁通通过而引起的铁芯涡流损耗。三相异步电动机定子铁芯一般铸成圆筒形，铁芯内壁冲有槽，如图 6.1.2 所示，是为了嵌放定子绕圈。

3. 定子绕组

三相异步电动机的定子绕组是电动机的电路部分，由三相对称绕组 AX、BY、CZ 组成，放置在定子铁芯内壁的槽中，空间位置彼此相差 120°。定子三相绕组的 6 个出线端都引至接线盒上，首端分别标为 A、B、C，末端分别标为 X、Y、Z。这 6 个出线端在接线盒里的排列如图 6.1.3 所示，可以接成星形或三角形。当三相绕组接通三相交流电时，定子空间将产生旋转磁场。

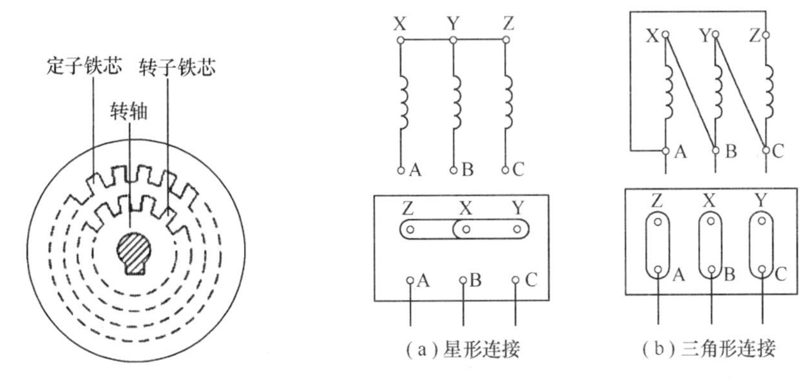

图 6.1.2　定子与转子铁芯

图 6.1.3　定子绕组的连接

6.1.2　转子

转子是电动机的旋转部分，它主要由转子铁芯、转子绕组和转轴等部分组成。

1. 转子铁芯

转子铁芯是圆柱体，由硅钢片叠压而成，套在转轴上，作用和定子铁芯相同，一方面作为电动机磁路的一部分，另一方面由于外圆表面冲有槽沟，可以用来安放转子绕组。

2. 转子绕组

异步电动机的转子绕组分绕线型和笼型两种。

绕线型转子绕组与定子绕组类似，由镶嵌在转子铁芯槽中的三相绕组组成。绕组一般采用星形连接，三相绕组的尾端接在一起，首端分别接到转轴上的 3 个铜滑环上，通过电刷把三相绕组与外部的变阻器连接，构成转子的闭合回路，以便于控制，如图 6.1.4 所示。有的电动机还装有提刷短路装置，当电动机启动后不需要调速时，可提起电刷，同时使 3 个滑环短路，以减少电刷磨损。

笼型（即鼠笼型）转子是在转子铁芯外表面的槽里插入铜条，再将全部铜条两端焊在两个铜环上，以构成闭合回路。若抽去转子铁芯，剩下的铜条及其两边的端环，其形状像个鼠笼，如图 6.1.5(a) 所示，因此得名。小功率的电动机，是在转子铁芯的槽中浇注铝液铸成笼型导体，以代替铜制笼体，如图 6.1.5(b) 所示。

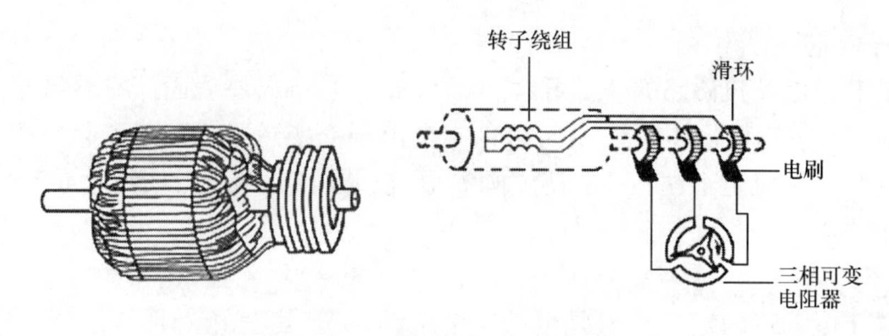

图 6.1.4　绕线式异步电动机的转子

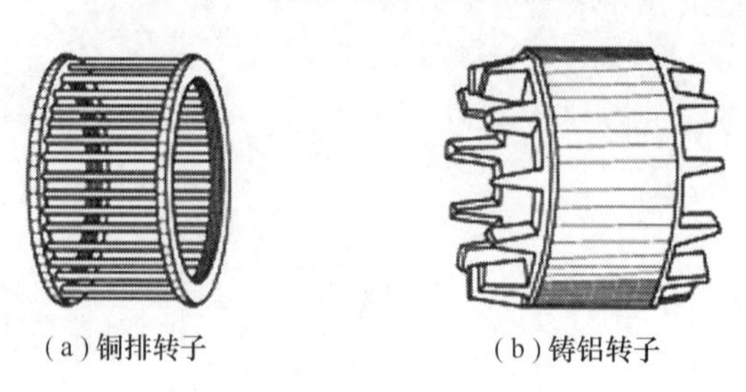

图 6.1.5　笼型转子绕组

根据转子绕组的不同,三相异步电动机分为绕线式和鼠笼式两种。虽然它们在转子结构上有所不同,但它们的工作原理是一样的。绕线式异步电动机转子结构复杂,成本较高,但它有较好的启动性能和调速性能,一般用于需要大的启动力矩及有调速要求的一些场合。鼠笼式异步电动机由于转子结构简单,价格低廉,工作可靠,所以应用十分广泛,实际使用时,100kW 以上的一般采用铜条转子,100kW 以下的一般采用铸铝转子。

6.2　三相异步电动机的工作原理

三相异步电动机接上电源就可以转动的原理,可以通过图 6.2.1 所示的异步电动机工作原理实验来说明。

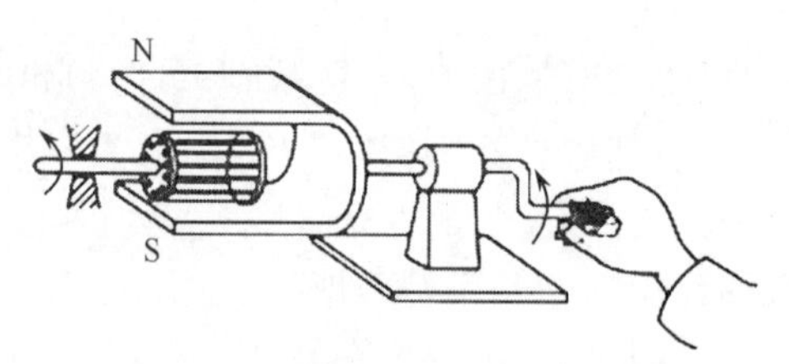

图 6.2.1　异步电动机工作原理实验

在一个装有手柄的可旋转的蹄形磁铁中间,放一个可以自由转动的、由铜条构成的笼型转子,铜条两端分别用铜环短接,磁铁与转子没有机械联系,但当旋转磁铁时,转子会跟着磁铁一起转动。磁铁转得快,转子也转得快;磁铁转得慢,转子也转得慢;磁铁反向旋转,转子也反向旋转。转子转动的原因是电磁感应现象:当导体与磁场之间有相对运动时,导体中就会产生感应电势,其方向由右手定则来判定;而当导体为闭合回路时,导体回路中就会产生电流,导体就成了载流导体,实验中的铜条转子就是这样的载流导体。载流导体在磁场中,将受到电磁力的作用而运动,其方向用左手定则来判定,由于转子被固定在转轴上，所以转子的运动只能绕着转轴转动。

通过上面的实验可以看出，转子转动的起因是旋转磁铁使磁铁空间产生了旋转磁场，进而使原本静止的转子与磁场之间有了相对运动。那么，在异步电动机中，定子绕组空间的旋转磁场是如何产生的呢？转子又是如何转动的呢？下面将进一步进行分析。

6.2.1 旋转磁场

1. 旋转磁场的产生

若要异步电动机能够转动，首先应使定子空间有一个旋转磁场，为此将三相对称正弦交流电，即

$$\begin{cases} i_A = I_m \sin\omega t \\ i_B = I_m \sin(\omega t - 120°) \\ i_C = I_m \sin(\omega t + 120°) \end{cases} \tag{6.2.1}$$

接入异步电动机定子铁芯的三相对称绕组 AX、BY 和 CZ 中，如图 6.2.2 所示，三相绕组已作星形连接，这样，就能在电动机的定子空间产生一个以固定速度旋转的磁场。下面选择交流电几个特殊的运行时刻，来分析定子空间旋转磁场的分布情况。

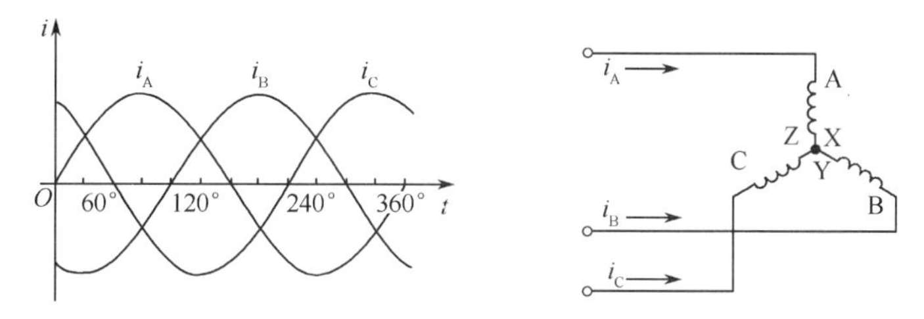

图 6.2.2　三相对称电流接入三相定子绕组

这里规定：$i > 0$，电流便从绕组的首端流进，从末端流出；当 $i < 0$，电流便从绕组的末端流进，从首端流出；电流流进标“⊕”，电流流出标“⊙”。

在 $\omega t = 0°$ 时，$i_A = 0, i_B < 0, i_C > 0$，所以，AX 绕组中没有电流，$i_B$ 从 BY 绕组的 Y 端流入，B 端流出，i_C 从 CZ 绕组的 C 端流入，Z 端流出，如图 6.2.3(a) 所示，由右手螺旋定则可判断出合成磁场的轴线方向为自上而下。

在 $\omega t = 120°$ 时，$i_A > 0, i_B = 0, i_C < 0$，所以，$i_B$ 从 AX 绕组的 A 端流入，X 端流出；BY 绕组中没有电流；i_C 从 CZ 绕组的 Z 端流入，C 端流出，如图 6.2.3(b) 所示，由右手螺旋定则

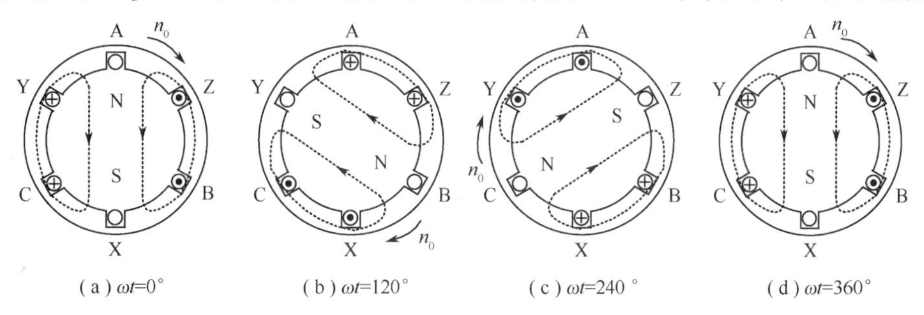

图 6.2.3　定子空间旋转磁场的产生（$p = 1$）

可判断出合成磁场的轴线方向顺时针旋转了 120°。

同理，可得出 $\omega t=240°$ 和 $\omega t=360°$ 时的合成磁场方向如图 6.2.3(c)、(d) 所示。由图可发现，当定子绕组中通入三相电流后，定子空间的合成磁场是一个随电流变化的旋转磁场，电流变化了一个周期，磁场在空间也旋转了一周。

2. 旋转磁场的方向

图 6.2.3 所示的旋转磁场，是在三相交流电的相序为 A→B→C→A 的情况下，将 i_A 接入 AX 绕组、i_B 接入 BY 绕组、i_C 接入 CZ 绕组而产生的，旋转方向为顺时针；若任意调换两根电源进线，如 B、C 两相调换，将 i_A 接入 AX 绕组、i_B 接入 CZ 绕组、i_C 接入 BY 绕组，则定子空间的旋转磁场将逆时针方向旋转，如图 6.2.4 所示。

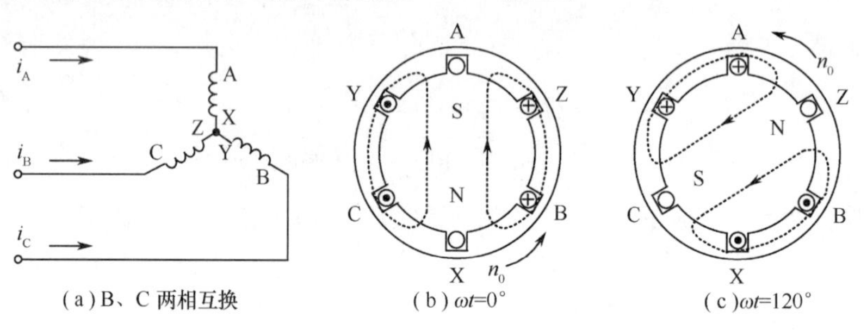

图 6.2.4 旋转磁场的反转

3. 旋转磁场的极对数 *p*

旋转磁场的磁极数（简称极数）和三相绕组的安排有关。在上述旋转磁场的产生过程中，每相绕组只有一个线圈，3 个线圈各首端之间彼此相差 120°空间角，则产生一个 N 极和一个 S 极的两极旋转磁场，其磁极对数 $p=1$，是一对极磁场。如果每相绕组由两个线圈串联构成，如图 6.2.5 所示，并均匀安排在定子空间，6 个线圈的各首端之间彼此相差 60°空间角，则将产生磁极对数 $p=2$ 的两对极（即 4 极）旋转磁场，如图 6.2.6 所示。

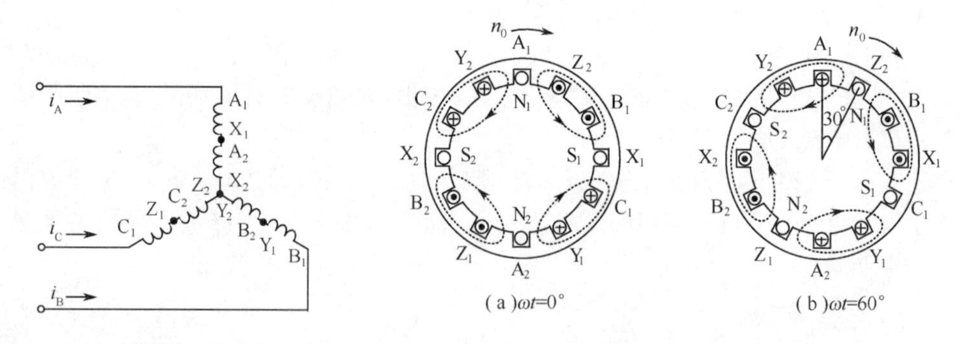

图 6.2.5 4 极旋转磁场的定子绕组　　图 6.2.6 定子空间旋转磁场的产生（$p=2$）

同理，如果要产生 $p=3$ 的 3 对极旋转磁场，则每相绕组必须由 3 个线圈串联构成，并均匀安排在定子空间，9 个线圈的各首端之间的空间角应相差 40°(120°/p)。

4. 旋转磁场的转速 n_0

旋转磁场的转速取决于磁场的极对数 p。由图 6.2.3 可见，在 $p=1$ 的情况下，电流交变了一个周期，磁场在空间也旋转了一周。设电流的频率为 f_1，即电流每秒钟交变 f_1 次或

每分钟交变 $60f_1$ 次，则旋转磁场每分钟也交变 $60f_1$ 次，即磁场的转速为 $n_0 = 60f_1$ (r/min)。

在磁极对数 $p=2$ 时，由图 6.2.6 可见，当电流从 $\omega t=0$ 到 $\omega t=60°$ 时，磁场在空间仅旋转了 30°，也就是说，电流交变一周，磁场仅旋转了半周，比 $p=1$ 情况下的转速慢了一半，即 $n_0=(60f_1)/2$。同理，在 3 对极的情况下，电流交变一个周期，磁场在空间只能旋转 1/3 周，只是 $p=1$ 时转速的 1/3，即 $n_0=(60f_1)/3$。由此可推知，当旋转磁场具有 p 对极时，旋转磁场的转速为

$$n_0 = \frac{60f_1}{p} \quad (\text{r/min}) \tag{6.2.2}$$

对某一特定异步电动机，f_1 和 p 通常是一定的，所以磁场转速 n_0 是个常数。n_0 为旋转磁场的转速，又称同步转速，我国工频 $f_1=50\text{Hz}$，于是由式(6.2.2)可得出对应于不同极对数 p 的旋转磁场的同步转速 n_0，见表 6.2.1。

表 6.2.1　不同磁极对数的旋转磁场的转速

磁极对数 p	1	2	3	4	5
旋转磁场的转速 n_0/(r/min)	3000	1500	1000	750	600

6.2.2　异步电动机的转动原理

三相异步电动机转子转动的原理，基于法拉第电磁感应定律和载流导体在磁场中会受到电磁力的作用这两个基本因素。

图 6.2.7 中，N 和 S 表示定子空间旋转磁场的两个磁极，磁场当中放置的转子只画出了笼型绕组的一对闭合导条。当旋转磁场按顺时针方向旋转时，其磁通切割转子导条，导条中就感应出电动势，电动势的方向由右手定则确定。

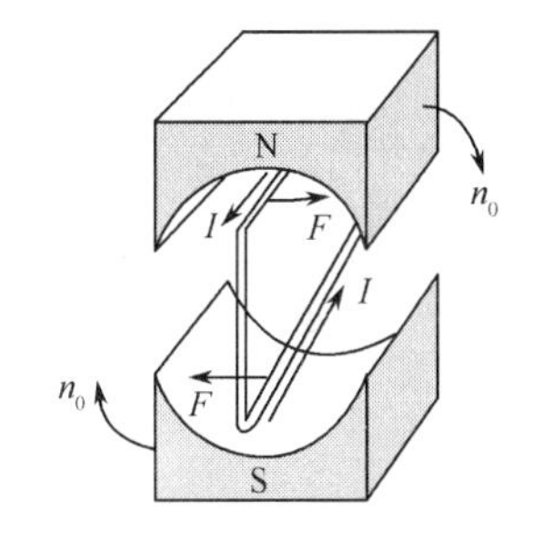

图 6.2.7　转子转动的原理

在电动势的作用下，闭合的导条中就有电流。这个电流与旋转磁场相互作用，而使转子导条受到电磁力 F 的作用，F 的方向用左手定则来确定，如图 6.2.7 所示。由于转子固定于转轴，所以电磁力产生电磁转矩，转子就转动起来。由图 6.2.7 可见，转子转动的方向和磁极旋转的方向相同，这与图 6.2.1 演示的转子跟着磁场转动的结果完全一致。

通常所说的电动机的转动，实际上就是转子的转动，转子转动的速度用 n 表示。那么，电动机的转速 n（转子的转速）与旋转磁场的转速 n_0 是何种关系呢？

6.2.3　转差率

电动机转动的方向与磁场旋转的方向相同，但转子的转速 n 不可能与旋转磁场的转速 n_0 相等，即总是有 $n<n_0$，这就是异步电动机名称的由来。如果 $n=n_0$，则转子与旋转磁场之间就没有相对运动，磁通就不切割转子导条，转子电动势、转子电流及转矩也就不可能产生，转子就不可能继续转动。因此，转子转速 n 与磁场转速 n_0 之间必须要有差别。我们用转差率 s 来表示 n 与 n_0 相差的程度，即

$$s = \frac{n_0 - n}{n_0} \times 100\% \tag{6.2.3}$$

或

$$n = (1 - s) n_0 \tag{6.2.4}$$

转差率 s 是描绘异步电动机运行情况的重要参数。电动机在启动瞬间，$n = 0, s = 1$，转差率最大；空载运行时，n 接近 n_0，转差率最小。

旋转磁场的转速 n_0 常称为同步转速，转子转速 n 越接近同步转速 n_0，则转差率 s 越小。一般，三相异步电动机的额定转速与 n_0 相近，所以它的转差率很小，在额定负载时，转差率为 1% ~9%（或 0.01 ~0.09）。

【例 6.2.1】 某三相异步电动机额定转速（即转子转速）$n = 950\text{r/min}$，试求工频情况下电动机的额定转差率及电动机的磁极对数。

【解】 由于电动机的额定转速接近于且略小于同步转速，而同步转速对应于不同的磁极对数有一系列固定的数值。由表 6.2.1 可知，与 950r/min 最相近的同步转速 $n_0 = 1000\text{r/min}$，与此相应的磁极对数 $p = 3$。因此，额定负载时的转差率为

$$s = \frac{n_0 - n}{n_0} \times 100\% = \frac{1000 - 950}{1000} \times 100\% = 5\%$$

6.3 三相异步电动机的电路分析

三相异步电动机每相绕组的等效电路如图 6.3.1 所示，N_1 和 N_2 分别为定子和转子每相绕组的匝数；R_1 和 R_2 分别为定子绕组和转子绕组的等效电阻；$X_{\sigma1}$ 和 $X_{\sigma2}$ 分别为定子磁路和转子磁路漏磁通产生的感抗。

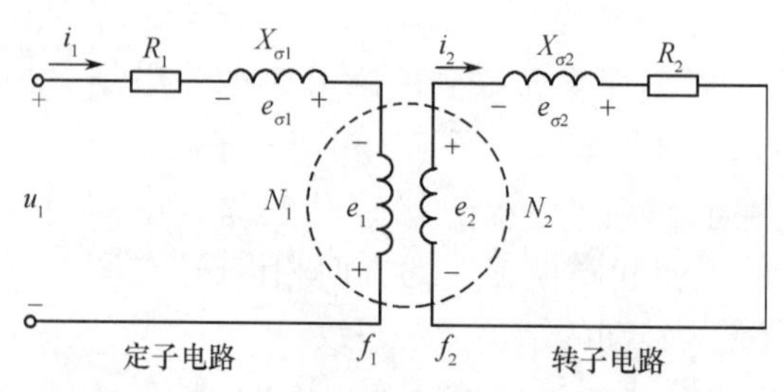

图 6.3.1　三相异步电动机每相等效电路

三相异步电动机每相绕组等效电路的电磁关系和变压器类似，定子绕组相当于变压器的原边，转子绕组（一般是短接的）相当于变压器的副边。当定子绕组接上三相电源电压（相电压为 u_1）时，绕组中有三相电流（相电流为 i_1）通过，定子空间便产生旋转磁场，其磁通通过定子和转子铁芯而闭合。该磁场不仅在转子每相绕组中要感应出电动势 e_2（由此产生电流 i_2），而且在定子每相绕组中还要感应出电动势 e_1，实际上三相异步电动机中的旋转磁场是由定子电流和转子电流共同产生的。此外，电路中还有漏磁通，漏磁通对电路的影响，用漏磁感抗 $X_{\sigma1}$ 和 $X_{\sigma2}$ 两端的漏磁电动势 $e_{\sigma1}$ 和 $e_{\sigma2}$ 来表示。

6.3.1 定子电路

异步电动机的定子绕组接入的是三相交流电，所以旋转磁场产生的感应电动势的频率就等于电源频率f_1，由式(6.2.2)可有：$f_1=\frac{pn_0}{60}$。

根据图6.3.1，定子每相电路的电压方程为

$$u_1=i_1R_1+(-e_{\sigma 1})+(-e_1)=i_1R_1+L_{\sigma 1}\frac{\mathrm{d}i_1}{\mathrm{d}t}+(-e_1) \tag{6.3.1}$$

如用相量表示，则为

$$\dot{U}_1=\dot{I}_1R_1+\mathrm{j}\dot{I}_1X_\sigma+(-\dot{E}_1) \tag{6.3.2}$$

$$E_1=-N_1\frac{\mathrm{d}\Phi}{\mathrm{d}t} \tag{6.3.3}$$

式中，Φ为气隙主磁通量，仿照变压器的分析方法可得

$$U_1\approx E_1=4.44f_1N_1\Phi \tag{6.3.4}$$

6.3.2 转子电路

转子每相电路的电压方程为

$$e_2=R_2i_2+(-e_{\sigma 2})=R_2i_2+L_{\sigma 2}\frac{\mathrm{d}i_2}{\mathrm{d}t} \tag{6.3.5}$$

其相量式为

$$\dot{E}_2=R_2\dot{I}_2+(-\dot{E}_{\sigma 2})=R_2\dot{I}_2+\mathrm{j}X_{\sigma 2}\dot{I}_2 \tag{6.3.6}$$

式(6.3.6)中包含的各物理量对电动机的性能都有影响，下面分别叙述。

1. 转子频率f_2

因为旋转磁场和转子间的相对转速为n_0-n，所以转子频率

$$f_2=\frac{p(n_0-n)}{60}=\frac{n_0-n}{n_0}\cdot\frac{pn_0}{60}=sf_1 \tag{6.3.7}$$

可见转子频率f_2与转差率s有关，也就是与转速n有关：在异步电动机初始启动瞬间即$n=0$时，$s=1$，转子与旋转磁场间的相对转速最大，转子导条被旋转磁通切割得最快。所以这时f_2最高，即$f_2=f_1$；在异步电动机额定运行时，$s=1\%\sim 9\%$，则$f_2=0.5\mathrm{Hz}\sim 4.5\mathrm{Hz}$(而定子频率$f_1=50\mathrm{Hz}$)。

2. 转子电动势E_2

转子电动势e_2的有效值为

$$E_2=4.44f_2N_2\Phi=4.44sf_1N_2\Phi \tag{6.3.8}$$

在$n=0$，即$s=1$时，转子电动势为

$$E_{20}=4.44f_1N_2\Phi \tag{6.3.9}$$

这时$f_2=f_1$，转子电动势最大。由上两式可得出

$$E_2 = sE_{20} \tag{6.3.10}$$

可见转子电动势 E_2 与转差率 s 有关。

3. 转子漏磁感抗 $X_{\sigma 2}$

转子漏磁感抗 $X_{\sigma 2}$ 与转子频率 f_2 有关，即

$$X_{\sigma 2} = 2\pi f_2 L_{\sigma 2} = 2\pi s f_1 L_{\sigma 2} \tag{6.3.11}$$

在 $n=0$，即 $s=1$ 时，$X_{\sigma 2}$ 记为 X_{20}

$$X_{20} = 2\pi f_1 L_{\sigma 2} \tag{6.3.12}$$

由上两式得

$$X_{\sigma 2} = sX_{20} \tag{6.3.13}$$

可见转子漏磁感抗 X_2 与转差率 s 有关。

4. 转子电流 I_2

转子每相电路的电流可由式(6.3.6)得出，即

$$I_2 = \frac{E_2}{\sqrt{R_2^2 + X_{\sigma 2}^2}} = \frac{sE_{20}}{\sqrt{R_2^2 + (sX_{20})^2}} \tag{6.3.14}$$

可见转子电流 I_2 也与转差率 s 有关。

5. 转子功率因数 $\cos\varphi_2$

因转子有漏磁通，其感抗为 $X_{\sigma 2}$，因此 $\dot{I}_2$ 比 $\dot{E}_2$ 滞后 φ_2。所以转子电路的功率因数为

$$\cos\varphi_2 = \frac{R_2}{\sqrt{R_2^2 + X_{\sigma 2}^2}} = \frac{R_2}{\sqrt{R_2^2 + (sX_{20})^2}} \tag{6.3.15}$$

它也与转差率 s 有关。

转子电流 I_2、转子功率因数 $\cos\varphi_2$ 与转差率 s 的关系曲线如图 6.3.2 所示。

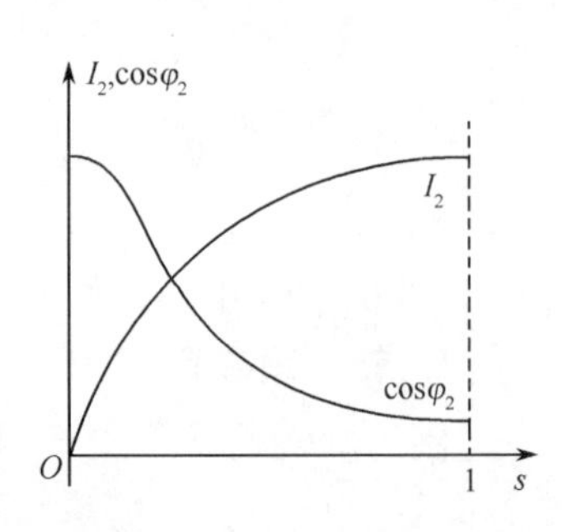

图 6.3.2 I_2 和 $\cos\varphi_2$ 与 s 的关系

综上，由于转子电路是旋转的，而且转子转速不同时，转子绕组和旋转磁场之间的相对速度也不同，所以转子电路中的各个物理量，如频率、电动势、漏磁感抗、电流和功率因数等都与转差率有关，实际上也就是同电动机的转速有关，这是学习和分析三相异步电动机时应当注意的。

6.4 三相异步电动机的转矩与机械特性

三相异步电动机的电流与旋转磁场相互作用产生电磁力，电磁力对电动机的转子产生电磁转矩，电磁转矩 T(以下简称转矩)是三相异步电动机的最重要的物理量之一，机械特性是它的主要特性。

6.4.1 转矩公式

由实验和数学推导证明，异步电动机的电磁转矩与气隙磁通及转子电流的有功分量成正比，即

$$T = K_T \Phi I_2 \cos\varphi_2 \tag{6.4.1}$$

式中,T 为电磁转矩,单位为 N·m;K_T 为电动机结构常数。

将式(6.3.4)、式(6.3.14)、式(6.3.15)等代入式(6.4.1)中,可得到转矩的另一种表达方式,即

$$T = K \frac{sR_2 U_1^2}{R_2^2 + (sX_{20})^2} \tag{6.4.2}$$

式中,K 是整理式(6.4.1)时得到的一个新的常数。

式(6.4.2)表明,三相异步电动机的转矩与每相电压的有效值 U_1 的平方成正比,也就是说,当电源电压变动时,对转矩产生较大的影响;此外,转矩与转子电阻 R_2 也有关;当 U_1 和 R_2 一定时,电磁转矩还同转差率 s 有关。

6.4.2 机械特性曲线

在一定的电源电压 U_1 和转子电阻 R_2 之下,电磁转矩与转差率的关系曲线 $T=f(s)$ 或转速与转矩的关系曲线 $n=f(T)$,称为电动机的机械特性曲线,如图 6.4.1 所示。它们是根据式(6.4.1)并参照图 6.3.2 得出的。实际上,只需将 $T=f(s)$ 曲线顺时针方向转过 90°,再将表示 T 的横轴移下即可得到 $n=f(T)$ 曲线。研究机械特性的目的是为了分析电动机的运行性能。在机械特性曲线上要讨论 3 个转矩。

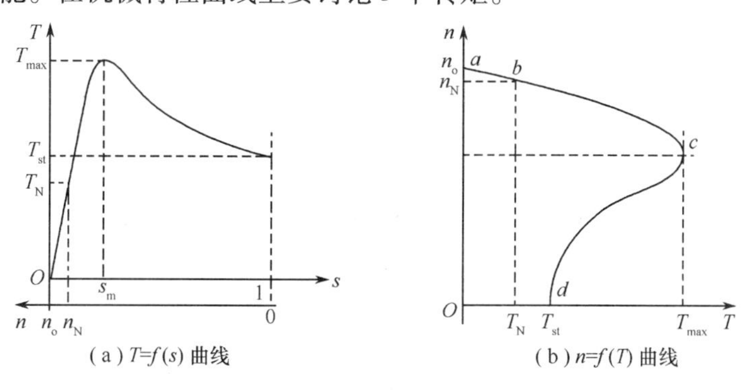

图 6.4.1 三相异步电动机机械特性曲线

1. 额定转矩 T_N

额定转矩 T_N 是电动机在额定负载时的电磁转矩,在图 6.4.1(b)所示的机械特性曲线上对应于 b 点。T_N 可通过电动机铭牌数据给出的额定功率 P_{2N} 和额定转速 n_N 求得,即

$$T_N = \frac{P_{2N}}{2\pi n_N/60} = 9550 \frac{P_{2N}}{n_N} \tag{6.4.3}$$

式中,功率 P_{2N} 的单位是 kW;转速 n_N 的单位是 r/min;转矩 T_N 的单位是 N·m。值得注意的是,电动机铭牌数据给出的额定功率 P_{2N} 是输出到转轴上的额定机械功率,而不是电动机消耗的电功率。

在电动机运行过程中,负载通常会变化,如电动机机械负载增加时,就打破了电磁转矩和负载转矩间的平衡,负载转矩将大于电磁转矩,电动机的速度将下降,但这种下降不

会持续下去，因为此时旋转磁场对于转子的相对速度加大，旋转磁场切割转子导条的速度加快，这将导致转子电流 I_2 增大，从而使电磁转矩增大，直到同负载转矩相等，这样电动机将在一个略低于原来转速的速度下平稳运转。所以电动机有载运行一般工作在图6.4.1(b)所示的机械特性较为平坦的 ac 段。在 ac 段，当负载在空载与额定值之间变化时，电动机的转速变化不大，这种特性称为硬的机械特性。三相异步电动机的这种硬特性非常适用于一般金属切削机床。

2. 最大转矩 T_{max}

最大转矩 T_{max} 对应于图6.4.1(b)所示的机械特性曲线上的 c 点，在这一点上对应的转差率为 s_m，见图6.4.1(a)。将式(6.4.2)对 s 求导，并令其导数等于零，即

$$\frac{dT}{ds}=\frac{d}{ds}\left[K\frac{sR_2U_1^2}{R_2^2+(sX_{20})^2}\right]=0$$

解得

$$s_m=\pm\frac{R_2}{X_{20}}(\text{取正}) \tag{6.4.4}$$

再将 s_m 代入式(6.4.2)，则得

$$T_{max}=K\frac{U_1^2}{2X_{20}} \tag{6.4.5}$$

由式(6.4.4)可见，s_m 与 R_2 成正比，与 X_{20} 成反比。由式(6.4.5)可见，T_{max} 与电源电压 U_1 的平方成正比，与 X_{20} 成反比，而与 R_2 无关；T_{max} 与 U_1 及 R_2 的关系分别如图6.4.2和图6.4.3所示。

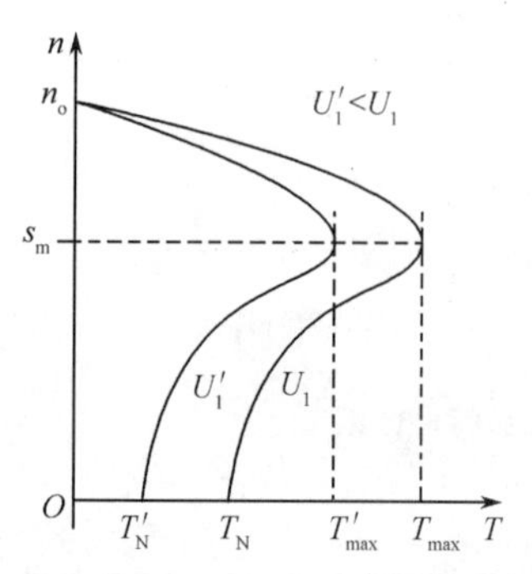

图6.4.2 不同 U_1 时的 $n=f(T)$ 曲线(R_2 不变)

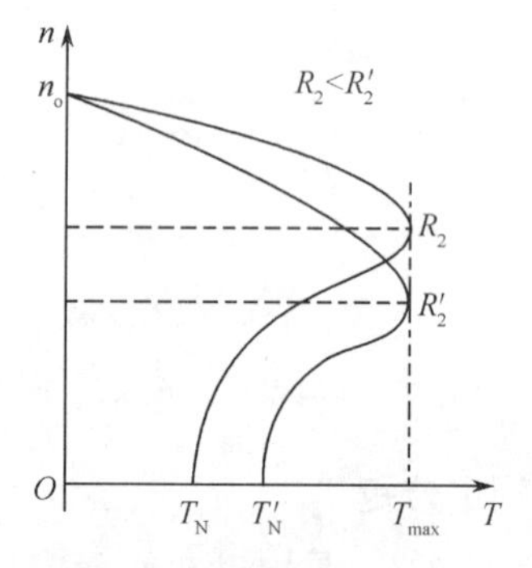

图6.4.3 不同 R_2 时的 $n=f(T)$ 曲线(U_1 不变)

当异步电动机的负载转矩超过最大转矩 T_{max} 时，电动机就带不动负载了，将发生所谓的“堵转”现象，此时电动机的电流升高(6～7)倍，电动机严重过热，若时间过长，电动机可能烧坏。如果过载时间较短，电动机不至于立即过热，是允许的。电动机负载转矩超过 T_{max} 称为过载，常用过载系数 λ 来标定异步电动机的过载能力，即

$$\lambda=\frac{T_{max}}{T_N} \tag{6.4.6}$$

一般三相异步电动机的过载系数 $\lambda=1.6\sim2.5$。在选用电动机时，必须考虑可能出现的最大负载转矩，再根据所选电动机的过载系数算出电动机的最大转矩 T_{max}，T_{max} 必须

大于最大负载转矩；否则，电动机将不能正常运行甚至烧坏。

3. 启动转矩 T_{st}

电动机刚启动($n=0,s=1$)时的转矩称为启动转矩，用 T_{st} 表示。T_{st} 对应于图 6.4.1(b)所示机械特性上的 d 点，T_{st} 是电动机运行性能的重要指标，如果启动转矩小，电动机的启动变得十分困难，有时甚至难以启动。将 $s=1$ 代入式(6.4.2)即得

$$T_{st}=K\frac{R_2U_1^2}{R_2^2+X_{20}^2} \tag{6.4.7}$$

由式(6.4.7)可见，T_{st} 与 U_1^2 及 R_2 有关。当 U_1 降低时，T_{st} 会减小(也可见图 6.4.2)；当 R_2 适当增大时，最大转矩 T_{max} 没有变化，但 T_{st} 会增大(见图 6.4.3)，这是因为转子电路 R_2 增加后，提高了转子回路的功率因数，转子电流的有功分量增大(此时 E_{20} 一定)，因而启动转矩增大。

通常将启动转矩与额定转矩之比称为启动系数，即

$$\lambda_{st}=T_{st}/T_N \tag{6.4.8}$$

启动系数是衡量电动机启动能力的重要数据，一般 $\lambda_{st}=1\sim1.2$。

6.5 三相异步电动机的使用

6.5.1 三相异步电动机的铭牌数据

在三相电动机的外壳上，钉有一块牌子，叫铭牌。铭牌上注明这台三相电动机的主要技术数据，是选择、安装、使用和修理(包括重绕组)三相电动机的重要依据，以型号为Y－112M－4 的三相异步电动机为例，铭牌的主要内容如表 6.5.1 所列。

(1) 型号(Y－112M－4)。Y 为电动机的系列代号，112 为基座至输出转轴的中心高度(mm)，M 为机座类别(L 为长机座，M 为中机座，S 为短机座)，4 为磁极数。

(2) 额定功率(4.0kW)。额定功率指在满载运行时三相电动机轴上所输出的额定机械功率，用 P_N 表示，以 kW 或 W 为单位。

(3) 额定电压(380V)。额定电压指接到电动机绕组上的线电压，用 U_N 表示。三相电动机要求所接的电源电压值的变动一般不应超过额定电压的 ±5%。电压过高，电动机容易烧毁；电压过低，电动机难以启动，即使启动后电动机也可能带不动负载，容易烧坏。

表 6.5.1　三相电动机的铭牌

<table>
<tr><td colspan="4">○　三相异步电动机　○</td></tr>
<tr><td colspan="2">型号 Y－12－M－4</td><td colspan="2">编号：</td></tr>
<tr><td colspan="2">4.0kW</td><td colspan="2">8.8A</td></tr>
<tr><td>380V</td><td>1440r/min</td><td colspan="2">LW82dB</td></tr>
<tr><td>接法△</td><td>防护等级 IP44</td><td>50Hz</td><td>45kg</td></tr>
<tr><td>标准编号</td><td>工作制 SI</td><td>B 级绝缘</td><td>年　月</td></tr>
<tr><td colspan="4">○　× × 电机厂　○</td></tr>
</table>

(4) 额定电流(8.8A)。额定电流指三相电动机在额定电源电压下，输出额定功率

时,流入定子绕组的线电流,用 I_N 表示,以 A 为单位。若超过额定电流过载运行,三相电动机就会过热乃至烧毁。三相异步电动机的额定功率与其他额定数据之间有以下关系式,即

$$P_N = \sqrt{3} U_N I_N \cos\varphi_N \eta_N \tag{6.5.1}$$

式中,$\cos\varphi_N$ 为额定功率因数;η_N 为额定效率。

(5) 额定频率(50Hz)。额定频率指电动机所接的交流电源每秒钟内周期变化的次数,用 f_N 表示。我国规定标准电源频率为 50Hz。

(6) 额定转速(1440r/min)。额定转速表示三相电动机在额定工作情况下运行时每分钟的转速,用 n_N 表示,一般是略小于对应的同步转速 n_0。如 $n_0 = 1500$r/min,则 $n_N = 1440$r/min。

(7) 绝缘等级。绝缘等级指三相电动机所采用的绝缘材料的耐热能力,它表明三相电动机允许的最高工作温度。它与电动机绝缘材料所能承受的温度有关。A 级绝缘为 105℃,E 级绝缘为 1205℃,B 级绝缘为 1305℃,F 级绝缘为 1555℃,E 级绝缘为 1805℃。

(8) 接法(△)。三相电动机定子绕组的连接方法有星形(Y)和三角形(△)两种。定子绕组的连接只能按规定方法连接,不能任意改变接法;否则会损坏三相电动机。

(9) 防护等级(IP44)。防护等级表示三相电动机外壳的防护等级,其中 IP 是防护等级标志符号,其后面的两位数字分别表示电机防固体和防水能力。数字越大,防护能力越强,如 IP44 中第一位数字"4"表示电机能防止直径或厚度大于 1mm 的固体进入电机内壳。第二位数字"4"表示能承受任何方向的溅水。

(10) 噪声等级(82dB)。在规定安装条件下,电动机运行时噪声不得大于铭牌值。

(11) 定额。定额指三相电动机的工作方式,即允许连续使用的时间,分为连续、短时、周期断续 3 种。

① 连续。连续工作状态指电动机带额定负载运行时,运行时间很长,电动机的温升可以达到稳态温升的工作方式。

② 短时。短时工作状态指电动机带额定负载运行时,运行时间很短,使电动机的温升达不到稳态温升;停机时间很长,使电动机的温升可以降到零的工作方式。

③ 周期断续。周期断续工作状态指电动机带额定负载运行时,运行时间很短,使电动机的温升达不到稳态温升;停止时间也很短,使电动机的温升降不到零,工作周期小于 10min 的工作方式。

【例 6.5.1】某三相异步电动机,型号为 Y225 - M - 4,其额定数据如下:额定功率 45kW,额定转速 1480r/min,额定电压 380V,效率 92.3%,功率因数 0.88,$I_{st}/I_N = 7.0$,启动系数 $K_{st} = 1.9$,过载系数 $\lambda = 2.2$,试求:(1)额定电流 I_N 和启动电流 I_{st};(2)额定转差率 s_N;(3)额定转矩 T_N、最大转矩 T_{max}、启动转矩 T_{st}。

【解】(1)4kW ~ 100kW 的电动机通常采用 380V/△(三角形连接),因此有

$$I_N = \frac{P_N}{\sqrt{3} U_N \cos\varphi \eta_N} = \frac{45 \times 10^3}{\sqrt{3} \times 380 \times 0.88 \times 0.923} = 84.2\text{A}$$

$$I_{st} = \left(\frac{I_{st}}{I_N}\right) \times I_N = 7 \times 84.2 = 589.4\text{A}$$

（2）由 $n_N=1480\mathrm{r/min}$ 查表可知，该电动机磁极对数 $p=2$，$n_0=1500\mathrm{r/min}$，所以

$$s_N=\frac{n_0-n_N}{n_0}=\frac{1500-1480}{1500}\times100\%=0.013\times100\%=1.3\%$$

$$T_N=9550\times P_N/n_N=9550\times45/1480=290.4\mathrm{N\cdot m}$$

$$T_{max}=\lambda T_N=2.2\times290.4=638.9\mathrm{N\cdot m}$$

$$T_{st}=K_{st}T_N=1.9\times290.4=551.7\mathrm{N\cdot m}$$

6.5.2 三相异步电动机的启动

异步电动机由静止状态过渡到稳定运行状态的过程称为异步电动机的启动。启动是异步电动机应用中重要的物理过程之一。

当异步电动机启动时，由于电动机转子处于静止状态，旋转磁场以最快速度切割转子绕组，此时转子绕组感应电动势最高，因而产生的感应电流也最大，通过气隙磁场的作用，电动机定子绕组也出现非常大的电流。一般启动电流 I_{st} 是额定电流 I_N 的 5 倍 ~7 倍。对于这样大的启动电流，如果频繁启动，将引起电动机过热。对于大容量的电动机，在启动这段时间内，甚至引起供电系统过负荷，电源线的线电压因此而产生波动，这可能严重影响其他用电设备的正常工作。为了减小启动电流，必须采用适当的启动方法。

1. 直接启动

直接启动就是用闸刀开关和交流接触器将电机直接接到具有负载额定电压的电源上。此时 I_{st} 是额定电流 I_N 的 5 倍 ~7 倍。直接启动法的优点是操作简单，无需很多的附属设备；主要缺点是启动电流较大。一台电动机能否直接启动，有一定规定。有的地区规定：用电单位如有独立的变压器，则在电动机启动频繁时，电动机容量小于变压器容量的 20% 时允许直接启动；如果电动机不经常启动，它的容量小于变压器容量的 30% 时允许直接启动。如果没有独立的变压器（与照明公用），电动机直接启动时所产生的电压跌落不应超过 5% 。

2. 降压启动

这种方法是用降低异步电动机端电压的方法来减小启动电流。由于异步电动机的启动转矩与端电压的平方成正比，所以采用此方法时，启动转矩同时减小，所以该方法只适用于对启动转矩要求不高的场合，即空载或轻载的场合。

3. 星三角启动

星三角（Y－△）启动法，适用于正常运行时三相绕组需要三角形连接的电动机。星三角转换的电路连接如图 6.5.1 所示，三相定子绕组的首端接在开关 Q_1 上，用于引入三相交流电；三相绕组的末端接在开关 Q_2 上，用于星三角转换。启动时，开关 Q_2 往左边打，使三相绕组为星形连接，待电动机运行正常后，再将 Q_2 打向右边，使三相绕组为三角形连接。

在三相交流电路一章中可知，三相绕组为星形连接时，有

$$I_{LY}=I_{PY}=\frac{U_P}{Z}=\frac{1}{\sqrt{3}}\frac{U_L}{Z}$$

式中，Z 是每相绕组的阻抗。

三相绕组为三角形连接时，有

$$I_{L\triangle}=\sqrt{3}I_{P\triangle}=\sqrt{3}\frac{U_P}{Z}=\sqrt{3}\frac{U_L}{Z}$$

比较两种接法的线电流，有

$$I_{LY}=\frac{1}{3}I_{L\triangle} \tag{6.5.2}$$

这表明，定子绕组星形连接时的启动电流 I_{LY}，仅为三角形连接时启动电流 $I_{L\triangle}$ 的 1/3。

由于星形接法时的绕组电压降低了，启动转矩也降低了，所以星三角启动法只适用于中、小型鼠笼式电动机。

4. 自耦变压器启动

利用自耦变压器降压启动鼠笼异步电动机的原理如图 6.5.2 所示。设自耦变压器的变比为 $U_2/U_1=k(k<1)$，经过自耦变压器降压后，加在电动机上的电压 $U_2=kU_1(k<1)$，电动机的启动电流 I'_{st}便与电压成相同比例地减小，即

$$I'_{st}=kI_{st} \tag{6.5.3}$$

式中，$k<1$。又由于电动机接在自耦变压器的副边，自耦变压器的原边接在三相电源侧，故降压后，电源侧的启动电流为 I''_{st}

$$I''_{st}=kI'_{st}=k^2I_{st} \tag{6.5.4}$$

由此可见，利用自耦变压器降压启动鼠笼异步电动机，启动电流大幅度减小。由于加到绕组上的电压减小了，因此与直接启动相比，启动转矩也同样减少。

$$T'_{st}=k^2T_{st} \tag{6.5.5}$$

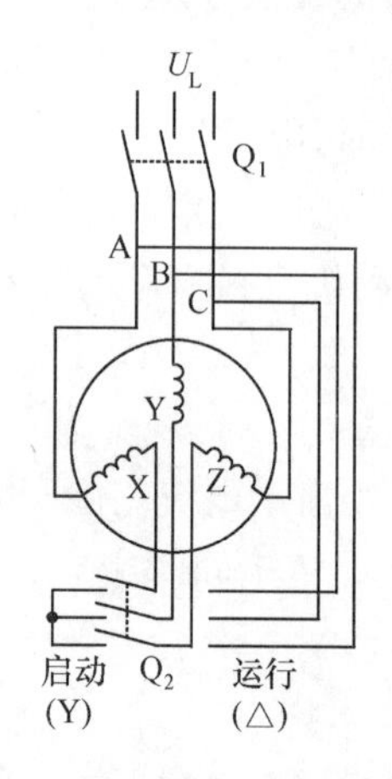

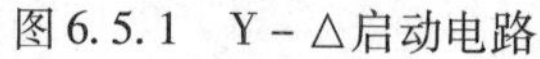

图 6.5.1　Y-△启动电路

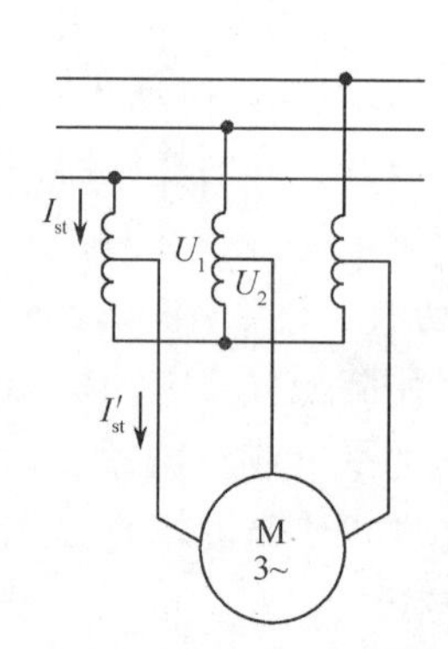

图 6.5.2　自耦变压器启动电路

【例 6.5.2】某三相异步电动机，额定技术参数为 $P_N=45kW$，$n_N=1480r/min$，$U_1=380V$，$\eta_N=92.3\%$，$\cos\varphi=0.88$，$I_{st}/I_N=7$，$T_{st}/T_N=2.2$。该电动机采用自耦变压器降压启动，调整自耦变压器的抽头，使启动时电动机的端电压降到电源电压的 73%（即 $k=0.73$）。试求线路的（即电源侧的）启动电流和电动机的启动转矩。

【解】电动机直接时的启动电流为 I_{st}

$$I_{st}=7I_N=\frac{7\times P_N}{\sqrt{3}U_1\cos\varphi\eta_N}=\frac{7\times 45000}{\sqrt{3}\times 380\times 0.88\times 0.923}=589A$$

降压启动时电源侧的启动电流为 I''_{st}

$$I''_{st}=k^2I_{st}=0.73^2\times589=313.88\text{A}$$

降压时电动机的启动转矩为 T'_{st}

$$T'_{st}=k^2T_{st}=k^2\times2.2T_N=k^2\times2.2\times9550\frac{P_N}{n_N}$$

即

$$T'_{st}=0.73^2\times2.2\times9550\times\frac{45}{1480}\approx340\text{N}\cdot\text{m}$$

【例 6.5.3】已知 Y280S－4 型鼠笼式异步电动机的额定功率为 75kW，额定转速为 1480r/min，启动系数为 $T_{st}/T_N=1.9$，负载转矩为 200N·m，电动机由额定容量为 320kV·A、输出电压为 380V 的三相变压器供电，试问：(1)电动机能否直接启动？(2)电动机能否用 Y－△换接启动？(3)如果采用有 40%、60%、80% 3 个抽头的启动补偿器进行降压启动，应选用哪个抽头？

【解】(1) 此台电动机有独立的变压器，若容量小于变压器容量的 20%，则允许直接启动。而此电动机额定功率占供电变压器额定容量的比值为

75/320＝0.234＝23.4%＞20% 故不能直接启动，必须采用降压启动。

(2)电动机的额定转矩 T_N 和启动转矩 T_{st} 分别为

$$T_N=9550P_N/n_N=9550\times75/1480=484\text{N}\cdot\text{m}$$

$$T_{st}=(T_{st}/T_N)T_N=1.9\times484\approx920\text{N}\cdot\text{m}$$

如果用 Y－△换接启动，则启动转矩为

$$T'_{st}=T_{st}/3=920/3=307\text{N}\cdot\text{m}>200\text{N}\cdot\text{m}$$

当启动转矩大于负载转矩时，电动机可以启动，否则电动机不能启动。故该电动机可以采用 Y－△启动法。

(3) 用 40%、60%、80% 3 个抽头降压时，启动转矩 T'_{st} 分别为

$T_{st}(40\%)=0.4^2\times920=147\text{N}\cdot\text{m}<200\text{N}\cdot\text{m}$(不能启动)。

$T_{st}(60\%)=0.6^2\times920=331\text{N}\cdot\text{m}>200\text{N}\cdot\text{m}$(可以启动)。

$T_{st}(80\%)=0.8^2\times920=589\text{N}\cdot\text{m}>200\text{N}\cdot\text{m}$(可以启动，但启动转矩远远大于负载转矩时，启动电流较大)

故采用 60% 抽头最佳。

6.5.3 三相异步电动机的调速

调速就是电动机在同一负载下得到不同的转速，以满足生产过程的需要。有些生产机械，为了加工精度的要求，如一些机床，需要精确调整转速。另外，像鼓风机、水泵等流体机械，根据所需流量调节其速度，可以节省大量电能。

由异步电动机的转速公式

$$n=(1-s)n_0=(1-s)\frac{60f_1}{p} \tag{6.5.6}$$

可知，异步电动机可以通过 3 种方式进行调速：改变电动机旋转磁场的磁极对数 p 调速；改变供电电源的频率 f_1 调速；改变转差率 s 调速。下面分别介绍这几种调速方法。

1. 变极调速

变极调速就是改变电动机旋转磁场的磁极对数 p，从而使电动机的同步转速发生变化而实现电动机的调速，通常通过改变电动机定子绕组的连接实现，这种方法的优点是操作设备简单(用转换开关)。缺点是只能有极调速，因而调速的级数不可能多，因此只适用于不要求平滑调速的场合。改变绕组的连接可以有多种形式，可以在定子上安装一套能变换为不同极对数的绕组，也可以在定子上安装两套不同磁极对数的单独绕组，还可以混合使用这两种方法以得到更多的转速。

应当指出的是，变极调速只适用于鼠笼式异步电动机，因为鼠笼转子的磁极对数能自动随定子绕组磁极对数的变化而变化。

2. 变转差率调速

分析电磁转矩公式

$$T = K\frac{sR_2U_1^2}{R_2^2 + (sX_{S20})^2} \tag{6.5.7}$$

可以看出，若保持转矩不变，当分别改变电源电压 U_1 和转子回路电阻 R_2 时，转差率 s 将改变，转差率的改变将引起电动机转速的改变。

(1) 调压调速。改变异步电动机定子电压时电动机机械特性的变化如图 6.5.3 所示。从图中可见 n_o、s_m 不变，最大转矩 T_{max} 随电压 U_1 的降低成平方的比例下降。在负载转矩不变的情况(恒转矩负载)下，通过由负载线(图中平行于纵坐标的直线)与不同电压下电动机机械特性的交点(如图中 a、b、c 点)所决定的转速，不难看出，其调速范围很小，所以这种调速方法的调速范围是有限的，而且容易使电动机过电流。

(2) 转子电路串电阻调速。这种方法只适用于绕线式异步电动机。对于恒转矩负载，当改变转子电阻时，可以调节电动机的转速(见图 6.5.4)。当转子电阻 R_2 增大时，电动机的转速降低。最大转矩 T_{max} 不变，特性变"软"，这种方法转子回路消耗功率较大，对节能不利。

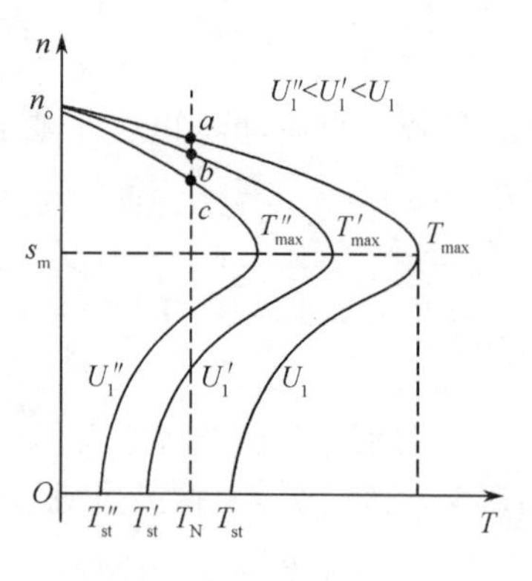

图 6.5.3　调压调速

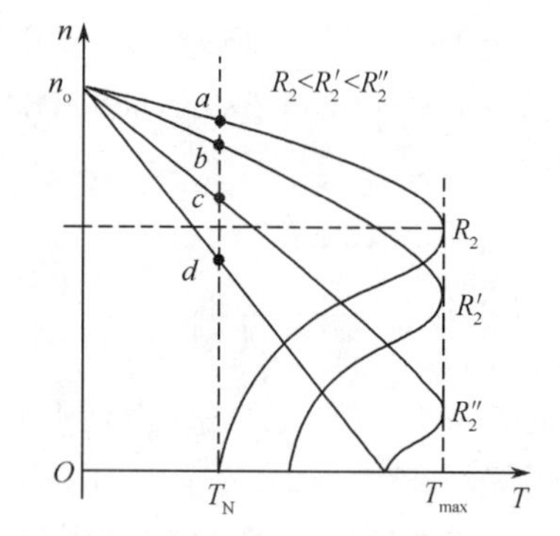

图 6.5.4　调节转子电阻 R_2 调速

3. 变频调速

异步电动机的变频调速是一种很好的调速方法。由于异步电动机的转速正比于电源的频率 f_1，因此若连续调节电动机供电电源的频率，即可连续改变电动机的转速。近年来变频调速技术发展很快，目前主要采用如图 6.5.5 所示的变频调速装置，它主要由整流器、中间环节、逆变器和控制电路四部分组成。它是利用电力半导体器件的通断作用将工频电源变换为另一频率的电能控制装置。现在使用的变频器主要采用交—直—交方式，先把$f=50\text{Hz}$的三相交流电通过三相桥式整流器变换为脉动直流电，再通过中间环节的平滑滤波后，在微处理器的调控下，用逆变器再逆变为电压和频率可调的三相交流电，输出给需要调速的电动机。由此可得到电动机的无级变速，并具有较硬的机械特性。

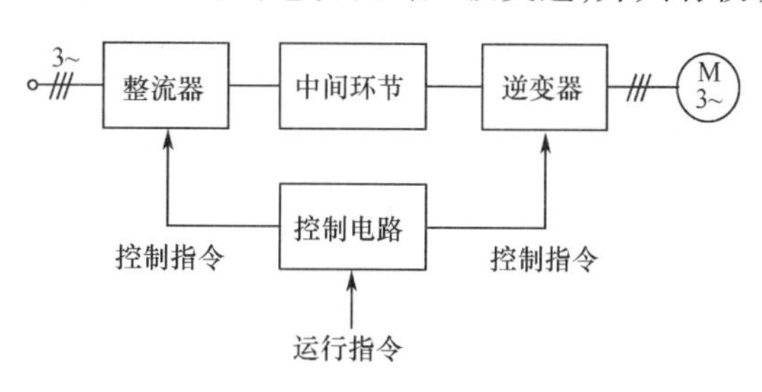

图6.5.5　变频调速原理框图

通常有下列两种变频调速方式。

(1) 当转速低于额定转速调速即$f_1<f_{1N}$时，则保持U_1/f_1的比值近似不变，也就是两者要成比例地同时调节。由$U_1\approx 4.44f_1N_1\Phi$和$T=K_T\Phi I_2\cos\varphi_2$两式可知，这时磁通$\Phi$和转矩$T$也都近似不变，这是恒转矩调速。如果把转速调低，$U_1=U_{1N}$保持不变，在减小$f_1$时磁通$\Phi$将增加，就会使磁路饱和(电动机磁通一般设计在接近铁芯磁饱和点)，从而增加励磁电流和铁损，导致电机过热，这是不允许的。

(2) 当转速高于额定转速调速即$f_1>f_{1N}$时，则保持$U_1\approx U_{1N}$。这时磁通Φ和转矩T都将减小。转速增大，转矩减小，将使功率近于不变，这是恒功率调速。如果把转速调高时U_1/f_1的比值不变，在增加f_1的同时U_1也要增加，U_1超过额定电压也是不允许的。频率调节范围一般为0.5Hz~320Hz。

6.5.4　三相异步电动机的制动

在一些工业生产中，有些生产机械要求电动机切除电源后能迅速停止，以提高生产效率和安全度。例如，在生产中起重机的吊钩或卷扬机的吊篮要求准确定位；万能铣床的主轴要求能迅速停止转动，但由于三相异步电动机切除电源后依惯性总要转动一段时间才能停下来，为此，需要对电动机进行制动。对电动机的制动也就是在电动机断电后施加与其旋转方向相反的制动转矩。异步电动机的制动方法常用下列几种。

1. 电源反接制动

在异步电动机稳定运行，如正转时，若将三相电源线中的任意两相交换，如图6.5.6所示，使接入电动机3个绕组的电源的相序改变，则定子空间的旋转磁场也将随之反转，而转子由于惯性仍在原来方向上旋转，但旋转方向与旋转磁场转动的方向相反，因此转子导条切割旋转磁场的方向也同原来相反，所以产生的感应电流的方向也相反，由感应电流产生的电磁转矩也同转子的转向相反，对转子产生制动作用，电动机转速将下降为零。这时，需及时切断电源，否则电动机将反向启动旋转。

反接制动时，旋转磁场与转子的相对转速(n_0+n)很大，在转子回路中产生很大的冲击电流，对电源也产生冲击。为了限制电流，对功率较大的电动机进行制动时必须在定子

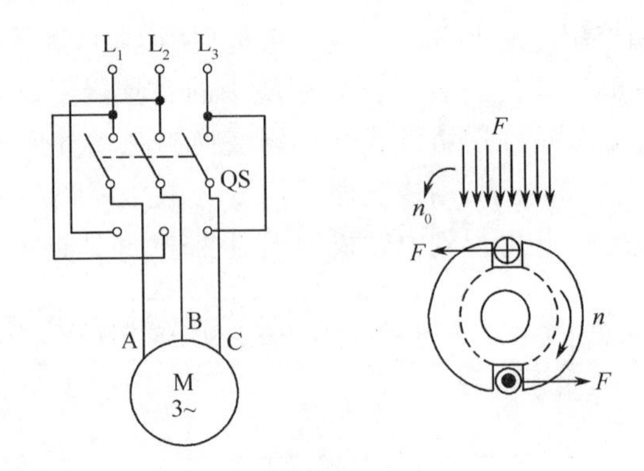

图 6.5.6　反接制动

电路(笼型)或转子电路(绕线型)中接入限流电阻。

反接制动比较简单,制动强度大,缺点是能量消耗较大,也不易实现准确停车。有些中型车床和铣床主轴的制动采用这种方法。

2. 能耗制动

使用电源反接制动的方法来准确停车有一定困难,因为它容易造成反转,能耗制动则能较好地解决这个问题。能耗制动就是在电动机切断三相电源的同时,将一直流电源接到电动机三相绕组中的任意两相上,如图 6.5.7 所示,使电动机内产生一恒定磁场。由于转轴有一定的惯量,电动机仍在旋转,转子导条切割恒定磁场产生感应电动势和电流,与磁场作用产生电磁转矩,其方向与转子旋转方向相反,对转子起制动作用。此时机械系统(转子及其负载)存储的机械能被转换成电能后消耗在转子电路的电阻上,所以称为能耗制动。

调节励磁直流电流的大小,可以调节制动转矩的大小。制动转矩的大小与直流电流的大小有关。直流电流的大小一般为电动机额定电流的 0.5 倍 ~1 倍。这种制动的特点是,当转速等于零时,转子不再切割磁场,制动转矩也随之为零,可以实现准确停车。有些机床中采用这种制动方法。这种制动能量消耗小,制动平稳,但需要直流电源。

3. 发电反馈制动

当电动机转子的转速超过旋转磁场的转速,即 $n > n_0$ 时,其转矩有制动作用,电原理如图 6.5.8 所示。例如,起重机快速下放重物时,就会发生这种情况。这时重物拖动转子,使转轴的转速 $n > n_0$,反过来制动转轴使其转速下降。实际上这时电动机已转入发电运行状态,将重物的位能转换为电能反馈给电源,所以称这种转动为发电机反馈制动。

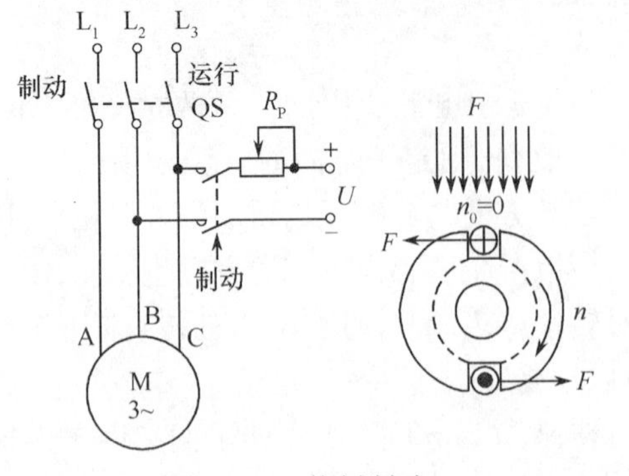

图 6.5.7　能耗制动

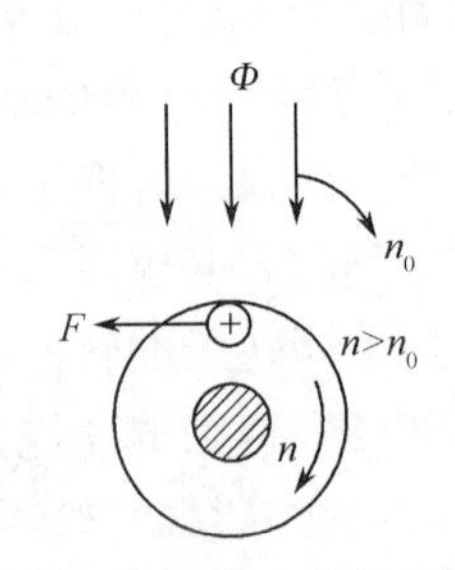

图 6.5.8　发电反馈制动

6.6 单相异步电动机

单相电动机是由单相交流电源供电的一种感应式电动机。由于使用方便,故在如空调器、电冰箱、洗衣机、电风扇等家用电器及一些医疗器械中得到广泛应用。但与同容量的三相感应电动机相比,单相电动机的体积较大,运行性能较差,因此单相电动机的容量做得较小,一般为几十到几百瓦。

6.6.1 单相电动机的转动原理

从构造上看,单相电动机和鼠笼式异步电动机差不多。转子也是鼠笼结构,定子也是嵌放在定子槽内。所不同的是,三相电动机有三相绕组,单相电动机只有一相绕组。当在一相绕组中接入正弦交流电时,在电动机的定子空间将产生交变磁场,这个磁场的强弱和方向按正弦规律变化,但在空间位置上是固定不变的,所以称这个磁场为脉动磁场。这个脉动磁场可以分解为两个转速相同、方向相反的旋转磁场。当转子静止时,这两个旋转磁场在转子中产生大小相等、方向相反的转矩,其合成转矩为零,所以电动机静止不动。

如果借助一个外力(机械力),把转子沿不论哪个方向转动一下,那么沿着外力作用的那个方向,旋转磁场相对转子的转速变大,感应电流变大,电磁转矩增大,电动机就会沿着这个方向转动起来。

6.6.2 单相电动机的启动方法

实际应用中,单相电动机的旋转磁场并不是借助外力产生的,而是根据多相电流在多相绕组中将产生旋转磁场的原理,来安置定子绕组而产生的。常用的方法有裂相法和罩极法。

1. 裂相式单相电动机

裂相法也称电容分相法,其原理电路如图 6.6.1 所示。将定子绕组分成 AX 和 BY 两部分,AX 为主绕组,流过的电流为 i_A;BY 为启动绕组,流过的电流为 i_B,在启动绕组支路上串联一个电容器 C,适当选取 BY 绕组的匝数和电容器 C 的容量,使 i_B 与 i_A 的相位相差 90°,形成两相电流。设这两相电流分别为

$$i_A = I_{Am}\sin\omega t,\quad i_B = I_{Bm}\sin(\omega t + 90°)$$

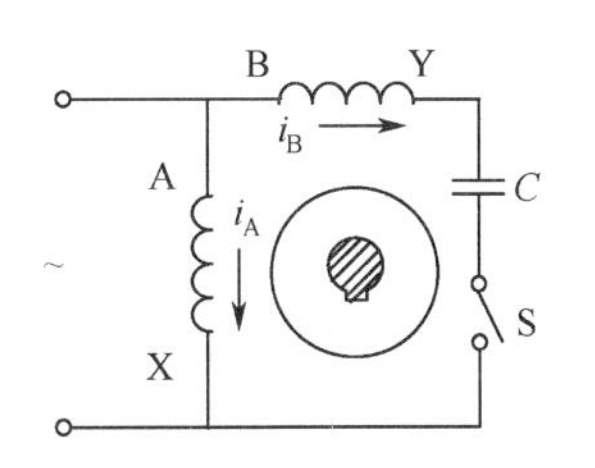

图 6.6.1 裂相法电原理

则它们的波形如图 6.6.2 所示。图 6.6.3 是电容分相法单相电动机的结构图,主绕组 AX 和启动绕组 BY 在空间位置上也相差 90°,这就构成了多相电流接入多相绕组的条件,和三相电动机旋转磁场的产生原理一样,在空间位置相差 90°,电流相位也相差 90°的单相交流电动机中,也同样能产生旋转磁场,如图 6.6.4 所示。

电容分相式单相电动机启动后,当转速达到额定值时,即使断开串在启动绕组中的开关 S,电动机可依靠主绕组维持运行。

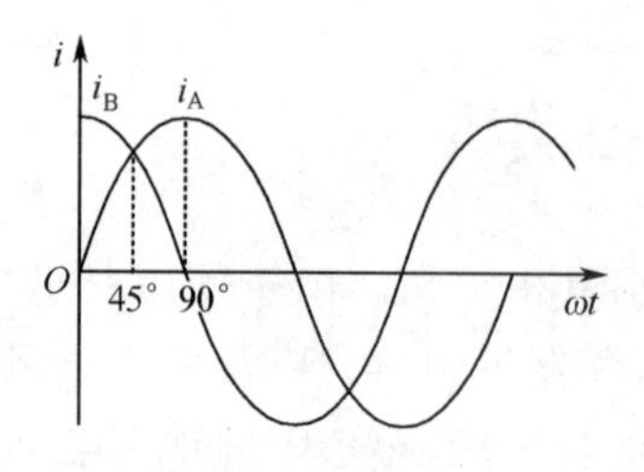

图 6.6.2　主绕组和启动绕组电流波形

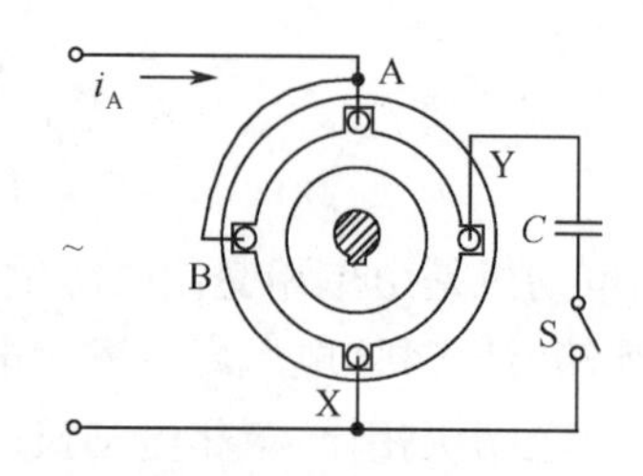

图 6.6.3　裂相式单相电动机结构图

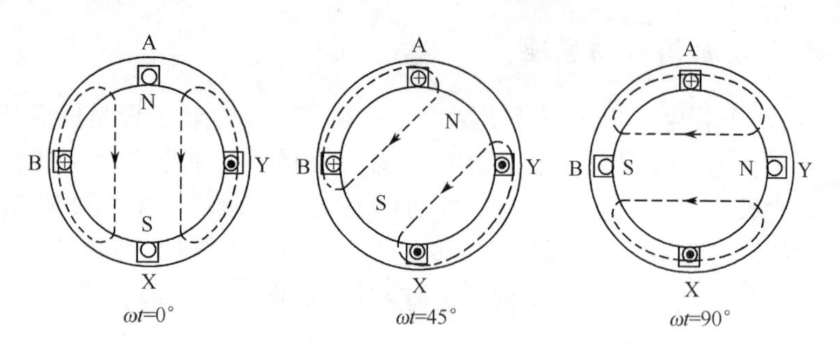

图 6.6.4　单相电动机旋转磁场的产生

2. 罩极式单相电动机

罩极式单相电动机的定子做成凸极式,结构如图 6.6.5(a)所示,有两级和四极两种。在磁极 1/3 ~ 1/4 处开有小槽,将磁极分成两部分,在较小的部分上套一个短路铜环,好像把这部分磁极罩起来一样,所以称这种电动机为罩极式电动机。单相绕组绕在整个磁极上接单相电源,每个磁极是串联的,连接时,必须使其产生的磁极按 N、S、N、S 的顺序排列。

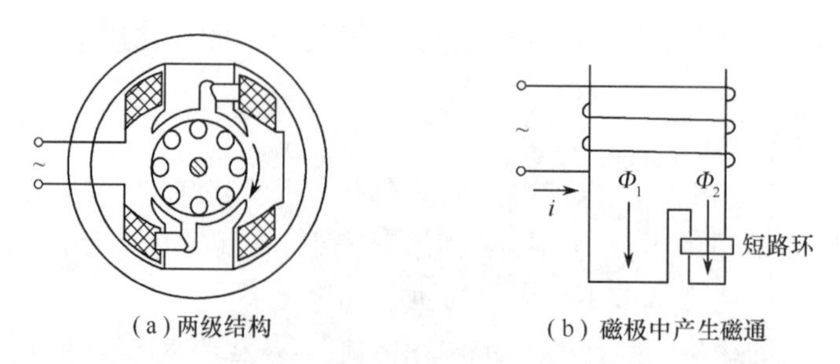

(a)两级结构　　(b)磁极中产生磁通

图 6.6.5　罩极式单相异步电动机

当定子绕组通电时,如图 6.6.5(b)所示,在磁极中将产生主磁通 Φ_1,根据楞次定律,其中穿过短路铜环的主磁通在铜环内产生一个相位滞后 90°的感应电流,由于短路环中的感应电流阻碍穿过短路环磁通的变化,所以此电流产生的磁通 Φ_2 在相位上也滞后于主磁通 Φ_1,其作用如同电容式电动机的启动绕组,从而定子空间产生旋转磁场,电动机就转动起来。

习　题

6.1　三相异步电动机在一定负载下运行,当电源电压因故降低时,电动机的转矩、电流及转速将如何变化?

6.2　三相异步电动机电磁转矩与哪些因素有关?三相异步电动机带动额定负载工作时,若电源电压下降过多,往往会使电动机发热,甚至烧毁,试说明原因。

6.3　有的三相异步电动机有380V/220V两种额定电压,定子绕组可以接成星形或者三角形,试问何时采用星形接法?何时采用三角形接法?

6.4　在电源电压不变的情况下,如果将三角形接法的电动机误接成星形,或者将星形接法的电动机误接成三角形,将分别出现什么情况?

6.5　当绕线式异步电动机的转子三相滑环与电刷全部分开时,在定子三相绕组上加上额定电压,转子能否转动起来?为什么?

6.6　已知某三相异步电动机在额定状态下运行,其转速为1430r/min,电源频率为50Hz。求:电动机的磁极对数p、额定运行时的转差率s_N、转子电路频率f_2和转差速度Δn。

6.7　某4.5kW三相异步电动机的额定电压为380V,额定转速为950r/min,过载系数为1.6。试求:(1) T_N、T_M;(2) 当电压下降至300V时,能否带额定负载运行?

第7章* 电气自动控制

现代生产机械,大部分都是由电动机拖动,称为电力拖动。为了使电动机按照生产机械的要求运转,必须用控制电器组成一定的控制电路,对电动机进行控制。目前国内外普遍采用由接触器、继电器、按钮等有触点电器组成的控制电路,对电动机进行启动、正反转、制动及行程顺序等控制,称为继电接触器控制,这是一种基本的控制方法。如果再配合其他无触点控制电器、控制电机、电子电路及可编程序控制器(PLC)等,则可构成生产机械的现代化自动控制系统。

7.1 常用低压电器

对电动机和生产机械实现控制和保护的电工设备叫做控制电器。控制电器的种类很多,按其动作方式可分为手动和自动两类。手动电器的动作是由工作人员手动操纵的,如刀开关、组合开关、按钮等;自动电器的动作是根据指令、信号或某个物理量的变化自动进行的,如中间继电器、交流接触器等。本节对几种常用的控制电器作简要介绍。

7.1.1 开关和按钮

1. 开关

(1) 刀开关。刀开关是结构最简单的一种手动电器,如图7.1.1(a)所示,它由静插座、手柄、触刀、铰链支座和绝缘底板组成。刀开关在低压电路中,用于不频繁接通和分断的电路,或用来将电路和电源隔离,因此刀开关又被称为"隔离开关"。

按极数不同,刀开关分为单极(单刀)、双极(双刀)和三极(三刀)3种,它的电气符号如图7.1.1(b) 所示,文字符号为Q。

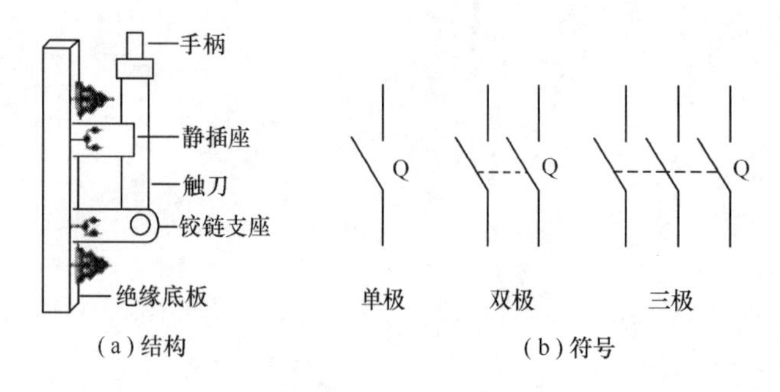

图7.1.1 刀开关

(2) 组合开关。在机床的电气控制线路中,组合开关(又称转换开关)常用来作为电源引入开关,也可以来直接启、停小容量鼠笼式电动机等,局部照明电路也常用它来控制。

组合开关的种类很多,常用的有 HZ10 等系列,其结构和符号如图 7.1.2 所示。它有 3 对静触点,每个触点的一端固定在绝缘垫板上,另一端伸出盒外,连在接线柱上。3 个动触点套在装有手柄的绝缘转轴上,转动转轴就可以将 3 个触点同时接通或断开。组合开关有单极、双极、三极和多极几种,额定电流有 10A、25A、60A 和 100A 等多种。

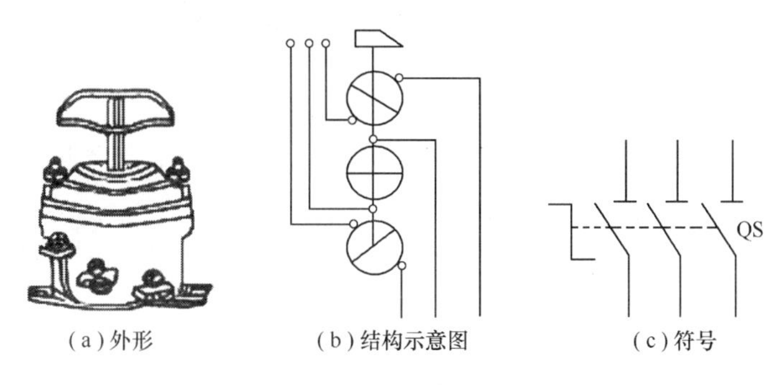

图 7.1.2 组合开关

2. 按钮

按钮通常用来接通或断开控制电路,其允许的工作电流较小。按钮的结构如图 7.1.3(a) 所示,它由按钮帽、动触点、静触点和复位弹簧等构成。在按钮未按下时,动触点与上面的静触点是接通的,这对触点称为动断触点(或常闭触点);这时动触点和下面的静触点是断开的,这对触点称为动合触点(或常开触点)。当按下按钮帽时,上面的动断触点断开,而下面的动合触点接通,当松开按钮帽时,动触点在复位弹簧的作用下复位,使动断触点和动合触点都恢复原来的状态。按钮的电气符号如图 7.1.3(b)所示。

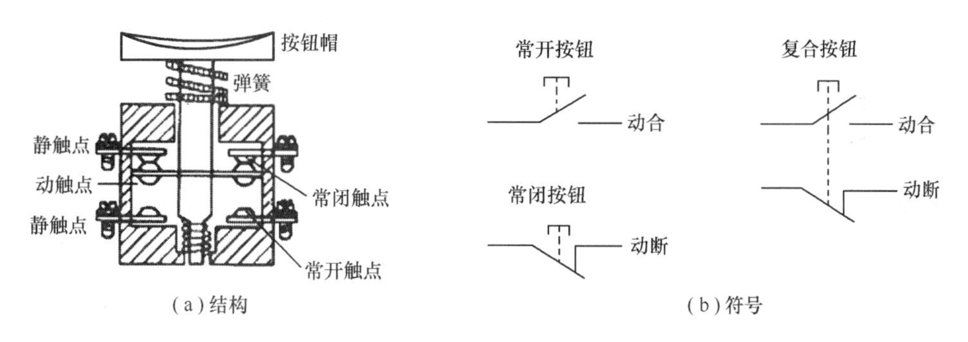

图 7.1.3 按钮的结构与符号

7.1.2 交流接触器

交流接触器是一种靠电磁力的作用使触点闭合或断开来接通或断开电路的自动电器。图 7.1.4(a)是交流接触器的结构示意图,其电磁铁的铁芯分为静铁芯和动铁芯两部分,静铁芯固定不动,动铁芯与动触点连在一起可以上下移动,当静铁芯的吸引线圈通过额定电流时,静、动铁芯之间产生电磁吸力,动铁芯带动动触点一起下移,使常闭触点断开、常开触点闭合;当吸引线圈断电时,电磁力消失,动铁芯因回力弹簧的作用而上移带动动触点复位。

交流接触器的触点分为主触点和辅助触点两种。主触点通常是动合触点,其接触面积较大,用于接通或分断较大的电流,常接在主电路中;辅助触点的接触面积较小,用于接通或分断较小的电流,常接在控制电路(或称辅助电路)中。当接触器的线圈通电(小电流)时,主触点闭合,电动机旋转;当接触器线圈断电时,主触点断开,电动机停止。这就利用控制电路中的小电流控制了主电路中的大电流。

交流接触器的电气符号如图 7.1.4(b)所示,文字符号为 KM。

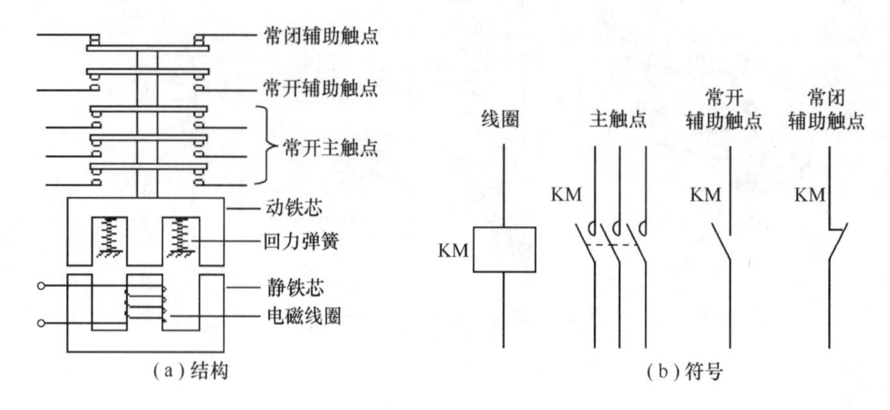

图 7.1.4 交流接触器

交流接触器是电力拖动中最主要的控制电器之一。选用接触器时,其额定电压应不小于主电路的额定电压,而额定电流主要根据负荷的额定电流来确定,如一台额定电流为 8.8A 的三相异步电动机,选用主触点额定电流为 10A 的交流接触器即可。

7.1.3 中间继电器

中间继电器是一种根据电或非电信号的变化来接通或断开小电流电路的自动控制电器。其 输入量可以是电流、电压等电量,也可以是温度、时间、速度等非电量,而输出则是触点的动作或电参数的变化。常用继电器的主要类型有中间继电器、热继电器、时间继电器等。

中间继电器的结构与交流接触器的结构相似,只是电磁系统小些,触点数目多些。中间继电器的触点容量相同,无主、辅之分,是为了解决在继电接触式控制系统中,交流接触器触点不够用的问题,专门设计的一种有多对常闭、常开触点的继电器,用作中间控制环节,故称为中间继电器。中间继电器可转换、传递信号或同时控制多个电路,也可直接用它来控制小容量电动机或其他电气执行元件,广泛应用于遥控、遥测、通信、自动控制、机电一体化及电力电子设备中。中间继电器的电气符号如图 7.1.5 所示,文字符号为 KA。

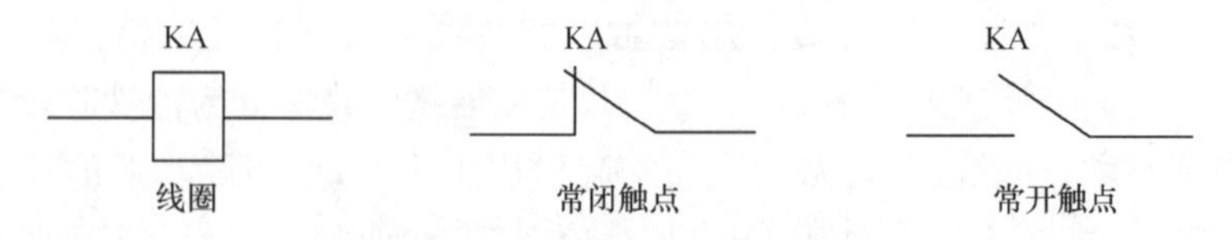

图 7.1.5 中间继电器的符号

中间继电器的选择主要依据控制电路的电压等级,同时还要考虑控制线路对触点数量、种类与容量的要求。

国内常用的中间继电器有 JZ7、JZ8 及 JZ14、JZ15、JZ17 等系列。其中,JZ8 和 JZ17 的线圈是交、直流两用的。引进产品有德国 SIEMENS 公司的 3TH、3RH 系列和 BBC 公司的 K 系列;法国 TE 公司的 RSB、RXL 和 RXM 系列等。

7.1.4 热继电器

热继电器是用来保护电动机使之不过载的保护电器。其原理如图 7.1.6(a)所示,它主要由发热元件、双金属片、扣板、弹簧、触点及复位按钮等组成,图 7.1.6(b)是热继电器的电气符号,其文字符号为 FR。

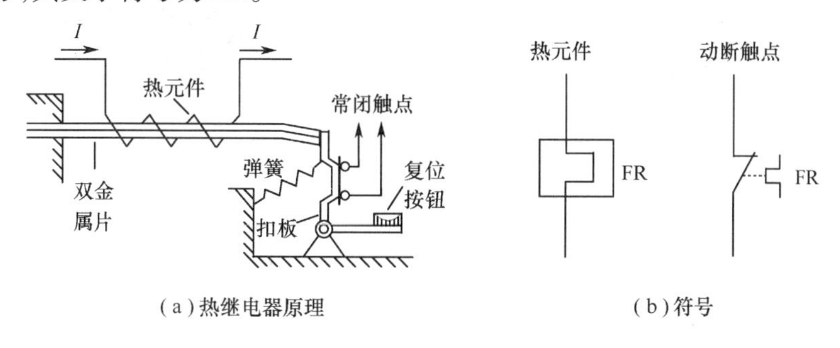

(a)热继电器原理　　(b)符号

图 7.1.6　热继电器

热元件由一段电阻阻值不大的电阻丝制成,串接于电动机的主电路中。双金属片是热继电器的温度检测元件,它由两种不同线胀系数的金属片辗压而成,下层金属的线胀系数大,上层的线胀系数小,当主电路中电流超过容许值而使双金属片受热时,双金属片的自由端便向上弯曲超出扣板,使扣板在弹簧拉力的作用下将常闭触点断开。常闭触点是接在电动机控制电路中的,触点断开切断控制电路便使接触器的线圈断电,继而断开电动机的主电路。

由于热惯性,热继电器不能作短路保护。因为发生短路时电路应立即断开,而热继电器是不能立即动作的。但是这个“热惯性”也是合乎要求的,在电动机启动或短时间过载时,热继电器不会动作,这可避免电动机的不必要停车。

热继电器动作以后,经过一段时间的冷却,可按复位按钮,使扣板重新顶住双金属片的自由端,使电路复位。

一般,三相电动机的三相绕组是对称的,而三相电源也是对称的,所以在三相异步电动机电路中,一般采用两相结构的热继电器即可,即在两相主电路中串接热元件。但如果三相交流电源严重不平衡,出现电动机某一相的线电流比其他两相要高,而这一相又没有串接热元件的话,这对电动机也是很危险的,这就需要采用三相结构的热继电器。

7.1.5 断路器

电动机在使用过程中由于各种原因可能会出现一些异常情况,如电源电压过低、电动机电流过大、电动机定子绕组相间短路或电动机绕组与外壳短路等,如不及时切断电源则可能会对设备或人身带来危险,因此必须采取保护措施。常用的保护环节有短路保护、过载保护、欠压保护等。常用的保护器件有熔断器和空气断路器等。

1. 熔断器

熔断器是最常用的短路保护电器，熔断器中的熔片(或熔丝)用电阻率较高且熔点较低的合金制成，如铅锡合金等。正常工作时，熔断器中的熔丝不熔断；一旦发生短路，熔丝就立即熔断，及时切断电源。图7.1.7所示为3种常用的熔断器和电气符号。

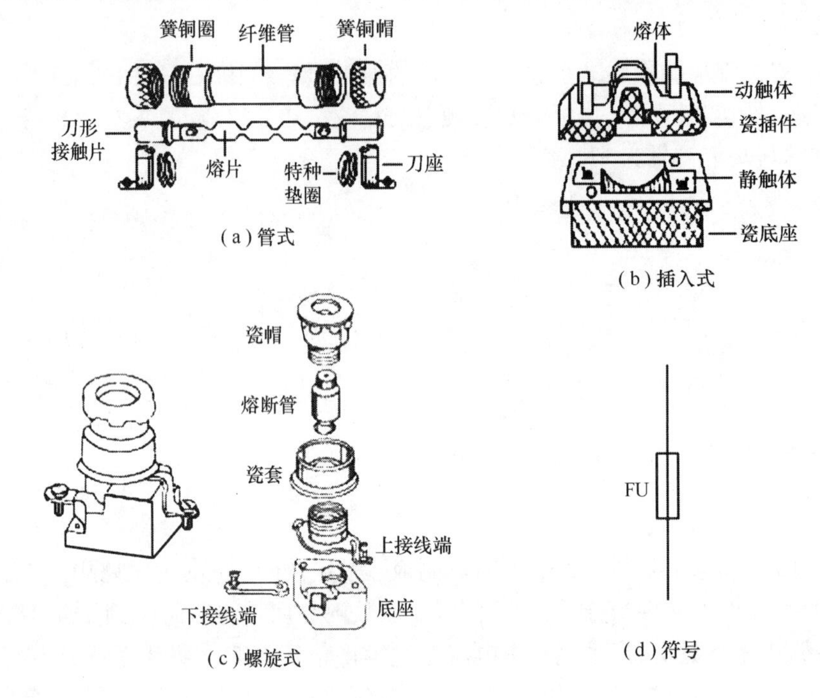

图7.1.7　熔断器

在实际应用中，熔断器熔体的额定电流应按式(7.1.1)计算，即

$$熔体额定电流 \geqslant \frac{电动机的启动电流}{25} \tag{7.1.1}$$

如果电动机频繁启动，则熔体额定电流为

$$熔体额定电流 \geqslant \frac{电动机的启动电流}{16 \sim 2} \tag{7.1.2}$$

如果多台电动机合用一个熔断器，一般可粗略地按式(7.1.3)计算，即

$$熔体额定电流 = (1.5 \sim 2.5) \times 容量最大的电动机的额定电流 \tag{7.1.3}$$

现在应用的熔体额定电流有4A、6A、10A、15A、20A、25A、35A、60A、80A、100A、125A、160A、200A、225A、260A、300A、350A、430A、500A和600A等级别。

2. 空气断路器

自动空气断路器也称空气开关或自动开关，是常用的一种低压保护电器，可实现短路、过载和欠压保护，它的结构形式很多，一般原理如图7.1.8所示。图中，主触点通常是由手动操作来闭合，开关的脱扣机构是一套连杆装置，当主触点闭合后就被锁钩锁住，如果电路发生故障，脱扣机构就在脱扣器的作用下将锁钩脱开，主触点就在释放弹簧的作用下迅速分断。

脱扣器有过流脱扣器和欠压脱扣器等，它们都是电磁装置。在正常情况下，过流脱扣

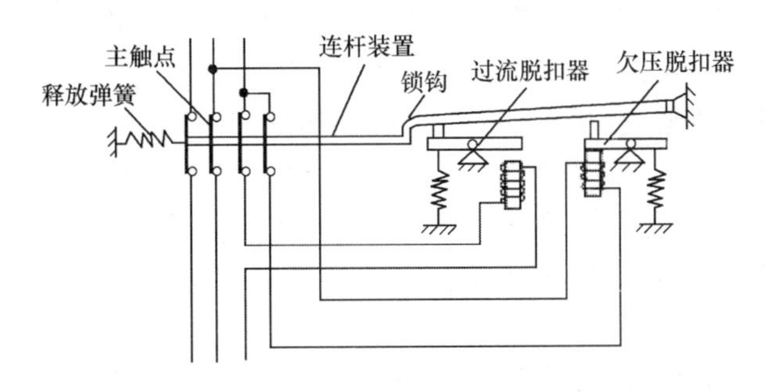

图 7.1.8　自动空气断路器原理

器的衔铁是释放着的,一旦发生严重过载或短路故障时,与主电路串联的线圈(图中只画出一相)就将产生较强的电磁吸力把衔铁往下吸而顶开锁钩,使主触点断开;欠压脱扣器的工作原理与之恰恰相反,在电压正常主触点闭合时,吸住衔铁,一旦电压严重下降或断电时,衔铁就因电磁吸力不够而被释放,使欠压脱扣器在弹簧的拉力下顶开锁钩,使主触点断开,实现欠压保护。当电源电压恢复正常时,必须手动合闸后才能正常工作。常用的自动空气断路器有 DZ、DW 等系列。

7.2　三相异步电动机的控制

7.2.1　基本控制

工业生产中,对电动机的控制是多种多样的,最基本的控制为“点动控制”和“启、停控制”。

1. 点动控制

点动控制就是按下启动按钮时电动机转动,松开启动按钮时电动机就停止。如图 7.2.1 所示,点动控制电路由电源开关 QS、熔断器 FU、按钮 SB、交流接触器 KM 和电动机 M 组成。当电动机需要点动控制时,先合上 QS,再按下 SB,此时接触器 KM 线圈通电,铁芯吸合,接触器的 3 对主触点闭合,电动机与电源接通而运转。当松开 SB 时,接触器线圈

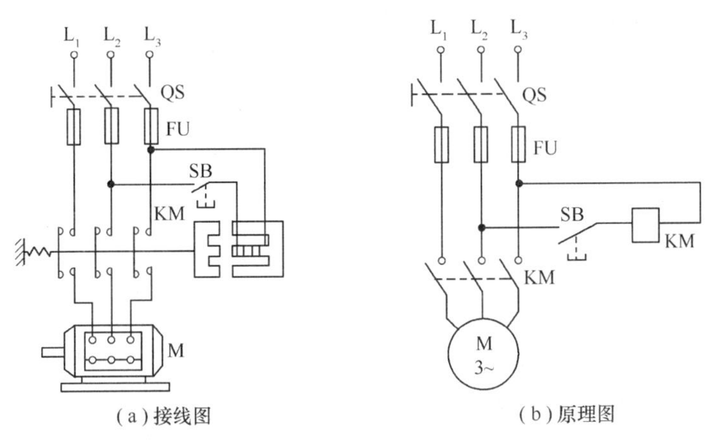

(a)接线图　(b)原理图

图 7.2.1　点动控制电路

失电，动铁芯在回力弹簧的作用下复位，主触点 KM 断开，电动机停转。

图 7.2.1(a)是点动控制的接线图，这种画法不便画图和读图，通常用规定的电气符号和文字符号把接线图画成如图 7.2.1(b)所示的原理图。原理图分成“主电路”和“控制电路”两大基本环节，主电路由转换开关(或三相闸刀)QS、熔断器 FU、接触器的主动合触点 KM 和电动机 M 组成，主电路的电流较大；控制电路由按钮 SB 和接触器线圈 KM 组成，它控制主电路的通或断，电流较小。控制电路通常与主电路共用一个电源，也可另设电源。在原理图中，同一电器的各个部件必须采用同一文字符号，如接触器的线圈和触点都用 KM 表示。对复杂电动机的控制原理图，为了便于绘图、晒图、读图、保管和携带，可把主电路与控制电路分开画。

2. 启、停控制(自锁控制)

大多数生产机械需要连续工作，如水泵、通风机、机床等，如仍采用点动控制电路，则需要操作人员一直按住按钮来工作，这显然不切实际。为了使电动机在按下启动按钮后仍能保持连续运转，需要如图 7.2.2 所示的连接控制电路，将接触器的辅助动合触点 KM 与启动按钮 SB_{st} 并联。其操作过程如下。

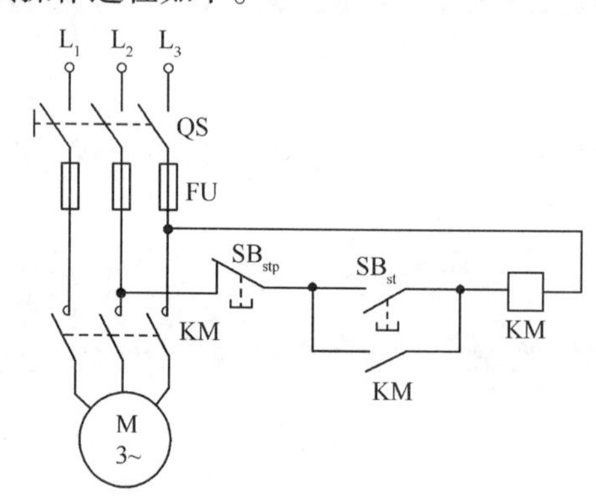

图 7.2.2　启、停控制电路

(1) 启动操作：

合上QS → 按下启动按钮SB_{st} → 线圈KM通电 → 接触器主动合触点闭合 → 电动机M运行
　　　　　　　　　　　　　　　　　　　　　　→ 接触器辅助动合触点KM闭合自锁

这时，若松开启动按钮 SB_{st}，由于接触器的辅助动合触点 KM 已闭合，它给线圈 KM 提供了另一条电流通路，使电动机可继续运行。接触器用自己的辅助动合触点“锁住”了自己的线圈回路，这种作用称为“自锁”，该触点 KM 也被称为“自锁触点”。

(2) 停止操作：

按下停止按钮SB_{stp} → 接触器线圈KM失电 → 主动合触点KM断开 → 电动机M停止运行
　　　　　　　　　　　　　　　　　　　　　→ 辅助动合触点KM断开解除自锁

如上得知，启动时先合上 QS，再按启动按钮 SB_{st}；停止时先按停止按钮 SB_{stp}，再断开 QS。在图 7.2.2 所示的电路中，开关 QS 作为隔离开关使用，当需要对电动机或电路进行检查、维修时，用它来隔离电源，确保操作人员安全。

7.2.2 正、反转控制

在生产机械中往往需要运动部件向正、反两个方向运动，如机床工作台的前进与后退、主轴的正转与反转、起重机的提升与下降等，都是由电动机的正、反转实现的。为了实现电动机的正、反转，可将三相电源中的任意两相对调，以改变定子空间旋转磁场的旋转方向。为此，用两个交流接触器如图 7.2.3 所示进行连接，KM_F 为正转接触器，KM_R 为反转接触器，SB_F 为正转启动按钮，SB_R 为反转启动按钮。正转接触器 KM_F 的主动合触点把电动机按 L_1—A、L_2—B、L_3—C 的顺序与电源相接；反转接触器 KM_R 的主动合触点把电动机按 L_1—C、L_2—B、L_3—A 的顺序，将 A 和 C 对调后与电源相接，因此主电路能够实现正、反转。

从主电路中可以看出，KM_F 和 KM_R 的主动合触点是不允许同时闭合的，否则会发生相间短路，因此正、反两个接触器在同一时间只能有一个工作，这就是正、反转控制电路的约束条件。怎样实现这一约束条件呢？接触器必须把自己的辅助动断触点串入对方的线圈电路中，如图 7.2.3 所示。这样，当正转接触器 KM_F 线圈通电时，其辅助动断触点 KM_F 在 KM_R 线圈电路中断开，这时即使按下 SB_R，KM_R 线圈也不会通电，反之亦然。这种利用辅助动断触点封锁对方线圈电路的正、反转控制电路，称为接触器“互锁”的正、反转控制电路。

在图 7.2.3 所示电路中，正、反转之间的相互转换，必须先按下停止按钮 SB_{stp}。如由正转改为反转时，必须先按停止按钮 SB_{stp}，令线圈 KM_F 失电，再按 SB_R，才能使线圈 KM_R 通电，使电动机反转。如果不按 SB_{stp} 而直接按 SB_R，将不起作用，反之亦然。

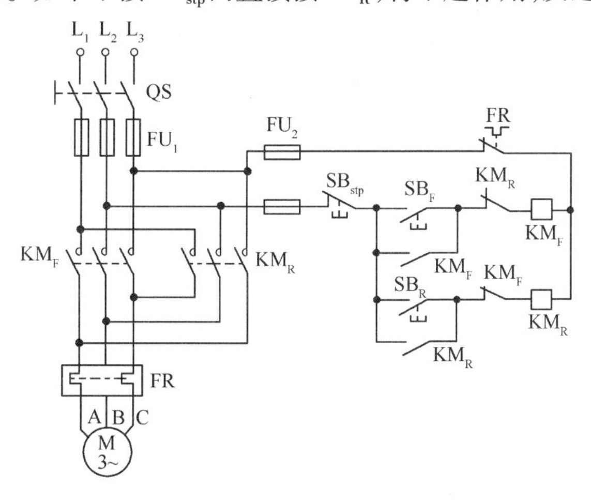

图 7.2.3 接触器互锁的正、反转控制电路

接触器互锁的正、反转控制电路的操作过程如下：

1. 正转操作

合上QS → 按下正转启动按钮SB_F → KM_F通电 →
- → KM_F的主动合触点闭合 → 电动机得电正转
- → KM_F的辅助动合触点闭合自锁
- → KM_F的辅助动断触点断开，对KM_R互锁

2. 停止正转操作

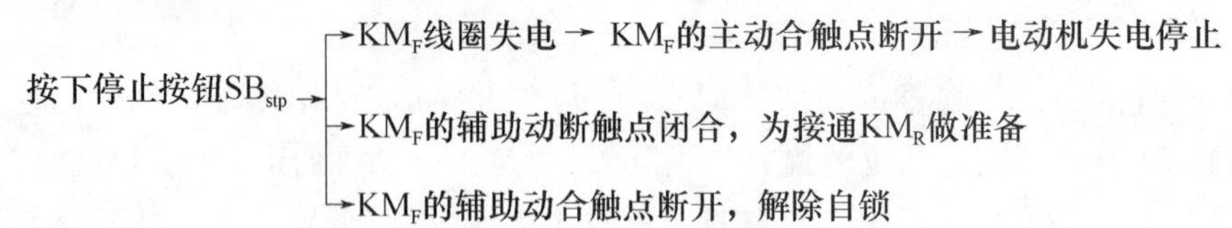

3. 反转操作

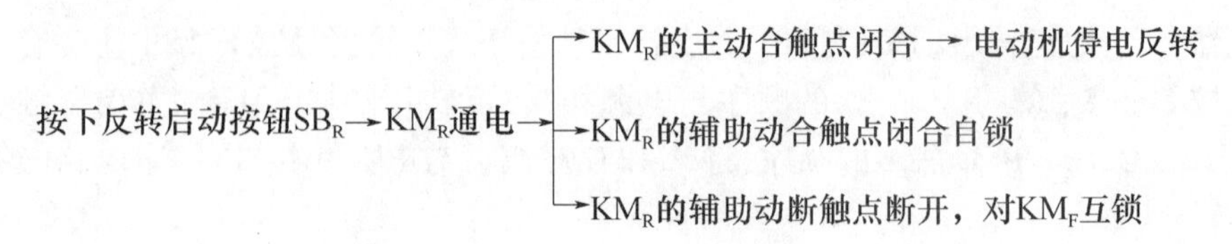

上述操作方式适用于功率较大的电动机。大功率电动机的正、反转是不能直接转换的。如果直接转换，在换接瞬间就会出现旋转磁场已经反向，而转子由于惯性仍按原方向旋转的现象，这会导致转子导体与旋转磁场之间的切割速度突然增大，感应电动势和感应电流随之增大，电磁转矩也突然增大，其方向又与旋转磁场方向相反，这时转差率将接近于2，这不仅会引起很大的电流冲击，而且会造成相当大的机械冲击，发生危险。因此，大功率电动机的正、反转之间的切换，必须先按 SB_{stp}，待转速下降后，再按相应按钮。

但是，对一些小功率允许直接正、反转切换的电动机而言，上述操作就有些繁锁，为此，可采用接触器互锁和按钮互锁相结合的复式互锁的控制电路，如图 7.2.4 所示。在电动机正转过程中，如果按下反转按钮 SB_R，则它的动断触点 KM_R 断开，使线圈 KM_F 失电；同时动断触点 KM_F 恢复闭合，使得线圈 KM_R 通电，电动机由正转直接变为反转；并且动合触点 KM_R 闭合自锁，使电动机维持反转。同理，在电动机反转过程中，按下 SB_F 按钮可以使电动机直接变为正转，操作快捷方便。

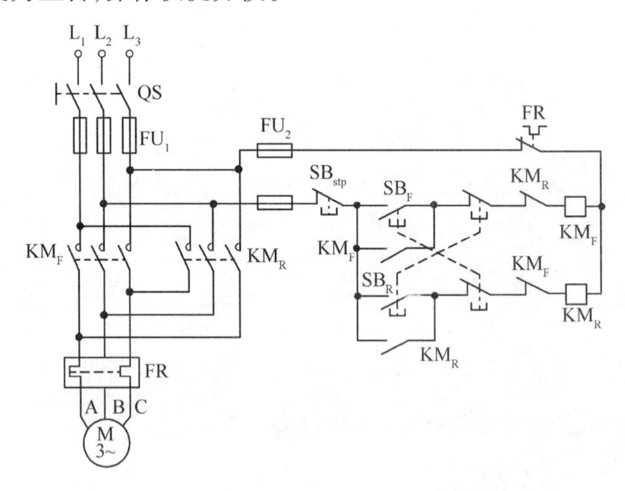

图 7.2.4　复式按钮互锁的正、反转控制电路

7.2.3　顺序控制

在多台电动机相互配合完成一定的工作时，这些电动机之间必须有一些约束关系，这些关系在控制电路中称为“联锁”。电动机的联锁一般由接触器的辅助触点在控制电路

中的串联或并联来实现,它们是保证生产机械或自动生产线可靠工作的重要措施。下面以两台电动机为例介绍几种常见的联锁方法。

1. 按顺序启动

很多机床在主轴电动机工作之前,必须先启动油泵电动机,使机械系统充分润滑之后再启动主轴电动机。图 7.2.5 所示的是两台电动机先后启动的控制电路,M_1 为油泵电动机应先启动,由接触器 KM_1 控制;M_2 为主轴电动机应后启动,由接触器 KM_2 控制。其操作过程如下。

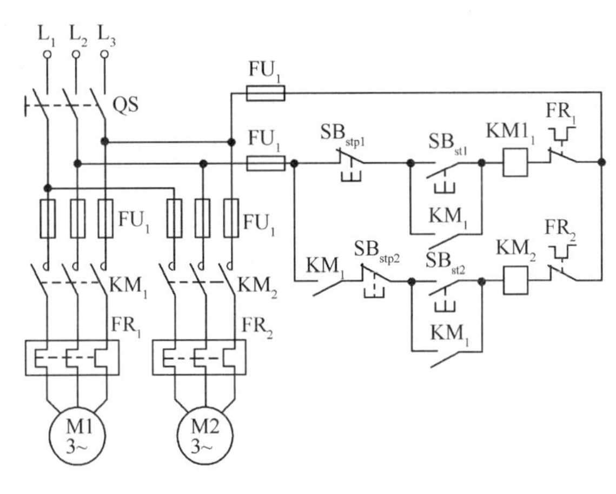

图 7.2.5 两台电动机按顺序启动的控制电路

(1) 启动时。

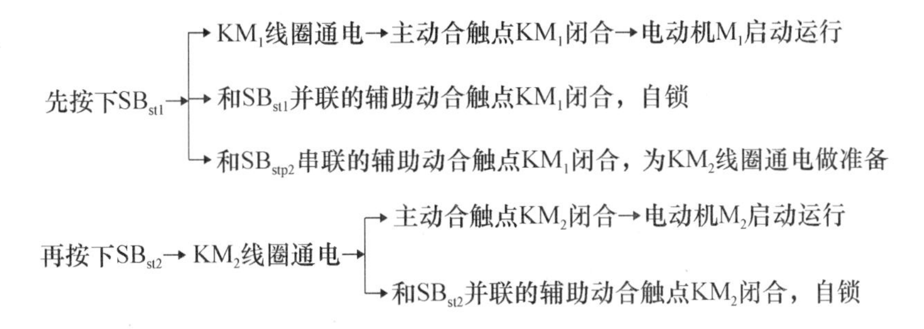

如果先按下 SB_{st2},KM_2 不会通电,这就实现了 M_1 先启动,M_2 才能启动的顺序控制。

(2) 停止时。

如果按下 SB_{stp1},则线圈 KM_1 失电,同时,和 SB_{stp2} 串联的辅助动合触点 KM_1 断开,使 KM_2 也失电,故按下 SB_{stp1} 可使 M_1、M_2 同时停车。如果按下 SB_{stp2},则 KM_2 失电,电动机 M_2 可单独停车。

由上述分析可知,实现这种控制方法的关键是把 KM_1 的辅助动断触点与 KM_2 的启动、停止按钮相串联。

2. 按顺序停止

机床主轴工作时,油泵电动机是不允许停止的,只有当主轴电动机停止后,油泵电动机才能停止,即两台电动机的停止要有先后顺序。图 7.2.6 所示是两台电动机同时启动、按顺序先后停转的控制电路(其主电路与图 7.2.5 相同不再重画),其操作过程如下。

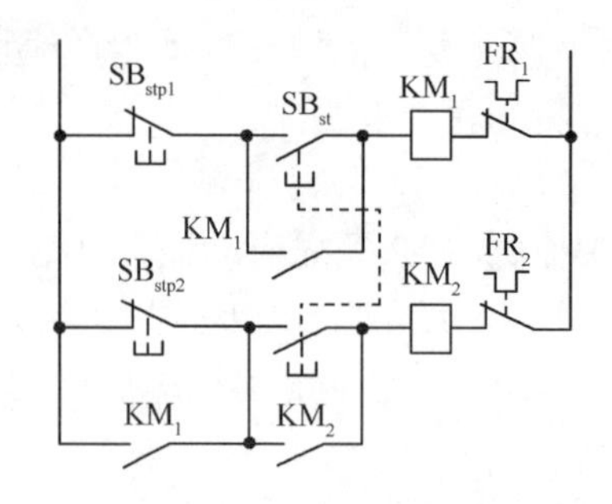

图 7.2.6　两台电动机按顺序停止的控制电路

假设 M_1 为主轴电动机，M_2 为油泵电动机，启动时：

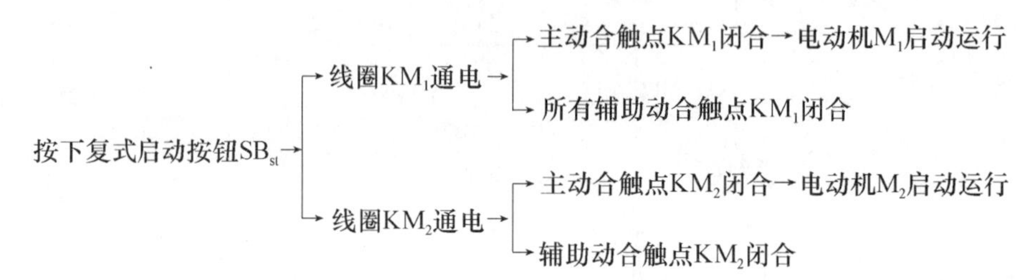

停止时：先按下 SB_{stp1}，切断 KM_1，使电动机 M_1 先停止，然后按下 SB_{stp2}，切断 KM_2，使电动机 M_2 后停止。如果先按 SB_{stp2}，由于与其并联的 KM_1 动合触点闭合，则不能使 KM_2 断电，所以无法停止。实现这种联锁控制方法是把 KM_1 的辅助动合触点 KM_1 并联在 KM_2 的停止按钮 SB_{stp2} 两端。

7.2.4　行程控制

行程控制，就是当运动部件到达预定位置时采用行程开关进行的控制，如吊钩上升到达终点时要求自动停止，龙门刨床的工作台要求在一定的范围内自动往返等。

1. 行程开关

行程开关又称限位开关，它是利用机械部件的位移来切换电路的自动电器。它的结构如图 7.2.7(a)所示，图 7.2.7(b)是其电路符号，其工作原理与按钮相似，只不过代替手按的是撞块的撞压。当撞块撞压行程开关上的触杆时，使其动断触点断开，动合触点闭合；而当撞块离开触杆时，复位弹簧使触点复位。行程开关有直线式、单滚轮式、双滚轮式等，如图 7.2.7(c)、(d)、(e)所示，其中双滚轮式行程开关无复位弹簧，不能自动复位，它

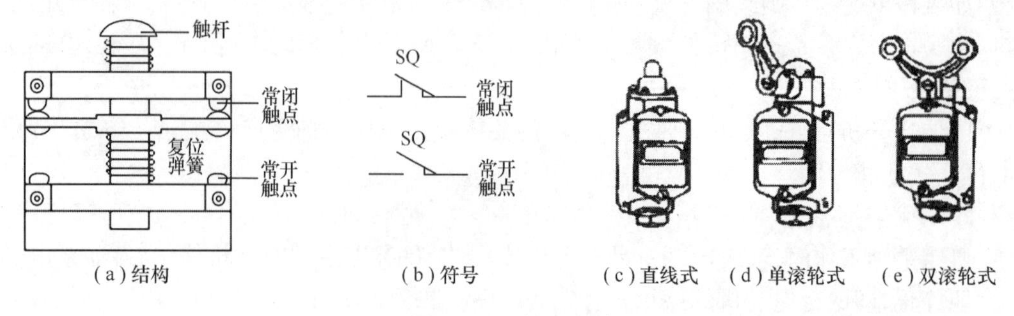

图 7.2.7　行程开关

需要两个方向的撞块来回撞压才能复位。

2. 自动往复行程控制

某些生产机械（如万能铣床）要求工作台在一定范围内能自动往复运动，以便对工件连续加工。为了实现这种自动往复行程控制，电动机的正、反转控制是控制电路的基本环节。自动循环控制电路如图 7.2.8 所示。行程开关 SQ_F 和 SQ_R 装在机床床身的左、右两侧，撞块 a、b 装在工作台上，随工作台一起运动。

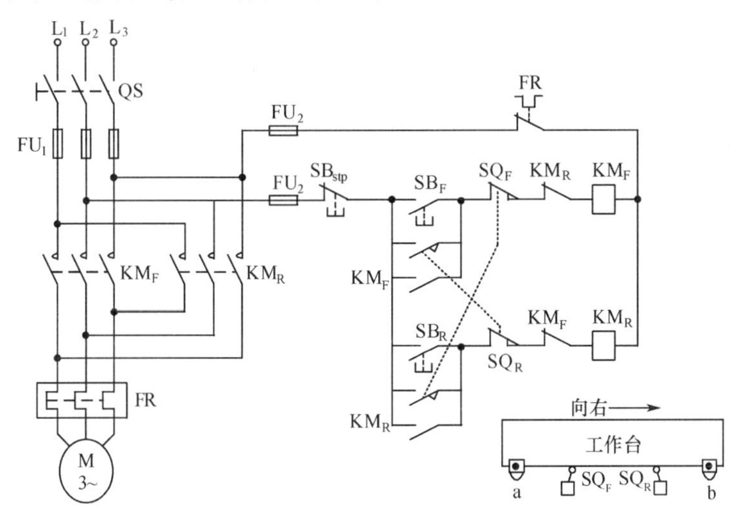

图 7.2.8 自动往复行程控制

当电动机正转带动工作台向右运动到极限位置时，撞块 a 撞到行程开关 SQ_F，一方面使其动断触点断开，使电动机先停转，另一方面也使其动合触点闭合，相当于自动按下了反转启动按钮 SB_R，使电动机反转带动工作台向左运动。这时撞块 a 离开行程开关 SQ_F，其触点自动复位，由于接触器 KM_R 自锁，故电动机继续带动工作台左移，当移到左边极限位置时，撞块 b 撞到行程开关 SQ_R，接下来有与上述类似的过程，不再重复。如此往复，直到按下停止按钮 SB_{stp} 电动机才会停止。

7.2.5 时间控制

时间控制就是利用时间继电器进行延时控制。在生产中经常需要按一定的时间间隔来对生产机械进行控制。例如，在电动机的降压启动中，就是要在降压启动之后延时一定的时间，再加上额定电压；再如一条生产线上有多台电动机，需要分批启动，在第一批电动机启动后，需经过一定的延时时间，才能启动第二批电动机。这类控制称为时间控制。

1. 时间继电器

时间继电器是按照设定时间的长短来切换电路的自动电器，它的种类很多，常用的有空气式、电动式、电子式等。空气式时间继电器的延时范围较大，有 0.4s ~ 60s 和 0.4s ~ 180s 两种，结构简单，常用于不要求延时时间十分精确的控制电路中，其基本结构如图 7.2.9(a) 所示，主要由电磁机构、延时气室、传动机构和微动开关等组成，它利用空气的阻尼作用获得动作延时，是“通电延时式继电器”。

在图 7.2.9(a) 中，当线圈通电时，动铁芯就被吸下，使铁芯与活塞杆之间有一段距

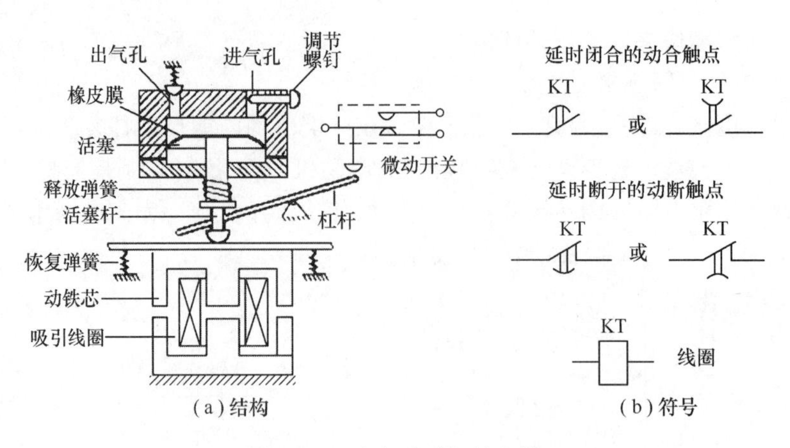

(a)结构　　(b)符号

图 7.2.9　空气式时间继电器

离,在释放弹簧的作用下,活塞杆就向下移动。由于在活塞上固定有一层橡皮膜,因此当活塞向下移动时,橡皮膜上方的空气变稀薄,压力减小,而下方的压力加大,限制了活塞杆下移的速度。只有当空气从进气孔进入时,活塞杆才能继续下移,直至压下杠杆,使微动开关动作。从线圈通电到微动开关动作需经过一段时间,此即时间继电器的延时时间。旋转调节螺钉,改变进气孔的大小,就可以调节延时时间的长短。线圈断电后复位弹簧使橡皮膜上升,空气从单向出气孔迅速排出,不产生延时作用。

将图 7.2.9(a)所示的"通电延时式继电器"适当改装,可制成"断电延时式继电器",即从线圈断电到微动开关动作需经过一段时间。时间继电器的电气符号如图 7.2.9(b)所示,其文字符号为 KT。

2. 时间继电器在 Y - △控制中的应用

对于正常运行时定子绕组为△形连接的电动机,可在启动时接成 Y 形,以减小启动电流,待转速上升后再换接成△形投入正常运行,这种 Y - △启动的手动控制电路已在前一章中介绍过,其自动控制电路如图 7.2.10 所示,图中 KM、KM_Y、$KM_△$ 是交流接触,KT 是时间继电器。

启动时:

合上QS→按下SB_{st} → KM线圈通电 → 动合触点闭合
　　　　　　　　　　　　　　　　　→ 辅助动合触点闭合自锁
　　　　　　　　→ KM_Y主动合触点闭合 → 电动机M接成Y形启动运行
　　　　　　　　　　　　　　　　　→ 辅助动断触点断开对$KM_△$互锁
　　　　　　　　→ KT线圈通电→动合、动断触点延时动作 →

→ 延时结束 → 动断触点断开→KM_Y失电→辅助动断触点闭合（为$KM_△$通电做准备）
　　　　　→ 动合触点闭合→$KM_△$线圈通电 → 电动机M接成△形运行
　　　　　　　　　　　　　　　　　　　→ 辅助动合触点闭合自锁
　　　　　　　　　　　　　　　　　　　→ 辅助动断触点断开，对KM_Y互锁

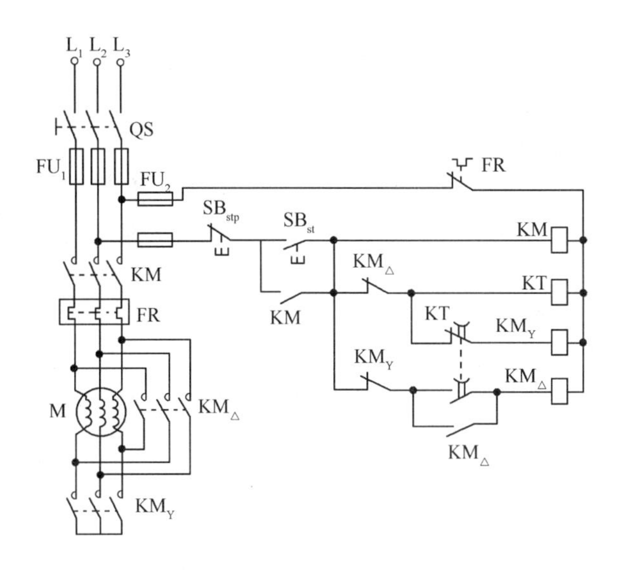

图 7.2.10　Y－△换接启动控制

停止时：

按下停止按钮 SB_{stp}，使 KM 和 $KM_{\triangle}$ 线圈失电，主动合触点断开，电动机 M 停止。

7.2.6　多地控制

能在两地或多地控制同一台电动机的控制方式叫做电动机的多地控制。图 7.2.11 所示为两地控制电路。

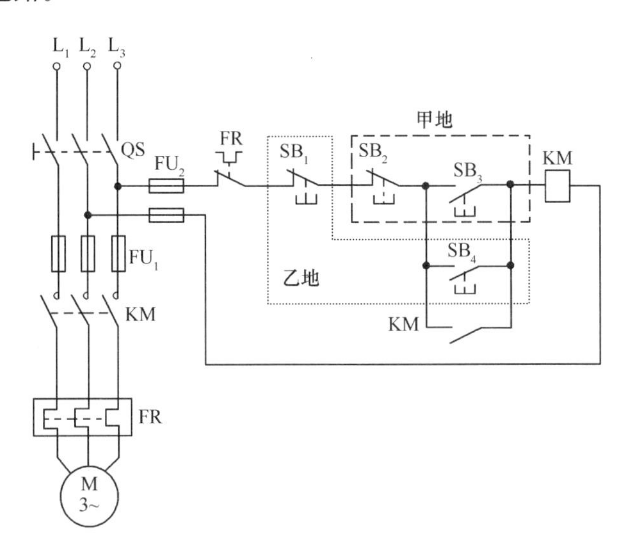

图 7.2.11　两地控制电路

在两个地点各设一套启动和停止控制按钮，图 7.2.11 中 SB_3、SB_2 为甲地控制的启动和停止按钮，SB_4、SB_1 为乙地控制的启动和停止按钮。电路的特点是：两地的启动按钮 SB_3、SB_4（动合触点）要并联在一起，停止按钮 SB_1、SB_2（动断触点）要串联在一起。这样就可以分别在甲、乙两地启、停同一台电动机，达到操作方便的目的。

习　题

7.1　常用低压电器有哪些？

7.2　试画出笼型异步电动机直接启动的启、停控制线路。

7.3　设计一个分别在甲、乙两地启、停同一台电动机的控制电路，画出电路图。设启动按钮为动合触点 SB_3、SB_4，停止按钮为动断触点 SB_1、SB_2。

7.4　PLC 的基本结构如何？

7.5　PLC 有哪些编程语言？

7.6　试画出三相异步电动机正、反转控制线路图，并叙述：(1)启动原理；(2)停机原理；(3)过载保护原理。

7.7　设计两台电动机 M_1、M_2 按顺序启动的电路，设 M_1 由接触器 KM_1 控制，需先启动；M_2 由接触器 KM_2 控制，应后启动，画出电路图，并简要说明控制流程。

第 8 章　半导体器件

8.1　半导体的基本知识

自然界中的物质,按照导电能力不同可分为导体、绝缘体和半导体。半导体是导电能力介于导体和绝缘体之间的物质。常用的半导体材料有硅、锗、砷化镓等,或用于掺杂而制成其他化合物半导体的硼、磷等,而硅和锗是目前最常用的半导体材料。纯净的半导体在受到光照、热辐射或掺杂后,其导电能力大大增强,甚至接近于导体,利用半导体的这种光敏、热敏和掺杂特性,可以制作各种各样的半导体器件,半导体器件是构成电子电路的基本元件。下面,先介绍半导体的基本知识。

8.1.1　本征半导体

本征半导体是指纯净的具有晶体结构的半导体。晶体中纯净的四价元素是以共价键形式存在的,共价键有很强的结合力,常温下能够挣脱束缚的价电子很少。当环境温度升高或光照增强时,本征半导体就会产生本征激发,即更多的价电子获得能量挣脱共价键的束缚,成为自由电子,同时,在共价键中留下空位(称为空穴)。本征激发的带负电的自由电子和带正电的空穴成对出现并保持动态平衡,在外电场的作用下,它们能定向移动分别形成电子流和空穴流,所以,我们把它们称之为"载流子"。本征半导体中载流子的数量取决于环境温度和光照强度。

8.1.2　杂质半导体

在本征半导体中虽然有自由电子和空穴两种载流子,但在常温下数量极少,因此其导电性能很差。如果在纯净的半导体中掺入微量杂质(某种有用的元素),就可以使半导体的导电性能大大增强,掺入杂质的半导体称为杂质半导体,由于掺杂元素的不同,掺杂半导体可以分为 N 型半导体和 P 型半导体两类。

1. N 型半导体

在四价硅(或锗)晶体中掺入少量五价元素(比如磷),可以形成 N 型半导体。在硅晶体中掺入磷元素以后,由于磷原子外围有五个电子,它与周围硅原子组成共价键时,还多出一个电子,多出的这个电子在常温下就能摆脱原子核的束缚成为自由电子,使磷原子变成带正电且不能移动的离子。每掺入一个五价原子就能提供一个自由电子,所以,掺五价原子使半导体中电子的数量大幅度增加,而空穴的数量却很少,我们把这种半导体称为电子型半导体,即 N 型半导体。N 半导体中,电子是多数载流子(多子),是主要的导电载流子,空穴是少数载流子(少子)。多子的浓度取决于掺杂,少子的浓度取决于温度和光照强度。

2. P 型半导体

在四价硅(或锗)晶体中掺入少量三价元素(如硼、镓或铟),可以形成 P 型半导体。在硅晶体中掺入硼元素以后,由于硼原子外围只有 3 个电子,它与周围硅原子组成共价键时,因缺少一个电子而形成一个空穴,在常温下这个空穴能吸引临近共价键上的电子来填充,使硼原子变成带负电且不能移动的离子,被夺走电子的硅原子的共价键因缺少一个电子而成为带正电的空穴。常温下,每掺入一个三价原子就能提供一个空穴,所以,掺三价原子使半导体中空穴的数量大幅度增加,而自由电子数量却很少,我们把这种半导体称为空穴型半导体,即 P 型半导体。P 型半导体中,空穴为主要的导电载流子,是多子,自由电子是少子。

总之,不管是哪种杂质半导体,掺杂后,半导体中载流子的数量都会大幅度增加,虽然整个晶体仍然是不带电的,但它们的导电能力都有很大的提高,因而掺杂是提高半导体导电能力的最有效的方法。我们研究半导体的目的,并不在于如何提高它的导电能力,而在于如何利用 N 型半导体和 P 型半导体的不同组合方式,制造出各种各样的半导体器件。

8.1.3 PN 结

杂质半导体的导电能力虽大幅度增强,但我们不能用单个的 N 型半导体和 P 型半导体来制造半导体器件,而是利用掺杂工艺,将 N 型半导体和 P 型半导体制作在同一块基片上,以使在它们的交界面处形成 PN 结。PN 结是构成各种半导体器件的基础。

1. PN 结的形成

如图 8.1.1 所示,用不同的掺杂工艺,使一块晶片两边分别形成 N 型半导体和 P 型半导体时,N 区的自由电子浓度高于 P 区的自由电子浓度,P 区的空穴浓度高于 N 区的空穴浓度,由于这种浓度差的存在,载流子将从浓度高的区域扩散到浓度低的区域。首先在交界面附近的区域里,N 区的自由电子扩散到 P 区;P 区的空穴扩散到 N 区,扩散的结果使交界面附近的 N 区一侧由于失去自由电子,而只留下带正电且不能移动的杂质离子;P 区一侧由于失去空穴,而只留下带负电且不能移动的杂质离子。这些不能移动的正负离子在交界面两侧形成了空间电荷区。在这个区域里,多数载流子因向对方扩散而耗尽,故空间电荷区被称为耗尽层。耗尽层的厚度会随着扩散运动的增强而变厚。

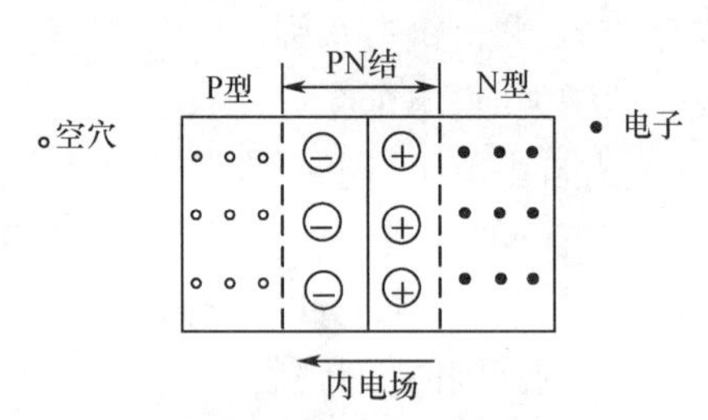

图 8.1.1　PN 结的形成

空间电荷区中的正、负电荷形成了一个由 N 区指向 P 区的内电场,空间电荷区越宽,内电场也越强。内电场的电势左低右高,见图 8.1.1,一方面它阻碍多子继续向对方区域扩散;另一方面,它使本征激发的少数载流子做定向运动并越过空间电荷区进入对方区域。我们把载流子在内电场作用下的这种运动叫做漂移运动。在同一半导体内,扩散运动和漂移运动是既相互联系又相互对立的。扩散运动使空间电荷区变厚,内电场增强;而内电场的增强会反过来阻止扩散,促进漂移,使空间电荷区变窄,使内电场减弱。如此相互促进并相互制约,在一定的条件下,扩散运动和漂移运动将达到动态平衡。动态平衡时,扩散运动形成的电流和漂移运动形成的电流大小相等,方向相反,空间电荷区的厚度和内电场的强度也将基本稳定。这个动态平衡状态的空间电荷区被称之为 PN 结。

2. PN 结的单向导电性

当无外加电压时,PN 结处于动态平衡状态。若在 PN 结的两端分别加上正向电压和反向电压时,其导电能力会出现显著变化,这种特性称为 PN 结的单向导电性。

(1)外加正向电压

若如图 8.1.2(a)所示,将 P 区接电源正极,N 区接电源负极,则称 PN 结为正向偏置。此时,外电场的方向与 PN 结内电场的方向相反,在外电场的作用下,原来的动态平衡被破坏,扩散运动得以进行,结果使空间电荷区变窄,内电场削弱。在一定的范围内,随着外加正向电压的升高,扩散运动会进一步增强,扩散电流也随之增加,PN 结的等效电阻将减小,电路中形成的电流较大,为毫安级。在这个过程中,由少子的漂移运动形成的漂移电流也同时存在,其数值很小,可忽略不计。

(2)外加反向电压

若如图 8.1.2(b)所示,将 N 区接外加电源的正极,P 区接外加电源的负极,则称 PN 结为反向偏置。此时,外加电场的方向和 PN 结内电场的方向一致,在这种外电场的作用下,内电场增强,空间电荷区变宽,PN 结的等效电阻增大。这时,少子在电场作用下的漂移运动得以进行,形成反向电流,反向电流一般很小,为微安级。在一定的温度下,由于本征激发产生的少数载流子的数量是一定的,因此,反向电流的数值为取决于温度的一个很小的近似常数,而几乎与外加电压无关,所以称反向电流为反向饱和电流,记为 I_S。

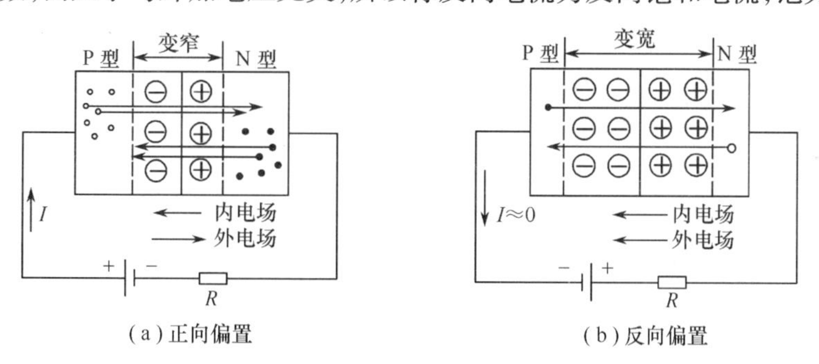

图 8.1.2　PN 结的单向导电性

总之,当 PN 结正偏时,正向电阻很小,回路中电流较大,PN 结处于导通状态;当 PN 结反偏时,反向电阻很大,回路电流几乎为零,PN 结处于截止状态。

PN 结正向导通时,其两端呈现一定的正向压降,记为 U_{on}。PN 结的特性对温度很敏感,实验测得,温度每升高 1℃,正向压降 U_{on}减小 2mV ~ 2.5mV;温度每升高 10℃,反向饱和电流 I_S 约增大一倍。

8.2　半导体二极管

把 PN 结用外壳封装起来,加上电极引线就构成了半导体二极管,简称二极管。由 P 区引出的电极为阳极,由 N 区引出的电极为阴极,常见的外形封装如图 8.2.1 所示。

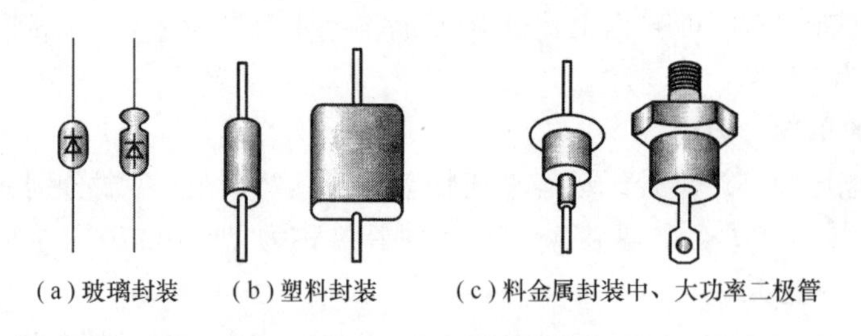

图 8.2.1　常见二极管外形

8.2.1　普通二极管

1. 二极管的结构和类型

半导体二极管按结构不同可分为点接触型、面接触型和平面型三种。它的结构示意图及电路符号如图 8.2.2 所示。

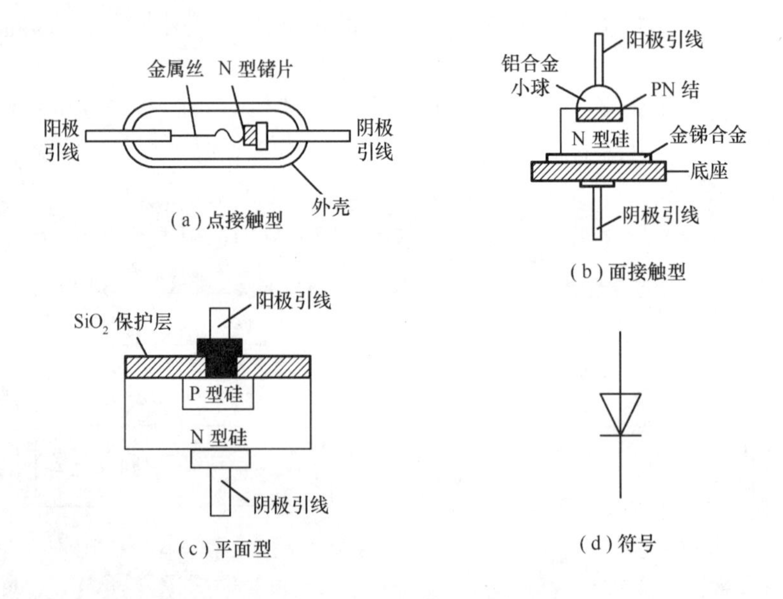

图 8.2.2　半导体二极管

点接触型二极管通常为锗管，PN 结面积小，结电容小，用于检波和变频等高频电路。面接触型 PN 结面积大，用于工频大电流整流电路。平面型二极管往往用于集成电路制造工艺中。PN 结面积可大可小，用于高频整流和开关电路中。

2. 二极管的伏安特性

二极管的伏安特性描述的是二极管两端的电压和流过二极管电流之间的关系。二极管的伏安特性如图 8.2.3 所示。

(1) 正向特性。在正向电压起始部分，由于外加电压较小，外电场还不足以削弱 PN 结的内电场，这时正向电流为零。使正向电流从零开始明显增大的外加电压称为阈值电压 U_{th}（又称死区电压）。锗管的阈值电压约为 0.1V，硅管约为 0.5V，当二极管正常导通时，锗管的导通压降 U_{on} 为 0.2V ~ 0.3V，硅管为 0.6V ~ 0.8V。

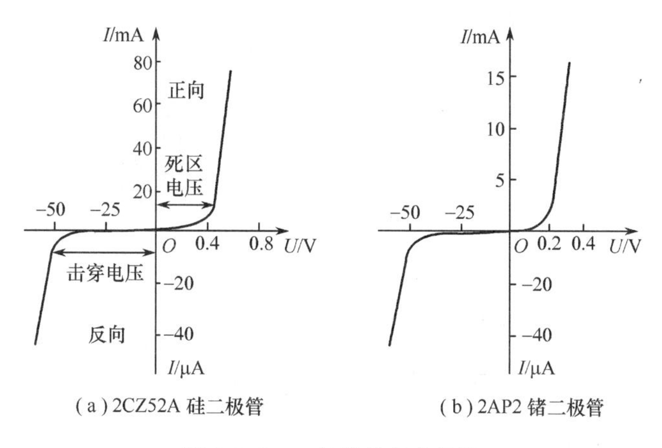

图 8.2.3　二极管的伏安特性

（2）反向特性。在反向电压的作用下少数载流子的漂移运动，形成了反向饱和电流。一般情况下，硅管的反向饱和电流比锗管小很多。

（3）击穿特性。当反向电压增加到一定数值时，反向电流急剧增加，二极管反向击穿。

3. 二极管的主要参数

二极管的特性一方面可用伏安特性表示，另一方面还可以用它的一些主要数据参数来说明，二极管主要的参数如下。

（1）最大整流电流 I_{OM}。I_{OM}指二极管长期使用时，允许通过二极管的最大正向平均电流。由于电流通过PN结要引起PN结发热，若电流过大，管子会因为PN结过热而烧坏。国产半导体二极管最大整流电流在10mA～500mA之间，一般点接触型较小，面接触型较大。

（2）最高反向工作电压 U_{RM}。U_{RM}是保证二极管不被击穿而允许加的最高反向电压，超过此值二极管可能被击穿。通常 U_{RM}为反向击穿电压 U_{BR}的一半。如2CP10硅管的最高反向工作电压为25V，而反向击穿电压约为50V。

（3）最高反向工作电流 I_{RM}。I_{RM}指在二极管两端加上最高反向工作电压时的反向电流。反向电流小，说明二极管的单向导电性能好，一般，硅管反向电流小，锗管反向电流较大。I_{RM}受温度影响较大。

4. 二极管应用电路

二极管的单向导电性使二极管应用非常广泛，主要用来整流、限幅、钳位、检波、续流和隔离等。

（1）整流。图8.2.4(a)所示为二极管半波整流电路。假设二极管为理想二极管，则输入电压 u_i 和负载电压 U_L的波形如图8.2.4(b)所示。在 u_i 正半周，二极管导通，$U_L = u_i$；在 u_i 负半周，二极管截止，电路中无电流，$U_L = 0$。这就将交流电变成了脉动直流电。

（2）限幅。图8.2.5(a)所示为一二极管限幅电路。设二极管为理想二极管，输入电压 u_i 为正弦波。当正半周 $u_i > E$ 时，二极管导通，输出 $u_o = E$；当 $u_i < E$ 时，二极管截止，电路中无电流，电阻上无压降，$u_o = u_i$。由此电路的工作波形如图8.2.5(b)所示，u_o被限幅。

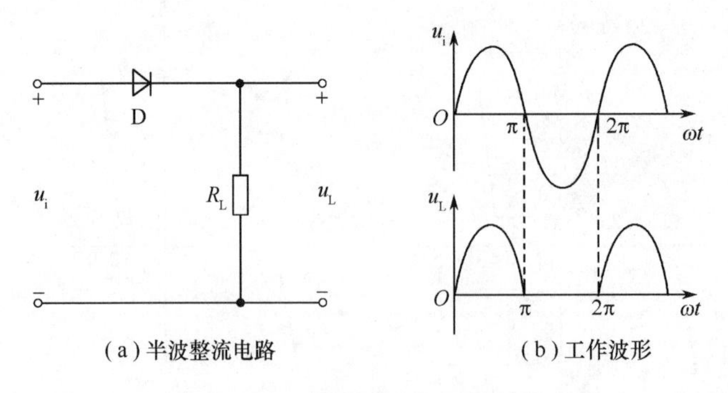

(a) 半波整流电路　　　　(b) 工作波形

图 8.2.4　二极管半波整流电路

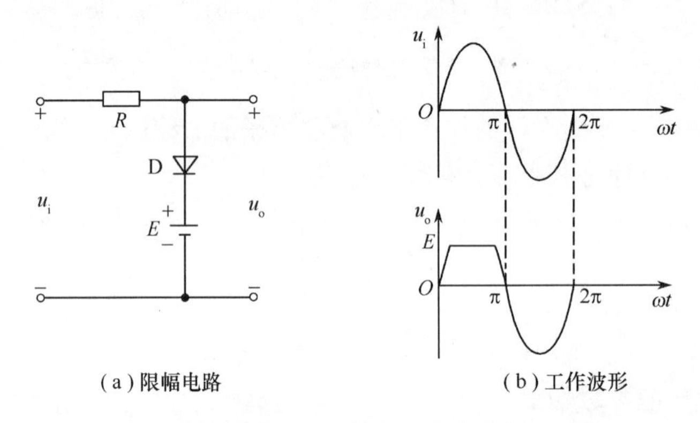

(a) 限幅电路　　　　(b) 工作波形

图 8.2.5　二极管限幅电路举例

8.2.2　稳压二极管

1. 稳压二极管的电路符号及稳压特性

稳压二极管是由硅材料制成的特殊的面接触型二极管，它正向表现为普通二极管的特性，反向有稳压特性，其电路符号和伏安特性如图 8.2.6 所示。

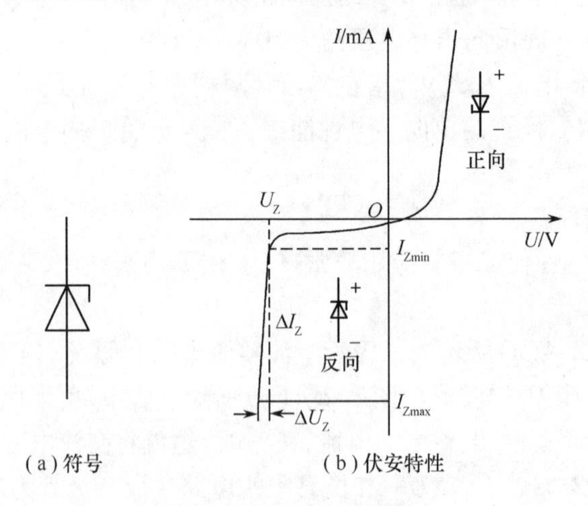

(a) 符号　　　　(b) 伏安特性

图 8.2.6　稳压二极管的符号和伏安特性

稳压二极管工作在反向击穿区。当稳压二极管外加反向电压的数值达到一定程度时则被击穿。稳压二极管被反向击穿后，其反向电流迅速增加，但在一定的范围内（I_{Zmin} <

$I_Z < I_{Zmax}$)，管子两端的电压 U_Z几乎保持不变，故可起到稳定电压的作用。当 $I_Z \geqslant I_{Zmax}$时，管子会因过热而被烧坏。

2. 稳压二极管的主要参数

(1) 稳定电压 U_Z。U_Z指在规定的电流、温度的条件下稳压管的反向击穿电压。由于半导体器件参数的分散性，即使在同样的条件下，因其加工工艺或其他原因，同一型号的稳压管的 U_Z也存在一定的差别。例如，型号为 2CW11 的稳压管的稳定电压值为 3.2V ~ 4.5V，但就某一只管子而言，U_Z是确定值。

(2) 稳定电流 I_Z。I_Z指稳压二极管工作在稳压状态时的参考电流，通常记为 I_{Zmin} ~ I_{Zmax}，电流低于或高于此值时稳压效果变坏甚至不稳压。稳压二极管的稳定电流只是一个作为依据的参考数值范围，选用时要根据具体情况来考虑，但只要不超过额定功率，稳压二极管电流越大，稳压效果越好。

(3) 最大允许耗散功率 P_{ZM}。P_{ZM}指稳压二极管不至于发生热击穿的最大功率损耗，其值为稳定电压 U_Z与最大稳定电流 I_{Zmax}的乘积。稳压管的功耗超过此值时，会因结温过高而损坏。

(4) 温度系数 α。温度系数是用来表示稳压管的稳压值受温度变化影响大小的系数。α 为温度每变化 1℃ 稳压值的变化量，即 $\alpha = \Delta U_Z / \Delta T$。稳定电压小于 4V 的管子具有负稳定系数（属于齐纳击穿），温度升高，稳定电压值下降；稳定电压大于 7V 的管子具有正温度系数（属于雪崩击穿），温度升高，稳定电压值上升。

(5) 动态电阻 r_Z。r_Z指稳压二极管工作在稳压区时，管子的端电压变化量与电流变化量之比，即 $r_Z = \Delta U_Z / \Delta I_Z$，$r_Z$越小，电流变化时 U_Z的变化越小，即稳压二极管的稳压特性越好。对于同一只管子，工作电流越大，r_Z越小。

由于稳压二极管的反向电流小于 I_{Zmin}时不稳压，大于 I_{Zmax}时会因超过额定功率而损坏，所以稳压二极管电路中必须要串联一个电阻来限制电流，从而保证稳压二极管正常工作，称这个电阻为限流电阻。只有 R 取值合适时，稳压二极管才能安全地工作在稳压状态。

3. 稳压二极管的简单应用

如图 8.2.7 电路所示，输入电压 u_i 是脉动直流电，输出电压 u_o 是几乎不变的电压 U_Z。R 是限流电阻，当输入电压 u_i 变化或负载电阻 R_L变化时，稳压二极管中的电流迅速变化，R 上的电压也随之变化，从而保持输出电压 $u_o = U_Z$恒定不变。

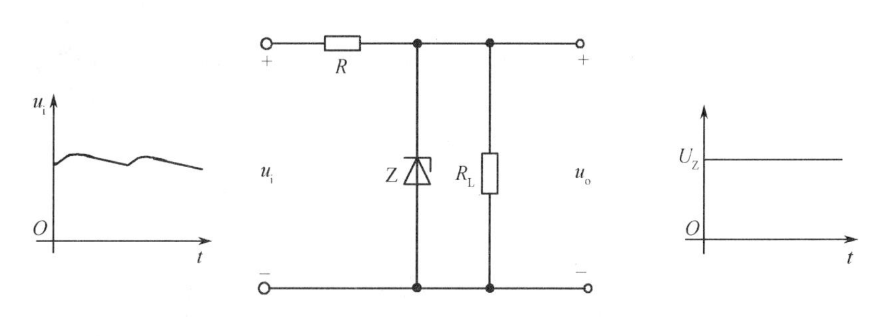

图 8.2.7　稳压二极管的应用举例

8.2.3 发光二极管

发光二极管工作于正向偏置状态,当正向电流通过管子时,管子就会发光,是一种直接将电能转化为光能的器件,简称LED,外形如图8.2.8所示。LED结构上与普通二极管类似,采用一些特殊的化合物(如砷化镓、磷化镓等)加工而成。发光二极管也具有单向导电性,且只有当外加电压使得电流足够大时才发光,正向电流越大,发光越强。LED的开启电压比普通二极管大,其正常工作时的正向压降一般为1.5V~2.5V,工作电流为几毫安到十几毫安,反向击穿电压一般小于10V。LED的发光颜色取决于所用材料,目前有红、绿、黄、橙等色,还可制成单色的激光二极管。发光二极管的符号如图8.2.9(a)所示。

发光二极管驱动电压低、功耗小、寿命长、可靠性高,被广泛应用于显示电路中。除单个使用外,也常做成7段式和矩阵式显示器件。发光二极管也常用在光电传输系统中将电信号转变为光信号。发光二极管的应用电路如图8.2.9(b)所示。

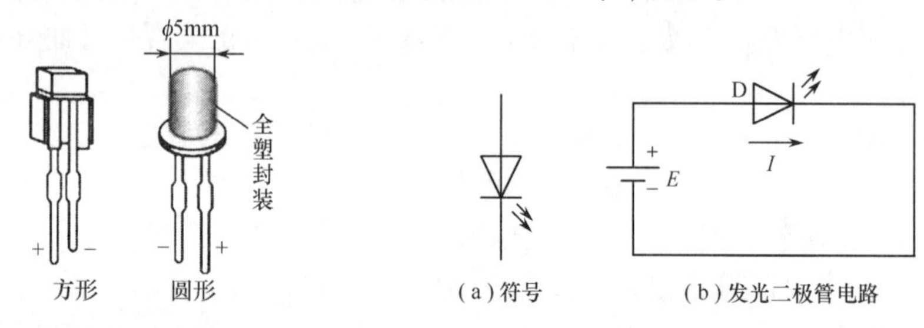

图8.2.8 发光二极管的外形

图8.2.9 发光二极管

8.2.4 光电二极管

光电二极管是一种很常用的光敏元件,又称光敏二极管。其符号如图8.2.10(a)所示。与普通二极管相似,它也是具有一个PN结的半导体器件,但二者在结构上有着显著不同。光电二极管PN结处的管壳上有一个透明的聚光窗口以接收外部的光照。无光照时,光电二极管截止;有光照时,光电二极管可以导通。

光电二极管工作在反向偏置状态,其应用电路如图8.2.10 (b)所示。它的反向电流随光照强度的增加而上升,用于实现光电功能转换。光电二极管广泛应用于遥控接收器、激光头中。光电二极管也可用于光的测量,是将光信号转换成为电信号的常用器件。当制成大面积的光电二极管时,能将光能直接转换成电能,可当作一种能源器件,即光电池。对负载而言,光电池的正极是光电二极管的阳极,负极为阴极,其短路电流与光照强度成正比。

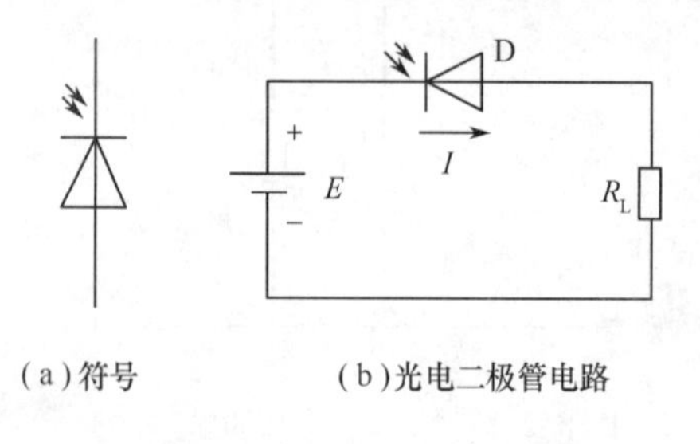

(a)符号 (b)光电二极管电路

图8.2.10 光电二极管

8.3　半导体三极管

随着半导体技术的发展,人们在半导体二极管的基础上成功研制了半导体三极管,又称晶体管,常见的晶体管外形封装如图 8.3.1 所示。

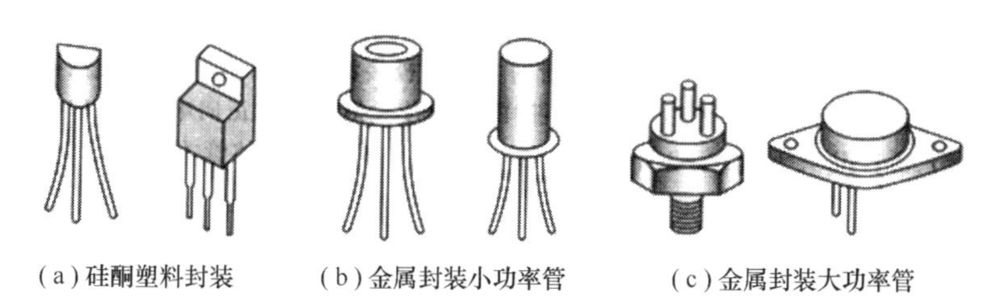

图 8.3.1　常见晶体管的外形

晶体管是最重要的一种半导体器件,由于管子内部有两种载流子,即空穴与自由电子均参与导电,因此又称半导体三极管为双极型晶体管(BJT)。为了更好地理解和熟悉晶体管的特性,下面首先要了解晶体管的结构和放大原理。

8.3.1　基本结构与类型

晶体管的基本结构由两个 PN 结组成,这两个 PN 结是利用不同的掺杂方式在同一个基片上制造出 3 个掺杂区域而形成的。根据其组成的形式不同,晶体管可分为 NPN 型和 PNP 型两种类型。NPN 型晶体管结构示意图和电路符号如图 8.3.2(a)所示,它是一个 3 层半导体结构,中间是一块很薄且杂质浓度很低的 P 型半导体,称为基区;位于下层的 N 型半导体是发射区,掺杂浓度很高;位于上层的 N 型半导体是集电区,容量很大,晶体管的外特性和 3 个区域的特点有关。从 3 块半导体上各自接出一根引线就是晶体管的 3 个电极,分别叫做基极 b、发射极 e 和集电极 c。发射区和集电区同为 N 型半导体,但发射区掺杂浓度比集电区高。

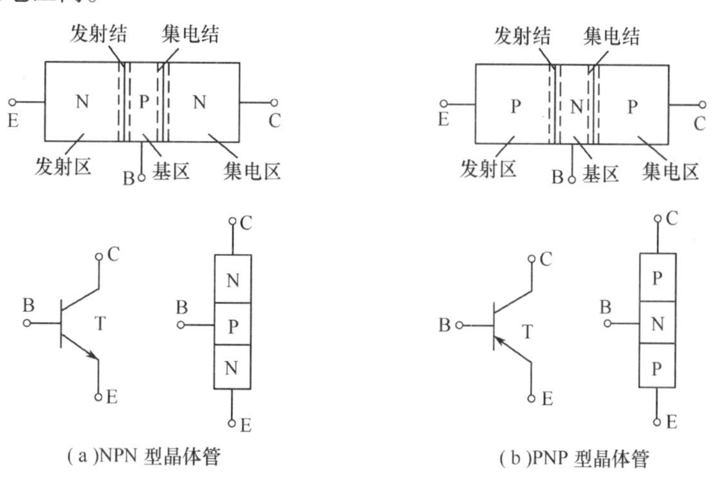

图 8.3.2　晶体管的结构示意图和电路符号

根据晶体管的结构可以知道，晶体管有两个 PN 结，发射区和基区交界处的 PN 结称为发射结，集电区和基区交界处的 PN 结称为集电结。

同 NPN 型晶体管一样，PNP 型晶体管也是包括两个 PN 结和3 层半导体，其电路结构和电路符号如图 8.3.2 所示。虽然两种晶体管特性几乎相同，但不能互相取代。

晶体管的种类很多，按照其工作频率可分为高频管和低频管；按照制作材料可分为硅管和锗管；按照功率大小可分为大功率管、中功率管和小功率管；按其工作状态可分为放大管和开关管等等。

8.3.2 电流分配和放大原理

放大电路是模拟电子技术的基本电路，在实际应用中，从传感器获得的电信号都很微弱，只有经过放大才能作进一步的处理，或使之具有足够的能量推动执行机构。晶体管是放大电路的核心，它与二极管的本质区别就是它具有电流放大作用。晶体管在放大电路中起电流放大作用必须具备的条件是：发射结正向偏置，集电结反向偏置。下面通过分析 NPN 型晶体管中载流子的运动过程，来介绍晶体管的电流放大作用。

1. 载流子运动过程分析

（1）发射区向基区注入电子形成发射极电流 I_E。晶体管内部载流子运动示意图如图 8.3.3 所示。当发射结外加正向电压时，内电场的减弱使得发射区大量的多子自由电子因扩散运动而不断通过发射结到达基区，同时，基区的多子空穴也从基区向发射区扩散，两者共同形成了发射极电流 I_E。但基区的掺杂浓度很低，由空穴形成的电流非常小，近似分析时可忽略不计。

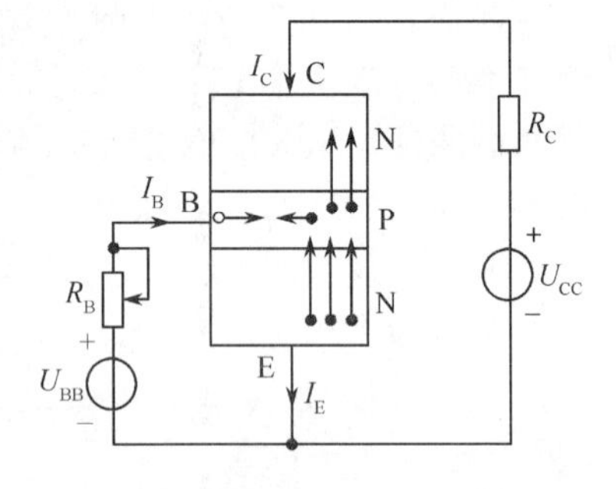

图 8.3.3 晶体管中载流子的运动过程

（2）自由电子在基区与空穴的复合形成基极电流 I_B。发射区扩散到基区的自由电子会与基区的空穴复合，复合掉的空穴通过基极电源 U_{BB}的正极不断从基区拉走受激发的价电子来填补，从而形成基极电流 I_B。

实际上，由于基区做得很薄，扩散来的电子在基区的渡越时间有限，并且基区杂质浓度很低，空穴数目有限，所以扩散到基区的自由电子只有很少一部分与空穴复合，绝大部分都能继续向集电结边缘扩散。因此，因复合形成的电流 I_B一般很小。

（3）集电区收集扩散过来的电子形成集电极电流 I_C。集电结上加的是反向电压，使集电区电位高于基区电位（即 $V_C > V_B$），它对扩散到集电结基区一侧的电子有很强的吸引力，使其很容易漂移过集电结被集电区收集，在集电极电源 U_{CC}的作用下，形成漂移电流 I_C。正因收集载流子所需，晶体管集电区的容量才做得很大。

由于 $V_C > V_B$，所以集电区的多子（电子）和基区的多子（空穴）不可能通过集电结，但集电区的少子（空穴）和基区的少子（电子）可进行漂移运动，形成的电流方向与 I_C方向相同，其数值很小，近似分析时可忽略不计。

2. 晶体管的电流分配关系与放大作用

晶体管实现放大作用的外部条件是发射结正偏、集电结反偏。图 8.3.4（a）是为 NPN 管提供偏置的电路，U_{BB}通过 R_B给发射结提供正向偏置电压（$V_B > V_E$），使之形成

发射极电流 I_E 和基极电流 I_B；U_{CC}通过 R_C给集电结提供反向偏置电压($V_C > V_B$)，使之形成集电极电流 I_C。这样，3 个电极之间的电位关系为 $V_C > V_B > V_E$，实现了发射结的正向偏置、集电结的反向偏置。图 8.3.4(b)所示为 PNP 管的偏置电路，和 NPN 管的偏置电路相比，电源极性正好相反。为保证晶体管实现放大作用，PNP 管各极电位必须满足 $V_E > V_B > V_C$。

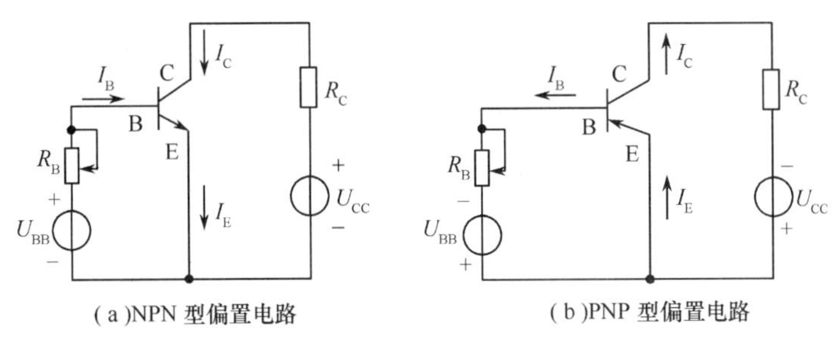

图 8.3.4　三极管具有放大作用的外部条件

晶体管电流分配关系可用图 8.3.5 所示的电路进行测试。若调节图中电位器 R_P，则可测得如表 8.3.1 所列相应的数据。

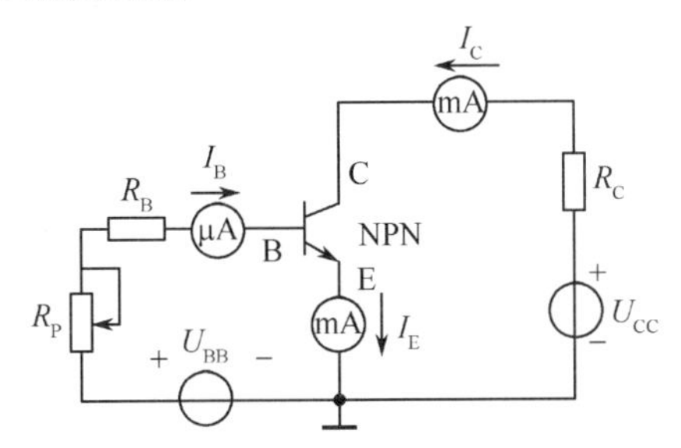

图 8.3.5　电流分配关系测试

表 8.3.1　I_B、I_C、I_E 的测试数据

I_B/mA	−0.001	0	0.01	0.02	0.03	0.04	0.05
I_C/mA	0.001	0.10	1.01	2.02	3.04	4.6	5.6
I_E/mA	0	0.10	1.02	2.04	3.07	4.10	5.11

分析表 8.3.1 中的数据可得以下结论。

(1) 表中每一列数据 I_B、I_C、I_E 都满足广义节点电流定律，即

$$I_E = I_C + I_B \tag{8.3.1}$$

(2) 从第三列、第四列及第五列的数据可以看出 I_B、I_C满足

$$\frac{I_C}{I_B} = \frac{1.01}{0.01} = \frac{2.02}{0.02} = 101, \qquad \frac{I_C}{I_B} = \frac{3.04}{0.03} \approx 101$$

这是晶体管的电流放大作用。上式中的 I_C和 I_B的比值表示其直流放大性能，用$\bar{\beta}$表示，即

$$\bar{\beta} = \frac{I_C}{I_B} \tag{8.3.2}$$

式中，$\bar{\beta}$被称为共射极直流电流放大系数，由式(8.3.2)可得

$$I_C = \bar{\beta} I_B \tag{8.3.3}$$

$$I_E = (1 + \bar{\beta}) I_B \tag{8.3.4}$$

另外，晶体管电流放大作用，还表现为基极电流的少量变化 ΔI_B 可以引起集电极电流的较大变化 ΔI_C，即

$$\frac{\Delta I_C}{\Delta I_B} = \frac{2.02 - 1.01}{0.02 - 0.01} = 101$$

这是晶体管的交流放大性能，通常用 β 表示共射极交流电流放大系数，即

$$\beta = \frac{\Delta I_C}{\Delta I_B} \tag{8.3.5}$$

从以上数据可以看出 $\beta \approx \bar{\beta}$，为了表示方便，通常两者不加区分，统一用 β 来表示。

由表 8.3.1 可见，当 I_B有一个微小变化时，就能引起 I_C较大的变化，这就是三极管的放大实质，即通过改变基极电流 I_B的大小，达到控制 I_C的目的。因此晶体管为电流控制元器件。

8.3.3 特性曲线

晶体管的特性曲线是用来表示各电极间电压和电流之间相互关系的曲线。包括基极电流 I_B与基极—发射极间电压 U_{BE}，以及集电极电流 I_C与集电极—发射极间电压 U_{CE}之间的关系。利用这些特性能直观、全面地了解该晶体管的工作性能，也是分析放大电路的重要依据。最常用的是共发射极接法时的输入特性曲线和输出特性曲线。晶体管的特性曲线可以用特性图示仪直观地显示出来，也可用测试电路逐点进行测绘，其测试电路(或电流分配关系测试图)如图 8.3.5 所示。

1. 输入特性曲线

晶体管的输入特性曲线指当集电极与发射极间的电压 U_{CE} 为某一常数时，输入回路中发射结电压 U_{BE}与基极电流 I_B之间的关系曲线，如图 8.3.6 所示，即

$$I_B = f(U_{BE}) \mid_{U_{CE}=常数}$$

当 $U_{CE}=0$ 时，相当于集电极与发射极之间短路，发射结和集电结相当于两个并联的二极管，故 I_B和 U_{BE}的关系相当于两个正偏的二极管的伏安特性。

当 $U_{CE} \geqslant 1V$ 时，集电结已反偏，且内电场足够大，可以把从发射区进入基区的绝大部分电子拉入集电区形成电流 I_C。与 $U_{CE}=0$ 时比较，I_B减小，特性曲线右移。此后，U_{CE}对 I_B的影响就不再明显，即 U_{CE}超过 1V 以后，只要 U_{BE}不变，注入基区电子数也不变，I_B也不再明显变化。也就是说，当 $U_{CE} \geqslant 1V$ 后的输入特性曲线是基本重合的，所以通常只需绘出 $U_{CE} \geqslant 1V$ 时的一条输入特性曲线，就可以代表 $U_{CE} > 1V$ 的所有输入特性。

由图 8.3.6 中可以看出，晶体管的输入特性也有一段死区电压。只有在发射结外加电压大于死区电压时，晶体管基极才会出现电流 I_B。对于 NPN 型晶体管来说，硅管的死区电压为 0.5V，锗管为 0.1V。在正常工作情况下，硅管的发射结导通压降为 $U_{BE} = 0.6V \sim 0.7V$，锗管的发射结导通压降为 $U_{BE} = 0.2V \sim 0.3V$。

2. 输出特性曲线

输出特性指当 I_B 为固定值时，输出电路中集电极电流 I_C 与集—射极电压 U_{CE} 之间的函数关系，即

$$I_C = f(U_{CE})|_{I_B = 常数}$$

对于某一个特定的 I_B 来说，在输出特性中都有一条与之相对应的曲线，而对于不同的 I_B 的取值，会得到不同的曲线，故晶体管的输出特性曲线为一簇曲线，如图 8.3.7 所示。

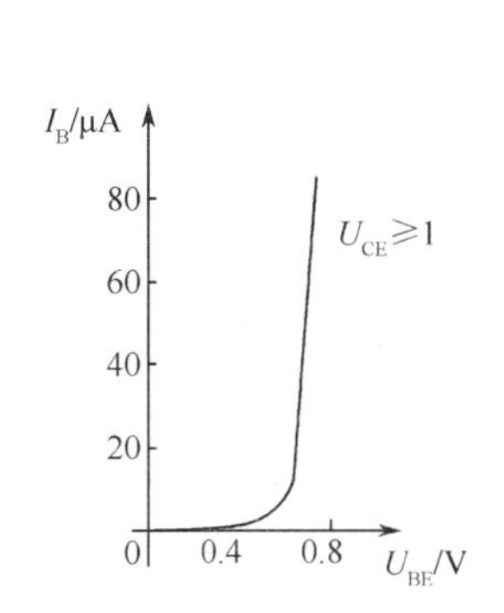

图 8.3.6　晶体管的输入特性曲线

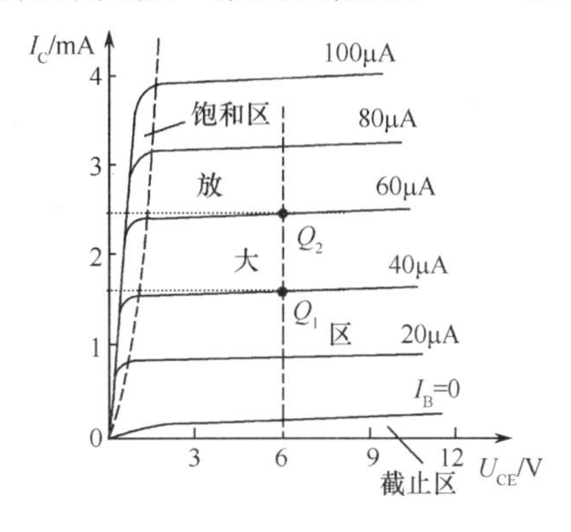

图 8.3.7　晶体管的输出特性曲线

通常把晶体管的输出特性曲线划分为 3 个区域，对应于晶体管的 3 种工作状态。

（1）截止区。输出特性曲线上，$I_B = 0$ 曲线以下的区域称为截止区。对于 NPN 硅管来说，当 $U_{BE} < 0$，晶体管可靠截止。这是因为 U_{BE} 小于 PN 结的死区电压 0.5V 时，发射区基本上没有电子注入基区，对应的基极、集电极电流也趋近于零，即 $I_B = 0, I_C = 0$，这时集电极和发射极之间相当于断路，处于截止状态。截止状态时，晶体管的发射结反偏、集电结反偏。

（2）放大区。输出特性曲线近于水平的区域称为放大区。在这个区域，集电结上加了反向电压，$V_C > V_B$，使集电区有能力收集载流子。实际上，当 $U_{CE} \approx 1V$ 时，发射区扩散到基区的绝大部分自由电子就能被集电区全部收集，形成一定值的电流 I_C，所以 $U_{CE} > 1V$ 以后，集电区收集的自由电子的数目已不会再有增加，因此 I_C 不会随 U_{CE} 的升高而增大，表现为恒流特性，所以特性曲线与横轴接近平行，此时，要想改变 I_C，只有改变 I_B。在这个区域，I_B 改变时，I_C 也随着改变，且满足 $\Delta I_C = \beta \Delta I_B$，晶体管有电流放大作用，放大区通常也称为线性区。放大状态时，晶体管的发射结正偏、集电结反偏。

（3）饱和区。输出特性曲线上 $U_{CE} < U_{BE}$ 的区域称为饱和区。$U_{CE} < U_{BE}$ 时，发射结和集电结都处于正向偏置。集电结正向偏置使集电极电位低于基极电位，即 $V_C < V_B$，集电区不能收集电子，扩散到基区的自由电子都堆积在基区，基区处于饱和状态，也即晶体管处于饱和状态。饱和状态时，基区载流子的复合机会增多，使 I_B 比放大状态时的要大，记为 I_{BS}，此时 I_C 也很大但与 I_B 不成正比，晶体管失去电流放大能力。

饱和时晶体管的输出电压记为 U_{CES}。$U_{CES} = U_{BE}$ 时为临界饱和状态；一般 $U_{CES} \leqslant 0.5V$；若 $U_{CES} \leqslant 0.2V \approx 0$，则为深度饱和。而由图 8.3.5 可列出 $U_{CE} = U_{CC} - I_C R_C$ 的三极管输出回路的电压方程，所以当深度饱和时，有

$$I_C = \frac{U_{CC} - U_{CE}}{R_C} \approx \frac{U_{CC}}{R} = I_{CS} \tag{8.3.6}$$

式中，I_{CS}是集电极饱和电流。

综上所述，晶体管工作在放大状态时，具有电流放大作用，常用于构成各种放大电路；晶体管工作在饱和状态时，U_{CE}接近于零，可以认为集电极与发射极之间相当于一个开关被接通；而晶体管工作在截止状态时，I_B和I_C都接近于零，可以认为基极与发射极、集电极与发射极之间都相当于一个开关断开。所以，晶体管除了具有放大作用，还具有开关作用。具有开关作用的晶体管常用于开关控制和数字电路中。

【例 8.3.1】 说明如图 8.3.8 所示电路中的开关 S 分别处于 a、b、c 3 个位置时，三极管分别工作在什么区；并计算 I_B、I_C及 U_{CE}分别为多少？

【解】（1）开关在 a 处，$U_{BE}=0$。此时 $I_B \approx 0$，$I_C \approx 0$，$U_{CE}=12V$，所以晶体管工作于截止区。

（2）开关在 b 处，$U_{BE}=0.7V$。此时

$$I_B = \frac{3-0.7}{10 \times 10^3} = 0.23mA$$

$$I_C = \beta I_B = 23mA > \frac{U_{CC}}{R_C} = \frac{12}{1 \times 10^3} = 12mA = I_{CS}$$

由 $I_C \approx 12mA$，$U_{CE} \approx 0$ 可知，晶体管工作于饱和区。

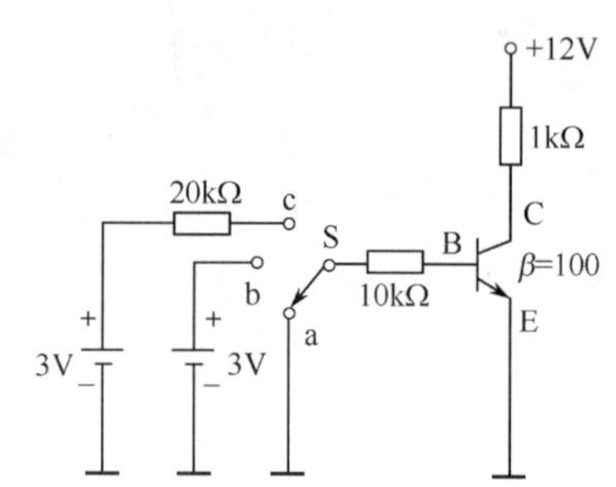

图 8.3.8 例 8.3.1 的图

（3）开关在 c 处，$U_{BE} \approx 0.7V$。此时

$$I_B = \frac{3-0.7}{20+10} = 76.7\mu A$$

$$I_C = \beta I_B = 100 \times 76.7 = 7.67mA < I_{CS} = 12mA$$

$$U_{CE} = 12 - I_C \times 1k\Omega = 4.33V$$

由 $I_C = 7.67mA$，$U_{CE}=4.33V$ 可知，晶体管工作于放大区。

8.3.4 主要参数

除了用特性曲线外，还可用晶体管的参数来表示晶体管的特性。晶体管的参数是用来表征管子的性能优劣的，也是设计电路和选用晶体管的主要依据，了解这些参数的意义，对于合理使用晶体管是非常必要的。

1. 电流放大系数

前面已经介绍过，当晶体管接成共发射极放大电路时，其电流放大系数用β表示。在选择三极管时，如果β值太小，则电流放大能力差；若β值太大，则会使工作稳定性差。低频管的β值一般选 20～200 之间，而高频管的β值一般大于 10 即可。实际上，即使同一个型号的晶体管，由于制造工艺的分散性，其β值也有很大差别。

当晶体管接成共基极放大电路时，其电流放大系数用α表示，即

$$\alpha = \frac{I_C}{I_E} \tag{8.3.7}$$

所以，α 小于 1 且接近于 1。

2. 集电极最大允许电流 I_{CM}

当集电极电流太大时，晶体管的电流放大系数 β 值下降。把 I_C 增大到使 β 值下降到正常值的 2/3 时所对应的集电极电流值，称为集电极最大允许电流 I_{CM}。为了保证晶体管的正常工作，最好满足 $I_C < I_{CM}$。在实际使用时，当 $I_C > I_{CM}$ 时，并不一定会使晶体管损坏，但 β 值会有明显下降。

3. 极间反向击穿电压

晶体管的某一电极开路时，另外两个电极间所允许加的最高反向电压称为极间反向击穿电压，超过此值管子就会发生击穿现象。晶体管包括以下几种击穿电压：

集电极—发射极反向击穿电压 $U_{(BR)CEO}$，它是基极开路时，加在集电极和发射极之间的最大允许电压。

发射极—基极反向击穿电压 $U_{(BR)EBO}$，它是集电极开路时，加在发射极和基极之间的最大允许电压。

集电极—基极反向击穿电压 $U_{(BR)CBO}$，它是发射极开路时，加在集电极和基极之间的最大允许电压。

4. 集电极最大允许耗散功率 P_{CM}

集电极最大允许耗散功率 P_{CM} 就是晶体管在正常工作时允许消耗的最大功率。

晶体管集电极耗散功率为

$$P_C = U_{CE} I_C$$

集电极消耗的功率转化为热能损耗于管内，主要表现为结温升高，会引起晶体管参数的变化。当 $P_C > P_{CM}$ 时，晶体管就会因结温过高而性能变差甚至被烧坏。P_{CM} 主要受结温限制，一般来说，锗管允许的结温为 70℃ ~90℃，硅管允许值为 150℃左右。

根据管子的 P_{CM} 值，可在晶体管的输出特性曲线上作出 P_{CM} 曲线，它是一条双曲线。由 I_{CM}、$U_{(BR)CEO}$、P_{CM} 三者共同确定晶体管安全工作区，如图 8.3.9 所示。

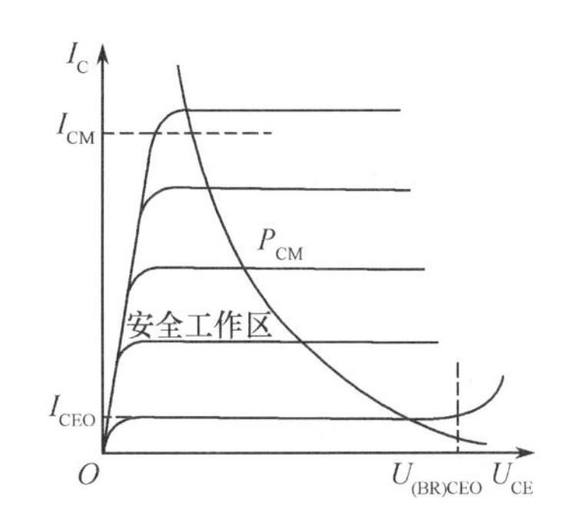

图 8.3.9　晶体管的安全工作区

8.3.5　特殊三极管

1. 光电三极管

光电三极管也称光敏三极管，它是在光电二极管的基础上发展起来的光电器件，它和光电二极管一样，能把输入的光信号变成电信号输出，但与光电二极管不同的是，它能将光信号产生的电信号进行放大，因而其灵敏度比光电二极管高得多。为了对光源有良好的响应，要求基区面积做得比发射区面积大得多，以扩大光照面积，提高对光的敏感性。其原理电路相当于在基极和集电极间接入光电二极管的三极管，一般外部只引出集电极和发射极两个电极，基极为接受光源的窗口。其等效电路和电路符号如图 8.3.10 所示。

2. 光耦合器

光耦合器是将发光二极管和光敏元件（如光敏电阻、光电二极管、光电三极管和光

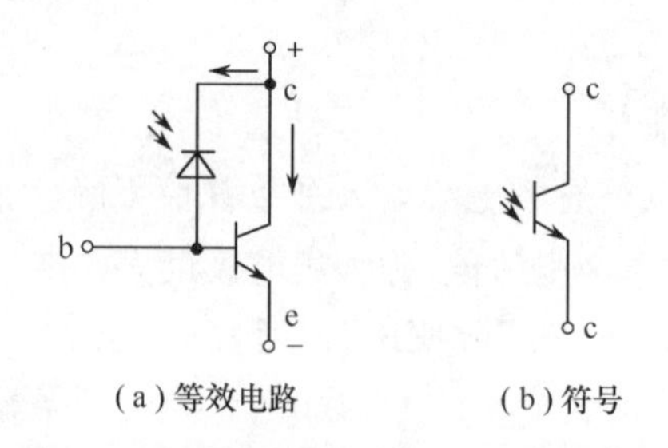

(a)等效电路　　(b)符号

图 8.3.10　光电三极管的等效电路与电路符号

电池等)组装在一起而形成的二端口器件,其电路符号如图 8.3.11 所示。它的工作原理是以光信号为媒体将输入的电信号传送给外加负载,实现了电—光—电的传递与转换。光耦合器主要用于高压开关、信号隔离器、电平匹配电路中,起信号的传输与隔离作用。

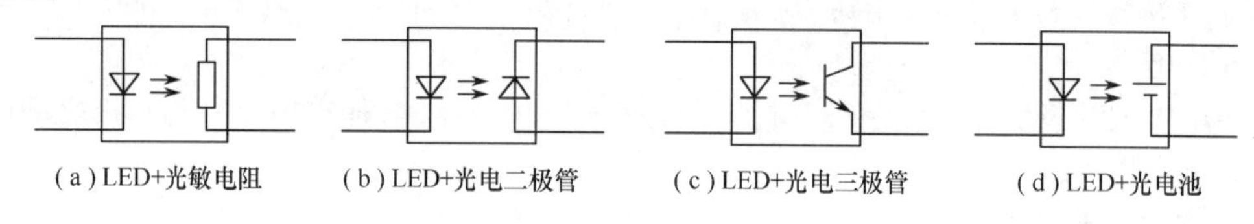
(a) LED+光敏电阻　(b) LED+光电二极管　(c) LED+光电三极管　(d) LED+光电池

图 8.3.11　光耦合器电路符号

8.4　场效应管

晶体三极管是利用基极电流来控制集电极电流的半导体器件,是电流控制元件。尽管晶体三极管成功实现了小电流对大电流的控制,但它的输入电阻较低,一般在 $10^2\Omega \sim 10^4\Omega$,因此工作时,必定要从信号源取用电流,也就是说它需要信号源提供一定的电流才能工作。场效应管是一种新型的半导体器件,它利用输入回路的电场效应来控制输出回路的电流,是电压控制元件。尽管场效应管工作时需要输入控制电压,但由于它输入电阻很高,可高达 $10^9\Omega \sim 10^{14}\Omega$,所以工作时,几乎不从信号源取用电流,这是一般晶体管远不能比拟的。场效应管的另一个特点是只有半导体中的多数载流子参与导电,所以又称场效应管为单极型晶体管。与两种载流子都参与导电的双极型晶体管相比较,场效应管不仅具有体积小、重量轻、寿命长等优点,而且还具有输入电阻高、噪声低、抗辐射能力强、功耗小、热稳定性好、制造工艺简单、易集成等优点,因而使之在 20 世纪 60 年代诞生起就广泛地应用于各种电子电路中。根据其结构原理不同,场效应管可作以下分类:

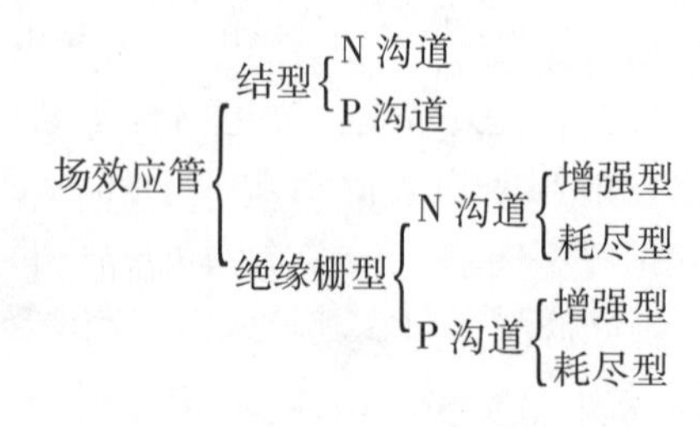

8.4.1 结型场效应管

结型场效应管(JFET)按其导电沟道不同可以分为N沟道和P沟道两种类型。现以N沟道为例简单介绍结型场效应管的结构和工作原理。

1. 结构

结型场效应管的结构如图8.4.1(a)所示。在一块N型硅半导体两侧制作两个P型区域,形成两个PN结,把两个P型区相连后引出一个电极,称为栅极,用字母G表示。在N型硅半导体两端分别引出两个电极,称为漏极和源极,分别用字母D和S表示。两个PN结中间的N型区域是电流流通的路径,称为导电沟道,这种结构的场效应管称为N沟道结型场效应管。工作时,在漏、源之间加电压 U_{DS},N型半导体中的多数载流子从源极经沟道漂移到漏极,形成漏极电流 I_D。

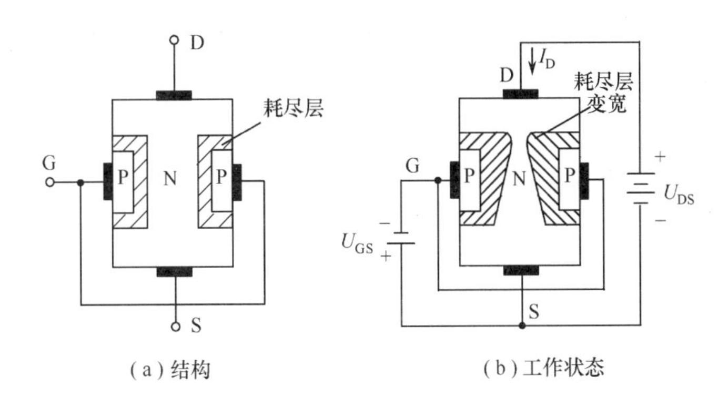

图8.4.1 N沟道结型场效应管

2. 工作原理

当对N沟道结型场效应管施加偏置电压,如栅—源之间加反向电压 U_{GS}($U_{GS}<0$)后,两边的耗尽层将加宽,如图8.4.1(b)所示,导电沟道变窄,沟道电阻增大,漏极电流 I_D 减小;当 U_{GS}越负,导电沟道越窄,沟道电阻也进一步加大,漏极电流 I_D 继续下降。使 I_D 下降到等于零时的栅—源电压 U_{GS}称为夹断电压,记为 $U_{GS(off)}$。由此可见,结型场效应管是依靠改变栅—源电压 U_{GS}来实现对漏极电流 I_D 的控制的。

8.4.2 绝缘栅型场效应管(MOS管)

场效应管的另一种类型是绝缘栅型。绝缘栅场效应管也有栅极、漏极和源极3个电极,它的衬底为半导体材料,而栅—源、栅—漏之间均采用 SiO_2 绝缘层隔离,且栅极由金属铝构成,故绝缘栅场效应管又称为金属—氧化物—半导体场效晶体管,简称MOS管。

由于结型场效应管受温度影响较大,因而限制了其输入电阻的进一步提高。而MOS管的栅极和导电沟道之间是绝缘的,所以它具有更高的输入电阻,很容易超过 $10^{10}\,\Omega$。MOS管比结型场效应管的性能更优越,制造工艺更简单,便于集成化,无论是在分立元件还是在集成电路中,其应用范围远胜于结型场效应管。

MOS管按其导电沟道的不同,可分为N型和P型两种类型,即NMOS管和PMOS管,

NMOS 管的导电沟道是电子型的,PMOS 管的导电沟道是空穴型的。而每种类型按其工作状态不同又可分为增强型和耗尽型两种。

1. 增强型 MOS 管

增强型 MOS 管的工作方式为:当栅—源电压 $U_{GS}=0V$ 时,漏—源之间没有导电沟道,漏极电流 $I_D=0$,只有在栅—源之间加上电压(N 沟道 $U_{GS}>0$,P 沟道 $U_{GS}<0$)以后,在漏—源之间才能形成感生沟道,MOS 管才能导通并工作。下面以 N 沟道增强型 MOS 管为例,简单介绍增强型 MOS 管的结构、符号及工作原理。

(1) 结构。N 沟道增强型 MOS 管的结构如图 8.4.2(a)所示,它是在一块 P 型硅半导体衬底上用扩散的方法形成两个高掺杂的 N 型区,并用金属导线引出两个电极作为场效应管的漏极 D 和源极 S;在 P 型衬底表面上生成的 SiO_2 绝缘层上,再覆盖一层金属薄层并引出一个电极作为场效应管的栅极 G。图 8.4.2(a)中 B 为衬底引线,为防止 B 极与源极 S 之间可能出现的电压对管子性能产生不良影响,通常将 B 与 S 或地直接相连。

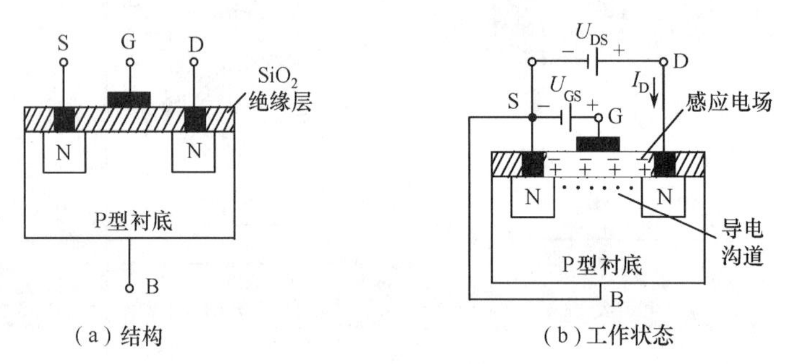

(a) 结构　　(b) 工作状态

图 8.4.2　增强型 NMOS 管

(2) 工作原理。要使增强型 NMOS 管正常工作,必须如图 8.4.2(b)所示加工作电压。由于 NMOS 管的漏极和源极之间被 P 型衬底隔开,所以漏极和源极之间形成两个反向连接的 PN 结。当栅—源电压 $U_{GS}=0$ 时,不管漏—源之间加什么极性的电压,其中总有一个 PN 结是反偏的,故漏极电流 $I_D=0$;当栅—源电压 $U_{GS}>0$ 时,SiO_2 绝缘层中会产生一个垂直于 P 型衬底且上负下正的感应电场,如图 8.4.2(b)所示。由于 SiO_2 绝缘层很薄,因此即使很小的栅—源电压,也能产生很强的电场强度,这个电场将 P 区中的自由电子吸引到衬底表面,同时排斥衬底表面的空穴。U_{GS}越大,吸引到 P 型衬底表面的电子越多。当 U_{GS}大到一定值时,这些电子在栅极附近的 P 型半导体表面形成一个 N 型薄层,通常把这个薄层称为反型层,实际上,它就是连接漏极和源极之间的导电沟道。对于如图 8.4.2 所示的 NMOS 管,正向 U_{GS}越大,导电沟道越宽,所以称其为增强型 NMOS 管。

在一定的漏—源电压 U_{DS}下,形成导电沟道所需的最小栅—源电压称为 NMOS 管的开启电压,用 $U_{GS(th)}$ 表示。NMOS 管的 $U_{GS(th)}=+2V$,当 $U_{GS}<+2V$ 时,漏—源间导电沟道没有形成,$I_D=0$;只有当 $U_{GS}\geqslant 2V$ 时,导电沟道才能形成。导电沟道建立以后,若在漏—源之间加上电压 U_{DS},则将产生漏极电流 I_D。

与增强型 NMOS 管相反,增强型 PMOS 管的开启电压 $U_{GS(th)}=-2V$,当 $U_{GS}>-2V$ 时,漏—源间导电沟道不能形成,$I_D=0$;只有当 $U_{GS}\leqslant -2V$ 时,导电沟道才能形成。

从这里可以看出，通过改变栅—源电压就可以改变增强型 MOS 管导电沟道的宽度，进而能有效地控制漏极电流 I_D的大小。

2. 耗尽型绝缘栅场效应管

耗尽型 MOS 管的工作方式为：当栅—源电压 $U_{GS}=0V$ 时，漏—源之间已有感应电荷形成的原始导电沟道，漏极电流 $I_D \neq 0$，MOS 管导通。若在栅—源之间加上电压（N 沟道 $U_{GS}<0$，P 沟道 $U_{GS}>0$），导电沟道中的感应电荷将减少，I_D 下降，所以称这种类型的 MOS 管为耗尽型 MOS 管，意指在栅—源电压的作用下，可将原始 MOS 管导电沟道中的载流子耗尽。下面以 N 沟道耗尽型 MOS 管为例，简单介绍耗尽型 MOS 管的结构、符号及工作原理。

（1）结构。N 沟道耗尽型 MOS 管与 N 沟道增强型 MOS 管的电路结构相似，如图 8.4.3(a)所示，不同的是耗尽型 NMOS 管在制造时，就在二氧化硅绝缘层中掺入了大量的正离子，这样，在两个高掺杂的 N 型区之间便感应出较多电子，使漏—源之间建有原始导电沟道。

（2）工作原理。由于耗尽型 NMOS 管漏—源之间已具有原始导电沟道，所以一开始在 $U_{GS}=0$ 时，只要在漏—源之间加上正向电压 U_{DS}，就会产生漏极电流 I_D。通常将 $U_{GS}=0$ 时的漏极电流称为饱和漏极电流，用 I_{DSS}表示。当栅—源之间加反向电压 U_{GS}时，如图 8.4.3(b)所示。

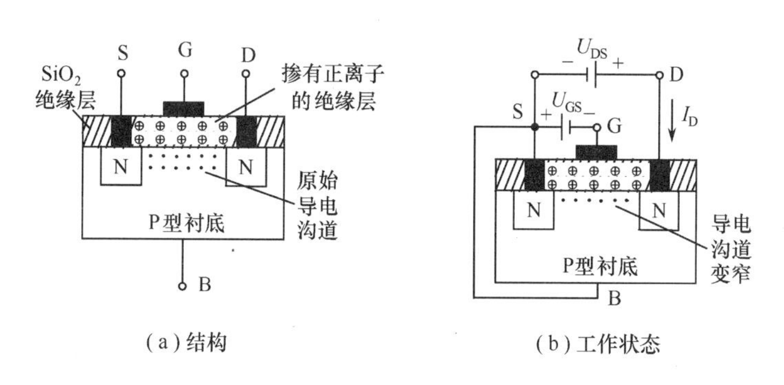

图 8.4.3　耗尽型 NMOS 管

掺有正离子的 SiO_2 绝缘层中会产生一个垂直于 P 型衬底且上正下负（图中没标）的感应电场，这个电场将吸引 P 型衬底中的空穴与原始沟道中的电子复合，使沟道中的电子减少，沟道变窄，漏极电流减小；U_{GS}越负，沟道越窄；当 U_{GS}负到一定值时，沟道被夹断，漏极电流减小到零，这时的 U_{GS}称为夹断电压，用 $U_{GS(off)}$ 表示。对应于 $U_{GS(off)} \leqslant U_{GS} \leqslant 0$，有 $0 \leqslant I_D \leqslant I_{DSS}$是耗尽型 NMOS 管的显著特点。如果在栅—源之间加正向电压，即 $U_{GS}>0$，沟道中的感应电子会增加，沟道会变宽，漏极电流 I_D 会增大。

8.4.3　场效应管的符号与特性曲线

1. 符号与特性曲线

为了便于使用时参考，现将各种场效应管的符号、电压极性、特性曲线等归纳于表 8.4.1 中。

表 8.4.1　场效应管的符号、电压极性和特性曲线

结构种类	工作方式	符号	电压极性	转移特性	漏极特性
结型N沟道	耗尽型	D I_D G S	$U_{GS(off)}<0$ $U_{GS}<0$ $U_{DS}>0$	I_D I_{DSS} U_{GS} $U_{GS(off)}$ O	I_D U_{GS}=0 −1V −2V O U_{DS}
结型P沟道	耗尽型	D I_D G S	$U_{GS(off)}>0$ $U_{GS}>0$ $U_{DS}<0$	I_D I_{DSS} U_{GS} O $U_{GS(off)}$	U_{GS}=0 1V 2V I_D O U_{DS}
绝缘栅N型	增强型	D I_D G B S	$U_{GS(th)}>0$ $U_{GS}>0$ $U_{DS}>0$	I_D U_{GS} O $U_{GS(th)}$	I_D 4V 3V U_{GS}=2V O U_{DS}
绝缘栅N型	耗尽型	D I_D G B S	$U_{GS(th)}<0$ $U_{GS}=\pm$ $U_{DS}>0$	I_D I_{DSS} U_{GS} $U_{GS(off)}$ O	I_D >0 =0 U_{GS}<0 O U_{DS}
绝缘栅P型	增强型	D I_D G B S	$U_{GS(th)}<0$ $U_{GS}<0$ $U_{DS}<0$	I_D U_{GS} $U_{GS(th)}$ O	−4V −3V U_{GS}=−2V I_D O U_{DS}
绝缘栅P型	耗尽型	D I_D G B S	$U_{GS(off)}>0$ $U_{GS}=\pm$ $U_{DS}<0$	I_D I_{DSS} U_{GS} O $U_{GS(off)}$	<0 =0 U_{GS}>0 I_D O U_{DS}

表 8.4.1 中,场效应管符号的栅极或衬底的箭头均表示由 P 指向 N;电压极性用“>0”表示为正,用“<0”表示为负,用“=±”表示可正可负;转移特性和漏极特性中的漏极电流 I_D 均用向上的正方向作图,I_D 的实际方向标在各种管子的符号中。

2. 使用注意事项

在使用场效应管时应注意下列事项:

(1) 使用场效应管时,各电极必须加正确的工作电压。

(2) 要注意漏—源电压、漏极电流及耗散功率都不能超过允许的最大值。

(3) MOS 管栅—源之间的电阻很高，使栅极的感应电荷不易泄放，电荷的积累易造成电压的升高，尤其是在极间电容较小的情况下，少量的电荷就会形成过高的电压，以至管子还没有使用或者在焊接时，其绝缘层就已击穿，因此，保存 MOS 管应使 3 个电极短接，避免栅极悬空；焊接时，电烙铁的外壳应良好接地，或烧热电烙铁后切断电源再焊接。

(4) MOS 管作为分立元件出厂时，如果是 3 个管脚，就是衬底 B 与源极 S 已经连接好，以防止衬底与源极之间可能出现的电压对管子性能产生不良影响；如果是 4 个管脚，使用时应将 B 与 S 相连接。出厂时有 4 个管脚的，管子的漏极和源极能互换，只有 3 个管脚的，漏极与源极不能互换。

8.4.4 晶体三极管和场效应管的比较

场效应管的栅极、漏极和源极分别对应于三极晶体管的基极、集电极和发射极，现对它们比较如下。

(1) 场效应管用栅—源电压 U_{GS} 控制漏极电流 I_D，栅极基本不取电流。晶体管工作时基极总要索取一定的电流。因此，要求输入电阻高的电路应选用场效应管；而若信号源可以提供一定的电流，则可选用晶体管。

(2) 场效应管只有多子参与导电，晶体管内既有多子也有少子参与导电，而少子数目受温度、辐射等因素影响较大，因而场效应管比晶体管的温度稳定性好、抗辐射能力强。所以在环境条件变化很大的情况下应选用场效应管。

(3) 场效应管的噪声系数很小，所以低噪声放大器的输入级及要求信噪比较高的电路应选用场效应管。当然也可选用特制的低噪声晶体管。

(4) 场效应管的漏极与源极可以互换使用，互换后特性变化不大。晶体管的集电极和发射极互换后特性差异很大，因此只有在特殊需要时才互换。

(5) 场效应管比晶体管的种类多，因而在组成电路时场效应管比晶体管更灵活，如耗尽型 MOS 管，当栅—源电压是正值、负值或零时，均能控制漏极电流，

(6) 场效应管和晶体管均可用于放大电路和开关电路，它们构成了品种繁多的集成电路。但由于场效应管集成工艺更简单，且具有耗电省、工作电压范围大等优点，因此场效应管越来越多地用于大规模和超大规模集成电路中。

习 题

8.1 在图 T8.1 所示电路中，已知 $u_i = 10\sin\omega t$V，试画出 u_i 和 u_o 的波形。设二极管正向导通电压可忽略不计。

8.2 图 T8.2(a) 是输入电压 u_i 的波形。试画出对应于 u_I 的输出电压 u_o，电阻 R 上电压 u_R 的波形。二极管的正向压降可忽略不计。

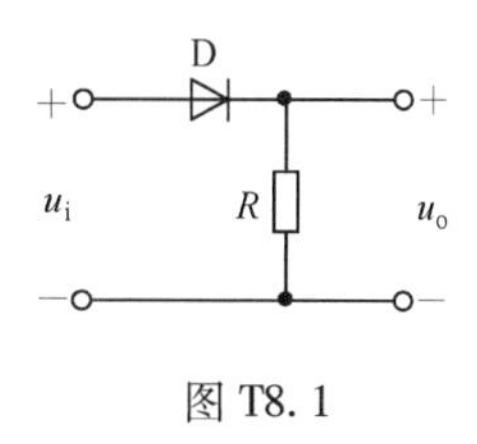

图 T8.1

8.3 在图 T8.3 所示的各电路图中，$E = 5$V，$u_i = 10\sin\omega t$V，二极管的正向压降可忽略不计，试分别画出输出电压 u_o 的波形。

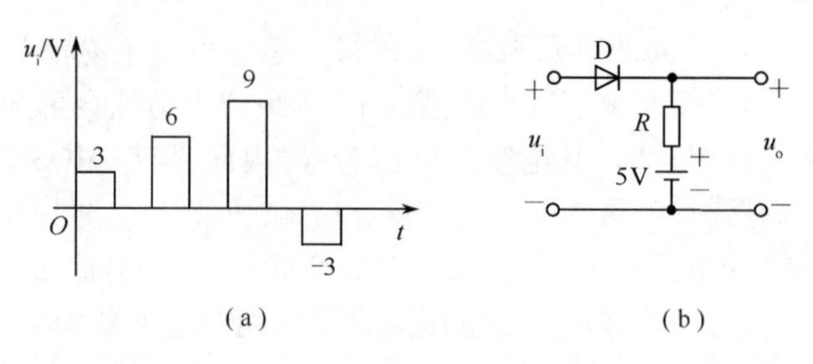

图 T8.2

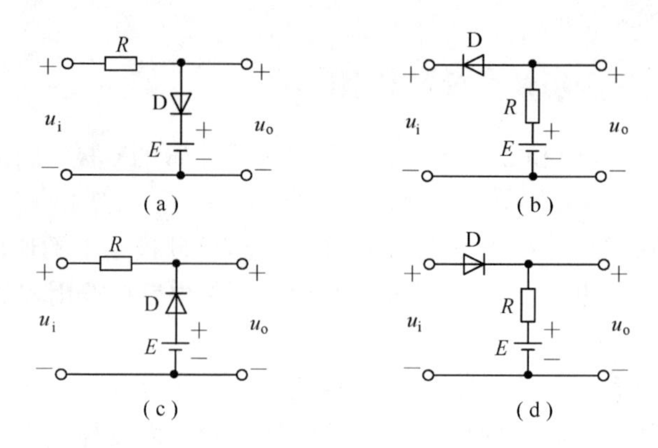

图 T8.3

8.4 电路如图 T8.4 所示,已知 $u_i = 5\sin\omega t$V,二极管导通压降 $U_D = 0.7$V,试画出u_i 和u_o 的波形,并标出幅值。

8.5 在图 T8.5 所示电路中,已知 $R = 3.9$kΩ,试求下列几种情况下输出端 Y 的电位 V_Y 及 D_A、D_B、R 中通过的电流,设二极管的正向压降可忽略不计。

(1) $V_A = V_B = 0$V; (2) $V_A = +3$V; $V_B = 0$V; (3) $V_A = V_B = +3$V。

8.6 在图 T8.6 所示电路中,试求下列几种情况下,输出端 Y 的电位 V_Y 及 D_A、D_B、R 中通过的电流,设二极管正向压降忽略不计。

(1) $V_A = +10$V, $V_B = 0$V; (2) $V_A = +6$V, $V_B = +5.8$V; (3) $V_A = V_B = +5$V。

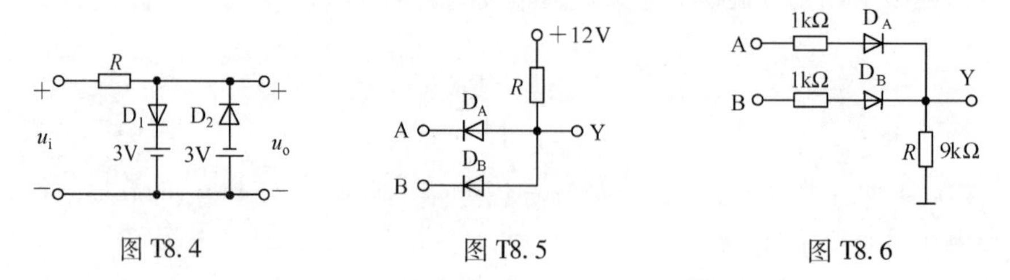

图 T8.4　　图 T8.5　　图 T8.6

8.7 判断如图 T8.7 所示电路中各二极管是否导通,并求 A、B 两端的电压大小。设二极管正向压降为 0.7V。

8.8 电路如图 T8.8 所示,稳压二极管 D_Z的稳定电压 $U_Z = 8$V,正向管压降为 0.5V,限流电阻 $R = 3$kΩ,设 $u_i = 15\sin\omega t$V,试画出 u_o 的波形。

8.9 已知稳压二极管的稳压值 $U_Z = 6$V,稳定电流的最小值 $I_{Zmin} = 2$mA,求图 T8.9 所示电路中 U_{O1}和 U_{O2}各为多少伏。

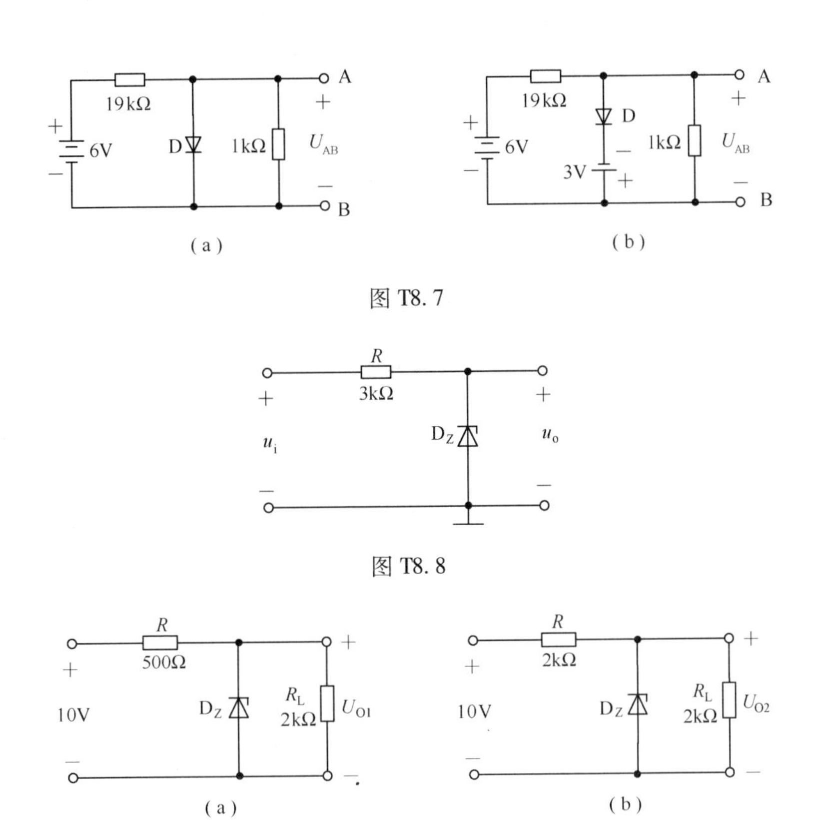

图 T8.7

图 T8.8

图 T8.9

8.10　图 T8.10 所示电路中，稳压管 D_{Z1} 的稳定电压 $U_{Z1}=8V$，D_{Z2} 的稳定电压 $U_{Z2}=6V$，正向压降 U_D 均为 0.7V，试求各图中输出电压 U_O。

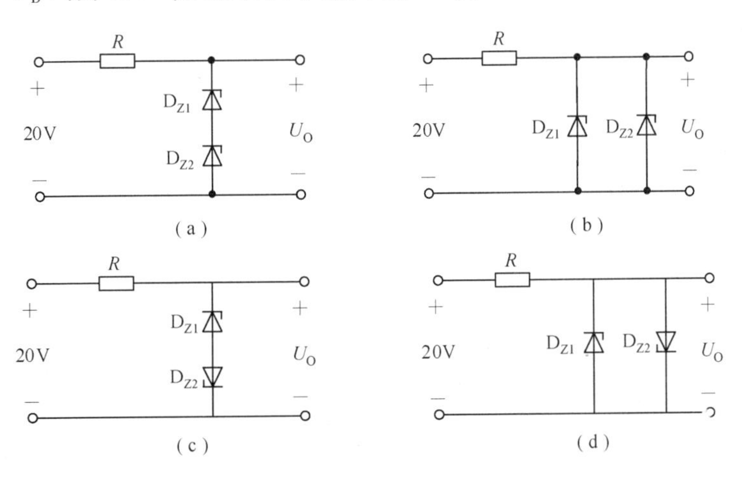

图 T8.10

8.11　设计一稳压二极管稳压电路，要求输出电压 $U_O=6V$，输出电流 $I_O=20mA$，若输入直流电压 $U_i=9V$，试选用稳压二极管型号和合适的限流电阻值，并检验它们的功率。

8.12　测得共射极放大电路中 3 只晶体管 3 个电极的直流电位如图 T8.12 所示。试分别判断它们的管型（NPN、PNP）、对应的电极及所用材料（硅或锗）。

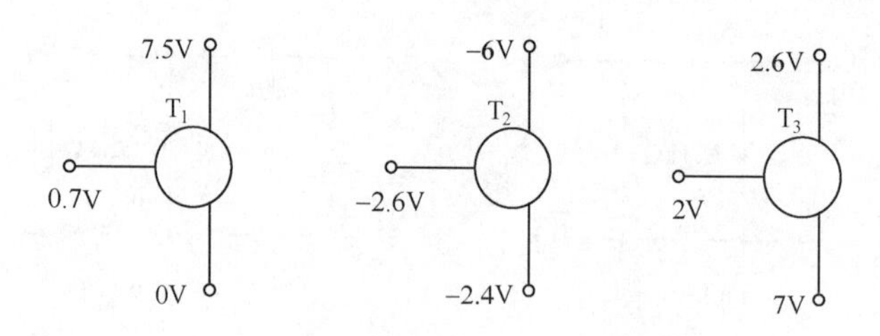

图 T8.12

8.13 测量某硅管各电极对地的电压值如下,试判断管子工作区域。

(1) $V_C=6V$ $V_B=0.7V$ $V_E=0V$;(2) $V_C=6V$ $V_B=2V$ $V_E=1.3$ V;

(3) $V_C=6V$ $V_B=6V$ $V_E=5.4V$;(4) $V_C=6V$ $V_B=3V$ $V_E=3.6V$;

(5) $V_C=3.6V$ $V_B=4V$ $V_E=3.4V$。

8.14 电路如图 T8.14 所示,$U_{CC}=15V$,$\beta=100$,$U_{BE}=0.7V$。试问:

(1) $R_B=50k\Omega$ 时,$U_O=?$

(2) 若 T 临界饱和,则 $R_B\approx?$

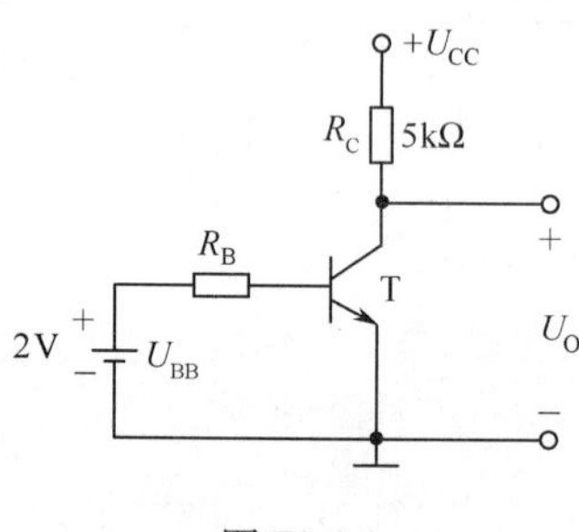

图 T8.14

8.15 测得某放大电路中 3 个 MOS 管的 3 个电极的电位如表 T8.15 所示,它们的开启电压也在表中,试分析各管的工作区域(截止区、恒流区、可变电阻区),并填入表 T8.15 内。

表 T8.15 3 个电极的电位

管 号	$U_{GS(th)}$/V	U_S/V	U_G/V	U_D/V	工作区域
T_1	4	−5	1	3	
T_2	−4	3	3	10	
T_3	−4	6	0	5	

8.16 有一场效应晶体管,在漏—源电压保持不变的情况下,栅—源电压 U_{GS}变化了 3V 时,相应的漏极电流变化 2mA,试问该管的跨导是多少?

8.17 N 沟道结型场效应管的 U_{GS}值为什么取负值?

8.18 说明场效应管的开启电压 $U_{GS(th)}$ 和夹断电压 $U_{GS(off)}$ 的含义? N 沟道、P 沟道、耗尽型和增强型 MOS 管,何者具有 $U_{GS(th)}$? 何者具有 $U_{GS(off)}$? 它们的极性如何?

第 9 章　基本放大电路

所谓放大，从表面上看是将信号由小变大，实质上，放大的过程是实现能量转换的过程。电子学中的放大电路，是将微弱电信号放大到所需量级，且功率增益大于 1 的电子线路。图 9.0.1 所示的扩音机就是电子学中一个放大电路的实例：话筒将微弱的声音转换成电信号，经放大电路放大成足够强的电信号后，驱动扬声器，使其发出较原来强得多的声音。输出到扬声器的信号的幅度是输入信号幅度的倍数，但变化规律还保持和输入信号一样。对放大电路的基本要求是：具有足够的放大倍数且输出波形尽可能不失真。要使波形不失真，必须建立合适的静态工作点，使晶体管始终工作在放大区，不进入截止区和饱和区。

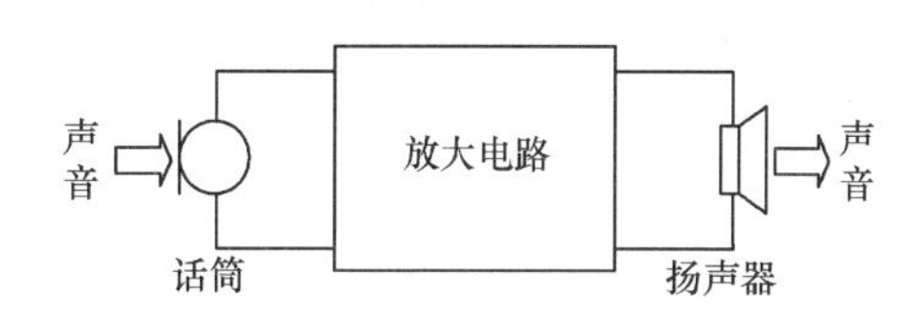

图 9.0.1　扩音机示意图

9.1　共发射极电压放大电路

9.1.1　电路组成

1. 各元器件的作用

单管共射电压放大电路如图 9.1.1 所示，由于电路的输入回路与输出回路以发射极为公共端，故称之为共射放大电路。符号“⊥”为接地符号，是电路中的零参考电位。

在图 9.1.1 中，NPN 型晶体管 T 是起放大作用的核心元器件，能够实现用基极电流控制集电极电流。直流电压源 U_{CC}能够使晶体管处于放大状态并提供合适的静态工作点。R_s 为信号源内阻，u_s 为交流信号源电压，u_i 为放大器输入信号，若 $R_s=0$，则 $u_i=u_s$。R_L 为负载电阻。偏置电阻 R_B 用来调节基极偏置电流 I_B，使晶体管有一个合适的静态工作点，一般为几十千欧到几百千欧。R_C 是集电极直流负载电阻，R_C 将集电极电流 i_C 的变化转换为电压的变化，以获得放大电压的，一般为几千欧。电容 C_1 为输入耦合电容，其作用是使交流信号顺利通过并加至晶体管的输入端，同时隔断直流，使信号源与放大器无直流联系。电容 C_2为输出耦合电容，C_2的作用与 C_1相似，使交流信号能顺利传送至负载，同时使放大器与负载之间无直流联系。C_1和 C_2应选用容量较大的电解电容，一般为几微法至几十微法，电解电容是有极性的，使用时，其正极与电路的直流正极相连，不能接反。

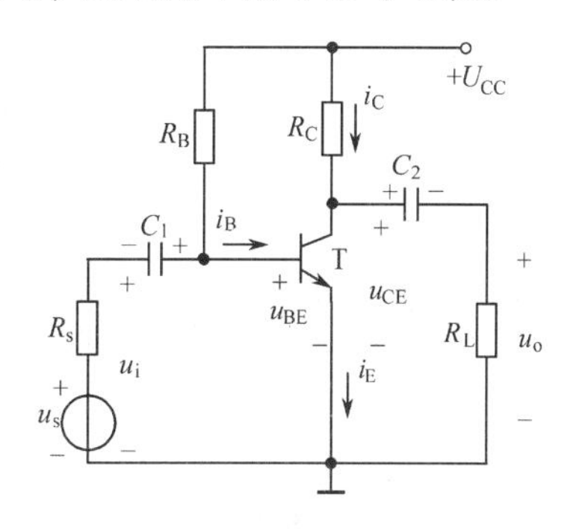

图 9.1.1　单管共射放大电路

2. 工作原理

为叙述问题简单起见,假设放大器的输入交流信号 u_i 为单一频率的正弦波,如图9.1.2(a)所示。当放大器有输入交流电压 u_i 时,根据叠加定理,基极电压将在原来直流分量 U_{BEQ} 的基础上叠加上 u_i,因而基极总电压 $u_{BE}=U_{BEQ}+u_i$,见图9.1.2(b)中实线所画波形。在基极总电压 u_{BE} 的作用下,基极电流在原来直流分量 I_{BQ} 的基础上叠加一个正弦交流电流 i_b,因而基极总电流 $i_B=I_{BQ}+i_b$,见图9.1.2(c)中实线所画波形。根据晶体管基极电流对集电极电流的控制作用,集电极电流也会在直流分量 I_{CQ} 的基础上叠加一个正弦交流电流 i_c,且 $i_c=\beta i_b$,所以集电极总电流 $i_C=I_{CQ}+\beta i_b$,见图9.1.2(d)中实线所画波形。不难理解,集电极动态电流 i_c 必将在集电极电阻 R_C 上产生一个与其波形相似的交变电压,而晶体管输出端将在直流分量 U_{CEQ} 的基础上叠加一个与 i_c 变化方向相反的交变电压 u_{ce},所以晶体管输出管压降为 $u_{CE}=U_{CEQ}+u_{ce}$,见图9.1.2(e)中实线所画波形。从图9.1.1中可以看出,输出管压降的直流分量 U_{CEQ} 将被电容 C_2 隔断,这样就在放大器的输出端得到一个与输入电压 u_i 相位相反但放大了的交流电压 u_o,如图9.1.2(f)所示。

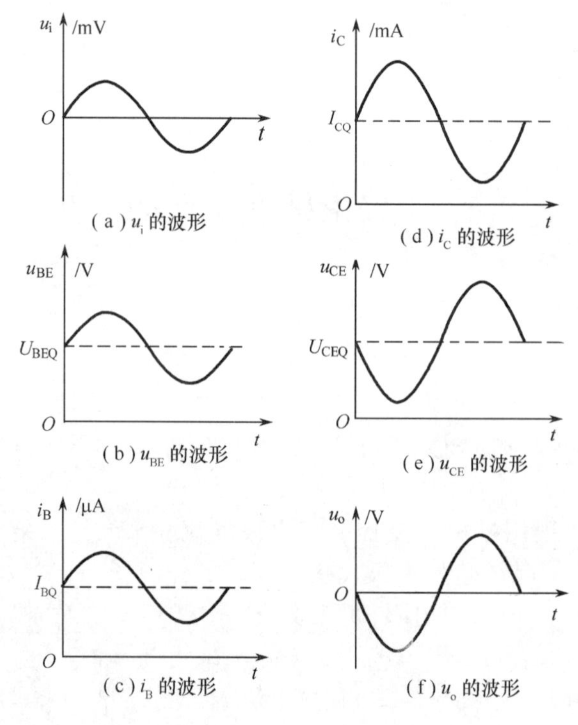

图9.1.2 单管共射放大电路的波形

3. 放大的条件

(1) 放大电路中的晶体管必须满足放大条件,即发射极正偏,集电极反偏。

(2) 放大电路的静态工作点设置得合适,使整个波形处于放大区。

(3) 输入回路能将变化的电压转化成变化的基极电流。

(4) 输出回路能将变化的集电极电流转化成变化的集电极电压,经电容滤波后输出交流电压。

4. 放大电路的主要性能指标

分析、设计和选用放大器主要是从它的性能指标入手，下面简单介绍放大器的主要性能指标。

(1) 电压放大倍数。放大倍数是描述一个放大电路放大能力的指标，电压放大倍数定义为输出电压与输入电压的变化量之比。当输入一个正弦测试电压时，如图 9.1.3 所示，放大倍数也可用输出电压 $\dot{U}_o$ 与输入电压 $\dot{U}_i$ 的正弦相量之比来表示，即

$$A_u = \frac{\dot{U}_o}{\dot{U}_i} \tag{9.1.1}$$

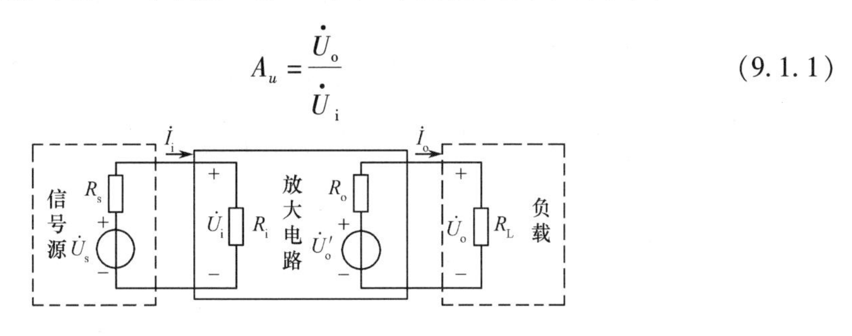

图 9.1.3　放大器的示意图

由于实际放大倍数往往很大，所以还常用电压增益来表示放大器的放大能力，它是对式(9.1.1)取对数后的电压放大倍数，用分贝为单位(记为 dB)，即

$$G_u = 20\lg\left|\frac{\dot{U}_o}{\dot{U}_i}\right| \tag{9.1.2}$$

由式(9.1.2)可知，放大倍数为 10 时相当于放大增益 20dB。在电子器件的指标中，还常常用负分贝数表示衰减，比如用 -20dB 表示信号被衰减了 1/10。

(2) 电流放大倍数。电流放大倍数定义为输出电流与输入电流的变化量之比，同样也可用二者的正弦相量之比来表示，即

$$A_i = \frac{\dot{I}_o}{\dot{I}_i} \tag{9.1.3}$$

(3) 输入电阻。从放大电路的输入端看进去的等效电阻称为放大电路的输入电阻。借助图 9.1.3 可知(这里只考虑中频段的情况)，放大电路的输入电阻即纯电阻 R_i。R_i 的大小等于外加正弦输入电压与相应的输入电流的相量之比，即

$$R_i = \frac{\dot{U}_i}{\dot{I}_i} \tag{9.1.4}$$

(4) 输出电阻。输出电阻是从放大电路的输出端看进去的等效电阻。在中频段，从图 9.1.3 所示放大电路的输出端看进去，放大电路的输出电阻即 R_o。求输出电阻 R_o 的方法是：依据戴维宁定理，令输入端电压源信号短路(即 $\dot{U}_s = 0$)，输出端负载开路(即 $R_L = \infty$)，在开路处外加一个正弦输出电压 $\dot{U}_o$，得到相应的输出电流 $\dot{I}_o$，二者之比即是输出电阻 R_o，即

$$R_o = \frac{\dot{U}_o}{\dot{I}_o}\bigg|_{\substack{\dot{U}_s = 0 \\ R_L = \infty}} \tag{9.1.5}$$

实际工作中测试输出电阻时,通常在输入端加上一个固定的正弦交流电压 $\dot{U}_i$,然后,首先使负载开路,测得输出电压 $\dot{U}_o'$;再接上阻值为 R_L 的负载电阻,测得输出电压 $\dot{U}_o$,结果,根据图 9.1.3 所示的输出回路可得

$$R_o = \left(\frac{\dot{U}_o'}{\dot{U}_o} - 1\right) R_L \tag{9.1.6}$$

除了上述指标外,放大电路的性能指标还有通频带、工作稳定性、非线性失真系数、最大输出功率与效率、最大不失真输出电压等。

9.1.2 静态分析

放大电路中的电流、电压含直流量和交流量。直流量可通过直流通路求解,交流量可通过交流通路求解。直流量的求解过程为静态分析,交流量的求解过程为动态分析,下面先介绍静态分析。

1. 直流通路

静态分析在直流通路中进行。直流通路是不加交流输入信号(即 $u_i = 0$)时,电路在直流电源作用下,直流电流流经的通路。直流通路画法原则如下:① 电容视为开路;② 电感线圈视为短路;③ 交流信号源视为短路,但保留其内阻。

按此画法原则,可以得到图 9.1.1 的放大电路的直流通路如图 9.1.4 所示。

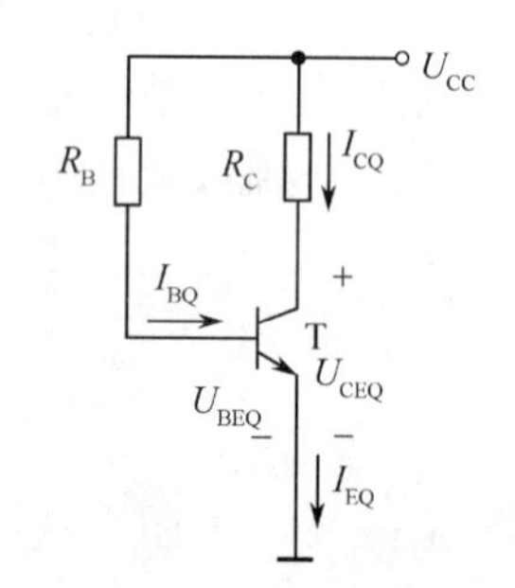

图 9.1.4 基本放大电路的直流通路

直流通路用于确定放大电路的直流量,即“静态工作点”。放大电路的静态指无交流信号输入时的工作状态,也称直流工作状态。静态工作点指电路处于静态时,晶体管 3 个电极的电压、电流在特性曲线上确定的一点,常标为 Q 点,所以,静态工作点一般用 I_{BQ}、I_{CQ} 和 U_{BEQ}、U_{CEQ} 等表示。确定放大电路的静态工作点,常用方法有估算法和图解分析法。

2. 用近似估算法确定静态工作点

工程上,常用近似估算来简化计算过程。所谓近似计算,就是在一定条件下,按照工程规范,对一些参数进行合理的近似,忽略次要因素,用估算公式算出结果。这里的合理估算指在允许的误差范围内进行计算。例如,精度要求 10%,则忽略 5% 的误差是不会影响计算结果的。在基本放大电路中,常常对晶体管发射极的导通压降 U_{BEQ} 近似看做不变,硅管用 0.6V ~ 0.8V 估算,如 0.7V;锗管用 0.1V ~ 0.3V 估算,如 0.2 V;并将集电极电流和发射极电流看作近似相等,即 $I_{EQ} \approx I_{CQ}$。

在图 9.1.4 中,根据基尔霍夫电压定律,可得到计算静态工作点的表达式为

$$I_{BQ} = \frac{U_{CC} - U_{BEQ}}{R_B} \tag{9.1.7}$$

$$I_{CQ}=\beta I_{BQ} \tag{9.1.8}$$

$$U_{CEQ}=U_{CC}-I_{CQ}R_C \tag{9.1.9}$$

【例 9.1.1】 设图 9.1.1 所示放大电路中 $U_{CC}=12\text{V}$,$R_C=3\text{k}\Omega$,$R_B=510\text{k}\Omega$,晶体管的 $\beta=100$(硅管)。用近似估算法求它的静态工作点。

【解】 因为是硅管,$U_{BEQ}\approx0.7\text{V}$。由式(9.1.7)、式(9.1.8)和式(9.1.9)可计算得

$$I_{BQ}=\frac{U_{CC}-U_{BEQ}}{R_B}=\frac{12\ -0.7}{510}\approx0.022=22\mu\text{A}$$

$$I_{CQ}=\beta I_{BQ}=100\times0.022=2.2\text{mA}$$

$$U_{CEQ}=U_{CC}-I_{CQ}R_C=12-2.2\times3=5.4\text{V}$$

3. 用图解分析法确定静态工作点

在实际测出晶体管的输入特性曲线、输出特性曲线和已知放大电路中其他元器件参数的情况下,利用作图的方法对放大电路进行分析即为图解分析法,如图 9.1.5 所示。

采用图解分析法分析静态工作点,其分析步骤为

(1) 画出直流通路(见图 9.1.4)。

(2) 在输入特性曲线上,画出直线 $U_{BE}=U_{CC}-i_BR_B$,见图 9.1.5(a)中的 AB。直线 AB 与输入特性曲线的交点即是 Q 点,得到 I_{BQ} 和 U_{BEQ}。

一般,I_{BQ} 可用估算法直接求出,即 $I_{BQ}=(U_{CC}-U_{BEQ})/R_B$;

(3) 在输出特性曲线上,画出直线 $U_{CE}=U_{CC}-i_CR_C$,见图 9.1.5(b)中的 MN。直线 MN 与 $i_B=I_{BQ}$ 的那条 i_C—u_{CE} 曲线的交点即为 Q 点,从而得到 U_{CEQ} 和 I_{CQ},见图 9.1.5(b)。图中,直线 MN 的斜率与 R_C 有关,而 R_C 是集电极的直流负载(集电极的直流电流流过 R_C),故将此直线称为晶体管的"直流负载线"。

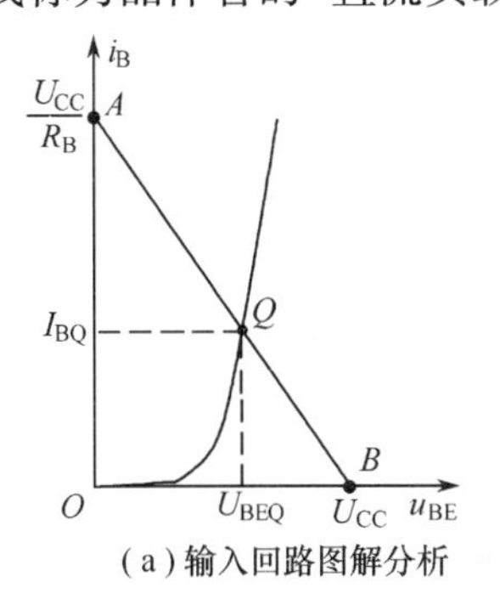

(a) 输入回路图解分析

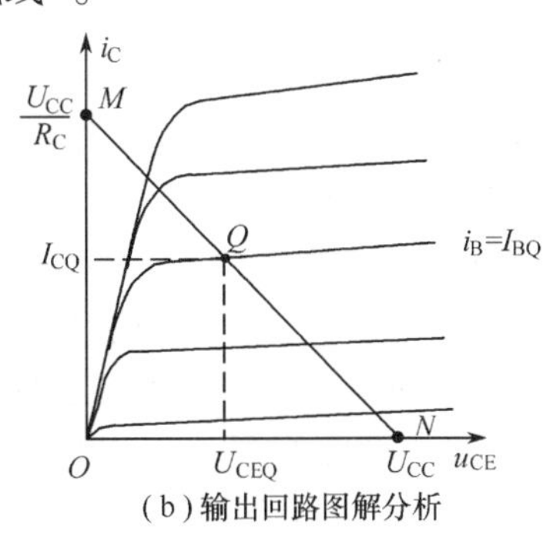

(b) 输出回路图解分析

图 9.1.5 利用图解法求静态工作点

【例 9.1.2】 设图 9.1.4 所示直流通路中 $U_{CC}=12\text{V}$,$R_B=280\text{k}\Omega$,$R_C=3\text{k}\Omega$,图中晶体管的输入、输出特性曲线如图 9.1.6 中曲线所示,用图解法求它的静态工作点。

【解】 (1) 在输入特性坐标系中作 $U_{BE}=U_{CC}-i_BR_B$ 所确定的直线。首先求出直线和坐标轴的交点 $A(0,U_{CC}/R_B)$ 和 $B(U_{CC},0)$,连接两点的直线即为所得。直线与输入特性曲线的交点 Q 的坐标即为所求的 U_{BEQ} 和 I_{BQ}。由图 9.1.6(a)可知,$U_{BEQ}\approx0.7\text{V}$,$I_{BQ}\approx40\mu\text{A}$。

(2) 在输出特性坐标系中作 $U_{CE}=U_{CC}-i_CR_C$ 所确定的直线。首先求出直线和坐标

轴的交点 $M(0, U_{CC}/R_C)$ 和 $N(U_{CC}, 0)$，直线与 $I_B \approx 40\mu A$ 的那条输出特性曲线的交点 Q 的坐标即为所求的 U_{CEQ} 和 I_{CQ}，由图 9.1.6(b) 可知 $U_{CEQ} \approx 6V$，$I_{CQ} \approx 2mA$。

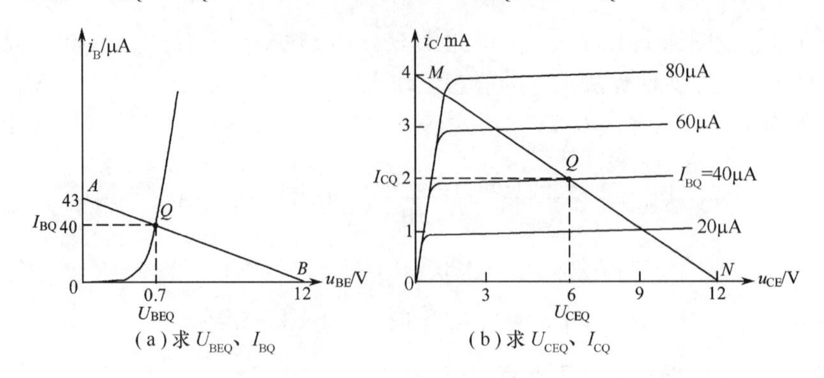

图 9.1.6　例 9.1.2 题的图解分析法

9.1.3　动态分析

放大电路的动态指输入信号 u_i 不为零时，电路中的电流、电压随输入信号作相应变化的状态，也称交流工作状态。动态分析就是根据放大电路的交流通路或微变等效电路计算电路的动态性能指标。

1. 交流通路

交流通路指放大电路在交流输入信号 u_i 单独作用下交流电流流经的通路。交流通路的画法原则为：①容量大的电容视为短路；②直流电源视为短路。按此画法原则，可以得到图 9.1.1 所示放大电路的交流通路，如图 9.1.7 所示。

2. 微变等效电路

(1) 晶体管的微变等效电路。由于晶体管是非线性器件，这就使得放大电路的分析非常困难。如果能够建立晶体管小信号模型，将非线性器件做线性化处理，就可以简化放大电路的分析和设计。当放大电路的输入信号很小时，晶体管电压、电流变化量之间的关系基本上是线性的，这时可以把晶体管小范围内的特性曲线近似地用直线来代替，也就是可以用一个等效的线性电路来代替这个晶体管。所谓等效就是从这个线性电路的引出端看上去，其电压、电流的变化关系和原来的晶体管一样。这样的线性电路称为晶体管的微变等效电路。

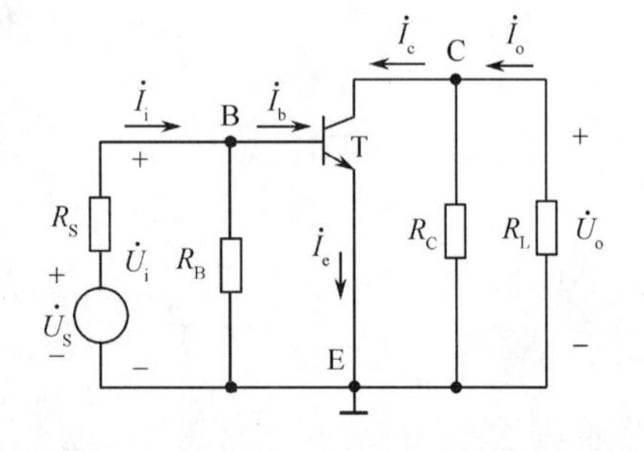

图 9.1.7　基本放大电路的交流通路

从图 9.1.8(a) 中可见，在输入特性曲线 Q 点附近，特性曲线基本上是一段直线，即可认为 Δi_B 与 Δu_{BE} 成正比，其比值 $\Delta u_{BE}/\Delta i_B = r_{be}$ 是个常数，由 r_{be} 可确定输入电压和输入电流之间的关系。这也就是说，在输入是小信号的情况下，晶体管的输入电路可以用 r_{be} 等效代替，此 $r_{be} = u_{be}/i_b$，r_{be} 被称为晶体管的输入等效电阻。

从图 9.1.8(b) 中可见，在输出特性曲线 Q 点附近，特性曲线基本上是水平的，即 Δi_C 与 Δu_{CE} 无关，只取决于 Δi_B；在数量关系上，Δi_C 比 Δi_B 大 β 倍；这说明在输出特性曲线 Q

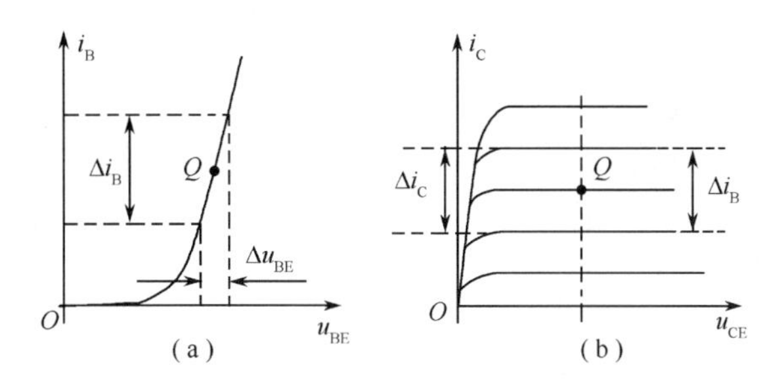

图 9.1.8　晶体管特性曲线局部化

点附近,晶体管的输出端可以用一个大小为 $\beta\Delta i_B$ 的恒流源来代替。这个恒流源是一个受控电流源而不是独立电流源。受控源 $\beta\Delta i_B$ 实质上体现了基极电流 i_B 对集电极电流 i_C 的控制作用,而与电压 u_{CE} 无关。这也就是说,在小信号的情况下,晶体管的集电极和发射极之间可等效为一个受 i_b 控制的电流源,即 $i_c=\beta i_b$。

综上,由图 9.1.9(a)所示的晶体管,可画出如图 9.1.9(b)所示的晶体管微变等效电路。

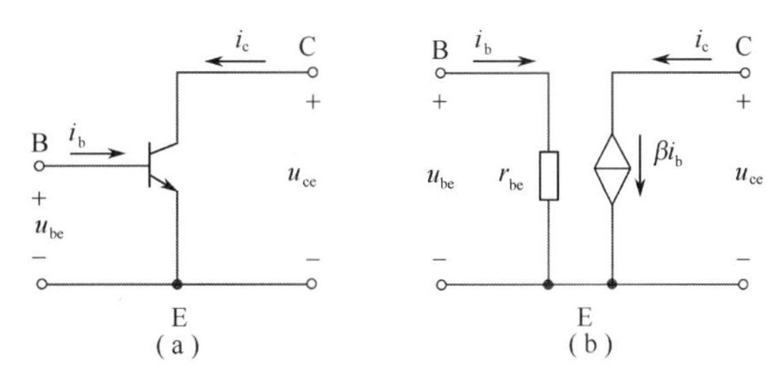

图 9.1.9　晶体管的微变等效电路

(2) r_{be}的近似估算公式。晶体管内部等效电阻示意图如图 9.1.10 所示,图中,r_c、r_b 和 r_e 分别为集电区、基区和发射区半导体的体电阻,$r_{b'c}$和 $r_{b'e}$分别为集电结和发射结的结电阻。从示意图可以看出,B、E 之间的电阻由 r_b、$r_{b'e}$及 r_e 等 3 部分组成。对于不同类型的晶体管,基区体电阻 r_b 的数值有所不同,一般低频小功率管的 r_b 约为几十欧到几百欧;由于发射区多子的浓度很高,因此发射区体电阻 r_e 很小,约为几欧,与结电阻 $r_{b'e}$相比,一般可以忽略不计;而发射结电阻的实验值是 $r_{b'e}=\dfrac{26(\text{mV})}{I_{EQ}(\text{mA})}$,$I_{EQ}$为发射极静态电流。

由图 9.1.10,可从电压入手求 r_{be}:

$$U\approx I_b r_b+I_e r_{b'e}=I_b r_b+(1+\beta)I_b r_{b'e}$$

而,$r_{be}=\dfrac{U}{I_b}$,所以

$$r_{be}=r_b+(1+\beta)r_{b'e}=r_b+(1+\beta)\frac{26(\text{mV})}{I_{EQ}(\text{mA})} \tag{9.1.10}$$

r_{be}的单位为 Ω。

(3) 放大电路的微变等效电路。在图 9.1.7 所示的基本放大电路的交流通路中,将晶体三极管用图 9.1.9(b)所示的晶体管微变等效电路来代替,即可得基本放大电路的微变等效电路,如图 9.1.11 所示。

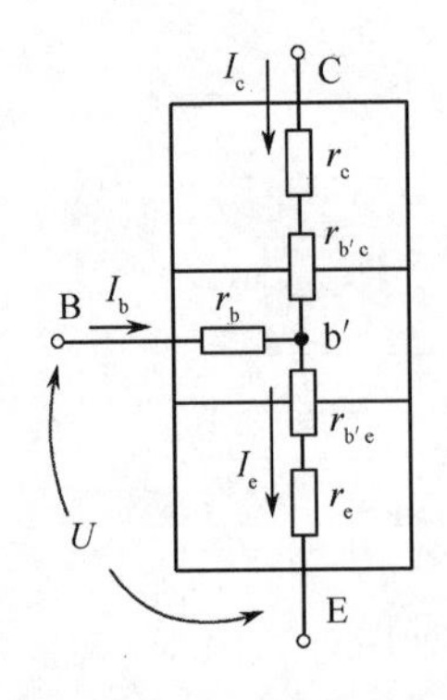

图 9.1.10　晶体管内部等效电阻示意图

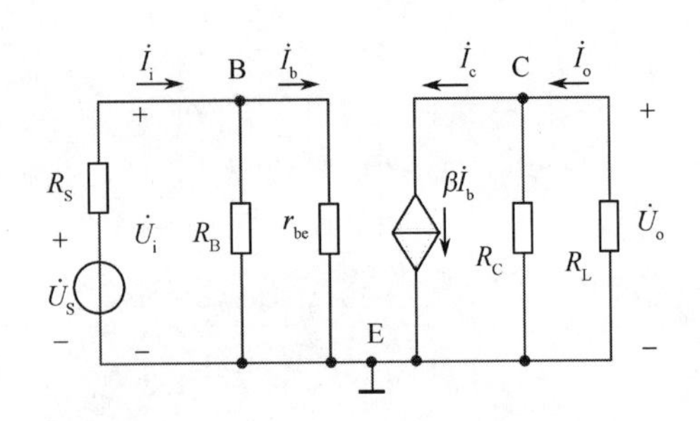

图 9.1.11　放大电路的微变等效电路

3. 动态性能指标

基本共发射极电压放大电路的动态性能指标有以下几个。

(1) 电压放大倍数 A_u

$$A_u = \frac{\dot{U}_o}{\dot{U}_i} = \frac{-\dot{I}_c(R_C /\!/ R_L)}{r_{be}\dot{I}_b} = \frac{-\beta R'_L}{r_{be}} \tag{9.1.11}$$

式中,R'_L是交流总负载电阻

$$R'_L = R_C /\!/ R_L = \frac{R_C R_L}{R_C + R_L} \tag{9.1.12}$$

(2) 输入电阻 R_i

$$R_i = \frac{\dot{U}_i}{\dot{I}_i} = R_B /\!/ r_{be} \tag{9.1.13}$$

(3) 输出电阻 R_o

$$R_o = \frac{\dot{U}_o}{\dot{I}_o}\bigg|_{\substack{\dot{U}_s = 0 \\ R_L = \infty}} = R_C \tag{9.1.14}$$

根据以上介绍,可以归纳出利用微变等效电路法分析放大电路的步骤:

① 画放大电路的直流通路,利用近似估算法或图解法确定放大电路的静态工作点。

② 求晶体管的输入等效电阻 r_{be}。

③ 画放大电路的交流通路或微变等效电路。

④ 求放大电路的电压放大倍数 A_u、输入电阻 R_i 和输出电阻 R_o。

【例 9.1.3】 图 9.1.1 所示的单管共射放大电路。已知:$U_{CC} = 12\text{V}$,$\beta = 80$,$R_B = 510\text{k}\Omega$,$R_C = 3\text{k}\Omega$,$r_b = 150\Omega$,$U_{BEQ} = 0.7\text{V}$,$R_L = 3\text{k}\Omega$,试计算:

(1) 放大电路的静态工作点。

(2) 放大电路的电压放大倍数、输入电阻和输出电阻。

(3) 若 $R_s = 2\text{k}\Omega$,求 $A_{us} = \dfrac{\dot{U}_o}{\dot{U}_s} = ?$

【解】 (1) 该放大电路的直流通路如图 9.1.4 所示,根据式(9.1.7) ~ 式(9.1.10),可得

$$I_{BQ}=\frac{U_{CC}-U_{BEQ}}{R_B}=\frac{12-0.7}{510}\approx 22\mu A,\quad I_{CQ}=\beta I_{BQ}=80\times 0.022=1.76mA$$

$$U_{CEQ}=U_{CC}-I_{CQ}R_C=12-1.76\times 3=6.72V$$

$$I_{EQ}=(1+\beta)I_{BQ}=81\times 0.022\approx 1.78mA$$

$$r_{be}=r_b+(1+\beta)\frac{26}{I_{EQ}}=150+81\times\frac{26}{1.78}\approx 1333\Omega=1.33k\Omega$$

（2）该放大电路的微变等效电路如图 9.1.11 所示，根据式（9.1.11）~式（9.1.14）可得

$$R'_L=R_C /\!/ R_L=\frac{R_CR_L}{R_C+R_L}=\frac{3\times 3}{3+3}=1.5k\Omega$$

$$A_u=\frac{\dot{U}_o}{\dot{U}_i}=\frac{-\beta R'_L}{r_{be}}=\frac{-80\times 1.5}{1.33}\approx -90$$

$$R_i=\frac{\dot{U}_i}{\dot{I}_i}=R_B /\!/ r_{be}=\frac{510\times 1.33}{510+1.33}\approx 1.33k\Omega,\quad R_o=\frac{\dot{U}_o}{\dot{I}_o}\bigg|_{\substack{\dot{U}_s=0\\ R_L=\infty}}=R_C=3k\Omega$$

（3）$A_{us}=\frac{\dot{U}_o}{\dot{U}_s}=\frac{\dot{U}_i\dot{U}_o}{\dot{U}_s\dot{U}_i}=\frac{R_i}{R_s+R_i}A_u=\frac{1.33}{1.33+2}\times(-90)\approx -36$

4. 用图解法分析动态性能

动态分析的目的是求解放大电路的动态指标、分析动态变化趋势等。由于放大电路的动态建立在静态工作点之上，所以综合分析时，用图解法较为直观，分析步骤如下：

（1）画放大电路的交流通路并作交流负载线。图 9.1.1 所示电路的交流通路如图 9.1.7 所示，其输出回路电流方程式为 $\Delta i_C=-\Delta u_{CE}/R'_L$，由于该式所表示的直线的斜率 $-1/R'_L$ 由交流负载电阻 R'_L 决定，故称该直线为交流负载线。由于当放大电路输入信号 $u_i=0$ 时，其静态情况和动态情况重合，所以交流负载线是通过静态工作点 Q 的一条直线。也就是说，过晶体管输出特性曲线上的 Q 点作一条斜率为 $-1/R'_L$ 的直线，即为放大电路的交流负载线，如图 9.1.12 所示。因为输出回路的工作点仅仅沿着交流负载线上下移动，所以只有交流负载线才是放大电路有动态工作点的运动轨迹。

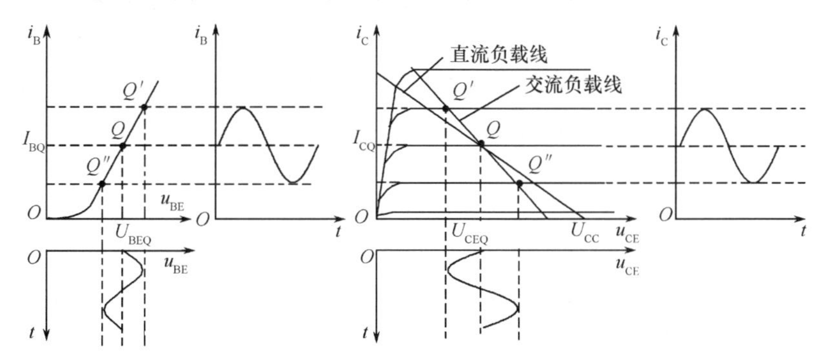

图 9.1.12　放大电路的动态图解分析

（2）求解电压放大倍数。当放大电路的输入端加入正弦交流电压 u_i 后，在晶体管特性曲线的线性范围内，其各极电压和电流都围绕各自的静态工作点按正弦规律变化，见图

9.1.12。根据所画波形，可以确定 u_{BE} 的变化量 Δu_{BE}（即 u_i）和 u_{CE} 的变化量 Δu_{CE}（即 u_o），则电压放大倍数为 $A_u = \Delta u_{CE}/\Delta u_{BE}$。从图中绘制的波形变化规律可以看出，共射极放大电路输出电压和输入电压相位相反，电压放大倍数为负值，因此共射极放大电路也被称为反相器。

（3）非线性失真的分析。放大电路静态工作点 Q 设置得不合适，会对放大电路的性能造成影响。若 Q 点偏高，如图 9.1.13（a）所示，则当 i_b 按正弦规律变化时，图中 Q' 将进入饱和区，造成 i_c 的波形与 i_b 的波形不一致，以及 u_{ce} 的波形与 u_i 的波形不一致，输出电压 u_o（即 u_{ce}）的负半周出现平顶畸变，这称为饱和失真；若 Q 点偏低，如图 9.1.13（b）所示，则有 Q'' 进入截止区，输出电压 u_o 的正半周出现平顶畸变，这称为截止失真。饱和失真和截止失真统称为非线性失真。为了使放大电路不产生非线性失真，其静态工作点应当设置合适。

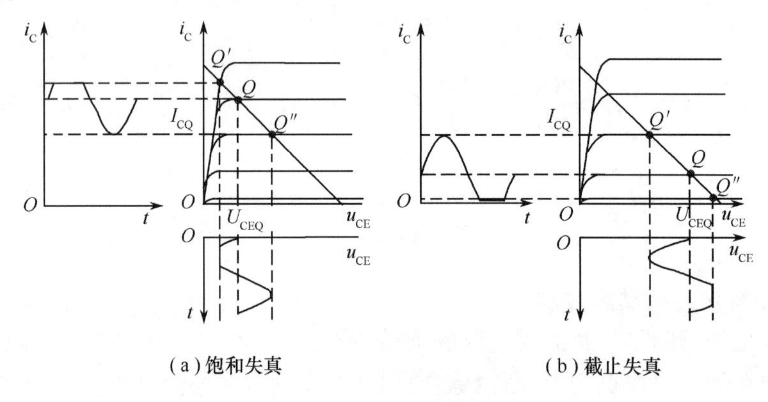

（a）饱和失真　　　　（b）截止失真

图 9.1.13　放大电路非线性失真的图解分析

9.2　静态工作点自稳定放大电路

合理设置静态工作点是保证放大电路正常工作的先决条件，放大电路的性能指标与静态工作点密切相关。但是放大电路的静态工作点常因外界条件的变化而发生变动。前面章节所述的放大电路简单、容易调整，但在温度变化、三极管老化、电源电压波动等外部因素的影响下，将引起静态工作点的变动，严重时将使放大电路不能正常工作，其中影响最大的是温度的变化。湿度变化对三极管参数的影响主要表现在以下 3 个方面：

首先，当温度升高时，少数载流子浓度会明显增加，使载流子的总量增加，导电能力增强，从输入特性曲线看，会导致输入特性曲线左移，U_{BEQ} 减小，I_{BQ} 增大。一般，温度每升高 1℃，U_{BEQ} 约下降 2mV ~ 2.5mV。其次，温度升高时晶体管的 β 值将增大，并最终使集电极电流 I_{CQ} 增大。一般，温度每升高 1℃，β 值约增加 0.5% ~ 1.0%，使输出特性曲线之间的间距增大。最后，当温度升高时，晶体管的反向饱和电流 I_{CBO} 将急剧增加，这是因为 I_{CBO} 是由集电区少子漂移形成的，因此受温度影响比较严重。

总之，温度变化时会影响放大电路静态工作点，使放大电路产生饱和失真或截止失真。要使放大电路不失真地放大输入信号，就必须保证静态工作点设置合理且稳定，让静态集电极电流 I_{CQ} 和管压降 U_{CEQ} 基本不会随温度变化而变化。本节主要介绍能自动稳定静态工作点的放大电路。

9.2.1 电路组成

1. 各元器件作用

静态工作点自稳定放大电路如图 9.2.1 所示，和图 9.1.2 所示的单管共射放大电路相比，该电路增加了 R_{B2}、R_E 和 C_E 3 个元件。R_{B1} 和 R_{B2} 分别为上偏置电阻和下偏置电阻，用于确定基极电位。由于晶体管基极电位 U_{BQ} 通过电阻分压而基本固定，所以该放大电路也被称为分压式偏置放大电路。R_E 是射极电阻，C_E 是射极旁路电容，对交流 i_e，C_E 短路，R_E 不起作用，对直流 I_{EQ}，C_E 开路，发射极电位 $U_{EQ}=I_{EQ}R_E$，U_{EQ} 随 I_{EQ} 的变化而变化，所以，R_E 能将输出电流 $I_{CQ}(I_{CQ}\approx I_{EQ})$ 的变化以电位 U_{EQ} 变化的形式反馈给输入端，R_E 的作用是直流反馈。

2. 工作原理

静态工作点自稳定放大电路的直流通路如图 9.2.2 所示。根据基尔霍夫定律，节点 B 的电流方程为 $I_1=I_2+I_{BQ}$，为了稳定静态工作点，通常需选择合适的元件参数使 $I_2\gg I_{BQ}$，所以 $I_2\approx I_1$，则基极电位为

$$U_{BQ}\approx\frac{R_{B2}}{R_{B1}+R_{B2}}U_{CC} \tag{9.2.1}$$

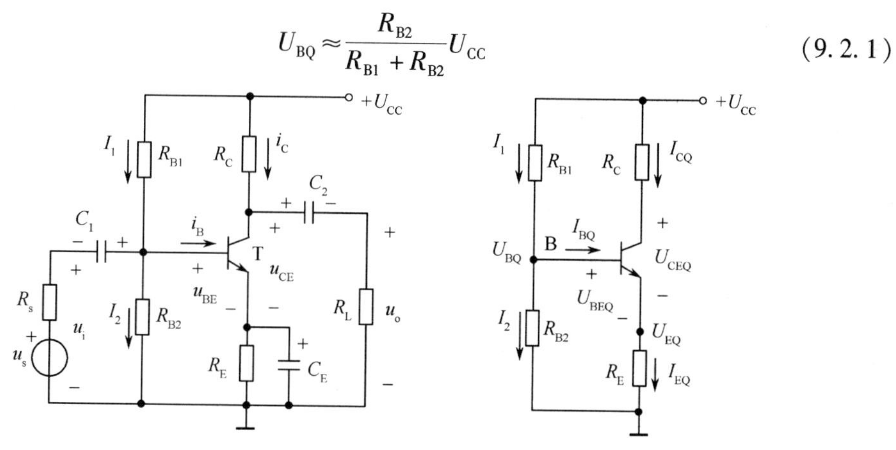

图 9.2.1 静态工作点自稳定放大电路　　图 9.2.2 直流通路

由式(9.2.1)可知，基极电位几乎仅决定于 R_{B1} 和 R_{B2} 对 U_{CC} 的分压，而与温度无关，即当温度变化时 U_{BQ} 基本不变，这就保证了该电路能自动稳定静态工作点。例如，当温度上升时，将引起 I_{CQ} 增加，导致 I_{EQ} 增加，使 U_{EQ} 升高。由于 $U_{BEQ}=U_{BQ}-U_{EQ}$，而 U_{BQ} 固定不变，所以 U_{BEQ} 减小，于是基极电流 I_{BQ} 减小，使集电极电流 I_{CQ} 相应减小，从而达到稳定静态工作点的目的。静态工作点的自动稳定过程表示如下：

$$T(℃)\uparrow\longrightarrow I_{CQ}\uparrow\longrightarrow I_{EQ}\uparrow\longrightarrow U_{EQ}\uparrow$$

$$\downarrow I_{CQ}\longleftarrow\downarrow I_{BQ}\longleftarrow\downarrow U_{BEQ}\longleftarrow$$

9.2.2 静态分析

在图 9.2.2 所示的直流通路中，已知 $I_2\gg I_{BQ}$，$U_{BQ}\approx\frac{R_{B2}}{R_{B1}+R_{B2}}U_{CC}$，则有

$$I_{CQ} \approx I_{EQ} = \frac{U_{BQ} - U_{BEQ}}{R_E} \tag{9.2.2}$$

$$I_{BQ} = \frac{I_{EQ}}{1+\beta} \tag{9.2.3}$$

$$U_{CEQ} \approx U_{CC} - I_{CQ}(R_C + R_E) \tag{9.2.4}$$

9.2.3 动态分析

静态工作点自稳定放大电路的微变等效电路如图 9.2.3 所示，其中图 9.2.3(a)是有旁路电容 C_E 的交流等效电路，其动态参数为

$$A_u = \frac{\dot{U}_o}{\dot{U}_i} = -\frac{\beta R_L'}{r_{be}} \qquad (R_L' = R_C /\!/ R_L) \tag{9.2.5}$$

$$R_i = \frac{\dot{U}_i}{\dot{I}_i} = R_{B1} /\!/ R_{B2} /\!/ r_{be} \tag{9.2.6}$$

$$R_o = R_C \tag{9.2.7}$$

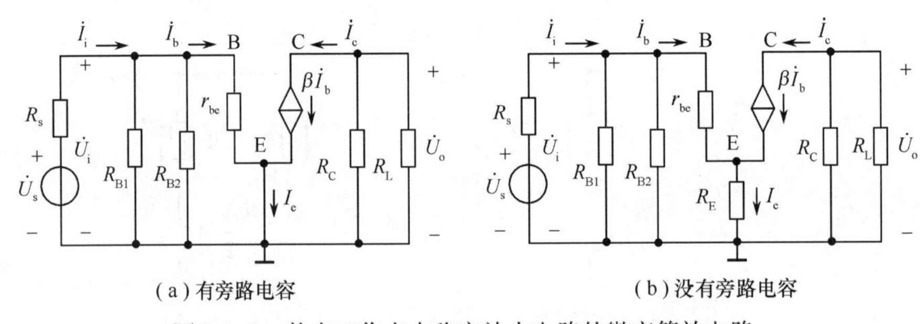

(a) 有旁路电容　　(b) 没有旁路电容

图 9.2.3　静态工作点自稳定放大电路的微变等效电路

图 9.2.3(b)是没有旁路电容 C_E 的交流等效电路，由图可知

$$\dot{U}_i = \dot{I}_b r_{be} + \dot{I}_e R_E = \dot{I}_b r_{be} + \dot{I}_b (1+\beta) R_E$$

$$\dot{U}_o = -\dot{I}_c R'_L = -\beta \dot{I}_b R_L'$$

则其动态参数为

$$A_u = \frac{\dot{U}_o}{\dot{U}_i} = -\frac{\beta R_L'}{r_{be} + (1+\beta) R_E} \qquad (R_L' = R_C /\!/ R_L) \tag{9.2.8}$$

$$R_i = \frac{\dot{U}_i}{\dot{I}_i} = R_{B1} /\!/ R_{B2} /\!/ [r_{be} + (1+\beta) R_E] \tag{9.2.9}$$

$$R_o = R_C \tag{9.2.10}$$

【例 9.2.1】 电路如图 9.2.1 所示，已知 $U_{CC} = 12\text{V}$，$R_{B1} = 20\text{k}\Omega$，$R_{B2} = 10\text{k}\Omega$，$R_C = 3\text{k}\Omega$，$R_E = 2\text{k}\Omega$，$R_L = 3\text{k}\Omega$，$\beta = 50$，$r_b = 200\Omega$。试估算静态工作点，并求电压放大倍数、输入电阻和输出电阻。

【解】(1) 用估算法计算静态工作点。

$$U_{BQ}=\frac{R_{B2}}{R_{B1}+R_{B2}}U_{CC}=\frac{10}{10+20}\times 12=4V$$

$$I_{CQ}\approx I_{EQ}=\frac{U_B-U_{BEQ}}{R_E}=\frac{4-0.7}{2}=1.65mA$$

$$I_{BQ}=\frac{I_{CQ}}{\beta}=\frac{1.65}{50}=33\mu A$$

$$U_{CEQ}=U_{CC}-I_{CQ}(R_C+R_E)=12-1.65\times(3+2)=3.75V$$

（2）求电压放大倍数。

$$r_{be}=200+(1+\beta)\frac{26}{I_{EQ}}=200+51\times\frac{26}{1.65}\approx 1k\Omega$$

$$R_L'=R_C/\!/R_L=\frac{3\times 3}{3+3}=1.5k\Omega$$

$$A_u=-\frac{\beta R_L'}{r_{be}}=-\frac{50\times 1.5}{1}=-75$$

（3）求输入电阻和输出电阻。

$$R_i=R_{B1}/\!/R_{B2}/\!/r_{be}\approx 0.87k\Omega;\qquad R_o=R_C=3k\Omega$$

9.3 共集电极放大电路

9.3.1 电路组成

共集电极放大电路如图 9.3.1 所示，从图 9.3.2 所示的交流通路可以看出，输入信号与输出信号的公共端是晶体管的集电极，所以称此电路为共集电极放大电路。又由于输出信号从发射极引出，因此这种电路也称为射极输出器。

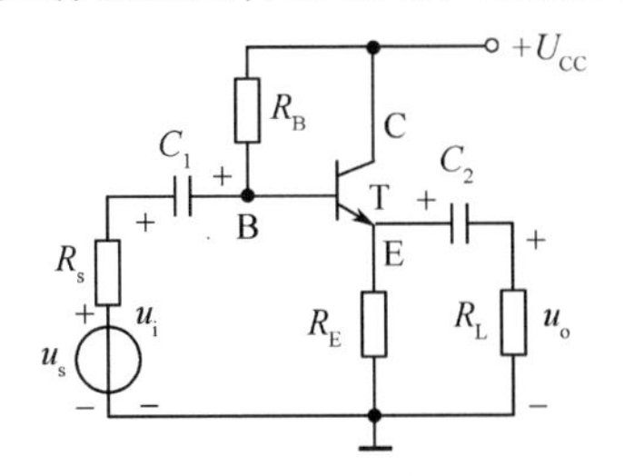

图 9.3.1 共集电极放大电路

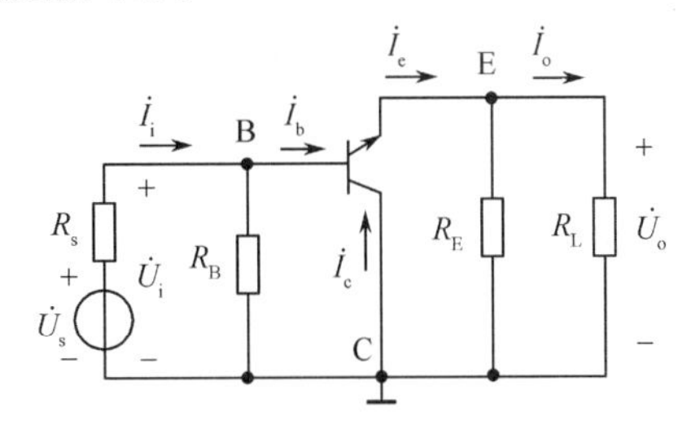

图 9.3.2 交流通路

9.3.2 静态分析

根据图 9.3.3 所示的直流通路，可以列出输入回路的电压方程为

$$U_{CC}=I_{BQ}R_B+U_{BEQ}+I_{EQ}R_E=I_{BQ}R_B+U_{BEQ}+(1+\beta)I_{BQ}R_E$$

所以有

$$I_{BQ}=\frac{U_{CC}-U_{BEQ}}{R_B+(1+\beta)R_E}\tag{9.3.1}$$

$$I_{CQ}=\beta I_{BQ}\tag{9.3.2}$$

$$U_{CEQ}=U_{CC}-I_{EQ}R_E=U_{CC}-(1+\beta)I_{BQ}R_E\tag{9.3.3}$$

9.3.3 动态分析

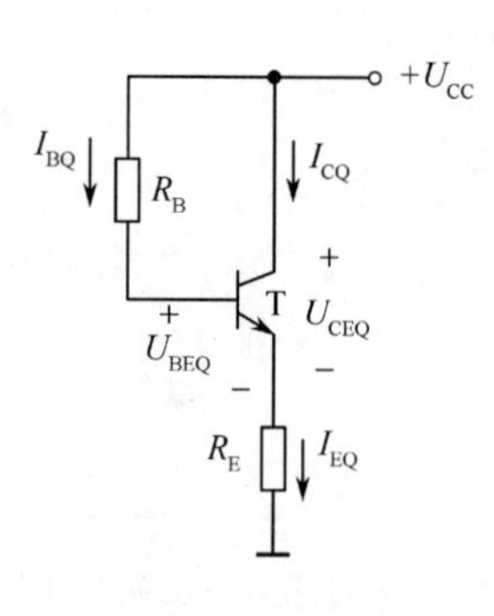

图9.3.3 直流通路

共集电极放大电路的微变等效电路如图9.3.4所示。

（1）电压放大倍数。由图9.3.4可得

$$\dot{U}_o=\dot{I}_eR'_L=(1+\beta)\dot{I}_bR'_L(R'_L=R_L/\!/R_E)$$

$$\dot{U}_i=\dot{I}_br_{be}+\dot{U}_o=\dot{I}_br_{be}+(1+\beta)\dot{I}_bR'_L$$

则电压放大倍数为

$$A_u=\frac{\dot{U}_o}{\dot{U}_i}=\frac{(1+\beta)R'_L}{r_{be}+(1+\beta)R'_L}\tag{9.3.4}$$

（2）输入电阻。由图9.3.4可得

$$\dot{I}_i=\dot{I}_1+\dot{I}_b=\frac{\dot{U}_i}{R_B}+\frac{\dot{U}_i}{r_{be}+(1+\beta)R'_L}$$

则输入电阻为

$$R_i=\frac{\dot{U}_i}{\dot{I}_i}=R_B/\!/[r_{be}+(1+\beta)R'_L]=\frac{R_B[r_{be}+(1+\beta)R'_L]}{R_B+r_{be}+(1+\beta)R'_L}\tag{9.3.5}$$

（3）输出电阻。计算输出电阻的等效电路如图9.3.5所示。

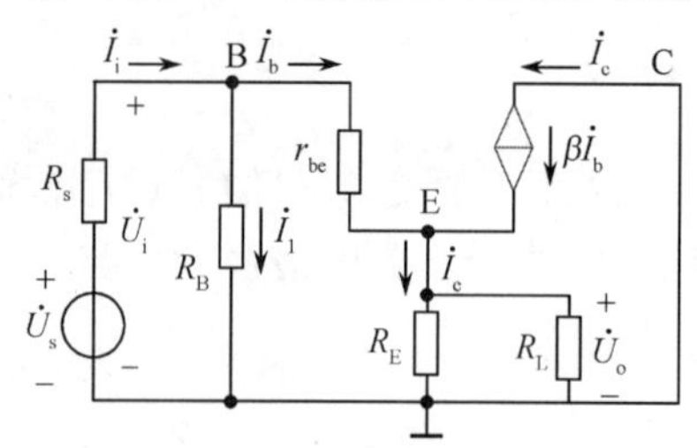

图9.3.4 微变等效电路

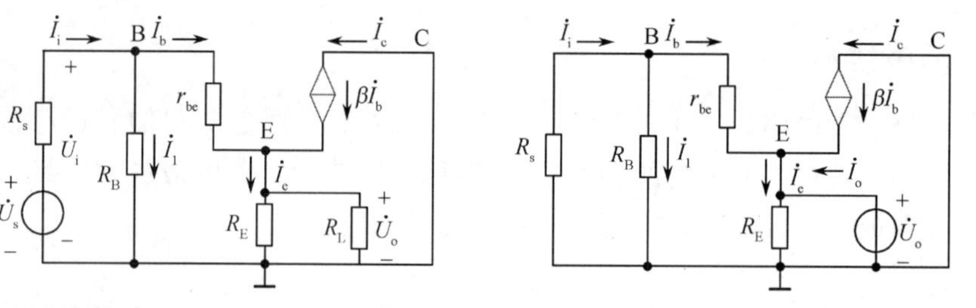

图9.3.5 计算 R_o 的等效电路

由图9.3.5可得

$$\dot{U}_o=[(1+\beta)\dot{I}_b+\dot{I}_o]R_E,$$

$$[(1+\beta)\dot{I}_b+\dot{I}_o]R_E+(R'_s+r_{be})\dot{I}_b=0,\quad R'_s=R_s/\!/R_B,$$

$$\dot{I}_b=\frac{-R_E}{R'_s+r_{be}+(1+\beta)R_E}\dot{I}_o$$

则输出电阻为

$$R_o=\frac{\dot{U}_o}{\dot{I}_o}=\frac{(R'_s+r_{be})R_E}{R'_s+r_{be}+(1+\beta)R_E}\tag{9.3.6}$$

【例9.3.1】在图9.3.1所示电路中，$U_{CC}=12V$，$R_B=200k\Omega$，$R_E=2k\Omega$，$R_L=3k\Omega$，$R_s=100\Omega$，$r_b=300\Omega$，$\beta=50$。试估算静态工作点，并求电压放大倍数、输入电阻和输出电阻。

【解】（1）用估算法计算静态工作点。

$$I_{BQ}=\frac{U_{CC}-U_{BEQ}}{R_B+(1+\beta)R_E}=\frac{12-0.7}{200+(1+50)\times 2}=0.0374\ \text{mA}=37.4\mu\text{A}$$

$$I_{CQ}=\beta I_{BQ}=50\times 0.0374=1.87\text{mA}$$

$$I_{EQ}=(1+\beta)I_{BQ}=51\times 0.0374=1.91\text{mA}$$

$$U_{CEQ}=U_{CC}-I_{EQ}R_E=12-1.91\times 2=8.19\text{V}$$

(2) 计算电压放大倍数、输入电阻和输出电阻。

$$r_{be}=300+(1+\beta)\frac{26}{I_{EQ}}=300+(1+50)\frac{26}{1.91}=994\Omega\approx 1\text{k}\Omega$$

$$R'_L=R_E /\!/ R_L=2/\!/3=1.2\text{k}\Omega$$

$$A_u=\frac{(1+\beta)R'_L}{r_{be}+(1+\beta)R'_L}=\frac{(1+50)\times 1.2}{1+(1+50)\times 1.2}=0.98$$

$$R_i=\frac{R_B[r_{be}+(1+\beta)R'_L]}{R_B+r_{be}+(1+\beta)R'_L}=\frac{200\times(1+51\times 1.2)}{200+1+51\times 1.2}=47.7\text{k}\Omega$$

$$R'_s=R_B/\!/R_s=200\times 10^3/\!/100\approx 100\ \Omega=0.1\ \text{k}\Omega$$

$$R_o=\frac{(R'_s+r_{be})R_E}{R'_s+r_{be}+(1+\beta)R_E}=\frac{(0.1+1)\times 2}{0.1+1+(50+1)\times 2}\approx 21.3\Omega$$

9.4 功率放大电路

9.4.1 功率放大电路概述

在一些电子设备中，常常要求放大电路的输出级能够带动某种负载，如驱动电表，使指针偏转；驱动扩音机的扬声器，使之发出声音；驱动自动控制系统中的执行机构等，因而要求放大电路有足够大的输出功率。功率放大电路就是一种以输出较大功率为目的的放大电路，一般用于放大电路的最后一级，直接驱动负载。

1. 功率放大电路的特点和要求

(1) 功率要大。功率放大电路要求功率管输出的电压和电流都有足够大的幅度，管子常常工作在接近极限状态，为此需特别考虑管子的极限参数：集电极最大耗散功率 P_{CM}、集电极最大电流 I_{CM}、集电极和发射极之间能承受的最大管压降 $U_{(BR)CEO}$。

(2) 效率要高。所谓效率，就是负载上得到的输出功率与电源供给功率的比值。由于功率放大电路输出功率大，电路的能量损耗也大，因此要考虑直流电源提供能量的转换效率问题。

(3) 失真要小。功率放大电路处于大信号工作状态，所以不可避免地会产生非线性失真，这就使输出功率和非线性失真成为一对主要矛盾，应综合考虑，正确处理。

(4) 散热要好。在功率放大电路中，有相当大的功率消耗在管子的集电结上，使结温和管壳温度升高。为了充分利用允许的管耗而使管子输出足够大的功率，必须考虑加装散热器。

2. 功率放大电路与电压放大电路的区别

(1) 本质相同。电压放大电路主要用于增加电压幅度，功率放大电路主要用于输出较大的功率。但无论哪种放大电路，在负载上都同时存在输出电压、电流和功率，从能量控制的观点来看,放大电路实质上都是能量转换电路。因此,功率放大电路和电压放大电路没有本质的区别,称呼上的区别只不过是强调的输出量不同而已。

(2) 任务不同。电压放大电路主要任务是使负载得到不失真的电压信号,输出的功率并不一定大,在小信号状态下工作。功率放大电路主要任务是使负载得到不失真(或失真较小)的输出功率,在大信号状态下工作。

(3) 指标不同。电压放大电路主要指标是电压放大倍数、输入和输出电阻(或阻抗)。功率放大电路主要指标是功率、效率、非线性失真。

(4) 研究方法不同。电压放大电路晶体管通常工作在小信号状态,一般采用图解法和微变等效电路法。功率放大电路中的晶体管通常工作在大信号状态,因此在进行分析时,一般不能采用微变等效电路法,而常常采用图解法来分析放大电路的静态和动态工作情况。

3. 功率放大电路的分类

根据放大电路中的晶体管在输入正弦信号的一个周期内的导通情况,功率放大电路可以分为甲类、乙类和甲乙类,如图 9.4.1 所示。在输入正弦信号的一个周期内晶体管都导通,都有电流流过晶体管,这种工作方式称为甲类放大,或称 A 类放大。甲类功率放大电路的静态工作点设置在交流负载线的中点,这种电路功率损耗较大,效率较低,最高只能达到 50%。在输入正弦信号的一个周期内,只有半个周期晶体管导通的,称为乙类放大,或称 B 类放大。乙类功率放大电路的静态工作点设置在交流负载线的截止点,这种电路功率损耗减到最少,使效率大大提高,但失真严重。在输入正弦信号的一个周期内,有半个周期以上晶体管是导通的,称为甲乙类放大,或称 AB 类放大。甲乙类功率放大电路的静态工作点介于甲类和乙类之间,晶体管有不大的静态偏流,其失真情况和效率也介于甲类和乙类之间。

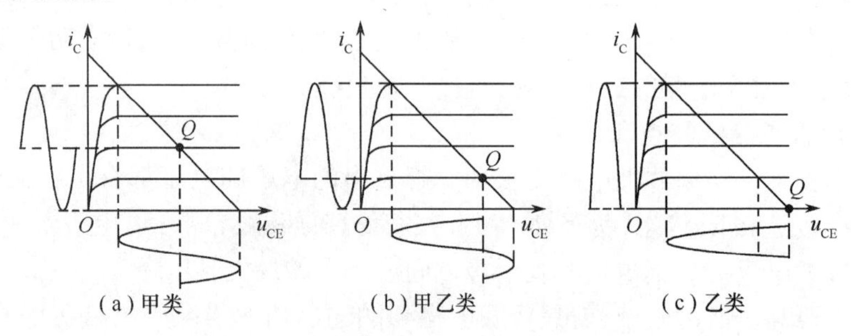

图 9.4.1 功率放大电路的工作类型

目前,应用最为广泛的功率放大电路是 OCL 功率放大电路和 OTL 功率放大电路,下面分别介绍。

9.4.2 OCL 功率放大电路

1. OCL 乙类互补对称功率放大电路

(1) 电路组成。工作在乙类的功率放大电路,虽然管耗小,有利于提高效率,但存在严重的失真,使得输入信号的半个波形被削掉,为了解决这一问题,可用图 9.4.2(a)所示的两管交替工作的功率放大电路。在图 9.4.2(a)中,采用双电源供电,T_1 和 T_2 分别为

NPN 型管和 PNP 型管，两管的基极和发射极相互连接在一起，信号从基极输入，从发射极输出，R_L 为负载。当 $u_i=0$ 时，T_1、T_2均处于截止状态，所以两个晶体管都工作在乙类放大状态。在输入信号正半周时，T_1工作在放大状态，T_2截止，有电流 i_{C1} 流过负载 R_L；在输入信号负半周时，T_1截止，T_2工作在放大状态，有电流 i_{C2} 流过负载 R_L，结果在负载上得到一个完整的波形，这既提高了功放效率又解决了失真问题。由于两个管子互补对方的不足，工作性能对称，所以图 9.4.2(a)所示的电路被称为乙类互补对称电路，又由于这种电路输出端不接电容而是直截接负载，所以它也被称为无输出电容功率放大电路，即 OCL (Output Capacitor Less)功放电路。

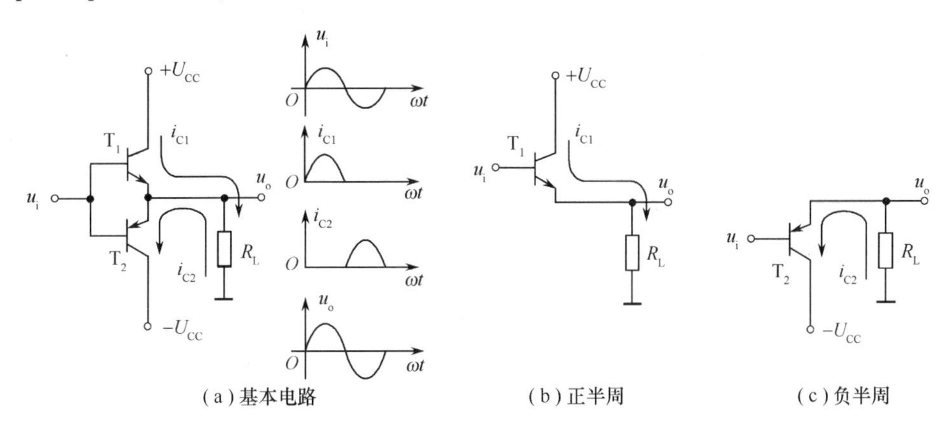

图 9.4.2　OCL 乙类互补对称功率放大电路

(2) 图解分析。乙类互补对称功放电路的图解分析如图 9.4.3 所示，图中假定，只要 $u_{BE1}>0$，T_1就开始导电，则在一周期内 T_1导电时间约为半个周期。随着 u_i 的增大，工作点沿着负载线上移，则 $i_o=i_{C1}$增大，u_o 也增大，当工作点上移到图中 A 点时，$u_{CE1}=u_{CES}$，已到输出特性的饱和区，此时输出电压达到最大不失真幅值 U_{om}。

根据图解分析，可得输出电压的幅值为 $U_{om}=U_{cem}=U_{CC}-U_{CES}$。若忽略管子的饱和压降 U_{CES}，则输出电压的最大值 $U_{om}=U_{CC}$。

T_2管的工作情况和 T_1相似，只是在信号的负半周导电。为了便于分析两管的工作情况，将 T_2的特性曲线倒置在 T_1的右下方，并令二者在 Q 点，即 $u_{CE}=U_{CC}$处重合，形成 T_1和 T_2的所谓合成曲线，如图 9.4.3 所示。这时负载线通过 U_{CC}点形成一条斜线，其斜率为 $-1/R_L$。

在输入电压 u_i 的正半周，电路的 T_1导电，工作点沿直线 QA 向上运动，T_1的集电极最大电流为 I_{cm1}；负半周时 T_2导电，工作点沿直线 QB 向下运动，T_2的集电极最大电流为 I_{cm2}。显然，允许的 i_C 的最大变化范围为 $2I_{cm}$，u_{CE}的最大变化范围是 $2(U_{CC}-U_{CES})=2U_{cem}$。

根据以上分析，不难求出工作在乙类的互补对称功放电路的最大输出功率、管耗、直流电源供给的功率和效率。

(3) 性能指标计算。

① 输出功率 P_o 和最大输出功率 P_{om}。输出功率 P_o 用输出电压的有效值 U_o 和输出电流的有效值 I_o 的乘积来表示，输出电压 u_o 的幅值为 U_{om}，则

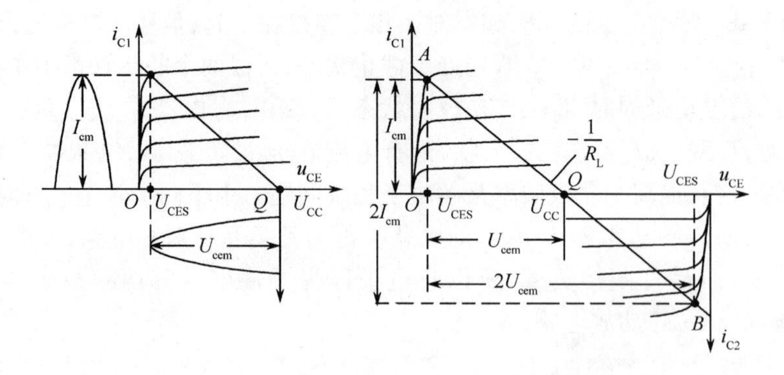

图 9.4.3　OCL 乙类互补对称功放电路的图解分析

$$P_o = U_o I_o = \frac{U_{om}}{\sqrt{2}} \times \frac{U_{om}}{\sqrt{2}R_L} = \frac{U_{om}^2}{2R_L} \tag{9.4.1}$$

当 U_{om} 达到最大时，输出功率达到最大，因为该电路输出电压的最大值 $U_{om} = U_{CC} - U_{CES}$，所以最大输出功率 P_{om} 为

$$P_{om} = \frac{(U_{CC} - U_{CES})^2}{2R_L} \tag{9.4.2}$$

如果忽略饱和压降 U_{CES}，则

$$P_{om} \approx \frac{U_{CC}^2}{2R_L} \tag{9.4.3}$$

② 管耗 P_T 和最大管耗 P_{Tm}。管耗指功率管在一个信号周期内所消耗的功率，由于电路互补对称，所以 $P_T = P_{T1} + P_{T2} = 2P_{T1}$。考虑到 T_1 和 T_2 在一个信号周期内各导电约 180°，且通过两管的电流和两管两端的电压 u_{CE} 在数值上都分别相等。因此，两管的管耗是相等的，为求出总管耗，只需求出单管的损耗。设输出电压 $u_o = U_{om}\sin\omega t$，则 T_1 的管耗为

$$\begin{aligned} P_{T1} &= \frac{1}{2\pi}\int_0^{\pi} i_C u_{CE} \mathrm{d}(\omega t) = \frac{1}{2\pi}\int_0^{\pi} (U_{CC} - u_o)\frac{u_o}{R_L}\mathrm{d}(\omega t) \\ &= \frac{1}{2\pi}\int_0^{\pi} [U_{CC} - U_{om}\sin(\omega t)]\frac{U_{om}\sin(\omega t)}{R_L}\mathrm{d}(\omega t) \\ &= \frac{1}{R_L}\left(\frac{U_{CC}U_{om}}{\pi} - \frac{U_{om}^2}{4}\right) \end{aligned} \tag{9.4.4}$$

可以用求极值的方法来求得 T_1 管最大管耗 P_{T1m}。对式(9.4.4)求导得

$$\frac{\mathrm{d}P_{T1}}{\mathrm{d}U_{om}} = \frac{1}{R_L}\left(\frac{U_{CC}}{\pi} - \frac{U_{om}}{2}\right)$$

令 $\frac{\mathrm{d}P_{T1}}{\mathrm{d}U_{om}} = 0$，则可求出

$$U_{om} = \frac{2U_{CC}}{\pi} \approx 0.6U_{CC} \tag{9.4.5}$$

可知，当 $U_{om} = 2U_{CC}/\pi$ 时具有最大管耗，最大管耗为

$$P_{T1m} = \frac{U_{CC}^2}{\pi^2 R_L} \approx 0.2P_{om} \tag{9.4.6}$$

③ 直流电源供给的功率 P_V。P_V包括负载得到的输出功率和功率管所消耗的功率两部分，即

$$P_V = P_o + P_{T1} + P_{T2} = \frac{U_{om}^2}{2R_L} + \frac{2}{R_L}\left(\frac{U_{CC}U_{om}}{\pi} - \frac{U_{om}^2}{4}\right) = \frac{2U_{CC}U_{om}}{\pi R_L} \tag{9.4.7}$$

④ 效率 η。功率放大电路的转换效率 η 为输出功率和电源提供的功率之比，即

$$\eta = \frac{P_o}{P_V} = \frac{\pi U_{om}}{4U_{CC}} \times 100\% \tag{9.4.8}$$

当 $U_{om} = U_{CC}$时，有

$$\eta = \frac{P_o}{P_V} = \frac{\pi}{4} \times 100\% \approx 78.5\% \tag{9.4.9}$$

(4) 功率管的选择。若想输出最大功率，OCL 电路中的功率管必须满足下列条件：

① 每只功率管的最大许管耗 $P_{CM} > \frac{U_{CC}^2}{\pi^2 R_L} \approx 0.2P_{om}$；

② 管子 C－E 之间击穿电压 $|U_{(BR)CEO}| > 2U_{CC}$；

③ 集电极最大电流 $I_{CM} > U_{CC}/R_L$。

【例 9.4.1】 图 9.4.2 所示电路中，已知 $V_{CC} = 15V$、$R_L = 8\Omega$、$U_{CES} = 0V$，求该电路的最大输出功率和效率，晶体管 T_1、T_2的参数应如何选择？

【解】 由上述公式可知

$$P_{om} \approx \frac{U_{CC}^2}{2R_L} = \frac{225}{2 \times 8} \approx 14W; \qquad \eta = \frac{P_o}{P_V} = \frac{\pi U_{om}}{4U_{CC}} \times 100\% = \frac{\pi}{4} \times 100\% = 78.5\%$$

晶体管 T_1、T_2 的参数应为

$$P_{CM} > 0.2P_{om} = 0.2 \times 14 = 2.8W; \quad I_{CM} > U_{CC}/R_L = 15/8 \approx 1.9A;$$

$$|U_{(BR)CEO}| > 2U_{CC} = 30V$$

2. OCL 甲乙类互补对称功率放大电路

(1) 交越失真。从 OCL 乙类互补对称功率放大电路工作波形可以看到，在波形过零的一个小区域内输出波形产生了失真，这种失真称为交越失真，如图 9.4.4 所示。产生交越失真的原因是 T_1、T_2发射结静态偏压为零，放大电路工作在乙类状态。当输入信号 u_i 小于晶体管的发射结死区电压时，两个晶体管都截止，使得在这一区域内的输出电压为零，致使波形失真。

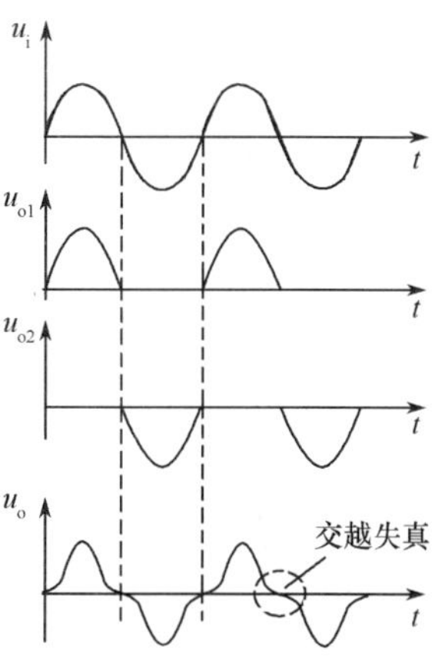

图 9.4.4　交越失真

(2) 电路组成。克服交越失真的一种方法就是在 T_1 和 T_2的两个基极之间提供一个适当的直流电压，使 T_1和 T_2管处于微导通状态，功率管的工作类型由乙类变为甲乙类。OCL 甲乙类互补对称功率放大电路如图 9.4.5 所示。图中二极管 D_1、D_2用来提供直流偏置电压。静态时晶体管 T_1、T_2虽然都已基本导通，但因它们对称，U_E仍为零，负载中仍无电流流过。为了在 T_1 和 T_2导电时能分别提供电源，电路中需用正负两路直流电源，即 $+U_{CC}$、$-U_{CC}$。克服了交越失

真以后的电压波形如图9.4.6所示,由于两管轮流导电的交替过程比较平滑,最终使得u_o的波形接近于理想的正弦波。

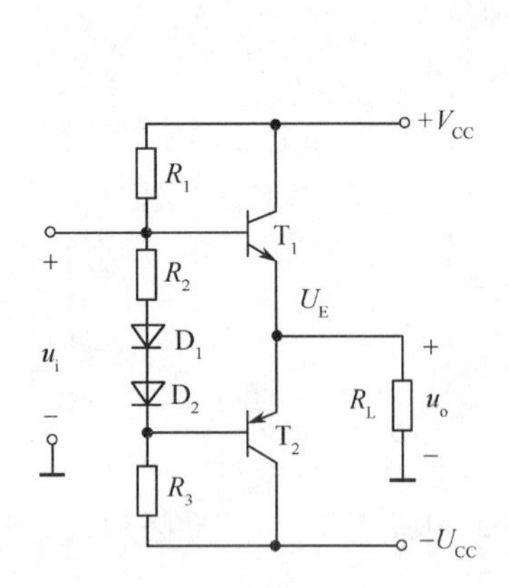

图9.4.5 OCL甲乙类互补对称功率放大电路

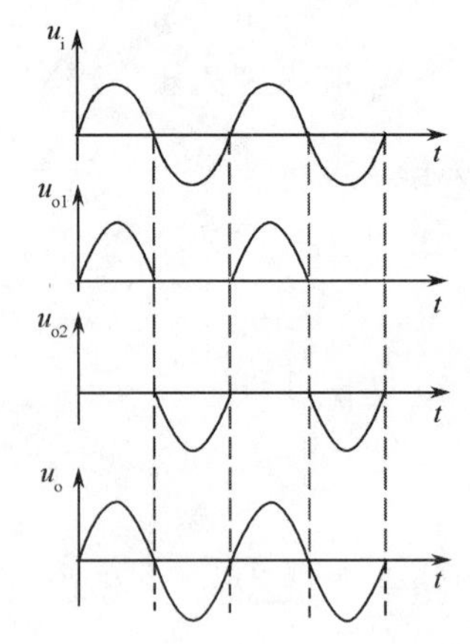

图9.4.6 克服交越失真后的电压波形

(3) 性能指标。图9.4.5所示的OCL甲乙类互补功率放大电路的性能指标与图9.4.2所示的乙类互补功率放大电路的性能指标完全相同,这里不再赘述。

9.4.3 OTL功率放大电路

OCL互补对称功率放大电路需要两个正负独立电源,有时很不方便。当仅有一路电源时,则可采用单电源i_L互补对称电路。

1. OTL乙类互补对称功率放大电路

(1) 电路组成。OTL乙类互补对称功率放大电路如图9.4.7所示。输入电压u_i同时加在两个功放管T_1和T_2的基极,两管的发射极连在一起,然后通过大电容C接至负载电阻R_L。电路中只需一路直流电源V_{CC}供电。由于输出端无输出变压器,所以它被称为无输出变压器(Output Transformer Less)的功率放大电路,即OTL功率放大电路。

能克服交越失真的OTL甲乙类互补对称功放电路如图9.4.8所示,电阻R_1和R_2用来确定T_1和T_2的基极电位;通过调整电阻R_1和R_2,可使静态时两管发射极电位为$U_{CC}/2$,则电容C两端的直流电压$U_C=U_{CC}/2$,这就使两管的直流工作电压$U_{CE1}=U_{EC2}=U_{CC}/2$。

在u_i的正半周,T_1导电,T_2截止,i_{C1}从U_{CC}流出,经T_1和电容后流过负载至公共端,在u_i的负半周,T_2导电,T_1截止,i_{C2}从电容的正端流出,经T_2流至公共端,再流过负载,回到电容的负端。T_1和T_2各导电半周,$i_L=i_{C1}-i_{C2}$,合成后,i_L和u_o基本与u_i相似。

(2) 分析计算。将图9.4.7和图9.4.2比较可知,除了$U_{cem}=(U_{CC}/2)-U_{ces}$不同于$U_{cem}=U_{CC}-U_{ces}$以外,OTL电路和OCL电路的计算过程应该完全相同,所以可得:

OTL乙类互补对称电路的最大输出功率为

$$P_{om}=\frac{1}{2}U_{cem}I_{cm}=\frac{1}{2}\frac{U_{cem}^2}{R_L}=\frac{1}{2}\times\frac{\left(\frac{U_{CC}}{2}-U_{CES}\right)^2}{R_L} \tag{9.4.10}$$

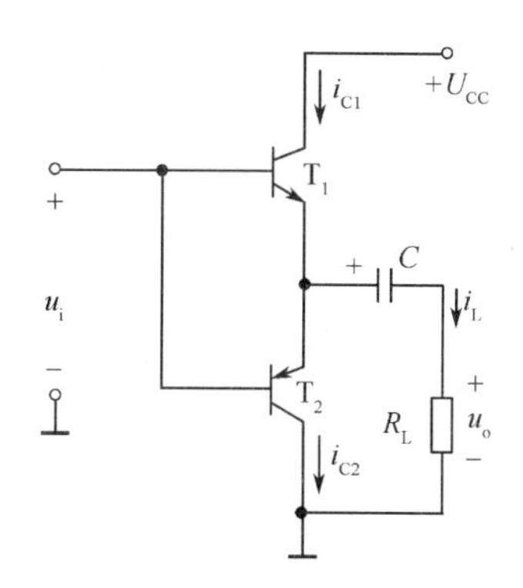

图 9.4.7 OTL 乙类互补对称功放电路

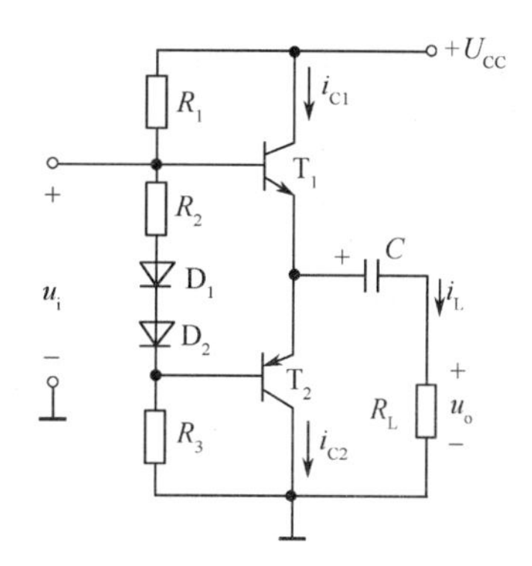

图 9.4.8 OTL 甲乙类互补对称功放电路

如果 $U_{CES} \ll U_{CC}/2$，则可将 U_{CES} 忽略，可近似认为

$$P_{om} = \frac{1}{8} \frac{U_{CC}^2}{R_L} \tag{9.4.11}$$

直流电源 U_{CC} 提供的功率 P_V 为

$$P_V = \frac{U_{CC}}{2} \times \frac{1}{\pi} \int_0^{\pi} I_{cm} \sin\omega t \mathrm{d}(\omega t) = \frac{U_{CC} I_{cm}}{\pi} \approx \frac{U_{CC}^2}{2\pi R_L} \tag{9.4.12}$$

OTL 乙类互补对称电路的效率为

$$\eta = \frac{P_{om}}{P_V} = \frac{\pi}{4} = 78.5\% \tag{9.4.13}$$

OTL 功放电路中，每个功放管的最大管耗为

$$P_{Tm} = 0.2 P_{om} \tag{9.4.14}$$

若想得到最大输出功率，OTL 乙类功放电路中功率管的参数必须满足：

① 每只功率管的最大允许管耗 $P_{CM} > 0.2 P_{om}$；

② 管子 C－E 之间击穿电压 $|U_{(BR)CEO}| > U_{CC}$；

③ 集电极最大电流 $I_{CM} > \frac{U_{CC}}{2R_L}$。

9.4.4 集成功率放大电路

集成功放的种类很多，从用途划分，有通用型功放和专用型功放。从芯片内部的构成划分，有单通道功放和双通道功放。从输出功率划分，有小功率功放和大功率功放等。在消费类电子产品中的专用集成功率放大电路的品种非常多，但它们的工作原理基本相同。

LM386 是目前应用较广的一种小功率集成功放电路，它有电路简单、通用性强、电源电压范围宽、功耗低、频带宽等优点，输出功率 0.3W～0.7W，最大可达 2W。图 9.4.9 所示是 LM386 引脚排列图，封装形式为双列直插。

LM386 接成 OTL 的应用的电路如图 9.4.10 所示。电路中 LM386 的 3 脚是信号输入端，5 脚是信号输出端，6 脚和 4 脚分别接电源正、负极。电容 C_1 和 C_5 分别是输入回路和输出回路的耦合电容。R_2 和 C_4 构成电源的去耦电路，起稳定电源电压的作用。C_2 和 R_3、

C_3都用来稳定电路，防止干扰和噪声等引起的电路不稳定。另外有1脚和8脚图中未标出，它们是在需要稳定时接上相应阻容器件的补偿端。

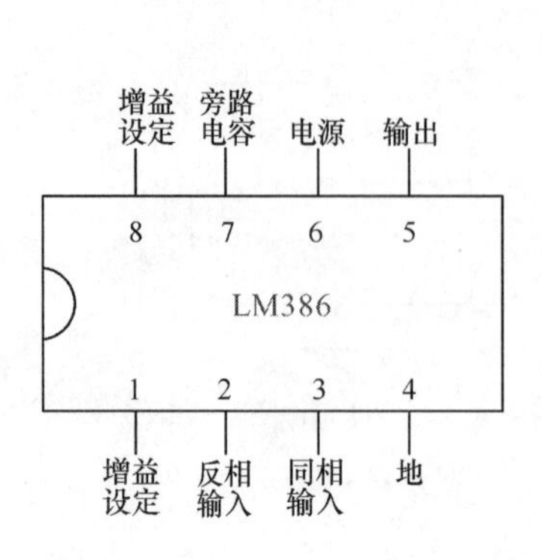

图9.4.9　LM386引脚排列图

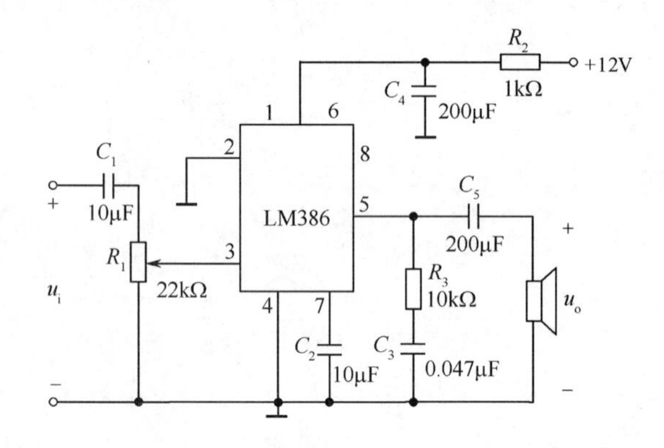

图9.4.10　LM386接成OTL应用电路

9.5　差分放大电路

前面介绍的共射极基本放大电路只能用于放大交流信号，在工业控制中还会遇到另外一些变化十分缓慢的信号，例如用热电偶测量炉温时，由于炉温变化很慢，所以热电偶给出的就是一个缓慢变化的电压信号。这种缓慢变化的信号不能采用阻容耦合的多级放大电路进行放大，只能用直接耦合的多级放大电路来放大，即把前级的输出端直接接到后级的输入端，图9.5.1所示的电路就是其中一种。发射极电阻 R_{E2} 用来确定两级合适的工作点，即

$$R_{E2} = \frac{U_{CE1} - U_{BE2}}{I_{E2}} \tag{9.5.1}$$

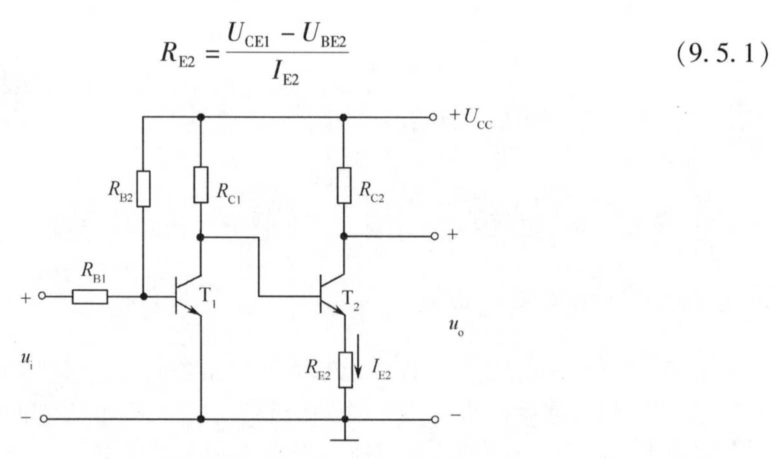

图9.5.1　两级直接耦合放大电路

直接耦合放大电路的最大问题是静态工作点波动值的放大——零点漂移。一个理想的直接耦合放大电路，当输入信号为零时，其输出电压应保持不变（不一定是零）。但实际上，把一个多级直接耦合放大电路的输入端短接（$u_i=0$），测其输出端电压时，却可能如图9.5.2中记录仪所显示的那样，它并不保持恒值，而是在缓慢地、无规则地变化，这种现象就称为零点漂移。

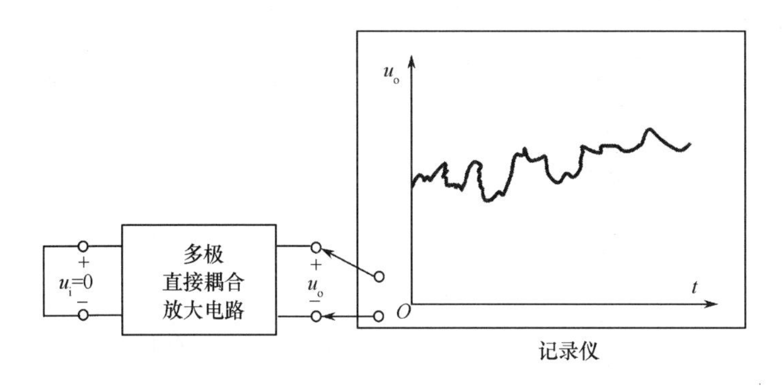

图 9.5.2　零点漂移现象

当放大电路输入信号后,这种漂移就伴随着有用信号共存于放大电路中,两者都在缓慢地变动着,一真一假,互相纠缠,难于分辨。如果当漂移量大到足以和信号量相比时,放大电路就更难工作了。因此,必须查明产生漂移的原因并采取相应的抑制漂移的措施。

引起零点漂移的原因很多,如晶体管参数(I_{CBO},U_{BE},β)随温度的变化,电源电压的波动,电路元件参数的变化等,其中温度的影响是最严重的。因而零点漂移也称为温度漂移(温漂)。在多级放大电路的各级的漂移当中,又以第一级的漂移影响最为严重。因为由于直接耦合,第一级的漂移被逐级放大,以致影响到整个放大电路的工作。所以,抑制漂移要着重于第一级。

在直接耦合放大电路中抑制零点漂移最有效的电路结构是差分放大电路。因此要求较高的多级直接耦合放大电路的第一级广泛采用这种电路。

9.5.1　差分放大电路的工作原理

图 9.5.3 是用两个晶体管组成的差分放大原理电路。信号电压 u_{i1} 和 u_{i2} 由两管基极输入,输出电压 u_o则取自两管的集电极之间。电路结构对称,在理想的情况下,两管的特性及对应电阻元件的参数值都相同,因而它们的静态工作点也必相同。通常采用集成差分对管,如 BG319 等。

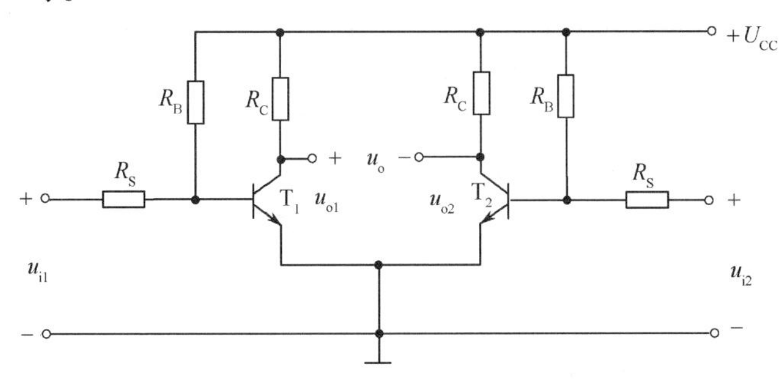

图 9.5.3　基本差分放大原理电路

若从信号的输入输出进行分类,可以把差分放大电路分为双入双出、双入单出、单入双出、单入单出四种方式。实际应用中,可以根据需要灵活选择输入和输出方式。这里将主要分析双入双出差动放大电路的工作原理。

1. 零点漂移的抑制

在静态时,$u_{i1}=u_{i2}=0$,即在图 9.5.3 中将两边输入端短路,由于电路的对称性,两边的集电极电流相等,集电极电位也相等,即

$$I_{C1}=I_{C2},\quad U_{C1}=U_{C2}$$

故输出电压为

$$u_o=U_{C1}-U_{C2}=0$$

当温度升高时,两管的集电极电流都增大了,集电极电位都下降了,并且两边的变化量相等,即

$$\Delta I_{C1}=\Delta I_{C2},\quad \Delta U_{C1}=\Delta U_{C2}$$

虽然每个管子都产生了零点漂移,但是,由于两集电极电位的变化是相同的,所以输出电压依然为零,即

$$u_o=U_{C1}+\Delta U_{C1}-(U_{C2}+\Delta U_{C2})=\Delta U_{C1}-\Delta U_{C2}=0$$

零点漂移完全被抑制了。对称差分放大电路对两管所产生的同向漂移(不管是什么原因引起的)都具有抑制作用,这是它的突出优点。

2. 信号输入

当有信号输入时,对称差分放大电路(图 9.5.3)的工作情况可以分为下列几种输入方式来分析。

(1) 共模输入。两个输入信号电压的大小相等,极性相同,即 $u_{i1}=u_{i2}$,这样的输入称为共模输入。在共模输入信号的作用下,对于完全对称的差分放大电路来说,显然两管的集电极电位变化相同($\Delta U_{C1}=\Delta U_{C2}$),因而输出电压等于零,所以它对共模信号没有放大能力,亦即放大倍数为零。实际上,前面讲到的差分放大电路对零点漂移的抑制就是该电路抑制共模信号的一个特例。因为折合到两个输入端的等效漂移电压如果相同,就相当于给放大电路加了一对共模信号。假设 u_{od} 为输出端漂移电压,$|A_u|$ 为电压放大倍数,则折合到输入端的等效漂移电压为 $u_{id}=\dfrac{u_{od}}{|A_u|}$。所以,差分电路抑制共模信号能力的大小,也反映出它对零点漂移的抑制水平。这一作用是很有实际意义的。

(2) 差模输入。两个输入电压的大小相等,而极性相反,即 $u_{i1}=-u_{i2}$,这样的输入称为差模输入。设 $u_{i1}>0$,$u_{i2}<0$,则 u_{i1} 使 T_1 的集电极电流增大了 Δi_{C1},T_1 的集电极电位因而减低了 ΔU_{C1}(负值);而 u_{i2} 却使 T_2 的集电极电流减小了 Δi_{C2},T_2 的集电极电位因而增高了 ΔU_{C2}(正值)。这样,两个集电极电位一增一减,异向变化,其差值即为输出电压 $u_o=\Delta U_{C1}-\Delta U_{C2}$。

例如,$\Delta U_{c1}=-1V$,$\Delta U_{c2}=1V$,则 $u_o=-1-1=2V$。

可见,在差模输入信号的作用下,差分放大电路的输出电压为两管各自输出电压变化量的两倍。

(3) 比较输入。两个输入信号电压既非共模,又非差模,它们的大小和相对极性是任意的,这种输入常作为比较放大(或称差分放大)来运用,在自动控制系统中是常见的。

例如，u_{i1}是给定信号电压（或称基准电压），u_{i2}是一个缓慢变化的信号（如反映炉温的变化）或是一个反馈信号，两者在放大电路的输入端进行比较后，得出偏差值（$u_{i1}-u_{i2}$），差值电压经放大后，输出电压为

$$u_o = A_u(u_{i1} - u_{i2}) \tag{9.5.2}$$

其值仅与偏差值有关，而不需要反映两个信号本身的大小。不仅输出电压的大小与偏差值有关，而且它的极性与偏差值也有关系。在图9.5.3中，如果u_{i2}和u_{i1}极性相同，并设u_o的参考方向如图中所示，当$u_{i2}>u_{i1}$时，则$u_o>0$；当$u_{i2}=u_{i1}$（共模）时，则$u_o=0$；而当$u_{i2}<u_{i1}$时，则$u_o<0$，即其极性改变，而极性的改变反映了某个物理量向相反方面变化的情况，例如在炉温控制中反映炉温的升高和降低。

此外，有时为了便于分析和处理，可以将这种既非共模、又非差模的信号分解为共模分量和差模分量。例如u_{i1}和u_{i2}是两个极性相同的输入信号，设$u_{i1}=10\text{mV}$，$u_{i2}=6\text{mV}$。可以将u_{i1}和u_{i2}分解为8mV与2mV之和，即$u_{i1}=8\text{mV}+2\text{mV}$。而把$u_{i2}$分解为8mV与2mV之差，即$u_{i2}=8\text{mV}-2\text{mV}$。这样，就可认为8mV是输入信号中的共模分量，即$u_{ic1}=u_{ic2}=8\text{mV}$；而$+2\text{mV}$和$-2\text{mV}$则为差模分量，即$u_{id1}=2\text{mV}$，$u_{id2}=-2\text{mV}$。于是可得出

$$u_{i1}=u_{ic1}+u_{id1};\quad u_{i2}=u_{ic2}+u_{id2}$$

并由此可求出输入信号的共模分量和差模分量。

9.5.2 典型差分放大电路

上面讲到，差分放大电路之所以能抑制零点漂移，是由于电路的对称性。实际上，完全对称的理想情况并不存在，所以单靠提高电路的对称性来抑制零点漂移是有限的。另外，上述差分电路的每个管的集电极电位的漂移并未受到抑制，如果采用单端输出（输出电压从一个管的集电极与"地"之间取出），漂移根本无法抑制。为此常采用的是图9.5.4所示的电路，在这个电路中多加了电位器R_P、发射极电阻R_E和负电源$-U_{EE}$。

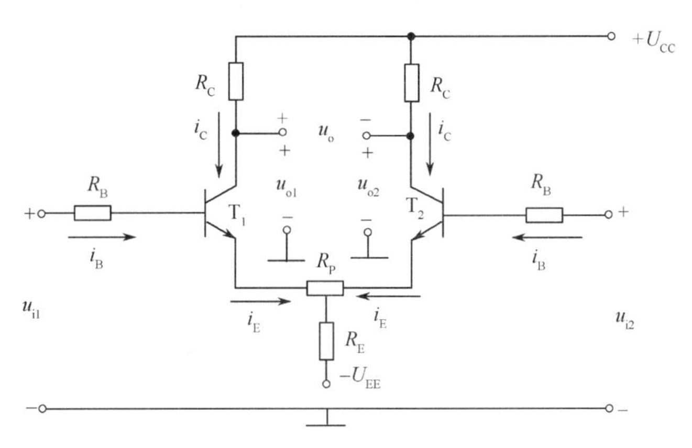

图9.5.4 典型差动放大电路

R_E的主要作用是限制每个管子的漂移范围，进一步减小零点漂移，稳定电路的静态工作点。例如当温度升高使I_{C1}和I_{C2}均增加时，则有如下的抑制漂移的过程：

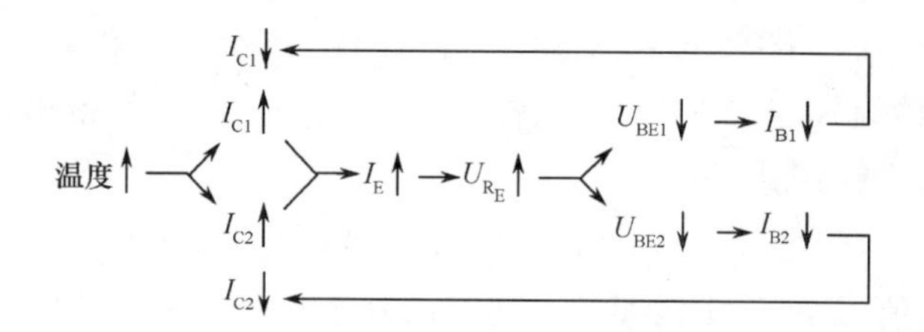

可见,由于R_E上电压U_{R_E}的增高,使每个管子的漂移得到抑制。对零点漂移的抑制,也反映了对共模信号的抑制能力。当差分电路输入共模信号时,对它的抑制过程与上述相似。因此R_E也称为共模抑制电阻。

那么R_E对要放大的差模信号有没有影响呢?由于差模信号使两管的集电极电流产生异向变化,只要电路的对称性足够好,两管电流一增一减,其变化量相等,通过R_E中的电流就近于不变,它对差模信号不起作用。因此,R_E基本上不影响差模信号的放大效果。

R_E能区别对待共模信号和差模信号,这正是所期望的。差分放大电路就是要放大差模信号和抑制共模信号。虽然,R_E愈大,抑制共模信号的作用愈显著,但是,在$+U_{CC}$一定时,过大的R_E会使集电极电流过小,要影响静态工作点和电压放大倍数。为此,接入负电源$-U_{EE}$来抵偿R_E两端的直流压降,从而获得合适的静态工作点。R_P是调零电位器,在静态时用它来将输出电压调为零。R_P值在几十欧姆到几百欧姆之间。

9.5.3 差分放大电路对差模信号的放大

图9.5.4 是双端输入—双端输出的差分放大电路,设加的是一对差模信号,即$u_{i1}=-u_{i2}$。

1. 静态分析

由于电路对称,计算一个管的静态值即可。图9.5.5是图9.5.4所示电路的单管直流通路。因为R_P很小,故在图中略去。

在静态时,设$I_{B1}=I_{B2}=I_B$, $I_{C1}=I_{C2}=I_C$,则由基极电路可列出

$$R_BI_B+U_{BE}+2R_EI_E=U_{EE}$$

上式中前两项一般较第三项小得多,故可略去,则每管的集电极电流为

$$I_C\approx I_E\approx\frac{U_{EE}}{2R_E} \tag{9.5.3}$$

并由此可知发射极电位$V_E\approx0$。

每管的基极电流为

$$I_B\approx\frac{I_C}{\beta}\approx\frac{U_{EE}}{2\beta R_E} \tag{9.5.4}$$

每管的集—射极电压为

$$U_{CE}\approx U_{CC}-R_CI_C\approx U_{CC}-\frac{U_{EE}R_C}{2R_E} \tag{9.5.5}$$

2. 动态分析

图9.5.6是单管差模信号通路,R_E对差模信号不起作用。由图可得出单管差模电压放大倍数:

$$A_{d1}=\frac{u_{o1}}{u_{i1}}=\frac{-\beta i_bR_C}{i_b(R_B+r_{be})}=-\frac{\beta R_C}{R_B+r_{be}} \tag{9.5.6}$$

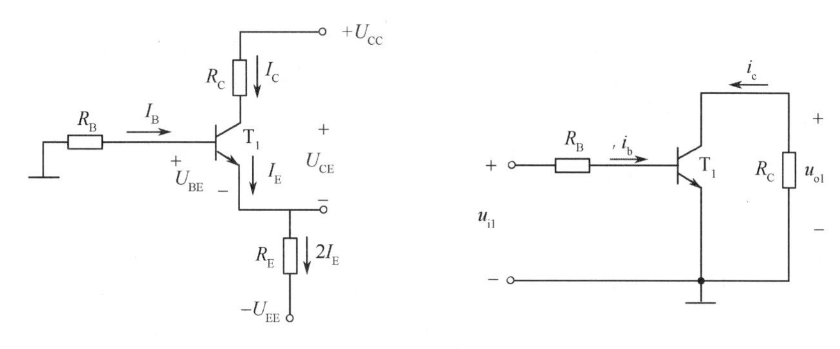

图 9.5.5　单管直流通路　　　　图 9.5.6　单管差模信号通路

同理可得

$$A_{d2}=\frac{u_{o2}}{u_{i2}}=\frac{-\beta R_C}{R_B+r_{be}}=A_{d1} \tag{9.5.7}$$

双端输出电压为

$$u_o=u_{o1}-u_{o2}=A_{d1}u_{i1}-A_{d2}u_{i2}=A_{d1}(u_{i1}-u_{i2})$$

双端输入—双端输出差分电路的差模电压放大倍数为

$$A_d=\frac{u_o}{u_{i1}-u_{i2}}=A_{d1}=-\frac{\beta R_C}{R_B+r_{be}} \tag{9.5.8}$$

与单管放大电路的电压放大倍数相等。可见接成差动电路是为了能抑制零点漂移。当在两管的集电极之间接入负载电阻 R_L时,有

$$A_d=-\frac{\beta R_L'}{R_B+r_{be}} \tag{9.5.9}$$

式中,$R_L'=R_C//\frac{1}{2}R_L$,因为当输入差模信号时,一管的集电极电位减低,另一管增高,在 R_L 的中点相当于交流接“地”,所以每管各带一半负载电阻。两输入端之间的差模输入电阻为

$$r_i=2(R_B+r_{be}) \tag{9.5.10}$$

两集电极之间的差模输出电阻为

$$r_o\approx 2R_C \tag{9.5.11}$$

【例 9.5.1】 在图 9.5.4 所示的双端输入—双端输出的差分电路中,已知 $U_{CC}=12\text{V}$, $-U_{EE}=-12\text{V}$,$\beta=50$,$R_C=10\text{k}\Omega$,$R_E=10\text{k}\Omega$,$R_B=20\text{k}\Omega$,$R_P=100\Omega$ 并在输出端接负载电阻 $R_L=20\text{k}\Omega$,试求电路的静态值和差模电压放大倍数。

【解】

$$I_C\approx\frac{U_{EE}}{2R_E}=\frac{12}{2\times10\times10^3}=0.6\times10^{-3}\text{A}=0.6\text{mA}$$

$$I_B\approx\frac{I_C}{\beta}=\frac{0.6}{50}=0.012\text{mA}$$

$$U_{CE}\approx U_{CC}-R_CI_C=12-10\times10^3\times0.6\times10^{-3}=6\text{V}$$

$$A_d=-\frac{\beta R_L'}{R_B+r_{be}}=-\frac{50\times5}{20+2.41}\approx-11$$

式中

$$R_L'=R_C//\frac{1}{2}R_L=5\text{k}\Omega$$

$$r_{be} \approx 200 + (1+\beta)\frac{26}{I_E} = 200 + 51 \times \frac{26}{0.6} = 2.41\text{k}\Omega$$

R_P的阻值较小,计算时略去。

如果在图9.5.4中从T_1集电极或T_2集电极单端输出,则电压放大倍数分别为

$$\begin{cases} A_d = \dfrac{u_{o1}}{u_{i1}-u_{i2}} = \dfrac{u_{o1}}{2u_{i1}} = -\dfrac{1}{2} \times \dfrac{\beta R_C}{R_B + r_{be}} (\text{反相输出}) \\ A_d = \dfrac{u_{o2}}{u_{i1}-u_{i2}} = -\dfrac{u_{o2}}{2u_{i2}} = \dfrac{1}{2} \times \dfrac{\beta R_C}{R_B + r_{be}} (\text{同相输出}) \end{cases} \tag{9.5.12}$$

可见,单端输出差分电路的电压放大倍数只有双端输出差分电路的一半。

双端输入分双端输出和单端输出两种。此外,还有单端输入的,即将输出端或输入端接地,而另一端接输入信号。同样,单端输入也分双端输入和单端输出两种。四种差分放大电路的比较见表9.5.1。

表9.5.1　四种差分放大电路

输入方式	双　端		单　端	
输出方式	双　端	单　端	双　端	单　端
差模放大倍数 A_d	$-\dfrac{\beta R_C}{R_B + r_{be}}$	$\pm\dfrac{\beta R_C}{2(R_B + r_{be})}$	$-\dfrac{\beta R_C}{R_B + r_{be}}$	$\pm\dfrac{\beta R_C}{2(R_B + r_{be})}$
差模输入电阻 r_i	$2(R_B + r_{be})$		$2(R_B + r_{be})$	
差模输出电阻 r_o	$2R_C$	R_C	$2R_C$	R_C

9.5.4　共模抑制比

对差分放大电路来说,差模信号是有用信号,要求对它有较大的放大倍数;而共模信号是需要抑制的,因此对它的放大倍数要越小越好。对共模信号的放大倍数越小,就意味着零点漂移越小,抗共模干扰能力越强,当用作比较放大时,就越能准确、灵敏地反映出信号的偏差值。为了全面衡量差分放大电路放大差模信号和抑制共模信号的能力,通常引用共模抑制比K_{CMRR}来表征。其定义为放大电路对差模信号的放大倍数A_d和对共模信号的放大倍数A_C之比,即

$$K_{CMRR} = \frac{A_d}{A_c} \tag{9.5.13}$$

或用对数形式表示

$$K_{CMRR} = 20\lg\frac{A_d}{A_c}(\text{dB}) \tag{9.5.14}$$

其单位为分贝(dB)。

显然,共模抑制比越大,差分放大电路分辨所需要的差模信号的能力越强,而受共模信号的影响越小。对于双端输出差动电路,若电路完全对称,则$A_c = 0$,$K_{CMRR} \to \infty$这是理想情况。而实际情况是,电路完全对称并不存在,共模抑制比也不可能趋于无穷大。如理想运算放大器,理想差模电压放大倍数$A_d = \infty$,实际上$A_d \geqslant 80\text{dB}$即可。

提高双端输出差动放大电路共模抑制比的途径有二,一是要使电路参数尽量对称,二是尽可能加大共模反馈电阻R_E。对于单端输出的差动电路来说,主要的手段只能是加

强共模反馈电阻 R_E的作用。

9.6* 场效应晶体管放大电路

实际应用中,有些待放大的信号源的内阻较高,为了和信号源的高内阻相匹配,以有效地放大信号,多级放大电路的输入级往往用场效应晶体管放大电路,因为场效应晶体管具有高输入电阻。

我们知道,场效应晶体管的漏极、栅极、源极相当于双极型晶体管的集电极、基极、发射极,因此,两者的放大电路也类似,如场效应晶体管有共源极放大电路和源极输出器等。本节主要介绍共源极场效应晶体管放大电路。

9.6.1 静态分析

在双极型晶体管放大电路中必须设置合适的静态工作点;否则将造成输出信号的失真。同理,场效应晶体管放大电路也必须设置合适的静态工作点。

N 沟道耗尽型绝缘栅场效应晶体管构成的共源极放大电路如图 9.6.1 和图 9.6.2 所示。场效晶体管是电压控制元件,当 U_{DD} 和 R_D 选定后,静态工作点就由栅—源偏压电压 U_{GS}来确定。常用的偏置电路有"自给式"和"分压式"两种。

1. 自给式偏置电路

自给式偏置电路如图 9.6.1 所示。电路中各元器件的作用如下:

R_S为源极电阻,静态工作点受它控制,其阻值约为几千欧。

C_S为源极交流旁路电容,其容量约为几十微法。

R_G为栅极电阻,用以构成栅—源极间的直流通路,R_G不能太小否则影响放大电路的输入电阻,其阻值为 200kΩ ~ 10MΩ。

R_D为漏极电阻,它使放大电路具有电压放大功能,其阻值约为几十千欧。

C_1、C_2分别为输入电路和输出电路的耦合电容,其容量为 0.01μF ~ 0.047μF。

在图 9.6.1 中,自给式偏置电路的源极电流 $I_S(I_S = I_D)$ 流经源极电阻 R_S,在 R_S 上产生电压降 $R_S I_S$,由于栅极电流 $I_G = 0$,使栅极电位 $U_G = 0$,所以自给偏置电压为

$$U_{GS} = 0 - R_S I_S = -R_S I_S = -R_S I_D \tag{9.6.1}$$

由式(9.6.1)可知,自给式偏置电路产生的偏置电压 $U_{GS} < 0$,所以可用 N 沟道耗尽型绝缘栅场效应晶管,构成自给式偏置电路的场效应晶管放大电路。而 N 沟道增强型绝缘栅场效晶管的栅—源电压 $U_{GS} > 0$,所以无法用 N 沟道增强型绝缘栅场效应晶体管组成自给式偏置电路。

2. 分压式偏置电路

分压式偏置共源极放大电路如图 9.6.2 所示。

由于栅极电流 $I_G = 0$,所以电阻 R_G 中无电流通过,R_{G1} 和 R_{G2} 为分压电阻,栅—源偏置电压为

$$U_{GS} = \frac{R_{G2}}{R_{G1} + R_{G2}} U_{DD} - R_S I_D = U_G - R_S I_D \tag{9.6.2}$$

式中:U_G 为栅极电压。

对 N 沟道耗尽型管，$U_{GS}<0$，所以 $R_SI_D>U_G$；对 N 沟道增强型管，U_{GS}为正值，所以 $R_SI_D<U_G$。

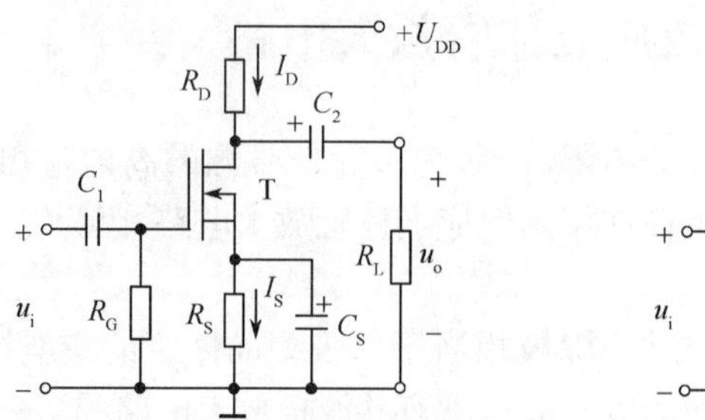

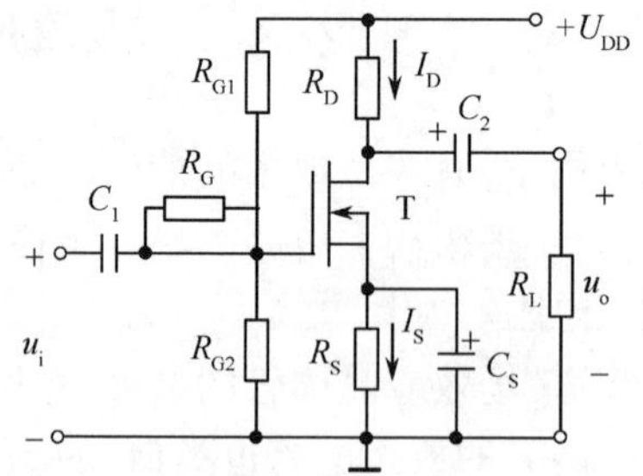

图 9.6.1　自给式偏置共源极放大电路　　图 9.6.2　分压式偏置共源极放大电路

9.6.2　动态分析

对放大电路进行动态分析，主要就是分析放大电路的电压放大倍数 A_u、输入电阻 r_i 和输出电阻 r_o。下面以图 9.6.2 所示电路为例进行分析，设输入信号 u_i 为正弦量。

1. 输入电阻 r_i

图 9.6.2 所示的交流通路如图 9.6.3 所示。由图可求得放大电路的输入电阻

$$r_i=[R_G+(R_{G2}//R_{G2})]//r_{gs}\approx R_G+(R_{G2}//R_{G2}) \tag{9.6.3}$$

式中，r_{gs}是场效应晶管的输入电阻。r_{gs}一般很高，所以并联后可将 r_{gs}略去。

在图 9.6.2 所示的分压式偏置电路中，为什么要接入电阻 R_G 呢？如果 $R_G=0$，放大电路的输入电阻便为 $r_i=R_{G1}//R_{G2}//r_{gs}\approx R_{G1}//R_{G2}$，显然，不接 R_G 只接 R_{G1}和 R_{G2}使放大电路的输入电阻降低，因此通常在 R_{G1}和 R_{G2}的分压点和栅极之间接入一只阻值较高的电阻 R_G，这样使 $r_i=R_G+(R_{G2}//R_{G2})$，这就大大提高了放大电路的输入电阻。R_G 的接入，动态时对电压放大倍数没有影响；静态时因为 R_G 中无直流电流流过，对静态工作点也无影响。

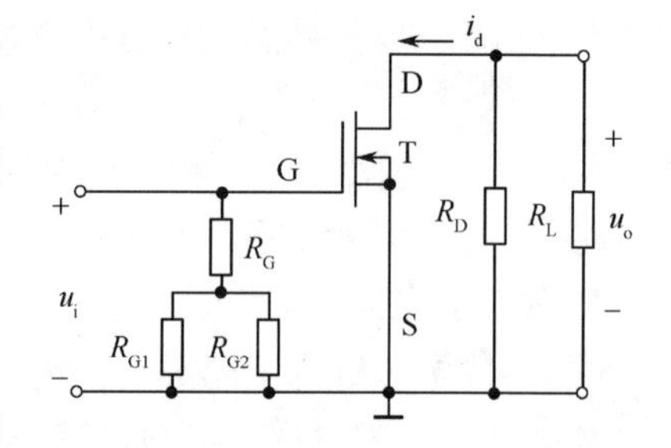

图 9.6.3　图 9.6.2 的交流通路

2. 输出电阻 r_o

由于场效应晶体管具有输出恒流特性，故其输出电阻 r_{ds}很高。在共源极放大电路中，漏极电阻 R_D 是和管子的输出电阻 r_{ds}并联的，所以当 $r_{ds}\gg R_D$ 时，放大电路的输出电阻为

$$r_o=r_{ds}//R_D\approx R_D \tag{9.6.4}$$

这和晶体管共发射极放大电路是类似的。

3. 电压放大倍数 A_u

图 9.6.2 所示放大电路的输出电压为

$$\dot{U}_o=-\dot{I}_d(R_D//R_L)=-\dot{I}_dR_L' \tag{9.6.5}$$

其中，

$$R_L'=R_D//R_L \tag{9.6.6}$$

是放大电路的交流总负载电阻。

由式(9.6.5)可得放大电路的电压放大倍数为

$$A_u = \frac{\dot{U}_o}{\dot{U}_i} = \frac{\dot{U}_o}{\dot{U}_{gs}} = \frac{-\dot{I}_d R'_L}{\dot{U}_{gs}} = -g_m R'_L \tag{9.6.7}$$

式中:负号(-)表示输出电压和输入电压反相;g_m 是场效应晶体管的跨导,它是一个表示场效应晶体管放大能力的参数,g_m 是当漏—源电压 U_{DS}为常数时,漏极电流的增量 ΔI_D 对引起这一变化的栅—源电压的增量 ΔU_{GS}的比值,即

$$g_m = \left.\frac{\Delta I_D}{\Delta U_{GS}}\right|_{U_{DS}} \tag{9.6.8}$$

【例9.6.1】 在图9.6.2所示的放大电路中,已知 $U_{DD}=20V$,$R_D=10k\Omega$,$R_S=10k\Omega$,$R_{G1}=200k\Omega$,$R_{G2}=51k\Omega$,$R_G=1M\Omega$,负载电阻 $R_L=10k\Omega$。所用管子为N沟道耗尽型场效应晶体管,其参数 $I_{DSS}=0.9mA$,$U_{GS(off)}=4V$,$g_m=1.5\ mA/V$。试求:(1)静态值;(2)电压放大倍数。

【解】(1)求静态值。由电路图9.6.2所示的直流通路,先求栅极电压:

$$U_G = \frac{R_{G2}}{R_{G1}+R_{G2}}U_{DD} = \frac{51\times10^3}{(200+51)\times10^3}\times20 = 4V$$

再求栅—源电压:

$$U_{GS} = V_G - R_S I_D = 4 - 10\times10^3 I_D$$

在 $U_{GS(off)} \leqslant U_{GS} \leqslant 0$ 范围内,耗尽型场效应晶体管的转移特性近似用下式表示,即

$$I_D = I_{DSS}\left(1-\frac{U_{GS}}{U_{GS(off)}}\right)^2$$

联立上列两式有

$$\begin{cases} U_{GS} = 4 - 10\times10^3 I_D \\ I_D = \left(1+\dfrac{U_{GS}}{4}\right)^2 \times 0.9\times10^{-3} \end{cases}$$

解得,$I_D=0.5\ mA$,$U_{GS}=-1V$。并由此得

$$U_{DS} = U_{DD} - (R_D+R_S)I_D = [20-(10+10)\times10^3\times0.5\times10^{-3}] = 10V$$

(2)求电压放大倍数。电压放大倍数为

$$A_u = -g_m R'_L = -1.5\times\frac{10\times10}{10+10} = -7.5$$

其中,$R'_L = R_D /\!/ R_L = 5k\Omega$

【例9.6.2】 将上例中的源极电阻留出1kΩ的电阻 R'_S 未被电容旁路,试求 A_u。

【解】 先画出交流通路,如图9.6.4所示,得输出电压

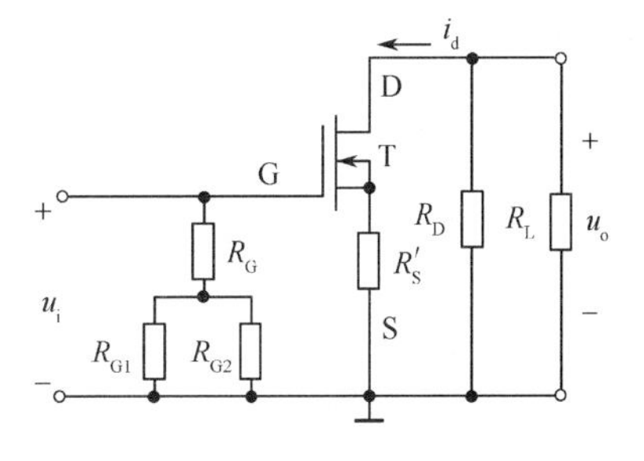

图9.6.4 例9.6.2的交流电路

$$\dot{U}_o = -R'_L\dot{I}_d = -g_m R'_L \dot{U}_{gs}$$

$$\dot{U}_i = \dot{U}_{gs} + R'_S\dot{I}_d = \dot{U}_{gs} + g_m R'_S \dot{U}_{gs} = (1+g_m R'_S)\dot{U}_{gs}$$

故,电压放大倍数为

$$A_u = \frac{\dot{U}_o}{\dot{U}_i} = -\frac{g_m R'_L}{1 + g_m R'_S} = -\frac{1.5 \times 5}{1 + 1.5 \times 1} = -3$$

习　题

9.1　某放大电路的输入正弦电压和电流的峰值分别为 10mV 和 10μA，在负载电阻为 2 kΩ 时，测得输出正弦电压信号的峰值为 2V。试计算该放大电路的电压放大倍数、电流放大倍数和功率放大倍数。

9.2　电压放大电路负载开路时的输出电压 $\dot{U}'_o$ 比负载电阻 $R_L = 2\text{k}\Omega$ 时的输出电压 $\dot{U}_o$ 增加了 20%，试计算放大电路的输出电阻。

9.3　设放大电路的输入信号为正弦波，问在什么情况下，电路的输出信号出现饱和失真及截止失真？在什么情况下出现交越失真？

9.4　根据放大电路的组成原则，判断图 T9.4 所示电路对交流信号能否正常放大，并说明原因。

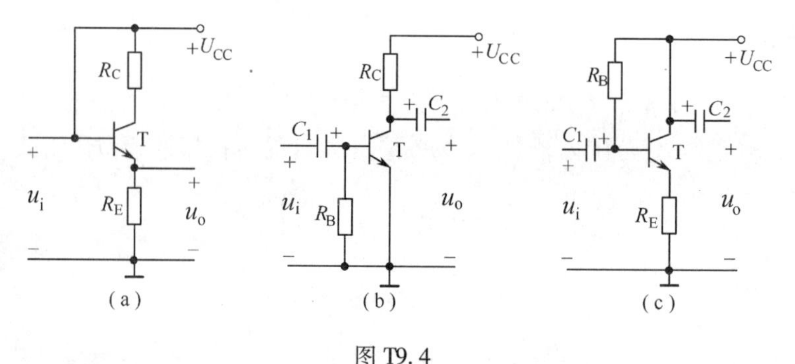

图 T9.4

9.5　单管共射放大电路的直流通路如图 T9.5 所示，已知晶体管的 $\beta = 80$，$R_B = 300\text{k}\Omega$，$R_C = 2\text{k}\Omega$，$U_{CC} = 12\text{V}$，$U_{BEQ} = 0.7\text{V}$。求：

(1) 放大电路的 Q 点。此时晶体管工作在哪个区域？

(2) 当 $R_B = 100\text{k}\Omega$ 时，放大电路的 Q 点。此时晶体管工作在哪个区域？

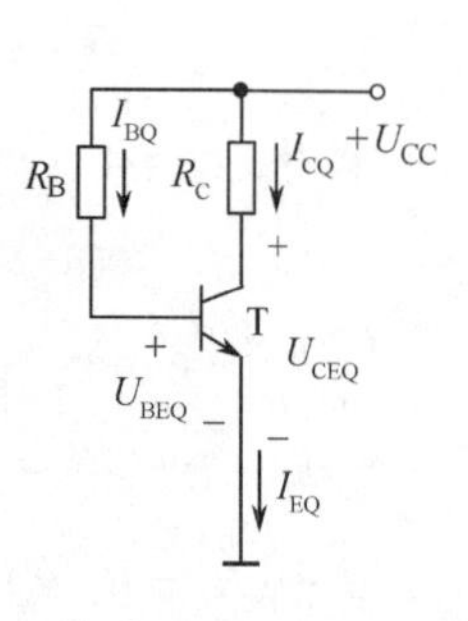

图 T9.5

9.6　晶体管共射极放大电路及其特性曲线如图 T9.6 所示。若 $U_{CC} = 12\text{V}$，$R_C = 3\text{k}\Omega$，$R_B = 150\text{k}\Omega$，$U_{BEQ} = 0.2\text{V}$。

(1) 用图解法确定静态工作点 I_{BQ}、I_{CQ} 和 U_{CEQ}。

(2) 若 $R_C = 3\text{k}\Omega$ 不变，R_B 从 $200\text{k}\Omega$ 变为 $150\text{k}\Omega$，Q 点将有何变化？

9.7　单管共射放大电路如图 T9.6(a) 所示，其输出电压波形如图 T9.7 所示，问：分别产生了什么失真？应如何改善？

9.8　单管共射放大电路如图 T9.8 所示，已知 $U_{CC} = 12\text{V}$，$R_B = 400\text{k}\Omega$，$R_C = 4\text{k}\Omega$，$R_s = 1\text{k}\Omega$，$R_L = 6\text{ k}\Omega$，$r_b = 300\Omega$，$\beta = 50$。忽略晶体管的管压降。试计算：

(1) 放大电路的静态工作点。

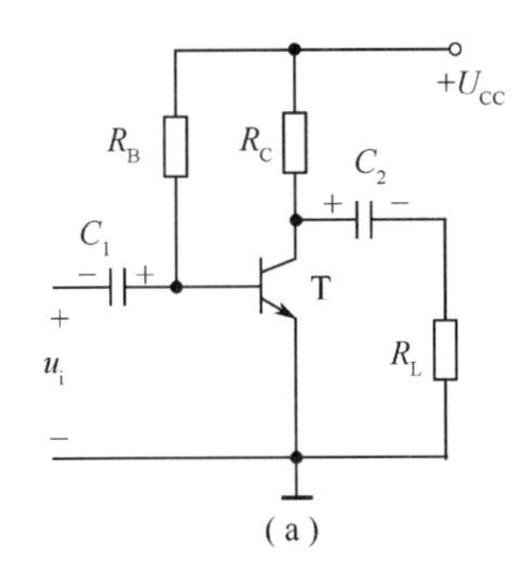

(a)

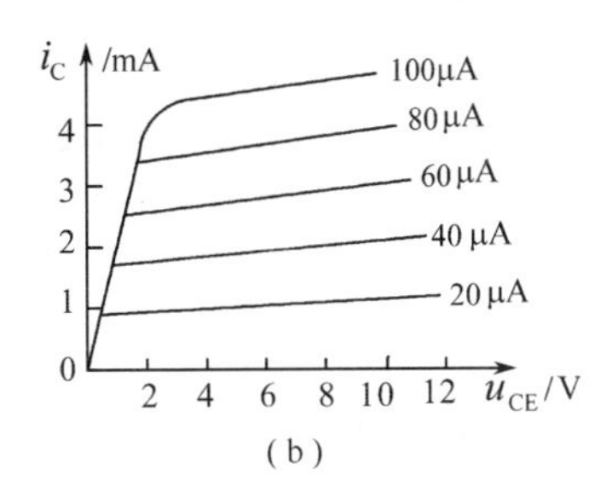

(b)

图 T9.6

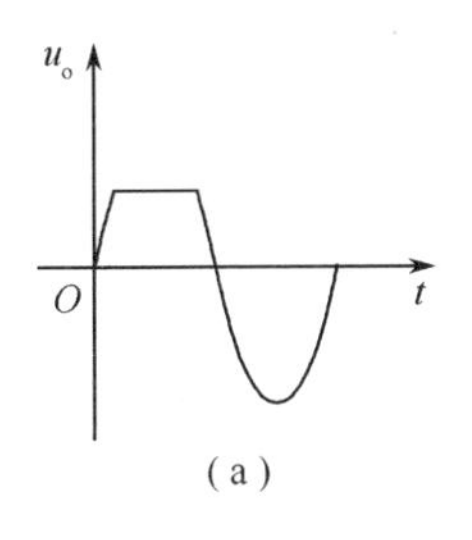

(a)

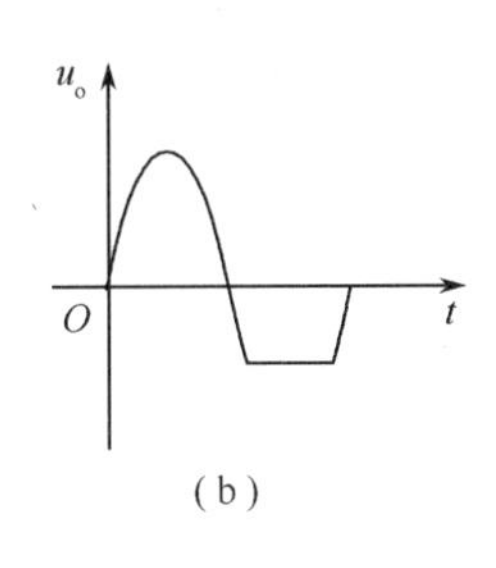

(b)

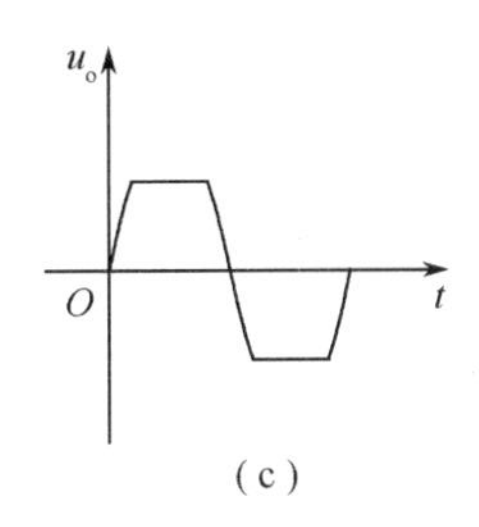

(c)

图 T9.7

(2) 放大电路的输入电阻和输出电阻。

(3) 电压放大倍数和源电压放大倍数。

9.9 分压式射极偏置放大电路如图 T9.9 所示。已知，$U_{CC}=12V$， $R_{B1}=51k\Omega$，$R_{B2}=10k\Omega$，$R_C=3k\Omega$，$R_E=1k\Omega$，$\beta=80$（硅管）。试计算：

(1) 放大电路的静态工作点。

(2) 将晶体管 T 替换为 $\beta=100$ 的晶体管后，静态 I_{CQ}、U_{CEQ}有何变化？

(3) 若要求 $I_{CQ}=1.8mA$，应如何调整 R_{B1}。

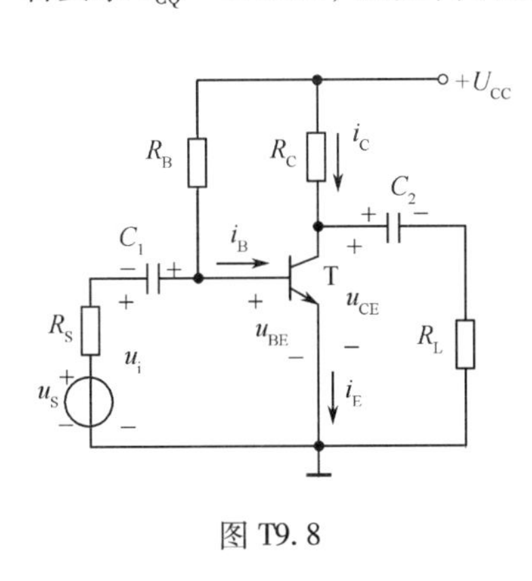

图 T9.8

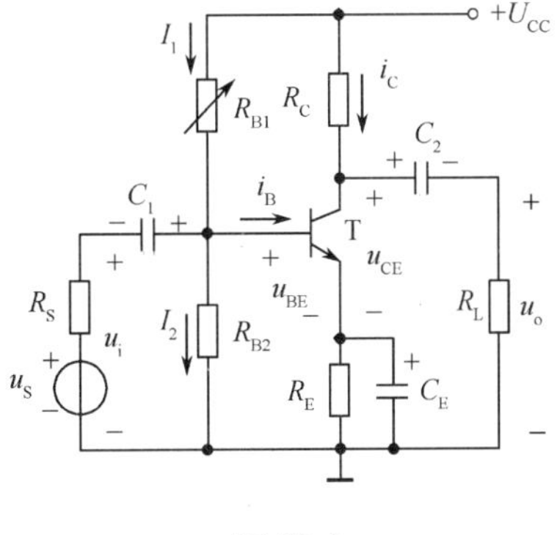

图 T9.9

9.10 分压式射极偏置放大电路如图 T9.9 所示。已知，$U_{CC}=12V$， $R_{B1}=15k\Omega$，$R_{B2}=6.2k\Omega$，$R_C=3k\Omega$，$R_E=2k\Omega$，$R_L=1k\Omega$，$r_b=300\Omega$，$\beta=50$。晶体管的发射结压降为 0.7V，试计算：

(1) 静态工作点。

(2) 接电容 C_E 时的电压放大倍数、输入电阻、输出电阻。

(3) 不接电容 C_E 时的电压放大倍数、输入电阻和输出电阻。

9.11 共集电极放大电路如图 T9.11 所示，$U_{CC}=12V, R_B=100k\Omega, R_s=1k\Omega, R_E=2k\Omega, R_L=2k\Omega, \beta=50, U_{BEQ}=0.7V, r_b=300\Omega$。试求：

(1) 静态工作点。

(2) 电压放大倍数。

(3) 输入电阻和输出电阻。

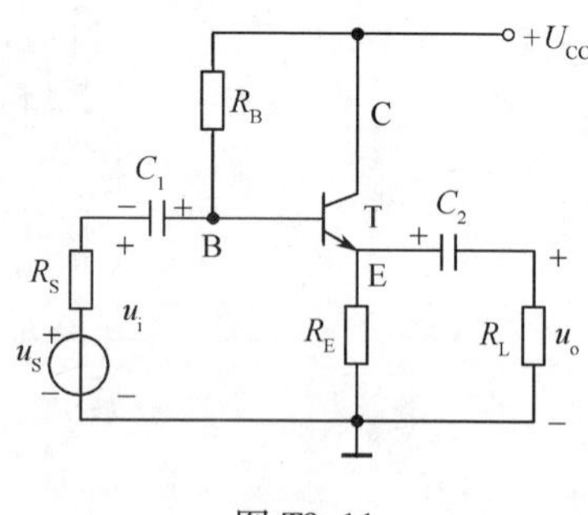

图 T9.11

9.12 设电路如图 T9.12 所示，管子在输入信号 u_i 作用下，在一周期内 T_1 和 T_2 轮流导电约 180°，电源电压 $U_{CC}=12V$，负载 $R_L=8\Omega$，忽略晶体管的饱和压降，试计算：

(1) u_i 有效值为 10V 时，电路的输出功率、管耗、直流电源供给功率和效率。

(2) u_i 的幅值为 $U_{im}=U_{CC}=20V$ 时，电源的输出功率、管耗、直流电源供给功率和效率。

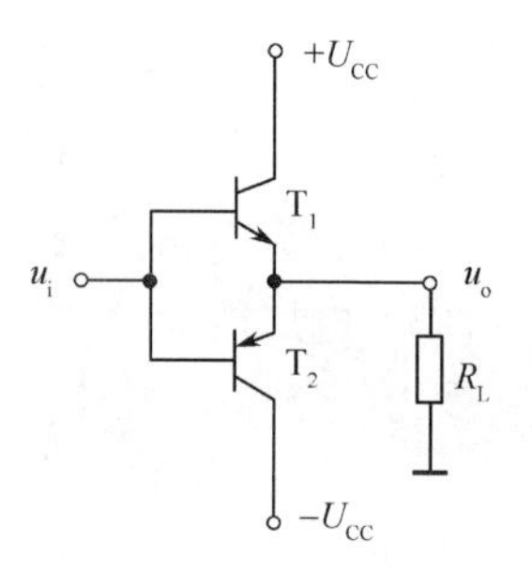

图 T9.12

9.13 在乙类 OCL 互补对称功放电路中，设 $U_{CC}=14V$，$R_L=8\Omega$，晶体管的极限参数为 $I_{CM}=2A$，$|U_{(BR)CEO}|=26V$，$P_{CM}=4W$，忽略管子的饱和压降。试求：

(1) 最大输出功率 P_{om} 的值，并分析晶体管能否安全工作。

(2) 放大电路在 $\eta=0.65$ 时的输出功率 P_o 的值。

9.14 在图 T9.14 所示电路中，已知 $U_{CC}=16V, R_L=4\Omega$，T_1 和 T_2 晶体管的饱和管压降 $|U_{CES}|=2V$，输入电压足够大。试问：

(1) 最大输出功率和效率各为多少？

(2) 晶体管的最大功耗为多少？

(3) 为了使输出功率达到最大，输入电压的有效值约为多少？

9.15 在图 T9.15 所示的 OTL 电路中，已知 $U_{CC}=24V, R_L=8\Omega$，T_1 和 T_2 晶体管的饱和管压降 $|U_{CES}|=3V$。求：

(1) 最大输出功率 P_{om} 和效率 η 各为多少？

(2) 晶体管的参数应如何选择？

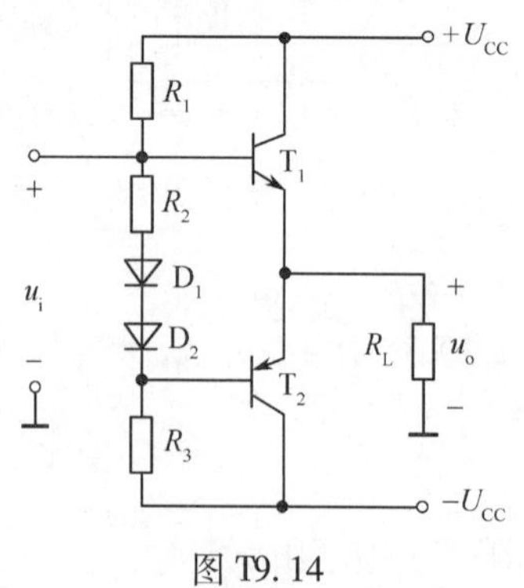

图 T9.14

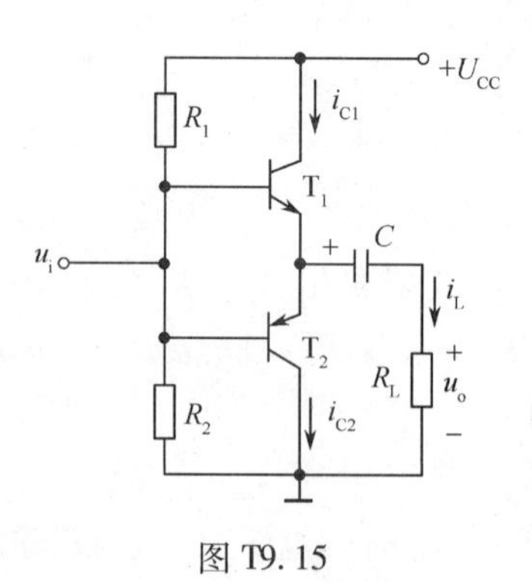

图 T9.15

第 10 章　集成运算放大器

10.1　集成运算放大器

集成运算放大器(简称集成运放)问世之初,主要应用在模拟集成电路中构成各种运算电路,其功能也仅局限于完成一些加、减、乘、除、积分和微分等数学运算,所以得名为运算放大器。但如今随着电子技术的日新月异,它已经在信号测量与处理、波形产生与转换及自动控制等领域都有着十分广泛的应用。

10.1.1　集成运算放大器的组成与特点

1. 集成运算放大器的组成

集成运算放大器是具有高开环电压放大倍数、高输入电阻和低输出电阻的多级直接耦合放大电路。它由输入级、中间级和输出级 3 大部分组成,其框图如图 10.1.1 所示。

图 10.1.1　集成运算放大器的组成框图

(1)输入级。输入级一般为双入—双出的差动放大电路,具有较大的共模抑制比和较高的输入电阻,能有效地减小零点漂移。

(2) 中间级。中间级是整个放大电路的主要放大部分,其作用是使集成运算放大器具有很高的放大倍数,一般由共发射极放大电路构成,且为了提高电压放大倍数,多采用多级放大电路。

(3) 输出级。由于输出级应具有非线性失真小和输出电阻小的特点,因而集成运算放大器的输出级一般由互补对称放大电路或共集放大电路构成,其带负载能力强,能输出足够大的电压和电流。

在使用集成运算放大器时,只要熟知各管脚的用途及放大器的主要技术参数即可,不必研究它的内部电路结构。

国家标准规定的集成运算放大器的图形符号如图 10.1.2 所示。图中“▷”表示放大器;“A_o”表示开环电压放大倍数;左边的“ - ”端为反相输入端,“ + ”端为同相输入端,右边的“ + ”端为输出端。信号的输入方式有反相输入、同相输入和差分输入 3 种,信号由“ - ”端与地之间输入时,输出信号与输入信号反相;信号由“ + ”端与地之间输入时,输出信号与输入信号同相;将两个输入信号同时分别从上述两端与地之间输入时为差分输入。

集成运算放大器除了两个输入、一个输出这 3 个基本的管脚外,还有电源及其他管脚。如图 10.1.3、10.1.4 分别表示的是 F007 集成运算放大器的外部接线和管脚排列。

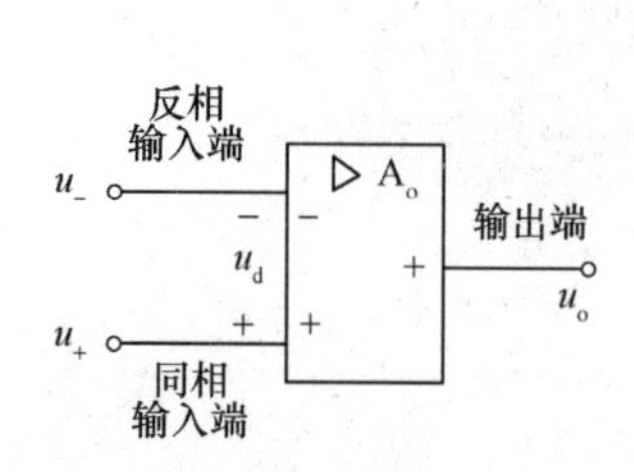

图 10.1.2　集成运放的图形符号

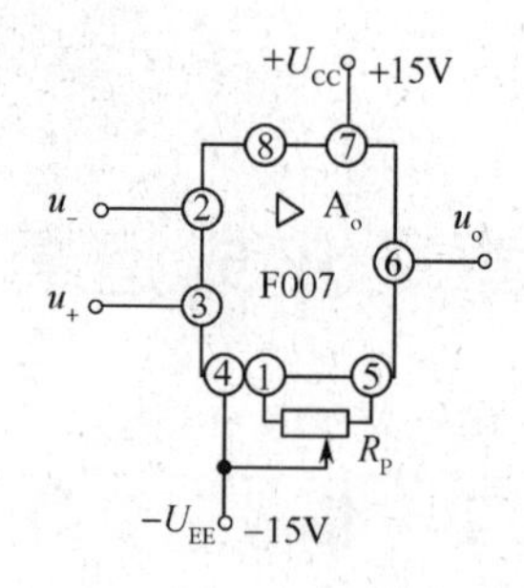

图 10.1.3　F007 外部接线

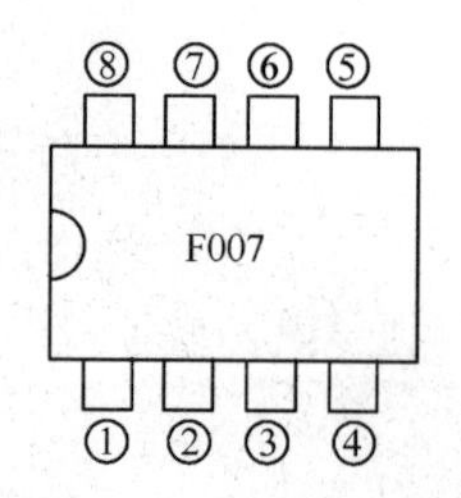

图 10.1.4　F007 管脚排列

各管脚的功能分别为：

① 和⑤为外接调零电位器的两个端子。

② 为反相输入端。

③ 为同相输入端。

④ 为负电源端。接 -15V 稳压电源。

⑦ 为正电源端。接 +15V 稳压电源。

⑥ 为输出端。

⑧ 为空脚。

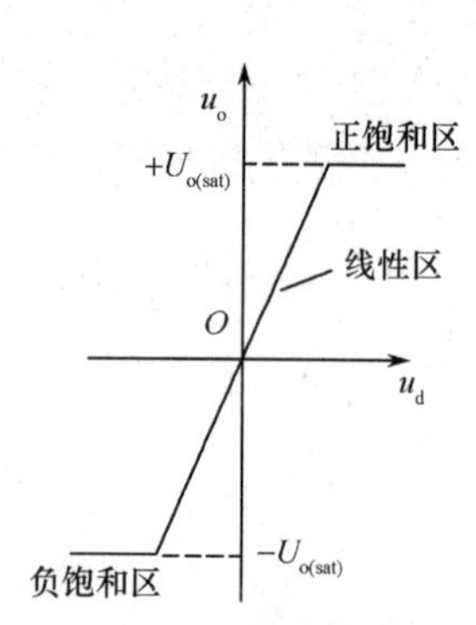

图 10.1.5　集成运放的电压传输特性

2. 结构特点和电压传输特性

由于集成运算放大器内部电路采用直接耦合方式，因此，电路中无电容和电感元件，需要时可外接，并且输入级中差动放大电路的两个对称三极管在同一芯片中制作而成，这样对称性更好，从而更有效地抑制了零点漂移。

集成运算放大器的电压传输特性指集成运算放大器的输出电压 u_o 和输入电压 u_d（$u_d = u_+ - u_-$）之间的关系，其关系曲线如图 10.1.5 所示。

从电压传输特性可以看出，集成运算放大器可工作在线性区和饱和区。当运算放大器工作在线性区或饱和区时，其分析方法是不一样的。

10.1.2　集成运算放大器的主要技术参数

为了合理选用集成运算放大器，必须了解集成运算放大器的几个最主要的参数。

1. 开环电压放大倍数 A_{uo}

在没有外接反馈电路时所测出的差模电压放大倍数，称为开环电压放大倍数。A_{uo}越高，所构成的运算电路的性能越稳定，运算精度也越高。A_{uo}一般为 $10^4 \sim 10^7$。

2. 最大共模输入电压 U_{ICM}

运算放大器对共模信号具有抑制的性能，但这个性能是在不超出最大共模输入电压 U_{ICM}的情况下才具备。如超出这个电压，运算放大器的共模抑制性能就会大大下降，甚至造成器件损坏。

3. 最大输出电压 U_{opp}

能使输出电压和输入电压保持不失真关系的最大输出电压，称为运算放大器的最大输出电压。其值一般接近于电源电压值。

4. 差模输入电阻 r_{id}

差模输入电阻 r_{id} 指集成运算放大器对输入差模信号的输入电阻。对获得同样大小的输入信号而言,运算放大器的 r_{id} 越大,从信号源索取的电流越小,对信号源负担越小。F007 的 $r_{id} > 2M\Omega$。

5. 开环输出电阻 r_o

开环输出电阻 r_o 是在开环条件下,运算放大器等效为电压源时的等效动态内阻。r_o 的理想值为零,实际值一般为 $100\Omega \sim 1k\Omega$。

6. 共模抑制比 K_{CMR}

共模抑制比指运算放大器的差模电压增益与共模电压增益之比的绝对值,即

$$K_{CMR} = 20\lg\left|\frac{A_{ud}}{A_{uc}}\right| \tag{10.1.1}$$

K_{CMR} 越大越好。

10.1.3 理想运算放大器及其分析方法

1. 理想化的集成运算放大器

由于集成运算放大器的开环电压放大倍数、差模输入电阻、开环输出电阻和共模抑制比都非常的高,实际上它们已非常接近理想化的程度,因此在分析时可以用理想运算放大器代替实际放大器,其误差并不大,这在工程上是允许的,这样能大大简化分析过程。

集成运算放大器理想化的主要条件如下:

(1) 开环电压放大倍数 $A_{uo} \to \infty$。

(2) 差模输入电阻 $r_{id} \to \infty$。

(3) 开环输出电阻 $r_o \to 0$。

(4) 共模抑制比 $K_{CMRR} \to \infty$。

后面对集成运算放大器都是根据它的理想化条件来分析的。理想运算放大器的图形符号如图 10.1.6 所示,"∞"表示开环电压放大倍数的理想化条件。

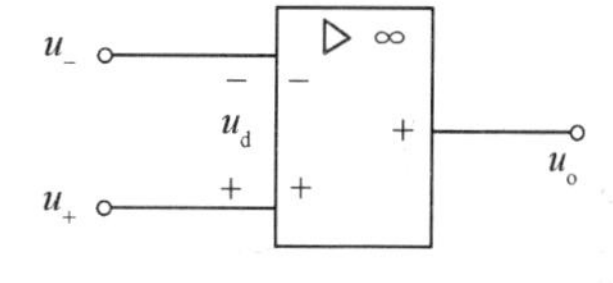

图 10.1.6 理想运算放大器的图形符号

2. 集成运算放大器的分析方法

(1) 工作在线性区。当集成运算放大器工作在线性区时,u_o 和 u_{id} 是线性关系,即

$$u_o = A_{uo} \cdot u_{id} = A_{uo}(u_+ - u_-) \tag{10.1.2}$$

运算放大器是一个线性放大元器件。由于运算放大器的开环电压放大倍数 A_{uo} 很高,即使输入很小的净输入信号,也足以使输出电压饱和,达到接近正电源电压或负电源电压值,再加之外部干扰等原因,使其在线性区工作很难稳定,所以在应用电路中,通常需要引入深度电压负反馈(后面介绍),才能使运算放大器稳定地工作在线性区。

分析集成运算放大器线性应用电路要应用到两个重要概念。

① 虚短。由于理想运算放大器的开环电压放大倍数 $A_{uo} \to \infty$,即

$$\frac{u_o}{u_+ - u_-} = A_{uo} \to \infty$$

而集成运算放大器的输出电压 u_o 为一有限值,所以有

$$u_+ - u_- \approx 0 \quad 即 \quad u_+ \approx u_- \tag{10.1.3}$$

这说明同相输入端和反相输入端之间可以认为是短路,而又不是真正的短路,故通常称为"虚短"。

如果反相端有输入时,同相端接"地",即 $u_+ = 0$,由式(10.1.3)可知 $u_- \approx 0$。这说明此时反相端的电位接近于"地"电位,但它却不是一个接地端,这种情况称反相输端为"虚地"。

② 虚断。由于集成运算放大器差模输入电阻 $r_{id} \to \infty$,故可认为两个输入端的输入电流为零,即

$$i_+ = i_- = 0 \tag{10.1.4}$$

两个输入端并没有断路,但却没有电流流入,这种现象被称为"虚断"。

(2) 工作在非线性区。运算放大器处于开环状态或与外围电路构成正反馈,以及用非线性元件构成负反馈网络等均是运算放大器的非线性应用。此时,运算放大器工作在饱和区,其输出电压 u_o 只有 $+U_{OM}$ 和 $-U_{OM}$ 两种可能,而 u_+ 和 u_- 也不一定相等。

集成运算放大器非线性应用的两个重要特点:

① 当 $u_+ > u_-$ 时,$u_o = +U_{O(sat)} \approx +U_{CC}$;当 $u_+ < u_-$ 时,$u_o = -U_{O(sat)} \approx -U_{EE}$。

② 同相端与反相端之间不满足"虚短",但仍然是"虚断"。

10.2 放大电路中的反馈

10.2.1 反馈的基本概念与分类

1. 反馈的定义

通过一定的电路或单个元件将电子电路或系统中输出信号(电压或电流)的一部分或全部送回到输入端,就称为反馈。反馈在科学技术领域中的应用很多,在电子电路中反馈的应用也非常广泛,有反馈的放大电路称为反馈放大电路,其组成框图如图 10.2.1 所示,其中"⊗"代表比较环节;x_d 代表净输入信号,电路中的各个量 x 可以是电压也可以是电流。

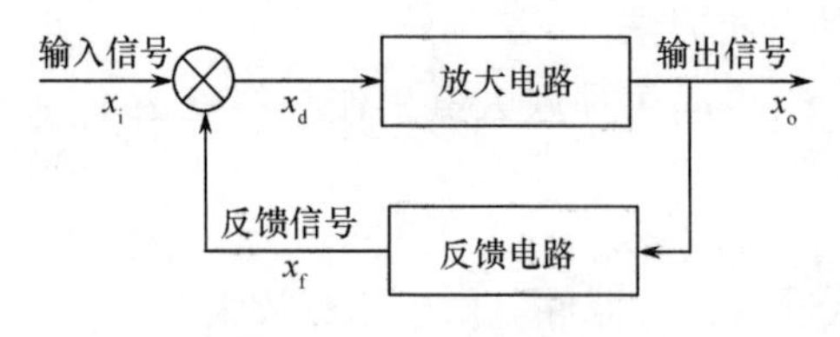

图 10.2.1 反馈框图

2. 正反馈和负反馈

在反馈放大电路中,使放大器净输入信号得到增强的反馈为正反馈,使净输入信号减弱的反馈称为负反馈。

分析时通常采用"瞬时极性法"来判断电路中引入的是正反馈还是负反馈,方法如下:

（1）假设输入信号为某一瞬时极性。

（2）根据电路中输出信号与输入信号的相位关系，确定输出信号和反馈信号的瞬时极性。

（3）根据反馈信号与输入信号的连接情况，分析反馈信号使得净输入信号增强了还是减弱了，若增强了为正反馈，若减弱了为负反馈。

以图 10.2.2(a)所示的电路为例。首先假设输入信号对地的瞬时极性为正，在图中用“⊕”表示，这个电压使同相输入端的电压瞬时极性为正。由于输出端和同相输入端的极性是相同的，因而此时输出电压的瞬时极性为正，也标成“⊕”。通过反馈支路将输出电压反送到反相输入端，用 u_f表示，且瞬时极性为正。由于 $u_{id}=u_i-u_f$，u_f的正极性会使净输入量 u_{id}减小，因此这个电路的反馈是负反馈。

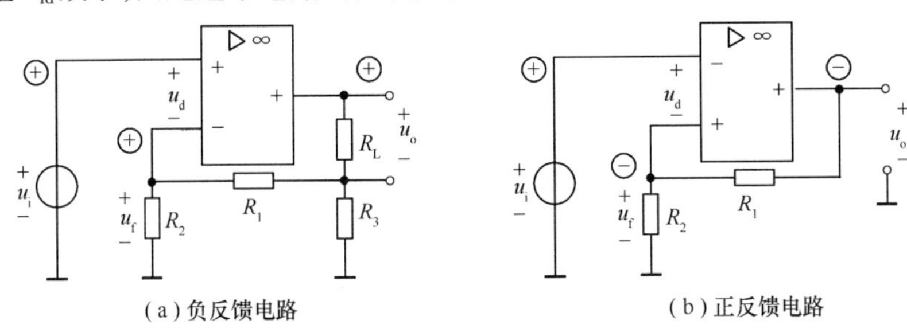

（a）负反馈电路　　（b）正反馈电路

图 10.2.2　集成运算放大器构成的反馈放大电路

对于图 10.2.2(b)所示电路也是这样分析的。假定 u_i 为正极性，由于输出端与反相输入端的信号极性是相反的，因而输出电压应该为负极性，并通过 R_1反送到同相输入端，使 u_f为负极性，这个极性使净输入量 u_{id}增大，因此，这个电路的反馈是正反馈。

3. 直流反馈和交流反馈

在放大电路中存在直流分量和交流分量，若反馈信号是交流分量，则称为交流反馈，它影响电路的交流性能；若反馈信号是直流分量，则称为直流反馈，它影响电路的直流性能，如静态工作点。若反馈信号中既有交流分量又有直流分量，则反馈对电路的交流性能和直流性能都有影响。

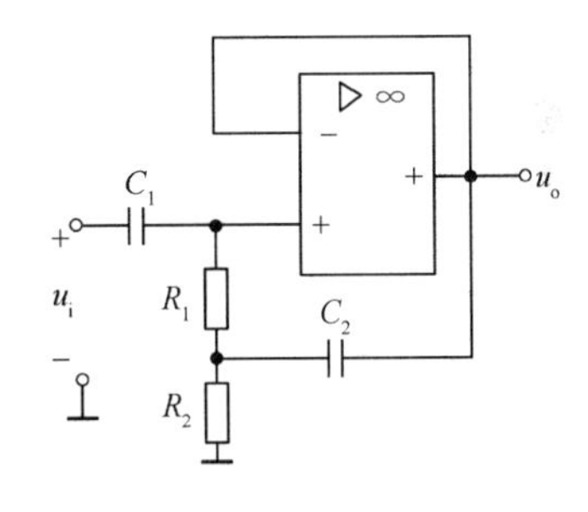

图 10.2.3　交、直流反馈共存的电路举例

在如图 10.2.3 所示的电路中，有两条反馈支路。一条是从输出端接到反相输入端的反馈支路，显然这条支路是交、直流共存的负反馈。另一条是由 C_2、R_1、R_2形成的反馈网络是正反馈，由于电容的隔直作用，这条支路只能引入交流反馈。

10.2.2　负反馈电路 4 种组态的判别

由集成运算放大器构成的负反馈电路有 4 种组态，分别为电压串联负反馈、电压并联负反馈、电流串联负反馈和电流并联负反馈。下面介绍这 4 种组态的判别。

1. 判断是电压反馈还是电流反馈

根据反馈电路在输出端的取样方式，可以判断是电压反馈还是电流反馈。从输出端看，若反馈信号取自输出电压，反馈电压与输出电压成比例，则为电压反馈；若反馈信号取自输出电流，反馈电压与输出电流成比例，则为电流反馈。

实际判断时，常用的方法是负载短路法，假想负载 R_L 两端短路，若短路后反馈信号不存在了，就是电压反馈；若反馈信号还存在，则为电流反馈。

2. 判断是串联反馈还是并联反馈

根据反馈在输入端的连接方式，可以判断是串联反馈还是并联反馈。从输入端看，若反馈信号的引回端与输入信号引入端串联，即反馈信号与输入信号接在不同的端子上，称为串联反馈。若反馈信号的引回端与输入信号引入端并联，即反馈信号与输入信号接在同一个端子上，称为并联反馈。

10.2.3 负反馈对放大电路性能的改善与影响

1. 降低放大倍数

由图 10.2.1 所示的反馈放大电路的方框图可知，基本放大电路的放大倍数，即未引入负反馈时的放大倍数（也称开环放大倍数）为

$$A=\frac{x_o}{x_d} \tag{10.2.1}$$

反馈信号与输出信号之比称为反馈系数，即

$$F=\frac{x_f}{x_o} \tag{10.2.2}$$

若引入的是负反馈，则反馈后的净输入信号为

$$x_d=x_i-x_f \tag{10.2.3}$$

所以放大电路的开环放大倍数为

$$A=\frac{x_o}{x_i-x_f} \tag{10.2.4}$$

包括反馈电路在内的整个放大电路的放大倍数，即引入负反馈后的放大倍数（闭环放大倍数）为 A_f，由上列各式推导可得

$$A_f=\frac{x_o}{x_i}=\frac{A}{1+AF} \tag{10.2.5}$$

其中环路放大倍数 $AF=\frac{x_f}{x_d}$。

由上可知，x_f 和 x_d 同是电压或电流，且为正值，故 AF 为正实数。因此，$|A_f|<|A|$，引入负反馈后放大倍数降低了。

$1+AF$ 称为反馈深度，其值越大，负反馈作用越强，$|A_f|$ 也就越小。例如，射极跟随器的输出信号全部反馈到输入端，其反馈系数为 1，反馈极深，$A_f\approx1$，它无电压放大作用，但它的输入电阻大，对电源负担轻，输出电阻小，带负载能力强。也就是说，引入负反馈后，虽然放大倍数降低了，但在其他方面改善了放大电路的性能。

2. 提高增益的稳定性

放大电路在应用中，往往会出现这样一种现象，当外界条件变化（如温度变化、管子老化、元器件参数变化、电源电压波动等）时，即使输入信号一定，输出信号也会有变化，

也就是引起放大倍数的变化，这就是放大电路性能不稳定的一种表现。如果这种相对变化较小，则说明其稳定性较高。

将式(10.2.5)求导数，则得

$$\frac{dA_f}{A_f}=\frac{1}{1+AF}\frac{dA}{A} \tag{10.2.6}$$

式中，$\frac{dA}{A}$是开环放大倍数的相对变化；$\frac{dA_f}{A_f}$是闭环放大倍数的相对变化，它只是前者的$\frac{1}{1+AF}$。可见，引入负反馈后，放大倍数降低了，但放大倍数的稳定性却提高了。

【例 10.2.1】 如图 10.2.4 所示电路中，$R_1=10\text{k}\Omega$，$R_F=300\text{k}\Omega$，开环电压放大倍数 $A_{uo}=10000$，试求：

(1) 闭环电压放大倍数 A_{uf}。

(2) $\frac{dA}{A}=10\%$ 时的$\frac{dA_f}{A_f}$。

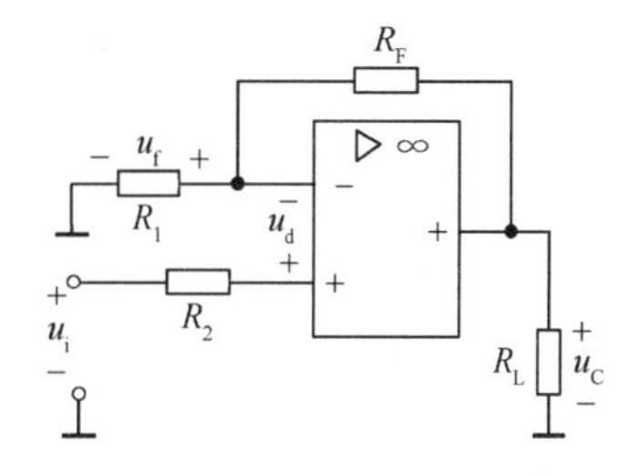

图 10.2.4　例 10.2.1 的图

【解】

(1) $$F=\frac{u_f}{u_o}=\frac{R_1}{R_1+R_F}=\frac{10}{10+300}=0.03$$

$$A_{uf}=\frac{A}{1+AF}=\frac{10000}{1+10000\times0.03}=33.2$$

(2) $$\frac{dA_f}{A_f}=\frac{1}{1+AF}\times\frac{dA}{A}=301\times10\%=0.033\%$$

负反馈深度越深，放大电路的性能越稳定。如果$AF\gg1$，则根据式(10.2.5)得

$$A_f\approx\frac{1}{F} \tag{10.2.7}$$

此式说明，在深度负反馈的情况下，闭环放大倍数仅与反馈电路的参数(如电阻和电容)有关，它们不受外界因素变化的影响。这时放大电路的工作性能非常稳定。

3. 减小非线性失真

前面分析过，由于工作点选择不适合，或者输入信号过大，都将引起放大电路输出信号波形的失真。但引入负反馈之后，可将输出端的失真信号反送到输入端，使净输入信号发生某种程度的失真，经过放大之后，可使输出信号的失真得到一定程度的补偿。从本质上说，负反馈是利用失真了的波形来改善波形的失真，因此只能在一定程度上减小失真，而不能完全消除失真。

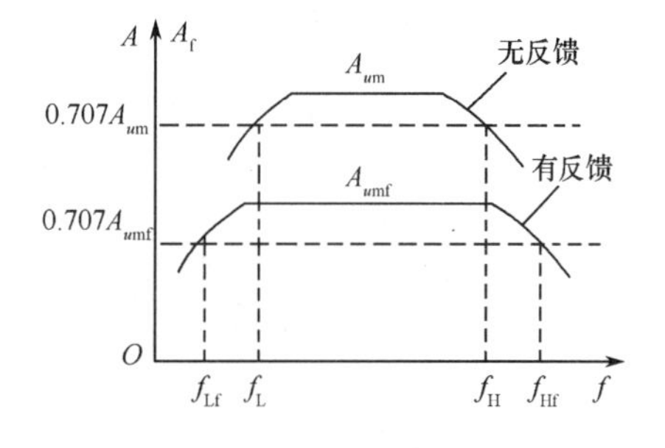

图 10.2.5　负反馈拓宽了通频带

4. 扩展通频带

利用负反馈能使放大倍数稳定的概念很容易说明负反馈具有展宽通频带的作用，在阻容耦合放大电路中，当信号在低频区和高频区时，其放大倍数均要下降，如图 10.2.5 所示。由于负反馈具有稳定放大倍数的作用，因此低频区和高频区的放大倍数下降的速度减慢，相当于通频带展宽了。在通常情况下，放大电路的增益带宽值为一常数，即

$$A_f(f_{Hf}-f_{Lf})=A(f_H-f_L) \tag{10.2.8}$$

一般情况下，$f_H \gg f_L$，所以 $A_f f_{Hf} \approx A f_H$，这表明在引入负反馈后，电压放大倍数下降为原来的几分之一，则通频带就扩展了几倍。可见，引入负反馈能扩展通频带，但这是以降低放大倍数为代价的。

5. 对输入电阻的影响

负反馈对输入电阻的影响，取决于反馈网络输入端的连接方式是串联反馈还是并联反馈。

图 10.2.6(a)是串联负反馈电路的框图。由图可知，开环放大电路的输入电阻为$r_i=\frac{u_{id}}{i_i}$，引入负反馈后，闭环输入电阻r_{if}为

$$r_{if}=\frac{u_i}{i_i}=\frac{u_{id}+u_f}{i_i}=\frac{u_{id}+AFu_{id}}{i_i}=r_i(1+AF) \tag{10.2.9}$$

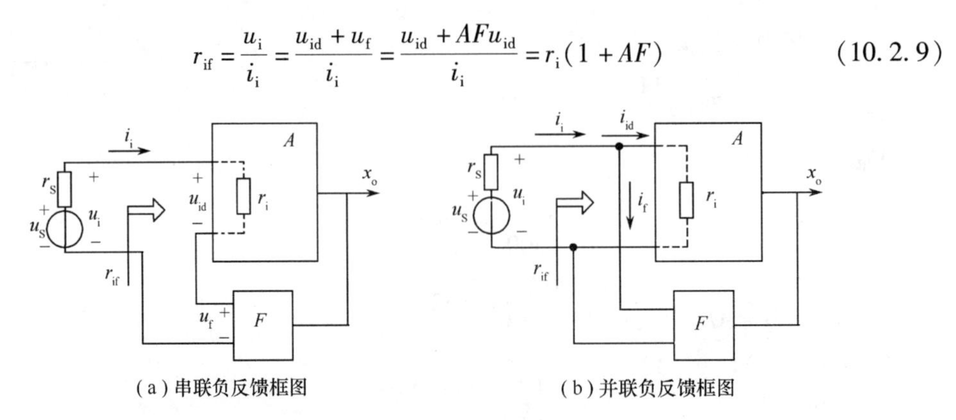

(a)串联负反馈框图　　(b)并联负反馈框图

图 10.2.6　负反馈对输入电阻的影响

式(10.2.9)表明，引入负反馈后，输入电阻是无反馈时输入电阻的 $1+AF$ 倍。这是由于引入负反馈后，输入信号与反馈信号串联连接。从图中可以看出，等效的输入电阻相当于原开环放大电路的输入电阻和反馈回路的反馈电阻串联，其结果必然是增加了阻值。所以串联负反馈使输入电阻增大。

图 10.2.6 (b)是并联负反馈电路的方框图。由图可知，开环放大器的输入电阻为$r_i=\frac{u_i}{i_{id}}$，引入负反馈后，闭环输入电阻 r_{if}为

$$r_{if}=\frac{u_i}{i_i}=\frac{u_i}{i_{id}+i_f}=\frac{u_i}{i_{id}+AFi_{id}}=\frac{r_i}{1+AF} \tag{10.2.10}$$

式(10.2.10)表明，引入并联负反馈后，输入电阻是无反馈时输入电阻的 $1/(1+AF)$。这是由于引入反馈后，输入信号和反馈信号是并联连接，从图中可以看出，等效的输入电阻相当于原开环放大电路输入电阻与反馈回路的反馈电阻并联，其结果必然是减小了阻值，因此并联负反馈使输入电阻减小。

6. 对输出电阻的影响

负反馈对输出电阻的影响，取决于反馈网络在输出端反馈方式是电压反馈还是电流反馈。

电压负反馈的放大电路具有稳定输出电压 u_o 的作用，即有恒压输出的特性。当输入

电压 u_i 为一定值,如果输出电压 u_o 由于负载电阻 R_L 的减小而减小,则反馈电压 u_f 也随之减小,这将导致净输入电压 u_{id}增大,其结果使输出电压回升到接近原值。上述过程可用图 10.2.7 表示。

具有恒压输出特性的放大电路内阻很低,所以电压负反馈使放大电路的输出电阻减小。

电流负反馈的放大电路具有稳定输出电流 i_o 的作用,即有恒流输出的特性。当输入电压 u_i 为一定值,如果输出电流 i_o 由于温度升高而增大,则反馈电压 u_f 也随之增大,这将导致净输入电压 u_{id}减小,其结果使输出电流回落到接近原值。上述过程可用图 10.2.8 表示。

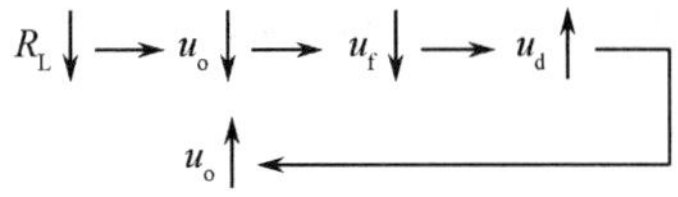

$$R_L\downarrow \rightarrow u_o\downarrow \rightarrow u_f\downarrow \rightarrow u_d\uparrow \rightarrow u_o\uparrow$$

图 10.2.7 电压负反馈稳定输出电压的过程

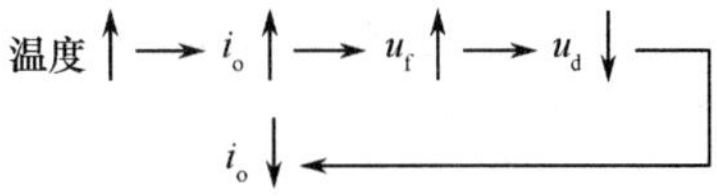

$$温度\uparrow \rightarrow i_o\uparrow \rightarrow u_f\uparrow \rightarrow u_d\downarrow \rightarrow i_o\downarrow$$

图 10.2.8 电流负反馈稳定输出电流的过程

具有恒流输出特性的放大电路内阻很高,所以电流负反馈使放大电路的输出电阻增大。

根据负反馈对放大电路性能的改善与影响,在实际应用中,应合理地引入不同类型的反馈:直流负反馈可稳定直流量,交流负反馈可稳定交流量;电压负反馈可稳定输出电压、减小输出电阻,电流负反馈可稳定输出电流、提高输出电阻;串联负反馈可提高输入电阻,并联负反馈可减小输入电阻。

10.3 运算放大器组成的基本运算电路

集成运算放大器外接深度负反馈电路后,可以进行信号的比例、加法、减法、微分和积分等多种数学运算。

10.3.1 比例运算

1. 反相比例运算电路

图 10.3.1 所示为反相输入比例运算电路。图中,输入信号 u_i经过外接电阻 R_1接到集成运算放大器的反相端,反馈电阻 R_f接在输出端和反相输入端之间,构成电压并联负反馈,使集成运算放大器工作在线性区;同相端接的电阻 R_2起平衡作用,主要是使同相端和反相端外接电阻相等,即 $R_2=R_1 /\!/ R_f$,以保证运算放大器处于平衡对称的工作状态,从而消除输入偏置电流及温漂的影响。

因为“虚短”,所以 $u_-\approx u_+=0$;因为“虚断”,所以 $i_+=i_-\approx 0$。

故 $$i_1=i_f$$

由图 10.3.1 可知

$$i_1=\frac{u_i-u_-}{R_1}=\frac{u_i}{R_1};$$

$$i_f=\frac{u_--u_o}{R_f}=-\frac{u_o}{R_f}$$

所以

$$u_o = -\frac{R_f}{R_1}u_i \qquad (10.3.1)$$

则闭环放大倍数

$$A_{uf} = \frac{u_o}{u_i} = -\frac{R_f}{R_1} \qquad (10.3.2)$$

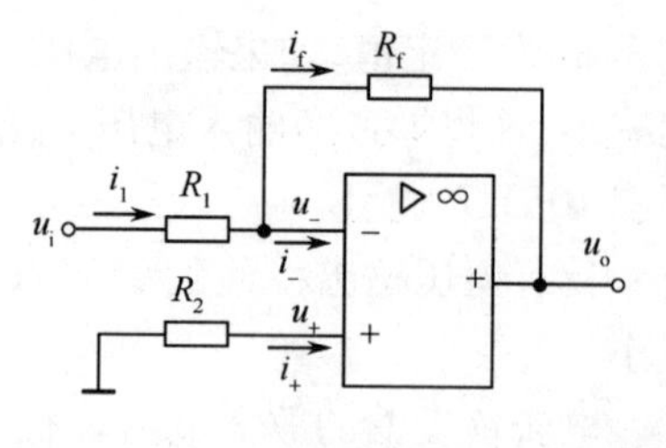

图 10.3.1　反相输入比例运算电路

式(10.3.1)表明,输出电压与输入电压成比例关系,且相位相反,所以图 10.3.1 所示为反相输入比例运算电路。如果 R_1 和 R_f 的阻值足够精确,且运算放大器满足理想化的条件,则可认为 u_o 和 u_i 间的关系只取决于 R_f 和 R_1 的比值而与集成运算放大器本身的参数无关。这也保证了比例运算的精度。

反相比例运算电路中,集成运算放大器同相端和反相端的等效电阻必须平衡,即应使

$$R_2 = R_1 /\!/ R_f$$

在图 10.3.1 中,当 $R_1 = R_f = R$ 时,$u_o = -\frac{R_f}{R_1}u_i = -u_i$,$A_{uf} = \frac{u_o}{u_i} = -1$,输入电压和输出电压大小相等、相位相反。又由于反相输入比例运算电路引入的是深度电压并联负反馈,故输入电阻为 $r_{if} \approx R_1$;输出电阻为 $r_{of} \approx 0$。

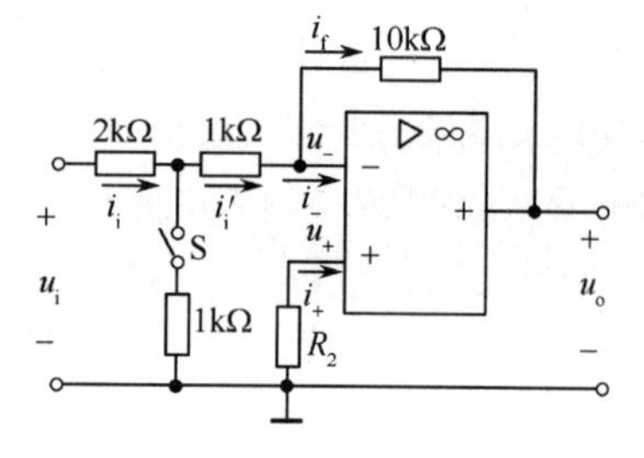

图 10.3.2　例 10.3.1 的图

【例 10.3.1】电路如图 10.3.2 所示,试分别计算开关 S 断开和闭合时的电压放大倍数 A_{uf}。

【解】(1)当 S 断开时,

$$A_{uf} = -\frac{10}{2+1} = -3.33$$

(2) 当 S 闭合时,因 $u_- \approx u_+ = 0$,两个 1kΩ 的电阻可看作是并联关系。于是

$$i_i = \frac{u_i}{2+\frac{1}{2}} = \frac{2}{5}u_i;\qquad i_i' = \frac{1}{2}i_i = \frac{2}{10}u_i;\qquad i_f = \frac{u_- - u_o}{10} = -\frac{u_o}{10}$$

又因 $i_i' = i_f$,故

$$\frac{2}{10}u_i = -\frac{u_o}{10};\qquad u_o = -2u_i;\qquad A_{uf} = -2$$

注意:在上例中,不能因为 $u_+ \approx u_-$ 而将反相输入端和同相输入端直接连接起来。

2. 同相比例运算电路

图 10.3.3 所示为同相输入比例运算电路。图中,输入信号 u_i 经外接电阻 R_2 接到集成运算放大器的同相端,反馈电阻 R_f 接到其反相端,构成电压串联负反馈。

根据虚短和虚断的概念,由图 10.3.3 可知:

$$u_- = u_+ = u_i;\qquad i_1 = i_f$$

$$i_1 = \frac{u_-}{R_1} = \frac{u_i}{R_1};\qquad i_f = \frac{u_o - u_-}{R_f} = \frac{u_o - u_i}{R_f}$$

于是得

$$u_o = \left(1 + \frac{R_f}{R_1}\right) u_i \qquad (10.3.3)$$

闭环电压放大倍数为

$$A_{uf} = \frac{u_o}{u_i} = 1 + \frac{R_f}{R_1} \qquad (10.3.4)$$

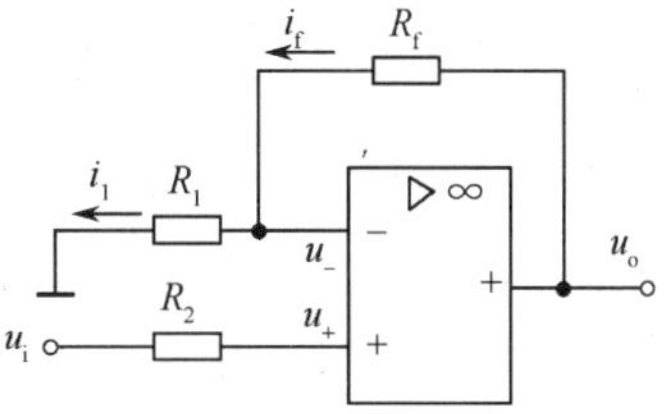

图 10.3.3 同相输入比例运算电路

式(10.3.3)表明,输出电压和输入电压之间的比例关系只与外接电阻有关,而与运算放大器本身的参数无关,所以其精度和稳定性都非常高。式(10.3.4)中闭环电压放大倍数为正值,表明 u_o 和 u_i 同相,并且其值总是不小于 1,这一点和反相比例运算不同。

同相比例运算电路中,集成运算放大器同相端和反相端的等效电阻必须平衡,即应使

$$R_2 = R_1 /\!/ R_f$$

在图 10.3.3 中,当 $R_1 \to \infty$ 或 $R_f = 0$ 时,闭环电压放大倍数 $A_{uf} = \frac{u_o}{u_i} = 1$,即输出电压与输入电压大小相等、相位相同,此时的同相比例运算电路被称为电压跟随器,如图 10.3.4 所示。

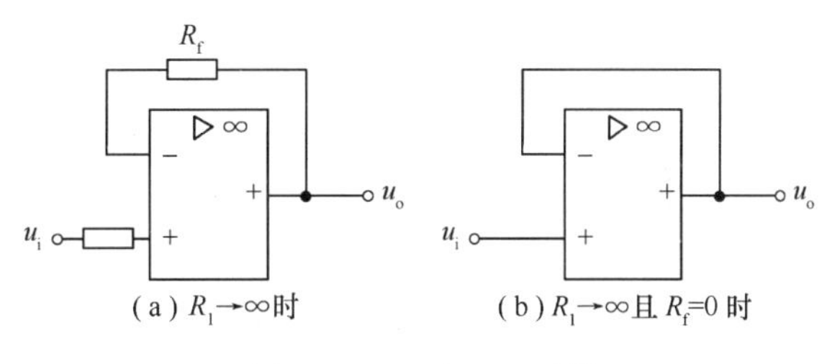

图 10.3.4 电压跟随器

【例 10.3.2】在图 10.3.5 所示的同相比例运算电路中,已知 $R_1 = 3\text{k}\Omega$,$R_f = 10\text{k}\Omega$,$R_2 = 2\ \text{k}\Omega$,$R_3 = 18\ \text{k}\Omega$,$u_i = 1\text{V}$,求 u_o。

【解】

$$u_+ = \frac{R_3}{R_2 + R_3} u_i = \frac{18}{2 + 18} \times 1 = 0.9\text{V}$$

$$u_o = \frac{R_1 + R_f}{R_1} \times u_+ = \frac{2 + 10}{2} \times 0.9 = 5.4\text{V}$$

【例 10.3.3】试计算图 10.3.6 中 u_o 的大小。

【解】图 10.3.6 是一电压跟随器,+15V 电源经过两个 15 kΩ 的电阻分压后在同相输入端得到 +7.5V 的输入电压,即 $u_i = u_+ = +7.5\text{V}$,从而 $u_o = u_i = +7.5\text{V}$。

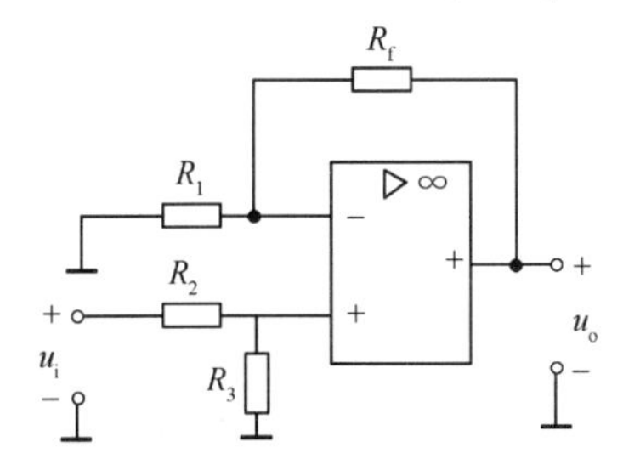

图 10.3.5 例 10.3.2 的图

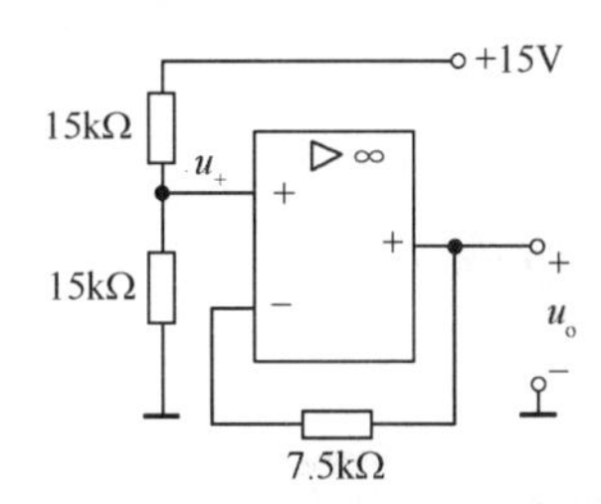

图 10.3.6 例 10.3.3 的图

由此可知,u_o 只与电源电压和分压电阻有关,其精度和稳定性较高,可作为基准电压。

10.3.2 加法运算

1. 反相加法运算

在自动控制电路中,往往需要将多个采样信号按一定的比例叠加起来输入到放大电路中,这就需要用到加法电路。反相加法运算电路如图 10.3.7 所示。

由“虚断”的概念可知

$$i_i = i_f;\qquad i_i = i_1 + i_2 + \cdots + i_n$$

由“虚地”的概念可知

$$i_1 = \frac{u_{i1}}{R_1}, i_2 = \frac{u_{i2}}{R_2}, \cdots, i_n = \frac{u_{in}}{R_n}$$

则

$$u_o = -i_f R_f = -R_f\left(\frac{u_{i1}}{R_1} + \frac{u_{i2}}{R_2} + \cdots + \frac{u_{in}}{R_n}\right) \tag{10.3.5}$$

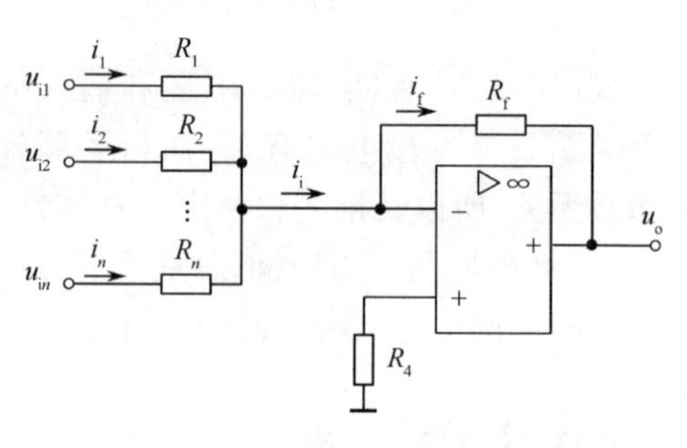

图 10.3.7 反相加法运算电路

从而实现了将各信号按比例进行加法运算。

当 $R_1 = R_2 = \cdots = R_n = R_f$ 时,$u_o = -(u_{i1} + u_{i2} + \cdots + u_{in})$,就可实现各输入信号的反相加。

加法运算也与放大器本身的参数无关,只要外接电阻的阻值精确,就能保证加法运算的精度。反相加法运算电路中,集成运算放大器同相端和反相端的等效电阻必须平衡,即应使

$$R_4 = R_1 /\!/ R_2 /\!/ \cdots /\!/ R_n /\!/ R_f$$

【例 10.3.4】 如图 10.3.8 所示,$u_o = -(4u_{i1} + 2u_{i2} + 0.5u_{i3})$ 是某测量系统的输出端与输入端的电压关系,试求各输入电路的电阻和平衡电阻 R_4。设 $R_f = 100\text{k}\Omega$。

【解】 由式(10.3.2)可知

$$R_1 = \frac{R_f}{4} = \frac{100 \times 10^3}{4} = 25 \times 10^3 = 25\text{k}\Omega$$

$$R_2 = \frac{R_f}{2} = \frac{100 \times 10^3}{2} = 50 \times 10^3 = 50\text{k}\Omega$$

$$R_3 = \frac{R_f}{0.5} = \frac{100 \times 10^3}{0.5} = 200 \times 10^3 = 200\text{k}\Omega$$

$$R_4 = R_1 /\!/ R_2 /\!/ R_3 /\!/ R_f \approx 13.3\text{k}\Omega$$

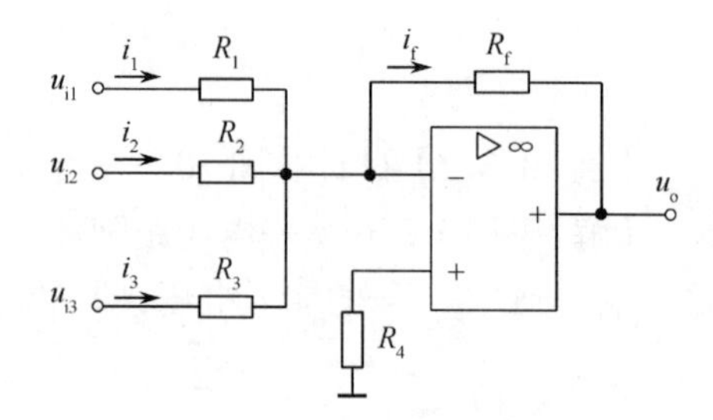

图 10.3.8 例 10.3.4 的图

2. 同相加法运算

当多个输入信号同时作用于集成运算放大器的同相输入端时,就构成了同相求和运算电路,如图 10.3.9 所示。

与反相求和运算电路类似,也可用叠加原理求解同相求和运算电路中的 u_o。

当 u_{i1} 单独作用时,如图 10.3.10 所示,u_{i2} 端可看成接地,输出为 u_{o1},有

$$u_+ = \frac{R_2 /\!/ R_3}{R_1 + R_2 /\!/ R_3} \times u_{i1};\qquad u_{o1} = \left(1 + \frac{R_f}{R}\right)u_+ = \left(1 + \frac{R_f}{R}\right) \times \frac{R_2 /\!/ R_3}{R_1 + R_2 /\!/ R_3} u_{i1}$$

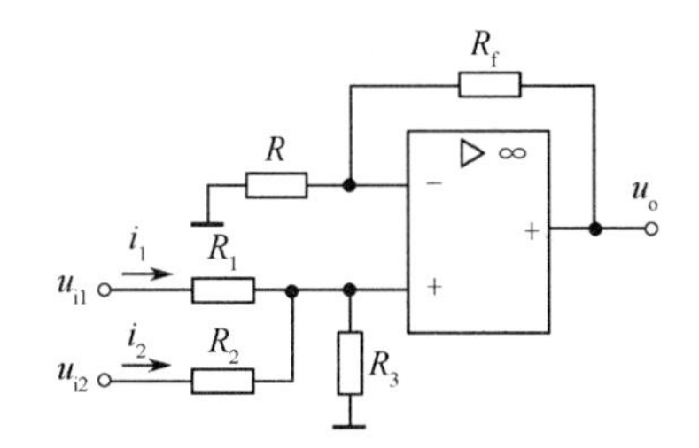

图 10.3.9　同相求和运算电路

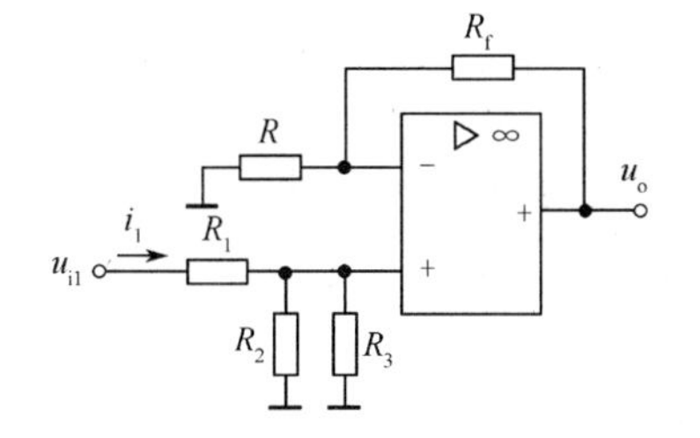

图 10.3.10　u_{i1}单独作用时的等效电路

同理,当 u_{i2}单独作用时,u_{i1}端可看成接地,输出为 u_{o2},有

$$u_+ = \frac{R_1 /\!/ R_3}{R_2 + R_1 /\!/ R_3} \times u_{i2};\qquad u_{o2} = \left(1 + \frac{R_f}{R}\right)u_+ = \left(1 + \frac{R_f}{R}\right) \times \frac{R_1 /\!/ R_3}{R_2 + R_1 /\!/ R_3}u_{i2}$$

所以,根据叠加原理,输出电压

$$u_o = u_{o1} + u_{o2} \tag{10.3.6}$$

10.3.3　减法运算

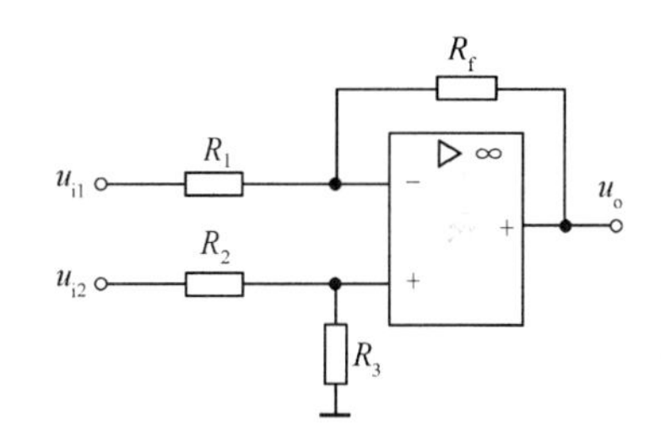

图 10.3.11　减法运算电路

从对比例运算电路分析可知,输出电压与同相输入端信号电压极性相同,与反相输入端信号电压极性相反,因而如果将两个信号分别同时作用于两个输入端,则可构成减法运算电路,如图 10.3.11 所示。

u_{i1}和 u_{i2}分别作用于同相端和反相端,根据叠加原理有

u_{i1}单独作用时,$u_{o1} = -\dfrac{R_f}{R_1}u_{i1}$;

u_{i2}单独作用时,

$$u_{o2} = \left(1 + \frac{R_f}{R_1}\right) \times \frac{R_3}{R_2 + R_3}u_{i2};$$

u_{i1}、u_{i2}同时作用时,$u_o = u_{o1} + u_{o2} = \left(1 + \dfrac{R_f}{R_1}\right) \times \dfrac{R_3}{R_2 + R_3}u_{i2} - \dfrac{R_f}{R_1}u_{i1}$

即

$$u_o = \left(1 + \frac{R_f}{R_1}\right)\frac{R_3 /\!/ R_2}{1 + R_3 /\!/ R_2}u_{i2} - \frac{R_f}{R_1}u_{i1} \tag{10.3.7}$$

只要取$\dfrac{R_3}{R_2} = \dfrac{R_f}{R_1}$,则

$$u_o = \frac{R_f}{R_1}(u_{i2} - u_{i1}) \tag{10.3.8}$$

即输出电压正比于两输入电压之差。

当 $R_1 = R_f$ 时,　$u_o = u_{i2} - u_{i1}$

其中　$R_2 /\!/ R_3 = R_1 /\!/ R_f$

【**例 10.3.5**】如图 10.3.12 所示的两级运算放大器构成的电路中,试求输出电压 u_o。

【**解**】A_1是电压跟随器,因此 $u_{o1} = u_{i1}$

A_2是减法运算电路，因此 $u_o = \left(1+\frac{R_f}{R_1}\right)u_{i2} - \frac{R_f}{R_1}u_{o1} = \left(1+\frac{R_f}{R_1}\right)u_{i2} - \frac{R_f}{R_1}u_{i1}$

在本例电路中，u_{i1}接在 A_1 的同相端，而不是直接接在 A_2 的反相端，这样可以提高输入阻抗。

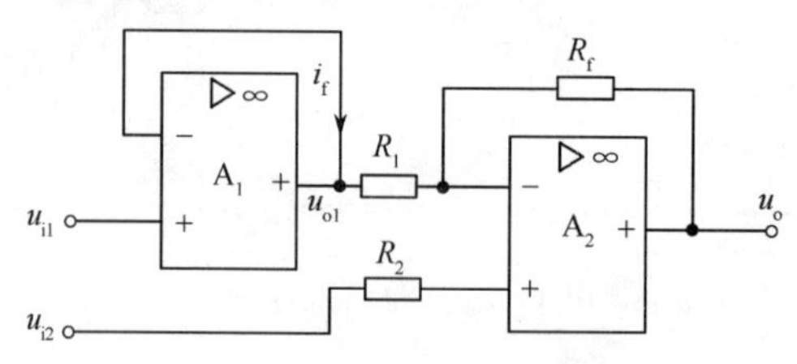

图 10.3.12　例 10.3.5 的图

【**例 10.3.6**】设计一个输出与输入电压的运算关系式为 $u_o = 10u_{i1} - 5u_{i2} - 4u_{i3}$的运算电路。

【**解**】根据已知的运算关系式可知，当采用单个集成运算放大器构成的电路时，u_{i1}应作用于同相输入端，而 u_{i2} 和 u_{i3}应作用于反相输入端，如图 10.3.13 所示。

若选取 $R_f = 100\mathrm{k\Omega}$，且 $R_3 /\!/ R_2 /\!/ R_f = R_1 /\!/ R_4$，则

$$u_o = R_f\left(\frac{u_{i1}}{R_1} - \frac{u_{i2}}{R_2} - \frac{u_{i3}}{R_3}\right)$$

因$\frac{R_f}{R_1} = 10$，所以 $R_1 = 10\mathrm{k\Omega}$；因$\frac{R_f}{R_2} = 5$，故 $R_2 = 20\mathrm{k\Omega}$；因$\frac{R_f}{R_3} = 4$，故 $R_3 = 25\mathrm{k\Omega}$；因 $R_2 /\!/ R_3 /\!/ R_f = 10\mathrm{k\Omega}$，$R_1 = 10\mathrm{k\Omega}$，故 $R_4 = \infty$，所设计的电路如图 10.3.14 所示。

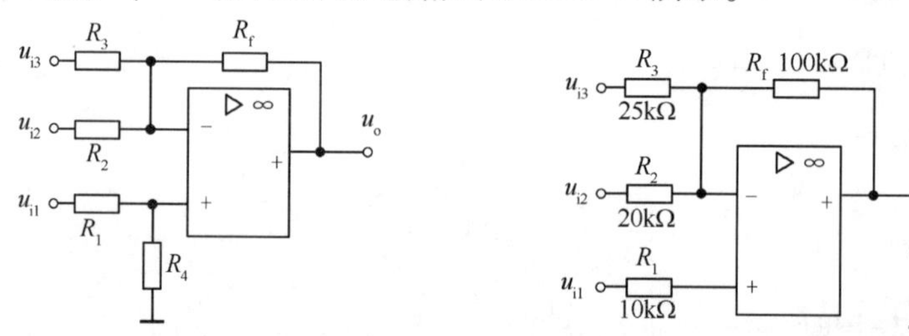

图 10.3.13　例 10.3.6 的图(a)

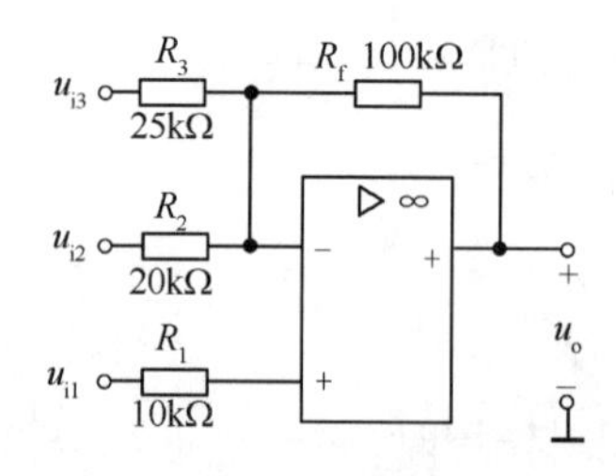

图 10.3.14　例 10.3.6 的图(b)

10.3.4　积分运算

与反相比例运算电路比较，用电容 C_f 代替 R_f 作为反馈元件，就成为积分运算电路，如图 10.3.15 所示。由于 $u_- \approx 0$，则

$$i_i = i_f = \frac{u_i}{R_1}; \qquad u_o = -u_C = -\frac{1}{C_f}\int i_f\,\mathrm{d}t$$

故

$$u_o = -\frac{1}{R_1C_f}\int u_i\mathrm{d}t \tag{10.3.9}$$

式(10.3.9)表明 u_o 与 u_i 的积分成比例，式中的负号表示两者反相。R_1C_f 称为积分时间常数。

当 u_i 为阶跃电压时，有

$$u_o = -\frac{U_i}{R_1 C_f} t \tag{10.3.10}$$

其波形如图 10.3.16 所示，u_o 最后达到负饱和值 $-U_{OM}$。

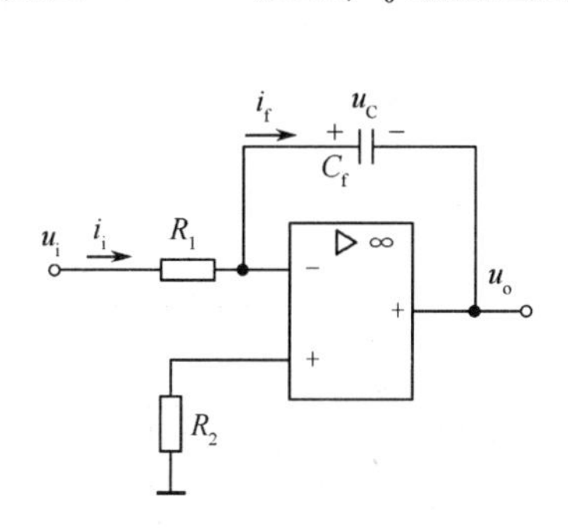

图 10.3.15　积分运算电路　　　　图 10.3.16　积分电路的阶跃响应波形

采用集成运算放大器组成的积分电路，由于充电电流基本上是恒定的$\left(i_f \approx i_i \approx \frac{U_i}{R_1}\right)$，所以 u_o 是时间 t 的一次函数，从而提高了它的线性度。积分电路除用于信号运算外，在控制和测量系统中也得到了非常广泛的应用。

【例 10.3.7】 试求图 10.3.17 所示电路中的 u_o 与 u_i 的关系式。

【解】 由图可知：

$$u_o - u_- = -R_f i_f - u_C = -R_f i_f - \frac{1}{C_f}\int i_f \, dt;$$

$$i_i = \frac{u_i - u_-}{R_1},$$

又因为 $u_- \approx u_+ = 0, i_f = i_i$，由上式可得

$$u_o = -\left(\frac{R_f}{R_1}u_i + \frac{1}{R_1 C_f}\int u_i dt\right)$$

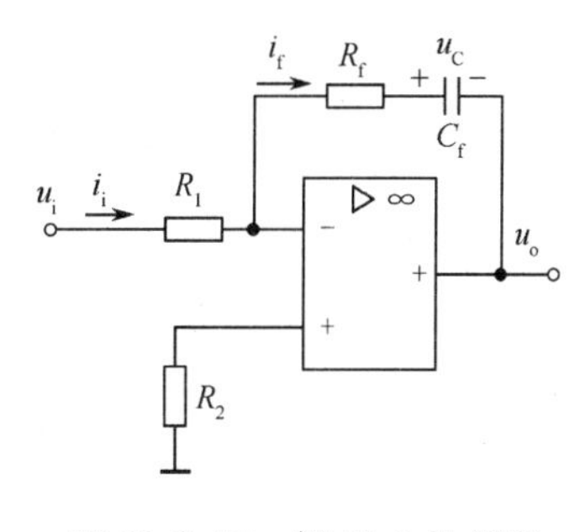

图 10.3.17　例 10.3.7 的图

图 10.3.17 所示电路是反相比例运算和积分运算的综合运算电路，称为比例—积分调节器。通常用在自动控制系统的校正电路中，以保证系统的稳定性和控制精度。

10.3.5　微分运算

若将积分电路中的 R 和 C 互换，就可得到微分运算电路，如图 10.3.18 所示。在这个电路中，因为“虚短”，则 $u_- \approx 0$ 为“虚地”；又因为“虚断”，则 $i_- \approx 0, i_R \approx i_C$。

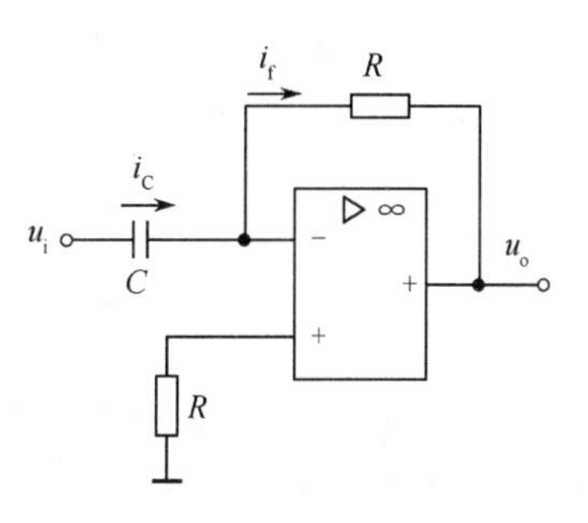

图 10.3.18　微分运算电路

假设电容 C 的初始电压为 0，则

$$i_C = C\frac{du_i}{dt}$$

故，输出电压

$$u_o = -i_R R = -RC\frac{du_i}{dt} \tag{10.3.11}$$

式(10.3.11)表明,输出电压为输入电压对时间的微分且相位相反。微分电路可将矩形波变成尖脉冲,如图10.3.19所示。微分电路在自动控制系统中可用作加速环节,在电动机遇到故障时,起加速保护作用,迅速降低其供电电压。

【例10.3.8】 试求如图10.3.20所示电路的 u_o 与 u_i 的关系式。

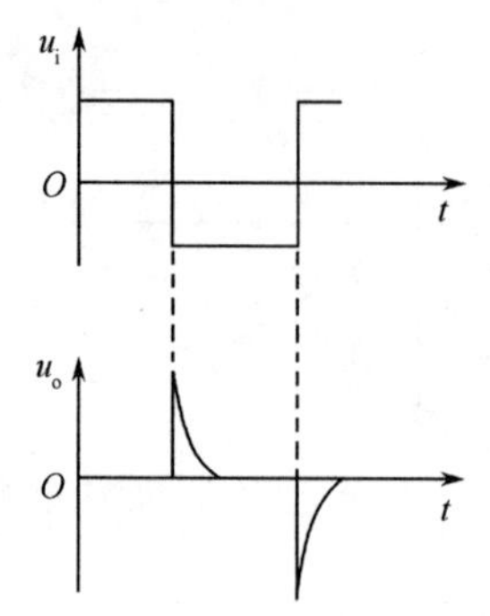

图10.3.19　微分电路输入为方波时的输出波形

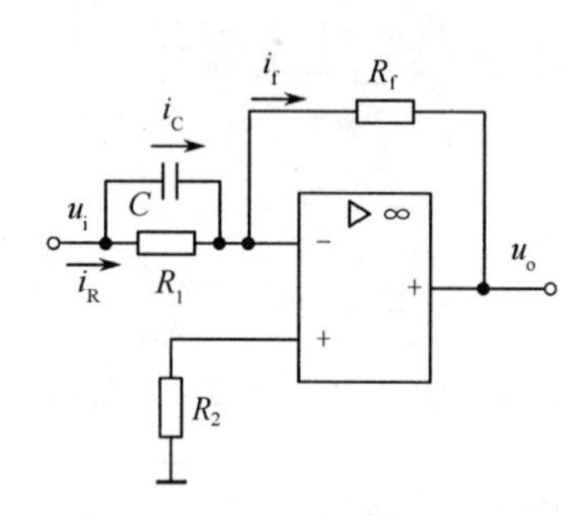

图10.3.20　例10.3.8的图

【解】 图中根据"虚地"可得 $u_- = 0$,因此,可列出等式

$$u_o = -i_f R_f; \qquad i_f = i_R + i_C = \frac{u_i}{R_1} + C\frac{du_i}{dt}$$

解得

$$u_o = -\left(\frac{R_f}{R_1}u_i + R_f C\frac{du_i}{dt}\right) \tag{10.3.12}$$

由上可见,图10.3.20所示电路为反相比例运算和微分运算两者组合起来的,所以称它为比例—微分调节器,也用于控制系统中,使调节过程起加速作用。

10.4　运算放大器组成的信号处理电路

10.4.1　电压比较器

电压比较器的作用是比较输入电压和参考电压的大小,在输出端显示出比较的结果。它是由集成运算放大器不加反馈或者加正反馈来实现的,工作于电压传输特性的饱和区,所以属于集成运算放大器的非线性应用,常用作模拟电路和数字电路的接口电路,在测量、通信和波形变换等方面有着非常广泛的应用。

1. 单门限比较器

(1) 一般单门限比较器。图10.4.1(a)所示电路为一个反相单门限比较器,U_{REF}是参考电压,加在同相输入端,输入电压 u_i 加在反相输入端。运算放大器工作于开环状态,由于开环放大倍数很高,即使输入一个微小的信号,也会使输出电压饱和。在图10.4.1(a)中,当 $u_i < U_{REF}$时,$u_o = +U_{o(sat)}$;当 $u_i > U_{REF}$时,$u_o = -U_{o(sat)}$,其电压传输特性如图10.4.1(b)所示;若希望 $u_i > U_{REF}$时,$u_o = +U_{o(sat)}$,实现同相单门限比较,只需要将 u_i 与

(a) 电路　　(b) 反相电压传输特性　　(c) 同相电压传输特性

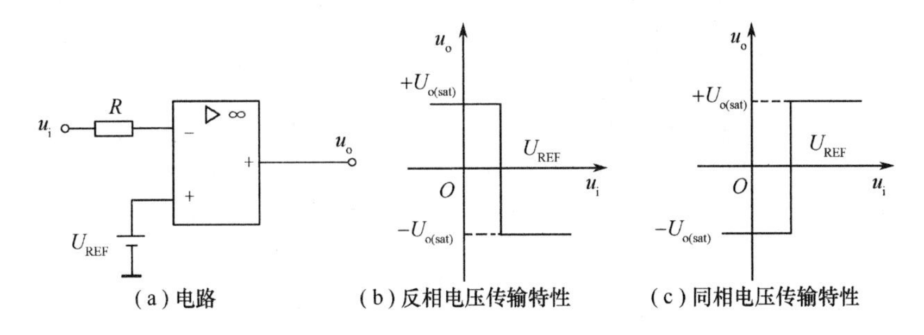

图 10.4.1　一般单门限比较器

U_{REF}调换即可，其电压传输特性如图 10.4.1(c)所示。由图 10.4.1 可见，电路输入的是模拟信号，在输出端则以高、低电平来反映比较的结果。

(2) 过零比较器。过零比较器的参考电压 U_{REF} 为零，集成运算放大器工作在开环状态。若电路如图 10.4.2 (a)所示，同相端接地，反相端接输入信号，则为反相过零比较器：当 $u_i<0$ 时，$u_o=+U_{o(sat)}$；当 $u_i>0$ 时，$u_o=-U_{o(sat)}$，电压传输特性如图 10.4.2(b)所示。若希望当 $u_i>0$ 时，$u_o=+U_{o(sat)}$，构成同相过零比较器，只需要将 u_i 接在同相端，反相端接地即可。

若如图 10.4.3 所示电路中从 u_i 输入的为正弦信号，则输出和输入波形如图 10.4.3 所示。

(a) 电路　　(b) 电压传输特性

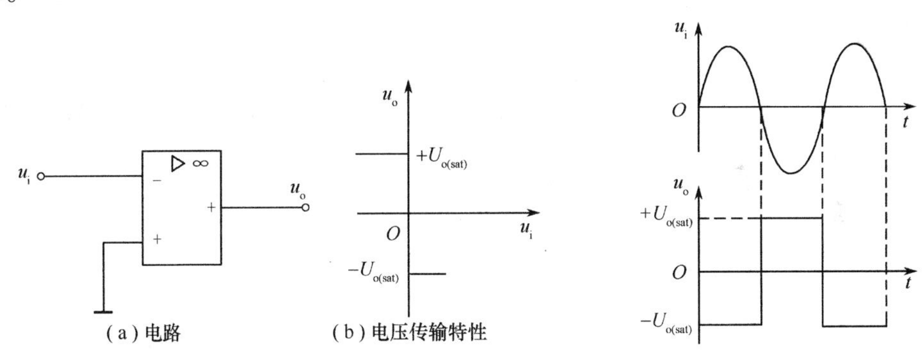

图 10.4.2　反相过零比较器

图 10.4.3　过零比较器的波形转换

(3) 过零限幅比较器。在实际应用中，为了满足负载的需要，如与接在输出端的数字电路的电平兼容，常在比较器的输出端加稳压管二极管限幅电路，以获得合适的高、低电平，如图 10.4.4 所示。

图 10.4.4 中 R 为限流电阻，设图中两只稳压管的稳定电压均为 U_Z，且大小均小于集成运算放大器的最大输出电压 $U_{o(sat)}$，则电压输出特性如图 10.4.4(b)所示。

当图 10.4.4 所示的过零限幅比较器的输入电压为正弦波时，电路的工作波形与图 10.4.3 类似，将 $U_{o(sat)}$ 换为 U_Z、$-U_{o(sat)}$ 换为 $-U_Z$ 即可。

2. 滞回比较器

在单门限电压比较器中，输入电压在阈值电压附近的任何微小变化，都将引起输出电压的跃变，不管这种微小变化是来源于输入信号还是外部干扰。因此，虽然单门限比较器

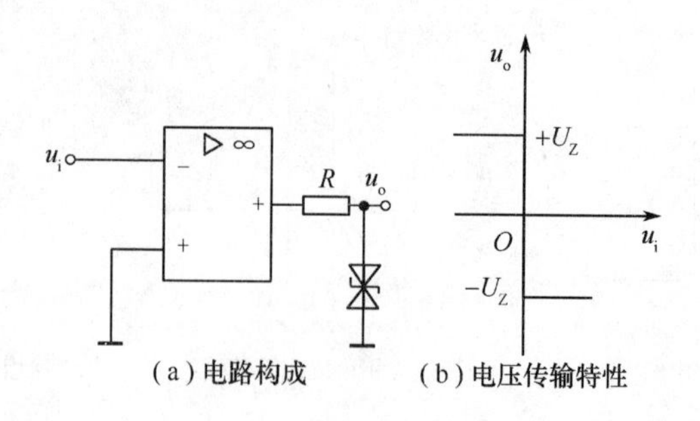

(a) 电路构成　(b) 电压传输特性

图 10.4.4　过零限幅比较器

很灵敏，但是抗干扰能力差。滞回比较器具有滞回特性，因而也具有一定的抗干扰能力。其电路如图 10.4.5(a)所示。

输入电压 u_i 加到反相输入端，从输出端通过电阻 R_f 连到同相输入端以实现正反馈。

当输出电压 $u_o = +U_Z$ 时，有

$$u_+ = U'_+ = \frac{R_2}{R_2 + R_f} U_Z$$

当输出电压 $u_o = -U_Z$ 时，有

$$u_+ = U''_+ = -\frac{R_2}{R_2 + R_f} U_Z$$

设某瞬时 $u_o = +U_Z$，当输入电压 u_i 增大到 $u_i \geqslant U'_+$ 时，输出电压 u_o 转变为 $-U_Z$，发生负向跳变。当 u_i 减小到 $u_i \leqslant U''_+$ 时，u_o 又转变为 $+U_Z$，发生正向跳变。如此反复，随着 u_i 的大小变化，u_o 为一矩形波电压。R_3 为限流电阻。

滞回比较器的电压传输特性如图 10.4.5 (b)所示。U'_+ 为上门限电压，U''_+ 为下门限电压，两者之差称为回差电压。

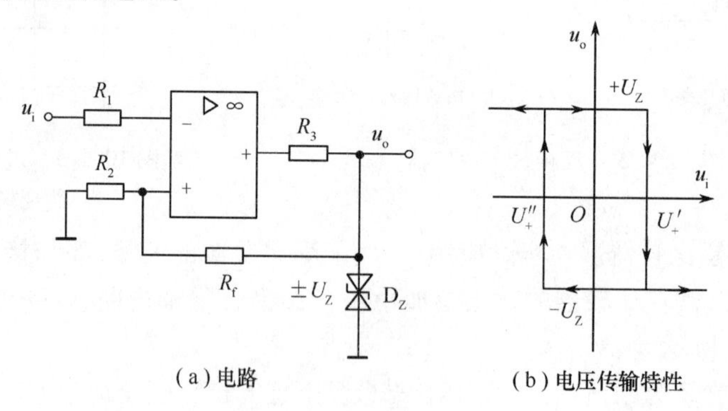

(a) 电路　(b) 电压传输特性

图 10.4.5　滞回比较器

滞回比较器与过零比较器相比较，有两个明显的优点：

(1) 引入正反馈后能加速输出电压的转变时间，使输出波形在跃变时更陡峭。

(2) 回差提高了电路的抗干扰能力。u_o 一旦转变为 $+U_Z$ 或 $-U_Z$ 后，u_+ 随即自动变化。

3. 电压比较器的应用

(1) 运算放大器组成的过温保护电路。

【例 10.4.1】 图 10.4.6 所示电路是利用运算放大器组成的过温保护电路。图中 R_3 是热敏电阻,温度高时,阻值变小。KA 是继电器,要求该电路在温度超过上限值时继电器动作,自动切断加热电源。试分析该电路的工作原理。

【解】 该电路利用电压比较器完成过温保护功能。电阻 R_1 和 R_2 串联,参考电压 U_R 为 R_2 上的分压,U_R 即为温度上限值对应的电压;电阻 R_3 和 R_4 串联,R_4 上分得的电压为输入电压 u_i。当温度小于上限值时,$u_i < U_R$,$u_o = -U_{O(sat)}$,晶体管截止,KA 不动作;当温度超过上限值时,R_3 下降到使 $u_i > U_R$,$u_o = +U_{O(sat)}$,晶体管饱和导通,KA 动作,切断加热电源(图中没有画出),从而实现温度超限保护作用。调节 R_2 可改变参考电压 U_R,即可改变上限值。

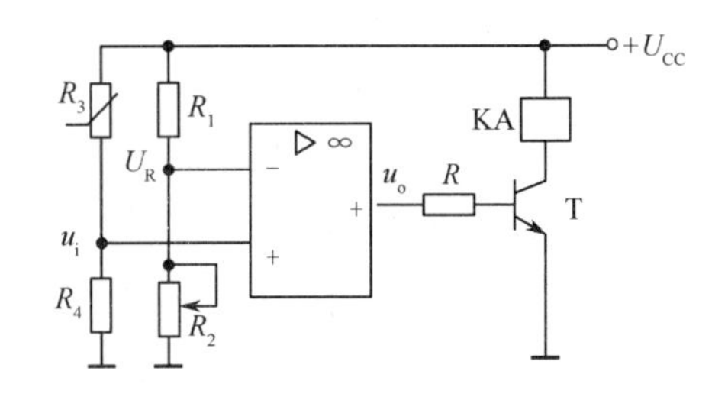

图 10.4.6 过温保护电路

(2) 3 级运算放大器仪用放大器。

【例 10.4.2】 图 10.4.7 是一个由 3 级集成运算放大器组成的仪用放大器,试分析该电路的输出电压与输入电压的关系。

【解】 由图 10.4.7 可以看出,A_1、A_2 构成了两个特性参数完全相同的比例运算放大器,输入信号分别从 A_1 的反相端和 A_2 同相端输入;A_1、A_2 的输出电压,分别作为 A_3 的反相端和同相端输入电压。所以电路由两级差动放大器组成。

利用理想运算放大器的虚短特性,可得可调电阻 R_1 上的电压降为 $u_{i1} - u_{i2}$;又由虚断特性可知,流过 R_1 上的电流就是流过 R_2 上的电流,所以

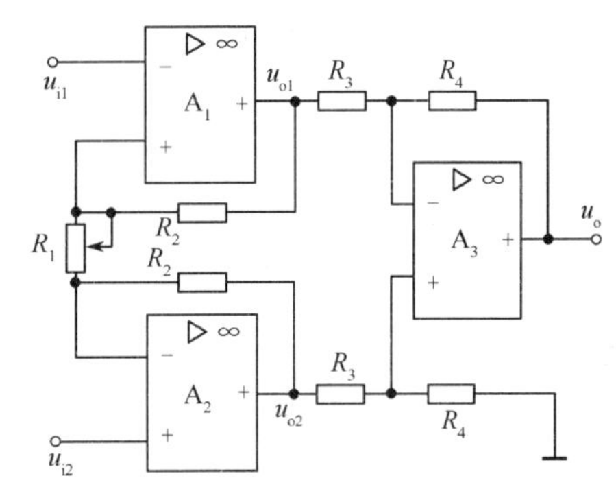

图 10.4.7 3 级运算放大器仪用放大器

$$\frac{u_{i1} - u_{i2}}{R_1} = \frac{u_{o1} - u_{o2}}{R_1 + 2R_2}; \qquad u_{o1} - u_{o2} = \left(1 + \frac{2R_2}{R_1}\right)(u_{i1} - u_{i2})$$

A_3 组成的减法运算电路,其输出电压为

$$u_o = -\frac{R_4}{R_3}(u_{o1} - u_{o2}) = -\frac{R_4}{R_3}\left(1 + \frac{2R_2}{R_1}\right)(u_{i1} - u_{i2})$$

由上可知,电路保持了差动放大的功能,而且通过调节单个电阻 R_1 的大小就可自由调节其增益。同时该电路具有很强的抑制共模信号的能力。目前,这种仪用放大器在控制电路的前期信号处理中有着非常广泛的应用。

10.4.2 有源滤波电路

1. 滤波电路概述

所谓滤波,即使有用频段的信号衰减很小,并能顺利通过,使有用频段之外的信号衰

减很大,并不易通过。根据所选择保留的频率段的不同,可将滤波分为低通滤波、高通滤波、带通滤波和带阻滤波等几类。根据电路中是否有有源元件,可将滤波分为无源滤波和有源滤波两种:仅由 RC 电路组成的滤波电路称为无源滤波器;由 RC 电路和运算放大器共同组成的滤波电路称为有源滤波器(因运算放大器为有源元件)。与无源滤波器比较,有源滤波器具有体积小、效率高、频率特性好等一系列优点,因而得到了广泛的应用。

理想的滤波电路的特性如下:

(1) 通带范围内信号无衰减地通过,阻带范围内无信号输出。

(2) 通带和阻带之间的过渡带为零。

2. RC 无源滤波器

图 10.4.8 所示的 RC 网络为无源滤波电路。图 10.4.8(a)中,电容 C 与 u_i 和 u_o 是并联关系,电容的容抗 X_C 对 u_i 中的高频很小,对低频很大,因此输出电压(电容电压 C 上)的高频信号幅值很小,受到抑制,低频信号幅值很大,所以图 10.4.8(a)所示为低通滤波电路。

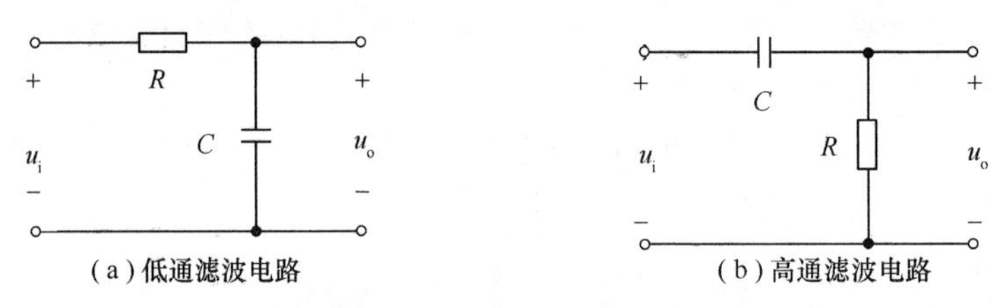

(a)低通滤波电路　(b)高通滤波电路

图 10.4.8　无源滤波电路

图 10.4.8(b)中,电容 C 与 u_i 和 u_o 是串联关系,当电容 C 上通过高频信号,承担低频信号时,输出端(电阻 R 上)获得高频信号,所以图 10.4.8(b)所示为高通滤波电路。

3. 有源滤波电路

为了克服无源滤波电路的缺点,可将 RC 无源滤波电路接到集成运算放大器的同相输入端,而集成运算放大器为有源元件,故称这种电路为有源滤波电路。

(1) 有源低通滤波电路。图 10.4.9(a)所示为一阶有源低通滤波电路。运算放大器接成同相比例放大电路,对输入信号中各频率分量均有以下的关系,即

$$u_o = A_{ud}u_+ = \left(1+\frac{R_f}{R_1}\right)u_+ = \left(1+\frac{R_f}{R_1}\right)\frac{\frac{1}{j\omega C}}{R+\frac{1}{j\omega C}}u_i = \left(1+\frac{R_f}{R_1}\right)\frac{1}{1+j\omega RC}u_i$$

由上式可知,输入信号频率越高,相应的输出信号越小,而低频信号则可得到有效的放大,故称为低通滤波器。这类滤波电路一般只用于滤波要求不高的场合。

为了得到更好的滤波效果,可采用二阶有源低通滤波电路,即在一阶有源低通滤波电路前再加一级 RC 滤波,如图 10.4.9(b)所示。二阶有源低通滤波电路的幅频特性比一阶好。

(2) 有源高通滤波电路。将有源低通滤波电路中的 R 和 C 的位置互换后,就构成了有源高通滤波电路,如图 10.4.10 所示。

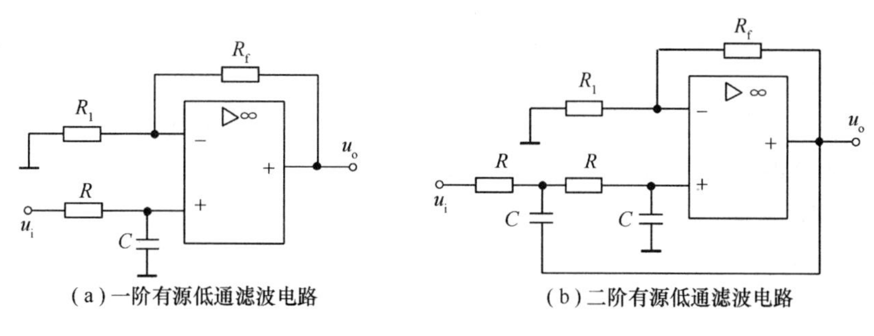

图 10.4.9　有源低通滤波电路

滤波电容接在集成运算放大器的输入端,它将阻隔、衰减低频信号,而高频信号能顺利通过。其下限截止频率为$f_L = 1/2\pi RC$,对于低于截止频率的低频信号,$|A_u| < 0.707|A_{um}|$。

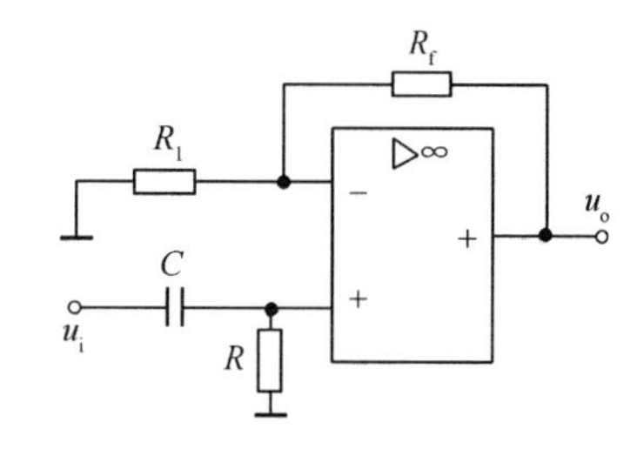

图 10.4.10　一阶有源高通滤波电路

一阶有源高通滤波电路带负载能力强,但存在过渡频带较宽、滤波性能较差的缺点,二阶高通滤波电路的滤波效果要好得多。滤波电路目前较广泛地应用于广播、通信、测量和控制系统中,常用来选取有用频率的信号,滤除无用频率的信号。

10.5* 运算放大器组成的波形产生电路

波形发生电路也称为自激振荡电路,是一种不需要输入信号,就能够产生特定频率的交流信号的电路。波形发生电路按输出波形的不同,可分为正弦波振荡电路和非正弦波振荡电路。波形发生电路在无线电子通信、测量技术和工业生产中得到了广泛的应用。

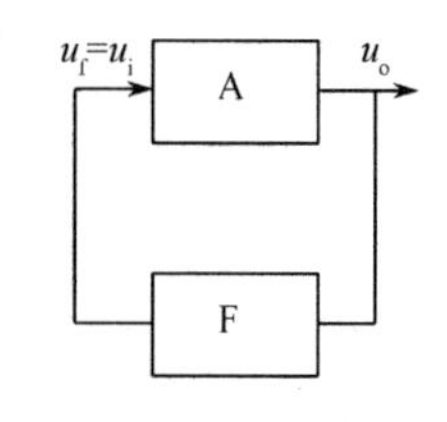

图 10.5.1　波形发生电路基本框图

究竟为什么波形发生电路可以不需要输入信号,就能有输出信号呢?要讨论这个问题,首先要了解波形发生电路的基本组成。波形发生电路一般包括放大、正反馈、选频和稳幅这 4 个环节。图 10.5.1 所示为波形发生电路的基本框图。

当振荡电路与电源接通时,在电路中激起一个微小的扰动信号,这就是原始信号。它是一个非正弦信号,含有一系列频率不同的正弦分量。为了让它能够产生自激波形,振荡电路中必须有放大和正反馈环节;为了得到单一频率的正弦输出信号,电路中必须有选频环节;为了让信号在放大后逐渐趋向于稳定,电路中还必须有稳幅环节。下面以正弦波发生电路为例,介绍运算放大器组成的波形产生电路。

1. 正弦波振荡产生的原理及条件

放大电路中的放大倍数为 $A_u = \dot{U}_o/\dot{U}_i$,反馈电路中的反馈系数为 $F = \dot{U}_f / \dot{U}_o$。

放大电路在接通电源时激起的微小扰动信号,经过放大—正反馈—再放大—再反馈的多次循环后,输出信号的幅度就会大大加强。信号中包含了各种频率的谐波成分,但在电路中加入选频网络后,只有在选频网络中心频率上的信号才能通过,其他频率的信号被抑制了。

当输出信号的振荡幅度达到一定的幅值后,就不需要再继续增加了,稳幅环节就会利用非线性元件的非线性,使输出信号减小,保持在一个相对稳定的振荡幅度。也就是说,在刚开始的时候,为了使振荡幅度逐渐加强,必须使反馈信号大于输入信号,即$|A_uF|>1$,可以起振;当振荡建立以后,为了得到相对稳定的振荡输出信号,又必须使反馈信号等于输入信号,即$|A_uF|=1$,振荡稳定;若$|A_uF|<1$,则不能起振。

因此,正弦波振荡电路产生自激振荡的两个必须条件如下:

(1) 相位条件。满足正反馈,即反馈电压 u_f 与输入电压 u_i 要同相。

(2) 幅值条件。起振时$|A_uF|>1$;起振后$|A_uF|=1$。

2. 利用 *RC* 串并联构成的正弦波振荡电路

正弦波振荡电路主要有 *RC* 振荡电路和 *LC* 振荡电路两种。这里只介绍 *RC* 串、并联构成的正弦波振荡电路。*RC* 振荡电路通常用来产生低频范围内的正弦波,一般在几赫兹到几万赫兹之间。图 10.5.2 所示电路就是以 *RC* 串、并联电路作为选频网络和反馈电路的振荡电路原理图。

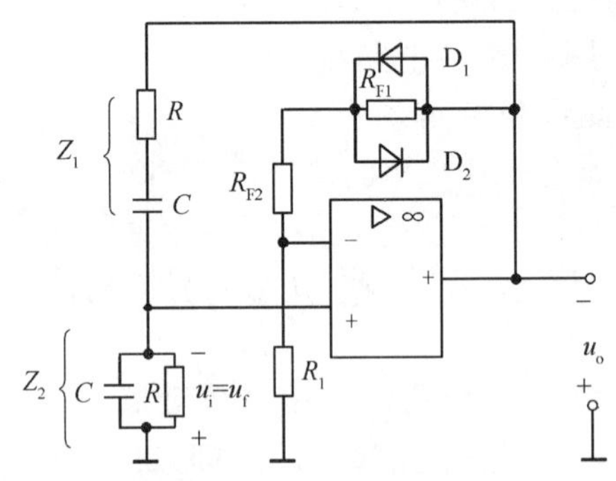

图 10.5.2　*RC* 振荡电路原理

图 10.5.2 中,输出电压 u_o 经 *RC* 串、并联电路分压后在 *RC* 并联电路上得到反馈电压 u_f,加在运算放大器的同相输入端,作为它的输入电压 u_i。下面分析该电路产生自激振荡的两个条件。

(1) 相位条件。由前面的分析可知,正弦波振荡电路产生自激振荡的相位条件是反馈电压 u_f 与输入电压 u_i 同相。而图 10.5.2 所示电路,u_i 与 u_o 同相,所以该电路若满足 u_f 与 u_o 同相,相位条件就能满足。下面从求反馈系数 F 入手,求电路自激振荡的相位条件。

$$F=\frac{\dot{U}_f}{\dot{U}_o}=\frac{Z_2}{Z_1+Z_2}=\frac{R/\!/(-jX_C)}{(R-jX_C)+[R/\!/(-jX_C)]}=\frac{1}{3+j\dfrac{R^2-X_C^2}{RX_C}}$$

由上式可以看出,要满足 u_f 与 u_o 同相,分母中的虚部应等于零,即

$$R^2-X_C^2=0;\qquad R=X_C=\frac{1}{2\pi f_n C};\qquad f_n=\frac{1}{2\pi RC}$$

这说明只有符合上述频率f_n的反馈电压 u_f 才能与输出电压 u_o 同相。这时反馈系数为

$$F=\frac{\dot{U}_f}{\dot{U}_o}=\frac{1}{3}$$

RC 串、并联电路既是反馈电路又是选频网络。

（2）幅值条件。由于 $F=1/3$，所以在起振刚开始时，必须满足起振条件 $|A_uF|>1$，即 $|A_u|>3$；振荡稳定时又要满足 $|A_uF|=1$，故振荡电路在稳定振荡输出的情况下，电压放大倍数应为 $|A_u|=3$。

习 题

10.1 集成运算放大器一般由几部分电路组成？每一部分通常采用哪种基本电路？对每一部分性能的要求分别是什么？

10.2 判断图 T10.2 所示各电路中是否引入了反馈，是直流反馈还是交流反馈，是正反馈还是负反馈。设图中所有电容对交流信号均可视为短路。

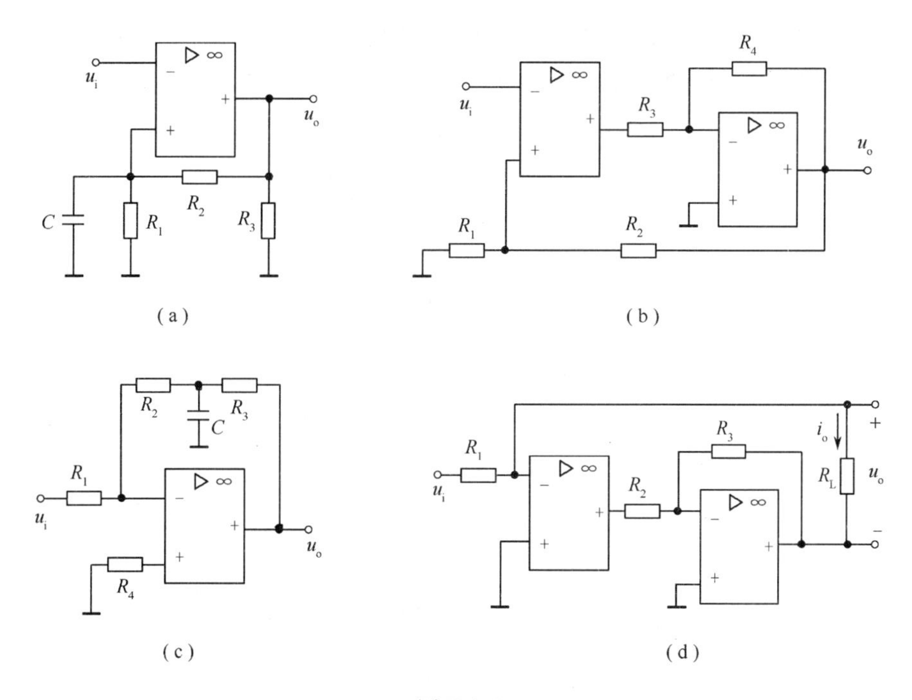

图 T10.2

10.3 电路如图 T10.3 所示，已知 $R_1=3\text{k}\Omega$，$R_F=6\text{k}\Omega$，$u_i=10\text{mV}$，试分别（1）指出电路的名称；（2）求输出电压 u_o；（3）求取电阻 R_2 的值。

10.4 电路如图 T10.4 所示，已知 $R_1=R_2=50\text{k}\Omega$，$R_F=100\text{k}\Omega$，$u_{i1}=10\text{mV}$，$u_{i2}=20\text{mV}$，试：（1）指出电路的名称；（2）求输出电压 u_o；（3）求取电阻 R_3 的值。

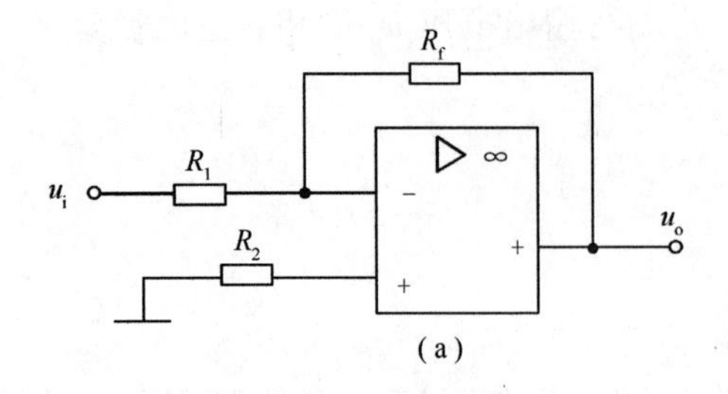

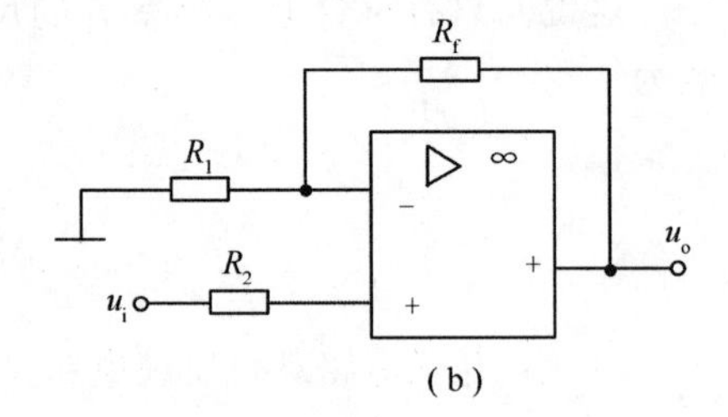

图 T10.3

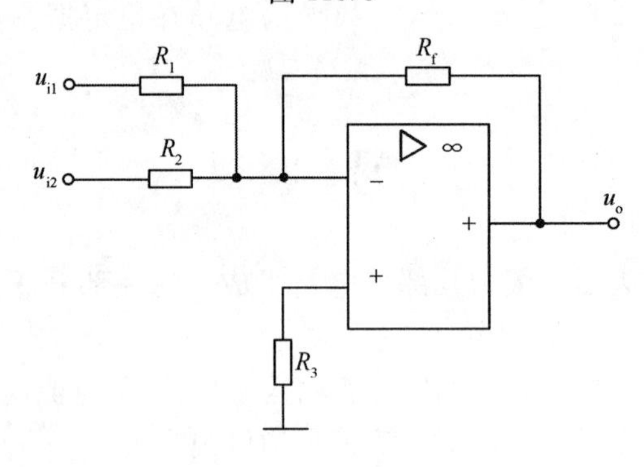

图 T10.4

10.5　同相输入加法电路如图 T10.5 所示，当 $R_1 = R_2 = R_3 = R_f$ 时，求输出电压 u_o。

10.6　电路如图 T10.6 所示，A_1、A_2均为理想运放，求 u_o 的值。

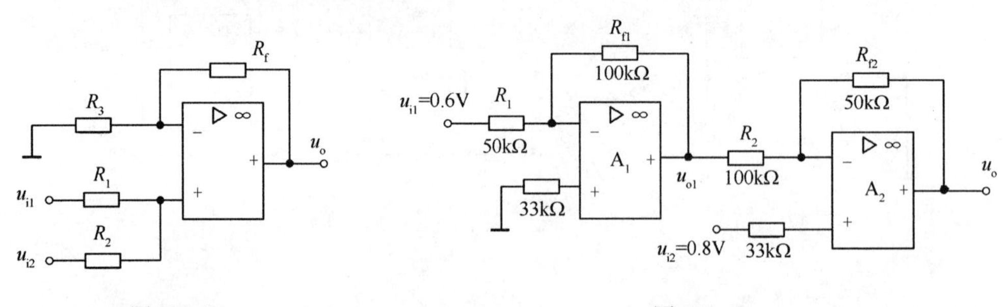

图 T10.5　　　　图 T10.6

10.7　如图 T10.7 所示的加法运算电路中，求输出电压 u_o 的表达式。

10.8　如图 T10.8 (a)所示的积分电路中，假设运算放大器是理想的，已知初始状态时的 $u_C = 0V$，试回答下列问题：(1) 当 $R_1 = 100k\Omega$，$C = 2\mu F$ 时，若突然加入 $u_s(t) = 1V$ 的阶跃电压，求 1s 后输出电压 u_o 的值；(2) 当 $R_1 = 100k\Omega$，$C = 0.47\mu F$ 时，输入电压波形如图 T10.8(b) 所示，试画出 u_o 的波形。

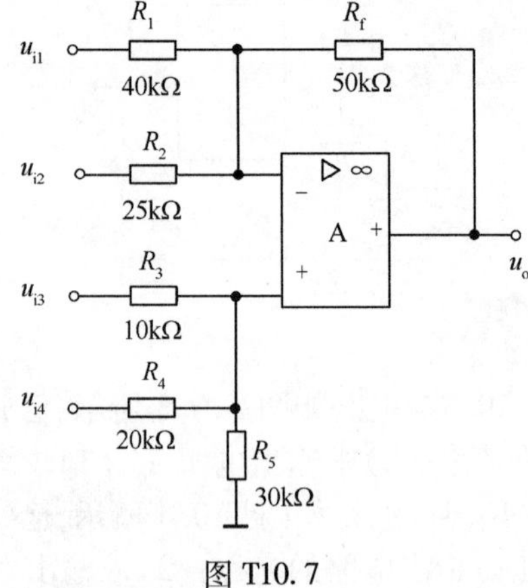

图 T10.7

10.9　微分电路如图 T10.9(a)所示，输入电压 u_i 如图 T10.9 (b)所示，设电路 $R_1 = 100k\Omega$，

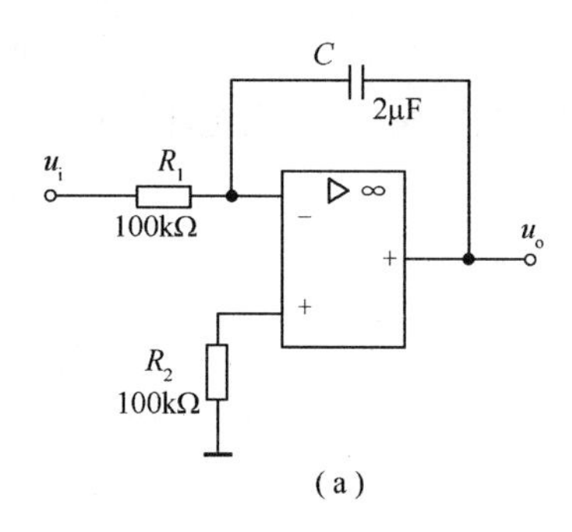

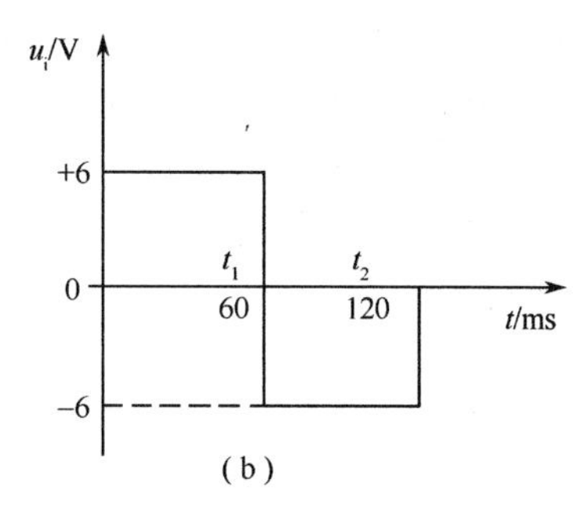

图 T10.8

$C = 1002\mu F$，运算放大器是理想的，试画出输出电压 u_o 的波形，并标出幅值。

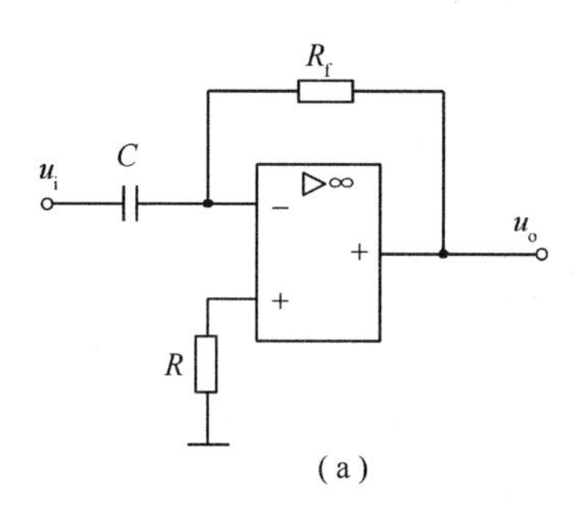

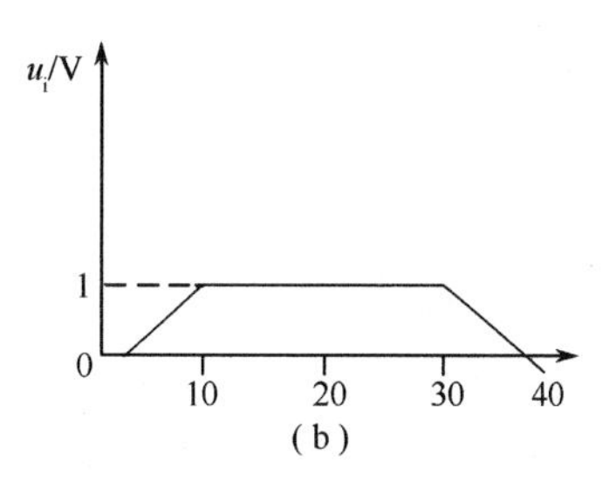

图 T10.9

10.10　分别求解如图 T10.10 所示各电路的电压传输特性。

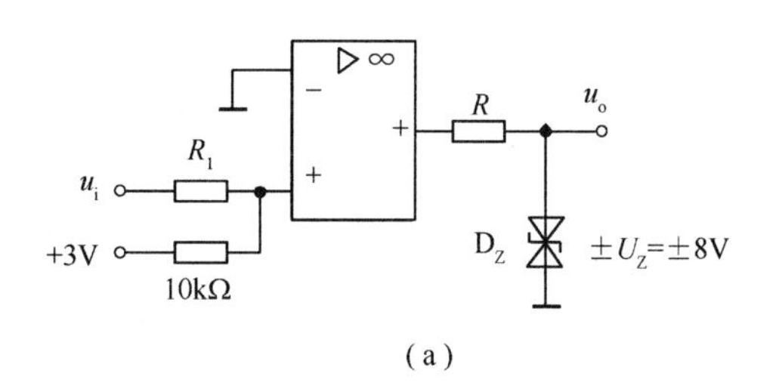

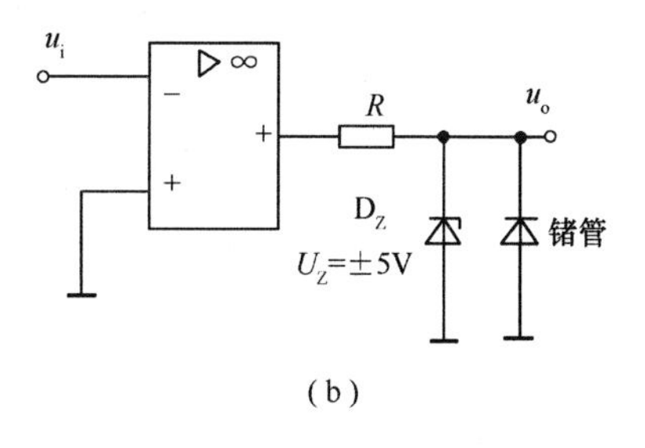

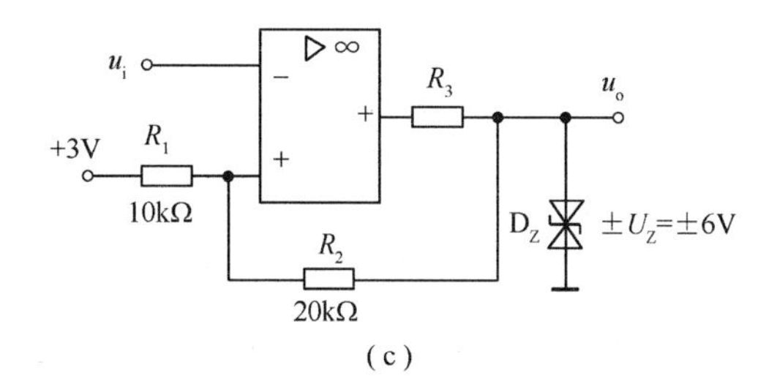

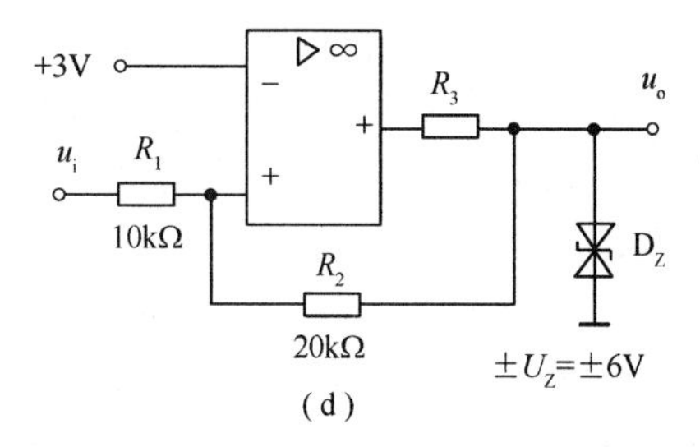

图 T10.10

10.11　简述判断正弦波振荡电路能否起振的分析方法。

10.12　电路如图 T10.12 所示，试求解：

(1) R_W的下限值。

(2) 振荡频率的调节范围。

10.13　电路如图 T10.13 所示,稳压管 D_Z 起稳幅作用,其稳定电压 $\pm U_Z = \pm 6V$。试估算:

(1) 输出电压不失真情况下的有效值。

(2) 振荡频率。

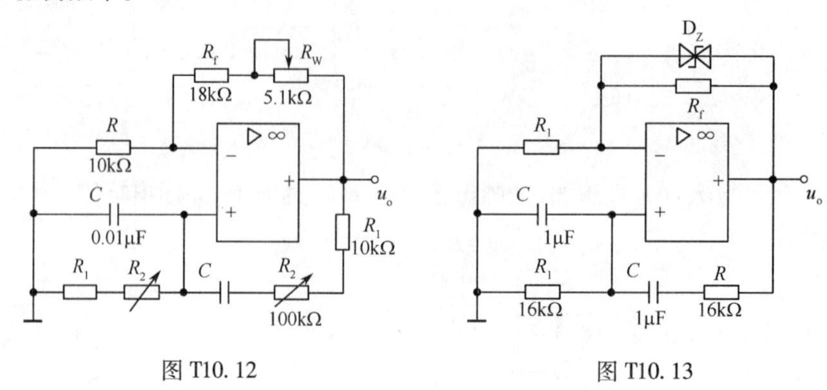

图 T10.12　　　　　　　　　　图 T10.13

10.14　设运算放大器 A 是理想的,试分析图 T10.14 所示正弦波振荡电路。(1)为满足振荡条件,试在图中用“+”、“-”标出 A 的同相端和反相端;(2)为能起振,R_P和 R_2两个电阻之和应大于何值?(3)此电路的振荡频率f_0应为多少?

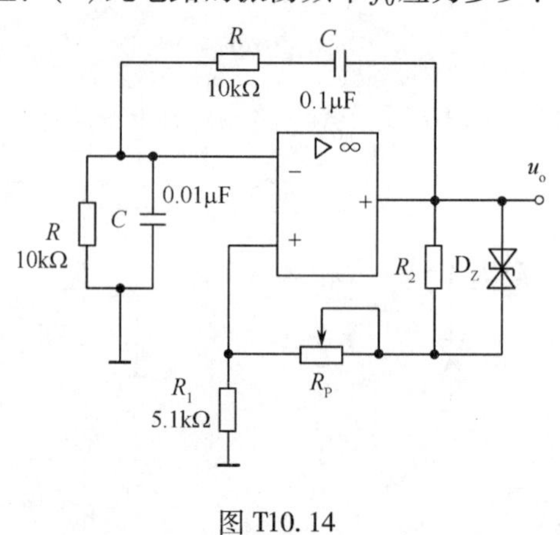

图 T10.14

第 11 章　直流稳压电源

在工农业生产中，主要采用交流电供电，但在如电解、电镀、给蓄电池充电等场合，却需要直流电源供电，而在所有的电子线路中，还需要输出电压非常稳定的直流电源供电。为了得到直流电，除了用直流发电机和干电池以外，目前广泛采用的是将交流电变为直流电的装置——直流稳压电源（以下简称直流电源）。直流电源的结构框图如图 11.1 所示。

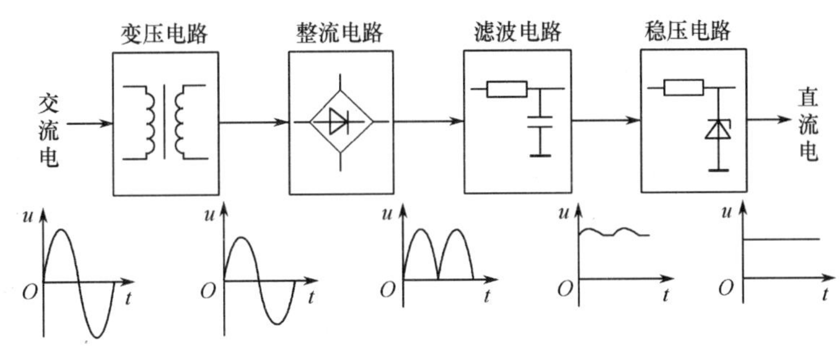

图 11.1　直流电源的结构框图

图 11.1 是小功率半导体直流稳压电源的结构框图，它表示把交流电变换为直流电的全过程。其中，变压电路将交流电压变换为符合整流大小需要的交流电压，同时还将电源电路与交流电网隔离；整流电路将交流电压变换为单向脉动的直流电压；滤波电路将整流电压的脉动程度减小，以适合负载的需要；稳压电路能在交流电源电压波动或负载变动时，使直流输出电压保持稳定。在对直流电压稳定程度要求较低的电路中，也可以不要稳压环节。

11.1　整流电路

整流电路的任务是将交流电压变换为单向脉动的直流电压。完成这一任务主要靠的是晶体二极管或晶闸管的单向导电作用。常见的小功率整流电路一般采用单相半波整流、全波整流或桥式整流电路；大功率整流电路一般采用三相半波整流或桥式整流电路。

11.1.1　单相半波整流电路

单相半波整流电路如图 11.1.1 所示，由整流变压器 Tr、整流二极管 D 及负载 R_L 组成。在分析电路的工作原理时，可忽略二极管的正向压降。

在变压器二次侧（次级）电压 u 的正半周，其极性为上正下负，如图 11.1.1(a)所示，a 点的电位高于 b 点，即二极管的正极电位高于负极电位，所以二极管正向导通。在二极管

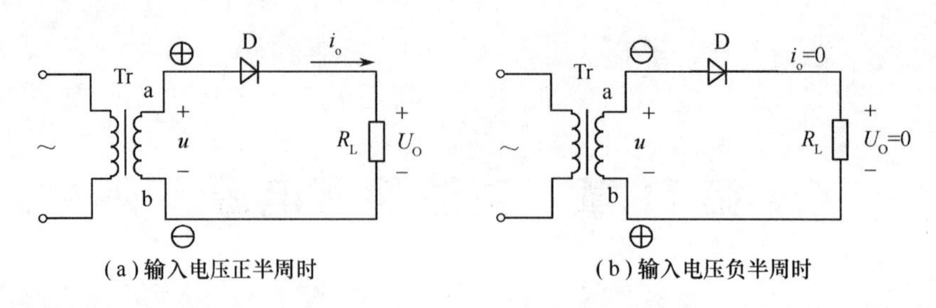

（a）输入电压正半周时　　（b）输入电压负半周时

图 11.1.1　单相半波整流电路

正向压降忽略不计的情况下，负载电阻 R_L 上的电压 $u_o \approx u$，图 11.1.1(a) 中 i_o 为通过二极管的电流。在电压 u 的负半周，其极性为下正上负，如图 11.1.1(b) 所示，a 点的电位低于 b 点的电位，二极管反向截止，$i_o = 0$，负载电阻 R_L 上的电压 $u_o = 0$。因此，在变压器次级电压 u 的一个周期内，负载电阻 R_L 上得到的是半波电压。半波整流电路的工作波形如图 11.1.2 所示，其中，图 11.1.2(a) 是变压器次级电压（即半波整流电路输入电压）u 的波形，图 11.1.2(b) 是半波整流电路输出电压 u_o 和输出电流 i_o 的波形。

负载上得到的整流电压是单方向的，但其大小有变化，这种电压被称为单向脉动电压。单向脉动电压的大小，常用一个周期的平均值（即直流分量）来说明。单相半波整流电压的平均值为

$$U_O = \frac{1}{2\pi}\int_0^{\pi} \sqrt{2}U\sin\omega t\,\mathrm{d}(\omega t) = \frac{\sqrt{2}}{\pi}U = 0.45U \qquad (11.1.1)$$

式(11.1.1)表示单相半波整流输出电压平均值与输入交流电压有效值 U 之间的关系。由此很容易得出整流电流的平均值为

$$I_O = \frac{U_O}{R_L} = 0.45\frac{U}{R_L} \qquad (11.1.2)$$

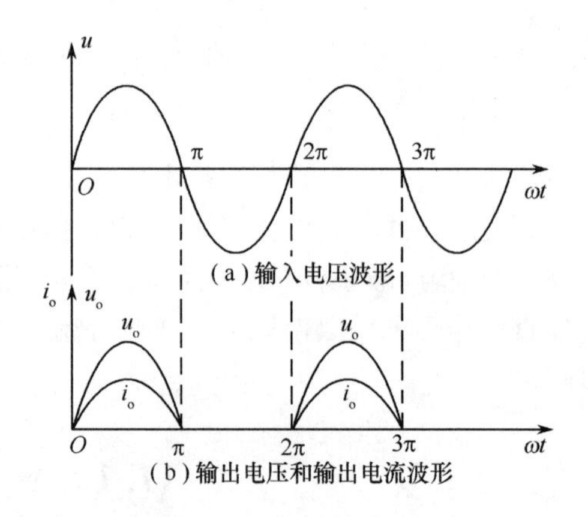

图 11.1.2　半波整流电路工作波形

整流元器件的选择，除了根据负载所需要的直流电压（即整流输出电压 U_O）和直流电流（即 I_O），还要考虑整流元件截止时所承受的最高反向电压 U_{RM}。显然，在单相半波整流电路中，二极管不导通时承受的最高反向电压就是变压器次级电压 u 的最大值 U_m，即

$$U_{RM} = U_m = \sqrt{2}U \qquad (11.1.3)$$

【例 11.1.1】 有一单相半波整流电路，如图 11.1.1 所示。已知负载电阻 $R_L = 50\Omega$，变压器次级电压的有效值 $U = 60V$。试求 U_O、I_O 及 U_{RM}，并选用二极管。

【解】

$$U_O = 0.45U = 0.45 \times 60 = 27V$$

$$I_O = \frac{U_O}{R_L} = \frac{27}{50} = 0.54A$$

$$U_{\mathrm{RM}}=\sqrt{2}U=\sqrt{2}\times 60=84.84\mathrm{V}$$

为了保证电路长期工作的可靠性，在选择整流二极管时，其反向最高工作电压和正向平均电流都应比实际计算的值要选得大一些，一般应高出40% ~100% 。根据本例的计算值，查半导体器件手册，二极管应选用1N4003，其最大整流电流为1A，反向工作峰值电压为200V。

11.1.2 单相全波整流电路

单向半波整流电路的优点是电路简单，所用器件少，缺点是只利用了电源电压的半个周期，同时整流电压的脉动较大，离理想直流电相去甚远；另外，变压器绕组与负载在同一个回路中，使变压器绕组中存在直流成分，可能造成变压器铁芯饱和。为了克服这些缺点，常采用全波整流电路或桥式整流电路。

单相全波整流电路如图11.1.3所示，它由两个二极管构成，变压器的次级有两个对称绕组，其中，$u_1=u_2=u$。

在交流电的正半周，设变压器次级电压上正下负，则D_1导通，D_2截止，u_1向负载供电，电流i_o从上至下流过R_L，电路输出半个正弦波；在交流电的负半周，D_2导通、D_1截止，u_2向负载供电，电流i_o仍然从上至下流过R_L，电路仍输出半个正弦波。因此，负载电压和电流的波形如图11.1.4所示。

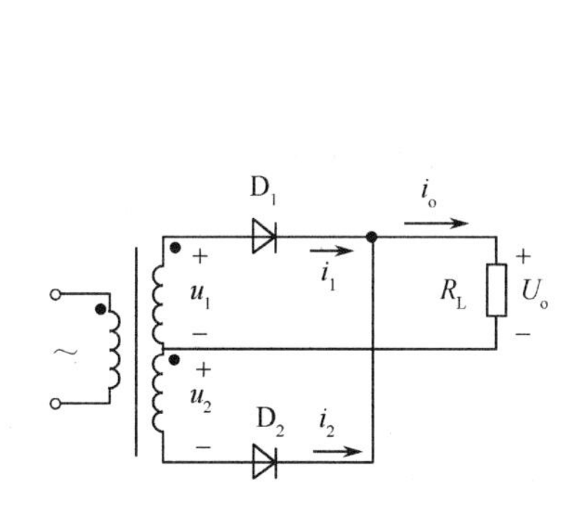

图11.1.3 单相全波整流电路

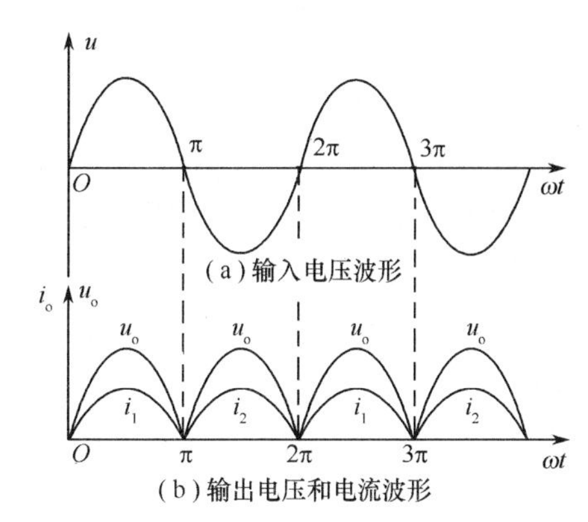

图11.1.4 全波整流电路工作波形

显然，全波整流电路的输出电压的平均值U_O比半波整流时增加了一倍，即

$$U_O=2\times 0.45U=0.9U \tag{11.1.4}$$

负载电流的平均值也增加了一倍，即

$$I_O=\frac{U_O}{R_L}=0.9\frac{U}{R_L} \tag{11.1.5}$$

因为两个二极管轮流导电，因此流过每个二极管的平均电流只有负载电流的一半，即

$$I_D=\frac{1}{2}I_O \tag{11.1.6}$$

从图11.1.3中可以看出，如果忽略二极管的正向压降，则截止二极管所承受的最高

反向电压将是输入电压的两倍。例如，当 D_1 导通 D_2 截止时，D_2 所承受的最高反向电压为

$$U_{RM}=2\sqrt{2}U \tag{11.1.7}$$

这一点在选择二极管时应特别注意。

目前，全波整流电路在小功率电子产品中应用非常广泛。

11.1.3 单相桥式整流电路

单相桥式整流电路由 4 个二极管接成电桥的形式构成，如图 11.1.5(a)所示，图 11.1.5(b)是其简化画法。

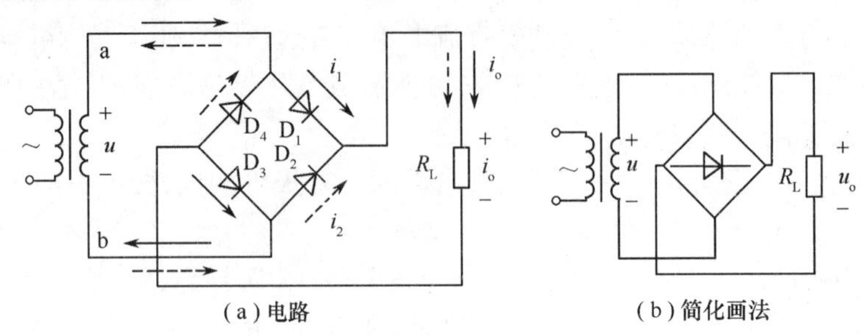

(a)电路　　(b)简化画法

图 11.1.5　单相桥式整流电路

在图 11.1.5 中，变压器次级电压 u 为正半周时，设其电压极性为上正下负，则二极管 D_1 和 D_3 导通，D_2 和 D_4 截止，电流 i_1 的通路是 $a \to D_1 \to R_L \to D_3 \to b$，见图 11.1.5(a)中实线箭头路径。这时，负载电阻 R_L 上得到一个上正下负的半波电压；在电压 u 的负半周，变压器次级的极性为下正上负，D_1 和 D_3 截止，D_2 和 D_4 导通，电流 i_2 的通路是 $b \to D_2 \to R_L \to D_4 \to a$，见图 11.1.5(a)中的虚线箭头路径。同样，在负载电阻上也得到一个上正下负的半波电压。因此，负载电压和电流的波形与全波整流电路相同，见图 11.1.4。式(11.1.4)、式(11.1.5)、式(11.1.6)亦同样适用。唯一不同的是截止时二极管承受的最大反向电压为

$$U_{RM}=\sqrt{2}U \tag{11.1.8}$$

这一点与半波整流电路相同。

单相桥式整流电路中，4 个二极管接成的电桥通常封装在一起做成单相整流桥堆，如图 11.1.6 所示。

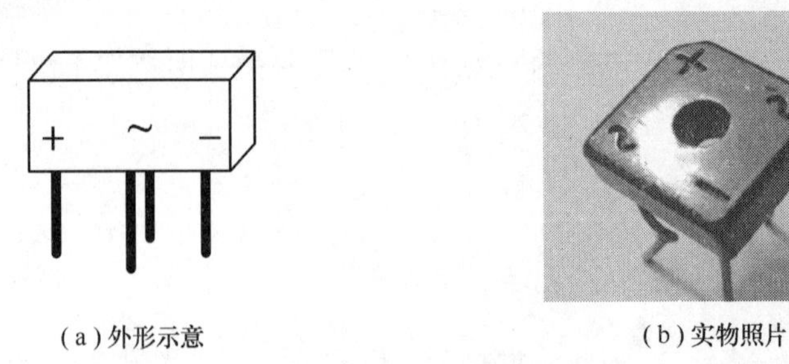

(a)外形示意　　(b)实物照片

图 11.1.6　单相整流桥堆

【例 11.1.2】 已知负载电阻 $R_L=80\Omega$，负载电压 $U_O=110V$。需采用单相桥式整流电路，交流电源电压为 380V。要求：(1)选用整流二极管；(2)求整流变压器的变比及容量。

【**解**】(1)选用整流二极管。

负载电流为 $$I_O=\frac{U_O}{R_L}=\frac{110}{80}\approx 1.4\text{A}$$

流过每个二极管的平均电流为 $I_D=\frac{1}{2}I_O\approx 0.7\text{A}$

变压器次级电压的有效值为 $U=\frac{U_O}{0.9}=\frac{110}{0.9}\approx 122\text{V}$

考虑到变压器次级绕组及管子上的压降,变压器的次级电压大约要高出10%,即

$$122\times 1.1=134\text{V}$$

每个二极管的最高反向电压为 $U_{RM}=\sqrt{2}\times 134\approx 189\text{V}$。

因此可选用2CZ55E硅整流二极管,其最大整流电流为1A,反向工作峰值电压为300V。

(2)求整流变压器的变比及容量。

变压器的变比 $K=380/134\approx 2.8$

变压器二次侧电流的有效值 $I=\frac{I_O}{0.9}=1.11I_O=1.11\times 1.4\approx 1.56\text{A}$

变压器的容量 $S=UI=134\times 1.56=209\text{V}\cdot\text{A}$

可选用BK300(300VA),380/134V的变压器。

11.1.4 三相桥式整流电路

电子仪器中常用的直流电源,多为单相整流电源,功率为几瓦到几百瓦。但在某些要求整流功率高达几千瓦以上的供电场合,单相整流电路会造成三相电网负载不平衡,影响供电质量,为此,常采用三相桥式整流电路。三相桥式整流电路如图11.1.7所示,三相变压器的次级为星形连接,其工作波形如图11.1.8所示,由图11.1.8可知,三相桥式整流电路输出电压 u_o 的脉动较小。

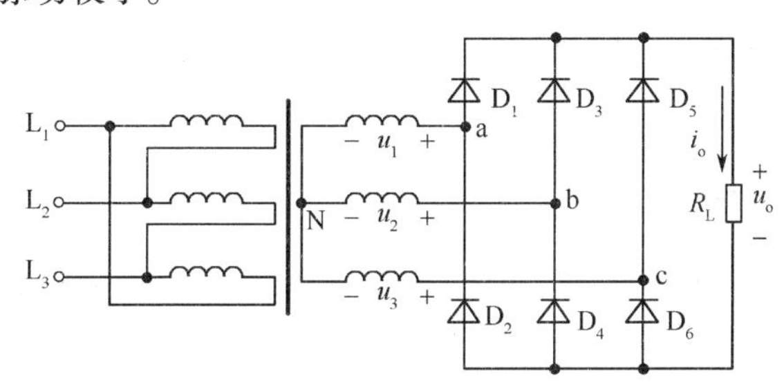

图11.1.7 三相桥式整流电路

可以证明,输出电压 u_o 的直流平均值为

$$U_O=2.34U \tag{11.1.9}$$

负载电流 i_O 的平均值为

$$I_O=\frac{U_O}{R_L}=2.34\frac{U}{R_L} \tag{11.1.10}$$

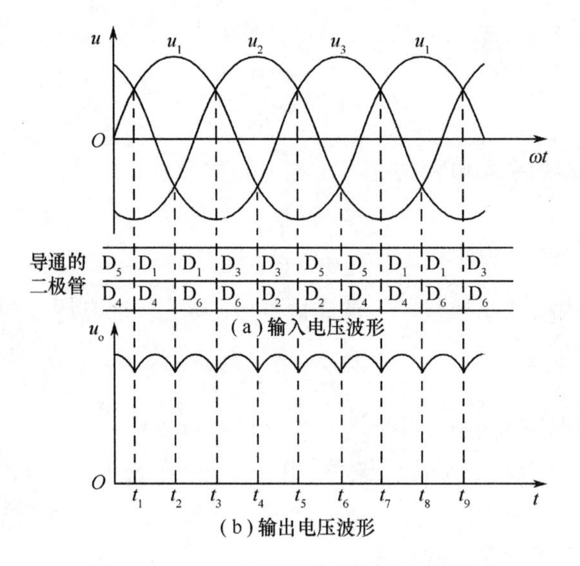

图 11.1.8　三相桥式整流电路工作波形

由于每个二极管的导通角为 120°,即在一个周期中,每个二极管只有 1/3 的时间导通,因此流过每个二极管的平均电流为

$$I_D = \frac{1}{3} I_O = 0.78 \frac{U}{R_L} \tag{11.1.11}$$

每个二极管承受的最高反向电压为变压器次级线电压的幅值,即

$$U_{RM} = \sqrt{3} U_m = \sqrt{3} \times \sqrt{2} U = 2.45U \tag{11.1.12}$$

11.2　滤波电路

整流电路虽然都可以把交流电变为直流电,但所得到的输出电压是单向脉动电压。在诸如电镀、蓄电池充电等设备中,这种电压的脉动是允许的。但是在大多数电子设备中,必须在整流电路的输出端加滤波器,以改善输出电压的脉动程度。下面介绍几种常用的滤波器。

11.2.1　电容滤波器(C 滤波器)

由于电容器的端电压在电路状态改变时不能跃变,所以可将电容器与负载并联实现滤波。下面以单相半波整流电容滤波电路(图 11.2.1)为例,介绍电容滤波器的工作原理。

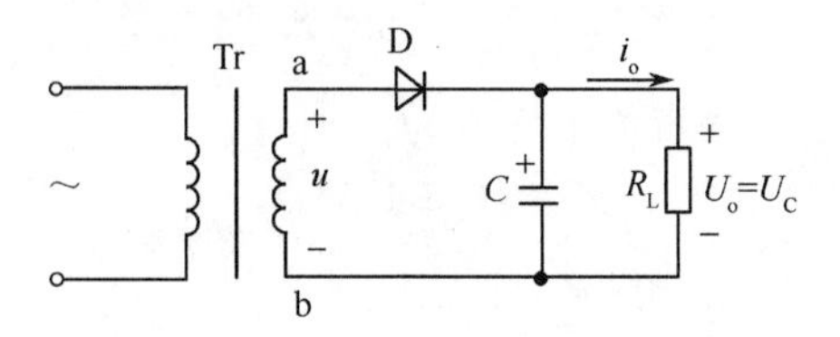

图 11.2.1　单相半波整流电容滤波电路

如果在单相半波整流电路中不接电容滤波器，其输出电压的波形如图 11.2.2(a)所示；而接电容滤波器以后，当二极管导通时，电源 u 在供电给负载的同时，对电容器充电，充电电压 u_C 与上升的正弦电压 u 完全一致(二极管正向压降可忽略时)，如图 11.2.2(b)中 Oa 段波形，电压 u 和电容器上的电压 u_C 在 a 点达到最大值；而后 u 按正弦规律下降，u_C 也随之下降，当 u 下降到 $u < u_C$ 时，见图 11.2.2(b)中 b 点以下，二极管因承受反向电压而截止，电容器不再被充电，而是对负载电阻 R_L 放电，u_C 按放电曲线 bc 下降，负载中仍有电流。在 u 的下一个正半周，当 $u > u_C$ 时，二极管再行导通，电容器再被充电，重复上述过程。电容器两端电压 u_C 即为输出电压 u_o，其波形如图 11.2.2(b)中实线所示。

由图 11.2.2(b)可见，接了电容滤波器以后，输出电压的脉动大为减小，输出电压的平均值大为提高。

整流电路的输出电压 U_O 与输出电流 I_O 的变化关系曲线称为整流电路的外特性曲线(简称外特性)，半波整流电路的外特性如图 11.2.3 所示。在有滤波电容但空载的情况下，$R_L=\infty$，电容 C 无放电通路，$U_O=\sqrt{2}U\approx 1.4U$(忽略二极管正向压降)，$U$ 是变压器次级电压 u 的有效值；而有载时，随着负载的增加(R_L 减小、I_O 增大)，放电时间常数 $\tau=R_LC$ 减小，放电加快，U_O 平均值将会下降。由图可见，与无滤波电容时比较，有电容滤波时，U_O 随 R_L 的变化较大，即外特性较差，或者说有电容滤波时，电路带负载能力较差，所以，电容滤波适用于负载较小(即 R_L 较大)的场合。

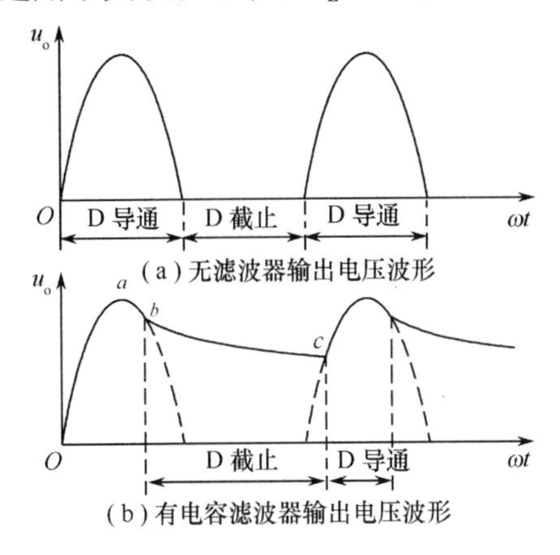

图 11.2.2　电容滤波器的作用

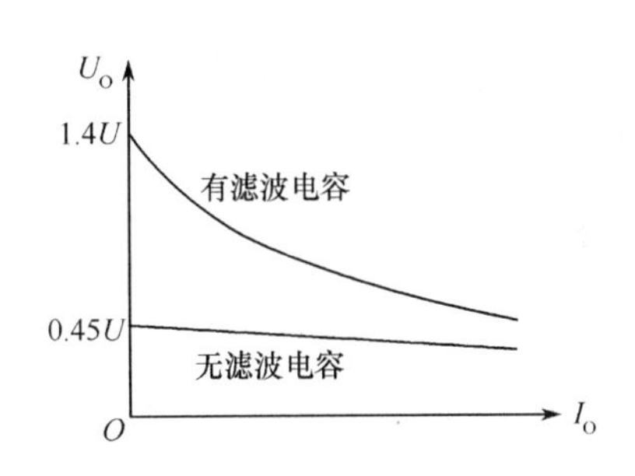

图 11.2.3　半波整流电容滤波电路的外特性

电容滤波电路输出电压的脉动程度与电容器的放电时间常数 R_LC 有关，R_LC 越大，脉动越小，输出电压就越高。为了得到比较平直的输出电压，一般要求

$$\tau=R_LC\geqslant(3\sim5)\frac{T}{2} \tag{11.2.1}$$

式中，T 是电源交流电压的周期。

在满足滤波时间常数 τ 的条件下，半波整流电容滤波电路的输出电压为

$$U_O\approx 1.0U \tag{11.2.2}$$

桥式和全波整流电容滤波电路的输出电压为

$$U_O\approx(1.1\sim1.2)U \tag{11.2.3}$$

此外还有以下特点：

（1）有电容滤波时，由于二极管的导通时间缩短（导通角小于180°），但在一个周期内电容器的充电电荷等于放电电荷，即通过电容器的电流平均值为零，所以，在二极管导通期间其电流 I_D 的平均值等于负载电流的平均值 I_O，因此 i_D 的峰值必然较大，产生电流冲击，容易使管子损坏，因而在选择二极管时要考虑到这一点，留有一定的余量。

（2）单相半波整流电容滤波电路中，二极管承受的最大反向电压为 $U_{RM}=2\cdot\sqrt{2}U$，比无滤波电容时高一倍。因为在交流电压的正半周，电容器上充电电压的最大值为 $u_{Cm}=\sqrt{2}U$，如果负载端开路，则电容器不能放电，这个电压维持不变，所以到了负半周的最大值时，截止二极管上所承受的最高反向电压，为交流电压最大值 $\sqrt{2}U$ 与电容器上电压最大值 $\sqrt{2}U$ 之和，即等于 $2\sqrt{2}U$。

（3）单相桥式和全波整流电容滤波电路中，二极管承受的最大反向电压为 $U_{RM}=\sqrt{2}U$，和无滤波电容时相同。

总体来说，电容滤波电路简单，输出电压 U_O 较高，脉动也较小，成本低；但是外特性较差，且有通电时的电流冲击。因此，电容滤波器一般用于要求输出电压较高、负载电流较小并且变化也较小的场合。目前，单相全波/桥式整流、电容滤波电路广泛应用于1kW以下的小功率电子仪器设备、家用电器等领域。

滤波电容的容量一般在几十微法到几千微法，视负载电流的大小而定，其耐压应大于输出电压的最大值，通常都采用有极性的电解电容器。

【例11.2.1】一单相桥式整流电容滤波电路如图11.2.4所示，已知交流电源的频率 $f=50\text{Hz}$，负载电阻 $R_L=50\Omega$，要求直流输出电压 $U_O=60\text{V}$，试选择整流二极管及滤波电容器。

【解】(1)选择整流二极管。

流过整流二极管的电流：

$$I_D=\frac{1}{2}I_O=\frac{1}{2}\times\frac{60}{50}=0.6\text{A}$$

输出电压取 $U_O=1.2U$，可得变压器次级电压的有效值：

$$U=\frac{U_O}{1.2}=\frac{60}{1.2}=50\text{V}$$

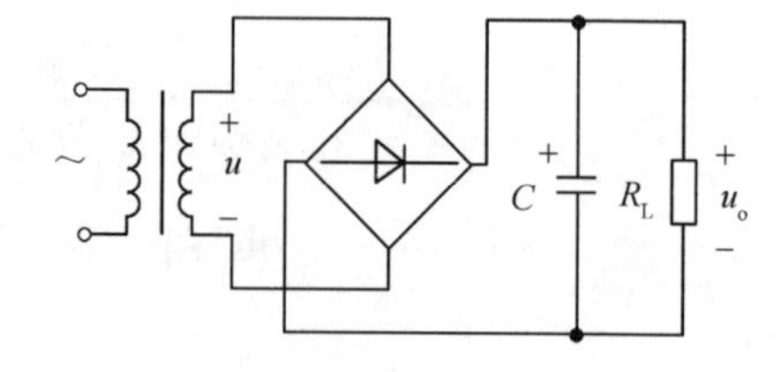

图11.2.4　例11.2.1的电路

二极管所承受的最高反向电压：

$$U_{RM}=\sqrt{2}U=\sqrt{2}\times50=70.7\text{V}$$

可选用1N4002硅整流二极管，其最大整流电流为1A，反向工作峰值电压为100V。

（2）选择滤波电容器。

取 $\tau=R_LC=3\times\frac{T}{2}$（下限值），所以：

$$R_LC=3\times\frac{1/50}{2}=0.03\text{s}$$

已知 $R_L = 50\Omega$,所以:

$$C = \frac{0.03}{R_L} = \frac{0.03}{50} = 6 \times 10^{-4} = 600\mu F$$

取 $C = 1000\mu F$,耐压为 100V 的铝电解电容器。

11.2.2 电感电容滤波器(*LC* 滤波器)

为了减小输出电压的脉动程度,在滤波电容之前可串联一个铁芯电感线圈 L,这样就组成了电感电容滤波器,如图 11.2.5 所示。

由于通过电感线圈的电流发生变化时,线圈中要产生自感电动势阻碍电流的变化,因而使负载电流和负载电压的脉动大为减小。频率越高、电感越大,滤波效果越好。但是,由于电感线圈有一定的等效电阻,因而其上也有一定的直流压降,会造成输出直流电压的下降。

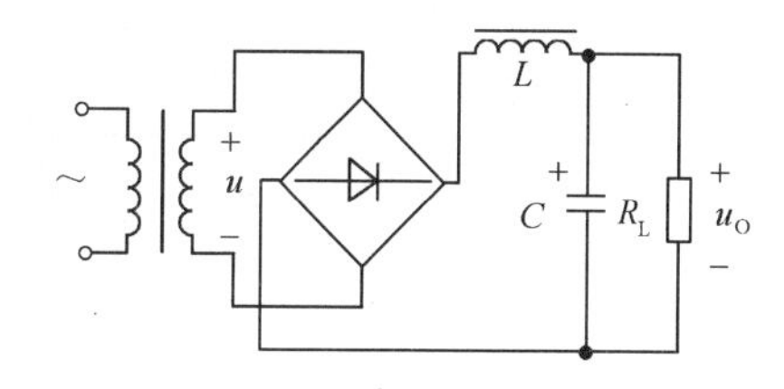

图 11.2.5 桥式整流电感电容滤波电路

具有 *LC* 滤波器的整流电路适用于电流较大、要求输出电压脉动很小的场合,用于高频时更为合适。在电流较大、负载变动较大、并对输出电压的脉动程度要求不太高的场合下,如给晶闸管电路提供电源,也可不用电容器,只采用电感滤波器,即 L 滤波器。

11.2.3 π 形滤波器

如果要求输出电压的脉动更小,可以在 *LC* 滤波器的前面再并联一个滤波电容 C_1,如图 11.2.6 所示,这样便构成了 π 形 *LC* 滤波器。它的滤波效果比 *LC* 滤波器更好,输出电压也较高,但整流二极管的冲击电流较大。

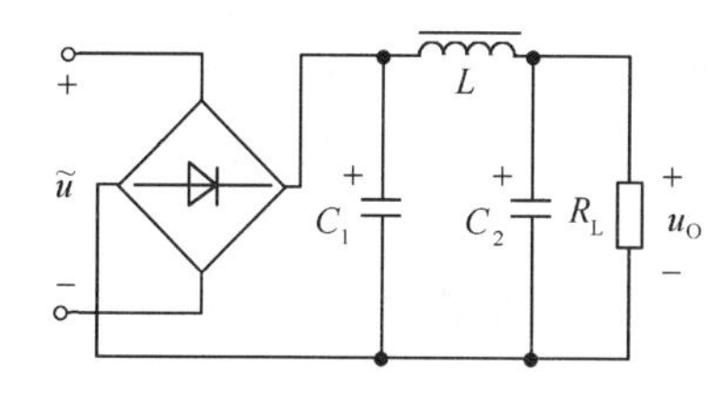

图 11.2.6 π 形 *LC* 滤波电路

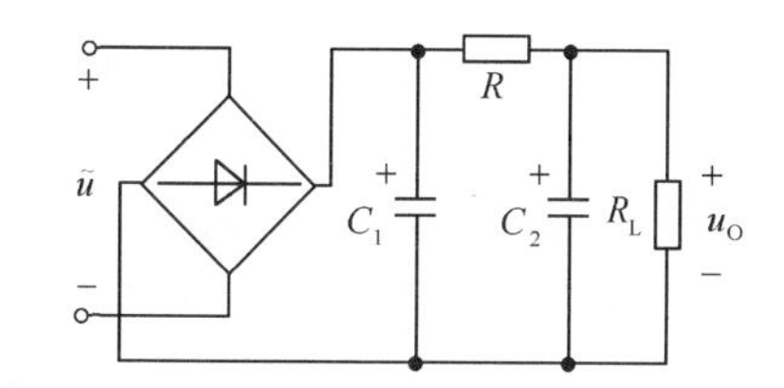

图 11.2.7 π 形 *RC* 滤波电路

由于电感线圈的体积大而笨重,成本又高,所以有时用电阻去代替 π 形滤波器中的电感线圈,这样便构成了 π 形 *RC* 滤波器,如图 11.2.7 所示。电阻对于交、直流电流都具有同样的降压作用,但是当它和电容配合之后,在电容 C_2 的交流阻抗甚小时,就使脉动电压的交流分量较多地降落在电阻上,而较少地降落在 C_2 上(即负载上),从而起到了滤波作用。R 越大,C_2 越大,滤波效果越好。但若 R 太大 ,其上直流压降增加,输出直流电压减小,使交、直流变换的效率降低。所以,这种滤波电路主要适用于要求输出电压脉动很小而负载电流也较小的场合。

为了便于比较,表 11.2.1 列出了几种常见的整流电路的参数。

表 11.2.1 几种常见的整流电路的参数

类 型	整流输出电压 U_o	变压器次级电流有效值 I	二极管平均电流 I_D	二极管最高反向电压 U_{RM}	
				无电容滤波	有电容滤波
单相半波	$0.45U$	$1.57I_0$	I_0	$\sqrt{2}U$	$2\sqrt{2}U$
单相全波	$0.9U$	$0.79I_0$	$(1/2)I_0$	$2\sqrt{2}U$	$2\sqrt{2}U$
单相桥式	$0.9U$	$1.11I_0$	$(1/2)I_0$	$\sqrt{2}U$	$\sqrt{2}U$
三相半波	$1.17U$	$0.59I_0$	$(1/3)I_0$	$\sqrt{3}\sqrt{2}U$	$2\sqrt{3}\sqrt{2}U$
三相桥式	$2.34U$	$0.82I_0$	$(1/3)I_0$	$\sqrt{3}\sqrt{2}U$	$\sqrt{3}\sqrt{2}U$

11.3 稳压电路

电压的不稳定有时会产生测量和计算误差,引起控制电路工作不稳定,甚至根本无法正常工作。特别是精密电子测量仪器、自动控制、计算装置及晶闸管的触发电路等都要求有很稳定的直流电源供电。经整流、滤波后的电压是比较平滑的直流电压,并不是十分稳定的直流电压,它往往会随交流电源电压的波动和负载电流的变化而变化,在滤波电路之后加接稳压电路能获得较为稳定的输出电压。

11.3.1 稳压二极管稳压电路

最简单的稳压电路由限流电阻 R 和稳压二极管 D_Z 组成,如图 11.3.1 虚线框中所示。图中,稳压电路的输入电压 U_I 即滤波电路的输出电压。U_I 经过稳压电路接到负载电阻 R_L 上,就能使负载上得到一个比较稳定的直流电压 U_0。需要说明一点的是,要使稳压二极管稳压电路起稳压作用,其稳压管必须处于击穿状态。

引起电压不稳定的原因是交流电源电压的波动和负载电流的变化。下面分析在这两种情况下稳压电路的作用。例如,当交流电源电压增加而使整流/滤波电路的输出电压 U_I 随着增加时,负载电压 U_0 也要增加。U_0 即为稳压二极管两端的反向击穿电压,当反向击穿电压 U_0 稍有增加时,稳压二极管的电流 I_Z 就显著增加,使电阻 R 上的压降增加,结果抵偿了 U_I的增加,从而使负载电压 U_0 保持近似不变,反之亦然。

同理,当电源电压保持不变,由负载电流变化引起负载电压 U_0 改变时,上述稳压电路也能起到稳压作用。例如,当负载电流增大时,电阻 R 上的压降增大,负载电压 U_0 因而下降。只要 U_0 下降一点,稳压二极管电流 I_Z 就显著减小,使通过电阻 R 的电流和电阻上的压降保持近似不变,因此,负载电压 U_0 也就近似稳定不变,反之亦然。

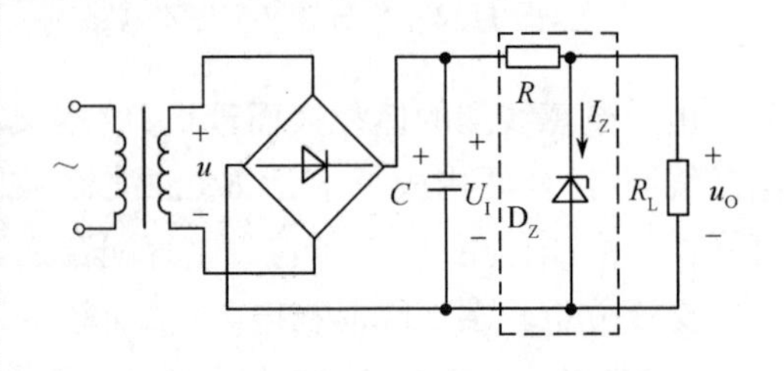

图 11.3.1 稳压二极管稳压电路

选择稳压二极管时,一般取

$$\begin{cases} U_Z = U_O \\ I_{ZM} = (1.5 \sim 5) I_{OM} \\ U_I = (2 \sim 3) U_O \end{cases} \tag{11.3.1}$$

【例 11.3.1】 一稳压二极管稳压电路,如图 11.3.1 所示。负载电阻 R_L 由开路变为 2kΩ,交流电压经整流滤波后得 $U_I = 25V$。今要求输出直流电压 $U_O = 10V$,试选择稳压二极管 D_Z。

【解】 因为输出电压 $U_O = 10V$,所以负载电流最大值为

$$I_{OM} = \frac{U_O}{R_L} = \frac{10}{2 \times 10^3} = 5 \times 10^{-3} = 5mA$$

可选择稳压二极管 2CW58,其稳定电压 $U_Z = 9.2 \sim 10.5V$,稳定电流 $I_Z = 5mA$,最大稳定电流 $I_{ZM} = 23mA$。

11.3.2 可调恒压源稳压电路

在稳压二极管稳压电路中,一旦稳压二极管选定,输出电压的大小基本上就由稳压二极管的击穿电压来决定,固定不变,不可调节,使用中很不方便。

图 11.3.2 和图 11.3.3 所示是常见的两种可调恒压源稳压电路。其输出电压可调。

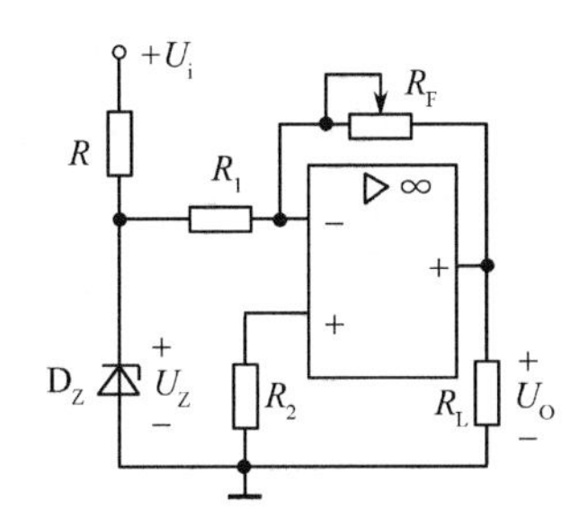

图 11.3.2 反相输入可调恒压源稳压电路

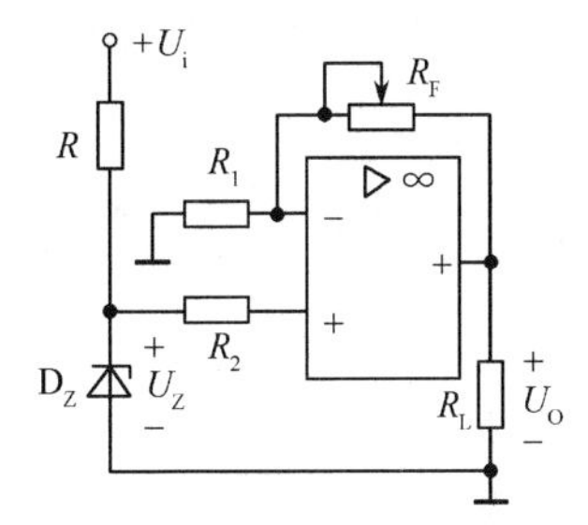

图 11.3.3 同相输入可调恒压源稳压电路

图 11.3.2 是反相输入可调恒压源稳压电路,其中,运算放大器构成反相比例运算电路,因此可得

$$U_O = (-R_F/R_1) U_Z$$

图 11.3.3 是同相输入可调恒压源稳压电路,运放构成同相比例运算电路,因此可得

$$U_O = (1 + R_F/R_1) U_Z$$

以上恒压源的输出电压不仅可调,还为电路引入了负反馈,使输出电压更稳定。

11.3.3 串联电压负反馈型稳压电路

在图 11.3.3 所示的同相输入恒压源电路中,为了扩大运算放大器输出电流的变化范围,可将它的输出端接到大功率晶体管的基极,而从晶体管的发射极取输出电压,这样,同相输入恒压源就改变成图 11.3.4 所示的串联电压负反馈型稳压电路。图中,R_1 和 R_2 是取样电路;R_Z 和 D_Z 是基准电路,U_Z 是基准电压;运算放大器是比较放大电路;T 是调整管。

取样电路中的 R_1 分 R_{11} 和 R_{12} 两部分，有

$$U_F = \frac{R_{12} + R_2}{R_1 + R_2} U_O$$

设由于电源电压或负载电阻的变化而使输出电压 U_O 有升高趋势时，则有以下稳压过程：

$$U_O \uparrow \longrightarrow U_F \uparrow \longrightarrow U_B \downarrow \longrightarrow I_C \downarrow \longrightarrow U_{CE} \uparrow \longrightarrow U_E(U_O) \downarrow$$

使 U_O 保持稳定。当输出电压降低时，其稳压过程相反。

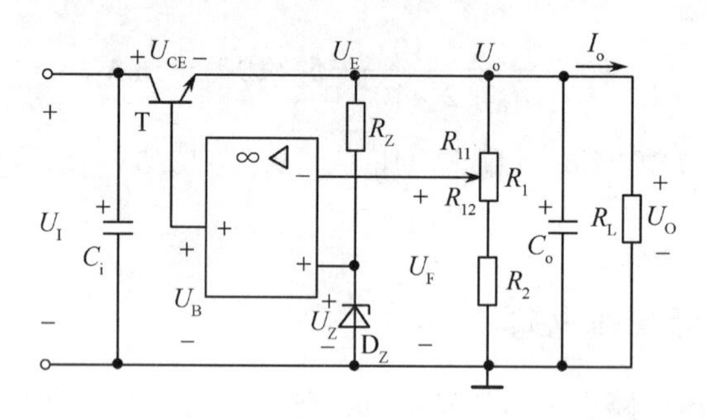

图 11.3.4 串联电压负反馈型稳压电路

由稳压过程可见，输出电压的变化量经运算放大器放大后，去调整晶体管 T 的管压降 U_{CE}，从而达到稳定输出电压的目的，所以通常称晶体管 T 为调整管，这个自动调整输出电压的过程是一个负反馈过程。基准电压 U_Z 是运算放大器同相端的输入电压，而反馈电压 U_F 取样于输出电压 U_O，且反馈到运算放大器的反相输入端，所以图 11.3.4 引入的是串联电压负反馈，故称图 11.3.4 所示电路为串联电压负反馈型稳压电路。

按深度负反馈有

$$F = \frac{U_F}{U_O} = \frac{R_{12} + R_2}{R_1 + R_2}; \quad A_{UF} = \frac{U_O}{U_Z} \approx \frac{1}{F} = \frac{R_1 + R_2}{R_{12} + R_2} = 1 + \frac{R_{11}}{R_{12} + R_2}$$

故有

$$U_O = \left(1 + \frac{R_{11}}{R_{12} + R_2}\right) U_Z \qquad (11.3.2)$$

由式(11.3.2)可得，调节电位器 R_1 可调节输出电压 U_O 的大小。当电位器 R_1 的滑动端调节到最上端时，$R_{11} = 0$，$R_{12} = R_1$，输出电压 U_O 最小，即

$$U_{Omin} = U_Z$$

当电位器 R_1 的滑动端调节到最下端时，$R_{11} = R_1$，$R_{12} = 0$，输出电压 U_O 最大，即

$$U_{Omax} = \left(1 + \frac{R_1}{R_2}\right) U_Z$$

11.3.4 集成稳压电路

1. 集成三端稳压器

从图 11.3.4 可以看出，串联电压负反馈型稳压电路除两个电容以外，其余元器件都易于集成，集成稳压电路具有体积小、可靠性高、使用灵活、价格低廉等优点。最简单的集成稳压器只有输入端、输出端和公共端等 3 个引出端，故称其为集成三端稳压器。集成三

端稳压器一般作以下分类：

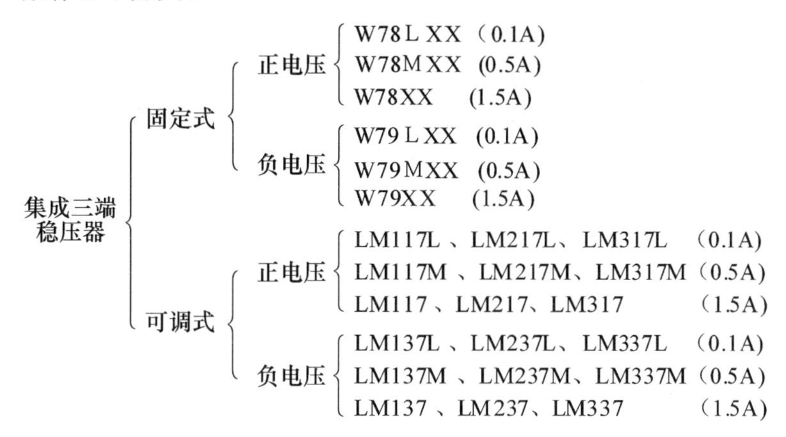

下面主要介绍输出电压固定的 W78 × ×系列和 W79 × ×系列集成三端稳压器及其使用。

W78 × ×系列三端稳压器输出正电压，其外形、管脚和基本接线如图 11.3.5 所示。它的内部电路就是串联电压负反馈型稳压电路，外部管脚安排为 1—输入端、2—公共端、3—输出端。W79 × ×系列输出负电压，其外形与 W78 × ×系列相同，但引脚安排不同，分别为 1—公共端、2—输入端、3—输出端。

使用三端稳压器时，需要在其输入端与公共端、输出端与公共端之间各并联一个电容，如图 11.3.5(c)所示。C_i 用以抵消输入端较长接线的电感效应，防止产生自激振荡，接线不长时也可不用。C_o 是为了瞬时增减负载电流时不致引起输出电压有较大的波动。C_i、C_o 一般在 0.1μF ~ 1μF 之间，如 C_i = 0.33μF、C_o = 1μF 等。

W78 × ×系列型号中后两位数字表示输出电压的大小，输出电压等级有 5V、6V、9V、12V、15V、18V、24V 等多种，如 W7805 的输出电压为 +5V。

W79 × ×系列输出固定的负电压，其型号表示的意义及参数与 W78 × ×相对应。

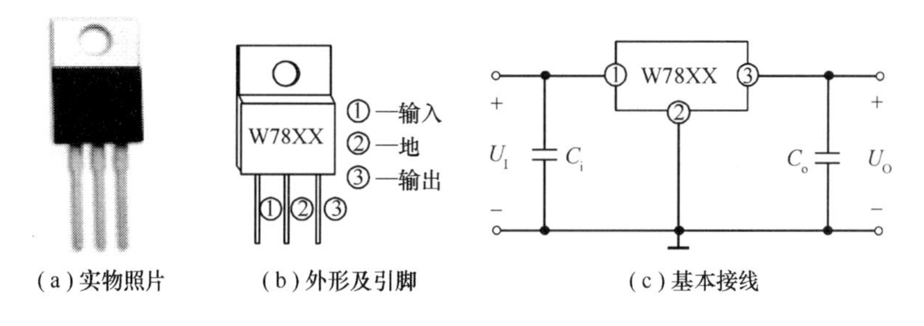

(a) 实物照片　(b) 外形及引脚　(c) 基本接线

图 11.3.5　集成三端稳压器 W78 × ×系列

三端稳压器接在整流滤波电路之后，实际应用中，还须注意以下几点：

(1) C_i、C_o 必须用高频性能较好的无极性电容器，且应尽量靠近集成块的引脚连接，否则可能出现自激振荡。

(2) 大电流三端稳压器应安装散热器；否则会因内部过热而导致电路工作不正常或损坏。

(3) 输入、输出之间的最小压差应大于 2V，但也不能太大；否则电源的效率低且散热问题也难以解决。

下面介绍几种常见的三端集成稳压器的应用电路。

2. 正负电压对称输出的稳压电路

一般,需要对称电源供电的电路,如集成运算放大器的供电电源,可借助三端稳压器组成正负电压对称输出的稳压电路,图 11.3.6 所示就是这样的电路。

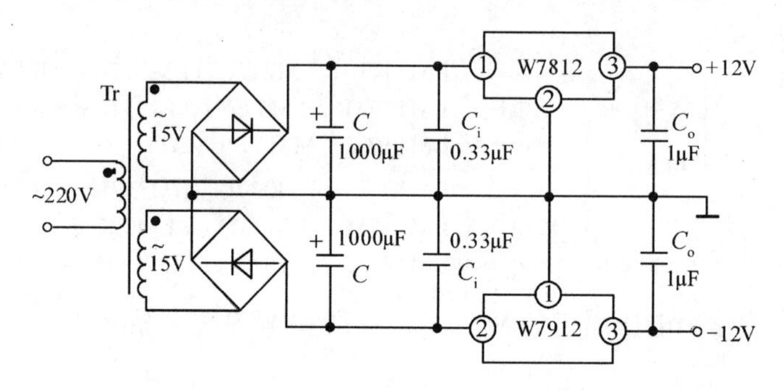

图 11.3.6 输出 ±12V 直流电压的稳压电源

图 11.3.6 中,电容滤波电路的输出电压约 ±18V,经三端稳压器后获得 ±12V 的直流电压。实际上,图 11.3.6 所示电路是一个完整的将交流变为直流的直流稳压电源。

3. 提高输出电压的稳压电路

三端稳压器的输出电压只有几种固定的电压等级,图 11.3.7 所示的电路能使输出电压高于集成块固定的输出电压。图中,U_{xx}为 W78XX 的固定输出电压,显然有

$$U_O = U_{\times\times} + U_Z$$

4. 扩大输出电流的稳压电路

W78XX 系列的三端稳压器输出电流最大为 1.5A,对于负载电流要求大于 1.5A 的场合,可采用图 11.3.8 所示的能扩大输出电流的稳压电路。图中,在三端稳压器外围接的三极管是大功率三极管,可以通过大电流。

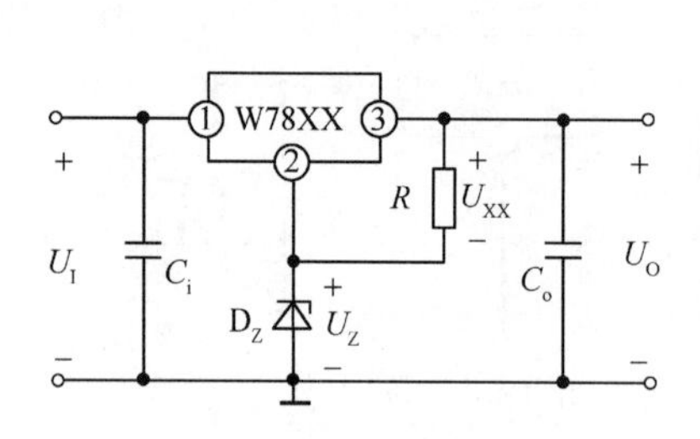

图 11.3.7 提高输出电压的稳压电路

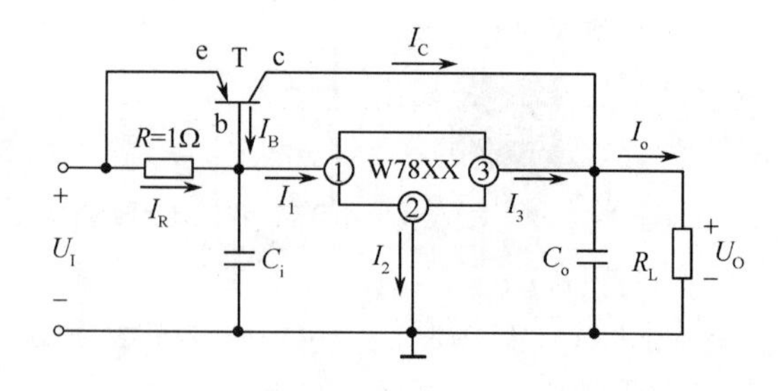

图 11.3.8 扩大输出电流的稳压电路

电路中与三极管发射结并联的电阻 $R = 1\Omega$,它的作用是检测负载电流 I_O 的大小,以决定外接三极管是否导通。当 $I_O < 0.5A$ 时,三极管输入管压降 $U_{EB} < 0.5 \times 1 = 0.5V$,T 截止,电路不扩流,$I_O$ 只由集成三端稳压器提供,$I_O = I_3$;而当 $I_O \geqslant 0.5A$ 时,$U_{EB} \geqslant 0.5V$,三极管开始导通,与集成三端稳压器并联共同向负载提供电流,$I_O = I_3 + I_C$。

I_O 增加的部分主要由外接大功率三极管提供,这种方法很容易将输出电流扩大到 5A 以上。此电路的其他稳压性能指标与单个三端稳压器相当。

【**例 11.3.2**】电路如图 11.3.8 所示，设 $I_3 = 1\text{A}$，$R = 1\Omega$，$U_{EB} = 0.5\text{V}$，$\beta = 10$，试求扩流之后的 I_O。

【解】已知 $I_O = I_3 + I_C$，先求 I_C。

由图可知 $I_C = \beta I_B = \beta(I_1 - I_R)$，其中 $I_1 = I_2 + I_3$，而一般 I_2 较小可以忽略不计，所以 $I_1 \approx I_3$，于是

$$I_C \approx \beta(I_3 - I_R) = \beta\left(I_3 - \frac{U_{EB}}{R}\right)$$

代入数据求得 $I_C = 10\left(1 - \frac{0.5}{1}\right) = 5\text{A}$。

故，$I_O = 1\text{A} + 5\text{A} = 6\text{A}$。

5. 输出电压可调的集成三端稳压器

集成三端稳压器的另一种类型是输出电压连续可调。输出可调正电压的有 LM117、LM217 和 LM317，输出可调负电压的有 LM137、LM237 和 LM337。

例如，LM317 的输出电压在 1.2V ~ 37V 范围内连续可调。LM317 的外形及引脚排列如图 11.3.9(a)所示，图 11.3.9(b)是它的典型应用电路。

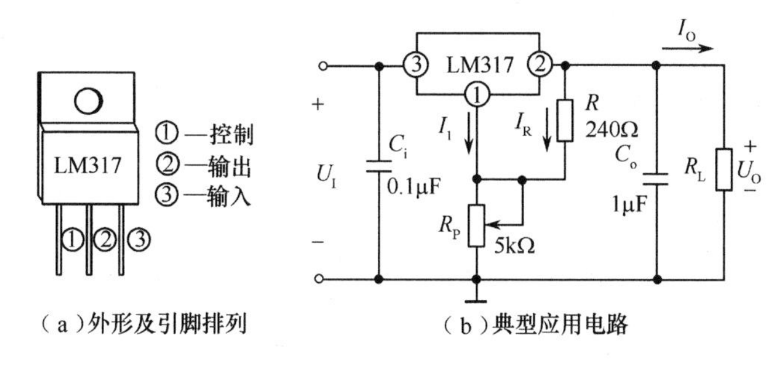

(a)外形及引脚排列　　(b)典型应用电路

图 11.3.9　集成三端可调稳压器 LM317

可调集成三端稳压器有以下特点：

(1) 最大输出电流：$I_O = 1.5\text{A}$。

(2) 最小输入/输出压差：2V ~ 3V。

(3) 输出电压最小值：+1.2V(LM117/217/317)、−1.2V(LM137/237/337)。

(4) 调整端电流：$I_{ADJ} = 50\mu\text{A}$ 恒定(调整端即控制端；I_{ADJ} 即图 11.3.9 中的 I_1)。

(5) 内含过热、过流保护电路。

在图 11.3.9(b)所示电路中，电阻 $R = 240\Omega$，两端有 1.2V 固定不变的电压，控制端电流 I_1 可忽略不计，因此输出电压 U_O 为

$$U_O \approx I_R R + I_R R_P = 1.2\text{V} + \frac{1.2}{240} R_P = 1.2\text{V} + 5\text{mA} \times R_P$$

如果取 $R_P = 3\text{k}\Omega$，则输出电压可在 1.2V ~ 16.2V 范围内连续可调。

习　题

11.1　在图 T11.1 中，已知 $R_L = 50\Omega$，直流电压表Ⓥ的读数为 100V，二极管的正向压

降忽略不计,试求:(1) 直流电流表Ⓐ的读数;(2) 交流电压表Ⓥ的读数。

11.2 在图 T11.2 所示的电路中,已知变压器二次侧电压有效值 $U=30\text{V}$,负载电阻 $R_L=60\Omega$,试求:(1) 整流输出电压和输出电流的平均值 U_O 和 I_O;(2) 电源电压波动 ±10% 时,二极管承受的最高反向电压 U_{RM}。

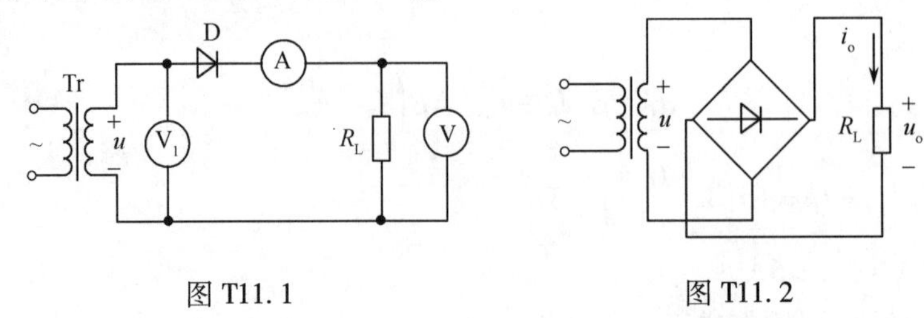

图 T11.1　　　　图 T11.2

11.3 有一电压为 60V,电阻为 50Ω 的直流负载,采用单相桥式整流电路供电,试求:(1)不带电容滤波器时,变压器二次侧电压有效值,并选择整流二极管;(2)有电容滤波器时,变压器二次侧电压有效值,并选择整流二极管。

11.4 一整流电路如图 T11.4 所示,试求:(1)负载电阻 R_{L1} 和 R_{L2} 上整流电压的平均值 U_{O1} 和 U_{O2},并指出极性;(2)二极管 D_1、D_2、D_3 中的平均电流 I_{D1}、I_{D2}、I_{D3};(3)各管所承受的最高反向电压。

11.5 图 T11.5 是二倍压整流电路,其输出电压的峰值为 $U_{Om}=2\sqrt{2}U$,试分析之。

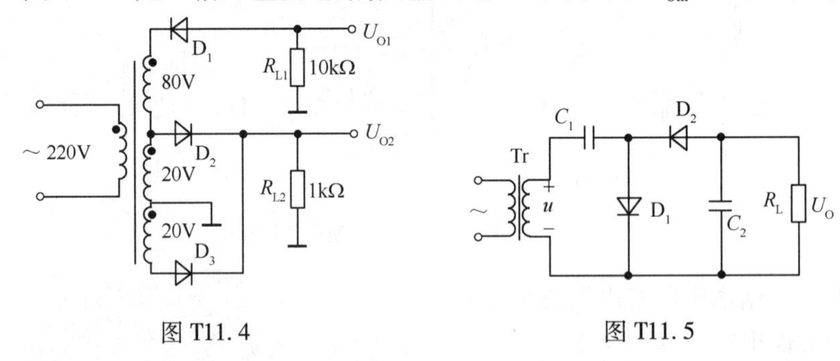

图 T11.4　　　　图 T11.5

11.6 单相全波整流电路如图 T11.6 所示,二次绕组两段电压的有效值均为 U,试分析:

(1) 电路的工作原理。

(2) 整流输出电压的平均值 U_O 和极性。

(3) 截止二极管所承受的最高反向电压 U_{RM}。

(4) 如果 D_1 虚焊,平均值 U_O 等于多少? 如果变压器中心抽头虚焊,U_O 等于多少?

(5) 如果 D_1 的极性接反,电路能否正常工作? 会出现什么问题?

(6) 如果输出端短路,又将出现什么问题?

(7) 如果把图中的 D_1 和 D_2 都反接,电路能否正常工作? 有何不同?

11.7 单相全波整流电容滤波电路如图 T11.7 所示,试求输出电压的平均值 U_O。

11.8 今要求负载电压认 $U_O=66\text{V}$,负载电流 $I_O=300\text{mA}$,采用单相桥式整流电路,带电容滤波器。已知交流频率为 50 Hz,试选用整流二极管和滤波电容器。

11.9 电路如图 T11.9 所示,已知 $u=20\sqrt{2}\sin\omega t(\text{V})$,$R_L=2\text{k}\Omega$,稳压二极管的稳压

值 $U_Z=6V$，$R=1.5k\Omega$，试求：

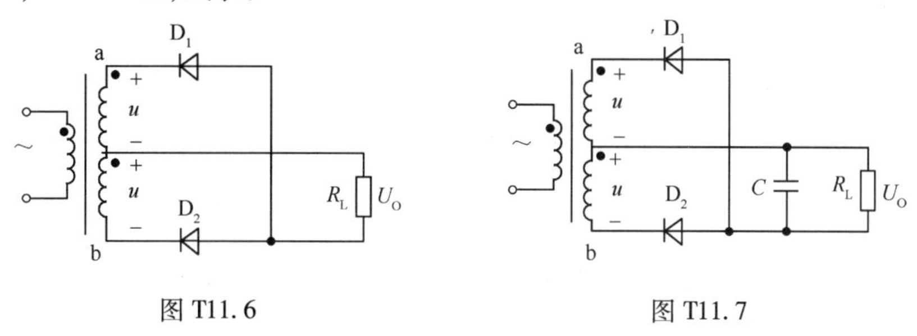

图 T11.6　　　　　　图 T11.7

（1）S_1断开、S_2合上时的 I_O、I_R 和 I_Z。

（2）S_1合上、S_2合上时的 I_O、I_R 和 I_Z。

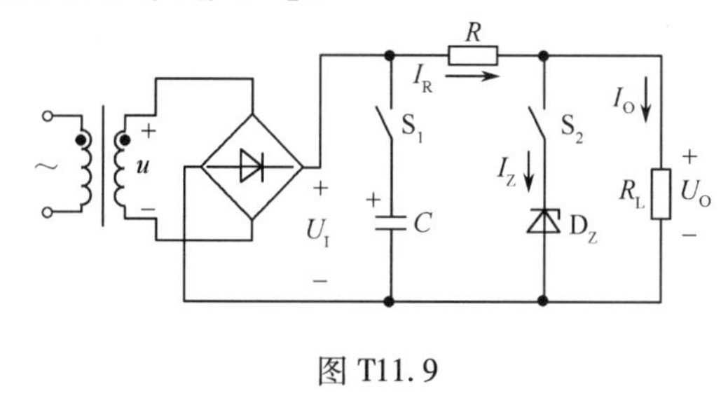

图 T11.9

11.10　串联负反馈型稳压电路如图 T11.10 所示，稳压管的稳定电压 $U_Z=5.3V$，电阻 $R_1=R_2=200\Omega$，三极管的 $U_{BE}=0.7V$。

（1）说明电路的基准电路、取样电路、放大电路和调整管等分别由哪些元器件构成。

（2）当 R_W的滑动端在最下端时 $U_O=15V$，求 R_W的值。

（3）若 R_W的滑动端移至最上端时，问 $U_O=?$

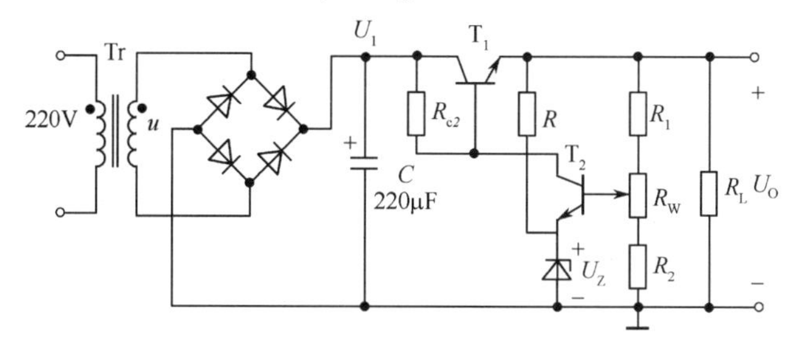

图 T11.10

第 12 章　组合逻辑电路

12.1　数字电路与数字信号

12.1.1　数字电路

传递与处理数字信号的电子电路称为数字电路。数字电路是数字电子技术的核心，在电子系统中得到了越来越广泛的应用。

数字电路以二值数字逻辑为基础，只有 0 和 1 两个基本数字，易于用电路来实现。数字电路不仅能完成数值运算，而且还能进行逻辑判断和逻辑运算，这在控制系统中是不可缺少的。

根据逻辑功能的不同，数字电路可分为组合逻辑电路和时序逻辑电路两大类。本章介绍组合逻辑电路。

12.1.2　数字信号与逻辑信号

数字电路处理的信号是数字信号。数字信号在时间上和数值上均是离散的，如电子表的秒信号、生产流水线上记录零件个数的计数信号等。

数字信号在电路中往往表现为突变的电压或电流，所以数字信号又被称为脉冲信号。图 12.1.1 所示为数字电压信号。该信号只有两个电压值，即 3V 和 0V。用正逻辑表示时，3V 为逻辑 1，0V 为逻辑 0，对应的逻辑信号如图 12.1.2 所示。3V 和 0V 这两个电压值又可被称为逻辑电平，3V 为高电平，0V 为低电平。

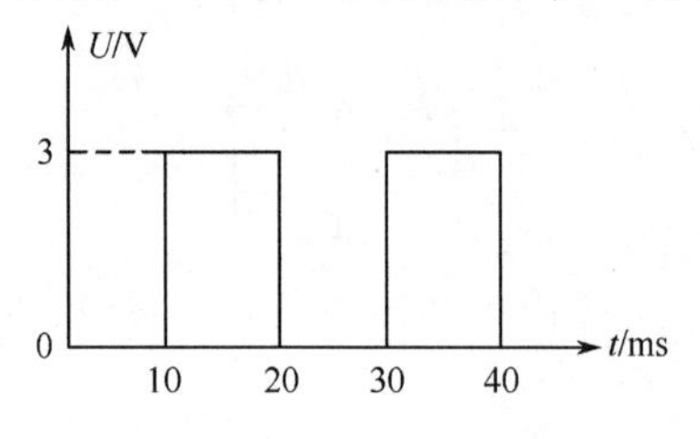

图 12.1.1　数字电压信号举例

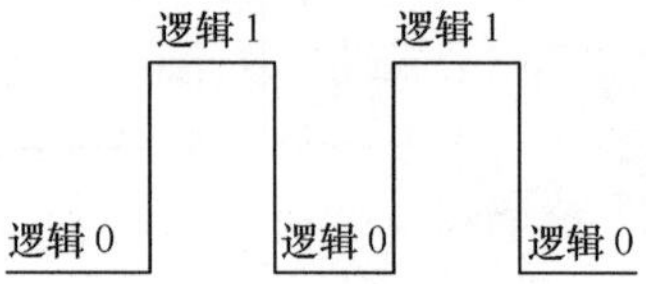

逻辑1　逻辑1
逻辑0　逻辑0　逻辑0

图 12.1.2　逻辑信号

12.1.3　数字信号的主要参数

一个如图 12.1.3 所示理想的周期性数字信号，可以用以下几个参数描述：

U_m为信号幅度；T 为信号的重复周期；f 为信号的重复频率，$f=1/T$；t_W 为脉冲宽度（简称脉宽），表示脉冲的作用时间；q 为占

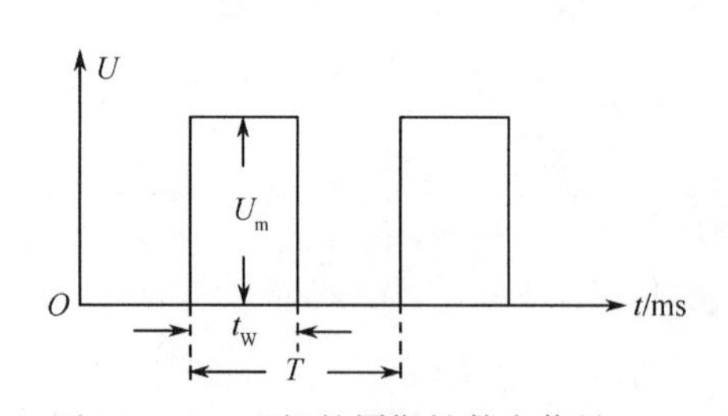

图 12.1.3　理想的周期性数字信号

空比,表示脉冲宽度 t_W 占周期 T 的百分比,即 $q=\frac{t_W}{T}\times 100\%$ 。

12.2 逻辑代数基础

数字电路实现的是某种逻辑关系,因此,在学习数字电路之前,必须掌握逻辑代数的基本知识。

12.2.1 数制与码制

1. 数制

常用的计数体制有十进制(Decimal)、二进制(Binary)、十六进制(Hexadecimal)和八进(Octal),这里主要介绍十进制和二进制。十进制和二进制的基本知识见表 12.2.1。

表 12.2.1 十进制和二进制的基本知识

进制 N	数 码	计数规则	基数	数权
十(D)	0、1、3、4 ~ 9	逢十进一	10	10^i
二(B)	0、1	逢二进一	2	2^i

任意进制数表达式的普遍形式为

$$(S)_N=\sum_{i=0}^{n}K_iN^i \quad (i=0\sim n, n\text{ 是整数部分的位数})$$

式中,S 为任意数;N 为进制;K_i 为第 i 位数码的系数;N^i 为第 i 位的数权。

【例 12.2.1】 将二进制数 1110.01 转换成十进制数。

【解】 二进制转换成十进制用表达式展开法。将每一位二进制数乘以数权,再相加即可。将例 12.2.1 用表达式展开法转换如下:

$$\begin{aligned}(1110.01)_B&=1\times 2^3+1\times 2^2+1\times 2^1+0\times 2^0+0\times 2^{-1}+1\times 2^{-2}\\&=8+4+2+0+0+0.5=(14.25)_D\end{aligned}$$

得:$(1110.01)_B=(14.25)_D$。

【例 12.2.2】 将十进制数 14.25 转换成二进制数。

【解】 将十进制数转换成二进制数,整数部分用“除 2 取余”法,小数部分用“乘 2 取整”法。将例 12.2.2 的整数部分 14 用除 2 取余法转换有

$$\begin{array}{rlll} 2\,\underline{|14} & \cdots & 0 & k_0 \\ 2\,\underline{|\ 7} & \cdots & 1 & k_1 \\ 2\,\underline{|\ 3} & \cdots & 1 & k_2 \\ 1 & \cdots & 1 & k_3 \uparrow \end{array}$$

得:$(14)_D=(1110)_B$。

将例 12.2.2 的小数部分 0.25 用乘 2 取整法转换有

$$\begin{array}{ll} 0.25\times 2=0.5\cdots 0 & k_{-1} \\ 0.5\times 2=1.0\ \cdots 1 & k_{-2} \end{array}$$

得：$(0.25)_D=(0.01)_B$
故：$(14.25)_D=(1110.01)_B$。

2. 码制

数字系统以二值数字逻辑为基础，其信息（如数值、控制命令等）都用一定位数的二进制数码来表示。不同的数码不仅可以表示数量的大小，还可以表示不同的事物。用来表示不同事物的数码称为代码。编制代码遵循的规则称为“码制”，最常用的一种码制是BCD码（Binary Coded Decimal），是用二进制代码表示十进制0～9这10个数码的一种码制。

用二进制代码表示0～9等10个数码，至少要用4位二进制数。4位二进制数有16种组合，可以从这16种组合中选择10种组合表示0～9。选择哪10种组合，有多种方案，这就形成了不同的BCD码。常用BCD码见表12.2.2。

表12.2.2　常用BCD码

十进制数	8421BCD码	2421BCD码	5421BCD码	余三码
0	0000	0000	0000	0011
1	0001	0001	0001	0100
2	0010	0010	0010	0101
3	0011	0011	0011	0110
4	0100	0100	0100	0111
5	0101	1011	1000	1000
6	0110	1100	1001	1001
7	0111	1101	1010	1010
8	1000	1110	1011	1011
9	1001	1111	1100	1100
位权	8、4、2、1	2、4、2、1	5、4、2、1	无权

表12.2.2列出的是一位十进制数的BCD码，如果要表示多位十进制数，应先将每一位用BCD码表示，再组合起来。

【例12.2.3】将十进制数$(82)_D$分别用8421BCD码、2421BCD码和余3码表示。

【解】由表12.2.2可得

$$(82)_D=(1000\quad 0010)_{8421BCD}$$

$$(82)_D=(1110\quad 0010)_{2421\ BCD}$$

$$(82)_D=(1011\quad 0101)_{余3码}$$

例12.2.3中列出的是两位十进制数的代码。

12.2.2　逻辑代数中的基本逻辑关系

通过数字电路，可实现某种逻辑关系（即某种逻辑运算）。逻辑关系指某事物的条件与结果之间的关系，建立逻辑关系要用逻辑变量。逻辑变量用字母A、B、…表示，每个变量的取值非0即1。在描述逻辑关系时，0、1不表示数的大小，而是代表两种不同的逻辑状态。在正逻辑中，1表示条件具备、事件发生、开关接通、高电平等；0表示条件不具备、事件没有发生、开关断开、低电平等。

最基本的逻辑关系（即逻辑运算）有与、或、非三种。

1. 与逻辑关系

与逻辑关系——当决定某一事件的全部条件都具备时，此事件才会发生，这种决定事件的因果关系称为“与逻辑关系”。与逻辑关系的有关知识可用图 12.2.1 来概括。

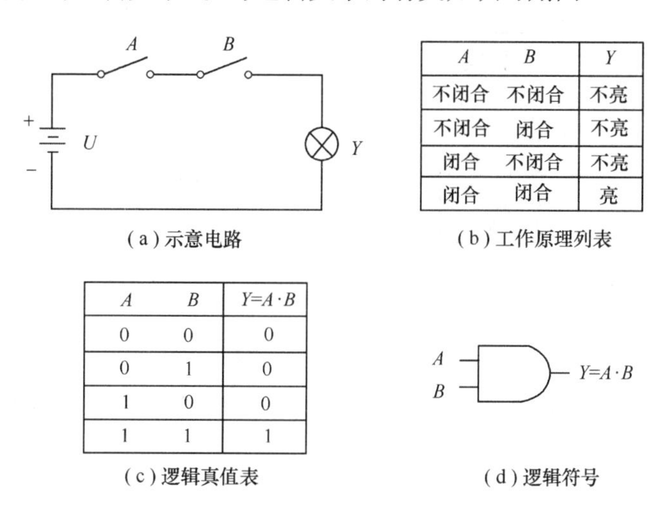

（a）示意电路

A	B	Y
不闭合	不闭合	不亮
不闭合	闭合	不亮
闭合	不闭合	不亮
闭合	闭合	亮

（b）工作原理列表

A	B	Y=A·B
0	0	0
0	1	0
1	0	0
1	1	1

（c）逻辑真值表

（d）逻辑符号

图 12.2.1　与逻辑关系

图 12.2.1(a)所示为与逻辑关系示意电路，其工作原理如图 12.2.1(b)所示。如果用二值逻辑 0 和 1 来表示图 12.2.1(b)，并设 1 表示开关闭合或灯亮；0 表示开关断开或灯灭，则得到如图 12.2.1(c)所示的表格，此表格称为二变量与逻辑真值表。真值表是将输入变量的各种取值，和对应的输出变量的取值排列在一起而组成的表格，为避免遗漏，输入变量的取值组合应按二进制数递增的次序排列。由图 12.2.1(c)所示的真值表，可写出二变量与逻辑函数式 $Y=A\cdot B$。

二变量的与运算为 $0\cdot 0=0$；　$0\cdot 1=0$；　$1\cdot 0=0$；　$1\cdot 1=1$。

与运算可以推广到多个变量 $Y=ABCD\cdots$。

二输入与逻辑关系可用图 12.2.1(d)所示的逻辑符号表示。

2. 或逻辑关系

或逻辑关系——当决定某一事件的一个或多个条件具备时，此事件便会发生，这种决定事件的因果关系称为“或逻辑关系”。或逻辑关系的有关知识可用图 12.2.2 来概括。

图 12.2.2(a)所示为或逻辑关系示意电路，其工作原理如图 12.2.2(b)所示。图 12.2.2(c)是二变量或逻辑真值表；二变量或逻辑函数式为 $Y=A+B$。

二变量的或运算为 $0+0=0$；　$0+1=1$；　$1+0=1$；　$1+1=1$。

或运算可以推广到多个变量 $Y=A+B+C+\cdots$。

二输入或逻辑关系可用图 12.2.2(d)所示逻辑符号表示。

3. 非逻辑关系

非逻辑关系——条件具备时事件不发生；条件不具备时事件才能发生。

非逻辑关系可借助图 12.2.3(a)所示的电路来解释，当开关 A 闭合时，灯不亮；而当 A 断开时，灯却亮。其工作原理如图 12.2.3(b)所示。非逻辑真值表见图 12.2.3(c)。非

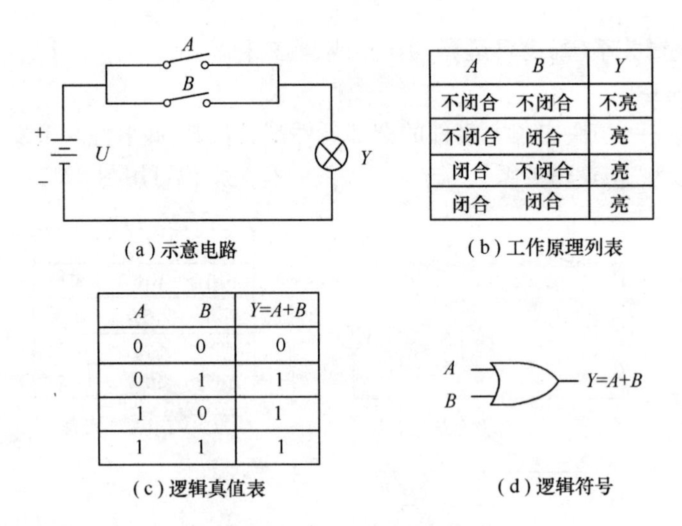

A	B	Y
不闭合	不闭合	不亮
不闭合	闭合	亮
闭合	不闭合	亮
闭合	闭合	亮

A	B	Y=A+B
0	0	0
0	1	1
1	0	1
1	1	1

(a) 示意电路　(b) 工作原理列表

(c) 逻辑真值表　(d) 逻辑符号

图 12.2.2　或逻辑关系

逻辑函数式为 $Y=A'$。非运算的规则为 $0'=1$；$1'=0$。非逻辑关系可用图 12.2.3(d)所示的逻辑符号来表示。

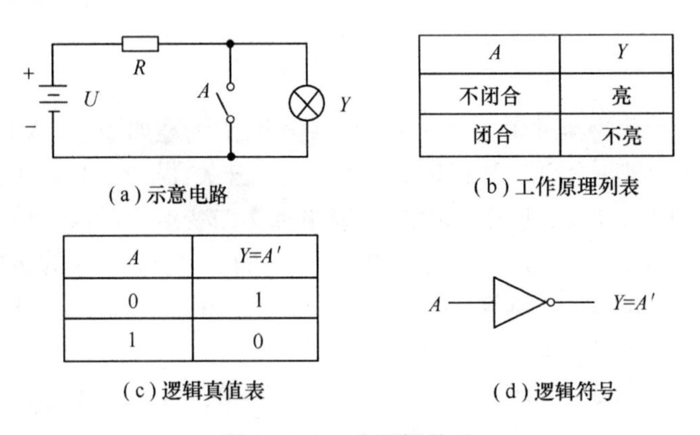

A	Y
不闭合	亮
闭合	不亮

A	Y=A′
0	1
1	0

(a) 示意电路　(b) 工作原理列表

(c) 逻辑真值表　(d) 逻辑符号

图 12.2.3　非逻辑关系

4. 简单的复合逻辑运算

任何复杂的逻辑运算都可由与、或、非三种基本逻辑运算组合而成。在实际应用中，为了使数字电路的设计更加方便，还常常使用其他几种简单的复合逻辑运算。

(1) 与非运算。与非运算由与运算和非运算组合而成，二输入与非运算如图 12.2.4 所示。

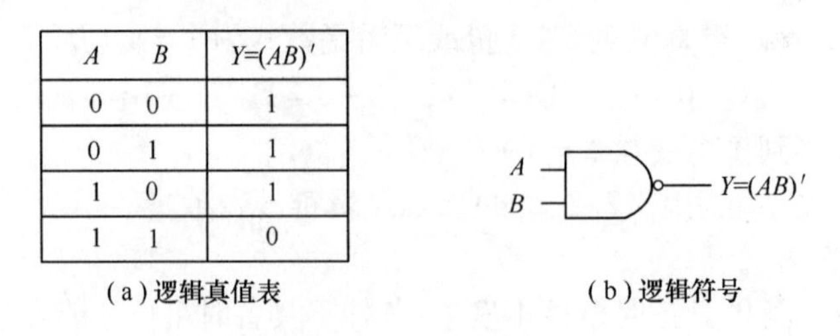

A	B	Y=(AB)′
0	0	1
0	1	1
1	0	1
1	1	0

(a) 逻辑真值表　(b) 逻辑符号

图 12.2.4　与非逻辑运算

(2) 或非运算。或非运算由或运算和非运算组合而成，二输入或非运算如图 12.2.5 所示。

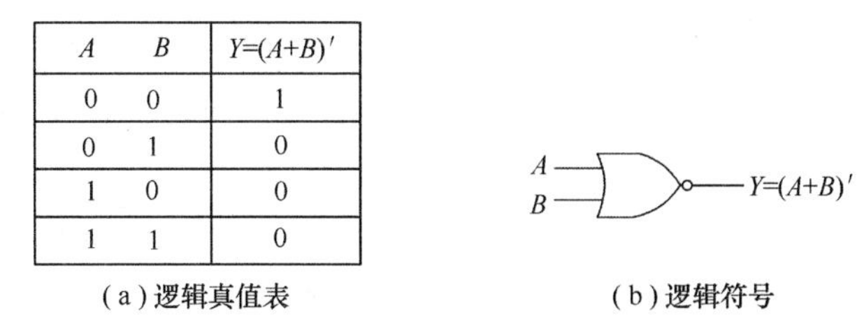

A	B	$Y=(A+B)'$
0	0	1
0	1	0
1	0	0
1	1	0

(a) 逻辑真值表　　(b) 逻辑符号

图 12.2.5　或非逻辑运算

(3) 异或运算。当两个变量取值相同时，逻辑函数值为 0；当两个变量取值不同时，逻辑函数值为 1，这样的逻辑运算为异或运算。二输入异或运算的真值表如图 12.2.6(a) 所示，其函数式为 $Y=A'B+AB'=A\oplus B$，图 12.2.6(b) 所示为二输入异或运算的逻辑符号。

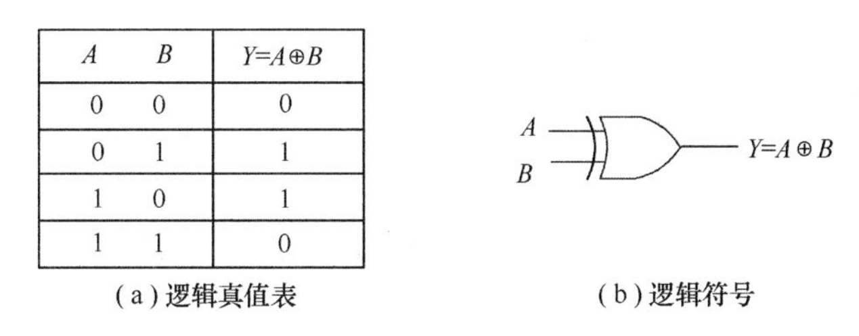

A	B	$Y=A\oplus B$
0	0	0
0	1	1
1	0	1
1	1	0

(a) 逻辑真值表　　(b) 逻辑符号

图 12.2.6　异或逻辑运算

(4) 同或运算。当两个变量取值相同时，逻辑函数值为 1；当两个变量取值相异时，逻辑函数值为 0，这样的逻辑运算为同或运算。二输入同或运算的真值表如图 12.2.7(a) 所示，其函数式为 $Y=A'B'+AB=A\odot B$。不难证明，同或和异或的逻辑关系互为相反，所以同或逻辑符号表示成异或非即可，如图 12.2.7(b) 所示。

A	B	$Y=A\odot B$
0	0	1
0	1	0
1	0	0
1	1	1

A
B
Y=A⊙B

(a) 逻辑真值表　　(b) 逻辑符号

图 12.2.7　同或逻辑运算

12.2.3　逻辑代数的基本公式

逻辑代数有一套完整的定理和定律，均以基本公式的形式表示，用它们对逻辑函数进行化简、变换，可以实现对逻辑电路的分析与设计。

1. 逻辑代数的基本公式

逻辑代数的基本公式如表 12.2.3 所列。

表 12.2.3　逻辑代数的基本公式

名称	与逻辑关系	或逻辑关系
0—1 律	$A \cdot 1 = A$;　$A \cdot 0 = 0$	$A + 1 = 1$;　$A + 0 = A$
互补律	$AA' = 0$	$A + A' = 1$
重叠律	$AA = A$	$A + A = A$
交换律	$AB = BA$	$A + B = B + A$
结合律	$A(BA) = (AB)A$	$A + (B + A) = (A + B) + A$
分配律	$A(B + C) = AB + AC$	$A = BC = (A + B)(A + C)$
反演律	$(AB)' = A' + B'$	$(A + B)' = A'B'$
吸收律	$A(A + B) = A$ $A(A' + B) = AB$ $(A + B)(A' + B)(B + C) = (A + B)(A' + C)$	$A + AB = A$ $A + A'B = A + B$ $AB + A'C + BC = AB + A'C$
对合律	$A'' = A$	

2. 基本公式的证明

表 12.2.3 中略为复杂的公式可列真值表证明,也可用其他更简单的公式证明。

【**例 12.2.4**】试证明吸收律 $A + A'B = A + B$。

【**证法一**】用真值表证明。用真值表证明即检验等式两边的函数值是否一致,只要列出等式两边的函数值即可得证,如表 12.2.4 所列。由表可知,在输入变量的任何取值下,等式两边的函数值都是相等的,故等式成立。

表 12.2.4　证明 $A + A'B = A + B$

A　B	$A + A'B$	$A + B$
0　0	0	0
0　1	1	1
1　0	1	1
1　1	1	1

【**证法二**】用其他更简单的公式证明。

$$A + A'B = A(B + B') + A'B = AB + AB' + A'B = AB + AB + AB' + A'B$$

$$= (AB + AB') + (AB + A'B) = A(B + B') + (A + A')B = A + B$$

得证。

3. 基本公式的推广

基本公式的推广实际上就是要注意基本公式的变形形式。

【**例 12.2.5**】公式 $A + A'B = A + B$ 的推广。

$$A + A'BC = A + BC$$

$$AB + (AB)'C = AB + C$$

$$A' + AB = A' + B$$

12.2.4　逻辑函数的表示方法

逻辑函数的表示方法常用的有 5 种,即逻辑真值表、逻辑函数式、逻辑图、波形图和卡诺图等,下面分别介绍。

【例 12.2.6】某逻辑电路,有两个输入端 A、B,一个输出端 Y。电路能对 A、B 两路信号进行比较,当 A、B 相异时,电路输出端 Y 为 1;A、B 相同时,Y 为 0。试分别用上述五种表示法表示其逻辑关系。

【解】

1. 逻辑函数的真值表

根据题意,列出输入变量 A、B 和输出变量 Y 的逻辑值,一般用正逻辑,如表 12.2.5 所示,此表即为例 12.2.6 的真值表。

表 12.2.5　例 12.2.6 的真值表

输入	输出
A　B	Y
0　0	0
0　1	1
1　0	1
1　1	0

2. 逻辑函数的函数式

由真值表写逻辑函数式首先要掌握逻辑变量的"最小项",下面先介绍最小项。

(1) 最小项。在 n 变量的逻辑函数中,若 m 是包含 n 个因子的乘积项,而且这 n 个变量均以原变量或反变量的形式在 m 中出现一次,则称 m 为该组变量的最小项。

n 变量的全部最小项共有 2^n 个。如二变量的全部最小项共有 $2^2=4$ 个,如表 12.2.6 所列。类推,三变量的全部最小项共有 $2^3=8$ 个,具体内容读者可自己列出,其编号为 $m_0\sim m_7$;四变量的全部最小项有 $2^4=16$ 个,编号为 $m_0\sim m_{15}$。

表 12.2.6　二变量全部最小项

最小项	使最小项的值为 1 的变量取值	对应的十进制数	编号
$A'B'$	0　0	0	m_0
$A'B$	0　1	1	m_1
AB'	1　0	2	m_2
AB	1　1	3	m_3

(2) 函数式。在逻辑函数的真值表中,依次找出函数值等于 1 的输入变量的最小项,把这些最小项相加,就得到相应的逻辑函数的表达式。根据表 12.2.6 可写出例 12.2.6 的逻辑函数式

$$Y=A'B+AB'=m_1+m_2=\sum(m_1,m_2)=\sum(1,2) \tag{12.2.1}$$

3. 逻辑函数的逻辑图

逻辑图就是将函数式中的基本逻辑关系,用它们对应的逻辑符号表示而构成的图形。式(12.2.1)的逻辑图如图 12.2.8 所示。

4. 逻辑函数的波形图

例 12.2.6 的逻辑关系也可用图 12.2.9 所示的波形图来表示,当输入信号的波形如图 12.2.9 中 A、B 所示时,按题意,输出信号的波形必定如图 12.2.9 中 Y 所示。

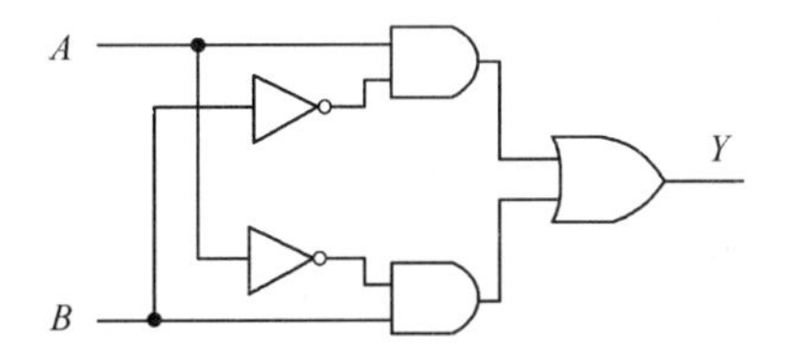

图 12.2.8　例 12.2.6 的逻辑图

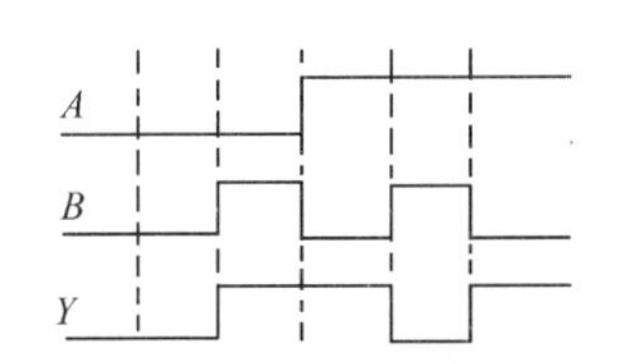

图 12.2.9　例 12.2.6 的波形图

5. 逻辑函数的卡诺图

逻辑函数的卡诺图将在后续内容"逻辑函数的卡诺图化简法"中一并介绍。

既然同一个逻辑函数可以用不同的方法描述,那么,这些方法之间必能互相转换。如何转换,读者可自己归纳。

12.2.5 逻辑函数的公式化简法

逻辑函数越简单,实现这个逻辑函数所用的电子器件也就越少,成本就越低,因此在设计逻辑电路时通常先对逻辑函数进行化简。逻辑函数的化简方法常用的有公式化简法和卡诺图化简法两种。这里先介绍公式化简法。

1. 逻辑函数的最简标准

常见逻辑函数式的形式有"与或式"和"与非式"两种。最简与或式的标准是:函数式中进行或运算的项最少,每一项中进行与运算的因子最少。要获得最简与非式,只要将最简与或式取两次非再反演即可。

【例 12.2.7】将逻辑函数 $Y=AB+A'C+B'C$ 化为"最简与或式"和"最简与非式"。

【解】

$$\begin{aligned} Y &= AB+A'C+B'C=AB+(A'+B')C \\ &= AB+(AB)'C=AB+C(\text{最简与或式}) \\ &= (AB+C)''=((AB)'C')'(\text{最简与非式}) \end{aligned}$$

例 12.2.7 最简与或式和最简与非式对应的逻辑图如图 12.2.10 所示。由图可知,按最简与或式 $AB+C$ 实现例 12.2.7 的逻辑关系需要两种逻辑运算,即二输入或运算、二输入与运算;而按最简与非式 $((AB)'C')'$ 实现例 12.2.7 的逻辑关系只需要一种逻辑运算,即二输入与非运算。由此看来,按最简与非式实现某逻辑函数,有可能所用集成芯片最少、成本最低。

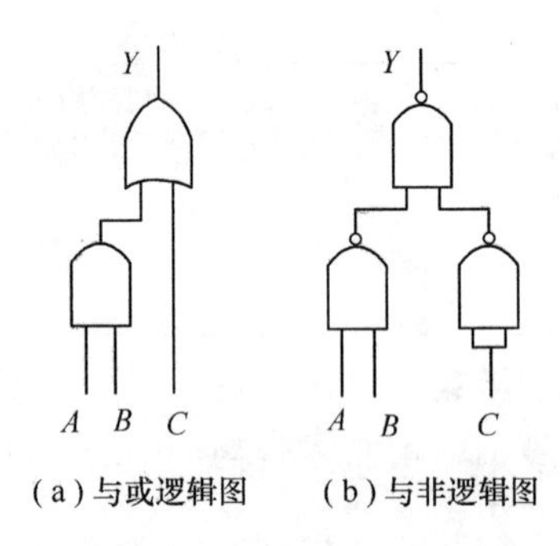

图 12.2.10 例 12.2.7 最简逻辑图

2. 逻辑函数的公式化简法

用逻辑代数的基本公式化简逻辑函数,没有固定的步骤,但常用以下几种化简方法。

(1) 并项法。运用公式 $A+A'=1$,将两项合并为一项,消去一个变量。如

$$Y=ABC'+ABC=AB(C'+C)=AB$$

(2) 消去法。运用吸收律 $A+A'B=A+B$ 消去多余的因子。如

$$Y=AB+A'C+B'C=AB+(A'+B')C=AB+(AB)'C=AB+C$$

(3) 配项法。先增加必要的乘积项(乘以 $A+A'$ 或加上 AA'),再用以上方法化简。如

$$\begin{aligned} A+A'B &= A(B+B')+A'B=AB+AB'+A'B=AB+AB+AB'+A'B \\ &= (AB+AB')+(AB+A'B)=A(B+B')+(A+A')B=A+B \end{aligned}$$

在化简逻辑函数时,必须灵活运用上述方法。

12.2.6 逻辑函数的卡诺图化简法

公式化简法的优点是不受变量数目的限制。缺点是没有固定的步骤,需要熟练运用各种公式和定理,有时很难判定化简结果是否最简。利用卡诺图化简逻辑函数会很直观,而且很容易将函数化到最简。卡诺图化简法是一种图形法,是由美国工程师卡诺(Karnaugh)首先提出的。

1. 卡诺图

将 n 变量的全部最小项各用一个小方块表示,并使逻辑相邻的最小项在几何位置上也相邻地排列,所得图形即 n 变量全部最小项的卡诺图。

“逻辑相邻的最小项”指那些只有一个因子不同的最小项,如 $A'B'C'$ 和 $A'BC'$ 就是逻辑相邻的最小项。

将逻辑相邻的两个最小项合并,可消去一对不相同的因子。如

$$A'B'C' + A'BC' = A'C'(B' + B) = A'C' \qquad (12.2.2)$$

(1) 一变量卡诺图。设一变量为 A,其全部最小项有 A' 和 A 两个,图 12.2.11 即为一变量卡诺图。图形外侧标注的 0 和 1 表示使对应方格中最小项的值为 1 时的变量取值。

图 12.2.11 一变量卡诺图

(2) 二变量卡诺图。设二变量为 A、B,全部最小项有 $m_0 \sim m_3$ 四个,其卡诺图如图 12.2.12 所示。

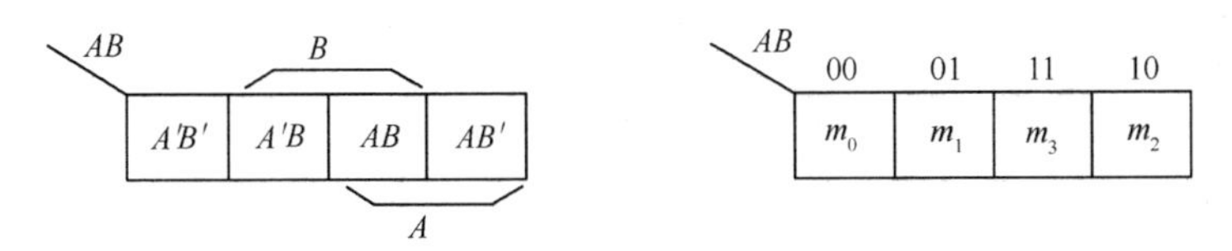

图 12.2.12 二变量卡诺图

(3) 三变量卡诺图。设三变量为 A、B、C,全部最小项有 $m_0 \sim m_7$ 八个,其卡诺图如图 12.2.13 所示。

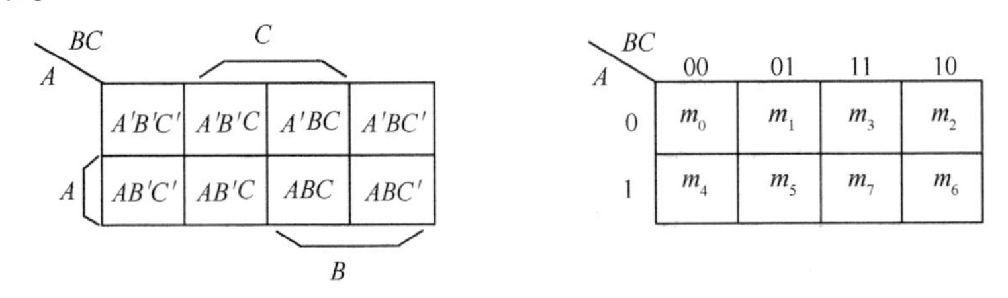

图 12.2.13 三变量卡诺图

(4) 四变量卡诺图。设四变量为 A、B、C、D,全部最小项有 $m_0 \sim m_{15}$ 十六个,其卡诺图如图 12.2.14 所示。

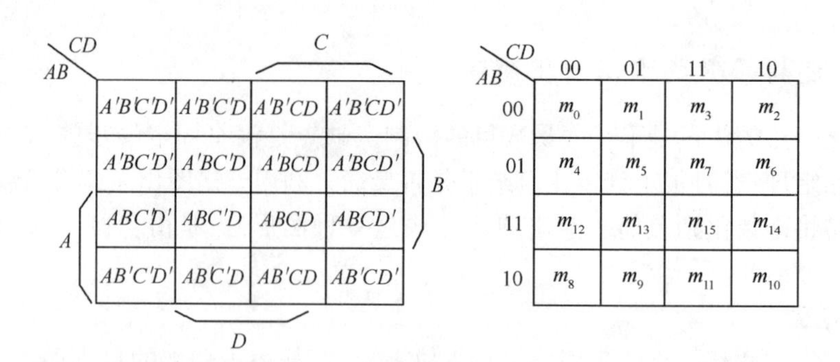

图 12.2.14　四变量卡诺图

仔细观察可以发现,卡诺图具有下列两种逻辑相邻性:

① 直观相邻性。只要小方格在几何位置上相邻,则其上、下、左、右,小方格中的最小项在逻辑上一定是相邻的。

② 对边相邻性。与中心轴对称的左、右两边和上、下两边的小方格中的最小项在逻辑上也一定是相邻的。

2. 用卡诺图表示逻辑函数

要利用卡诺图化简逻辑函数,首先必须将要化简的逻辑函数在卡诺图中表示出来。用卡诺图表示逻辑函数的步骤如下:

(1) 把已知逻辑函数式化为最小项之和的形式。

(2) 将函数式中包含的最小项在卡诺图对应的方格中填 1,没有包含的最小项在卡诺图对应的方格中填 0。

【例 12.2.8】用卡诺图表示 $Y_1 = AC' + A'C + BC' + B'C$。

【解】Y_1为三变量逻辑函数,化成最小项之和形式为

$$Y_1(ABC) = \sum(m_1, m_2, m_3, m_4, m_5, m_6)$$

将函数式中包含的最小项 m_1、m_2、m_3、m_4、m_5、m_6在三变量卡诺图对应的方格中填 1,没有包含的最小项 m_0、m_7在卡诺图对应的方格中填 0,即得函数 Y_1的卡诺图,如图 12.2.15 所示。

Y_1 A \ BC	00	01	11	10
0	0	1	1	1
1	1	1	0	1

图 12.2.15　例 12.2.8 的卡诺图

3. 逻辑函数的卡诺图化简法

利用卡诺图化简逻辑函数的方法称为卡诺图化简法或图形化简法。

卡诺图化简法的化简依据是,将逻辑相邻的最小项合并时,成对不相同的因子可以消去,见式(12.2.2)。

卡诺图化简法的化简规则为:能够合并(画卡诺圈)在一起的最小项是 2^n 个($n = 0, 1, 2, 3, \cdots$)。以圈“1”为例,卡诺图中所有的“1”都必须圈到,不能合并的“1”必须单独画圈。

值得注意的是,卡诺圈的数目越少、卡诺圈内包含的最小项越多,化简结果将越简单。以四变量为例,根据化简规则会有如图 12.2.16 所示几种可能。

若没有相邻项,如图 12.2.16(a)所示,就单独画卡诺圈,函数式为 $A'B'C'D$。

若两个最小项逻辑相邻,如图 12.2.16(b)所示,合并为一项后可消去一对不相同的因子,合并结果只剩下 3 个公共因子 $A'C'D$。

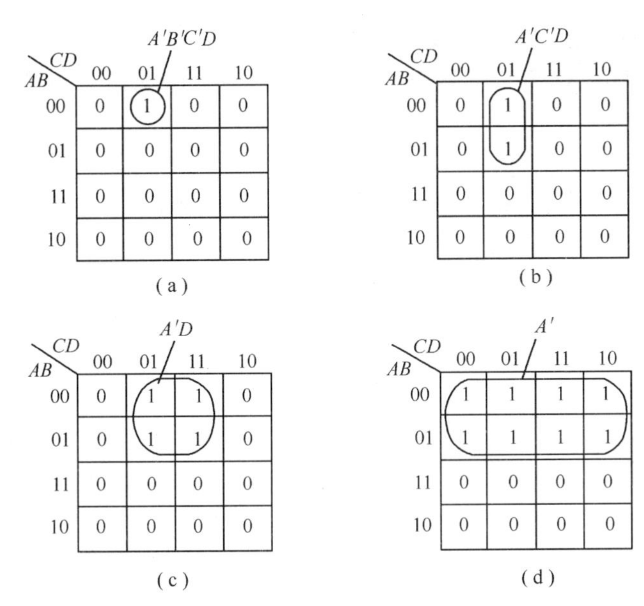

图 12.2.16　化简规则示意

若 4 个最小项逻辑相邻，如图 12.2.16(c)所示，合并为一项后可消去两对不相同的因子，合并结果只剩下两个公共因子 $A'D$。

若 8 个最小项逻辑相邻，如图 12.2.16(d)所示，合并为一项后可消去 3 对不相同的因子，合并结果只剩下一个公共因子 A'。

用卡诺图化简逻辑函数的步骤如下：

(1) 画出逻辑函数的卡诺图。

(2) 合并逻辑相邻的最小项(画卡诺圈)。

(3) 写出将每个卡诺圈内的最小项合并以后，消不掉的公共因子。

(4) 将各公共因子相加(逻辑加)。

【例 12.2.9】 用卡诺图化简 $Y_1 = AC' + A'C + BC' + B'C$ 为最简与或式。

【解】 已知 Y_1 的卡诺图如图 12.2.15 所示，按化简规则对可以合并的最小项画卡诺圈时发现，例 12.2.9 有两种合并最小项的方案：

按图 12.2.17 所示合并最小项，化简结果为 $Y_{11} = AB' + BC' + A'C$。

按图 12.2.18 所示合并最小项，化简结果为 $Y_{12} = A'B + B'C + AC'$。

两个化简结果都符合最简与或式的标准，由此例可知，一个逻辑函数的卡诺图是唯一的，但化简结果可能不唯一。

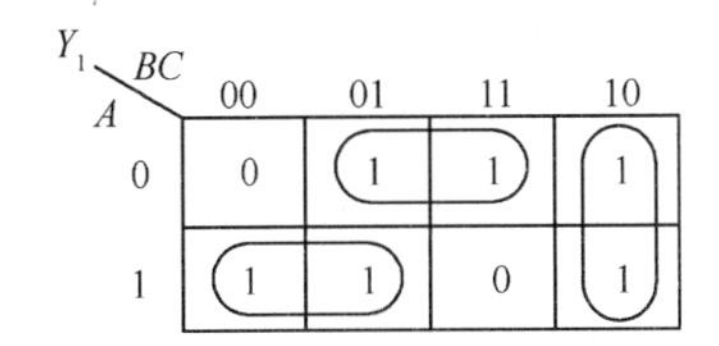

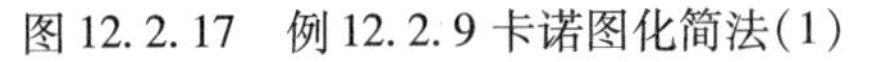
图 12.2.17　例 12.2.9 卡诺图化简法(1)

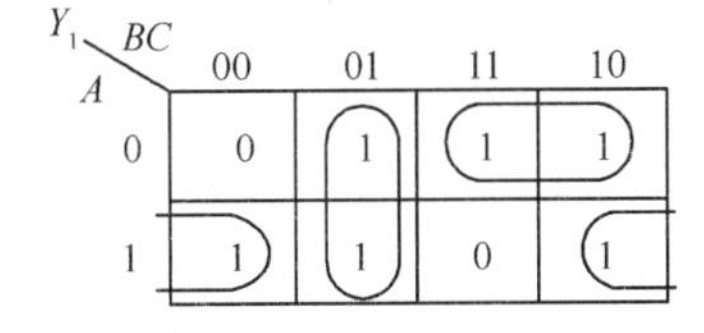

图 12.2.18　例 12.2.9 卡诺图化简法(2)

【例 12.2.10】 用卡诺图将逻辑函数 Y_2 化简为最简与或式。

$$Y_2(ABCD) = \sum m(0,2,3,4,6,7,10,11,14,15)$$

【解】Y_2的卡诺图如图 12.2.19 所示，化简结果为 $Y_2 = C + A'D'$。由此例得知：

(1) 在卡诺图中，对边是逻辑相邻的。如 $A'D'$ 卡诺圈就是利用了对边的逻辑相邻性。

(2) 为了卡诺圈内包含的最小项尽可能多，允许卡诺圈重叠，如 C 卡诺圈。

【例 12.2.11】 用卡诺图将逻辑函数 Y_3化简为最简与或式。

$$Y_3 = C'D' + A'BC'D + ABC'D + B'CD'$$

【解】Y_3的卡诺图如图 12.2.20 所示，化简后的最简与或式为 $Y_3 = BC' + B'D'$。

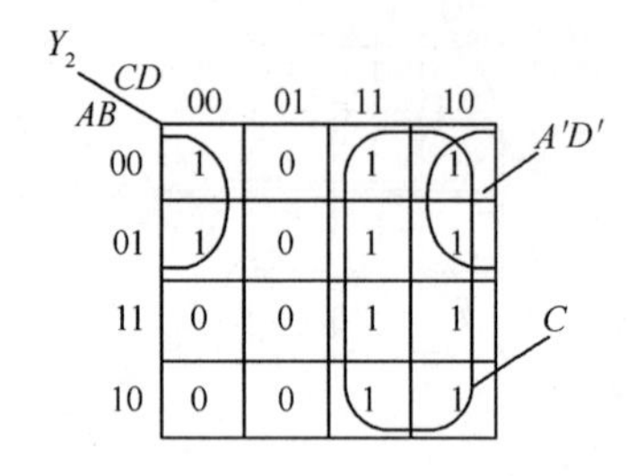

图 12.2.19　例 12.2.10 卡诺图

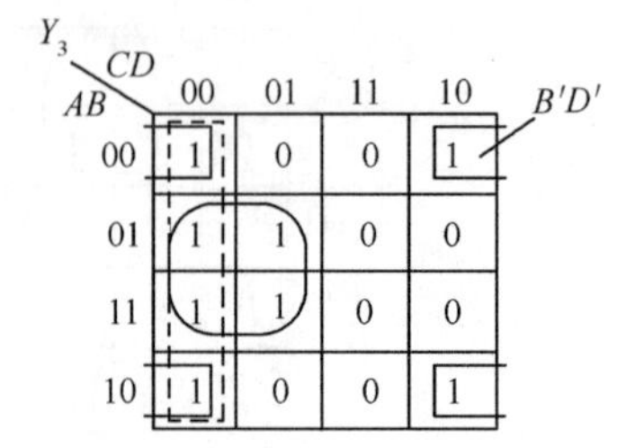

图 12.2.20　例 12.2.11 卡诺图

【注意】(1)图中的 $B'D'$卡诺圈是利用了四角的逻辑相邻性。

(2)图中的虚线卡诺圈是多余的，不应该画出。

12.3　基本门电路

在 12.2 节初步认识了与、或、非三种基本逻辑运算和与非、或非、同或、异或等常用复合逻辑运算。工程中，每一种逻辑运算都可以用电路来实现，这些电路均由二极管、三极管或 MOS 构成。能实现逻辑运算的单元电路称为门电路，门电路是数字电路的基本逻辑单元。通常把分立元件构成的门电路称为基本门电路，所有门电路都可通过集成工艺制作成集成器件，集成器件门电路被称为集成逻辑门电路，本节介绍基本门电路。

由于门电路中的二极管、三极管、MOS 管通常工作在开关状态，所以下面首先介绍二极管、三极管、MOS 管在开关状态下的工作特性。

12.3.1　二极管与三极管开关等效电路

1. 二极管静态开关等效电路

二极管开关电路如图 12.3.1(a)所示，设二极管为理想二极管。静态情况下，当 $U_I = 1$ 使二极管两端的电压 $U_a > U_b$时，二极管导通，其等效电路如图 12.3.1(b)所示，相当于开关闭合；当 $U_I = 0$ 使二极管两端的电压 $U_a \leqslant U_b$时，二极管截止，其等效电路如图 12.3.1(c)所示，相当于开关断开。

由此可见，二极管在电路中表现为一个受外加电压 U_I控制的开关。当 U_I为连续脉冲信号时，二极管将随着脉冲电压的变化在“开”与“关”之间转换。当然，在转换期间，二极管内部电荷有一个“建立”和“消失”的过程，需要一定的时间（纳秒量级），这个转换过程是二极管开关的动态特性。动态特性这里不作讨论。

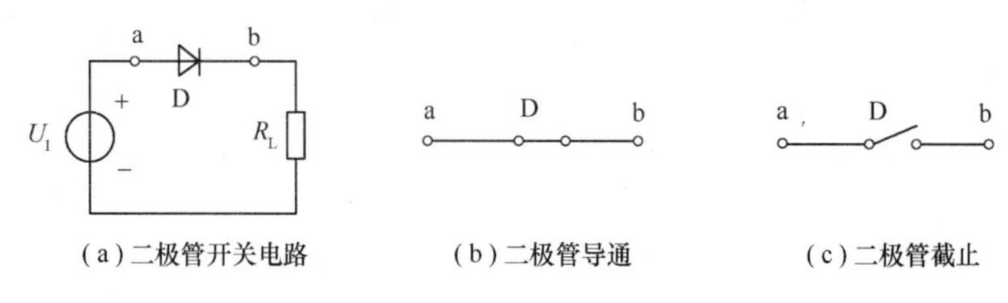

(a)二极管开关电路　　(b)二极管导通　　(c)二极管截止

图 12.3.1　二极管静态开关等效电路

2. 三极管静态开关等效电路

三极管开关电路如图 12.3.2(a)所示,设三极管为理想三极管。静态情况下,当三极管的输入电压 $U_I=1$ 时,三极管饱和导通,其等效电路如图 12.3.2(b)所示,相当于开关闭合;当 $U_I=0$ 时,三极管截止,其开关等效电路如图 12.3.2(c)所示,相当于开关断开。

同二极管一样,若三极管输入电压为连续脉冲信号,三极管将在“开”与“关”之间转换。三极管在两种状态之间转换时,内部电荷也有一个“建立”和“消失”的过程,也需要一定的时间(纳秒量级),此时三极管的开关特性是动态特性。动态特性这里不作讨论。

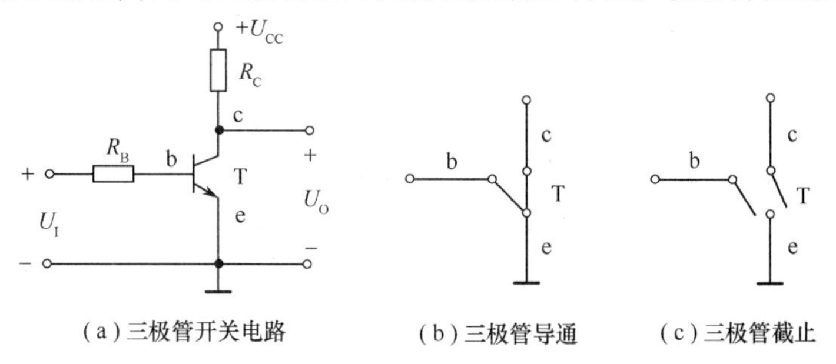

(a)三极管开关电路　　(b)三极管导通　　(c)三极管截止

图 12.3.2　三极管静态开关等效电路

12.3.2　二极管与门电路

能实现与逻辑运算的电路称为与门电路,以二输入为例,二极管与门电路如图 12.3.3(a)所示,图 12.3.3(b)是它的逻辑符号。设二极管 D_A 和 D_B 为理想二极管,电源电压为 5V,输入信号为 +3V ~ 0V 的矩形脉冲信号,则有:

(1) $U_A=U_B=0V$ 时,D_A 和 D_B 都导通,由于二极管导通时的钳位作用,使 $U_Y\approx0V$。

(2) $U_A=0V$,$U_B=3V$ 时,D_A 导通,D_A 钳位使 $U_Y\approx0V$;D_B 受反向电压控制而截止。

(3) $U_A=3V$,$U_B=0V$ 时,D_B 导通,D_B 钳位使 $U_Y\approx0V$,D_A 受反向电压控制而截止。

(4) $U_A=U_B=3V$ 时,D_A 和 D_B 都导通,$U_Y\approx3V$。

上述分析过程归纳于表 12.3.1 中,此表为与门输入/输出电压关系表。若采用正逻

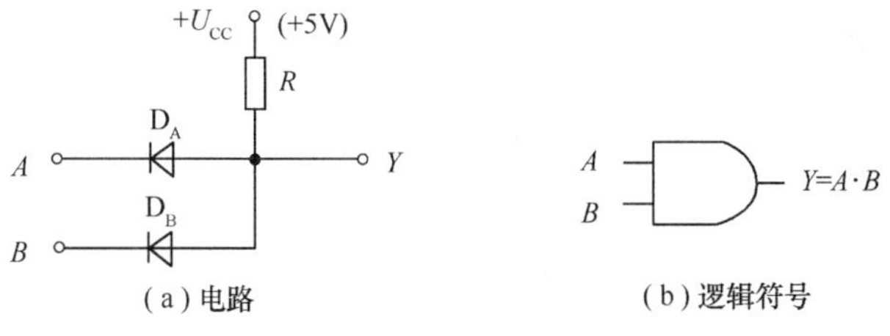

(a)电路　　(b)逻辑符号

图 12.3.3　二极管与门电路举例

辑体制，则由表 12.3.1 可得出表 12.3.2 所示的真值表，从而可知图 12.3.3(a)所示电路实现的是与逻辑功能 $Y=AB$。

表 12.3.1 与门输入/输出电压关系

输入		输出
U_A	U_B	U_Y
0V	0V	0V
0V	3V	0V
3V	0V	0V
3V	3V	3V

表 12.3.2 与逻辑真值表

输入		输出
A	B	Y
0	0	0
0	1	0
1	0	0
1	1	1

在图 12.3.3 所示电路的输入端再并联一个二极管，就可构成三输入与门电路。按此办法可构成更多输入端的与门电路。

12.3.3 二极管或门电路

能实现或逻辑运算的电路称为或门电路，以二输入为例，二极管或门电路如图 12.3.4(a)所示，图 12.3.4(b)是它的逻辑符号。设二极管 D_A 和 D_B 为理想二极管，电源电压为 5V，输入信号为 +3V ~ 0V 的矩形脉冲信号，则有：

(1) $U_A=U_B=0V$ 时，D_A 和 D_B 都截止，电路中没有电流，$U_Y \approx 0V$。

(2) $U_A=0V$，$U_B=3V$ 时。D_B 导通，D_B 钳位使 $U_Y \approx 3V$，D_A 受反向电压控制而截止。

(3) $U_A=3V$，$U_B=0V$ 时，D_A 导通，D_A 钳位使 $U_Y \approx 3V$，D_B 受反向电压控制而截止。

(4) $U_A=U_B=3V$ 时，D_A 和 D_B 都导通，$U_Y \approx 3V$。

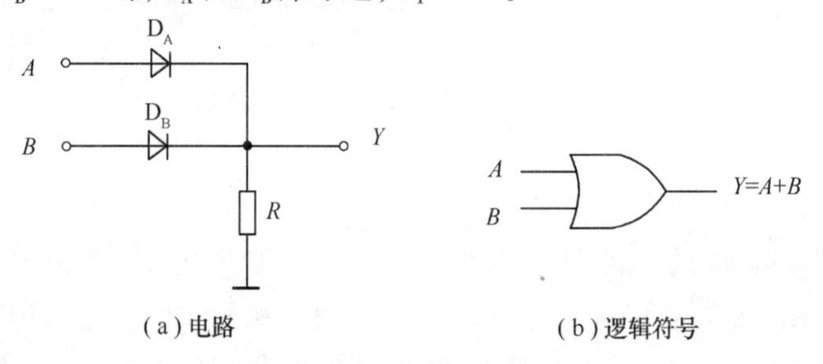

(a) 电路　　(b) 逻辑符号

图 12.3.4 二极管或门举例

上述分析过程归纳于表 12.3.3 中，其真值表见表 12.3.4，由表可知，图 12.3.4(a)所示电路实现的是或逻辑功能 $Y=A+B$。

表 12.3.3 或门输入/输出电压关系

输入		输出
U_A	U_B	U_Y
0V	0V	0V
0V	3V	3V
3V	0V	3V
3V	3V	3V

表 12.3.4 或逻辑真值表

输入		输出
A	B	Y
0	0	0
0	1	1
1	0	1
1	1	1

在图 12.3.4 所示的输入端再并联一个二极管，就可构成三输入或门电路。按此办法可构成更多输入端的或门电路。

12.3.4 三极管非门电路

能实现非逻辑运算的电路称为非门电路，图 12.3.5(a)是由三极管组成的非门电路，图 12.3.5(b)是它的逻辑符号，非门又称反相器。

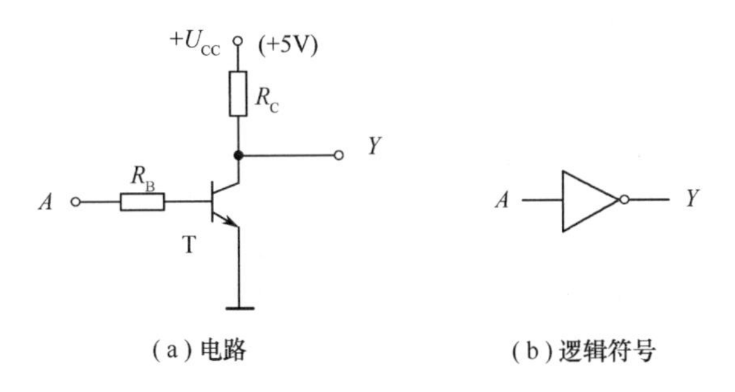

(a) 电路　　(b) 逻辑符号

图 12.3.5　三极管非门

设三极管 T 为理想三极管，电源电压为 5V，输入信号为 +3V ~ 0V 的矩形脉冲信号，则有：

(1) $U_A = 0V$ 时，三极管的发射结电压小于死区电压，三极管截止，$U_Y = U_{CC} = 5V$。

(2) $U_A = 3V$ 时，三极管的发射结正偏，三极管导通，只要合理选择电路参数，使其满足饱和条件，就可以使三极管工作于饱和状态，使 $U_Y = U_{CES} \approx 0V(\leqslant 0.2V)$。

上述分析过程归纳于表 12.3.5 中，其真值表见表 12.3.6。由表可知，图 12.3.5(a)所示电路实现的是非逻辑功能，即 $Y = A'$。

表 12.3.5　非门输入/输出电压关系

输 入	输 出
U_A	U_Y
0V	5V
3V	0V

表 12.3.6　非逻辑真值表

输 入	输 出
A	Y
0	1
1	0

将二极管与门、或门与三极管非门相组合，就可以构成与非门、或非门等各种门电路。这里不再赘述。

12.4 CMOS 门电路

把一个电路中所有的元器件，包括二极管、三极管、MOS 管、电阻及导线等都制作在一块半导体芯片上，就是集成电路。根据制造工艺的不同，集成电路又分单极型(CMOS 电路)和双极型(TTL 电路)两大类。下面首先介绍 CMOS 门电路。

12.4.1 CMOS 非门

CMOS 门电路采用 MOS 管作为开关元件，通常由 N 型 MOS 管(记为 NMOS 管或 T_N 管)和 P 型 MOS 管(记为 PMOS 管或 T_P 管)互补构成，因此称其为互补型 MOS 门电路，简称 CMOS 门电路。

1. MOS 管开关等效电路

MOS 管分为 T_N 管和 T_P 管两大类，T_N 管和 T_P 管又各有增强型和耗尽型两种类型。以增强型 NMOS 管为例，其开关电路如图 12.4.1(a)所示，U_{DD} 是电源电压。当 T_N 管的栅—源电压 $U_{GS} \geqslant 2V$ 时，T_N 管因导电沟道建成而导通，因此，T_N 管的开启电压 $U_{TN}=2V$。

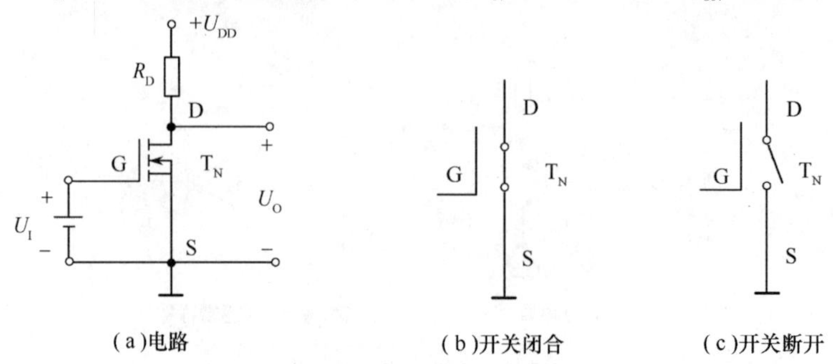

(a)电路　　(b)开关闭合　　(c)开关断开

图 12.4.1　NMOS 管开关等效电路

理想情况下，增强型 T_N 管导通时的静态开关等效电路如图 12.4.1(b)所示，相当于开关闭合；当 T_N 管栅—源电压 $U_{GS}<2V$ 时，T_N 管因导电沟道未能建成而截止，T_N 管截止时的静态开关等效电路如图 12.4.1(c)所示，相当于开关断开。

增强型 PMOS 管的开关电路如图 12.4.2(a)所示，当 T_P 管的栅—源电压 $U_{GS} \leqslant -2V$ 时，T_P 管导通，因此，T_P 管的开启电压 $U_{TP}=-2V$。理想情况下，T_P 管导通时的静态开关等效电路如图 12.4.2(b)所示，相当于开关闭合；当 T_P 管的栅—源电压 $U_{GS}>-2V$ 时，T_P 管截止，截止时的静态开关等效电路如图 12.4.2(c)所示，相当于开关断开。

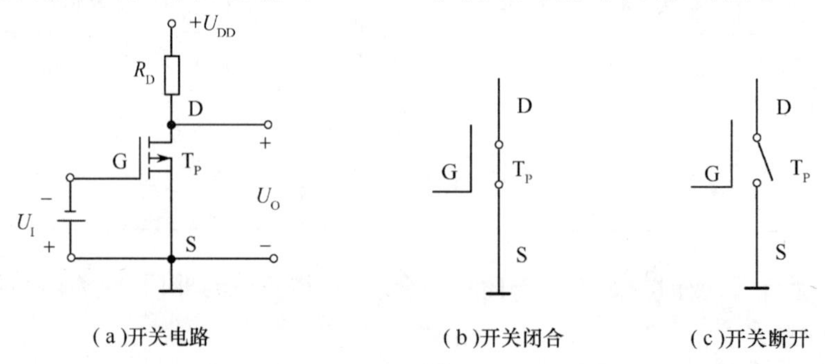

(a)开关电路　　(b)开关闭合　　(c)开关断开

图 12.4.2　PMOS 管开关等效电路

2. CMOS 非门

CMOS 非门(也称 CMOS 反相器)如图 12.4.3 所示，由 T_N 管和 T_P 管互补构成。

当输入为低电平，即 $U_I=0V$ 时，T_N 管截止，T_P 管导通，T_N 管的截止电阻约为 500MΩ，T_P 管的导通电阻约为 750Ω，所以输出 $U_O \approx U_{DD}$。即 $U_I=0$ 时，$U_O=1$。

当输入为高电平，即 $U_I=U_{DD}$ 时，T_N 导通，T_P 截止，T_N 的导通电阻约为 750Ω，T_P 的截止电阻约为 500MΩ，所以输出 $U_O \approx 0V$。即 $U_I=1$ 时，$U_O=0$。

通过上述分析可以看出，该电路实现了非逻辑功能。在 CMOS 非门电路中，无论电路处于何种状态，T_N、T_P 中总有一个截止，所以它的静态功耗极低，有微功耗电路之称。

CMOS 非门的电压传输特性如图 12.4.4 所示，它反映了电路的静态特性：

当 $U_I < U_{DD}/2$ 时,输出 $U_O \approx U_{DD}$;当 $U_I > U_{DD}/2$ 时,输出 $U_O \approx 0V$。

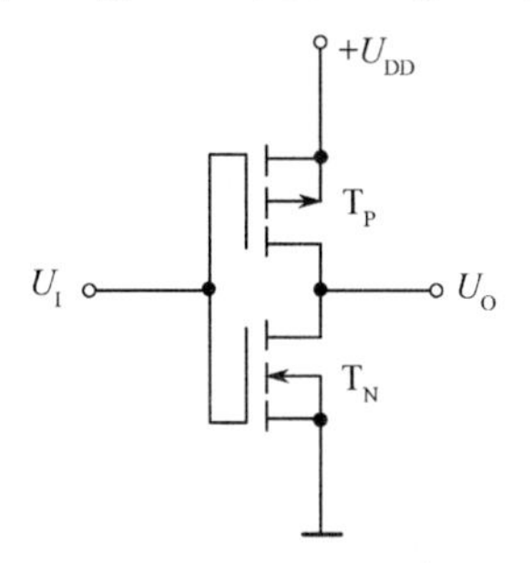

图 12.4.3 CMOS 非门电路

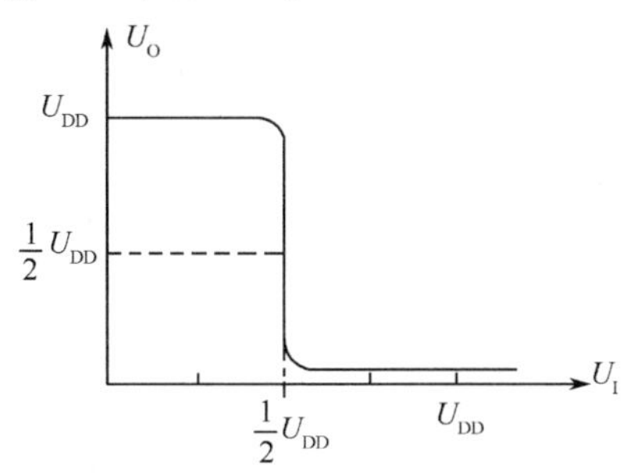

图 12.4.4 CMOS 非门电压传输特性

可见,两管在 $U_I = U_{DD}/2$ 处转换状态,所以 CMOS 门电路的阈值电压 $U_{TH} = U_{DD}/2$。所谓阈值电压,即引起输出电压突变时对应的输入电压。阈值电压 U_{TH} 是一个很重要的参数,在近似分析和估算时,常把它作为决定非门工作状态的关键值,是决定非门关门和开门的分界线,也是决定非门输出高、低电平的分界线。即 $U_I < U_{TH}$,非门关闭(封锁),输出高电平;$U_I > U_{TH}$,非门开启(打开),输出低电平。所以 U_{TH} 被形象的称为阈值电压,即门槛电压。

12.4.2 CMOS 与非门和或非门

CMOS 与非门如图 12.4.5 所示。由图 12.4.5 可以看出,当且仅当 $AB = 11$ 使 T_3、T_4 同时导通时,才有 $Y = 0$ 出现,所以电路的逻辑关系为 $Y' = AB$,即 $Y = (AB)'$。

CMOS 或非门如图 12.4.6 所示。由图 12.4.6 可以看出,当且仅当 $AB = 00$ 使 T_1、T_2 同时导通时,才有 $Y = 1$ 出现,所以电路的逻辑关系为 $Y = A'B'$,即 $Y = (A + B)'$。

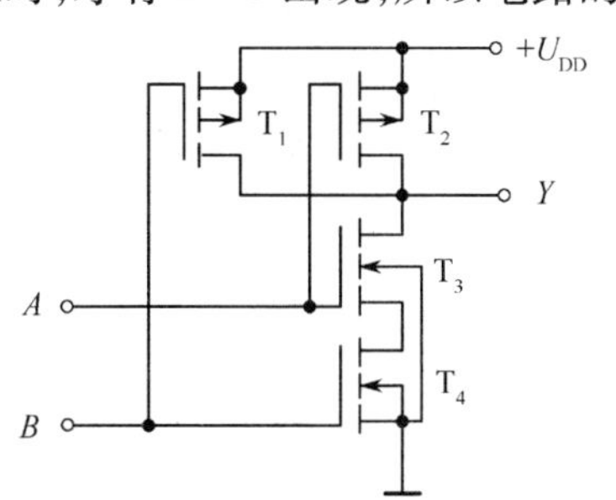

图 12.4.5 CMOS 与非门电路

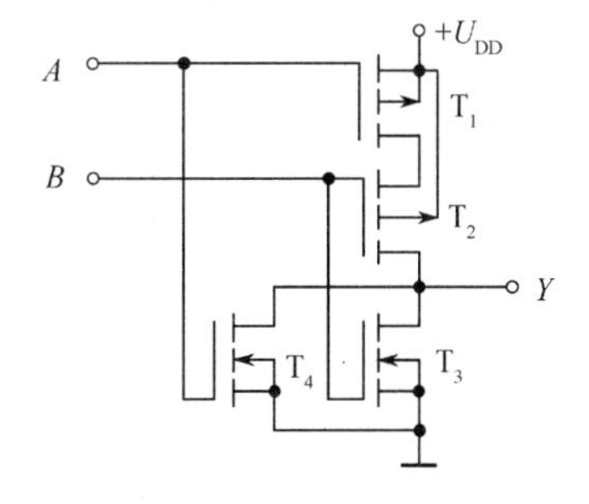

图 12.4.6 CMOS 或非门电路

12.5 TTL 门电路

另一类集成门电路是双极型(TTL)门电路。TTL 是三极管—三极管—逻辑电路(Transistor Transistor Logic,TTL)的简称。

12.5.1 TTL 非门

TTL 非门的电路构成如图 12.5.1 所示,它是 74 系列 TTL 反相器的典型电路。

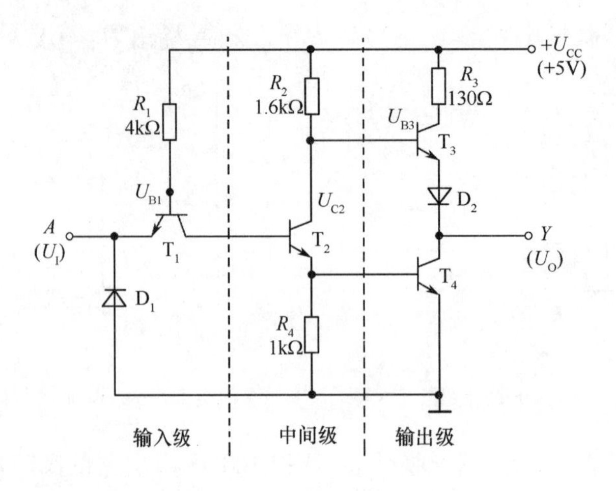

图 12.5.1 TTL 非门电路

图 12.5.1 所示电路由三部分组成，T_1、R_1和 D_1组成输入级；T_2、R_2和 R_4组成倒相级；T_3、R_3、D_2和 T_4组成输出级。

设电源电压 $U_{CC}=5V$，输入高、低电平分别为 $U_{IH}=3.4V$ 和 $U_{IL}=0.2V$，二极管、三极管 PN 结的导通电压 $U_{ON}=0.7V$。

（1）$U_I=U_{IL}=0.2V$ 时，T_1发射结导通，T_1的基极电位被钳制在 $U_{B1}=U_{IL}+U_{ON}=0.9V$，$T_1$集电结、$T_2$、$T_4$都截止。由于 T_2截止，流过 R_2的电流仅为 T_3的基极电流，这个电流较小，在 R_2上产生的压降也较小（$\leqslant 0.2V$），所以 $U_{B3}\geqslant U_{CC}-0.2V\approx 4.8V$，使 T_3和 D_2都导通，于是有

$$U_O\geqslant U_{CC}-0.2-0.7-0.7=3.4V,\qquad 即\ U_O=U_{OH}$$

（2）$U_I=U_{OH}=3.4V$ 时，T_1发射结导通，$U_{B1}=U_{IH}+U_{ON}=3.4+0.7=4.1V$，使 T_1集电结、T_2、T_4都导通，此时，$U_{B3}=U_{C2}=U_{CE2}+U_{BE4}\approx 0.9V$，导致 T_3和 D_2都截止，于是有

$$U_O=U_{CE4}\leqslant 0.2V,\qquad 即\ U_O=U_{OL}$$

可见，图 12.5.1 所示电路的输出和输入之间是反相关系，是一个非门，即 $Y=A'$。

实际上，当 $U_I=3.4V$ 使 T_1集电结、T_2、T_4都导通时，$U_{B1}\neq 4.1V$，U_{B1}被钳制在 $U_{B1}\approx 0.7\times 3=2.1V$，此时 T_1管的各极电位分别为 $U_{E1}=3.4V$，$U_{B1}=2.1V$，$U_{C1}=1.4V$，T_1管处在倒置工作状态，电流放大系数 $\beta\approx 0$。

从上述分析中还可以看到，稳态时，输出电路中的 T_3、T_4管总是一个导通另一个截止，这种电路结构被称为推拉式输出结构。

图 12.5.1 所示电路中的 D_1是输入端钳位二极管，对 T_1起保护作用，它既可以抑制输入端可能出现的负向干扰脉冲，又可以防止输入电压为负值时，T_1发射极电流过大而损坏。D_1允许通过的最大电流约为 200mA。D_2是为了使 T_3、T_4管推拉式输出结构得以实现而设置的，D_2的存在，抬高了要 T_3管导通时所需的基极电位，使得当 T_4导通时，T_3管因基极电位不够高而一定截止。

12.5.2 TTL 非门的电压传输特性

TTL 非门的电压传输特性如图 12.5.2 所示。它反映了电路的静态特性。

AB 段非门处截止状态；*BC* 段非门处过渡状态；

CD 段非门处转折状态；*DE* 段非门处导通状态。

在图 12.5.2 中，*CD* 段转折区对应的输入电压是非门电路的阈值电压 U_{TH}。具有图 12.5.2 所示电压传输特性曲线的非门的阈值电压 $U_{TH} \approx 1.4V$。

TTL 门电路有 71～74 系列，74 系列的标准参数为

$U_{OH(min)} = 2.4V$；$U_{OL(max)} = 0.4V$；$U_{IH(min)} = 2.0V$；$U_{IL(max)} = 0.8V$。

可见，TTL 门电路输入、输出的高、低电平不是一个电压值，而是一个电压范围。

12.5.3 TTL 与非门

TTL 与非门如图 12.5.3 所示，它的电路结构和 TTL 非门类似，唯一不同的是输入级的三极管 T_1 有多个发射极。

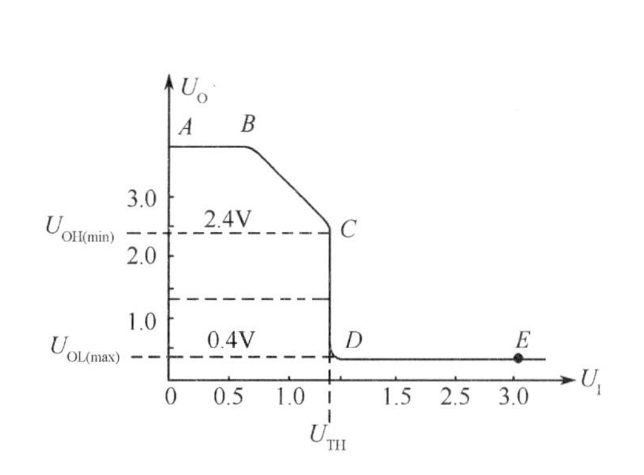

图 12.5.2 TTL 非门的电压传输特性

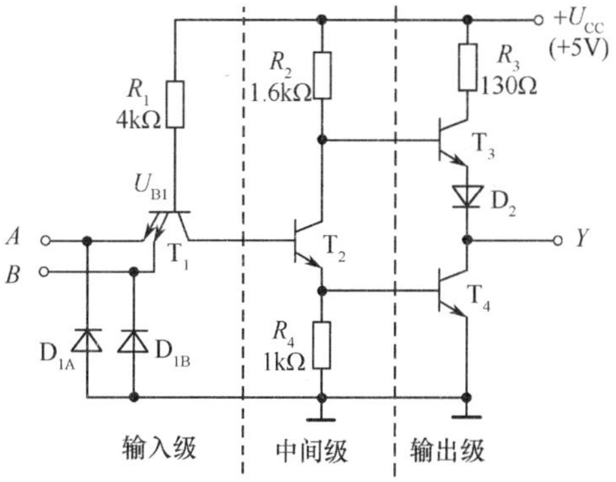

图 12.5.3 TTL 与非门电路(二输入)

由于多发射极三极管等效为二极管与门电路，因此，图 12.5.3 所示电路实现的是与非逻辑功能，即 $Y = (AB)'$。

12.6 组合逻辑电路的分析与设计

数字电路可分为组合逻辑电路和时序逻辑电路两大类，构成组合逻辑电路的基本单元是基本门。组合逻辑电路在结构上的特点是无反馈回路；在功能上的特点是无记忆，即任一时刻的输出状态只取决于该时刻的输入状态，而与电路的原输出状态无关。下面首先介绍组合逻辑电路的分析方法和设计方法，然后介绍几种常用的组合逻辑电路。

12.6.1 组合逻辑电路的分析方法

分析组合逻辑电路的目的，是为了了解和掌握组合逻辑电路实现的逻辑功能，以利于使用。分析组合逻辑电路的方法步骤是，由组合逻辑电路→写输出逻辑函数式→化简变换→写最简(或最合理)逻辑函数式→列真值表(有时可省)→分析电路的逻辑功能。

【例 12.6.1】 组合逻辑电路如图 12.6.1 所示，试分析该电路的逻辑功能。

【解】

1. 写输出逻辑函数式

写逻辑电路的输出函数式，一般从输入端开始，逐级写出即可。对于图 12.6.1 所示

电路,为了方便,可借助中间变量 P,$P=(ABC)'$,于是得

$$Y=AP+BP+CP=A(ABC)'+B(ABC)'+C(ABC)' \tag{12.6.1}$$

2. 化简与变换

一般应将逻辑函数式化简为最简与或式,或者变换为最小项之和表达式。式(12.6.1)可作以下化简与变换:

$$\begin{aligned} Y &= A(ABC)'+B(ABC)'+C(ABC)' \\ &= (A+B+C)(ABC)'(\text{用反演律}) \\ &= ((A+B+C)'+ABC)'(\text{再用反演律}) \\ &= (A'B'C'+ABC)'=(m_0+m_7)' \end{aligned} \tag{12.6.2}$$

3. 列真值表

由式(12.6.2)列真值表,如表 12.6.1 所列。

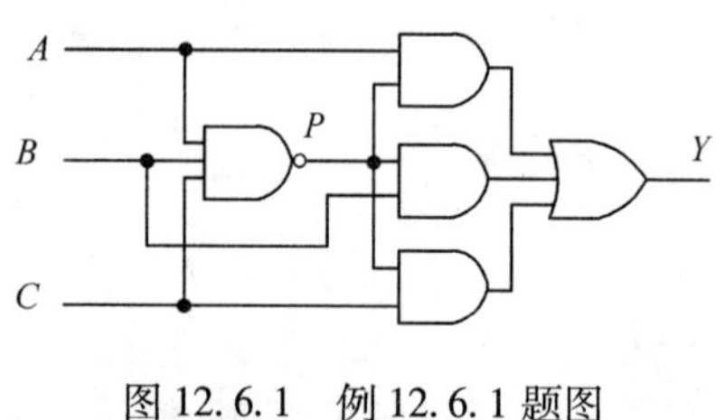

图 12.6.1　例 12.6.1 题图

表 12.6.1　例 12.6.1 的真值表

输入			输出	输入			输出
A	B	C	Y	A	B	C	Y
0	0	0	0	1	0	0	1
0	0	1	1	1	0	1	1
0	1	0	1	1	1	0	1
0	1	1	1	1	1	1	0

4. 分析逻辑功能

由真值表 12.6.1 可知,当 A、B、C 三个变量不一致时,电路输出为 1;否则为 0。所以这个电路可称为三变量不一致判别电路。

例 12.6.1 只有一个输出变量,对于多个输出变量的组合逻辑电路,其分析方法完全相同。

12.6.2　组合逻辑电路的设计方法

组合逻辑电路的设计,是为了实现特定的逻辑功能,一般要求电路尽可能简单,所用集成器件的种类最少,因此在设计过程中往往要对逻辑函数进行化简。

设计组合逻辑电路的方法步骤是:根据实际逻辑问题→列真值表→写输出逻辑函数式→化简变换→写最简(或最合理)逻辑函数式→画逻辑电路图。

【例 12.6.2】设计一个三人表决逻辑电路,结果按“少数服从多数”的原则决定。

【解】

1. 列真值表

根据设计要求列真值表,设三人的意见为变量 A、B、C,表决结果为函数 Y。按正逻辑给变量赋值:同意为“1”,不同意为“0”;提案通过为“1”,没通过为“0”,所列真值表如表 12.6.2 所示。

2. 写输出逻辑函数式

由真值表可写出例 12.6.2 的逻辑函数式为

$$Y = m_3 + m_5 + m_6 + m_7 = A'BC + AB'C + ABC' + ABC \tag{12.6.3}$$

3. 化简

将式(12.6.3)用卡诺图化简,如图12.6.2所示合并最小项,得最简与或式

$$Y = AB + BC + AC \tag{12.6.4}$$

表12.6.2　例12.6.2的真值表

输入			输出	输入			输出
A	B	C	Y	A	B	C	Y
0	0	0	0	1	0	0	0
0	0	1	0	1	0	1	1
0	1	0	0	1	1	0	1
0	1	1	1	1	1	1	1

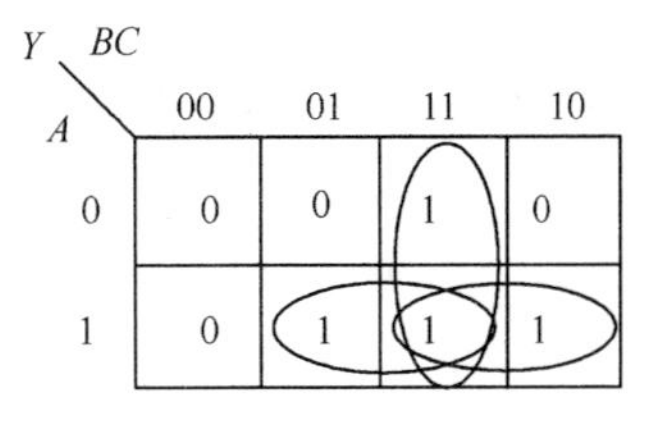

图12.6.2　例12.6.2的卡诺图

4. 画逻辑图

按式(12.6.4)用与门、或门画出的逻辑图如图12.6.3所示。如果要求用与非门实现该逻辑电路,应将函数式转换成与非式,即

$$Y = AB + BC + AC = ((AB)'(BC)'(AC)')' \tag{12.6.5}$$

按式(12.6.5)用与非门画出的逻辑图如图12.6.4所示。

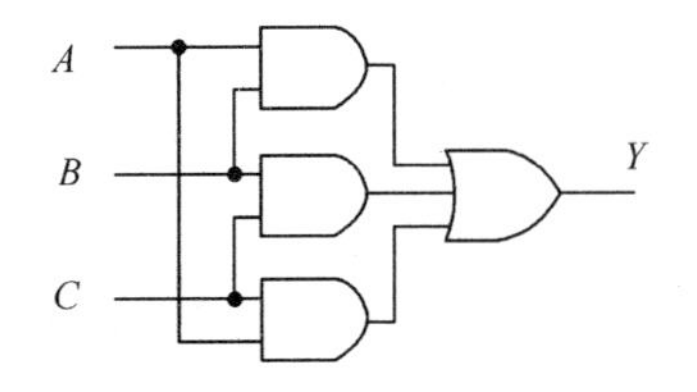

图12.6.3　例12.6.2的与—或逻辑图

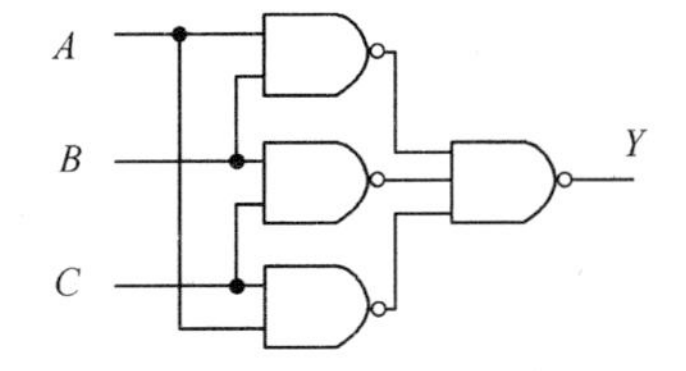

图12.6.4　例12.6.2的与非逻辑图

任何组合逻辑电路都是可以利用基本门来设计的。但是,并不是所有的组合逻辑电路都需要去设计。随着电子技术的发展,许多常用的组合逻辑电路,如加法器、编码器、译码器、数据选择器等,都已有现成的集成电路,下面重点分析这些集成电路的逻辑功能、实现原理及应用方法。

12.7　加法器

在数字系统中,加法器是构成算术运算电路的基本单元。

12.7.1　半加器

所谓半加器就是只能求本位和,不能将低位的进位信号纳入计算的加法器。

一位半加器的真值表如表12.7.1所列,表中的 A 和 B 分别表示被加数和加数,S 表示本位和,C_0表示向相邻高位的进位。由真值表可直接写出一位半加器的输出逻辑函数式,即

$$
\begin{cases} S = A'B + AB' = A \oplus B \\ C_O = AB \end{cases} \qquad (12.7.1)
$$

由函数式(12.7.1)可画出一位半加器的逻辑电路图，如图 12.7.1(a)所示，图 12.7.1(b)是一位半加器的电路框图。

表 12.7.1 一位半加器真值表

输入	输出
A B	C_O S
0 0	0 0
0 1	0 1
1 0	0 1
1 1	1 0

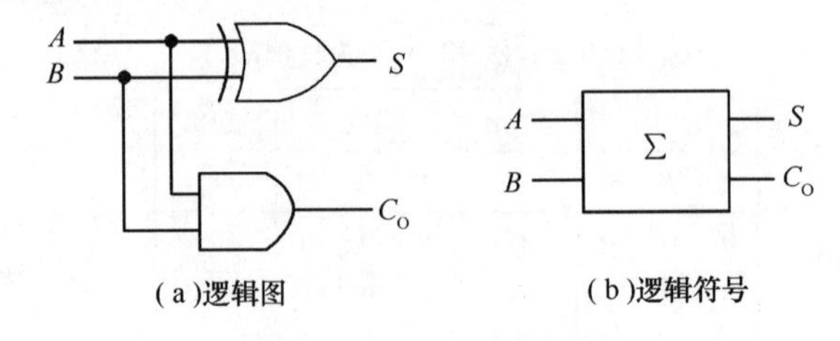

图 12.7.1 一位半加器

12.7.2 全加器

不仅能求本位和，还能将低位的进位信号纳入计算的加法器称为“全加器”。

一位全加器的真值表如表 12.7.2 所列。表中的 A 和 B 分别表示被加数和加数，C_I表示来自相邻低位的进位，S 表示本位和，C_O表示向相邻高位的进位。由真值表可直接写出一位全加器的输出逻辑函数式

表 12.7.2 一位全加器的真值表

输入	输出
A B C_I	C_O S
0 0 0	0 0
0 0 1	0 1
0 1 0	0 1
0 1 1	1 0
1 0 0	0 1
1 0 1	1 0
1 1 0	1 0
1 1 1	1 1

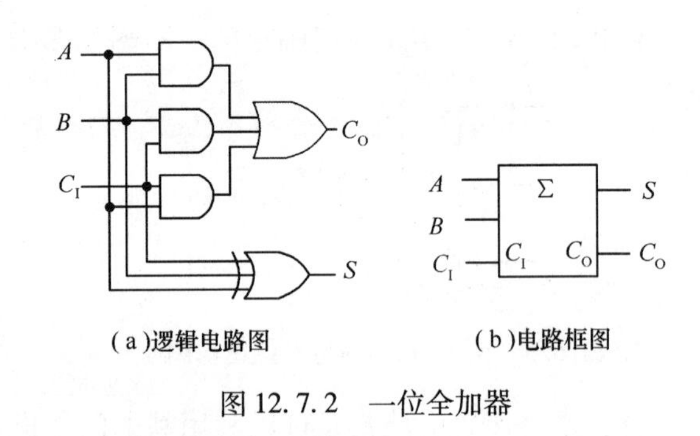

图 12.7.2 一位全加器

$$
\begin{cases} S(ABC_I) = m_1 + m_2 + m_4 + m_7 \\ C_O(ABC_I) = m_3 + m_5 + m_6 + m_7 \end{cases} \qquad (12.7.2)
$$

化简整理得

$$
\begin{cases} S = A \oplus B \oplus C_I \\ C_O = AB + BC_I + AC_I \end{cases} \qquad (12.7.3)
$$

根据函数式(12.7.3)可画出一位全加器的逻辑电路图，如图 12.7.2(a)所示，图 12.7.2(b)是一位全加器的电路框图。

一位全加器已制成集成芯片，代号为 74LS183 的内含两个一位全加器，所以 74LS183 被称为双一位全加器。

12.7.3 集成加法器及其应用

要进行多位数相加，可将多个一位全加器进行级联，构成串行进位加法器，如图

12.7.3 所示。串行进位加法器的优点是电路简单,缺点是速度慢,因为进位信号逐级串行传递。

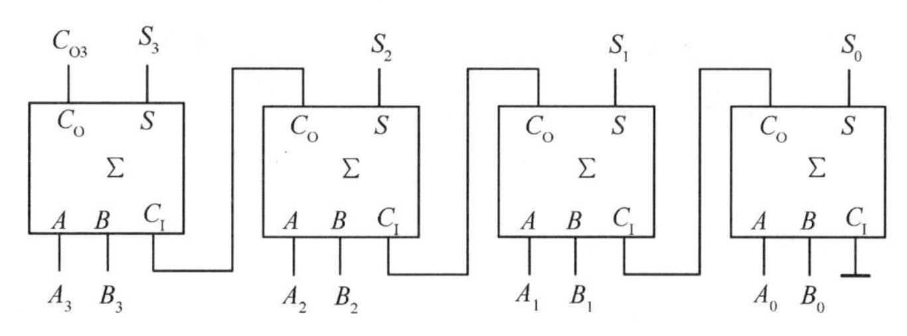

图 12.7.3　4 位串行进位加法器

为了提高运算速度,人们又设计了超前进位加法器。所谓超前进位,就是在加法运算过程中,将各级进位信号同时送到各位全加器的进位输入端。现在的集成加法器,大多采用这种方法。74LS283 就是一种典型的超前进位集成加法器。

一片 74LS283 可以进行两个 4 位二进制数的加法运算,将多片 74LS283 级联,可以扩展加法运算的位数。用两片 74LS283 组成的 8 位二进制数加法运算电路如图 12.7.4 所示。

利用集成加法器,可以构成代码转换电路,例如,一位余 3 码比一位 8421BCD 码多 3,因此,实现 8421BCD 码到余 3 码的转换,只需利用 74LS283 将 8421BCD 码加 3(即加 0011)即可,如图 12.7.5 所示。

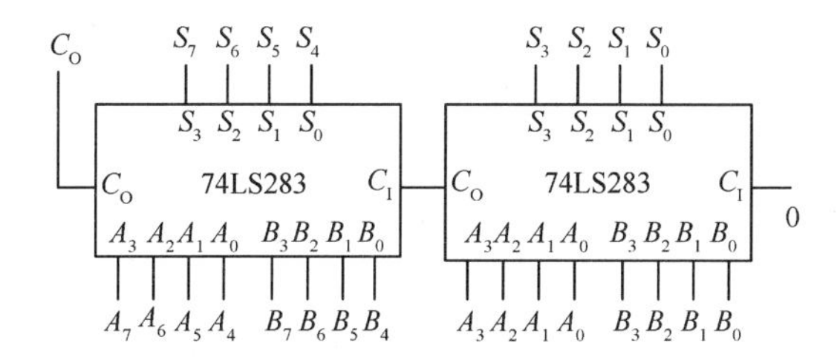

图 12.7.4　74LS283 功能扩展

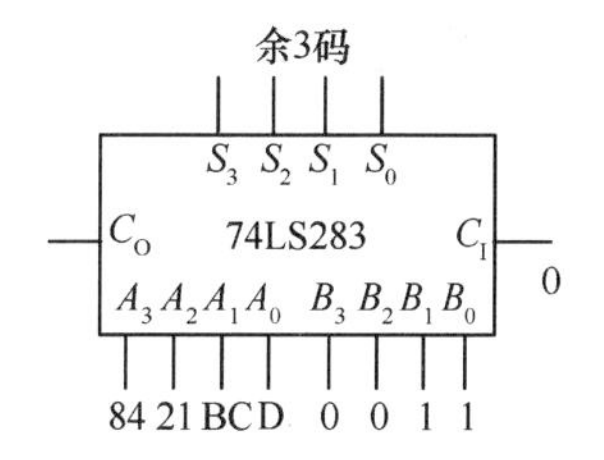

图 12.7.5　将 8421BCD 码转换成余 3 码

12.8　编 码 器

编码器可以将输入的每一个高、低电平信号编成二进制代码或二—十进制代码。从编码器输出代码的内容上分,编码器有二进制编码器和二—十进制编码器两种;从输入信号的内容上分,编码器又有普通编码器和优先编码器两种,下面分别介绍。

12.8.1　普通二进制编码器

普通编码器即不允许同时输入两个以上编码信号的编码器。下面以两位二进制编码器为例,介绍普通编码器。

两位二进制编码器有 4 个输入端,两个输出端,所以称两位二进制编码器为 4 线—2 线编码器(或4/2 编码器)。两位二进制普通编码器的真值表如表 12.8.1 所列,其输入编码信号为高电平有效(简称为“1”编码有效),输出为两位二进制原码。

由表 12.8.1 可写出输出变量 Y_1、Y_0的逻辑函数式为

$$
\begin{cases} Y_1 = I_3 + I_2 = ((I_3 + I_2)')' = (I_3'I_2')' \\ Y_0 = I_3 + I_1 = ((I_3 + I_1)')' = (I_3'I_1')' \end{cases} \tag{12.8.1}
$$

按式(12.8.1)可画出普通4/2编码器的逻辑图如图12.8.1所示。从图12.8.1中可看出，I_0输入端是不必设置的。I_0端对应的代码“00”，可以通过令其余编码输入端全为0而编出，这种情况下，I_0端被称为“隐含端”，意为没有I_0端，也能编出I_0端对应的代码。

表12.8.1　普通4/2编码器真值表(1)

输 入(1有效)				输出(原码)	
I_3	I_2	I_1	I_0	Y_1	Y_0
1	0	0	0	1	1
0	1	0	0	1	0
0	0	1	0	0	1
0	0	0	1	0	0

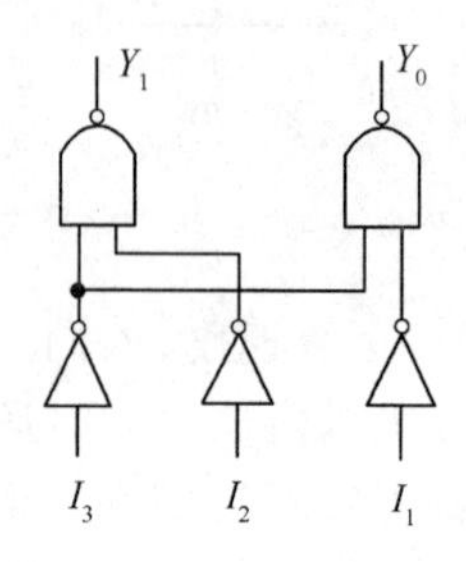

图12.8.1　普通4/2编码器(1编码有效)

实际应用的编码器，输入编码信号多为低电平有效(简称“0”编码有效)，并且输出的是反码。输入0有效、输出反码的两位二进制普通编码器的真值表如表12.8.2所列，其逻辑图在原理上可以如图12.8.2所示，它是在图12.8.1所示电路的基础上，去掉输入端、输出端的非门所得。

表12.8.2　普通4/2编码器真值表(2)

输 入(0有效)				输出(反码)	
I_3	I_2	I_1	I_0	Y_1	Y_0
0	1	1	1	0	0
1	0	1	1	0	1
1	1	0	1	1	0
1	1	1	0	1	1

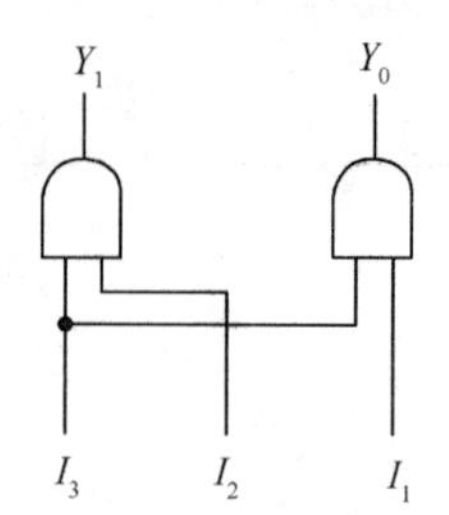

图12.8.2　普通4/2编码器(0编码有效)

12.8.2　优先二进制编码器

优先编码器允许同时输入两个以上编码信号。在设计优先编码器时，设计者给所有的编码输入端规定了优先顺序，当多个输入信号同时出现时，编码器只对其中优先级别最高的一个进行编码。通常规定，输入变量脚标数值大的，优先级别高。

常用二进制优先编码器已有集成电路，其中74LS148是3位二进制编码器，即8线—3线编码器，简称8/3编码器。74LS148的功能列在表12.8.3中，电路框图如图12.8.3所示。

74LS148各输入、输出端的功能如下：

(1) $I_7 \sim I_0$端为编码输入端，低电平有效；优先顺序为$I_7 \to I_0$，即I_7端的优先级最高，依次I_0端的优先级最低。

(2) Y_2、Y_1、Y_0端为编码输出端，输出3位二进制反码。

(3) S端为选通输入端(或“使能输入端”)，低电平有效。

(4) Y_S端为选通输出端。

表 12.8.3　8/3 优先编码器 74LS148 的功能表("0"编码有效)

输 入(0 有效)									输 出(反码)				
S	I_7	I_6	I_5	I_4	I_3	I_2	I_1	I_0	Y_2	Y_1	Y_0	Y_S	Y_{EX}
1	×	×	×	×	×	×	×	×	1	1	1	1	1
0	1	1	1	1	1	1	1	1	1	1	1	0	1
0	0	×	×	×	×	×	×	×	0	0	0	1	0
0	1	0	×	×	×	×	×	×	0	0	1	1	0
0	1	1	0	×	×	×	×	×	0	1	0	1	0
0	1	1	1	0	×	×	×	×	0	1	1	1	0
0	1	1	1	1	0	×	×	×	1	0	0	1	0
0	1	1	1	1	1	0	×	×	1	0	1	1	0
0	1	1	1	1	1	1	0	×	1	1	0	1	0
0	1	1	1	1	1	1	1	0	1	1	1	1	0

(5) Y_{EX}端为编码器工作标志,也是输出扩展端,可在需要增加输出端时使用。

12.8.3　优先二—十进制编码器

能编出 BCD 码的编码器为二—十进制编码器。74LS147 是能编出 8421BCD 码的二—十进制优先编码器,它的真值表如表 12.8.4 所列。

表 12.8.4　二—十进制优先编码器 74LS147 的真值表

输 入(0 有效)									输 出(反码)			
I_9	I_8	I_7	I_6	I_5	I_4	I_3	I_2	I_1	Y_3	Y_2	Y_1	Y_0
0	×	×	×	×	×	×	×	×	0	1	1	0
1	0	×	×	×	×	×	×	×	0	1	1	1
1	1	0	×	×	×	×	×	×	1	0	0	0
1	1	1	0	×	×	×	×	×	1	0	0	1
1	1	1	1	0	×	×	×	×	1	0	1	0
1	1	1	1	1	0	×	×	×	1	0	1	1
1	1	1	1	1	1	0	×	×	1	1	0	0
1	1	1	1	1	1	1	0	×	1	1	0	1
1	1	1	1	1	1	1	1	0	1	1	1	0
1	1	1	1	1	1	1	1	1	1	1	1	1

由表 12.8.4 可知,74LS147 有 $I_9 \sim I_1$共 9 个编码输入端,低电平有效,优先顺序为 $I_9 \to I_1$;$Y_3 \sim Y_0$是 4 个编码输出端,输出 8421BCD 码的反码。和 74LS148 对照,74LS147 没有选通输入端 S,也没有选通输出端 Y_S和输出扩展端 Y_{EX}。74LS147 的 I_0端是"隐含端",$I_9 \sim I_1$端输入全 1 时,能编出 0000 的反码 1111。74LS147 的电路框图如图 12.8.4 所示。

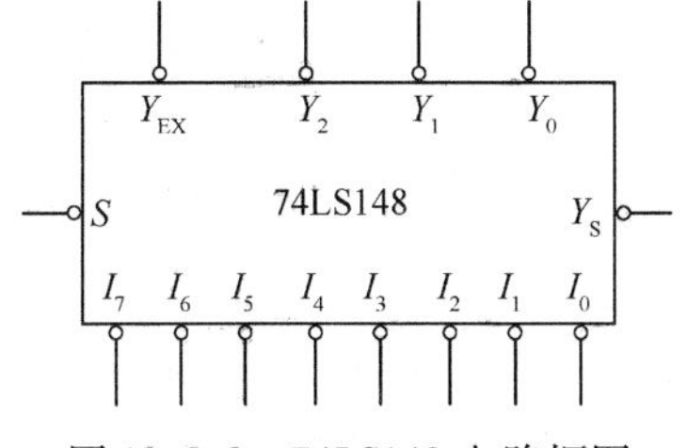

图 12.8.3　74LS148 电路框图

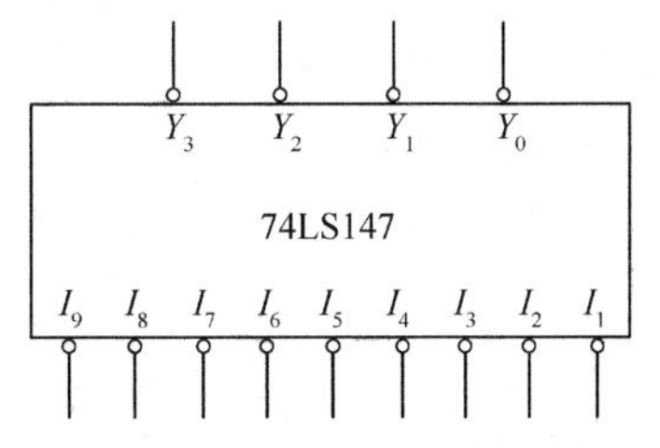

图 12.8.4　74LS147 电路框图

12.9 译码器

译码器的功能和编码器相反，它能将输入的每组代码分别译成特定的输出信号（高电平或低电平）。译码器可分为二进制译码器、二—十进制译码器和显示译码器三类，下面分别介绍。

12.9.1 二进制译码器

二进制译码器能将输入的 n 位二进制代码（n 变量全部最小项）译成特定的输出信号，因此也称二进制译码器为 n 变量全部最小项的译码器。常用二进制译码器有2线—4线译码器、3线—8线译码器、4线—16线译码器等。下面以两位二进制译码器为例介绍译码器的构成和工作原理。

1. 两位二进制译码器

两位二进制译码器即2线—4线译码器，简称2/4译码器，是二变量全部最小项的译码器，其逻辑功能如表12.9.1所列。由表12.9.1可知，A_1、A_0 是两位二进制数输入端；Y_3、Y_2、Y_1、Y_0是4个代码译出端，译出0有效。它还有一个使能输入端 S，当 $S=0$ 时，译码器工作；当 $S=1$ 时，译码器禁止，禁止时输出全为高电平。

表12.9.1 2/4译码器功能表

输 入			输出(0有效)			
S	A_1	A_0	Y_3	Y_2	Y_1	Y_0
1	×	×	1	1	1	1
0	0	0	1	1	1	0
0	0	1	1	1	0	1
0	1	0	1	0	1	1
0	1	1	0	1	1	1

由表12.9.1可写出当使能端 $S=0$ 时各输出端的逻辑函数：

$$\begin{cases} Y_3=(A_1A_0)'=m_3' \\ Y_2=(A_1A_0')'=m_2' \\ Y_1=(A_1'A_0)'=m_1' \\ Y_0=(A_1'A_0')'=m_0' \end{cases} \tag{12.9.1}$$

和表12.9.1对应的2/4译码器逻辑电路如图12.9.1所示。

在画逻辑电路中的使能端时，为了特别强调低电平控制有效，可将反相器电路符号中表示“反相”的圆圈画在反相器的输入端，如图12.9.1中 S 端的 G_1 门所示。G_1 门仍然是非门，当 $S=0$ 时，G_1 输出1，使电路输出端的与非门 $G_2\sim G_5$ 全部打开，译码器工作。

2. 集成二进制译码器

常用集成二进制译码器有74LS139和74LS138。74LS139是双2/4译码器，电路框图如图12.9.2(a)所示。

74LS138是3/8译码器，图12.9.2(b)是它的电路框图。74LS138有三个代码输入端 A_2、A_1、A_0，有八个译码输出端 $Y_7\sim Y_0$，输出低电平有效；$S_1S_2S_3$ 为使能控制端，当 $S_1S_2S_3=100$

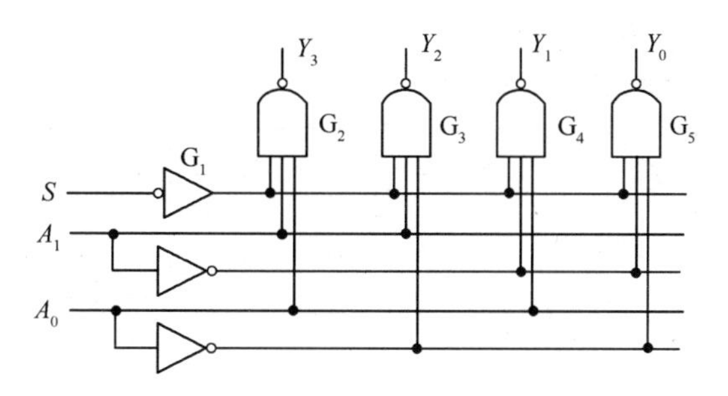

图 12.9.1　2/4 线译码器

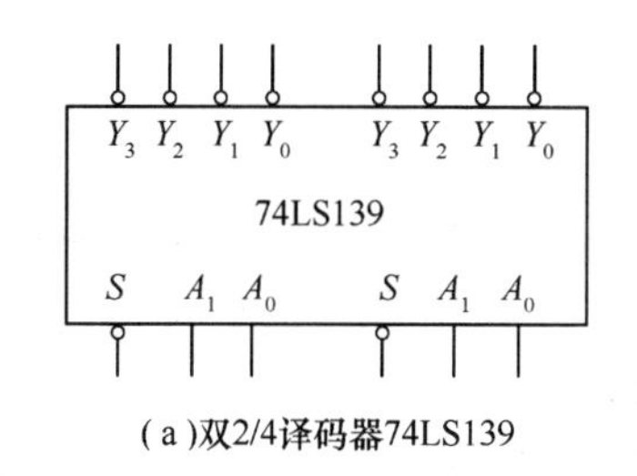

(a)双2/4译码器74LS139

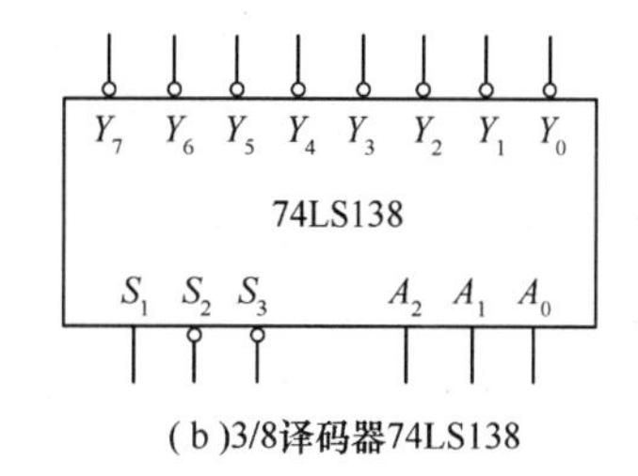

(b)3/8译码器74LS138

图 12.9.2　集成二进制译码器电路框图

时，译码器工作，$S_1S_2S_3$为其他取值时，译码器禁止，输出为无效电平——全 1。

12.9.2　二—十进制译码器

二—十进制译码器常用的有 74LS42，它是二—十进制 4 线—10 线译码器，图 12.9.3 是它的电路框图。74LS42 能将二—十进制代码(8421BCD 码)相应地译成低电平，它还具有拒绝伪码的功能，当输入为 8421BCD 代码以外的 6 个伪码 1010 ~ 1111 时，Y_9 ~ Y_0端均无低电平信号输出。

图 12.9.3　二—十进制译码器 74LS42 电路框图

12.9.3　显示译码器

在数字系统中，常常需要将数字以十进制的形式显示出来，供人们直观地读取，能够显示数字的器件称为数码显示器。但在数字电路中，数字量是以代码(如 8421BCD 码)的形式出现的，代码无法直接通过数码显示器显示成十进制数，必须将十进制数的代码翻译成数码显示器所能识别的驱动信号，才能显示十进制数。能将十进制代码译成数码显示器识别的驱动信号的器件是数码显示译码器。下面，首先介绍数码显示器，再介绍数码显示译码器。

1. 数码显示器

数码显示器也被称为数码管，由发光二极管构成的数码管，简称为 LED 数码管。图 12.9.4(a)所示数码管由 7 个(包括小数点是 8 个)LED 构成，所以，常称之为七段数码管。7 个发光二极管的代号分别为 a、b、c、d、e、f、g(小数点为 DP)，每个发光二极管呈现一个发光段，将 7 个发光段按一定的方式排列，利用不同发光段的组合，可显示不同的阿拉伯数字，如图 12.9.4(b)所示。

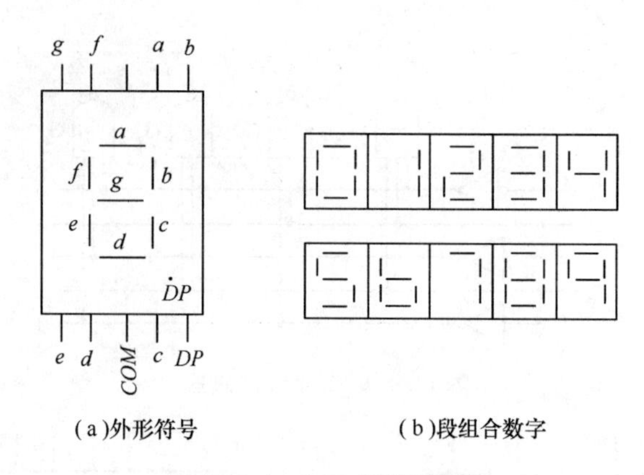

(a)外形符号　　(b)段组合数字

图 12.9.4　LED 数码显示器

按显示器内部发光二极管连接方式的不同,LED 数码管分为共阳极和共阴极两种。

共阳极 LED 数码管的原理电路如图 12.9.5(a)所示,其驱动电平为"0";共阴极 LED 数码显示器的原理电路如图 12.9.5(b)所示,其驱动电平为"1"。

LED 数码管的优点是工作电压较低(1.5V ~ 3V)、体积小、寿命长、亮度高、响应速度快、工作可靠性高。缺点是工作电流大,每个字段的工作电流约为 10mA,为了满足段电流的需要,可在 LED 数码显示器的输入端接上拉电阻。

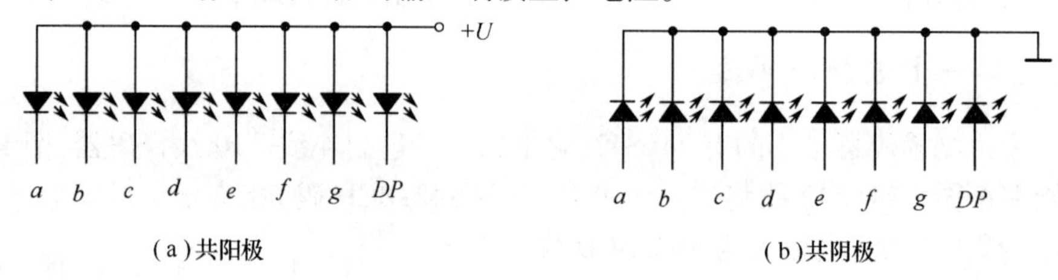

(a)共阳极　　(b)共阴极

图 12.9.5　发光二极管数码显示器原理电路

2. 数码显示译码器

常用的数码显示译码器有 74LS248 和 74LS247 等,它们是能够将 8421BCD 码译成数码管所需驱动信号的专用译码器,74LS248 输出的驱动信号为高电平,可以驱动共阴极数码管;74LS247 输出的驱动信号为低电平,可以驱动共阳极数码管。74LS248 的功能如表 12.9.2 所列。

由表 12.9.2 可以看出,74LS248 除了 4 个输入端 $A_3\ A_2\ A_1\ A_0$ 和 7 个输出端 $a \sim g$ 以外,还有 3 个控制端,分别是测灯输入端 *LT*、灭零输入端 *RBI* 和灭灯输入/灭零输出端 *BI/RBO*。

当 $LT = 0$ 时,可以点亮数码管的 7 个发光段(显示 8),以检查各段能否正常发光。

当 $RBI = 0$ 且 $A_3\ A_2\ A_1\ A_0 = 0000$ 时,数码管熄灭,本应显示的"0"将不能显示。利用此功能端,可在显示数字时,将数字前面不必显示的"无效 0"熄灭。

BI/RBO 是个复用端:作输入端时,为灭灯输入端,只要该端输入为 0(即 $BI = 0$),数码管就熄灭,起到灭灯的作用;作输出端时,为灭零输出端,当灭零成功时,该端输出为 0(即 $RBO = 0$),表明"0"已熄灭。

这 3 个控制端平时不用时应接 1。

根据表 12.9.2 可设计 74LS248 的逻辑电路，其电路框图如图 12.9.6 所示。

表 12.9.2　7 段显示译码器 74LS248 的功能表

功能或十进制数	输入							输出							显示字形
	LT	RBI	A_3	A_2	A_1	A_0	RI/RBO	Y_a	Y_b	Y_c	Y_d	Y_e	Y_f	Y_g	
测灯	0	×	×	×	×	×	1	1	1	1	1	1	1	1	8
灭灯	×	×	×	×	×	×	0①	0	0	0	0	0	0	0	灭灯
灭 0	1	0	0	0	0	0	0②	0	0	0	0	0	0	0	灭零
0	1	1	0	0	0	0	1	1	1	1	1	1	1	0	0
1	1	×	0	0	0	1	1	0	1	1	0	0	0	0	1
2	1	×	0	0	1	0	1	1	1	0	1	1	0	1	2
3	1	×	0	0	1	1	1	1	1	1	1	0	0	1	3
4	1	×	0	1	0	0	1	0	1	1	0	0	1	1	4
5	1	×	0	1	0	1	1	1	0	1	1	0	1	1	5
6	1	×	0	1	1	0	1	0	0	1	1	1	1	1	6
7	1	×	0	1	1	1	1	1	1	1	0	0	0	0	7
8	1	×	1	0	0	0	1	1	1	1	1	1	1	1	8
9	1	×	1	0	0	1	1	1	1	1	0	0	1	1	9

0①：此为 $RI=0$，是灭灯输入信号；　0②：此为 $RBO=0$，是灭 0 成功的输出信号

12.9.4　译码器的应用

1. 译码器容量扩展

利用译码器的使能端，辅以适当的门电路，可以扩展译码器的容量。将双 2/4 译码器 74LS139 扩展为 3/8 译码器的连线如图 12.9.7 所示，当 $A_2=0$ 时，右边的译码器(2)工作，所以，右边(2)的输出端 $Y_3 \sim Y_0$ 即总输出的 $Y_3 \sim Y_0$ 端，其译出内容由输入二进制代码 A_1A_0 决定，此时，左边的译码器(1)禁止，输出全 1；当 $A_2=1$ 时，左边的译码器(1)工作，所以，左边(1)的输出端 $Y_3 \sim Y_0$ 即总输出的 $Y_7 \sim Y_4$ 端，其译出内容由输入二进制代码 A_1A_0 决定，此时，右边的译码器(2)禁止，输出全 1。如此便实现了 3/8 译码器的逻辑功能。

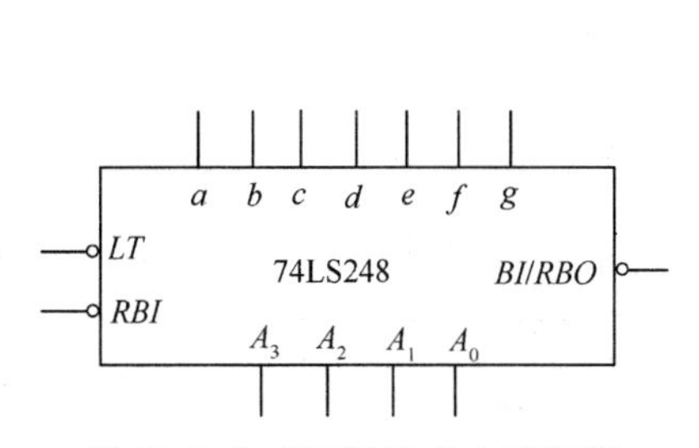

图 12.9.6　74LS248 的电路框图

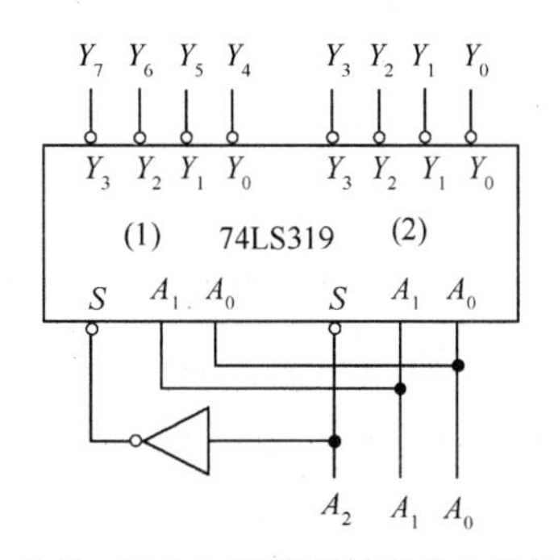

图 12.9.7　双 2/4 译码器扩展为 3/8 译码器

在使用有多个使能端的译码器(如3/8译码器74LS138有$S_1S_2S_3$三个使能端)进行容量扩展时,附加的非门可以省略,其原理请读者思考。

2. 译码器实现组合逻辑函数

由于任何逻辑函数都可以化为最小项之和的形式,而二进制译码器的每个输出端分别对应一个最小项,因此,在译码器的输出端附加适当的门电路,就可以实现任何组合逻辑函数。

【例12.9.1】试用译码器设计一个三人表决逻辑电路,结果按“少数服从多数”的原则决定。

【解】三人多数表决逻辑电路的真值表如表12.6.2所列,逻辑函数式重新写在式(12.9.2)中,即

$$Y = A'BC + AB'C + ABC' + ABC \tag{12.9.2}$$

或

$$Y(ABC) = m_3 + m_5 + m_6 + m_7 \tag{12.9.3}$$

$$Y(ABC) = (m_3'm_5'm_6'm_7')' \tag{12.9.4}$$

用译码器实现逻辑函数式时,函数式不能化简,应保留其最小项之和形式。由式(12.9.2)可知,该函数有3个输入变量,可用3/8译码器来实现。当所用译码器输出“1”有效时,应根据式(12.9.3),在译码器的输出端增加一个或门;当所用译码器输出“0”有效时,应根据式(12.9.4),在译码器的输出端增加一个与非门。例12.9.1可用输出“0”有效的3/8译码器74LS138来实现,所接电路如图12.9.8所示。按图写出译码器输出变量Y关于输入变量A、B、C的函数式,一定就是式(12.9.2)。这表明,用译码器可以实现组合逻辑函数。

需特别注意,译码器原输入变量$A_2A_1A_0$的权位,和待实现的函数变量ABC的权位必须一一对应。

在一片译码器的输出端多加几个与非门,便可同时实现多个逻辑函数。

【例12.9.2】试用一片74LS138实现1位全加器的逻辑功能。

【解】已知1位全加器的逻辑函数为

$$S(ABC_I) = m_1 + m_2 + m_4 + m_7; \qquad C_O(ABC_I) = m_3 + m_5 + m_6 + m_7$$

用一片3/8译码器74LS138实现时,如图12.9.9所示连线即可。

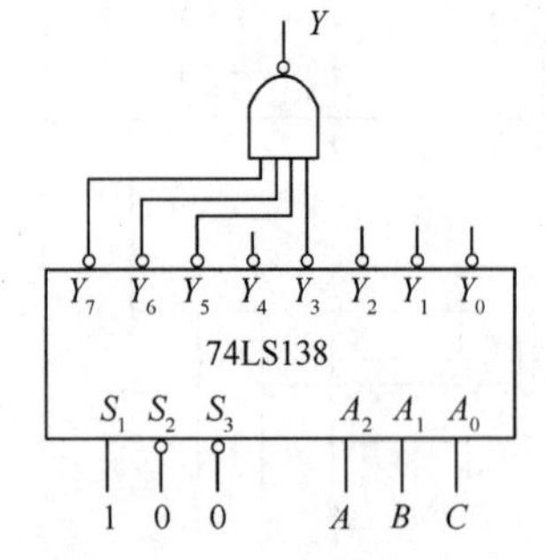

图12.9.8　例12.9.1的逻辑图

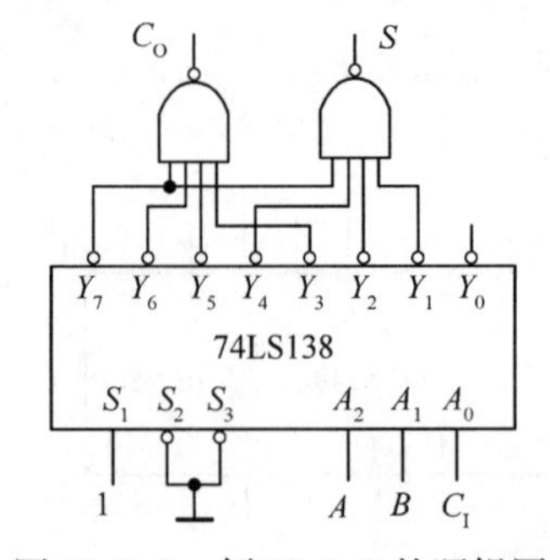

图12.9.9　例12.9.2的逻辑图

12.10 数据选择器

数据选择器的逻辑功能是在地址码的控制下，从多路输入数据中选择某一路输出。

12.10.1 4 选 1 数据选择器

常用数据选择器有 4 选 1、8 选 1 和 16 选 1 等多种类型。下面以 4 选 1 数据选择器为例介绍数据选择的构成和工作原理。

4 选 1 数据选择器的功能如表 12.10.1 所列。由表 12.10.1 可知，4 选 1 数据选择器有一个使能端 S，当 $S=0$ 时，在地址码 A_1A_0 的控制下，电路可在 D_3、D_2、D_1、D_0 中选择数据。根据表 12.10.1 可写出 4 选 1 数据选择器的输出逻辑函数式，即

$$Y=(A_1'A_0'D_0+A_1'A_0D_1+A_1A_0'D_2+A_1A_0D_3)S' \qquad (12.10.1)$$

或

$$Y=(D_0A_1'A_0'+D_1A_1'A_0+D_2A_1A_0'+D_3A_1A_0)S'$$

4 选 1 数据选择器的逻辑电路如图 12.10.1(a)所示，电路框图如 12.10.1(b)所示。

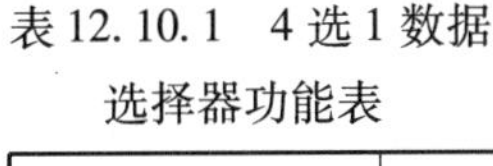

表 12.10.1 4 选 1 数据选择器功能表

输入			输出
S	A_1	A_0	Y
1	×	×	0
0	0	0	D_0
0	0	1	D_1
0	1	0	D_2
0	1	1	D_3

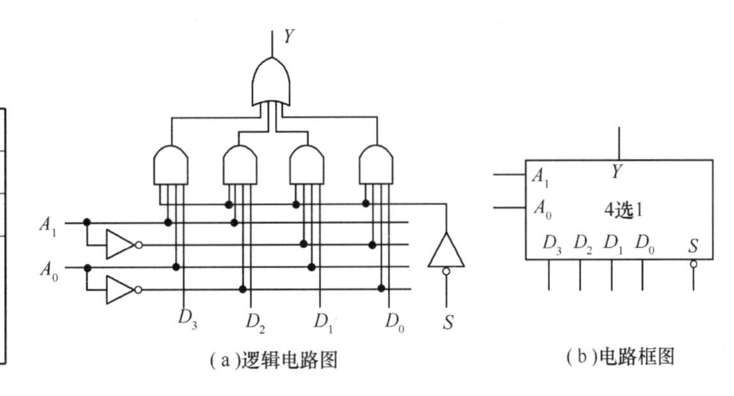

(a)逻辑电路图 (b)电路框图

图 12.10.1 4 选 1 数据选择器

12.10.2 集成数据选择器

常用集成数据选择器有 74LS153 和 74LS151 等。74LS153 是双 4 选 1 数据选择器，其电路框图如图 12.10.2 所示，它的地址码 A_1A_0 为两片 4 选 1 公用，使能输入端 S 为低电平有效。

图 12.10.3 是 8 选 1 数据选择器 74LS151，它有 8 个数据输入端 $D_7\sim D_0$；3 个地址输入端 $A_2A_1A_0$；两个互补的输出端 Y 和 Y'；一个使能输入端 S，低电平输入有效。当 $S=0$

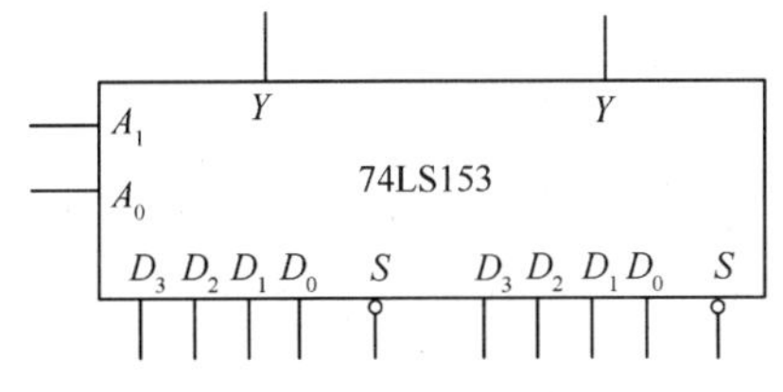

图 12.10.2 集成双 4 选 1 数据选择器

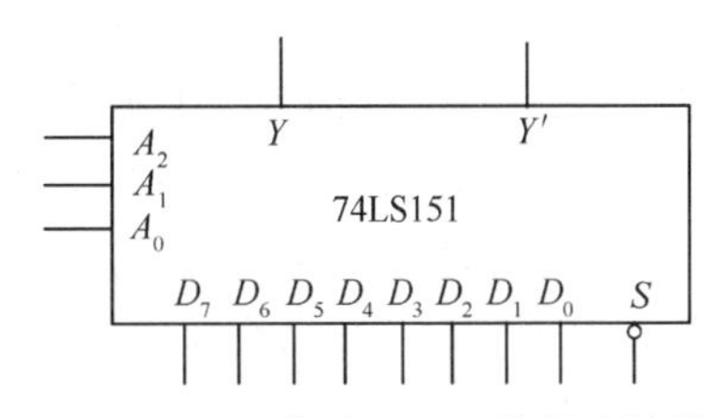

图 12.10.3 集成 8 选 1 数据选择器

时,8 选 1 数据选择器的输出逻辑函数式为

$$Y=(A_2'A_1'A_0')D_0+(A_2'A_1'A_0)D_1+(A_2'A_1A_0')D_2+(A_2'A_1A_0)D_3$$
$$+(A_2A_1'A_0')D_4+(A_2A_1'A_0)D_5+(A_2A_1A_0')D_6+(A_2A_1A_0)D_7 \quad (12.10.2)$$

12.11 数值比较器

数值比较器可以对两个二进制数进行数值比较并判定其大小关系。

12.11.1 1 位数值比较器

1 位数值比较器可以比较两个 1 位二进制数 A 和 B 的大小,比较结果有 3 种情况,即 $A<B$、$A=B$、$A>B$,真值表如表 12.11.1 所列。由真值表可写出输出逻辑函数式:

$$\begin{cases} Y_{A<B}=A'B \\ Y_{A>B}=AB' \\ Y_{A=B}=A'B'+AB=(A'B+AB')'=(Y_{A<B}+Y_{A>B})' \end{cases} \quad (12.11.1)$$

根据式(12.11.1)画出的逻辑图如图 12.11.1 所示。

表 12.11.1 1 位数值比较器的真值表

输入		输出		
A	B	$Y_{A<B}$	$Y_{A=B}$	$Y_{A>B}$
0	0	0	1	0
0	1	1	0	0
1	0	0	0	1
1	1	0	1	0

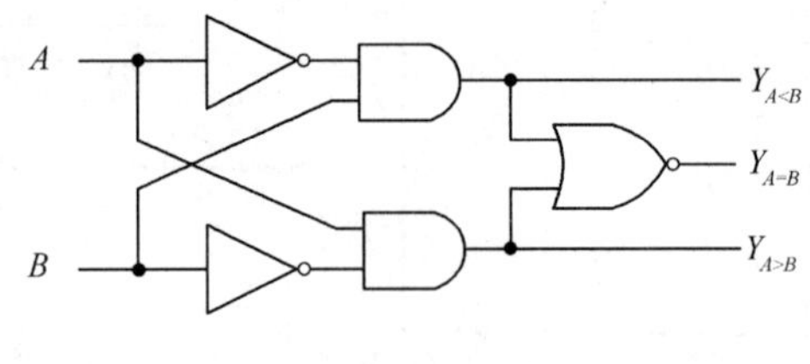

图 12.11.1 1 位数值比较器的逻辑电路图

12.11.2 集成数值比较器

74LS85 是能比较两个 4 位二进制数的集成数值比较器,电路框图如图 12.11.2 所示。其中 $A_3A_2A_1A_0$ 和 $B_3B_2B_1B_0$ 是两个 4 位二进制数的输入端,$Y_{A<B}$、$Y_{A=B}$、$Y_{A>B}$ 为本位片 3 种不同比较结果的输出端,$I_{A<B}$、$I_{A=B}$、$I_{A>B}$ 为级联输入端,是为实现输入低位片比较结果而设置的。

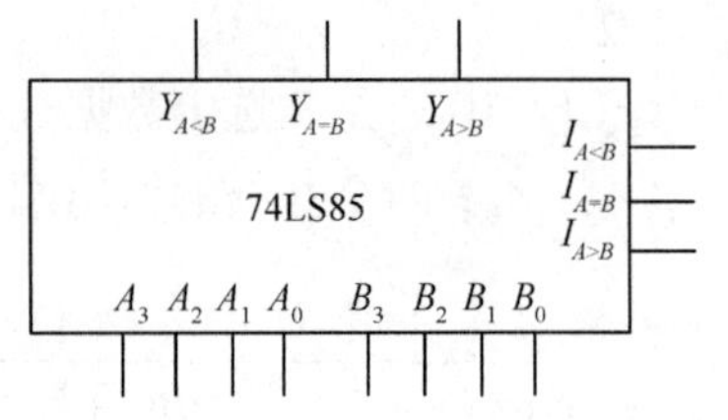

图 12.11.2 74LS85 的电路框图

在使用一片 74LS85 对两个 4 位二进制数进行比较时,因为没有更低位,所以就没有来自低位"小于"或"大于"的比较信号,但应默认低位的比较信号为"等于",因此,级联输入端 $I_{A<B}$、$I_{A=B}$、$I_{A>B}$ 应分别接 0、1、0。当参与比较的二进制数少于 4 位时,高位多余输入端可同时接 0 或 1。当要比较两个 8 位二进制数时,应将两片 74LS85 如图 12.11.3 所示连接。

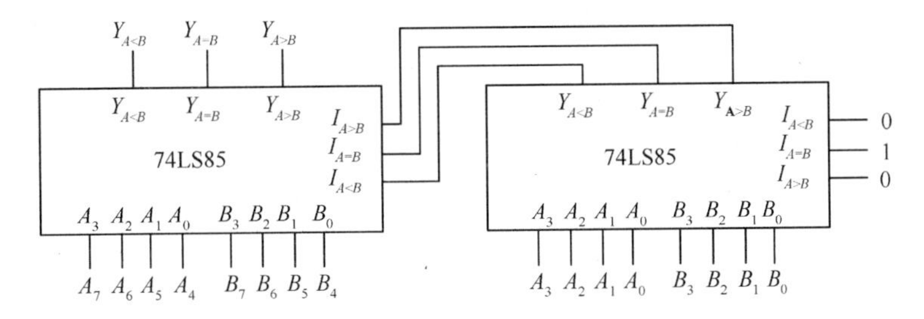

图 12.11.3　两片 4 位数值比较器接成 8 位数值比较器

习　题

12.1　将下列二进制数转换为等值的十进制数。

(1) $(110010111)_2$；　(2) $(0.1101)_2$；　(3) $(1101.101)_2$

12.2　将下列十进制数转换成等值的二进制数，保留小数点后 4 位有效数字。

(1) $(156)_{10}$；　(2) $(0.39)_{10}$；　(3) $(82.67)_{10}$

12.3　将下列 8421BCD 码转换成十进制数和二进制数。

(1) $(011010000011)_{8421BCD}$；　(2) $(01000101.1001)_{8421BCD}$

12.4　证明下列各题，方法不限。

(1) $AB' + AB'C + A(A + C') = A$

(2) $AB' + ABC + A'B + A = A + B$

(3) $(AB + AB' + A'B)(A + B' + D + A'BD') = A + B$

(4) $A \oplus 0 = A$；　(5) $A \oplus 1 = A'$；　(6) $(A \oplus B)' = A \odot B$

12.5　用逻辑代数的基本公式将下列逻辑函数化简为最简与—或式。

$Y_1 = AB' + B + A'B$

$Y_2 = AB'C + A + B + C'$

$Y_3 = AB'CD + ABD + AC'D$

12.6　将下列各函数式化简为最小项之和的形式。

$Y_1 = AB'C + AC + BC'$

$Y_2 = (A + B)AC$

$Y_3 = BC + ((AB)' + C)'$

$Y_4 = (A + B)(AC + D')$

12.7　用卡诺图化简法将下列函数化简为最简与—或式

$Y_1 = AB + A'BC + A'BC'$

$Y_2 = A'B' + AB'C + A(A + C')$

$Y_3 = (AB' + A'C)' + BC + C'D$

$Y_4(ABC) = \sum(m_1, m_3, m_4, m_5, m_6, m_7)$

$Y_5(ABC) = \sum(m_1, m_3, m_6, m_7)$

$Y_6(ABCD) = \sum(m_0, m_2, m_6, m_7, m_8, m_{10}, m_{14}, m_{15})$

12.8　试画出用与非门和非门实现下列函数的逻辑图。

$Y_1 = AB$

$Y_2 = A + B$

$Y_3 = (A + B)'$

$Y_4 = AB + CD$

$Y_5 = AB + A'C$

$Y_6 = (A' + B)(A + B')C + (BC)'$

12.9　某逻辑电路的输入/输出电压波形如图 T12.9 所示，试列其真值表，写输出变量 Y 与输入变量 AB 之间的逻辑函数式，指出电路的逻辑功能。

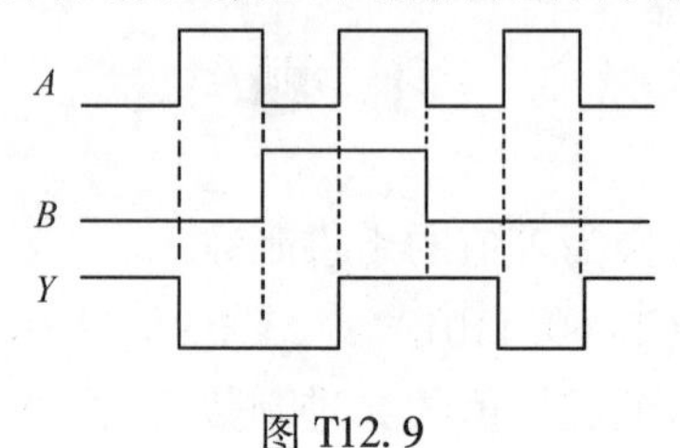

图 T12.9

12.10　写出图 T12.10 所示电路的输出函数式，证明 Y_1 与 Y_2 有相同的逻辑功能。

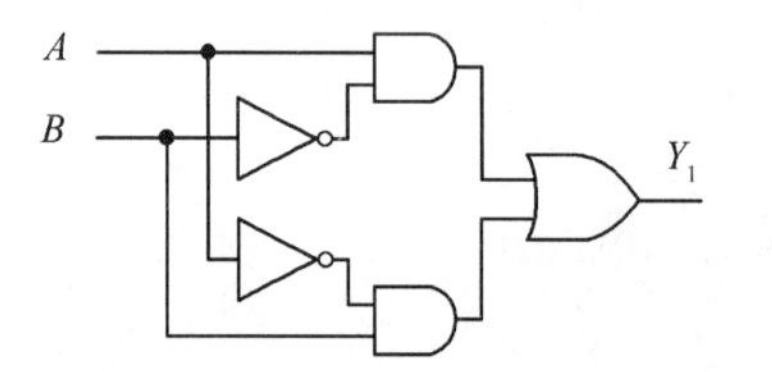

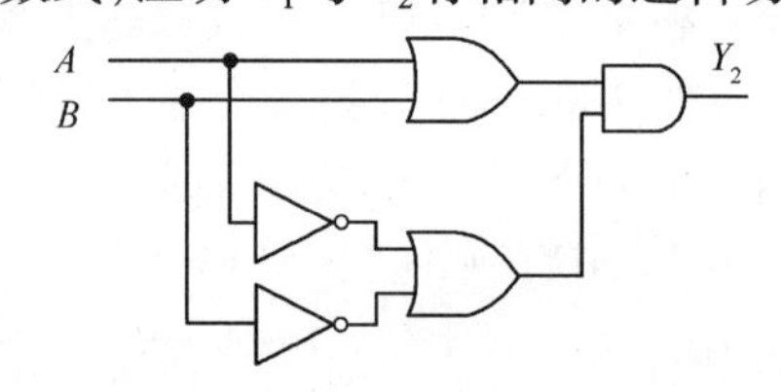

图 T12.10

12.11　试写出图 T12.11 所示逻辑电路的输出函数式并化简，指出电路的逻辑功能。

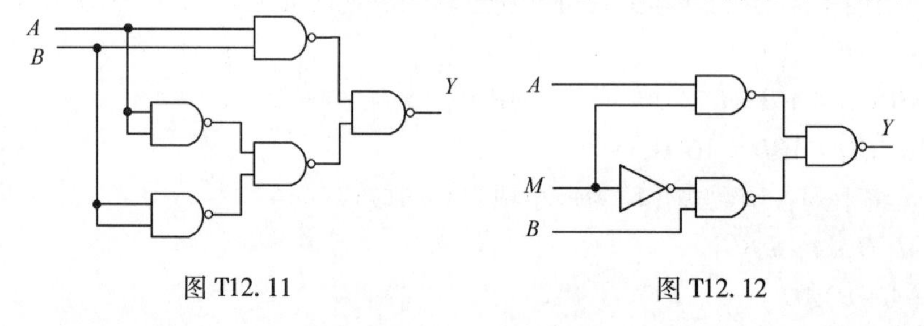

图 T12.11　　　　图 T12.12

12.12　图 T12.12 是一个选通电路。M 为控制信号，通过 M 电平的高低来选择让 A 还是让 B 从输出端送出。试写电路的输出逻辑函数式并化简，分析电路能否实现上述要求。

12.13　某汽车驾驶员培训班进行结业考试，有 A、B、C 三名评判员，其中 A 为主评判员，B、C 为副评判员。在评判时，按少数服从多数的原则通过，但主评判员认为合格也可通过。试列真值表，写输出逻辑函数式并化简为最简与或式，用与非门画逻辑图。

12.14　试设计一个三变量判奇逻辑电路。当三变量 ABC 中有奇数个 1 时，电路输出为 1，否则为 0。要求列真值表；写输出逻辑函数的最小项之和表达式；用与非门画逻辑图。

12.15　试设计一个组合逻辑电路，该电路输入端接收两个两位二进制数 M、N。其中，$M=AB$，$N=CD$，当 $M>N$ 时，输出 $Y=1$，否则 $Y=0$。所用基本门类型不限。

12.16　试将双 2/4 译码器 74LS139 扩展成 3/8 线译码器。要求画连线图（允许附加必要的门电路）；在图中标出 3 个输入端 $A_2A_1A_0$ 和 8 个输出端 $Y_7 \sim Y_0$。

12.17　试画一片 3/8 译码器 74LS138 和门电路产生以下多输出逻辑函数的逻辑图。

$$\begin{cases} Y_1 = AC' \\ Y_2 = BC' + AB'C \\ Y_3 = A'BC + AB'C' + B'C \end{cases}$$

12.18　图 T12.18 是用双 2 线—4 线译码器 74LS139 组成的逻辑电路，试写出输出变量 Y 与输入变量 A、B、C 之间的逻辑函数式并化简为最简与或式。

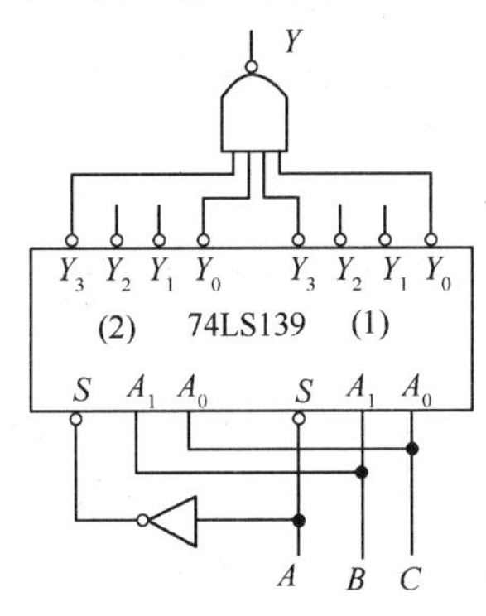

图 T12.18

12.19　试用 3/8 译码器 74LS138 和门电路实现 12.13 题的逻辑功能，画出逻辑图。

12.20　某工厂有 A、B、C 三个车间和一个发电站，站内有两台发电机 M_1 和 M_2。M_2 的容量是 M_1 的两倍。若一个车间开工，只需 M_1 运行；若两个车间开工，只需 M_2 运行；若三个车间开工，M_1、M_2 都运行；试用 3/8 译码器 74LS138 实现控制 M_1、M_2 运行的逻辑电路。要求列真值表；写输出变量 M_1、M_2 的函数式；画逻辑电路图。

12.21　试将双 4 选 1 数据选择器 74LS153 扩展成 8 选 1 数据选择器。要求画逻辑电路图，在图中标出 3 个地址输入端 $A_2A_1A_0$ 和 8 个数据输入端 $D_7 \sim D_0$。

第 13 章　时序逻辑电路

根据逻辑功能的不同,数字电路可分为组合逻辑电路和时序逻辑电路两大类。时序逻辑电路的特点是,功能上有记忆,结构上有反馈,任一时刻的输出状态不仅取决于该时刻的输入状态,还与电路原输出状态有关。

本章将要介绍的时序逻辑电路主要是寄存器和计数器。由于时序逻辑电路的基本单元是触发器,所以下面首先介绍触发器。

13.1　触 发 器

本节介绍的触发器属于双稳态触发器。双稳态触发器必备的特点是具有两个能够自行保持的稳态(1 态或 0 态);外加触发信号时,电路的输出状态可以翻转;在触发信号消失后,能将获得的新态保存下来。双稳态触发器按其逻辑功能可分为 SR 触发器、JK 触发器、D 触发器和 T 触发器等。

13.1.1　SR 触发器

1. 基本 SR 触发器

将两个与非门的输入、输出端交叉耦合就构成了一个基本 SR 触发器,如图 13.1.1 所示。它与组合电路的根本区别在于电路中有反馈。

从逻辑图上看,基本 SR 触发器有两个输入端 S、R;有两个输出端(也称观察端)Q、Q'。一般情况下,Q、Q'是互补的,规定 $Q=1,Q'=0$ 为触发器的 1 态;$Q=0,Q'=1$ 为触发器的 0 态。基本 SR 触发器的逻辑状态如表 13.1.1 所列。

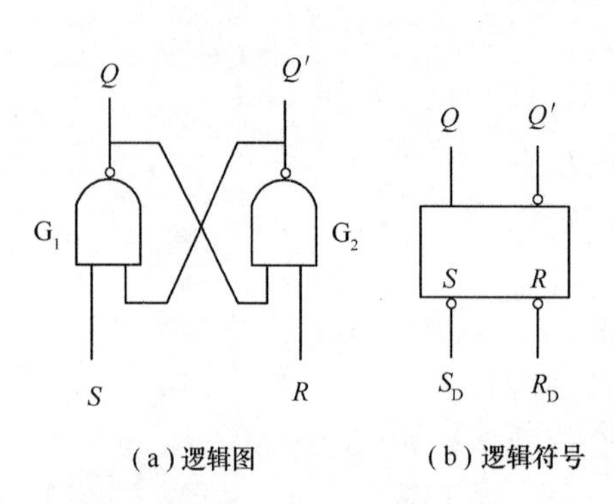

(a) 逻辑图　(b) 逻辑符号

图 13.1.1　与非门组成的基本 RS 触发器

表 13.1.1　与非门组成的基本 SR 触发器的状态表(0 触发有效)

S_D	R_D	Q^n	Q^{n+1}	说 明
0	0	0	1*	$Q^{n+1}=(Q^{n+1})'=1$
		1	1*	
0	1	0	1	置 1(置位)
		1	1	
1	0	0	0	清 0(复位)
		1	0	
1	1	0	0	保持原态
		1	1	

表 13.1.1 中的 Q^n 为“原态”，也称“现态”或“初态”，为了简便，其上标“n”也可省略；Q^{n+1} 为“新态”或“次态”，有些资料中也用 Q^* 表示。

由表 13.1.1 可知，触发器的次态 Q^{n+1} 不仅与输入状态有关，也与触发器原态 Q^n 有关。表 13.1.1 中“1^*”的含义有两层：一是在 S_D、R_D 端同时触发时，$Q^{n+1}=1$、$(Q^{n+1})'=1$，这既不是 1 态，也不是 0 态；二是在 $Q^{n+1}=1$、$(Q^{n+1})'=1$ 时，若 S_D、R_D 端的触发信号同时消失，则输出次态不定，即 Q^{n+2} 态不确定。因此，S_D、R_D 端同时触发的情况应避免。

图 13.1.1(a)所示电路为低电平触发有效，所以在它的逻辑符号中，其触发端用圆圈作标记，见图 13.1.1(b)。触发输入端 S_D、R_D 的脚标 D 为直接触发之意。

【例 13.1.1】用与非门组成的基本 SR 触发器如图 13.1.1(a)所示，设初始状态为 $Q=0$，已知输入 S_D、R_D 端的电压波形如图 13.1.2 所示，试画 Q、Q' 端的输出电压波形。

【解】由表 13.1.1 可画出 Q、Q' 端的电压波形，如图 13.1.2 所示。

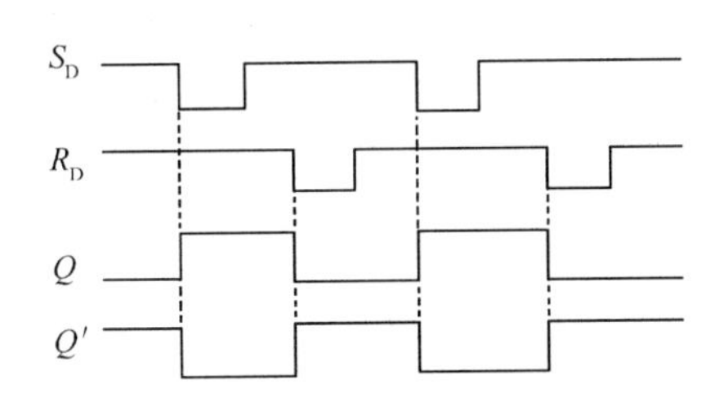

图 13.1.2　基本 SR 触发器波形分析举例

用或非门也可以组成基本 SR 触发器，如图 13.1.3 所示。或非门组成的基本 SR 触发器为高电平触发有效，所以在它的逻辑符号中，其触发端不用圆圈作标记，见图 13.1.3(b)。或非门组成的基本 SR 触发器的功能表如表 13.1.2 所列，由功能表读者可以自行分析其工作原理。

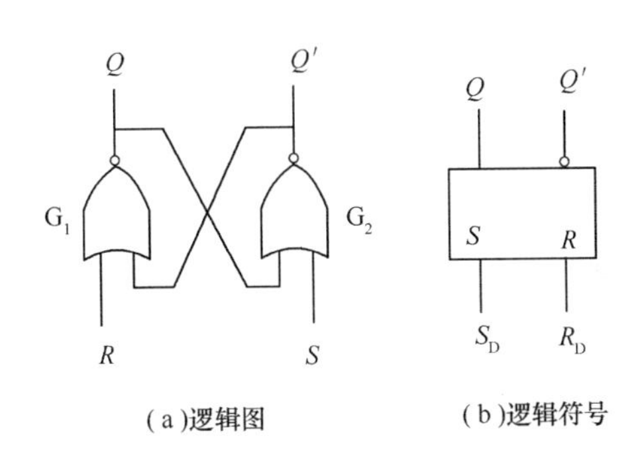

(a)逻辑图　　(b)逻辑符号

图 13.1.3　或非门组成的基本 SR 触发器

表 13.1.2　基本 SR 触发器功能表
(1 触发有效)

S_D	R_D	Q^{n+1}	说 明
0	0	Q^n	保 持
0	1	0	清 零
1	0	1	置 1
1	1	0^*	$Q^{n+1}=(Q^{n+1})'=0$

综上所述，基本 SR 触发器具有清零(使 $Q^{n+1}=0$)、置 1(使 $Q^{n+1}=1$)、保持原态(使 $Q^{n+1}=Q^n$)等 3 种功能；S 端为置 1 端，R 端为清零端，可以是低电平触发有效，也可以是高电平触发有效。

2. 可控 SR 触发器

在实际应用中，人们希望触发器的工作状态不仅由 S、R 端的信号来决定，而且还能在一定的时间控制下翻转。为此，给触发器增加了一个时钟控制端 CP，如图 13.1.4(a)所示，它由基本 SR 触发器加 G_3、G_4 门构成。G_3、G_4 为控制门，控制信号为 CP。这样，只有在 CP 端出现 $CP=1$ 的正脉冲使 G_3、G_4 门打开时，S、R 端的触发信号才能起作用。为了表示这种控制关系，在其逻辑符号中，标出了有限定含义 $C1$、$1R$ 和 $1S$ 端，如图 13.1.4(b)所示，它表明 $1R$、$1S$ 端的信号能否输入，受 $C1$ 端有效电平的控制。

具有时钟脉冲控制的触发器,称为可控触发器,因其状态的改变与时钟脉冲同步,所以也称为同步触发器。

由图 13.1.4 可知:

当 $CP=0$ 时,控制门 G_3、G_4 关闭,S、R 端的触发信号不能加到基本 SR 触发器的输入端。因此,不管 S、R 端的信号如何变化,触发器的状态始终保持不变。

当 $CP=1$ 时,控制门 G_3、G_4 打开,S、R 端的触发信号能加到基本 SR 触发器的输入端,SR 触发器的状态将按照 S、R 端的触发情况而翻转。可控 SR 触发器的特性表见表 13.1.3。

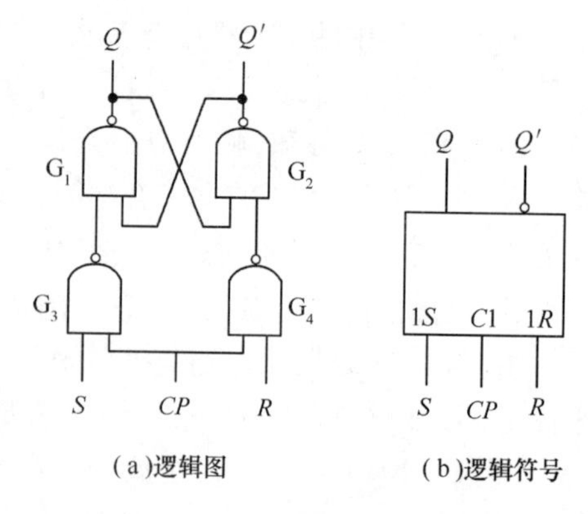

(a)逻辑图 (b)逻辑符号

图 13.1.4 可控 SR 触发器

表 13.1.3 可控 SR 触发器的特性表(1 触发有效)

CP	S	R	Q^n	Q^{n+1}	说 明
0	×	×	0 1	0 1	保持原状态
1	0	0	0 1	0 1	保持原态
1	0	1	0 1	0 0	清 0(复位)
1	1	0	0 1	1 1	置 1(置位)
1	1	1	0 1	1^* 1^*	$Q^{n+1}=(Q^{n+1})'=1$

由表 13.1.3 可以看出,图 13.1.4 所示同步 SR 触发器为高电平触发有效,时钟脉冲 CP 为正脉冲有效,输出状态的转换分别由 CP 和 S、R 控制,其中,触发器何时发生转换由 CP 控制,转换为何种次态由 S、R 控制。对表中“1^*”的解释同前,这里不再重复。

在某些应用场合,需要在 CP 的有效电平到达之前,预先将触发器设置成指定状态,为此在图 13.1.4(a)的基础上,设置了异步清 0 端 R_D 和异步置 1 端 S_D,如图 13.1.5(a)所示,由图看出,只要在 R_D 或 S_D 端接上低电平“0”,就可立即将触发器清 0 或置 1,不受 CP 的控制,因此,R_D、S_D 端被称为“异步”清 0、置 1 端。触发器在时钟控制下正常工作时,应使 R_D、S_D 端处于高电平状态。图 13.1.5(a)的逻辑符号如图 13.1.5(b)所示。

【例 13.1.2】 可控 SR 触发器如图 13.1.5(a)所示,已知触发端 S、R 和异步清 0 端 R_D 的电压波形如图 13.1.6 所示,试画 Q、Q' 端的输出电压波形。

【解】 R_D 端起始的低电平,使 Q 端的初始状态为 0,随后 $R_D=1$ 不起作用,按表 13.1.3 可画出输出端 Q、Q' 的电压波形,如图 13.1.6 所示。

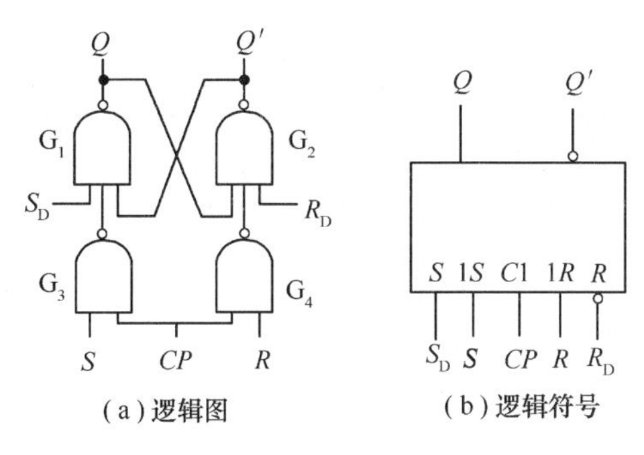

(a)逻辑图　　(b)逻辑符号

图 13.1.5　带异步清零置 1 端的可控 SR 触发器

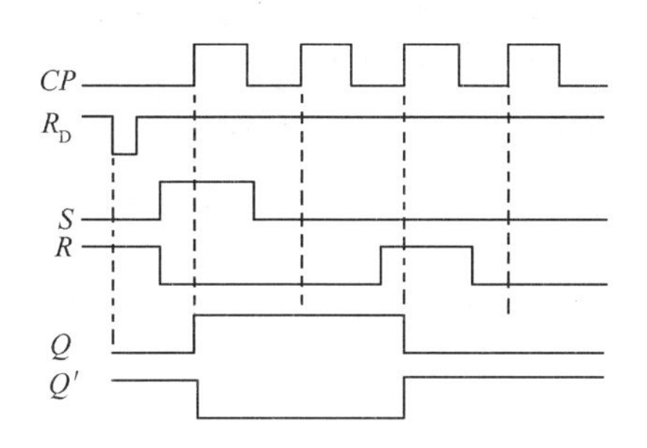

图 13.1.6　可控 SR 触发器电压波形分析举例

13.1.2　JK 触发器

1. JK 触发器的组成及功能

图 13.1.7(a)是一般主从 JK 触发器的结构框图，它的工作过程分两个节拍：

当 $CP=1$ 时，主触发器工作，其输出端 Q_{m} 和 Q'_{m} 随 J、K 端的触发情况而翻转；此时 $CP'=0$，从触发器被封锁，保持原状态 Q^n 不变。

当 CP 由 1 下跳到 0 时，主触发器被封锁，输入信号 J、K 不再影响主触发器的状态；而此时 $CP'=1$，从触发器工作，接收上一个节拍主触发器输出端的状态，即 $Q^{n+1}=Q_{\mathrm{m}}$。

主从结构的触发器，根据脉冲信号 CP 触发方式的不同，分脉冲触发和脉冲边沿触发两种类型。脉冲触发型，其次态取决于一个 CP 信号作用期间输入信号的状态；脉冲边沿触发器，其次态仅仅取决于 CP 信号作用沿（上升沿或下降沿）到达时刻输入信号的状态。这里，只介绍边沿触发型的触发器，它的抗干扰能力极强。

图 13.1.7(b)是主从结构、边沿触发型 JK 触发器的逻辑符号，图中的“∧”号是主从结构、边沿触发器的通用标记。图 13.1.7(b)所示触发器，当 CP 由 1 下跳到 0 时，Q^{n+1} 才随 J、K 端的触发情况而翻转，这样的触发器，时钟脉冲的作用沿为下跳沿，其逻辑符号的 CP 端用圆圈作标记，如图中所示。

图 13.1.7(b)触发器的特性见表 13.1.4。由表可知，JK 触发器具有清 0、置 1、保持和计数等四种功能。

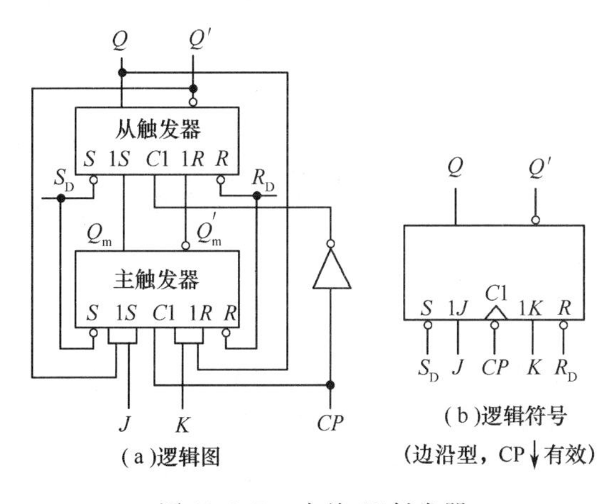

(a)逻辑图　　(b)逻辑符号（边沿型，CP↓有效）

图 13.1.7　主从 JK 触发器

表 13.1.4　边沿 JK 触发器特性表（CP 作用沿为↓）

CP	J　K	Q^n	Q^{n+1}	说明
↓	0　0	0	0	保持
		1	1	
↓	0　1	0	0	清 0
		1	0	
↓	1　0	0	1	置 1
		1	1	
↓	1　1	0	1	计数
		1	0	

2. JK 触发器的特性方程

在分析时序逻辑电路的功能时,通常要借助触发器的特性方程。触发器的特性方程是次态 Q^{n+1} 关于原态 Q^n 及触发信号的函数。

将表 13.1.4 填卡诺图,如图 13.1.8 所示,化简可得 JK 触发器的特性方程为

$$Q^{n+1}=J(Q^n)'+K'Q^n \tag{13.1.1}$$

为简便起见,Q^n可省略写成 Q,所以式(13.1.1)简写为

$$Q^{n+1}=JQ'+K'Q \tag{13.1.2}$$

由表 13.1.4 或者式(13.1.2)可以很容易地归纳出 JK 触发器的功能特点为

$$J=K=0\text{ 时},Q^{n+1}=Q$$

$$J=K=1\text{ 时},Q^{n+1}=Q'$$

$$J\neq K\text{ 时},Q^{n+1}=J$$

其中,$Q^{n+1}=Q'$是触发器的计数状态。计数状态下,触发器的输出状态随时钟脉冲作用沿的到来自动翻转。利用触发器的计数功能可以构成计数器。

【例 13.1.3】 JK 触发器如图 13.1.7 所示,已知触发端 J、K 和异步清零端 R_D 的电压波形如图 13.1.9 所示,试画 Q、Q'端的输出波形图。

【解】 R_D端起始的低电平,使 Q 端的初始状态为 0,随后 $R_D=1$ 不起作用,由表 13.1.4 可画出输出 Q、Q'端的电压波形如图 13.1.9 所示。

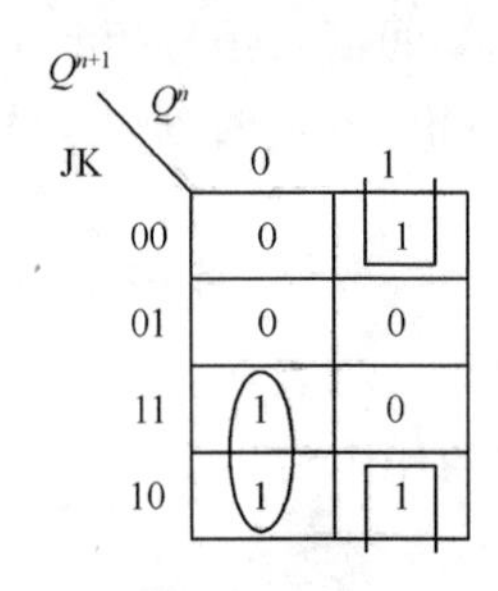

图 13.1.8 JK 触发器 Q^{n+1}的卡诺图

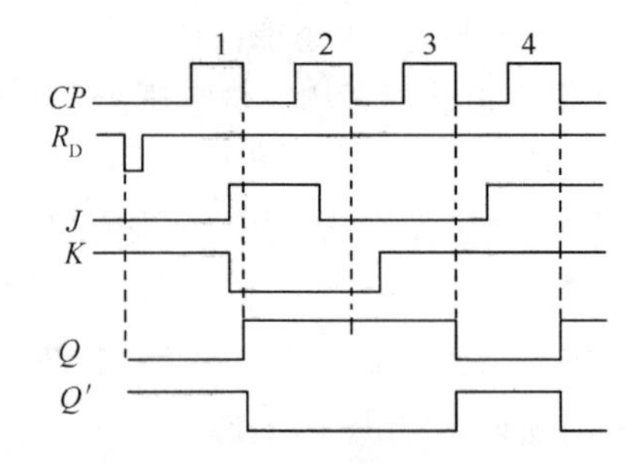

图 13.1.9 JK 触发器电压波形分析举例

13.1.3 T 触发器和 D 触发器

1. T 触发器

如果将 JK 触发器的 J 端和 K 端相连作为输入端,就构成了 T 触发器,如图 13.1.10(a)所示。将 T 取代 J、K 代入 JK 触发器的特性方程式(13.1.2)中,得 T 触发器的特性方程为

$$Q^{n+1}=TQ'+T'Q \tag{13.1.3}$$

由特性方程可求得 T 触发器的特性表,如表 13.1.5 所列。

图 13.1.10(b)是图 13.1.10(a)的逻辑符号,由前述可知,图 13.1.10(b)所示的 T 触发器,CP 的作用沿是下跳沿。如果 CP 的作用沿是上升沿,其逻辑符号应该如图 13.1.10(c)所示。需要说明的是,有时钟控制的触发器(简称钟控触发器),都有异步清 0、置 1 端,图 13.1.10 中没有画出。

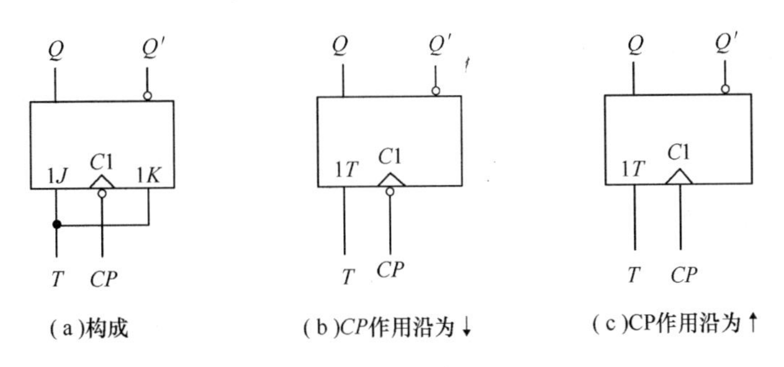

图 13.1.10　T 触发器

表 13.1.5　T 触发器的特性表

T	Q^n	Q^{n+1}	功能说明
0	0	0	保　持
0	1	1	
1	0	1	计　数
1	1	0	

2. D 触发器

D 触发器只有一个触发输入端 D，逻辑功能非常简单，如表 13.1.6 所列。由表 13.1.6 可直接写出 D 触发器的特性方程为

$$Q^{n+1}=D \tag{13.1.4}$$

表 13.1.6　D 触发器的特性表

D	Q^n	Q^{n+1}	功能说明
0	0	0	同　D
0	1	0	
1	0	1	同　D
1	1	1	

如果 D 触发器的逻辑符号如图 13.1.11(a)所示，则其时钟 CP 的作用沿是下降沿；如图 13.1.11(b)所示，则其时钟 CP 的作用沿是上升沿；图 13.1.11(c)的时钟 CP 的作用沿是下降沿，异步清 0、置 1 端为“1”有效。

D 触发器的 $Q^{n+1}=D$，说明它具有存数功能。利用触发器的存数功能，可以构成寄存器。

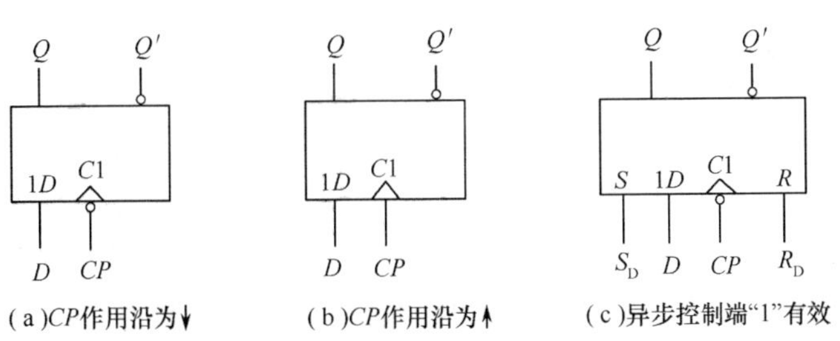

图 13.1.11　D 触发器逻辑符号

3. 触发器波形分析

【例 13.1.4】 设图 13.1.12 中各触发器的初始状态均为 $Q=0$,试画出在 CP 信号连续作用下,各触发器输出端的电压波形。

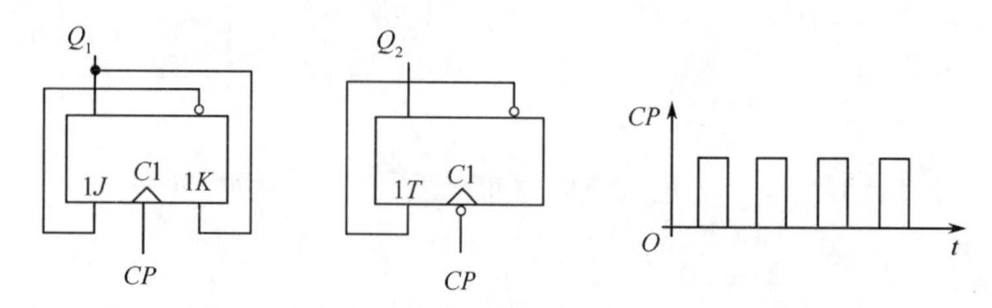

图 13.1.12　例 13.1.4 题图

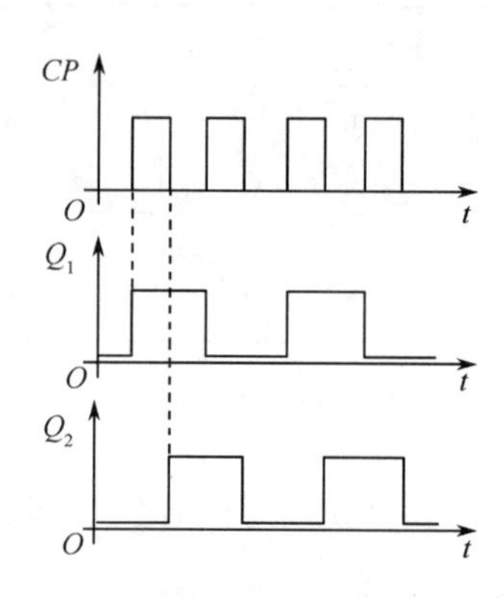

图 13.1.13　例 13.1.4 解题图

【解】 分析 Q_1波形:

(1) 写驱动方程。

Q_1的驱动方程为 $J=Q'$;$K=Q$。

(2) 求状态方程。

将驱动方程代入 JK 触发器的特性方程,可得 Q_1 的状态方程:$Q_1^{n+1}=Q_1'$。

(3) 画 Q_1波形。

由状态方程和题图知,Q_1 波形对应 CP 上升沿自动翻转,如图 13.1.13 中 Q_1 波形所示。

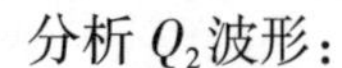

分析 Q_2波形:

(1) 写驱动方程。

Q_2的驱动方程为 $T=Q'$。

(2) 求状态方程。

将驱动方程代入 T 触发器的特性方程,可得 Q_2的状态方程:$Q_2^{n+1}=Q_2'$。

(3) 画 Q_2波形。

由状态方程和题图知,Q_2 波形对应 CP 下降沿自动翻转,如图 13.1.13 中 Q_2 波形所示。

13.2　寄 存 器

常用的寄存器有数码寄存器和移位寄存器两类,下面分别加以介绍。

13.2.1　数码寄存器

数码寄存器——用来暂时存放参与运算的数据或运算结果的时序逻辑电路。

前面介绍的 D 触发器,就是一种可以存储一位二进制数的寄存器,用 n 个 D 触发器就可以存储 n 位二进制数。图 13.2.1 所示是由 4 位 D 触发器组成的 4 位数码寄存器。其中,R_D是异步清零端。$D_3 \sim D_0$是并行数据输入端,CP 为时钟脉冲输入端,$Q_3 \sim Q_0$是并行数据输出端。

将需要存储的 4 位二进制数码接到 $D_3 \sim D_0$输入端,在 CP 端送一个时钟脉冲,当 CP

下降沿到来时,4 位数码将并行地出现在输出端,即 $Q_3Q_2Q_1Q_0 = D_3D_2D_1D_0$。

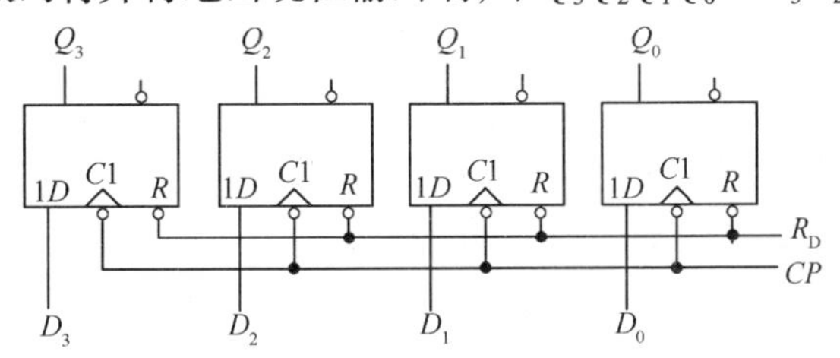

图 13.2.1　4 位数码寄存器逻辑图

13.2.2　移位寄存器

移位寄存器不但可以寄存数码,而且在移位脉冲作用下,寄存器中的数码还可根据需要向左或向右移动。移位寄存器也是数字系统和计算机中应用十分广泛的基本逻辑部件。

1. 单向移位寄存器

单向移位寄存器分向左移和向右移两种。图 13.2.2 所示为 D 触发器构成的 4 位右移寄存器。D_I端为串行数据输入端;Q_0端为串行数据输出端;$Q_3 \sim Q_0$端为并行数据输出端;R_D端为清零端。

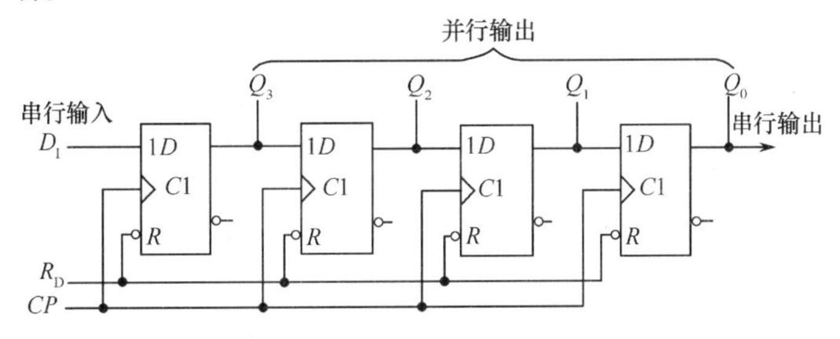

图 13.2.2　D 触发器组成的 4 位右移寄存器

设清零后,移位寄存器的初始状态为 0000,串行输入的数码为 $D_I = 1101$,右移时,将数码从低位到高位依次输入,而且必须输入一位数码,就输入一个移位脉冲,在 4 个移位脉冲之后,4 位数码 1101 就全部存入了寄存器。电路的状态转换过程如表 13.2.1 所列。

表 13.2.1　右移寄存器状态转换举例

移位脉冲	输入数码	输　出			
CP	D_I	Q_3	Q_2	Q_1	Q_0
0	×	0	0	0	0
1	1	1	0	0	0
2	0	0	1	0	0
3	1	1	0	1	0
4	1	1	1	0	1

移位寄存器的数码可以从 $Q_3 \sim Q_0$端并行输出,也可以从 Q_0端串行输出。串行输出时,必须再输入移位脉冲。

左移寄存器的构成及工作过程和右移寄存器类似,不再赘述。

2. 双向移位寄存器

74LS194 是集成双向移位寄存器。图 13.2.3 是 74LS194 的逻辑符号，在图 13.2.3 中，R_D是异步清零端；S_1S_0是功能转换端（也称模式端）；D_{IR}是右移串行输入端，D_{IL}是左移串行输入端；$D_3 \sim D_0$是并行输入端；$Q_3 \sim Q_0$为并行输出端；Q_3是左移串行输出端；Q_0是右移串行输出端。

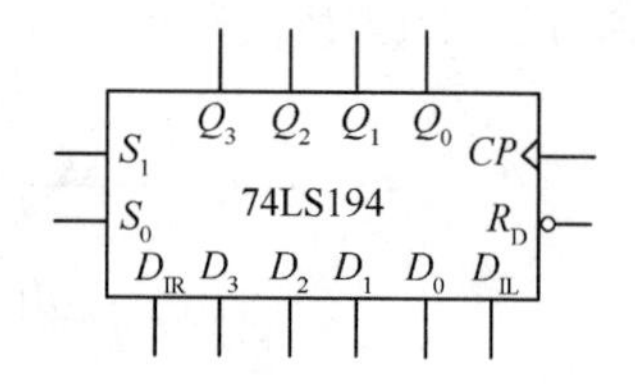

图 13.2.3　74LS194 的逻辑符号

74LS194 的逻辑功能如表 13.2.2 所列。由表 13.2.2 可以看出 74LS194 具有以下功能：

当 $R_D=0$ 时，立即清零，与其他输入状态及时钟脉冲 CP 无关；当 $R_D=1$ 时，通过改变 S_1S_0的状态，可分别实现保持、右移、左移和并行存数等 4 种工作方式。

表 13.2.2　74LS194 的功能表

输入										输出				功能说明
清零	控制		串行输入		时钟	并行输入								
R_D	S_1	S_0	D_{IL}	D_{IR}	CP	D_3	D_2	D_1	D_0	Q_3	Q_2	Q_1	Q_0	
0	×	×	×	×	×	×	×	×	×	0	0	0	0	异步清零
1	0	0	×	×	×	×	×	×	×	Q_3	Q_2	Q_1	Q_0	保　持
1	0	1	×	1	↑	×	×	×	×	1	Q_2	Q_1	Q_0	右移（向 Q_0移）
1	0	1	×	0	↑	×	×	×	×	0	Q_2	Q_1	Q_0	
1	1	0	1	×	↑	×	×	×	×	Q_3	Q_2	Q_1	1	左移（向 Q_3移）
1	1	0	0	×	↑	×	×	×	×	Q_3	Q_2	Q_1	0	
1	1	1	×	×	↑	d_3	d_2	d_1	d_0	d_3	d_2	d_1	d_0	并行存数

13.3　同步时序逻辑电路的分析方法

从时钟脉冲 CP 引入情况的不同，时序电路分为同步时序电路和异步时序电路两大类。同步时序逻辑电路各触发器的时钟脉冲来自同一个脉冲源；异步时序逻辑电路各触发器的时钟脉冲来自不同的脉冲源。下面重点介绍同步时序逻辑电路的分析方法。

【例 13.3.1】试分析图 13.3.1 所示时序逻辑电路的功能并检查电路能否自启动。

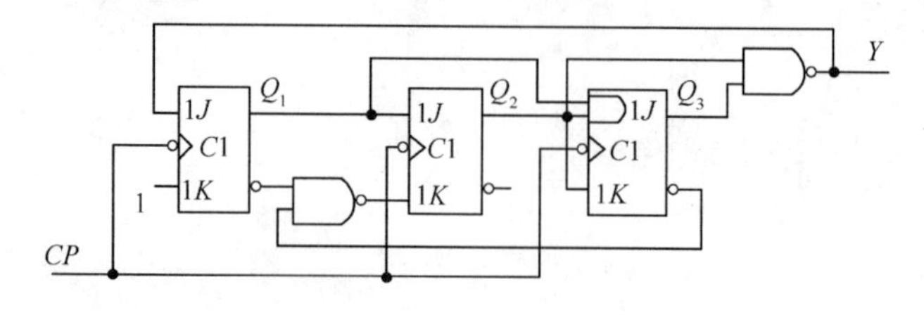

图 13.3.1　例 13.3.1 逻辑电路图

【解】图 13.3.1 所示的时序逻辑电路由 3 个 JK 触发器和 3 个基本门组成。3 个 JK 触发器的时钟来自同一个脉冲源，是同步时序逻辑电路，时钟的作用沿为下降沿。同步时序逻辑电路的功能一般按以下步骤分析。

1. 写输出方程

$$Y=(Q_3Q_2)' \qquad (13.3.1)$$

2. 写驱动方程

$$\begin{cases}J_3=Q_2Q_1 & K_3=Q_2\\ J_2=Q_1; & K_2=(Q_3'Q_1')'\\ J_1=(Q_3Q_2)'; & K_2=1\end{cases} \qquad (13.3.2)$$

3. 求状态方程

将驱动方程代入 JK 触发器的特性方程 $Q^{n+1}=JQ'+K'Q$,便可求得状态方程:

$$\begin{cases}Q_3^{n+1}=Q_3'Q_2Q_1+Q_3Q_2'\\ Q_2^{n+1}=Q_2'Q_1+Q_3'Q_2Q_1'\\ Q_1^{n+1}=(Q_3Q_2)'Q_1'\end{cases} \qquad (13.3.3)$$

4. 列状态转换表(简称状态表)

假设电路的初态 $Q_3Q_2Q_1=000$。将 000 代入状态方程,得次态 $Q_3^{n+1}Q_2^{n+1}Q_1^{n+1}=001$;再将 001 作为新的初态代入状态方程,得新的次态 010,如此进行下去,当第 7 个 CP 作用过后,电路回到第一个循环状态 000,一次循环结束,这个循环称为主循环,如表 13.3.1 所列。

表 13.3.1 例 13.3.1 电路的状态转换表

CP 顺序	Q_3	Q_2	Q_1	Y
0	0	0	0	1
1	0	0	1	1
2	0	1	0	1
3	0	1	1	1
4	1	0	0	1
5	1	0	1	1
6	1	1	0	0
7	0	0	0	1
0	1	1	1	0
1	0	0	0	1

5. 检查自启动

图 13.3.1 所示电路有 3 个观察端,应该能输出 8 种状态,若电路从任何一个现态开始,随着 CP 的输入,都能进入主循环,则称电路能自启动。检查表 13.3.1 中的主循环,发现缺少 111 这个状态,将 111 代入状态方程,得次态 000,进入主循环,见表 13.3.1。此电路能够自启动。

6. 画状态转换图(简称状态图)

根据状态表可画出状态转换图如图 13.3.2所示。

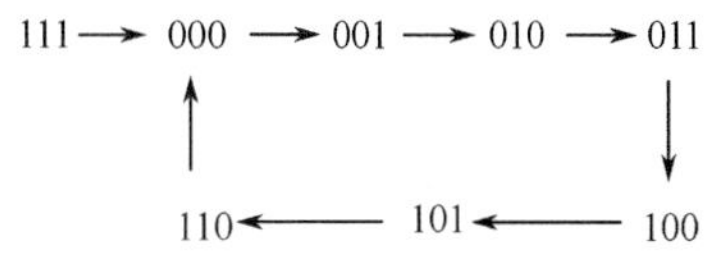

111 → 000 → 001 → 010 → 011
↑　　　　　　　　　　　↓
110 ← 101 ← 100

图 13.3.2 例 13.3.1 的状态转换图($Q_3Q_2Q_1$)

7. 分析逻辑功能

图 13.3.1 所示电路具有对时钟信号的计数功能,按照加 1 规律循环变化,每经过 7 个 CP 脉冲,输出端 Y 输出一个脉冲,所以这是一个七进制加法计数器,$Y=0$ 是进位信号。

13.4 计数器

在数字系统中,用得最多的就是计数器。从功能不同分,计数器有加计数、减计数、或加/减兼有的可逆计数等几种类型;从进制不同分,计数器有二进制、十进制、二—五—十进制等多种。

13.4.1 二进制计数器

1. 异步二进制加法计数器

图 13.4.1 所示电路为 4 位异步二进制加法计数器，由 4 个下降沿触发的 JK 触发器组成。其中，触发器 F_0 的时钟端接计数脉冲 CP，其他触发器的时钟端接相邻低位触发器的 Q 端，是异步时序逻辑电路，此电路的功能分析可直接用画时序波形图的方法。

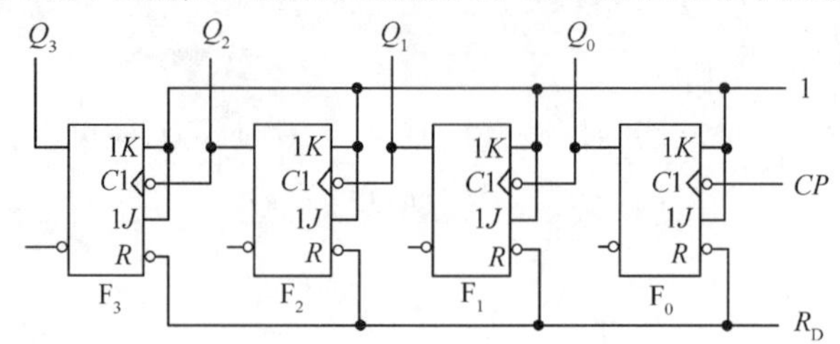

图 13.4.1　由 JK 触发器组成的 4 位异步二进制加法计数器逻辑图

图 13.4.1 中所有 JK 触发器的 $J=K=1$，都处在翻转状态，只要相应时钟的作用沿到来，就会有 $Q^{n+1}=(Q^n)'$ 出现。因此，Q_0 的状态对应 CP 的下降沿自动翻转；Q_1 的状态对应 Q_0 的下降沿自动翻转；余类推。作出该电路的时序波形如图 13.4.2 所示。由时序图可见，从初态 0000（由清零所致）开始，随时钟 CP 的输入，计数器的状态按二进制加 1 规律计数，所以此电路是 4 位二进制加法计数器。又因该计数器有 0000 ~ 1111 共 16 个状态，所以也称其为十六进制加法计数器或模 16（$M=16$）加法计数器。十六进制加法计数器的状态转换图如图 13.4.3 所示。

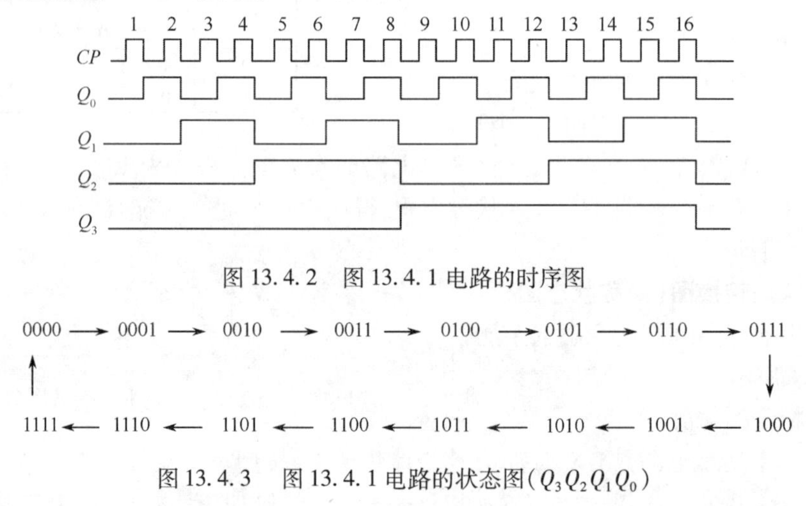

图 13.4.2　图 13.4.1 电路的时序图

图 13.4.3　图 13.4.1 电路的状态图（$Q_3Q_2Q_1Q_0$）

计数器除了记录时钟个数以外，另外一个作用是分频。从时序图上可以看出，Q_0、Q_1、Q_2、Q_3 波形的频率分别是计数脉冲 CP 频率的 1/2 倍、1/4 倍、1/8 倍、1/16 倍，也就是说，Q_0、Q_1、Q_2、Q_3 分别对 CP 波形进行了二分频、四分频、八分频和十六分频，因而 Q_0、Q_1、Q_2、Q_3 端被分别称为二分频、四分频、八分频和十六分频端。

异步二进制计数器结构简单，改变级联触发器的个数，就可以很方便地改变二进制计数器的位数，n 个触发器可构成 n 位二进制计数器或模 2^n 计数器，或 $2\sim2^n$ 分频器。

2. 同步二进制加法计数器

图 13.4.4 所示电路为 4 位同步二进制加法计数器，由 4 个 T 触发器组成。

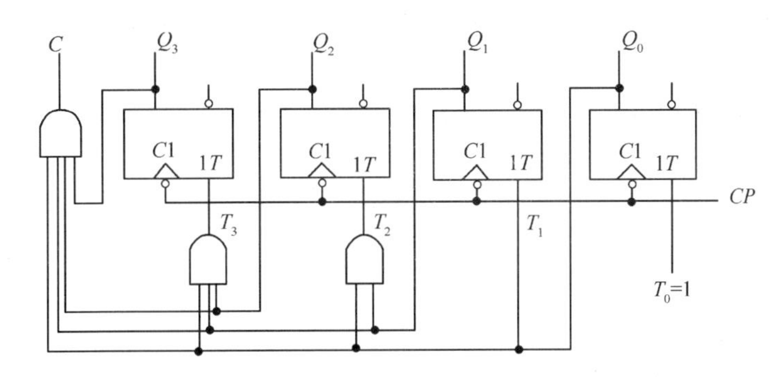

图 13.4.4　由 T 触发器组成的 4 位同步二进制加法计数器逻辑图

各触发器的驱动方程分别为

$$T_0 = 1;\quad T_1 = Q_0;\quad T_2 = Q_1Q_0;\quad T_3 = Q_2Q_1Q_0$$

由于该电路的驱动方程规律性较强，所以，可根据 T 触发器的功能特点，直接画时序波形图。

因为 $T_0 = 1$，所以 Q_0 波形对应计数脉冲 CP 的下降沿自动翻转。

因为 $T_1 = Q_0$，所以当 $Q_0 = 1$ 时，Q_1 波形对应 CP 的下降沿自动翻转。

因为 $T_2 = Q_1Q_0$，所以当 $Q_1Q_0 = 1$ 时，Q_2 波形对应 CP 的下降沿自动翻转。

因为 $T_3 = Q_2Q_1Q_0$，所以当 $Q_2Q_1Q_0 = 1$ 时，Q_3 波形对应 CP 的下降沿自动翻转。

时序波形图读者可自行画出，结果和图 13.4.2 所示完全一样。

3. 集成二进制加法计数器

对于集成计数器，应重点掌握外部使用，集成电路内部各触发器的时钟是同步还是异步已不重要，所以在下面的叙述中，不再提及电路内部各触发器的连接是同步还是异步。图 13.4.5 所示为集成 4 位二进制加法计数器 74LS161 的逻辑符号。其逻辑功能如表 13.4.1 所列，由表 13.4.1 可知，74LS161 具有以下功能：

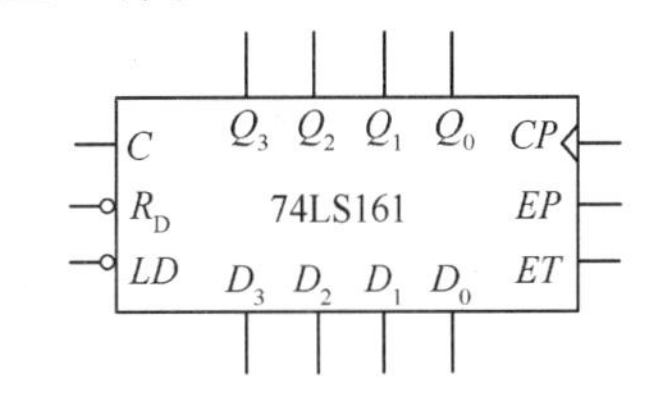

图 13.4.5　74LS161 逻辑符号

（1）异步清零。R_D 端是异步清零的控制端。当 $R_D = 0$ 时，不管其他输入端的状态如何，不等下一个时钟脉冲 CP 到来，计数器输出将被立即清零（$Q_3Q_2Q_1Q_0 = 0000$）。

表 13.4.1　74161 的功能表

清零	预置	使能		时钟	预置数据输入				输 出				工作模式
R_D	LD	EP	ET	CP	D_3	D_2	D_1	D_0	Q_3	Q_2	Q_1	Q_0	
0	×	×	×	×	×	×	×	×	0	0	0	0	异步清零
1	0	×	×	↑	d_3	d_2	d_1	d_0	d_3	d_2	d_1	d_0	同步置数
1	1	0	×	×	×	×	×	×	保持				数据保持
1	1	×	0	×	×	×	×	×	保持				数据保持
1	1	1	1	↑	×	×	×	×	十六进制计数				加法计数

(2) 同步并行预置数。LD 端是预置数的控制端。当 $R_D=1$、$LD=0$ 时，在输入时钟脉冲 CP 上升沿的作用下，并行输入端 $D_3D_2D_1D_0$ 的数据 $d_3d_2d_1d_0$ 被置入计数器的输出端，即 $Q_3Q_2Q_1Q_0=d_3d_2d_1d_0$。由于这个操作要与 CP 的到来同步，所以称为同步预置数。

(3) 计数。EP、ET 是功能转换端。当 $EP=ET=1$ 且 $R_D=LD=1$ 时，在 CP 上升沿的作用下，计数器进行二进制加法计数。

(4) 保持。当 $EP\cdot ET=0$，且 $R_D=LD=1$ 时，计数器保持原态不变。

(5) 进位。C 端是进位输出端，进位函数 $C=Q_3Q_2Q_1Q_0$，当电路输出状态为 1111 时，$C=1$，高电平进位。

4. 集成二进制可逆计数器

既能作加计数又能作减计数的计数器被称为可逆计数器。图 13.4.6 是集成 4 位二进制可逆计数器 74LS191 的逻辑符号。各引脚功能如下：

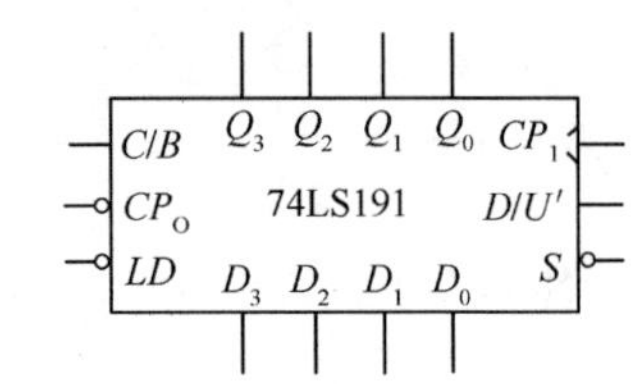

图 13.4.6　74LS191 逻辑符号

(1) S 是使能端，0 有效。

(2) D_3、D_2、D_1、D_0 是预置数据输入端。

(3) LD 是异步预置数控制端，一旦 $LD=0$，立即出现 $Q_3Q_2Q_1Q_0=d_3d_2d_1d_0$。

(4) D/U' 是加/减控制端。$D/U'=0$ 时可加计数，$D/U'=1$ 时可减计数。

(5) C/B 是进位/借位输出端。加计数到 1111 时，$C/B=1$ 是进位信号；减计数到 0000 时，$C/B=1$ 是借位信号。

(6) CP_I 是计数脉冲输入端，上升沿有效；CP_O 是时钟输出端，当 $S=0$ 且 $C/B=1$ 时，在下一个 CP_I 上升沿到达前，CP_O 有一个负脉冲输出。

74LS191 的功能如表 13.4.2 所列，由功能表读者可进一步了解 74LS191 的计数功能。

表 13.4.2　74LS191 的功能表

预置	使能	加/减控制	时钟	预置数据输入				输 出				工作模式
LD	S	D/U'	CP	D_3	D_2	D_1	D_0	Q_3	Q_2	Q_1	Q_0	
0	×	×	×	d_3	d_2	d_1	d_0	d_3	d_2	d_1	d_0	异步置数
1	1	×	×	×	×	×	×	保持				数据保持
1	0	0	↑	×	×	×	×	加法计数				加法计数
1	0	1	↑	×	×	×	×	减法计数				减法计数

13.4.2　十进制计数器

十进制计数器是在二进制计数器的基础上构成的。下面介绍几种常用的集成十进制计数器。

1. 十进制加法计数器

74LS160 是集成十进制加法计数器，其逻辑符号和十六进制加法计数器 74LS161 完全相同，功能表也可参见 74LS161 的功能表。和 74LS161 相比，不同之处有两点：一是 74LS161 输出 0000 ~ 1111 等 16 种状态；74LS160 输出 0000 ~ 1001 等 10 种状态；二是

74LS161 的进位函数 $C = Q_3Q_2Q_1Q_0$，电路计数到 1111 时，$C = 1$ 向高位进位；74LS160 的进位函数 $C = Q_3Q_0$，电路计数到 1001 时，$C = 1$ 向高位进位。74LS160 的状态转换图如图 13.4.7 所示。由图 13.4.7 可看出，作为 8421BCD 码加法计数器，其有效循环为 0000 ~ 1001，其余 6 种状态为无效状态。电路能够自启动。

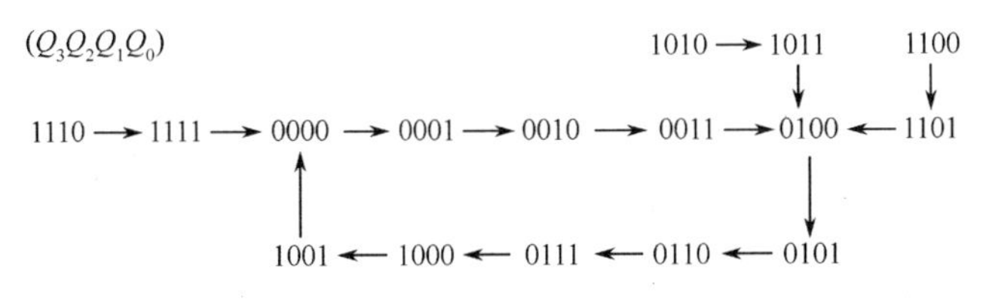

图 13.4.7　74LS160 的状态转换图

2. 十进制可逆计数器

74LS190 是集成十进制可逆计数器，其逻辑符号和十六进制可逆计数器 74LS191 完全相同，功能表也可参见 74LS191 的功能表。和 74LS191 相比，不同之处就是 74LS191 是十六进制可逆计数，74LS190 是十进制可逆计数。

3. 二—五—十进制计数器

图 13.4.8 是 74LS290 二—五—十进制加法计数器的逻辑图。它包含一个独立的 1 位二进制计数器，由 F_0 组成；还包含一个独立的五进制计数器，由 $F_1 \sim F_3$ 组成。

电路作二进制计数器时，时钟 CP 从 CP_0 端输入，输出端为 Q_0，能输出 0、1 两个状态；作五进制计数器时，时钟 CP 从 CP_1 端输入，输出端为 $Q_3Q_2Q_1$，能输出 000 ~ 100 等 5 个状态；作十进制计数器时，必须将 Q_0 与 CP_1 相连，时钟 CP 从 CP_0 端输入，输出端为 $Q_3Q_2Q_1Q_0$，能输出 0000 ~ 1001 等 10 个状态。故称其为二—五—十进制加法计数器。

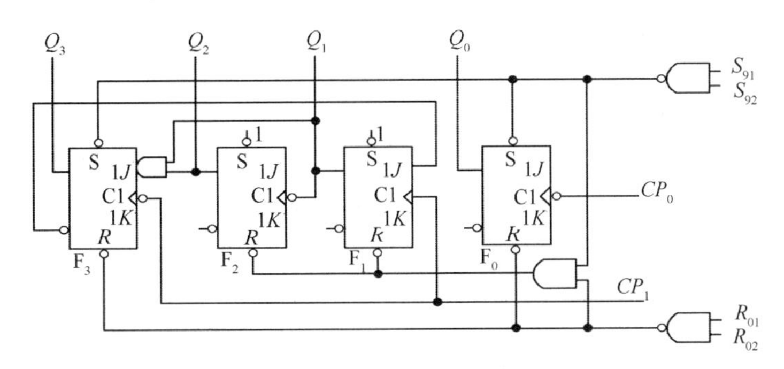

图 13.4.8　二—五—十进制加法计数器 74LS290

表 13.4.3 是 74LS290 的功能表。由表 13.4.3 可知，74LS290 具有以下功能：

（1）异步清零。当清零端 $R_{0(1)} = R_{0(2)} = 1$，且置 9 端 $S_{9(1)} = S_{9(2)} = 0$ 时，不等下一个时钟脉冲 CP 的到来，计数器输出端将被直接清零。

（2）异步置 9。当置 9 端 $S_{9(1)} = S_{9(2)} = 1$，且置 0 端 $R_{0(1)} = R_{0(2)} = 0$ 时，不等下一个时钟脉冲 CP 的到来，计数器输出端将被直接置 9（即 $Q_3Q_2Q_1Q_0 = 1001$）。

（3）计数。当 $R_{0(1)} = R_{0(2)} = S_{9(1)} = S_{9(2)} = 0$ 时，在计数脉冲（下降沿）作用下，进行二—五—十进制加法计数。

表 13.4.3　74LS290 的功能表

清 0 端		置 9 端		时钟	输出				工作模式
$R_{0(1)}$	$R_{0(2)}$	$S_{9(1)}$	$S_{9(2)}$	CP	Q_3	Q_2	Q_1	Q_0	
1	1	0	0	×	0	0	0	0	异步清零
0	0	1	1	×	1	0	0	1	异步置 9
0	0	0	0	↓	计　数				加法计数

74LS290 逻辑符号如图 13.4.9 所示。图 13.4.10 是用 74LS290 构成的十进制计数器的连线图。

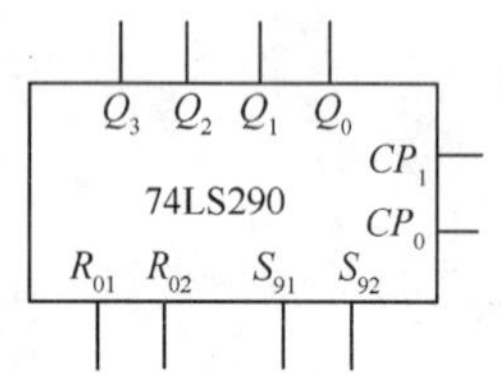

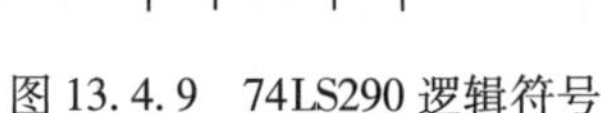
图 13.4.9　74LS290 逻辑符号

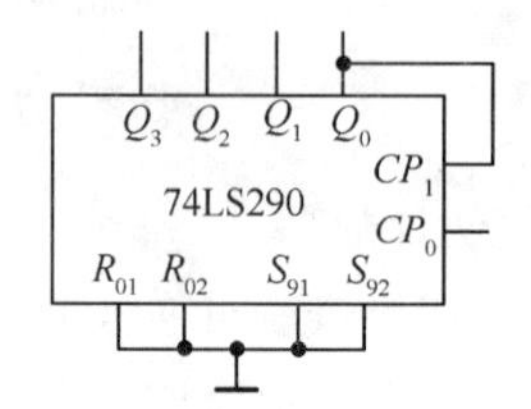

图 13.4.10　用 74LS290 构成十进制计数器

13.4.3　任意进制计数器的构成

目前,集成计数器的定型产品主要是十六进制和十进制,在需要其他任意进制计数器时,只有用已有的计数器经过外部电路的不同连接来得到。假设已有 N 进制计数器,要构成 M 进制计数器,就有 $M<N$ 和 $M>N$ 两种可能。

1. $M<N$ 的情况

$M<N$ 任意进制计数器的构成,有“清零法”和“置数法”两种。清零法利用计数器的异步清零控制端 R_D 端来实现。

【例 13.4.1】 试用十进制计数器 74LS160 构成六进制计数器,用清零法。

【解】 74LS160 的 R_D 端是异步清零控制端,用异步清零法构成六进制计数器时,必须利用计数器输出的第 7 个状态译码,使 $R_D=0$。

(1) 列状态转换表。根据题意,可列状态转换表如表 13.4.4 所列。

表 13.4.4　例 13.4.1 的状态表

CP 顺序	Q_3	Q_2	Q_1	Q_0	状态数	CP 顺序	Q_3	Q_2	Q_1	Q_0	状态数
0	0	0	0	0	1	4	0	1	0	0	5
1	0	0	0	1	2	5	0	1	0	1	6
2	0	0	1	0	3	6	0	1	1	0	暂态
3	0	0	1	1	4		0	0	0	0	回到起始稳态

(2) 写清零控制函数。由表 13.4.4 可知,要在第 7 个状态 0110 使 $R_D=0$,清零控制函数必须为 $R_D=(Q_3'Q_2Q_1Q_0')$ 或 $R_D=(Q_2Q_1)'$。

(3) 画电路图。根据 $R_D=(Q_2Q_1)'$ 画出的电路图如图 13.4.11 所示。由图 13.4.11 可知,电路利用 0110 使 $R_D=0$,而 R_D 端是异步清零控制端,所以一旦 $R_D=0$,不等下一个 CP 到来,电路立即清零,因此 0110 状态是过渡暂态,不能记入有效循环。

(4) 画状态转换图。图 13.4.11 所示的状态转换图如图 13.4.12 所示,Y 端是此六进制计数电路的进位输出端。进位输出函数为 $Y=Q_2Q_0$，$Y=1$ 是进位信号。一般，要求进位信号为稳态。

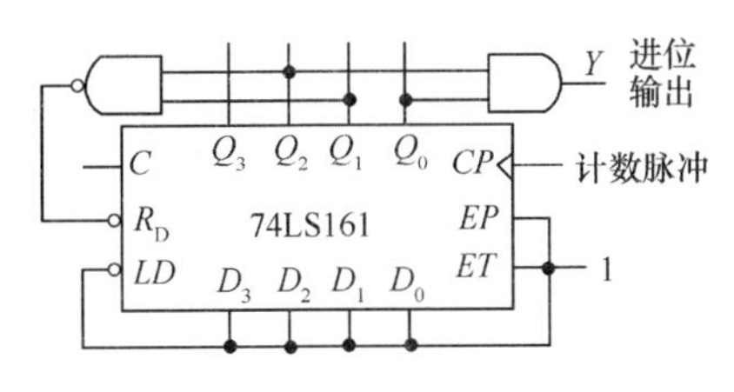

图 13.4.11　六进制计数器(清零法)

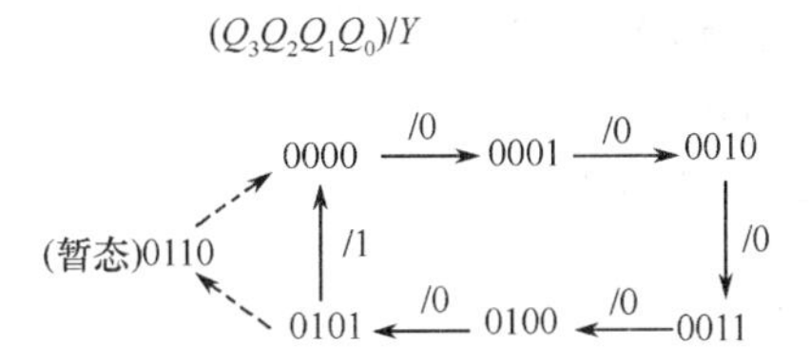

图 13.4.12　图 13.4.11 的状态转换图

$M<N$ 任意进制计数器的构成，还可以用“置数法”。置数法利用计数器的置数控制端 LD 端来实现，置入的数值可以是 0000，也可以是其他值，下面重点介绍置入 0000 的方法(即置零法)。

【**例 13.4.2**】试用十进制计数器 74LS160 构成六进制计数器，用置零法。

【**解**】74LS160 的 LD 端是同步置数控制端，用同步置数法构成 6 进制计数器时，必须利用第 6 个状态译码，使 $LD=0$。

(1) 列状态转换表。例 13.4.2 的状态表如表 13.4.5 所列。

(2) 写置数控制函数。由表 13.4.5 可知，要在第 6 个状态 0101 使 $LD=0$，置数控制函数必须为 $LD=(Q_3'Q_2Q_1'Q_0)'$ 或 $LD=(Q_2Q_0)'$。

(3) 画电路图。根据 $LD=(Q_2Q_0)'$ 画出的电路如图 13.4.13 所示。由图可知，电路利用 0101 状态使 $LD=0$，而 LD 端是同步置数控制端，所以当 $LD=0$ 时，必须等下一个 CP 到来，才能置入 0000。这样 0101 状态保持了一个 CP 周期，是稳态，必须记入有效循环。

表 13.4.5　例 13.4.2 的状态表

CP 顺序	Q_3	Q_2	Q_1	Q_0	状态数	CP 顺序	Q_3	Q_2	Q_1	Q_0	状态数
0	0	0	0	0	1	4	0	1	0	0	5
1	0	0	0	1	2	5	0	1	0	1	6(稳态)
2	0	0	1	0	3	6	0	0	0	0	回到起始稳态
3	0	0	1	1	4						

(4) 画状态转换图。图 13.4.13 所示的状态转换图如图 13.4.14 所示，Y 端是此六进制计数电路的进位输出端。进位输出函数为 $Y=(Q_2Q_0)'$，$Y=0$ 是进位信号，进位信号是稳态。

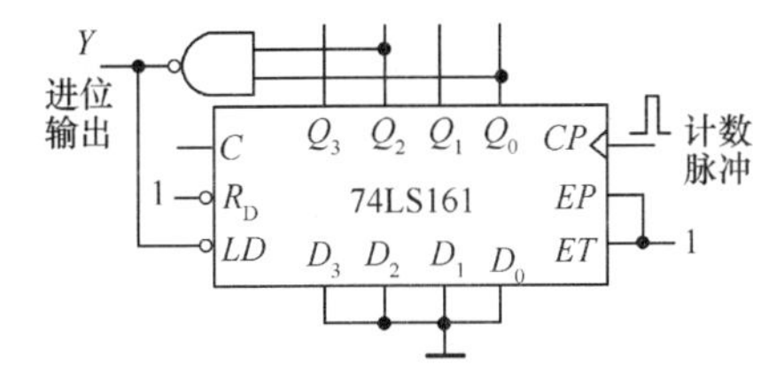

图 13.4.13　六进制计数器(置零法)

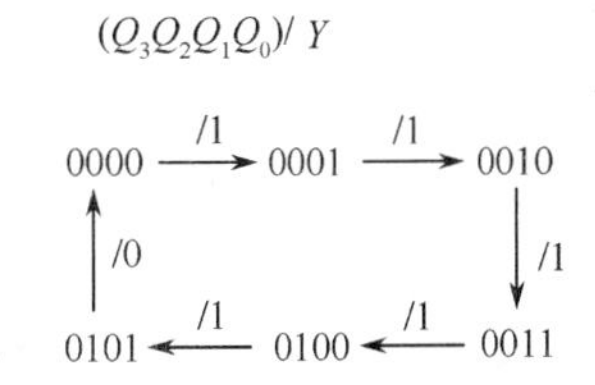

图 13.4.14　图 13.4.13 的状态转换图

2. $M>N$ 的情况

$M>N$ 任意进制计数器的构成，可以将多片级联。多片级联时，各片之间有“同步时钟方式”和“异步时钟方式”两种类型。下面通过两个例题，介绍同步时钟方式的电路连接。

【例 13.4.3】数字钟的“时”计数电路多为二十四进制。试用两片十进制计数器 74LS160 构成一个二十四进制计数器，用同步时钟方式、总体置零法，并且使计数状态如表 13.4.6 所列。

表 13.4.6　例 13.4.3 的计数状态表

CP 顺序	(2)片 Q_3 Q_2 Q_1 Q_0	(1)片 Q_3 Q_2 Q_1 Q_0	状态数
0	0 0 0 0	0 0 0 0	1
1	0 0 0 0	0 0 0 1	2
⋮	⋮	⋮	⋮
9	0 0 0 0	1 0 0 1	10
10	0 0 0 1	0 0 0 0	11
11	0 0 0 1	0 0 0 1	12
⋮	⋮	⋮	⋮
19	0 0 0 1	1 0 0 1	20
20	0 0 1 0	0 0 0 0	21
21	0 0 1 0	0 0 0 1	22
22	0 0 1 0	0 0 1 0	23
23	0 0 1 0	0 0 1 1	24(稳态)
24	0 0 0 0	0 0 0 0	回到起始稳态

【解】为了使数字钟按照人们的读数习惯显示十进制数，其二十四进制计数器必须输出两位 8421BCD 码，即如表 13.4.3 所列，因此，设计的电路如图 13.4.15 所示。

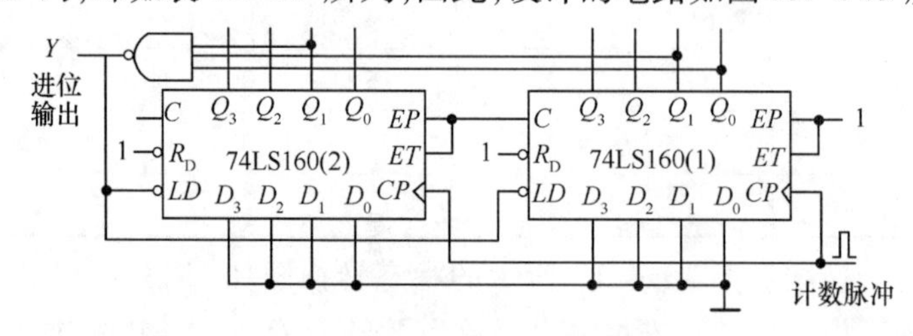

图 13.4.15　二十四进制计数电路(同步时钟方式，总体置零法)

图 13.4.15 所示计数电路为两片级联；同步时钟方式，低位(1)片的进位信号 C 控制着高位(2)片的功能转换端 EP、ET；当高位的 $EP=ET=1$ 时，高位片才能计数；当两片计数到第 24 个状态 0010、0011 时电路总体置入 0000、0000，使电路回到起始状态，第 24 个状态是稳态。

【例 13.4.4】电路如图 13.4.16 所示，试分析电路的连接方式与工作特点。

【解】图 13.4.16 所示电路为两片级联；时钟方式和上例相同，是同步时钟方式，低位(1)片的进位信号 C 控制着高位(2)片的 EP、ET 端；所不同的是当两片计数到第 25 个状态 0010、0100 时，两片的 $R_D=0$，电路立即总体清零，回到第 1 个循环状态。第 25 个状态是暂态。电路的计数状态表如表 13.4.7 所列。

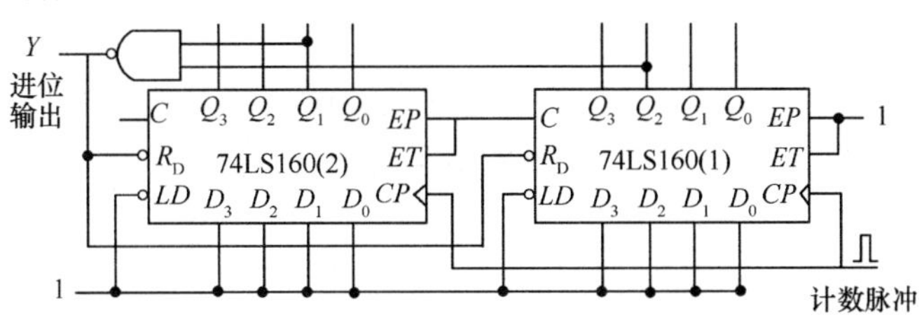

图 13.4.16　二十四进制计数电路(同步时钟方式,总体清零法)

表 13.4.7　图 13.4.16 的计数状态表

CP 顺序	(2)片 Q_3 Q_2 Q_1 Q_0	(1)片 Q_3 Q_2 Q_1 Q_0	状态数
0	0 0 0 0	0 0 0 0	1
1	0 0 0 0	0 0 0 1	2
⋮	⋮	⋮	⋮
9	0 0 0 0	1 0 0 1	10
10	0 0 0 1	0 0 0 0	11
11	0 0 0 1	0 0 0 1	12
⋮	⋮	⋮	⋮
19	0 0 0 1	1 0 0 1	20
20	0 0 1 0	0 0 0 0	21
21	0 0 1 0	0 0 0 1	22
22	0 0 1 0	0 0 1 0	23
23	0 0 1 0	0 0 1 1	24
24	0 0 1 0 0 0 0 0	0 1 0 0 0 0 0 0	25(暂态) 回到起始稳态

13.5　555 定时器及其应用

时序逻辑电路的工作必须有时钟脉冲控制。时钟脉冲的获取途径有两种:一是对已有信号进行整形产生;二是利用脉冲信号发生器直接产生。本节主要介绍以 555 定时器为核心电路构成的脉冲整形电路——施密特触发器和直接产生脉冲信号的电路——多谐振荡器。

13.5.1　555 定时器

555 定时器是一种多用途的单片中规模集成电路。只需外接少量的阻容元件就可以构成施密特触发器和多谐振荡器。

目前生产的 555 定时器,有双极型(TTL 类,如 NE555 或 CB555)和单极型(CMOS 类,如 CC7555)等两种类型。通常,双极型产品型号最后的 3 位数码是 555,单极型产品型号的最后4位数码是7555，它们的电路结构、工作原理及外部引脚排列基本相同。尾数为556的是双定时器。

图13.5.1所示为CB555定时器的内部结构和电路符号。它由3个5kΩ的电阻、两个电压比较器C1和C2、一个基本SR触发器和一个放电晶体管T等组成。

3个5kΩ的电阻起分压作用，以产生比较器C1和C2的参考电压U_{R1}和U_{R2}。

比较器C1的参考电压U_{R1}加在同相输入端；比较器C2的参考电压U_{R2}加在反相输入端。当外接控制电压端⑤脚不接U_{CO}时，$U_{R1}=\frac{2}{3}U_{CC}$，$U_{R2}=\frac{1}{3}U_{CC}$；当⑤脚接有U_{CO}时，$U_{R1}=U_{CO}$，$U_{R2}=\frac{1}{2}U_{CO}$。

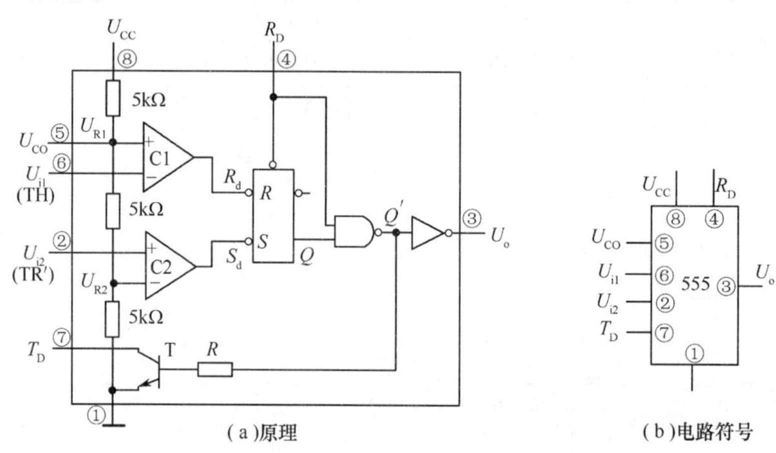

图13.5.1　CB555定时器

⑤脚不接U_{CO}时，通常经0.01μF的电容接地，以防干扰信号的引入使U_{R1}、U_{R2}不稳定。

基本SR触发器由与非门组成，0触发有效。

④脚R_D端是异步清零端，0有效，正常工作时，应使$R_D=1$。

输入电压U_{i1}、U_{i2}（或记为U_6、U_2）分别与U_{R1}、U_{R2}比较，使比较器C1和C2有一确定的输出状态，由此获得基本SR触发器Q端的输出状态，从而得出U_0的输出状态。CB555定时器的功能列在表13.5.1中。

表13.5.1　CB555定时器的功能表

R_D	$U_{i1}(U_6)$	$U_{i2}(U_2)$	R_d	S_d	$Q(U_o)$	T_D
0	×	×	×	×	0	导通
1	$>U_{R1}$	$>U_{R2}$	0	1	0	导通
1	$<U_{R1}$	$<U_{R2}$	1	0	1	截止
1	$<U_{R1}$	$>U_{R2}$	1	1	保持	保持

555定时器的电源电压范围很宽，TTL类的$U_{CC}=5V\sim16V$，输出高电平$U_{OH}\geq U_{CC}$ 90%；CMOS类的$U_{DD}=3V\sim18V$，输出高电平$U_{OH}\geq U_{DD}95\%$。TTL类定时器驱动能力强，可承受较大的负载电流，最大负载电流达200mA，可直接驱动继电器、发光二极管、扬声器等。CMOS定时器具有低功耗、输入阻抗高等优点，但负载电流较小，最大负载电流约为4mA。

13.5.2 施密特触发器

1. 施密特触发器的工作特点

施密特触发器是典型的脉冲整形电路，它有两个重要特点。

第一，电平触发。触发信号 U_I 可以是变化缓慢的模拟信号，U_I 达某一电平值时，输出电压 U_O 突变，所以 U_O 为脉冲信号。

第二，电压滞后传输。输入信号 U_I 从低电平上升过程中，引起 U_O 突变时对应的输入电平，与 U_I 从高电平下降过程中，引起 U_O 突变时对应的输入电平不同。

利用上述两个特点，施密特触发器不仅能将边沿缓慢变化的信号波形整形为边沿陡峭的矩形波，还可以将叠加在矩形脉冲高、低电平上的噪声信号有效地清除。

施密特触发器的电压传输特性分同相和反相两种。同相传输特性和电路符号如图13.5.2(a)所示。当 $U_I=0$ 时，$U_O=U_{OL}$；当 U_I 上升到等于 V_{T+} 时，U_O 突变为 U_{OH}；当 U_I 从最大值下降到等于 V_{T-} 时，U_O 突变为 U_{OL}。

反相传输特性和电路符号如图13.5.2(b)所示。当 $U_I=0$ 时，$U_O=U_{OH}$；当 U_I 上升到等于 V_{T+} 时，U_O 突变为 U_{OL}；当 U_I 从最大值下降到等于 V_{T-} 时，U_O 突变为 U_{OH}。

V_{T+} 是 U_I 上升过程中电路状态发生转换时对应的输入电平，称为正向阈值电平；V_{T-} 是 U_I 下降过程中电路状态发生转换时对应的输入电平，称为负向阈值电平。

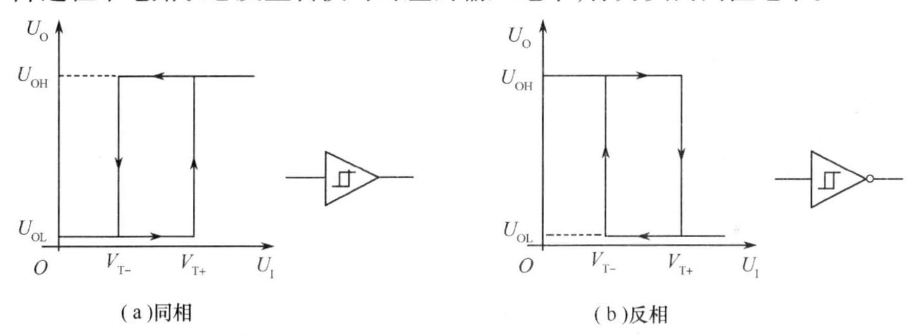

图13.5.2 施密特触发器的电压传输特性和逻辑符号

2. 555定时器构成施密特触发器

555定时器构成的施密特触发器如图13.5.3(a)所示。由于定时器的⑤脚没接 U_{CO}，所以此电路内部比较器C1的比较电压 $U_{R1}=\frac{2}{3}U_{CC}$，比较器C2的比较电压 $U_{R2}=\frac{1}{3}U_{CC}$。

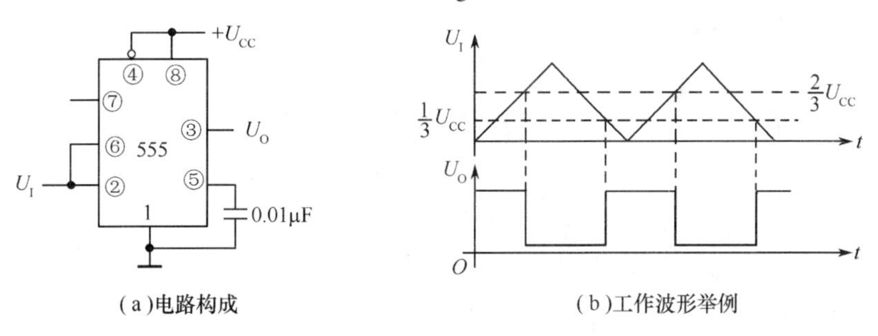

图13.5.3 555定时器构成施密特触发器

设 U_I是变化缓慢的三角波,如图 13.5.3(b)所示,则有:

(1) $U_I=0V$ 时,$U_6=0<\frac{2}{3}U_{CC}$,$U_2=0<\frac{1}{3}U_{CC}$,由表 13.5.1 可知,U_O输出高电平。

(2) 当 U_I以上升的趋势到$\frac{2}{3}U_{CC}$时,$U_6=U_I>\frac{2}{3}U_{CC}$,$U_2=U_I>\frac{1}{3}U_{CC}$,$U_O$跳变为低电平;当 U_I由$\frac{2}{3}U_{CC}$继续上升时,U_O保持不变。

(3) 当 U_I以下降的趋势到$\frac{1}{3}U_{CC}$时,$U_6=U_I<\frac{2}{3}U_{CC}$,$U_2=U_I<\frac{1}{3}U_{CC}$,$U_O$跳变为高电平;当 U_I由$\frac{1}{3}U_{CC}$继续下降时,U_O保持不变。

结果,U_O波形如图 13.5.3(b)所示。

由上述分析得知,555 定时器构成的施密特触发器是反相施密特触发器。

3. 施密特触发器应用举例

施密特触发器可用作脉冲整形——把不理想的矩形脉冲整形成理想的矩形脉冲。整形举例如图 13.5.4 所示,此例用的是反相施密特触发器。

施密特触发器可用于脉冲鉴幅——将幅值大于 V_{T+} 的脉冲选出。脉冲鉴幅举例如图 13.5.5 所示,此例用的是同相施密特触发器。

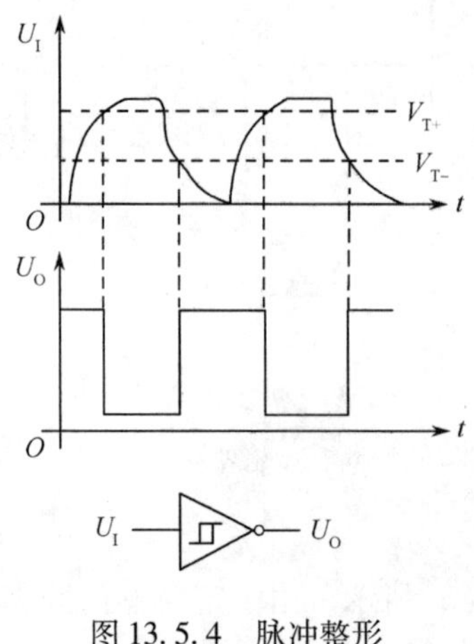

图 13.5.4 脉冲整形

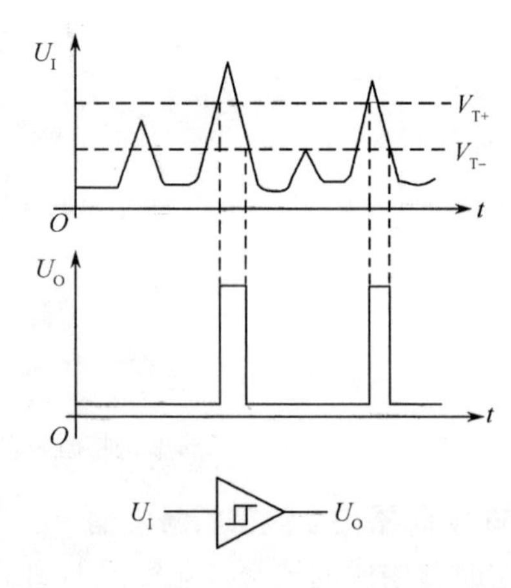

图 13.5.5 脉冲鉴幅

13.5.3 多谐振荡器

1. 多谐振荡器工作特点

多谐振荡器也称自激振荡器,是产生矩形脉冲波的典型电路,常用来作脉冲信号源。

多谐振荡器一旦起振以后,电路没有稳态,只有两个暂稳态,它们交替变化,输出连续的矩形脉冲信号,因此又称它为无稳态电路。

2. 555 定时器构成多谐振荡器

用 555 定时器构成的多谐振荡器如图 13.5.6(a)所示。它没有输入端,电源电压一旦接通,电路便自激振荡。由于定时器的⑤脚没接 U_{CO},所以 $U_{R1}=\frac{2}{3}U_{CC}$,$U_{R2}=\frac{1}{3}U_{CC}$。

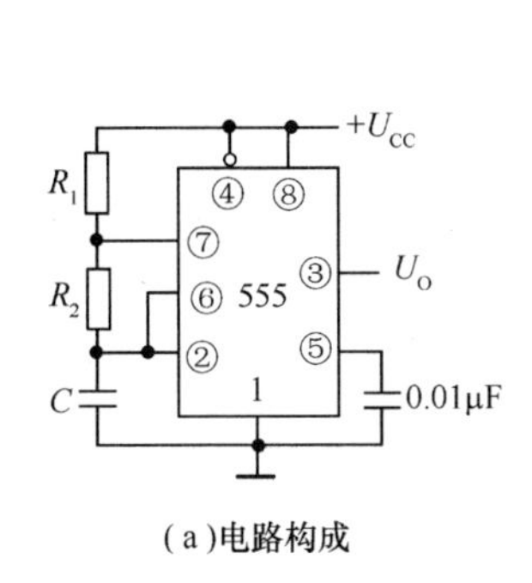

(a)电路构成

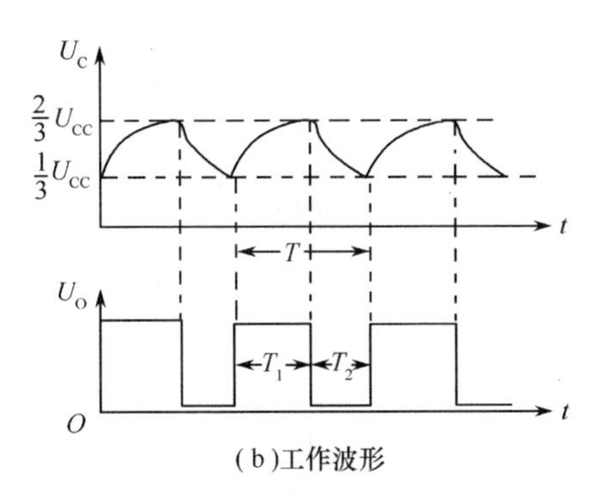

(b)工作波形

图 13.5.6 用555定时器构成多谐振荡器

当电源刚刚接通时，$U_C=0$，$U_6=U_2=0$，由表13.5.1可知，$U_O=U_{OH}$，放电管T_D截止。结合图13.5.6和图13.5.1可知，T_D截止，电容器C被充电，充电回路为$U_{CC}\to R_1\to R_2\to C\to$公共端$\to U_{CC}$，充电使$U_C$上升到$\frac{2}{3}U_{CC}$时，$U_O=U_{OL}$，放电管$T_D$导通。

放电管T_D一旦导通，电容器就会放电，放电回路为$C\to R_2\to T_D\to$公共端$\to C$，放电使U_C下降到$\frac{1}{3}U_{CC}$时，$U_O=U_{OH}$，放电管T_D截止。

T_D截止，电容器又被充电，如此循环往复，直到关机。由此得出555定时器构成的多谐振荡器的工作波形如图13.5.6(b)所示。由图可求得555定时器构成的多谐振荡器的几个电路参数。

(1) 电容充电时间T_1。电容器充电时，时间常数$\tau_1=(R_1+R_2)C$，充电的起始值$U_C(0^+)=\frac{1}{3}U_{CC}$，稳定值$U_C(\infty)=U_{CC}$，转换值$U_C(T_1)=\frac{2}{3}U_{CC}$，代入一阶$RC$电路过渡过程计算公式有

$$T_1=\tau_1\ln\frac{U_C(\infty)-U_C(0^+)}{U_C(\infty)-U_C(T_1)}=\tau_1\ln\frac{U_{CC}-\frac{1}{3}U_{CC}}{U_{CC}-\frac{2}{3}U_{CC}}$$

$$=\tau_1\ln 2\approx 0.7(R_1+R_2)C \tag{13.5.1}$$

(2) 电容放电时间T_2。电容放电时，时间常数$\tau_2=R_2C$，起始值$U_C(0^+)=\frac{2}{3}U_{CC}$，稳定值$U_C(\infty)=0$，转换值$U_C(T_2)=\frac{1}{3}U_{CC}$，代入一阶$RC$电路过渡过程计算公式有

$$T_2\approx 0.7R_2C \tag{13.5.2}$$

(3) 电路振荡周期T。

$$T=T_1+T_2\approx 0.7(R_1+2R_2)C \tag{13.5.3}$$

(4) 电路振荡频率f。

$$f=\frac{1}{T}\approx\frac{1.43}{(R_1+2R_2)C} \tag{13.5.4}$$

(5) 输出波形占空比q。脉冲宽度与脉冲周期之比，称为占空比，即$q=T_1/T$。

$$q=\frac{T_1}{T}=\frac{0.7(R_1+R_2)C}{0.7(R_1+2R_2)C}=\frac{R_1+R_2}{R_1+2R_2} \tag{13.5.5}$$

3. 多谐振荡器应用举例

图13.5.7所示是防盗报警电路，由多谐振荡器构成，④脚对地用一根细导线（如细铜丝）连接，放置在以为盗贼可能经过的地方。接通电源，报警器处工作状态，铜丝不断时，④脚和公共端相连，电路清零，喇叭不响；铜丝碰断时，④脚接高电平，电路振荡，喇叭响。电路的振荡周期 $T\approx1.44\text{ms}$，振荡频率 $f\approx700\text{Hz}$。

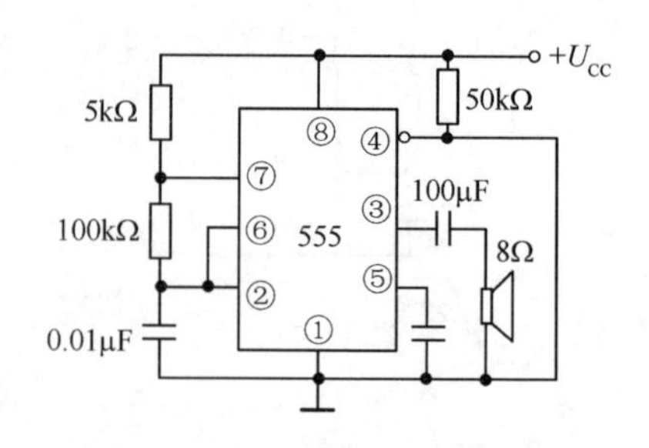

图13.5.7　防盗报警电路

图13.5.8所示是一个救护车扬声器发音电路，由多谐振荡器构成。第二片多谐振荡器的外加控制电压输入端⑤脚，受控于第一片的输出脉冲 u_{o1}，是一个压控振荡器。当 u_{o1} 为高、低不同的两种电平时，u_{o2} 的振荡频率低、高不同。在图中给出的电路参数下，可计算出第一片输出的高电平 $u_{o1H}\approx4.7\text{V}$，持续时间约为1.1s，此时 u_{o2} 的低音频率 $f_L\approx556\text{Hz}$；第一片输出的低电平 $u_{o1L}\approx0.1\text{V}$，持续时间约为1s，此时 u_{o2} 的高音频率 $f_H\approx984\text{Hz}$。

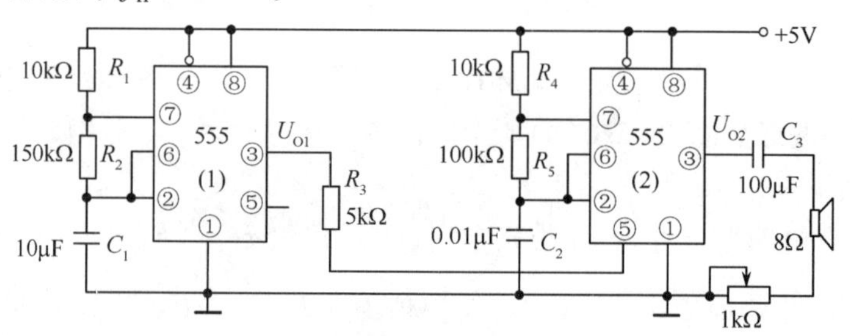

图13.5.8　救护车扬声器发音电路

习　题

13.1　由与非门组成的基本SR触发器如图T13.1所示，试画出 Q、Q' 端的电压波形。输入端 S_D、R_D 的电压波形如图T13.1所示。

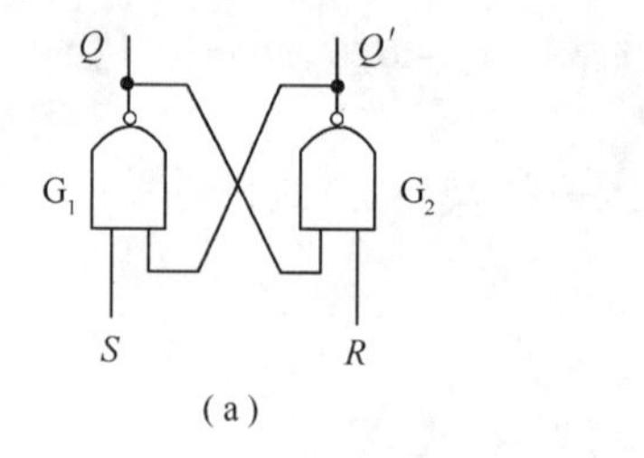

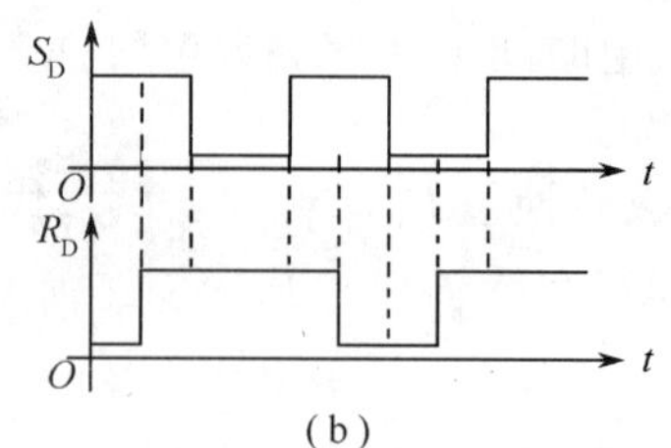

图T13.1

13.2　由或非门组成的基本SR触发器如图T13.2(a)所示，试画出 Q、Q' 端的电压波形。输入端 S_D、R_D 的电压波形如图T13.2(b)所示。

13.3　在图T13.3(a)所示的电路中，若 CP、S、R 电压波形如图T13.3(b)所示，试画

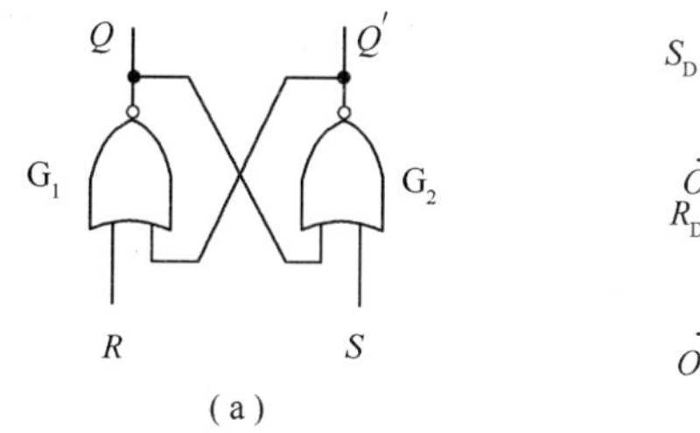

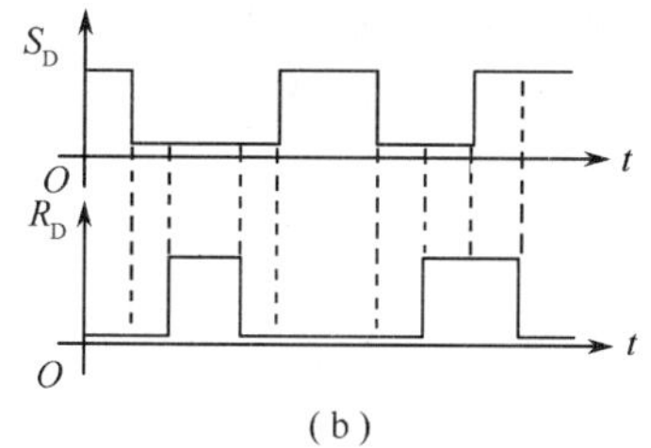

图 T13.2

出 Q、Q'端与之对应的电压波形。假定触发器的初始状态为 $Q=0$。

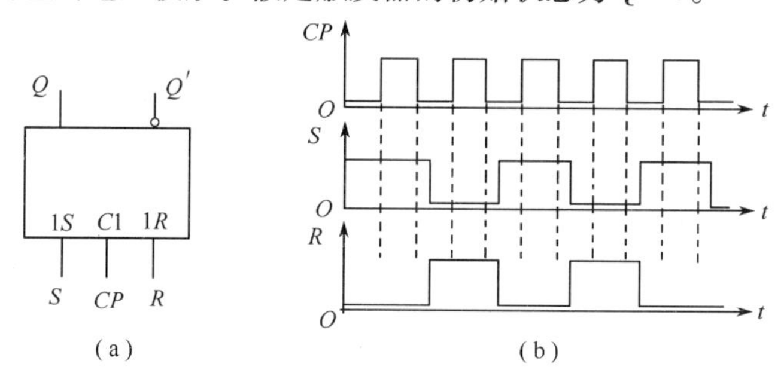

图 T13.3

13.4 设图 T13.4 中各触发器的初始状态均为 $Q=0$,试画出在 CP 信号作用下各触发器 Q 端的电压波形。

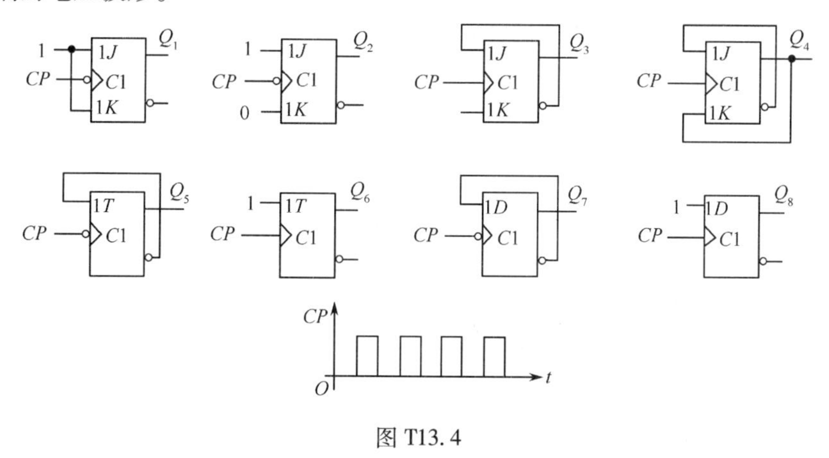

图 T13.4

13.5 在图 T13.5 所示的主从 JK 触发器电路中,已知时钟脉冲和输入端 T 的电压波形,试画出触发器输出端 Q 的电压波形。设触发器的初始状态为 $Q=0$。

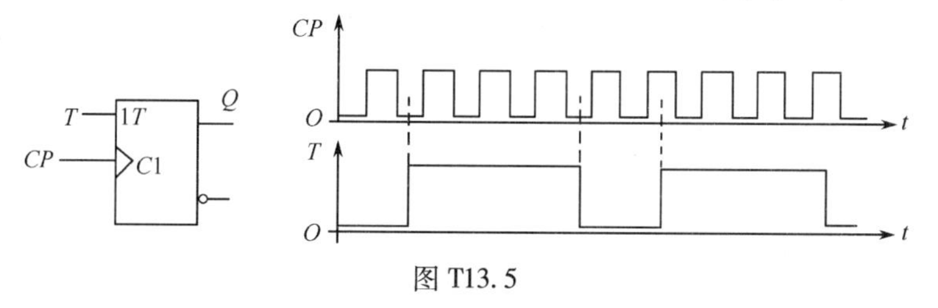

图 T13.5

13.6 试分析图 T13.6 所示电路在一系列 CP 信号作用下 Q_1、Q_2、Q_3端的输出电压波形。触发器初始状态均为 $Q=0$。

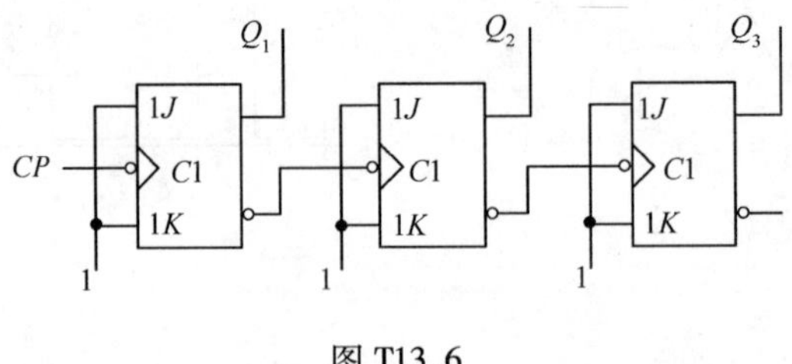

图 T13.6

13.7 试画出图 T13.7 所示电路在图中 CP、R_D信号作用下 Q_1、Q_2端的输出电压波形。并说明 Q_1、Q_2端输出信号的频率 f_{Q1}、f_{Q2}与 CP 信号频率 f_{CP}的关系。

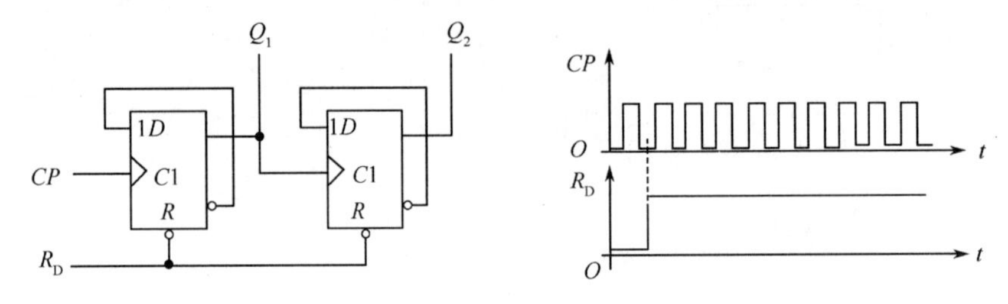

图 T13.7

13.8 试分析图 T13.8 所示时序电路的逻辑功能,写出电路的驱动方程、状态方程和输出方程,列状态转换表,画状态转换图,检查电路能否自启动。

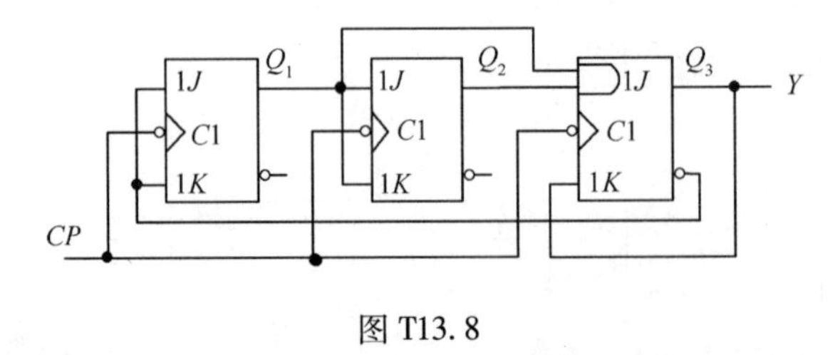

图 T13.8

13.9 分析图 T13.9 所示的计数电路,画出电路的状态转换图,说明计数器是多少进制。

13.10 分析图 T13.10 所示的计数电路,画出电路的状态转换图,说明电路是几进制。

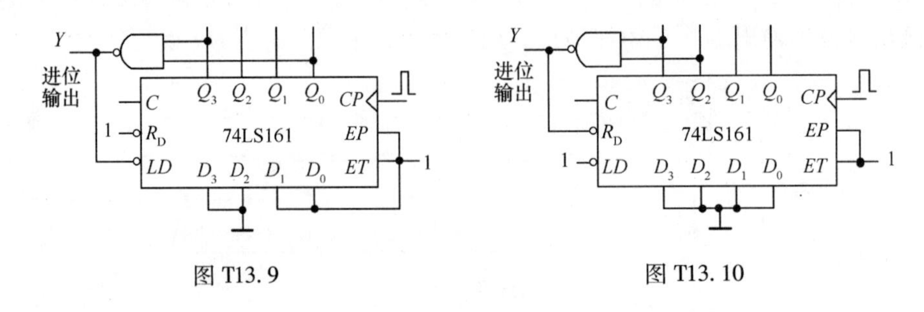

图 T13.9　　　　图 T13.10

13.11　试用清零法，将二—五—十进制计数器 74LS290 构成一个六进制计数器，画出电路图和状态转换图。

13.12　试用一片十六进制计数器 74LS161 构成一个十一进制计数器，要求用清零法。画出电路图和状态转换图。

13.13　试用一片十六进制计数器 74LS161 构成一个十进制计数器，要求用置零法。画出电路图和状态转换图。

13.14　试用两片十进制计数器 74LS160 构成一个输出两位 8421BCD 码的十二进制计数器，用同步时钟方式总体清零法。

13.15　试用两片十进制计数器 74LS160 构成一个输出两位 8421BCD 码的十二进制计数器，用同步时钟方式总体置零法。

13.16　将图 T13.16 所示电压波形接于施密特反相器的输入端，画其输出电压波形。已知施密特反相器的工作电压 U_{DD}=15V，正向阈值电压 V_{T+}=10V，负向阈值电压 V_{T-}=5V。

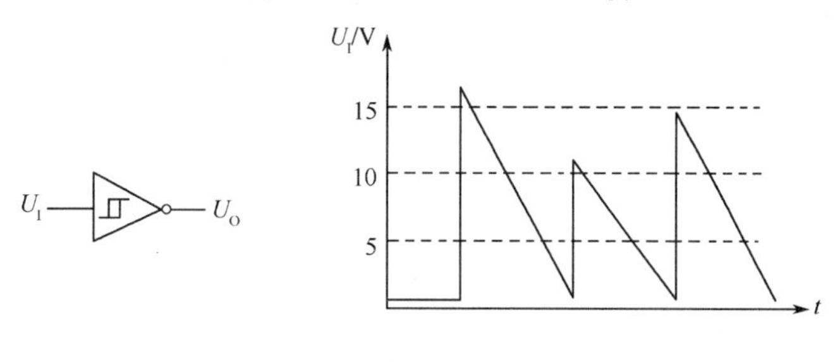

图 T13.16

13.17　555 定时器组成的施密特触发器如图 T13.17 所示，试求电路的正向阈值电平 V_{T+} 和负向阈值电平 V_{T-}，并对应输入电压 U_I 的波形画输出电压 U_O 的波形，已知电源电压 $U_{CC}=12$V。

13.18　555 定时器组成的多谐振荡器如图 T13.18 所示。已知 $R_1=R_2=5\text{k}\Omega$，$C=0.1\mu\text{F}$，$U_{CC}=12$V。试求：U_O 的周期 T（单位用 ms，四舍五入保留一位小数）、频率 f、占空比 q；指出⑤脚所接电容的作用。

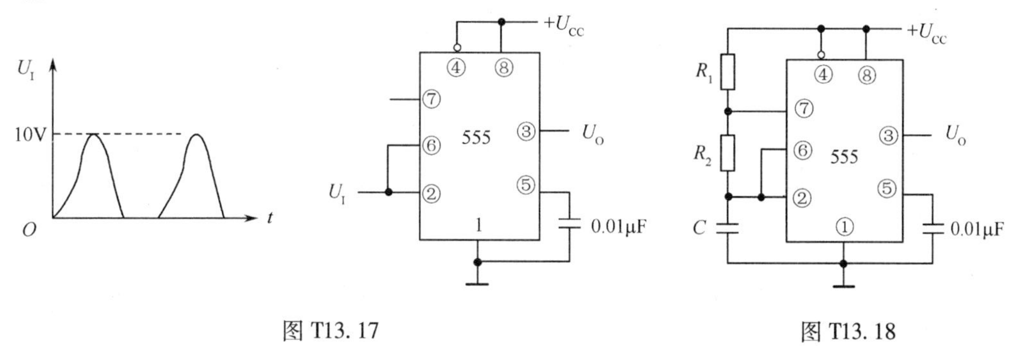

图 T13.17　　　　图 T13.18

附录Ⅰ 电阻器、电容器的标称系列值

电阻器和电容器的标称值应符合下表所列数值之一，或再乘以 10^n 倍（n 为正整数或负整数）

E24 容许误差 ±5%	E12 容许误差 ±10%	E 容许误差 ±20%	E24 容许误差 ±5%	E12 容许误差 ±10%	E 容许误差 ±20%
1.0	1.0	1.0	3.3	3.3	3.3
1.1			3.6		
1.2	1.2		3.9	3.9	
1.3			4.3		
1.5	1.5	1.5	4.7	4.7	4.7
1.6			5.1		
1.8	1.8		5.6	5.6	
2.0			6.2		
2.2	2.2	2.2	6.8	6.8	6.8
2.4			7.5		
2.7	2.7		8.2	8.2	
3.0			9.1		

注：(1) 非线绕电阻器的额定功率有 1W、1/2W、1/4W、1/8W、1/16W 等。

(2) 云母电容器(CY)的容量范围为 51pF ~ 1000pF。

(3) 瓷介电容器(CC)的容量范围为 2pF ~ 0.04μF。

(4) 小型涤纶电容器(CLX)的容量范围为 1000pF ~ 0.5μF。

(5) 小型聚苯乙烯电容器(CBX)的容量范围为 3pF ~ 0.01μF。

(6) 纸介电容器(CZ)的容量范围为 0.01μF ~ 10000μF。

(7) 电解电容器(CD)的容量范围为 1μF ~ 5000μF。

(8) 电容器在脉动电路中工作时，电压交流分量最大值与直流电压之和不应超过额定工作电压。

(9) 纸介电容器在交流电路中工作时，交流电压有效值不应超过下列范围：

额定电流工作电压/V	允许交流电压有效值/V			
	频率为 50Hz 时		频率为 500Hz 时	
	标称容量≤2μF	标称容量≥4μF	标称容量≤2μF	标称容量≥4μF
250	160	130	100	50
400	250	200	125	75
630	300	250	150	100
1000	400	350	200	150
1600	500	—	250	—

附录Ⅱ 国产半导体器件型号命名方法

（国家标准 GB 249—64）

第一部分		第二部分		第三部分		第四部分
用数字表示器件电极数目		用汉语拼音字母表示器件的材料和极性		用汉语拼音字母表示器件类型		用数字表示器件序号
符号	意义	符号	意义	符号	意义	
2	二极管	A	N 型锗材料	P	普通管	
3	三极管	B	P 型锗材料	V	微波管	
		C	N 型硅材料	W	管压管	
		D	P 型硅材料	C	参量管	
		A	PNP 型锗材料	Z	整流器	
		B	NPN 型锗材料	L	整流堆	
		C	PNP 型硅材料	S	隧道管	
		D	NPN 型硅材料	U	光电管	
				K	开关管	
				X	低频小功率管 （截止功率小于 3MHz 耗散功率小于 1W）	
				G	高频小功率管 （截止频率不小于 3MHz 耗散功率小于 1W）	
				D	低频大功率管 （截止频率小于 3MHz 耗散频率不小于 1W）	
				A	高频大功率管 （截止频率不小于 3MHz 耗散频率大于 1W）	
				O	MOS 场效应管	
				J	结型场效应管	
				T	可控整流器	

示例：

锗 PNP 型高频小功率三极管

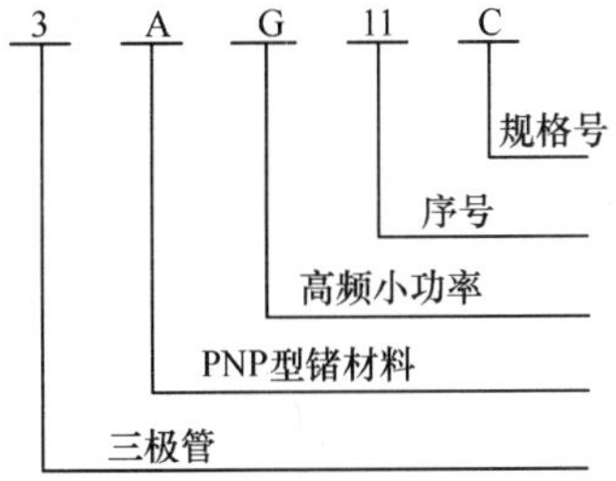

3 A G 11 C

- C —— 规格号
- 11 —— 序号
- G —— 高频小功率
- A —— PNP型锗材料
- 3 —— 三极管

附录Ⅲ 常用半导体分立器件的参数

一、二极管

型 号	最大整流电流/mA	最大整流电流时的正向压降/V	反向工作电压峰值/V
2AP1	16	≤1.2	20
2AP2	16		20
2AP3	25		30
2AP4	16		50
2AP5	16		75
2AP6	12		100
2AP7	12		100
2CZ52A	100	≤1.0	25
2CA52B			50
2CZ52C			100
2CZ52D			200
2CZ52E			300
2CZ52F			400
2CZ52G			500
2C52H			600
2CZ55A	1000	≤1.0	25
2CZ55B			50
2CZ55C			100
2CZ55D			200
2CZ55E			300
2CZ55F			400
2CZ55G			500
2CZ55H			600
2CZ56A	3000	≤0.8	25
2CZ56B			50
2CZ56C			100
2CZ56D			200
2CZ56E			300
2CZ56F			400
2CZ56G			500
2CZ56H			600

二、2CW 系列稳压管

型号 新	型号 旧	稳定电压 /V	稳定电流 /mA	最大稳定电流 /mA	动态电阻 /Ω	电压温度系数 (10^{-4}/℃)	耗散功率及外形
2CW50	2CWA,2CW9	1 ~ 2. 8	10	83	≤50	≥ -9	ED - 1 型 EA 型 耗散功率 0. 25W
2CW51	2CWB,2CW10	2. 5 ~ 3. 5		71	≤60	≥ -9	
2CW52	2CWC,2CW11	3. 2 ~ 4. 5		55	≤70	≥ -8	
2CW53	2CWD,2CW12	4 ~ 5. 8		41	≤50	-6 ~ 4	
2CW54	2CWE,2CW13	5. 5 ~ 6. 5		38	≤30	-3 ~ 5	
2CW55	2CWF,2CW14	6. 2 ~ 7. 5		33	≤15	≤6	
2CW56	2CWG,2CW15	7 ~ 8. 8		27	≤15	≤7	
2CW57	2CWH,2CW16	8. 5 ~ 9. 5	5	26	≤20	≤8	
2CW58	2CWI,2CW17	9. 2 ~ 10. 5		23	≤25	≤8	
2CW59	2CWJ,2CW18	10 ~ 11. 8		20	≤30	≤9	
⋮	⋮	⋮			⋮	⋮	
2CW107	2CW21E	8. 5 ~ 9. 5	20	100	10	≤8	
2CW108	2CW21F	9. 2 ~ 10. 5		95	12	≤8	
2CW109	2CW21G	10 ~ 11. 8		83	15	≤9	ED - 2 型 耗散功率 1W
2CW110	2CW21H	11. 5 ~ 12. 5		76	20	≤9	
2CW111	2CW21H	12. 2 ~ 14		66	20	≤10	
2CW112	2CW1I	13. 5 ~ 17	10	53	35	≤10	

三、三极管

直流参数	测试条件	型号 3DG100A	型号 3DG100B	型号 3DG100C	型号 3DG100D
I_{CBO}/μA	U_{CB} = 10V	≤0. 1	≤0. 1	≤0. 1	≤0. 1
I_{EBO}/μA	U_{EB} = 1. 5V	≤0. 1	≤0. 1	≤0. 1	≤0. 1
I_{CEO}/μA	U_{CE} = 10V	≤0. 1	≤0. 1	≤0. 1	≤0. 1
$U_{BE(sat)}$/V	I_B = 1mA I_C = 10mA	≤1. 1	≤1. 1	≤1. 1	≤1. 1
$h_{FE}(\beta)$	U_{CE} = 10V I_C = 3mA	≥30	≥30	≥30	≥30

附录Ⅳ 国标半导体集成电路型号命名方法

国标半导体集成电路的型号由 5 个部分组成,各组成部分的符号及意义如下:

第零部分		第一部分		第二部分		第三部分		第四部分	
用字母表示器件符合国家标准		用字母表示器件的类型		用阿拉伯数字表示器件的系列和品种代号		用字母表示器件的工作温度范围		用字母表示器件的封装	
符号	意义	符号	意义	符号	意义	符号	意义	符号	意义
C	中国制造	T	TTL			C	0℃ ~70℃	W	陶瓷扁平
		H	HTL			E	-40℃ ~85℃	B	塑料扁平
		E	ECL			R	-55℃ ~85℃	F	全密封扁平
		C	CMOS			M	-55℃ ~125℃	D	陶瓷直插
		F	线性放大器					P	塑料直插
		D	音响、电视电路					J	黑陶瓷直插
		W	稳压器					K	金属菱形
		J	接口电路					T	金属圆形
		B	非线性电路						
		MP	存储器						
		μ	微型机电路						

示例:3F741CT

C F 741 C T

- T —— 金属圆形封装
- C —— 工作温度为0℃~70℃
- 741 —— 通用型运算放大器
- F —— 线性放大器
- C —— 中国制造

附录Ⅴ 基本逻辑单元图形符号对照表

名称	GB[①]符号	IEEE/ANSI[②]符号	名称	GB/IEEE/ANSI符号
与门	&		1位 全加器	A Σ S B CI CO
或门	≥1			
非门	1		SR触发器 或 SR锁存器	Q Q' S R
与非门	&			
或非门	≥1		可控SR触发器 或电平触发的 SR触发器	Q Q' 1S C1 1R
与或非门	& ≥1		带异步置位、 复位端的正 脉冲触发的 JK触发器	Q Q' S 1J C1 1K R
异或门	=1			
同或门	=		带异步置位、 复位端的下 降沿触发的 JK触发器	Q Q' S 1J C1 1K R
OC/OD 与非门	& ◇			
三态非门	1 ∇ EN	∇	带异步置位、 复位端的下 降沿触发的 T触发器	Q Q' S 1T C1 R
COS 传输门	TG	TG		
施密特 非门	1 ⎍	⎍	带异步置位、 复位端的上升 沿触发的 D触发器	Q Q' S 1D C1 R
施密特 与非门	& ⎍	⎍		

① GB：中华人民共和国标准，简称国标。GB是“国”和“标”汉语拼音的字头。
② IEEE：Institute of Electrical and Electronics Engineers 美国电气电子工程师协会的缩写。
ANSI：American National Standards Institute 美国国家标准协会的缩写。

附录Ⅵ　部分习题参考答案

第1章　直流电路

1.1　3个节点；5条支路；6个回路；3个网孔

1.3　$V_A > V_B > V_C$

1.4　$V_A = 3V$；$V_A = 2.5V$

1.5　开关打开时 $U_{AB} = U_{CD} = 6V$；开关闭合时 $U_{AB} = 0V$，$U_{CD} = 6V$

1.6　开关断开时，$V_A = 2V$；开关闭合时，$V_A = 6V$

1.7　$W = 6$ 度，每度用2.7元

1.8　$P_A = -150W$，是电源；$P_B = -50W$，是电源；
$P_C = 120W$，是负载；$P_D = 80W$，是负载

1.9　$I = \frac{5}{44}A$，$R = 1936\Omega$

1.11　S断开时 $I_1 = I_2 = 8mA$，$U_2 = 48V$；
S闭合且 $R_3 = 0$ 时，$U_2 = 0$，$I_2 = 0$，$I_1 = 20mA$

1.12　$I = 50\mu A$，"$20I$" $= 1mA$，$U = -1V$

1.13　$I = -2A$，$U = 30V$

1.14　$I = -0.5A$，$P = -54W$

1.15　$U_{OC} = 20V$，$R_S = 5\Omega$

1.16　$U = 20V$，$I = 0.9A$

1.19　$I_E = 1.04mA$

1.21　$I_1 = -0.2A$，$I = 1.2A$

1.22　$I = -9.2A$

1.23　$I = 5A$，$U = 1V$

1.24　(a) $U_{OC} = 17V$，$R_S = 3\Omega$；(b) $U_{OC} = 79V$，$R_S = 11\Omega$

1.25　(a) $I_{SC} = 9.5A$，$R_S = 2\Omega$；(b) $I_{SC} = 3.5A$，$R_S = 4\Omega$

1.26　$I = \frac{5}{R} + \frac{5}{4}$，$U_{OC} = I \times R_{eq} + 5$，$R = 12\Omega$

1.27　$I = 0.2A$，$U = 6V$

1.28　$I = 1A$

1.29　$U = 10V$

第2章　电路的暂态分析

2.1　$u_C(0_-) = 7.5V$；$i_L(0_-) = 0.25A$；$u_{R1}(0_+) = 2.5V$；$i_{R2}(0_+) = 0.5A$；
$u_L(0_+) = 0$；$i_C(0_+) = -0.25A$

2.2　$u_C(0_+) = u_C(0_-) = 0$；$u_o(0_+) = u_{R2}(0_+) = 6V$
$u_C(\infty) = 2V$；$u_o(\infty) = 4V$；$\tau = \frac{2}{3} \times 10^{-5}s$

$u_C(t)=(2-2e^{-1.5\times10^5 t})V$, $u_o(t)=(4+2e^{-1.5\times10^5 t})V$

2.3 $u_C(0_+)=4V$; $u_C(\infty)=0V$; $\tau=(R_1//R_2)C=2s$

$u_C(t)=u_C(\infty)+[u_C(0_+)-u_C(\infty)]e^{-\frac{t}{\tau}}=4e^{-0.5t}$

2.4 $u_C(\infty)=2V$; $u_C(0_+)=\frac{2}{3}V$; $\tau=6\times10^{-3}s$; $u=\left(2-\frac{4}{3}e^{-\frac{10^3}{6}t}\right)V$

2.5 $u_C(0_+)=18V$; $i_C(0_+)=-1.2A$; $u_C(\infty)=-6V$; $i_C(\infty)=0A$

$\tau=1ms$; $u_C(t)=(-6+24e^{-1000t})V$; $i_C(t)=-1.2e^{-1000t}A$

2.6 $u_C(0_+)=2V$; $u_C(\infty)=\frac{10}{3}V$; $\tau=2ms$; $u_C(t)=\left(\frac{10}{3}-\frac{4}{3}e^{-500t}\right)V$

2.7 $u_C(0_+)=8V$; $u_C(\infty)=4V$; $\tau=\frac{4}{3}s$; $u_C(t)=(4+4e^{-0.75t})V$

2.8 $u_C(0_+)=-8V$; $u_C(\infty)=8V$; $\tau=0.8s$;

$u_C(t)=(8-16e^{-1.25t})V$; $i_C(t)=2e^{-1.25t}A$

2.9 $u_C(0_+)=10V$; $i(0_+)=1mA$

$i(\infty)=\frac{1}{4}mA$; $u_C(\infty)=-5V$

$\tau=0.1s$; $u_C(t)=(-5+15e^{-10t})V$ $i(t)=\left(\frac{1}{4}+\frac{3}{4}e^{-10t}\right)mA$

2.10 $i_L(0_+)=3A$; $i_L(\infty)=0$; $\tau=1s$; $i(t)=3e^{-t}A$; $u(t)=R_2 i(t)=9e^{-t}V$

2.11 $i_L(0_+)=2A$; $i_L(\infty)=-2A$; $\tau=2\times10^{-3}s$; $i_L=(-2+4e^{-500t})A$

2.12 $i_L(0_+)=4A$; $u(0_+)=-24V$; $u(\infty)=-4V$; $\tau=0.5s$; $u=(-4-20e^{-2t})V$

第3章 正弦交流电路

3.2 (1) i_1的频率为$f=50Hz$，$I_m=50\sqrt{2}A, I=50A$，$\psi=\frac{\pi}{6}$；

i_2的频率为$f=50Hz$，$I_m=25\sqrt{2}A$，$I=25A$，$\psi=-\frac{\pi}{3}$

(2)相位差$\varphi=\frac{\pi}{2}$

3.3 (1)$i=100mA$；(2)$i=0$；(3)$i\approx70.7mA$；(4)$i=-100mA$

3.4 $U=220V$

3.5 (1)$\varphi=60°$；(2)$\omega_1\neq\omega_2$，两者不能进行比较；(3)$\varphi=-15°$

3.6 (1) $-5+j10$；(2) $-11+j2$；(3) $-48-j14$；(4)$j2$

3.8 (1)10V；(2)j10V；(3) −j10V；(4) −7.07 −j7.07V

3.9 (4)(5)(6)对

3.10 (1)$R=5\Omega$，$X_L=5\Omega$，电感性；(2)$R=10\Omega$，纯电阻；(3)$Z=X_C=20\Omega$，纯电容

3.11 (1)$u=220\sqrt{2}\cos100\pi t$；(2)$i=4.04\sqrt{2}\sin(100\pi t-120°)$

3.12 (1)$i=88\sqrt{2}\pi\cos100\pi t\,mA$；(2)$\dot{U}=79.6\angle{-150°}\ V$

3.13 $Z_2=(5+j5)\Omega$

3.14 $U=100V$

3.15 $I\approx27.6mA$；$\cos\varphi=0.145$

3.16 $P=I_1^2R_1+I_2^2R_2=3630W$

3.17 V的读数为220V；A_1的读数为$11\sqrt{2}A$；A_2的读数为11A，A的读数为11A；

$R=10\Omega$，$L=31.8mH$，$C=159\mu F$

3.19 (1) $\cos\varphi \approx 0.5$; (2) $C \approx 2.58\mu F$

3.20 $L = 0.1H$, $R = 15.7\Omega$

3.21 (1) $R \approx 167\Omega$, $L = 0.105H$, $C = 0.242\mu F$;

(2) $U_C \approx 39.5V$; (3) $W_L \approx 3.78 \times 10^{-4} J$

第4章 三相交流电路

4.1 $u_A = 220\sqrt{2}\sin(\omega t - 60°)V$

4.2 不能产生对称三相电压。

4.3 是由于AX绕组反接造成的。

4.5 电源的火线对地有电压,人体接触到火线就会触电,所以开关应接在火线上,这样,断开开关便可以进行电灯的维修与更换,否则将会带电作业,造成触电危险。

4.7 (1) $\dot{U}_A = 220\angle 0°\ V$, $\dot{U}_B = 220\angle -120°\ V$, $\dot{U}_C = 220\angle +120°\ V$

$\dot{I}_A = 20\angle 0°\ A$, $\dot{I}_B = 10\angle -120°\ A$, $\dot{I}_C = 10\angle +120°\ A$, $\dot{I}_N = 10\angle 0°\ A$

(2) $\dot{U}_N = 55\angle 0°$, $\dot{U}'_A = \dot{U}_A - \dot{U}'_N = 165\angle 0°\ V$

$\dot{U}'_B = \dot{U}_B - \dot{U}'_N = 252\angle -131°\ V$, $\dot{U}'_C = \dot{U}_C - \dot{U}'_N = 252\angle 131°\ V$

(3) $\dot{U}_A = 0V, \dot{U}_B = \dot{U}_{BA} = 380\angle -150°\ V$, $\dot{U}_C = \dot{U}_{CA} = 380\angle 150°\ V$

$\dot{I}_B = \dfrac{\dot{U}_B}{R_B} = 17.3\angle -150°\ A$ $\dot{I}_C = \dfrac{\dot{U}_C}{R_C} = 17.3\angle 150°\ A$ $\dot{I}_A = -(\dot{I}_B + \dot{I}_C) = 30\angle 0°\ A$

(4) $\dot{I}_C = 0A, \dot{I}_A = -\dot{I}_B = 11.5\angle 30°\ A$, $\dot{U}_A = 126.5\angle 30°\ V$, $\dot{U}_B = 253\angle -150°\ V$

4.8 $U_Z = U_P = 220V$; $I_Z = I_L = \dfrac{U_Z}{|Z|} = \dfrac{220}{10}A = 22A$

4.9 $U_L = U_P = 220V$, $U_Z = 127V$, $I_Z = I_L = 12.7A$

4.10 $I_1 = 22A$, $I_2 = 10\sqrt{3}A$; I_1和I_2同相位, $I \approx 39.32A$

4.11 $I_L = 20A$, $I_P = 11.56A$

4.12 $\dot{I}_A = 0.273\angle 0°\ A, \dot{I}_B = 0.273\angle -120°\ A, \dot{I}_C = 0.553\angle 85.3°\ A$, $\dot{I}_N = 0.364\angle 60°\ A$

4.13 (1) $I_L = I_P = 6.1A$, (2) $\cos 33.7° = 0.83$, (3) $P = 3332W$

第5章 变压器

5.1 $K = 30$

5.2 $I_1 = 2A$

5.3 $N = 250$

5.4 (1) $U_1 = 220V$, $U_2 = 55V$; (2) $U_1 = 110V$, $U_2 = 55V$; (3)可能烧坏变压器

5.5 $N_2 = 60$, $N_3 = 30$, $I_1 = 0.2A$

5.6 $\eta \approx 88.6\%$, $\Delta U \approx 5.56\%$

5.7 (1) $N_2 = 50$, $N_3 = 20$; (2) $I_2 = 10A$, $I_1 = 5A$

5.8 (1) $I_2 = 1A$, $I_1 = 0.5A$; (2) $R_N = 10\Omega$

5.9 (1) $P = 0.16W$; (2) $I_2 = \dfrac{1}{3}A$, $P \approx 0.44W$

5.10 (1) $K \approx 1.9$; (2) $I_{1P} \approx 96.2A$; $I_{2P} \approx 105.8A$

5.11 (1)1、3端为同名端; (2)1、4端为同名端

5.12 (1)1、3端为同名端; (2)1、4为同名端

第6章　异步交流电动机

6.1　重新平衡时，转速将重新稳定，转速较前低些。

6.2　电动机的转子电流、定子电流都大幅增加，造成电动机过热甚至烧毁。

6.3　每相绕组的额定电压必须满足。

6.5　此时转子电路处开路状态，不能感应电流，也不能成为载流导体而受力转动。

6.6　$p=2$，$S_N \approx 0.047$，$f_2 \approx 2.33\text{Hz}$，$\Delta n = 70\text{r/min}$

6.7　(1) $T_N \approx 45.2\text{N}\cdot\text{m}$，　$T_M \approx 72.4\text{N}\cdot\text{m}$；

(2) $T_M \approx 45.1\text{Nm} < T_N$，无法带额定负载运行。

第7章　电气自动控制

7.1　常用低压电器有开关和按钮；交流接触器；中间继电器；热继电器；断路器等。

7.3　要实现在甲、乙两地起、停同一台电动机的控制电路，其动合触点的起动按钮SB3、SB4应并联接在一起，动断触点的停止按钮SB1、SB2应串联接在一起。

第8章　半导体器件

8.5　(1) $I_R \approx 3.08\text{mA}$，　$I_A = I_B \approx 1.54\text{mA}$，　$V_Y = 0\text{V}$

(2) $I_R = I_B \approx 3.08\text{mA}$，　$I_A \approx 0$

(3) $V_Y = +3\text{V}$，　$I_A = I_B \approx 1.15\text{mA}$

8.6　(1) $I_A = I_R = 1\text{mA}$，　$I_B = 0$

(2) $V_Y \approx +5.59\text{V}$，　$I_A = 0.41\text{mA}$，　$I_B = 0.21\text{mA}$，　$I_R = 0.62\text{mA}$

(3) $V_Y \approx 4.74\text{V}$，　$I_A = I_B \approx 0.263\text{mA}$；　$I_R \approx 0.526\text{mA}$

8.9　(a) $U_{O1} = U_Z = 6\text{V}$；　(b) $U_{O2} = 5\text{V}$

8.10　(a) $U_O = 14\text{V}$；　(b) $U_O = 6\text{V}$；　(c) $U_O = 8.7\text{V}$；　(d) $U_O = 0.7\text{V}$

8.11　$I_R = 30\text{mA}$，　$R = 100\Omega$，　$P_R = 0.09\text{W}$，　限流电阻可选 100Ω、0.25W 的电阻。

8.13　(1)放大区；(2)放大区；(3)饱和区；(4)截止区；(5)饱和区

8.14　(1) $U_O = U_{CE} = 2\text{V}$；　(2) $R_B \approx 45.4\text{k}\Omega$

8.15　T_1：恒流区；　T_2：夹断区；　T_3：可变电阻区

8.16　$g_m = 0.67\text{mA/V}$

第9章　基本放大电路

9.1　$A_u = 200$，　$A_i = 100$，　$A_P = 2 \times 10^4$

9.2　$R_o = 400\Omega$

9.4　(a)不能正常放大；　(b)不能正常放大；　(c)不能正常放大

9.5　(1) $I_{BQ} = 0.038\text{mA}$，　$I_{CQ} = 3.04\text{mA}$，　$U_{CEQ} = 5.92\text{V}$，　晶体管工作在放大区。

(2) $I_{BQ} = 0.113\text{mA}$，　$I_{CQ} = 9.04\text{mA}$，　$U_{CEQ} = -6.08\text{V}$，　晶体管工作在饱和区。

9.6　(1) $I_{BQ} \approx 60\mu\text{A}$，　$I_{CQ} \approx 2.7\text{mA}$，　$U_{CEQ} \approx 3.8\text{V}$

(2) $I_{BQ} \approx 78.6\mu\text{A}$。　I_{CQ}增大，　U_{CEQ}减小

9.7　(a)产生了截止失真；　(b)产生了饱和失真；　(c)产生了双重失真

9.8　(1) $I_{BQ} = 0.03\text{mA}$，　$I_{CQ} = 1.5\text{mA}$，　$U_{CEQ} = 6\text{V}$

(2) $r_{be} = 1184\Omega$，　$R_i \approx 1.18\text{k}\Omega$，　$R_o = R_C = 4\text{k}\Omega$

(3) $A_u \approx -101.7$，　$A_{us} \approx -55$

9.9 (1) $U_{BEQ} \approx 0.7V$, $U_{BQ} \approx 2V$, $I_{EQ} \approx I_{CQ} = 1.3mA$, $I_{BQ} \approx 16\mu A$, $U_{CEQ} = 6.8V$

(2) $I_{BQ} \approx 12.9\mu A$; (3) $R_{B1} = 38k\Omega$

9.10 (1) $U_{BQ} = 3.5V$, $I_{EQ} \approx I_{CQ} = 1.4mA$, $I_{BQ} \approx 27.4\mu A$, $U_{CEQ} = 5V$

(2) $r_{be} = 1.25k\Omega$, $A_u = -30$, $R_i = 0.97k\Omega$, $R_o = R_C = 3k\Omega$

(3) $A_u = -0.36$, $R_i \approx 4.2k\Omega$, $R_o = R_C = 3k\Omega$

9.11 (1) $U_{BEQ} \approx 0.7V$, $I_{BQ} = 0.056mA$, $I_{EQ} = 2.86mA$, $U_{CEQ} = 6.28V$

(2) $r_{be} = 0.763k\Omega$, $A_u = 0.985$; (3) $R_i \approx 34.1k\Omega$, $R_o \approx 33.8\Omega$

9.12 (1) $P_o = 12.25W$, $P_{T1} = 5.01W$, $P_V = 22.5W$, $\eta = 54.4\%$

(2) $P_o = 25W$, $P_{T1} = 3.42W$, $P_V = 31.85W$, $\eta = 78.5\%$

9.13 (1) $P_{om} = 12.3W$, $|U_{(BR)CEO}| < 2U_{CC}$, 晶体管不能安全工作; (2) $P_o \approx 8.4W$

9.14 (1) $P_{om} = 24.5W$, $\eta = 68.7\%$; (2) $P_{Tm} = 6.49W$; (3) $U_i = 9.9V$

9.15 (1) $P_{om} \approx 5.06W$, $\eta \approx 58.9\%$

(2) $I_{CM} > 1.5A$, $U_{(BR)CEO} > U_{CC} = 24V$, $P_{CM} > 1.83W$

第10章 集成运算放大器

10.2 (a)直流负反馈; (b)交、直流正反馈;

(c)直流负反馈; (d)交、直流负反馈。

10.3 (a) -20mV,2kΩ; (b)30mV,2kΩ

10.4 -60mV,2kΩ

10.5 $u_o = u_{i1} + u_{i2}$

10.6 $u_o = 1.8V$

10.7 $u_o = -\frac{5}{4}u_{i1} - 2u_{i2} + \frac{51}{22}u_{i3} + \frac{51}{44}u_{i4}$

10.8 (1) $u_o = -5V$; (2) $u_o(60) = 7.66V$; (3) $u_o(120) = 0V$

10.12 (1) R_W的下限值为2kΩ

(2) $f_{0max} = \frac{1}{2\pi R_1 C} \approx 1.6kHz$, $f_{0min} = \frac{1}{2\pi(R_1 + R_2)C} \approx 145Hz$

10.13 (1) $U_o \approx 6.36V$; (2) $f_0 \approx 9.95Hz$

10.14 (1)文氏电桥应接在A的“+”端,故A为上“+”、下“—”;

(2) $R_2 + R_P > 2R_2 = 10.2k\Omega$; (3) $f_0 \approx 159kHz$

第11章 直流稳压电源

11.1 $I_O = 2A$; $U \approx 222V$

11.2 $U_O = 27V$; $I_O = 0.45A$; $U_{RM} = 46.66V$

11.3 (1) $U \approx 67V$; $U_{RM} \approx 95V$, $I_D = 600mA$, 选择2CZ55D

(2) $U = 50V$; $U_{RM} = 70.7V$, $I_D = 600mA$, 选择2CZ55C

11.4 (1) $U_{O1} = 45V$, $U_{O2} = 18V$

(2) $I_{D1} = 4.5mA$, $I_{D2} = I_{D3} = 9mA$

(3) $U_{RM1} \approx 141V$, $U_{RM2} = U_{RM3} \approx 56.56V$

11.7 整流电路输出电压的平均值 $U_O = 0.9U$;

滤波电路输出电压的平均值 $U_O \approx 1.2U$。

11.9 (1) S_1 断开、S_2 合上时:

$U_1 = 18V$, $I_R = 8mA$, $I_O = 3mA$, $I_Z = 5mA$

(2) S_1 合上、 S_2 合上时:

$U_1 = 24V$, $I_R = 12mA$, $I_O = 3mA$, $I_Z = 9mA$

11.10 (1)略

(2) R_W 的滑动端移至最下端时,可得 $R_W = 100\Omega$

(3) R_W 的滑动端移至最上端时,可得 $U_O = 10V$

第12章 组合逻辑电路

12.5 $Y_1 = A + B$; $Y_2 = A + B + C'$; $Y_3 = AD$

12.6 $Y_1 = \sum m(2,5,6,7)$; $Y_2 = \sum m(5,7)$; $Y_3 = \sum m(3,6,7)$;

$Y_4 = \sum m(4,6,8,10,11,12,14,15)$

12.7 $Y_1 = B$, $Y_2 = A + B'$, $Y_3 = B + A'C' + C'D$

$Y_4 = A + C$, $Y_5 = A'C + AB$, $Y_6 = BC + B'D'$。

12.9 $Y = A'B' + AB$。同或逻辑功能。

12.11 $Y = AB + A'B'$。同或逻辑功能。

12.12 $Y = AM + BM'$,电路可以实现题中的要求。

12.13 $Y = A + BC = (A'(BC)')'$

12.14 $Y = A'B'C + A'BC' + AB'C' + ABC$

12.15 $Y = AC' + BC'D' + ABD'$

12.18 $Y = m_0 + m_3 + m_4 + m_7$; $Y = B'C' + BC$

12.20 $M_1 = m_1 + m_2 + m_4 + m_7$; $M_2 = m_3 + m_5 + m_6 + m_7$

第13章 时序逻辑电路

13.7 $f_{Q1} = (1/2)f_{CP}$; $f_{Q2} = (1/4)f_{CP}$。

13.8 $Q_1^{n+1} = Q_3 \odot Q_1 + Q_3 Q_1$; $Q_2^{n+1} = Q_2 \oplus Q_1$; $Q_3^{n+1} = Q_3' Q_2 Q_1$; 是5进制计数器。

13.9 是7进制计数器。

13.10 是12进制计数器。

13.18 $T_1 \approx 0.7ms$, $T_2 \approx 0.3ms$, $T \approx 1ms$; $f \approx 1kHz$; $q = 70\%$

参考文献

[1] 曹成茂. 电工电子技术[M]. 合肥:合肥工业大学出版社,2009.
[2] 常晓玲. 电气控制系统与可编程控制器[M]. 北京:机械工业出版社,2004.
[3] 陈众起. 电工电子(电工学Ⅰ[M]. 北京:机械工业出版社,2000.
[4] 杜清珍,等. 电子技术常见题型解析及模拟题[M]. 西安:西北工业大学出版社,2000.
[5] 黄友锐. 电工技术[M]. 合肥:合肥工业大学出版社,2008.
[6] 侯志勋. 电路与电子技术简明教程[M]. 北京:北京邮电大学出版社,2007 .
[7] 华成英. 数字电子技术基础[M]. 北京:高等教育出版社,2001.
[8] 蒋中. 电工学[M]. 北京:北京大学出版社,2006.
[9] 江延. 电工与工业电子学[M]. 西安:西安电子科技大学出版社,2004 .
[10] 康华光. 电子技术基础(第四版)[M]. 北京:高等教育出版社,1999.
[11] 李良光. 电子技术[M]. 合肥:合肥工业大学出版社,2008.
[12] 李良洪等. 电工手册[M]. 北京:电子工业出版社,2005.
[13] 李守成. 电子技术(电工学Ⅱ)[M]. 北京:高等教育出版社, 2001.
[14] 秦增煌. 电工学简明教程[M]. 北京:高等教育出版社,2007.
[15] 秦曾煌. 电工学 下册(第六版)[M]. 北京:高等教育出版社,2004.
[16] 邱光源. 电路(第四版)[M]. 北京:高等教育出版社,1999.
[17] 唐介. 电工学(少学时)[M]. 北京:高等教育出版社,1999.
[18] 童诗白. 模拟电子技术基础(第四版)[M]. 北京:高等教育出版社,2006.
[19] 王成华,等. 现代电子技术基础[M]. 北京:北京航空航天大学出版社,2005.
[20] 王公望. 模拟电子技术基础[M]. 西安:西北工业大学出版社,2005.
[21] 王皖贞. 电子技术[M]. 北京:国防工业出版社,2001.
[22] 许泽鹏. 电子技术[M]. 北京:人民邮电出版社,2004 .
[23] 杨志忠. 数字电子技术基础[M]. 北京:高等教育出版社,2004 .
[24] 叶挺秀. 电工电子学[M]. 北京:高等教育出版社,1999.
[25] 叶文苏. 电工技术(第3版)[M]. 北京:机械工业出版社,1998.
[26] 张万奎. 机床电气控制技术[M]. 北京:中国林业出版社,2006.
[27] 张先永. 电子技术基础[M]. 长沙:国防科技大学出版社,2001.
[28] 周军. 电气控制与PLC[M]. 北京:机械工业出版社,2001.
[29] 周雪. 模拟电子技术(第二版)[M]. 西安:西安电子科技大学出版社,2005.
[30] 朱伟兴. 电路与电子技术[M]. 北京:高等教育出版社,2009.
[31] 闫石. 数字电子技术基础(第五版)[M]. 北京:高等教育出版社,2006.